U0188613

江苏省水生生物资源重大专项丛书

主编
徐　跑　张建军

江苏省国家级水产种质资源保护区（淡水）水生生物资源与环境

主　编 · 张彤晴　唐晟凯
副主编 · 匡　箴　李大命　刘燕山　徐东坡

上海科学技术出版社

图书在版编目（CIP）数据

江苏省国家级水产种质资源保护区（淡水）水生生物资源与环境 / 张彤晴，唐晟凯主编. -- 上海 : 上海科学技术出版社，2022.10
（江苏省水生生物资源重大专项丛书）
ISBN 978-7-5478-5843-1

Ⅰ. ①江… Ⅱ. ①张… ②唐… Ⅲ. ①自然保护区－淡水生物－生物资源－生态环境－研究－江苏 Ⅳ. ①Q178.51

中国版本图书馆CIP数据核字(2022)第162782号

江苏省国家级水产种质资源保护区（淡水）水生生物资源与环境

主编　张彤晴　唐晟凯

上海世纪出版(集团)有限公司
上 海 科 学 技 术 出 版 社 出版、发行
(上海市闵行区号景路159弄A座9F-10F)
邮政编码 201101　www. sstp. cn
浙江新华印刷技术有限公司印刷
开本 889×1194　1/16　印张 25
字数 700千字
2022年10月第1版　2022年10月第1次印刷
ISBN 978-7-5478-5843-1/S·240
定价：280.00元

"江苏省水生生物资源重大专项丛书"

编委会

《江苏省国家级水产种质资源保护区(淡水)
水生生物资源与环境》

编委会

主编

张彤晴　唐晟凯

副主编

匡　箴　李大命　刘燕山　徐东坡

编写人员

(按姓氏拼音为序)

江苏省淡水水产研究所

谷先坤　桂泽禹　刘小维　潘建林　沈冬冬　王　凯　殷稼雯　张　增

中国水产科学研究院淡水渔业研究中心

陈永进　丁隆强　凡迎春　方弟安　胡长岁　蒋书伦　景　丽　李佩杰
蔺丹清　刘　凯　刘鹏飞　任　泷　王银平　王　媛　熊满辉　杨彦平
尤　洋　于海馨　俞振飞　詹振军　张敏莹　张希昭　郑宇辰　周彦锋

江苏省渔业技术推广中心

樊祥科　陆尚明　杨　振　张朝晖　张　莉　张永江　郑　浩　邹宏海

前　言

江苏省水域类型多样、资源丰富，海岸线长954 km，长江横穿省境东西长425 km，京杭大运河纵贯省境南北长718 km，有淮河、沂河、沭河、泗河、秦淮河、苏北灌溉总渠等大小河流2 900多条。江苏省得天独厚的地理位置和纵横交织的水资源特点孕育了独特的鱼类区系，也促使江苏水域成为中华鲟、江豚、胭脂鱼、松江鲈等国家级水生野生保护动物的主要分布区。据21世纪初的调查数据表明，江苏地区共有淡水和海洋性鱼类476种、约占全国鱼类总数的10.30%，渔业生物栖息环境多样，种质资源十分丰富。迄今，江苏省拥有国家级水产种质资源保护区36个，数量约占全国的7%；拥有国家级水产种质资源保护区总面积约1.5万km^2，总面积约占全国的10%。其中，淡水国家级水产种质资源保护区32个，面积893.11 km^2，主要保护对象共27种及1科。

我国各级政府部门颁布了一系列法律法规，用以加强水产种质资源保护区的管理及水产种质资源保护。例如，《水产种质资源保护区管理暂行办法》（中华人民共和国农业部令2011年第1号）规定“开展水生生物资源及其生存环境的调查监测、资源养护和生态修复等工作是水产种质资源保护区管理机构的主要职责”；2017年印发的《江苏省〈水产种质资源保护区管理暂行办法〉实施细则（试行）》规定“定期开展水产种质资源保护区内水生生物资源及其生存环境调查监测、资源养护和生态修复等工作，建立相关档案资料是水产种质资源保护区管理机构的主要职责”；2019年下达的《江苏省农业农村厅关于进一步加强全省水产种质资源保护区监督管理的通知》要求“各地要开展水生生物资源及其生存环境的调查监测、资源养护和生态修复等工作”。尽管江苏省渔业资源十分丰富，但与之配套的资源普查制度相对落后。2006—2007年开展的江苏省“908专项”对海洋生物资源进行了专项调查。这是江苏省自20世纪80年代以来的首次海洋（生物资源）综合调查，至今已过去10余年。而内陆水域已近40年未开展过大规模的调查工作。近几十年来，人类活动对水生生物资源及其栖息环境造成严重的影响，导致水生生物资源状况发生了变化。尽管省财政每年投入一定的经费进行重点水域的资源监测工作，但受限于财力、人力和物力，对全省水产种质资源保护区水生生物资源调查的广度和深度尚未达到大规模调查的要求，水生生物资源的本底资料相对匮乏。

本书主要对江苏省内国家级水产种质资源保护区（淡水）的水生生物资源与环境做了详细阐述。全书共设五章，第一章保护区概述，介绍了江苏省国家级水产种质资源保护区（淡水）的自然状况；第二章调查方案，介绍了调查工作内容；第三章栖息环境现状及评价，介绍了江苏省国家级水产种质资源保护区（淡水）水体理化指标、浮游植物、浮游动物及底栖动物的现状；第四章渔业资源现状及评价，介绍了江苏省国家级水产种质资源保护区（淡水）鱼类群落结构、时空分布及生物学特征等内容；第五章保护区管理政策。

本书洪泽湖所涉国家级水产种质资源保护区、高宝邵伯湖所涉国家级水产种质资源保护区、骆马湖所涉国家级水产种质资源保护区、白马湖泥鳅沙塘鳢国家级水产种质资源保护区、射阳湖国家级水产种质资源保护区、金沙湖黄颡鱼国家级水产种质资源保护区的鱼类、浮游植物、浮游动物及底栖动物内容由江苏省淡水水产研究所撰写；长江江苏段所涉国家级水产种质资源保护区、太湖所涉国家级水产种质资源保护区、滆湖所涉国家级水产种质资源保护区、淀山湖河蚬翘嘴红鲌国家级水产种质资源保护区、阳澄湖中华绒螯蟹国家级水产种质资源保护区、长漾湖国家级水产种质资源保护区、宜兴团氿东氿翘嘴红鲌国家级水产种质资源保护区、长荡湖国家级水产种质资源保护区、固城湖中华绒螯蟹国家级水产种质资源保护区的鱼类、浮游植物、浮游动物及底栖动物内容由中国水产科学研究院淡水渔业研究中心撰写；江苏省国家级水产种质资源保护区（淡水）的水体理化指标内容由江苏省渔业技术推广中心撰写。全书由江苏省淡水水产研究所统稿，由张彤晴、徐东坡、唐晟凯审核并进行定稿。

本书内容可为有效保护、科学管理江苏省国家级水产种质资源保护区（淡水）渔业资源提供基础数据，也可为进一步实施渔业资源养护、生态环境修复、实现渔业生物资源良性循环利用提供重要参考，还可为落实国家中长期发展规划和国家发展战略等重点任务提供重要依据。

由于笔者知识和水平所限，书中难免存在一些不足，敬请广大读者和同行指正！

编著者

2022年8月于南京

目录

第一章
保护区概述

水产种质资源是水生生物资源的重要组成部分，同时也是渔业发展的物质基础，在水生生态系统中发挥着重要的作用。水产种质资源保护区是水产种质资源就地保护的一种有效形式。江苏省目前在长江江苏段、太湖等内陆水域累计建成了32个国家级水产种质资源保护区（以下简称“保护区”），对水产种质资源保护发挥了重要作用。其中，省管五大湖泊共设18个保护区，分别为太湖3个、滆湖2个、高宝邵伯湖5个、洪泽湖6个、骆马湖2个；长江江苏段共设5个保护区，分布于5个江段；省管五大湖泊以外的9个湖泊共设9个保护区，每个湖泊1个。

1.1 · 太湖所涉保护区

1.1.1 太湖银鱼翘嘴红鲌秀丽白虾国家级水产种质资源保护区

太湖银鱼翘嘴红鲌秀丽白虾国家级水产种质资源保护区位于江苏省苏州市吴中区境内，含太湖胥湖水域和太湖东西山之间水域，地理坐标范围为120° 17′ 5″ E～120° 28′ 9″ E、31° 3′ 7″ N～31° 13′ 5″ N，总面积17 280 hm^2，其中核心区面积5 080 hm^2、实验区面积12 200 hm^2。2007年，太湖银鱼翘嘴红鲌秀丽白虾国家级水产种质资源保护区被批准设立（中华人民共和国农业部公告第947号），成为首批40个国家级水产种质资源保护区之一。主要保护对象为被称作“太湖三白”的银鱼、白鱼（翘嘴鲌）和白虾（秀丽白虾）。保护区内还栖息着日本沼虾、鲤、鲫、鳊、青鱼、草鱼、鲢、鳙、黄颡鱼、螺蚬、梅鲚、莼菜、野莲、芡实等物种。

1.1.2 太湖青虾中华绒螯蟹国家级水产种质资源保护区

太湖青虾中华绒螯蟹国家级水产种质资源保护区于2011年被列入第五批国家级水产种质资源保护区（中华人民共和国农业部公告第1 684号）。保护区位于太湖鲤山湾、谭东湾水域，面积1 990 hm^2，其中核心区面积900 hm^2、实验区面积为1 090 hm^2，核心区特别保护期为每年2月1日至11月30日。保护区范围为以下8个拐点顺次连线所围的水域：太湖大桥北（120° 19′ 37.44″ E，31° 13′ 23.96″ N）、南山公园（120° 20′ 24.65″ E，31° 15′ 55.76″ N）、潭东（120° 21′ 36.85″ E，31° 15′ 33.92″ N）、长岐（120° 21′ 38.82″ E，31° 15′ 32.69″ N）、坎上（120° 22′ 35.32″ E，31° 16′ 03.21″ N）、度假区水厂（120° 23′ 35.88″ E，31° 14′ 49.50″ N）、百花湾（120° 21′ 26.32″ E，31° 13′ 19.20″ N）、渔阳山水厂（120° 21′ 26.32″ E，31° 13′ 19.20″ N）。其中，核心区四至范围为长岐、坎上、度假区水厂、百花湾；实验区四至范围为太湖大桥北、南山公园、潭东、渔阳山水厂。主要保护对象为太湖青虾、中华绒螯蟹等。

1.1.3 太湖梅鲚河蚬国家级水产种质资源保护区

太湖梅鲚河蚬国家级水产种质资源保护区于2012年被列入第六批国家级水产种质资源保护区（中华人民共和国农业部公告第1 873号）。保护区总面积6 266 hm^2，其中核心区面积1 233 hm^2、实验区面积5 033 hm^2。核心区特别保护期为全年。保护区范围为以下4个拐点顺次连线所围的水域：乌龟山东南（120° 14′ 05″ E，31° 19′ 10″ N）、拖山南（120° 08′ 54″ E，31° 19′ 52″ N）、拖山（120° 09′ 37″ E，31° 23′ 58″ N）、乌龟山东北（120° 14′ 47″ E，31° 23′ 20″ N）。其中，核心区四至范围为乌龟山东南、乌龟山西南（120° 13′ 03″ E，31° 19′ 18″ N）、乌龟山西北（120° 13′ 42″ E，31° 23′ 28″ N）、乌龟山东北；实验区四至范围为乌龟山西南、拖山南、拖山、乌龟山西北。主要保护对象为梅鲚、河蚬，其他保护物种包括鲤、鲫、长春鳊、三角鲂、红鳍鲌、翘嘴鲌、鳜、青虾、中华绒螯蟹、黄颡鱼、沙塘鳢、黄鳝、鳗鲡、乌鳢、赤眼鳟、银鲴、吻虾虎鱼、大银鱼等。

1.2 · 滆湖所涉保护区

1.2.1 滆湖鲌类国家级水产种质资源保护区

滆湖鲌类国家级水产种质资源保护区于2013年被列入第七批国家级水产种质资源保护区（中华人民共和国农业部公告第2018号），后于2019年进行了调整（农办长渔〔2019〕1号）。保护区面积为1 520 hm²，其中核心区面积509 hm²，实验区面积1 011 hm²。核心区特别保护期为全年。保护区位于江苏省常州市武进区西南处滆湖水域的北端，地理坐标范围为119° 47′ 43″ E～119° 52′ 48″ E、31° 39′ 43″ N~31° 41′ 23″ N。核心区位于保护区的西侧，地理坐标依次为：119° 48′ 22″ E，31° 41′ 19″ N；119° 48′ 38″ E，31° 41′ 02″ N；119° 49′ 49″ E，31° 41′ 10″ N；119° 49′ 48″ E，31° 40′ 18″ N；119° 47′ 47″ E，31° 40′ 16″ N；119° 48′ 01″ E，31° 40′ 40″ N；119° 48′ 06″ E，31° 41′ 05″ N；119° 48′ 17″ E，31° 41′ 23″ N）。实验区地理坐标依次为：119° 49′ 49″ E，31° 41′ 10″ N；119° 51′ 59″ E，31° 40′ 52″ N；119° 52′ 25″ E，31° 41′ 03″ N；119° 52′ 26″ E，31° 40′ 50″ N；119° 52′ 04″ E，31° 40′ 37″ N；119° 52′ 05″ E，31° 40′ 12″ N；119° 52′ 41″ E，31° 40′ 05″ N；119° 52′ 48″ E，31° 39′ 43″ N；119° 48′ 04″ E，31° 40′ 02″ N；119° 47′ 43″ E，31° 40′ 08″ N；119° 47′ 47″ E，31° 40′ 16″ N；119° 49′ 48″ E，31° 40′ 18″ N。主要保护对象为翘嘴鲌、蒙古鲌及达氏鲌，其他保护对象为青虾、黄颡鱼、鲤、鲫等定居型鱼类及水生植物资源。

1.2.2 滆湖国家级水产种质资源保护区

滆湖国家级水产种质资源保护区于2009年被列入第三批国家级水产种质资源保护区（中华人民共和国农业部公告第1 308号、农办渔〔2010〕104号）。滆湖国家级水产种质资源保护区总面积2 700 hm²，其中核心区面积404 hm²、实验区面积2 296 hm²。特别保护期为全年。保护区位于江苏省常州市滆湖湖心至东岸区域，地理坐标范围为119° 47′ 23″ E～119° 52′ 10″ E、31° 37′ 26″ N～31° 33′ 41″ N。核心区是由以下6个拐点沿湖湾顺次连线所围的湖区水域，地理坐标分别为：119° 51′ 12″ E，31° 36′ 11″ N；119° 52′ 10″ E，31° 35′ 40″ N；119° 52′ 04″ E，31° 35′ 12″ N；119° 51′ 35″ E，31° 35′ 30″ N；119° 50′ 50″ E，31° 34′ 34″ N；119° 50′ 10″ E，31° 34′ 49″ N。实验区范围为以下4个拐点顺次连线所围的水域（湖岸以西至湖中心），地理坐标分别为：119° 51′ 12″ E，31° 36′ 11″ N；119° 50′ 10″ E，31° 33′ 41″ N；119° 47′ 23″ E，31° 34′ 33″ N；119° 48′ 26″ E，31° 37′ 26″ N。主要保护对象为黄颡鱼、青虾、蒙古鲌、翘嘴鲌、鲫和乌鳢，其他保护对象有青鱼、草鱼、鲢、鳙、团头鲂、鳜、三角帆蚌、芦苇、莲、芡实、菱等。

1.3 · 高宝邵伯湖所涉保护区

1.3.1 高邮湖大银鱼湖鲚国家级水产种质资源保护区

高邮湖大银鱼湖鲚国家级水产种质资源保护区于2009年被列入第二批国家级水产种质资源保护区（中华人民共和国农业部公告第1 130号、农办渔〔2009〕34号）。保护区总面积4 457 hm²，其中核心区面积996 hm²、实验区面积3 461 hm²。核心区特别保护期为全年。保护区位于江苏省高邮市、金湖县的高邮湖，地理坐标范围为119° 15′ E～119° 22′ E、32° 53′ N～32° 56′ N。保护区东以六安闸航道西部为起点，向南延伸4 765 m至马棚湾航道中部；南沿马棚湾航道向西延伸3 651 m，至金湖县境内拐向西南至朱桥圩；西由朱桥圩转向朱尖南，并延伸1 700 m至石坝尖；北由石坝尖延伸4 237 m至新民村硬滩地，再向东延伸5 207 m至六安闸航道西部。核心区位于整个保护区中部，东从马棚湾主航道中部向北1 200 m处为起点，向北延伸2 454 m至修复区西北基地；北从修复区西北基地向西南延伸4 132 m至石坝尖外1 500 m处；西由石坝尖外1 500 m处向东南延伸2 641 m至高邮、金湖交界水域；南从高邮、金湖交界水域向东北延伸3 719 m至马棚湾主航道中部向北1 200 m处。实验区为保护区中除核心区以外的水域。主要保护对象为大银鱼、湖鲚，其他保护物种包括环棱螺、三角帆蚌、黄蚬、秀丽白虾、日本沼虾、鲤、鲫、长春鳊、红鳍鲌、翘嘴鲌、鳜、黄颡鱼等。

1.3.2 高邮湖河蚬秀丽白虾国家级水产种质资源保护区

高邮湖河蚬秀丽白虾国家级水产种质资源保护区于2013年被列入第七批国家级水产种质资源保护区（中华人民共和国农业部公告第2 018号）。保护区总面积1 345 hm²，其中核心区面积310 hm²、实验区面积1 035 hm²。核心区特别保护期为全年，实验区面积1 035 hm²。核心区特别保护期为全年，实验区特别保护期为每年1月1日至6月31日。保护区位于高邮市境内的乔尖滩尾至状元沟水域，地理坐标范围为119° 16′27″E～119° 19′55″E、32° 44′03″N～32° 45′45″N。核心区位于长征圩，由以下5个拐点顺次连线围成的水域组成，地理坐标分别为：119° 19′21″E，32° 45′45″N；119° 19′55″E，32° 45′31″N；119° 19′34″E，32° 44′41″N；119° 18′52″E，32° 44′03″N；119° 18′27″E，32° 44′03″N。实验区由以下4个拐点顺次连线围成的水域组成，地理坐标分别为：119° 16′27″E，32° 45′21″N；119° 19′21″E，32° 45′45″N；119° 18′27″E，32° 44′03″N；119° 16′27″E，32° 44′03″N。保护区主要保护对象为河蚬、秀丽白虾，其他保护物种为鲫。

1.3.3 高邮湖青虾国家级水产种质资源保护区

高邮湖青虾国家级水产种质资源保护区于2017年被列入第十一批国家级水产种质资源保护区（中华人民共和国农业部公告第2 603号）。保护区总面积3 043 hm²，其中核心区面积818 hm²、实验区面积2 225 hm²。核心区的特别保护期为全年，实验区的特别保护期为1月1日至5月31日。保护区位于淮安市金湖县黄浦尖至董寺尖一线外水域，地理坐标范围为119° 13′ 17″ E～119° 19′ 19″ E、32° 47′ 14″ N～32° 51′ 29″ N。保护区核心区位于黄浦尖至董寺尖一线外水域，由4个拐点顺次连线围成，地理坐标分别为：119° 17′ 06″ E，32° 51′ 29″ N；119° 17′ 56″ E，32° 51′ 06″ N；119° 13′ 28″ E，32° 48′ 55″ N；119° 13′ 33″ E，32° 49′ 34″ N。实验区位于以下4个拐点顺次连线围成的水域，地理坐标为：119° 17′ 56″ E，32° 51′ 06″ N；119° 19′ 19″ E，32° 50′ 28″ N；119° 13′ 17″ E，32° 47′ 14″ N；119° 13′ 28″ E，32° 48′ 55″ N。保护区的主要保护物种为青虾，其他保护物种包括鲫、河蚬、中华鳖、中华绒螯蟹等。

1.3.4 邵伯湖国家级水产种质资源保护区

邵伯湖国家级水产种质资源保护区于2009年被列入第三批国家级水产种质资源保护区（中华人民共和国农业部公告第1 308号、农办渔〔2010〕104号）。邵伯湖国家级水产种质资源保护区总面积4 638 hm²，其中核心区面积365 hm²、实验区面积4 273 hm²。特别保护期为全年。保护区位于江苏省扬州市邗江区、江都市境内，地理坐标范围为119° 24′ 37″ E～119° 29′ 14″ E、32° 31′ 25″ N～32° 37′ 35″ N。保护区是由8个拐点顺次连线围成的区域，拐点分别为：东北方向自小六宝大塘（119° 27′ 38″ E，32° 37′ 35″ N）沿邵伯湖东堤向南→邵伯回管（119° 29′ 34″ E，32° 32′ 23″ N）向西南→花园庄（119° 29′ 14″ E，32° 31′ 44″ N）向西→下坝咀子（119° 28′ 19″ E，32° 31′ 25″ N）沿邵伯湖西堤向西北→张庄咀子（119° 26′ 36″ E，32° 31′ 39″ N）→李华凹子（119° 26′ 21″ E，32° 32′ 01″ N）沿邵伯湖西堤向北→连圩航空塔（119° 24′ 37″ E，32° 37′ 01″ N）向东北→邵伯湖王伙大航道（119° 25′ 37″ E，32° 37′ 35″ N）。核心区位于保护区的中南部，是由以下8个拐点顺次连线所围的水域，地理坐标分别为：119° 28′ 03″ E，32° 34′ 44″ N；119° 28′ 22″ E，32° 34′ 12″ N；119° 28′ 12″ E，32° 33′ 52″ N；119° 28′ 20″ E，32° 33′ 24″ N；119° 27′ 46″ E，32° 33′ 21″ N；119° 27′ 35″ E，32° 33′ 48″ N；119° 27′ 19″ E，32° 33′ 48″ N；119° 26′ 51″ E，32° 34′ 32″ N。保护区内除核心区以外的水域为实验区。主要保护对象为三角帆蚌，其他保护对象包括环棱螺、河蚬、褶纹冠蚌、无齿蚌、丽蚌等淡水贝类。

1.3.5 宝应湖国家级水产种质资源保护区

宝应湖国家级水产种质资源保护区于2011年被列入第五批国家级水产种质资源保护区（中华人民共和国农业部公告第1 684号）。保护区总面积794 hm²，地理坐标范围为119° 16′ 17.48″ E～119° 19′ 21.02″ E、33° 08′ 28.55″ N～33° 06′ 33.83″ N。根据规划依据，将保护区划分为核心区与实验区，其中核心区面积212 hm²、实验区面积582 hm²。保护区位于宝应湖中部，南闸尾至斜流河口之间，由14个拐点顺次连线所围的水域，地理坐标分别为：119° 16′ 17.48″ E，33° 08′ 28.55″ N；119° 16′ 47.04″ E，33° 08′ 57.90″ N；119° 17′ 24.14″ E，33° 08′ 40.83″ N；119° 17′ 41.90″ E，33° 08′ 39.77″ N；119° 18′ 46.61″ E，33° 08′ 14.88″ N；119° 19′ 08.30″ E，33° 07′ 48.26″ N；119° 19′ 16.64″ E，33° 07′ 25.22″ N；119° 19′ 21.02″ E，33° 06′ 45.84″ N；119° 18′ 25.17″ E，33° 06′ 33.83″ N；

119° 18′ 14.16″ E，33° 07′ 32.55″ N；119° 17′ 54.68″ E，33° 07′ 53.66″ N；119° 17′ 30.06″ E，33° 08′ 01.16″ N；119° 17′ 00.80″ E，33° 07′ 56.26″ N；119° 16′ 45.20″ E，33° 08′ 16.77″ N。核心区位于居家大屋基至马沟河之间，由6个拐点顺次连线所围的水域，地理坐标分别为：119° 17′ 47.59″ E，33° 08′ 37.58″ N；119° 18′ 46.61″ E，33° 08′ 14.89″ N；119° 18′ 51.73″ E，33° 08′ 08.60″ N；119° 18′ 14.16″ E，33° 07′ 32.54″ N；119° 17′ 54.68″ E，33° 07′ 53.66″ N；119° 17′ 30.06″ E，33° 08′ 01.16″ N。核心区特别保护期为常年。保护区内除核心区外水域为实验区。保护区主要保护对象为河川沙塘鳢，其他保护对象包括鲫、乌鳢、青虾等。

1.4 · 洪泽湖所涉保护区

1.4.1 洪泽湖青虾河蚬国家级水产种质资源保护区

洪泽湖青虾河蚬国家级水产种质资源保护区于2007年被列入第一批国家级水产种质资源保护区（中华人民共和国农业部公告第947号）。保护区总面积4 000 hm^2，其中核心区面积1 333 hm^2、实验区面积2 667 hm^2。核心区特别保护期为每年的3月1日至6月1日。青虾保护区位于洪泽湖卢集水域，其地理坐标为118° 32′ E ～ 118° 36′ E、33° 30′ N ～ 33° 33′ N；河蚬保护区位于洪泽湖管镇、鲍集水域，其地理坐标为118° 19′ E ～ 118° 25′ E、33° 10′ N ～ 33° 11′ N。该保护区主要保护对象为青虾、河蚬，保护区内还有田螺、三角帆蚌、黄蚬、秀丽白虾、日本沼虾、克氏原螯虾、中华绒螯蟹、鲤、鲫、长春鳊、三角鲂、红鳍鲌、翘嘴鲌、鳜、黄颡鱼、沙塘鳢、黄鳝、鳗鲡、长吻鮠、乌鳢、赤眼鳟、银鲴、吻虾虎鱼、大银鱼、花䱻、刀鲚、芦苇、莲、菱、芡实等物种。

1.4.2 洪泽湖银鱼国家级水产种质资源保护区

洪泽湖银鱼国家级水产种质资源保护区于2012年被列入第六批国家级水产种质资源保护区（中华人民共和国农业部公告第1 873号）。保护区总面积1 700 hm^2，其中核心区面积700 hm^2、实验区面积1 000 hm^2。核心区特别保护期为每年的1月1日至8月8日。保护区位于江苏省淮安市洪泽县高良涧水域，地理坐标范围为118° 46′ 55″ E ～ 118° 50′ 39″ E、33° 17′ 10″ N ～ 33° 19′ 25″ N。核心区边界各拐点地理坐标依次为：118° 48′ 23″ E，33° 17′ 10″ N；118° 50′ 39″ E，33° 19′ 25″ N；118° 48′ 23″ E，33° 19′ 25″ N。实验区边界各拐点地理坐标依次为：118° 46′ 55″ E，33° 17′ 10″ N；118° 48′ 23″ E，33° 17′ 10″ N；118° 48′ 23″ E，33° 19′ 25″ N；118° 46′ 55″ E，33° 19′ 25″ N。保护区主要保护对象为银鱼，其他保护对象包括秀丽白虾、日本沼虾、克氏原螯虾、鲤、鲫、长春鳊、三角鲂、红鳍鲌、翘嘴鲌、鳜、黄颡鱼、沙塘鳢、黄鳝、鳗鲡、长吻鮠、乌鳢、赤眼鳟、银鲴、吻虾虎鱼、花䱻和刀鲚等。

1.4.3 洪泽湖秀丽白虾国家级水产种质资源保护区

洪泽湖秀丽白虾国家级水产种质资源保护区于2014年被列入第八批国家级水产种质资源保护区（中华人民共和国农业部公告第2 181号）。保护区总面积1 400 hm^2，其中核心区面积345 hm^2、实验区面积1 055 hm^2。核心区特别保护期为全年。保护区位于江苏省宿迁市高嘴水域，地理坐标范围为118° 35′ 56″ E ～ 118° 38′ 13″ E、33° 17′ 35″ N ～ 33° 20′ 20″ N。保护区主要保护对象为秀丽白虾，其他保护物种包括日本沼虾、克氏原螯虾、鲤、鲫、长春鳊、三角鲂、红鳍鲌、翘嘴鲌、鳜、黄颡鱼、沙塘鳢、黄鳝、鳗鲡、长吻鮠、乌鳢、赤眼鳟、银鲴、吻虾虎鱼、花䱻和刀鲚等。

1.4.4 洪泽湖虾类国家级水产种质资源保护区

洪泽湖虾类国家级水产种质资源保护区于2015年被列入第九批国家级水产种质资源保护区（中华人民共和国农业部公告第2 322号）。保护区总面积950 hm^2，其中核心区面积430 hm^2、实验区面积520 hm^2。保护区特别保护期为每年4月1日至9月30日。保护区位于江苏省淮安市明祖陵水域，地理坐标范围为118° 26′ 48″ E ～ 118° 29′ 42″ E、33° 09′ 23″ N ～ 33° 11′ 25″ N。核心区边界各拐点地理坐标依次为：118°27′08″E，33°09′25″N；118°26′56″E，33°10′21″N；118°29′30″E，33°11′16″N；118°29′32″E，33°11′07″N。实验区边界各拐点地理坐标依次为：118°27′08″E，33°09′25″N；118°27′01″E，33°09′28″N；118°26′47″E，33°10′28″N；118°29′34″E，33°11′25″N；118°29′38″E，33°11′01″N；118°29′41″E，33°09′57″N。保护区主要保护对象为秀丽白虾和日本沼虾等虾类，其他保护对象包括鲤、鲫、长春鳊、三角鲂、红鳍鲌、翘嘴鲌、鳜、黄颡鱼、沙塘鳢、黄鳝、鳗鲡、长吻鮠、乌鳢、赤眼鳟、银鲴、吻虾虎鱼、花䱻和刀鲚等。

1.4.5 洪泽湖鳜国家级水产种质资源保护区

洪泽湖鳜国家级水产种质资源保护区于2016年被列入第十批国家级水产种质资源保护区（中华人民共和国农业部公告第2 474号）。保护区总面积2 633 hm^2，其中核心区面积800 hm^2、实验区面积1 833 hm^2。保护区特别保护期为全年。保护区位于江苏省宿迁市金圩水域，地理坐标范围为118° 32′ 40″ E～118° 38′ 17″ E、33° 22′ 13″ N～33° 25′ 25″ N。核心区边界各拐点地理坐标依次为：118° 36′ 28″ E，33° 24′ 17″ N；118° 38′ 17″ E，33° 22′ 59″ N；118° 36′ 49″ E，33° 22′ 24″ N；118° 35′ 02″ E，33° 23′ 40″ N。实验区边界各拐点地理坐标依次为：118° 34′ 51″ E，33° 25′ 25″ N；118° 38′ 17″ E，33° 22′ 59″ N；118° 36′ 21″ E，33° 22′ 13″ N；118° 32′ 40″ E，33° 24′ 44″ N。保护区主要保护对象为鳜，其他保护物种包括鲤、鲫、长春鳊、三角鲂、红鳍鲌、翘嘴鲌、黄颡鱼、沙塘鳢、黄鳝、鳗鲡、长吻鮠、乌鳢、赤眼鳟、银鲴、中华绒螯蟹、三角帆蚌、菱、芡实等。

1.4.6 洪泽湖黄颡鱼国家级水产种质资源保护区

洪泽湖黄颡鱼国家级水产种质资源保护区于2017年被列入第十一批国家级水产种质资源保护区（中华人民共和国农业部公告第2 603号）。保护区总面积2 130 hm^2，其中核心区面积780 hm^2、实验区面积1 350 hm^2。保护区特别保护期为每年1月1日至12月31日。保护区位于江苏省宿迁市泗阳县、泗洪县洪泽湖水域，地理坐标范围为118° 33′ 04″ E～118° 37′ 19″ E、33° 29′ 03″ N～33° 30′ 59″ N。核心区边界各拐点地理坐标依次为：118° 34′ 21″ E，33° 29′ 10″ N；118° 35′ 57″ E，33° 29′ 09″ N；118° 35′ 57″ E，33° 30′ 52″ N；118° 34′ 22″ E，33° 30′ 52″ N。实验区边界各拐点地理坐标依次为：118° 33′ 06″ E，33° 30′ 59″ N；118° 33′ 04″ E，33° 29′ 04″ N；118° 35′ 55″ E，33° 29′ 03″ N；118° 37′ 03″ E，33° 29′ 27″ N；118° 37′ 18″ E，33° 29′ 37″ N；118° 37′ 18″ E，33° 30′ 24″ N；118° 36′ 18″ E，33° 30′ 14″ N；118° 37′ 19″ E，33° 30′ 58″ N。保护区主要保护物种为黄颡鱼，其他保护物种为青虾。

1.5 骆马湖所涉保护区

1.5.1 骆马湖国家级水产种质资源保护区

骆马湖国家级水产种质资源保护区于2009年被列入第三批国家级水产种质资源保护区（中华人民共和国农业部公告第1 308号、农办渔〔2010〕104号）。保护区总面积3 160 hm^2，其中核心区面积1 000 hm^2、实验区面积2 160 hm^2。保护区特别保护期为全年。保护区位于江苏省宿迁市、新沂市交界处骆马湖三场附近水域，地理坐标范围为118° 08′ 54″ E～118° 13′ 56″ E、34° 05′ 46″ N～34° 08′ 40″ N。四至范围拐点地理坐标为：东北（118° 13′ 09″ E，34° 08′ 40″ N）；东南（118° 13′ 56″ E，34° 06′ 15″ N）；西南（118° 09′ 17″ E，34° 05′ 56″ N）；西北（118° 08′ 54″ E，34° 08′ 14″ N）。核心区位于骆马湖北繁殖保护区，北从新场东200 m处向南延伸2 877 m至三场，东从三场向西延伸4 398 m至西吴宅东300 m处，南由西吴宅东300 m处向东北延伸3 287 m至马场东500 m处，西由马场东500 m处向东延伸2 567 m至新场东200 m处。四至范围拐点地理坐标分别为：东北（118° 12′ 25″ E，34° 08′ 07″ N）；东南（118° 12′ 56″ E，34° 06′ 37″ N）；西南（118° 10′ 07″ E，34° 06′ 13″ N）；西北（118° 10′ 46″ E，34° 07′ 55″ N）。保护区内除核心区以外的水域为实验区。主要保护对象为鲤和鲫，其他保护对象包括黄颡鱼、红鳍鲌、翘嘴鲌、沙塘鳢、鳜、乌鳢、青虾、螺、蚬等。

1.5.2 骆马湖青虾国家级水产种质资源保护区

骆马湖青虾国家级水产种质资源保护区于2012年被列入第六批国家级水产种质资源保护区（中华人民共和国农业部公告第1 873号）。保护区总面积1 740 hm^2，其中核心区面积为596 hm^2、实验区面积为1 144 hm^2。核心区特别保护期为全年。保护区位于骆马湖安家洼附近水域，该区域水质清新、水生生物资源丰富，是青虾产卵、索饵、生长、繁育的主要场所。保护区是由4个拐点顺次连线围成的水域，地理坐标分别为：118° 13′ 16″ E，34° 02′ 44″ N；118° 12′ 25″ E，34° 00′ 21″ N；118° 10′ 04″ E，34° 01′ 14″ N；118° 10′ 53″ E，34° 03′ 27″ N。核心区是由4个拐点顺次连线围成的水域，地理坐标分别为：118° 12′ 20″ E，34° 02′ 16″ N；118° 11′ 47″ E，34° 00′ 58″ N；118° 10′ 23″ E，34° 01′ 21″ N；118° 10′ 53″ E，34° 02′ 41″ N。保护区除核心区之外的水域为实验区。保护区主要保护对象为青虾，其他保护对象包括螺、蚬等。

1.6 · 长江江苏段所涉保护区

1.6.1 长江大胜关长吻鮠铜鱼国家级水产种质资源保护区

长江大胜关长吻鮠铜鱼国家级水产种质资源保护区于2009年被列入第二批国家级水产种质资源保护区（中华人民共和国农业部公告第1 130号、农办渔〔2009〕34号）。保护区总面积7 421.03 hm^2，其中核心区面积403.43 hm^2、实验区面积7 017.60 hm^2。核心区特别保护期为4月1日至6月30日。保护区位于江苏省南京市江宁区、雨花区、浦口区、建邺区和下关区的长江江段，地理坐标范围为118° 29′ 32″ E～118° 43′ 34″ E、31° 49′ 56″ N～32° 05′ 35″ N。其北岸：驻马河、骚狗山、啧河、七坝、西江口、九袱洲、棉花码头；南岸：立山、仙人矶、下三山、新沟、大胜关、秦淮新河、三汊河。保护区江段总长40 km，其中核心区为秦淮新河口至建邺区江心洲尾北岸的长江大胜关水道，地理坐标范围为118° 39′ 31″ E～118° 43′ 26″ E、31° 58′ 41″ N～32° 04′ 21″ N。实验区为江宁区新济洲头至潜洲尾的长江江段，地理坐标范围为118° 29′ 32″ E～118° 43′ 34″ E、31° 49′ 56″ N～32° 05′ 35″ N。主要保护对象为长吻鮠、铜鱼，其他保护物种包括中华鲟、胭脂鱼、中华绒螯蟹、刀鲚、暗纹东方鲀、江黄颡、长鳠等。保护区全年禁捕，以保护主要保护对象的索饵场和越冬场少受外界干扰，同时还保护了保护区内定居性渔业生物的生境及重要洄游性渔业生物的洄游通道。此外，保护区对于维持长江渔业生物栖息地的完整性具有重要意义。

1.6.2 长江扬州段四大家鱼国家级水产种质资源保护区

长江扬州段四大家鱼国家级水产种质资源保护区于2009年被被列入第二批国家级水产种质资源保护区（中华人民共和国农业部公告第1 130号、农办渔〔2009〕34号）。保护区总面积2 000 hm^2，其中核心区面积200 hm^2、实验区面积1 800 hm^2。核心区特别保护期为全年。保护区地处江苏省扬州市的长江江段，位于太平闸东（119° 31′ 01″ E，32° 25′ 42″ N）、万福闸西（119° 30′ 25″ E，32° 25′ 36″ N）、三江营夹江口（119° 42′ 05″ E，32° 18′ 98″ N）、小虹桥大坝（119° 30′ 51″ E，32° 16′ 72″ N）、西夹江（翻水站）（119° 27′ 94″ E，32° 17′ 91″ N）之间。核心区是由以下10个拐点沿河道方向顺次连线所围的水域：东大坝北首（119° 31′ 35″ E，32° 19′ 20″ N）—沙头镇强民村（119° 33′ 58″ E，32° 19′ 37″ N）—西大坝北头（119° 28′ 37″ E，32° 18′ 13″ N）—施桥镇永安村（119° 29′ 20″ E，32° 16′ 44″ N）—施桥镇顺江村（119° 30′ 51″ E，32° 16′ 72″ N）—沙头镇小虹桥村（119° 30′ 41″ E，32° 16′ 48″ N）—猪场（119° 28′ 09″ E，32° 18′ 19″ N）—场部（119° 28′ 47″ E，32° 18′ 00″ N）—沙头镇三星村（E119° 30′ 21″，32° 18′ 43″ N）—李典镇田桥闸口（119° 34′ 06″ E，32° 20′ 32″ N）。实验区范围是由以下14个拐点沿河道方向顺次连线所围的水域：李典镇田桥闸口（119° 34′ 06″ E，32° 20′ 32″ N）—东大坝北首（119° 31′ 35″ E，32° 19′ 20″ N）—霍桥镇码头（119° 31′ 04″ E，32° 20′ 40″ N）—廖家沟大桥西（119° 30′ 49″ E，32° 23′ 17″ N）—湾头镇联合村（119° 30′ 33″ E，32° 24′ 06″ N）—湾头镇夏桥村杭庄

（119° 31′ 13″ E，32° 24′ 35″ N）—杭集镇耿营（119° 31′ 12″ E，32° 24′ 08″ N）—廖家沟大桥东（119° 31′ 21″ E，32° 23′ 19″ N）—杭集镇丁家口涵（119° 31′ 12″ E，32° 22′ 12″ N）—杭集镇八圩高滩涵（119° 31′ 50″ E，32° 20′ 18″ N）—李典镇田桥闸口（119° 34′ 06″ E，32° 20′ 32″ N）—杭集镇新联村七圩（119° 35′ 00″ E，32° 21′ 22″ N）—头桥镇九圣村江边（119° 41′ 43″ E，32° 17′ 48″ N）—头桥镇头桥闸口（119° 39′ 11″ E，32° 20′ 37″ N）。主要保护对象为青鱼、草鱼、鲢、鳙和中华绒螯蟹，其他保护物种包括长江刀鱼、胭脂鱼、江豚、中华鳖、青虾、皱纹冠蚌等。

1.6.3 长江扬中段暗纹东方鲀刀鲚国家级水产种质资源保护区

长江扬中段暗纹东方鲀刀鲚国家级水产种质资源保护区于2013年被列入第七批国家级水产种质资源保护区（中华人民共和国农业部公告第2 018号）。保护区总面积为2 026 hm^2，其中核心区面积492 hm^2、实验区面积为1 534 hm^2。核心区特别保护期为每年3月1日至11月30日。保护区位于长江江苏省镇江市扬中段南夹江水域，地理坐标范围为119° 42′ 31″ E ～ 119° 53′ 48″ E、32° 03′ 42″ N ～ 32° 15′ 22″ N。核心区位于油坊镇会龙村至新坝镇联合村段，起始处两点地理坐标为：119° 48′ 14″ E、32° 11′ 08″ N，119° 48′ 12″ E、32° 11′ 15″ N；终点处两点地理坐标为119° 46′ 59″ E、32° 12′ 35″ N，119° 46′ 52″ E、32° 12′ 22″ N。实验区分为两段，其中第一段从八桥镇齐家村至油坊镇会龙村段，起始处两点地理坐标为119° 53′ 48″ E、32° 04′ 00″ N，119° 53′ 42″ E、32° 03′ 42″ N；终点处两点地理坐标为119° 48′ 14″ E、32° 11′ 08″ N，119° 48′ 12″ E、32° 11′ 15″ N。第二段从新坝镇联合村至新坝镇新宁村，起始处两点地理坐标为119° 46′ 59″ E、32° 12′ 35″ N，119° 46′ 52″ E、32° 12′ 22″ N；终点处两点地理坐标为119° 42′ 49″ E、32° 15′ 22″ N，119° 42′ 31″ E、32° 15′ 06″ N。保护区主要保护对象为暗纹东方鲀和刀鲚。

1.6.4 长江靖江段中华绒螯蟹鳜国家级水产种质资源保护区

长江靖江段中华绒螯蟹鳜国家级水产种质资源保护区于2007年被列入第一批国家级水产种质资源保护区（中华人民共和国农业部公告第947号）。保护区总面积2 400 hm^2，其中核心区面积800 hm^2、实验区面积1 600 hm^2，地理坐标范围为120° 24′ E ～ 120° 30′ E、32° 01′ N ～ 32° 04′ N。主要保护对象为中华绒螯蟹、鳜等，保护区内还栖息着刀鲚、鳗鲡、长吻鮠、鲫、鳊、鲢、鳙、草鱼、乌鳢、黄颡鱼、胭脂鱼、薄鳅、华鳈、斑鳜、叉尾斗鱼、铜鱼、鲈鱼、翘嘴红鲌、鳡等物种。

长江靖江段处于长江下游与河口段的交汇地带，上、下两端均有沙洲将江面分叉，自然形成了流态复杂的水域环境，营养丰富，形成了独特的自然条件和多样的生境，构成了丰富多样的鱼类栖息地、洄游通道、产卵和索饵场，在长江河口渔业资源养护中具有重要的地位。

1.6.5 长江如皋段刀鲚国家级水产种质资源保护区

长江如皋段刀鲚国家级水产种质资源保护区于2011年被列入第五批国家级水产种质资源保护区（中华人民共和国农业部公告第1 684号），后于2015年进行调整（农办长渔〔2015〕2号）。调整后保护区总面积2 212 hm^2，其中核心区面积548 hm^2、实验区面积1 664 hm^2。保护区特别保护期为每年4月15日至10月15日。保护区地理坐标范围为120° 30′ 50.34″ E ～ 120° 38′ 41.28″ E、32° 3′ 57.59″ N ～ 32° 4′ 28.59″ N。核心区位于如皋北汊，是由以下4个拐点连线围成的水域，地理坐标分别为：120° 19′ 58.16″ E，32° 1′ 53.53″ N；120° 20′ 8.68″ E，32° 1′ 48.69″ N；120° 38′ 6.81″ E，32° 3′ 42.27″ N；120° 38′ 26.36″ E，32° 4′ 1.41″ N。除核心区外，其余为实验区，分布在核心区两侧。实验区1是由以下10个拐点连线围成的水域，地理坐标分别为：120° 30′ 50.34″ E，32° 4′ 28.59″ N；120° 31′ 6.90″ E，32° 3′ 27.31″ N；120° 33′ 2.61″ E，32° 1′ 27.83″ N；120° 33′ 5.08″ E，32° 0′ 39.98″ N；120° 37′ 53.23″ E，31° 59′ 56.82″ N；120° 38′ 7.52″ E，32° 0′ 18.16″ N；120° 37′ 39.29″ E，32° 0′ 26.66″ N；120° 38′ 18.60″ E，32° 1′ 25.34″ N；120° 38′ 3.33″ E，32° 1′ 33.11″ N；120° 37′ 22.04″ E，

32° 0′ 33.10″ N。实验区2是由以下4个拐点连线围成的水域，地理坐标分别为：120° 38′ 17.93″ E，32° 3′ 36.30″ N；120° 38′ 23.50″ E，32° 3′ 45.98″ N；120° 38′ 38.02″ E，32° 3′ 41.22″ N；120° 38′ 41.28″ E，32° 3′ 57.59″ N。保护区主要保护对象为刀鲚和日本沼虾，其他保护物种包括“四大家鱼”、中华绒螯蟹、长江江豚等。

1.7 · 其他保护区

1.7.1 淀山湖河蚬翘嘴红鲌国家级水产种质资源保护区

淀山湖河蚬翘嘴红鲌国家级水产种质资源保护区于2012年被列入第六批国家级水产种质资源保护区（中华人民共和国农业部公告第1 873号）。保护区总面积2 000 hm^2，其中核心区面积867 hm^2、实验区面积1 133 hm^2。核心区特别保护期为每年的3月至6月。保护区位于淀山湖昆山市水域，从千灯浦口向南至淀山湖昆山上海分界线，地理坐标范围为120° 55′ 28″ E～121° 00′ 49″ E、31° 08′ 33″ N～31° 11′ 25″ N。核心区边界各拐点地理坐标依次为：120° 55′ 28″ E，31° 08′ 36″ N；121° 00′ 49″ E，31° 08′ 33″ N；120° 59′ 06″ E，31° 08′ 43″ N；120° 57′ 29″ E，31° 09′ 18″ N。实验区边界各拐点地理坐标依次为：120° 59′ 06″ E，31° 08′ 43″ N；120° 57′ 29″ E，31° 09′ 18″ N；120° 58′ 38″ E，31° 11′ 25″ N。保护区主要保护对象为河蚬、翘嘴红鲌，其他保护对象包括青鱼、草鱼、鲢、鳙、日本沼虾等物种。

1.7.2 阳澄湖中华绒螯蟹国家级水产种质资源保护区

阳澄湖中华绒螯蟹国家级水产种质资源保护区于2007年被列入第一批国家级水产种质资源保护区（中华人民共和国农业部公告第947号）。保护区总面积1 550 hm^2，其中核心区面积500 hm^2、实验区面积1 050 hm^2。保护区位于阳澄湖的东湖，其地理坐标范围为120° 49′ 7″ E～120° 49′ 54″ E、31° 23′ 42″ N～31° 25′ 51″ N。该保护区主要保护对象为中华绒螯蟹，保护区内还栖息着青虾、河蚬、田螺、三角帆蚌、黄蚬、秀丽白虾、日本沼虾、克氏原螯虾、鲤、鲫、长春鳊、三角鲂、红鳍鲌、翘嘴鲌、鳜、黄颡鱼、沙塘鳢、黄鳝、鳗鲡、长吻鮠、乌鳢、赤眼鳟、银鲴、吻虾虎鱼、大银鱼、花䱻、刀鲚等物种。

1.7.3 长漾湖国家级水产种质资源保护区

长漾湖国家级水产种质资源保护区于2009年被列入第三批国家级水产种质资源保护区（中华人民共和国农业部公告第1 308号、农办渔〔2010〕104号）。长漾湖国家级水产种质资源保护区总面积930 hm^2，其中核心区面积270 hm^2、实验区面积660 hm^2。保护区特别保护期为全年。保护区位于江苏省吴江市境内，横跨平望、七都、震泽、横扇四镇，地理坐标范围为120° 29′ 14″ E～120° 33′ 48″ E、30° 56′ 26″ N～31° 00′ 18″ N。核心区是由10个拐点连线所围成的区域，地理坐标分别为：120° 31′ 32″ E，30° 57′ 17″ N；120° 31′ 14″ E，30° 57′ 19″ N；120° 30′ 43″ E，30° 57′ 34″ N；120° 30′ 21″ E，30° 57′ 55″ N；120° 30′ 44″ E，30° 58′ 34″ N；120° 31′ 03″ E，30° 58′ 39″ N；120° 31′ 18″ E，30° 58′ 26″ N；120° 31′ 24″ E，30° 58′ 15″ N；120° 31′ 33″ E，30° 57′ 53″ N；120° 31′ 44″ E，30° 57′ 28″ N。实验区包括两个区域，分别位于核心区的东面和西面。西实验区面积为213 hm^2，是由8个拐点连线所围成的区域，地理坐标分别为：120° 29′ 16″ E，30° 56′ 26″ N；120° 29′ 14″ E，30° 57′ 02″ N；120° 29′ 30″ E，30° 57′ 44″ N；120° 29′ 43″ E，30° 57′ 54″ N；120° 30′ 20″ E，30° 57′ 55″ N；120° 30′ 42″ E，30° 57′ 34″ N；120° 30′ 42″ E，30° 57′ 23″ N；120° 29′ 40″ E，30° 57′ 43″ N。东实验区面积为447 hm^2，也是由8个拐点连线所围成的区域，地理坐标分别为：120° 31′ 23″ E，30° 58′ 15″ N；120° 31′ 18″ E，30° 58′ 26″ N；120° 31′ 19″ E，30° 58′ 42″ N；120° 32′ 17″ E，30° 59′ 39″ N；120° 33′ 09″ E，31° 00′ 18″ N；120° 33′ 48″ E，30° 59′ 15″ N；120° 32′ 53″ E，30° 58′ 47″ N；120° 31′ 41″ E，

30° 58′ 06″ N。主要保护对象为蒙古鲌、花䱻，其他保护对象包括太湖银鱼、翘嘴鲌、秀丽白虾、青虾、鲤、鲫、鳊、青鱼、草鱼、鲢、鳙、黄颡鱼、沙鳢、中华绒螯蟹、中华鳖等。

1.7.4 宜兴团氿东氿翘嘴红鲌国家级水产种质资源保护区

宜兴团氿东氿翘嘴红鲌国家级水产种质资源保护区于2014年被列入第八批国家级水产种质资源保护区（中华人民共和国农业部公告第2 181号）。保护区总面积938 hm^2，其中核心区面积281 hm^2、实验区面积657 hm^2。保护区核心区全年禁捕，实验区特别保护期为每年的2月1日至11月30日。保护区位于宜兴市东氿、团氿两个水域以及两者之间相连接的河道，地理坐标范围为119° 46′ 46″ E～119° 54′ 52″ E、31° 19′ 59″ N～31° 22′ 53″ N。保护区主要保护对象为翘嘴鲌，其他保护物种包括团头鲂、银鱼、黄颡鱼、乌鳢、黄鳝等。

1.7.5 长荡湖国家级水产种质资源保护区

长荡湖国家级水产种质资源保护区于2009年被列入第三批国家级水产种质资源保护区（中华人民共和国农业部公告第1 308号、农办渔〔2010〕104号）。长荡湖国家级水产种质资源保护区总面积2 500 hm^2，其中核心区面积1 000 hm^2、实验区面积1 500 hm^2。特别保护期为全年。保护区位于江苏省金坛、溧阳两市境内，集中在长荡湖中心湖区，地理坐标范围为119° 30′ 49″ E～119° 32′ 39″ E、31° 34′ 47″ N～31° 39′ 01″ N。保护区陆地东起金坛市儒林镇湖头港口，向南至大培山上新河港为折点，向西南延伸至指前镇后渎港为折点，向西经庄阳港、清水渎港至金城镇大浦港为折点，向北经新河港、方陆港、温洛港、新开河港以儒林镇下汤港为折点，向东南延伸至燕子港。核心区拐点地理坐标分别为：119° 32′ 39″ E，31° 38′ 06″ N；119° 34′ 03″ E，31° 37′ 26″ N；119° 32′ 00″ E，31° 35′ 17″ N；119° 31′ 11″ E，31° 35′ 31″ N。实验区拐点地理坐标分别为：119° 32′ 12″ E，31° 38′ 30″ N；119° 34′ 21″ E，31° 39′ 01″ N；119° 34′ 49″ E，31° 37′ 29″ N；119° 31′ 38″ E，31° 34′ 47″ N；119° 30′ 49″ E，31° 35′ 09″ N。保护区主要保护对象为青虾，其他保护对象包括鲤、鲫、乌鳢、红鳍鲌、黄颡鱼、鳜等。

1.7.6 固城湖中华绒螯蟹国家级水产种质资源保护区

固城湖中华绒螯蟹国家级水产种质资源保护区于2009年被列入第二批国家级水产种质资源保护区（中华人民共和国农业部公告第1 130号、农办渔〔2009〕34号）。保护区总面积500 hm^2，其中核心区面积300 hm^2、实验区面积200 hm^2。核心区特别保护期为每年3月1日至9月15日。保护区位于江苏省高淳县固城湖北部的永联圩畔，地理坐标范围为118° 54′ 23″ E～118° 56′ 53″ E、31° 17′ 20″ N～31° 18′ 33″ N。保护区是由4个拐点连线围成的区域，地理坐标分别为：118° 54′23″ E，31° 18′ 11″ N；118° 54′ 23″ E，31° 17′ 20″ N；118° 56′ 47″ E，31° 17′ 20″ N；118° 56′ 53″ E，31° 18′ 32″ N。核心区地理坐标范围为118° 54′ 40″ E～118° 56′ 33″ E、31° 17′ 36″ N～31° 18′ 20″ N，是由4个拐点围成的区域，地理坐标分别为：118° 54′ 42″ E，31° 18′ 2″ N；118° 54′ 40″ E，31° 17′ 36″ N；118° 56′ 18″ E，31° 17′ 38″ N；118° 56′ 33″ E，31° 18′ 20″ N。保护区内除核心区外为实验区。主要保护对象为中华绒螯蟹，其他保护物种包括青虾、青鱼、草鱼、鲢、鳙、鲤、鲫、鳊、翘嘴红鲌、红鳍鲌、鳜、黄颡鱼等物种。

1.7.7 白马湖泥鳅沙塘鳢国家级水产种质资源保护区

白马湖泥鳅沙塘鳢国家级水产种质资源保护区于2009年被列入第二批国家级水产种质资源保护区（中华人民共和国农业部公告第1 130号、农办渔〔2009〕34号）。保护区总面积1 665 hm^2，其中核心区面积333 hm^2、实验区面积1 332 hm^2。核心区特别保护期为全年。保护区位于江苏省洪泽县岔河镇和仁和镇，由两块区域组成。第一区域的四至范围拐点地理坐标分别为：119° 06′ 30″ E，33° 17′ 06″ N；119° 11′ 08″ E，33° 17′ 18″ N；119° 07′ 16″ E，33° 16′ 26″ N；119° 11′ 28″ E，33° 16′ 30″ N。

其中，保护区核心区是由4个拐点顺次连线围成的区域，地理坐标分别为：119° 06′ 30″ E，33° 17′ 06″ N；119° 07′ 16″ E，33° 17′ 26″ N；119° 07′ 16″ E，33° 16′ 26″ N；119° 07′ 30″ E，33° 16′ 28″ N。第二区域的四至范围拐点地理坐标分别为：119° 06′ 25″ E，33° 12′ 20″ N；119° 10′ 08″ E，33° 12′ 29″ N；119° 06′ 12″ E，33° 11′ 08″ N；119° 10′ 30″ E，33° 11′ 22″ N。其中，核心区是由4个拐点顺次连线围成的区域，地理坐标分别为：119° 06′ 25″ E，33° 12′ 20″ N；119° 07′ 06″ E，33° 12′ 18″ N；119° 07′ 30″ E，33° 16′ 28″ N；119° 07′ 02″ E，33° 11′ 21″ N。保护区内除核心区外其他区域为实验区。保护区的主要保护对象为泥鳅、沙塘鳢，其他保护物种包括鲤、鲫、长春鳊、三角鲂、鳜、黄颡鱼、黄鳝、乌鳢、花䱻、银鲴等物种。

1.7.8 射阳湖国家级水产种质资源保护区

射阳湖国家级水产种质资源保护区于2016年被列入第四批国家级水产种质资源保护区（中华人民共和国农业部公告第1 491号）。保护区总面积666.7 hm^2，其中核心区面积100 hm^2、实验区面积566.7 hm^2。特别保护期为每年的3月1日至7月31日。保护区位于江苏省宝应县东部射阳湖荡区，是由以下4个拐点顺次连线所围成的水域，地理坐标分别为：119° 39′ 22″ E，33° 16′ 35″ N；119° 36′ 28″ E，33° 16′ 15″ N；119° 31′ 45″ E，33° 19′ 53″ N；119° 37′ 41″ E，33° 20′ 14″ N。核心区范围主要包括射阳湖中心区域，由以下5个拐点依次连接围成的区域，地理坐标分别为：119° 37′ 20″ E，33° 18′ 42″ N；119° 37′ 31″ E，33° 18′ 31″ N；119° 37′ 12″ E，33° 18′ 34″ N；119° 37′ 09″ E，33° 18′ 45″ N；119° 37′ 12″ E，33° 18′ 57″ N。实验区为保护区内核心区以外的其他区域。主要保护对象为黄颡鱼、沙塘鳢、黄鳝、青虾、泥鳅、乌鳢。

1.7.9 金沙湖黄颡鱼国家级水产种质资源保护区

金沙湖黄颡鱼国家级水产种质资源保护区于2016年被列入第十批国家级水产种质资源保护区（中华人民共和国农业部公告第2 474号）。金沙湖黄颡鱼国家级水产种质资源保护区总面积756 hm^2，其中核心区面积为72 hm^2、实验区面积为684 hm^2。保护区特别保护期为3月1日至10月1日。保护区位于江苏省阜宁县金沙湖湖区水域及相连的营子港湖（进水生态净化区）。保护区地理坐标范围为119° 45′ 36″ E～119° 49′ 32″ E、33° 42′ 20″ N～33° 44′ 21″ N。核心区四至拐点地理坐标分别为：M（119° 47′ 34″ E，33° 43′ 39″ N）、N（119° 47′ 05″ E，33° 44′ 05″ N）、T（119° 46′ 52″ E，33° 43′ 54″ N）、V（119° 47′ 07″ E，33° 43′ 33″ N）、S（119° 47′ 06″ E，33° 43′ 25″ N）、U（119° 47′ 15″ E，33° 43′ 35″ N）。其他湖区及相连的营子港湖（进水净化区）为实验区，实验区四至拐点地理坐标分别为：A（119° 45′ 36″ E，33° 43′ 22″ N）、B（119° 46′ 32″ E，33° 43′ 17″ N）、C（119° 47′ 13″ E，33° 43′ 09″ N）、D（119° 48′ 09″ E，33° 42′ 37″ N）、E（119° 48′ 40″ E，33° 42′ 39″ N）、F（119° 48′ 58″ E，33° 42′ 21″ N）、G（119° 49′ 32″ E，33° 42′ 20″ N）、H（119° 49′ 09″ E，33° 42′ 44″ N）、I（119° 49′ 13″ E，33° 42′ 29″ N）、J（119° 48′ 28″ E，33° 43′ 11″ N）、O（119° 46′ 32″ E，33° 44′ 21″ N）、P（119° 46′ 18″ E，33° 44′ 19″ N）、Q（119° 46′ 29″ E，33° 44′ 04″ N）、R（119° 46′ 33″ E，33° 43′ 21″ N）、W（119° 46′ 03″ E，33° 43′ 37″ N）、Y（119° 46′ 00″ E，33° 43′ 30″ N）、X（119° 45′ 38″ E，33° 43′ 28″ N）。保护区主要保护对象为黄颡鱼和青虾，其他保护物种包括团头鲂、乌鳢、河蚬、褶纹冠蚌等。

第二章
调查方案

2.1 · 调查区域及时间

为了解保护区（淡水）水生态环境质量的现状及变化特征，本次监测点位的布设遵从以下3个原则。① 连续性原则：尽可能使用历史监测点位，水生生物监测点位与水体理化指标监测点位相同，尽可能获取足够信息用于解释其生态效应。② 代表性原则：根据监测目的建议全面的水生生物数据网络，设置点位覆盖保护区的核心区与实验区。③ 实用性原则：在确保达到必要的精度和样本量的前提下，监测点位尽量减少，兼顾技术指标与费用投入。

本次调查采用随机布点方案，尽量均匀地在监测范围内设置点位，以便为整个区域的整体环境提供精确的信息。同时，要使监测点位能反映生态系统的时空变化特征和受人类活动的影响。本次调查结合实际情况，共在江苏省国家级水产种质资源保护区（淡水）设置点位89个（表2.1-1），并在相对一致的时间内（春季、夏季、秋季、冬季）对保护区内的水生生物及其栖息环境进行调查。调查内容包括水环境（水温、水深、浊度、透明度、pH、溶解氧、总氮、氨氮、亚硝酸盐氮、总溶解性氮、总磷、总溶解性磷、磷酸盐、高锰酸盐指数和叶绿素a）和水生生物（浮游植物、浮游动物、底栖动物、鱼类、虾类、蟹类、贝类和螺类）。

表2.1-1 调查区域及时间一览表

调查区域	调查站位（个）	调查时间
太湖银鱼翘嘴红鲌秀丽白虾国家级水产种质资源保护区	3	2016年12月、2017年7月、10月、2018年4月
太湖青虾中华绒螯蟹国家级水产种质资源保护区	2	2016年12月、2017年7月、10月、2018年4月
太湖梅鲚河蚬国家级水产种质资源保护区	2	2016年12月、2017年7月、10月、2018年4月
滆湖鲌类国家级水产种质资源保护区	3	2016年12月、2017年8月、11月、2018年5月
滆湖国家级水产种质资源保护区	2	2016年12月、2017年8月、11月、2018年5月
高邮湖大银鱼湖鲚国家级水产种质资源保护区	2	2016年11月、2017年8月、10月及2018年4月
高邮湖河蚬秀丽白虾国家级水产种质资源保护区	2	2016年11月、2017年8月、10月及2018年4月
高邮湖青虾国家级水产种质资源保护区	2	2016年11月、2017年8月、10月及2018年4月
邵伯湖国家级水产种质资源保护区	2	2016年11月、2017年8月、10月及2018年4月
宝应湖国家级水产种质资源保护区	2	2016年11月、2017年8月、10月及2018年4月
洪泽湖青虾河蚬国家级水产种质资源保护区	2	2016年12月、2017年6月、9月及2018年4月
洪泽湖银鱼国家级水产种质资源保护区	2	2016年12月、2017年6月、9月及2018年4月
洪泽湖秀丽白虾国家级水产种质资源保护区	2	2016年12月、2017年6月、9月及2018年4月
洪泽湖虾类国家级水产种质资源保护区	2	2016年12月、2017年6月、9月及2018年4月
洪泽湖鳜国家级水产种质资源保护区	2	2016年12月、2017年6月、9月及2018年4月
洪泽湖黄颡鱼国家级水产种质资源保护区	2	2016年12月、2017年6月、9月及2018年4月
骆马湖国家级水产种质资源保护区	2	2017年2月、7月、10月及2018年4月
骆马湖青虾国家级水产种质资源保护区	2	2017年2月、7月、10月及2018年4月
长江大胜关长吻鮠铜鱼国家级水产种质资源保护区	3	2017年1月、2017年7月、11月、2018年4月
长江扬州段四大家鱼国家级水产种质资源保护区	3	2017年1月、2017年7月、11月、2018年4月

（续表）

调 查 区 域	调查站位（个）	调 查 时 间
长江扬中段暗纹东方鲀、刀鲚国家级水产种质资源保护区	3	2017年1月、2017年7月、11月、2018年4月
长江靖江段中华绒螯蟹鳜鱼国家级水产种质资源保护区	3	2017年1月、2017年7月、11月、2018年4月
长江如皋段刀鲚国家级水产种质资源保护区	3	2017年1月、2017年7月、11月、2018年4月
淀山湖河蚬翘嘴红鲌国家级水产种质资源保护区	5	2017年2月、7月、10月及2018年4月
阳澄湖中华绒螯蟹国家级水产种质资源保护区	3	2017年2月、7月、10月及2018年4月
长漾湖国家级水产种质资源保护区	5	2017年2月、7月及9月及2018年3月
宜兴团氿东氿翘嘴红鲌国家级水产种质资源保护区	6	2017年1月、6月、9月及2018年3月
长荡湖国家级水产种质资源保护区	3	2016年12月、2017年7月、11月及2018年4月
固城湖中华绒螯蟹国家级水产种质资源保护区	2	2017年1月、7月、10月及2018年4月
白马湖泥鳅沙塘鳢国家级水产种质资源保护区	4	2016年11月、2017年6月、9月及2018年3月
射阳湖国家级水产种质资源保护区	3	2016年12月、2017年7月、10月及2018年3月
金沙湖黄颡鱼国家级水产种质资源保护区	5	2016年12月、2017年7月、10月及2018年3月

2.2 · 调查及评价方法

2.2.1 调查方法

（1）水体理化指标测定

水深（H）、水温（T）、浊度（Tur）、透明度（SD）、溶解氧（DO）和酸碱度（pH）等指标采用哈希便携式水质分析仪器现场测定。总氮（TN）、氨氮（NH_4^+–N）、亚硝酸盐氮（NO^{2-}–N）、总溶解性氮（DTN）、总磷（TP）、总溶解性磷（DTP）、磷酸盐（PO_4^{3-}–P）、高锰酸盐指数（COD_{Mn}）、叶绿素a（Chl–*a*）等9项水质指标按照以下测定方法在实验室进行分析。具体方法见表2.2–1。

表2.2–1 水体理化指标测定方法一览表

序 号	监测项目	测定分析方法
1	水 深	水深测量仪器 第3部分：超声波测深仪（GB/T 27992.3—2016）
2	水 温	水质 水温的测定 温度计或颠倒温度计测定法（GB/T 13195—1991）
3	浊 度	便携式浊度计法《水和废水监测分析方法》（第四版） 国家环境保护总局（2002年）
4	透明度	《水和废水监测分析方法》（第四版） 国家环境保护总局（2002年）
5	溶解氧	水质 溶解氧的测定 电化学探头法（HJ 506—2009）
6	pH	水质 pH的测定 玻璃电极法（GB/T 6920—1986）
7	总 氮	水质 总氮的测定碱性过硫酸钾消解-紫外分光光度法（HJ 636—2012）
8	氨 氮	水质 氨氮的测定 纳氏试剂分光光度法（HJ 535—2009）
9	亚硝酸盐氮	水质 亚硝酸盐氮的测定 分光光度法（GB /T 7493—1987）
10	总溶解性氮	水质 总氮的测定 碱性过硫酸钾消解-紫外分光光度法（HJ 636—2012）
11	总 磷	水质 总磷的测定 钼酸铵分光光度法（GB/T 11893—1989）

（续表）

序 号	监测项目	测定分析方法
12	总溶解性磷	水质　总磷的测定　钼酸铵分光光度法（GB/T 11893—1989）
13	磷酸盐	水质　无机阴离子的测定　离子色谱法（HJ/T84—2001）
14	叶绿素a	水质　叶绿素a的测定　分光光度法　征求意见稿（HJ 897—2017，2018年2月1日正式实施）
15	高锰酸盐指数	水质　高锰酸盐指数的测定（GB/T 11892—1989）

（2）浮游生物资源调查

① 浮游植物样品采集：定量样品在定性样品之前采集，用1 L有机玻璃采水器采取水样1 000 ml。分层采样时，可将各层水样等量混合后取1 000 ml。样品取完，立即加入15 ml鲁哥试剂固定，带回实验室避光静置，24～36 h后进行浓缩定量。如样品需较长时间保存，则应加入40%甲醛溶液，用量为水样体积的4%。实验室内镜检分析。定性样品则用25#浮游生物网在表层缓慢拖曳采集，固定方法同定量样品。

② 浮游动物样品采集：定量样品在定性样品之前采集。每个采样点采集水样20 L，再用25#浮游生物网过滤浓缩。枝角类和桡足类定量样品加40%甲醛固定，用量为水样体积的4%；原生动物、轮虫和无节幼体定量可以采用浮游植物的定量样品。实验室内镜检分析。枝角类和桡足类定性样品用13#浮游生物网在表层缓慢拖曳采集，用40%甲醛溶液固定；原生动物、轮虫和无节幼体定性样品用25#浮游生物网在表层缓慢拖曳采集，固定方法同浮游植物定量样品固定。

浮游生物种类鉴定参照《中国淡水藻类》（胡鸿钧等，2006）、《中国淡水生物图谱》（韩茂森等，1995）和《淡水生物学》（大连水产学院，1983）进行。

（3）底栖动物资源调查

定量样品使用1/40 m²的改良彼得森采泥器采集底泥样品，每个样点采集3次。样品经200 μm网径的纱网筛洗干净后，在解剖盘中将底栖动物捡出，置入塑料标本瓶中保存（10%的福尔马林）。将样品带回实验室进行种类鉴定、计数，并用解剖镜及显微镜进行观察。湿重的测定方法：先用滤纸吸干底栖动物体表层水分，然后在电子天平上称重。

鉴定物种主要参考资料有*Aquatic Insects of China Useful For Monitoring Water Quality*、*Identification manual for the larval Chironomidae (Diptera) of North and South Carolina*、《中国小蚓类研究》《医学贝类学》《中国经济动物志·淡水软体动物》等。

（4）鱼类资源调查

每个站点每次放置3条刺网及3条定置串联笼壶，其中刺网为多网目复合刺网（1.2 cm、2 cm、4 cm、6 cm、8 cm、10 cm、14 cm），长125 m、高1.5 m。定置串联笼壶网目为1.6 cm，长10 m、宽0.4 m、高0.4 m，放置12 h后收集所有渔获物。对采集的大型鱼类现场进行种类鉴定，进行全长（由吻端到尾鳍末端的水平距离）、体长（由吻端到最后一枚尾椎的水平距离）、体重等生物学测量，并记录测量数量、采集地等相关数据。采集到的小型鱼类利用碎冰冷藏带回实验室，进行生物学测量后，选取部分固定于4%的甲醛溶液中。渔获物种类鉴定和生态类型划分参考地区相关资料。单种类渔获多于30尾的抽样测量，少于30尾的全部测量。虾类测定全长、体长、体重；蟹类测定壳宽、壳高、壳厚和重量，精确度同鱼类测定。

2.2.2 评价方法

（1）浮游植物数量

$$N=\frac{C_s}{F_sF_n}\frac{V}{v}P_n$$

式中：N示1 L水样中浮游植物的数量，cells/L；C_s示计数框面积，mm²；F_s示视野面积，mm²；F_n示视野数；V示1 L水样经过浓缩后体积，ml；v示计数框容积，ml；P_n示在F_n个视野中所计数到的浮游植物个数。

（2）浮游动物数量

$$N=(vn)/(VC)$$

式中：N示1 L水样中浮游动物的数量，ind./L；v示水样经过浓缩后体积，ml；C示计数框容积，ml；V示采样体积，L；n示所计数到的浮游动物个数（两片平均数），ind.。

（3）底栖动物数量

$$D=T/S\times 10^4$$

式中：D示个体密度，ind./m^2；T示重复取样的个体平均数，ind.；S示取样管内径截面积，m^2。

（4）优势度

优势种的概念有两个方面，即一方面占有广泛的生态环境，可以利用较高的资源，有着广泛的适应性，在空间分布上表现为空间出现频率（fi）较高；另一方面，表现为个体数量（ni）庞大，密度ni/N较高。一般取$Y\geqslant 0.02$的物种为优势种。

设：fi为第i个种在各样方中出现频率；ni为群落中第i个种在空间中的个体数量；N为群落中所有种的个体数总和。

综合优势种概念的两个方面，得出优势种优势度（Y）的计算公式如下。

$$Y=ni/N\times fi$$

（5）鱼类群落结构

$$出现率(F\%)=\frac{调查中某种鱼类出现的次数}{调查次数}\times 100\%$$

$$数量百分比(N\%)=\frac{某种鱼类的尾数}{鱼类总尾数}\times 100\%$$

$$重量百分比(W\%)=\frac{某种鱼类重量}{鱼类总重量}\times 100\%$$

相对重要性指数（IRI）=（$W\%$+%）×$F\%$

IRI指数为优势种判定指标，其中IRI > 1 000的为优势种，100 < IRI < 1 000的为主要种。

（6）群落多样性

物种多样性指数采用Margalef丰富度指数（R）、Shannon−Weaver多样性指数（H'）、Pielou均匀度指数（J）和Simpson优势度指数（λ）进行计算。上述4个指数计算公式如下。

$$R=(S-1)/\ln N$$

$$H'=-\sum(n_i/N)\ln(n_i/N)$$

$$J=H'/\ln(S)$$

$$\lambda=\frac{n_i(n_i-1)}{N(N-1)}。$$

式中：S、n_i和N分别为物种数、某物种的尾数和所有物种的尾数。

（7）单位捕捞努力量渔获量（CPUE）

单位捕捞努力量渔获量是指单位时间、单位面积的捕捞量，计算公式如下。

刺网单位捕捞努力量渔获数量（CPUEn）：

$$CPUEn=n/(ts)$$

刺网单位捕捞努力量渔获重量（CPUEp）：

$$CPUEp=p/(ts)$$

地笼单位捕捞努力量渔获数量（CPUEn）：

$$CPUEn=n/(tv);$$

地笼单位捕捞努力量渔获重量（CPUEp）：

$$CPUEp=p/(tv)。$$

式中：n表示渔获物数量，p表示渔获物重量，t表示时间，s表示刺网面积，v表示定置串联笼壶体积。

（8）地表水环境质量标准

水质评价标准依据《地表水环境质量标准》（GB 3838—2002），相关指标见表2.2-2。

水域功能和标准分类依据地表水水域环境功能和保护目标，按功能高低依次划分为以下五类。

Ⅰ类：主要适用于源头水、国家自然保护区。

Ⅱ类：主要适用于集中式生活饮用水地表水源地

一级保护区、珍稀水生生物栖息地、鱼虾类产卵场、仔稚幼鱼的索饵场等。

Ⅲ类：主要适用于集中式生活饮用水地表水源地二级保护区、鱼虾类越冬场、洄游通道、水产养殖区等渔业水域及游泳区。

Ⅳ类：主要适用于一般工业用水区及人体非直接接触的娱乐用水区。

Ⅴ类：主要适用于农业用水区及一般景观要求水域。

对应地表水上述五类水域功能，将地表水环境质量标准基本项目标准值分为五类，不同功能类别分别执行相应类别的标准值。水域功能类别高的标准值严于水域功能类别低的标准值。同一水域兼有多类使用功能的，执行最高功能类别对应的标准值。实现水域功能与达功能类别标准为同一含义。

表 2.2-2 **部分地表水环境质量标准限值**

序 号	项 目		Ⅰ类	Ⅱ类	Ⅲ类	Ⅳ类	Ⅴ类
1	水温（℃）	人为造成的环境水温变化应限制在：周平均最大温升≤1；周平均最大温降≤2					
2	pH	6～9					
3	溶解氧（mg/L）	≥	饱和率90%（或7.5）	6	5	3	2
4	高锰酸盐指数（mg/L）	≤	2	4	6	10	15
5	化学需氧量（COD）(mg/L）	≤	15	15	20	30	40
6	五日生化需氧量（BOD_5）（mg/L）	≤	3	3	4	6	10
7	氨氮（NH_3-N）(mg/L）	≤	0.15	0.5	1.0	1.5	2.0
8	总磷（以P计）(mg/L）	≤	0.02（湖、库0.01）	0.1（湖、库0.025）	0.2（湖、库0.05）	0.3（湖、库0.1）	0.4（湖、库0.2）
9	总氮（湖、库，以N计）（mg/L）	≤	0.2	0.5	1.0	1.5	2.0

江苏省国家级水产种质资源保护区（淡水）
水生生物资源与环境

第三章
栖息环境现状及评价

3.1 · 水体理化指标

3.1.1 太湖银鱼翘嘴红鲌秀丽白虾国家级水产种质资源保护区

（1）水环境状况

根据四个季度监测数据可知：水深范围为1.60～2.13 m；pH范围为8.06～8.63；水温范围为7.87～31.53℃；溶解氧范围为6.57～11.71 mg/L；总氮范围为0.43～1.63 mg/L；氨氮范围为0.06～0.22 mg/L；亚硝酸盐氮范围为ND～0.05 mg/L；总溶解性氮范围为ND～0.87 mg/L；总磷范围为0.02～0.05 mg/L；总溶解性磷范围为ND～0.04 mg/L；磷酸盐范围为ND～0.04 mg/L；高锰酸盐指数范围为2.61～4.40 mg/L；透明度范围为0.15～0.53 m；叶绿素a范围为3.20～16.77 μg/L。不同季节的水质参数详见表3.1-1。

表3.1-1 各监测项目统计结果（全年）

监测项目	春均值	夏均值	秋均值	冬均值
pH	8.63	8.27	8.47	8.06
水温（℃）	22.73	31.53	17.37	7.87
水深（m）	2.00	1.60	2.13	1.63
溶解氧（mg/L）	11.58	6.57	9.83	11.71
浊度（NTU）	77.63	88.47	30.03	66.00
透明度（m）	0.53	0.15	0.47	0.18
总氮（mg/L）	1.63	0.43	0.58	0.91
氨氮（mg/L）	0.21	0.06	0.22	0.07
亚硝酸盐氮（mg/L）	0.01	0.04	0.05	ND
总溶解性氮（mg/L）	0.87	0.32	0.44	ND
总磷（mg/L）	0.02	0.04	0.02	0.05
总溶解性磷（mg/L）	0.01	0.04	0.01	ND
磷酸盐（mg/L）	0.04	ND	ND	ND
高锰酸盐指数（mg/L）	2.70	2.61	4.40	3.44
叶绿素a（μg/L）	5.50	3.20	4.47	16.77

注：ND指未检出。

（2）总体评价

根据四个季度的监测结果进行评价，评价结果显示如下。

春季保护区水质监测中，pH符合《地表水环境质量标准》（GB 3838—2002）；溶解氧符合Ⅰ类水标准；氨氮符合Ⅱ类水标准；总氮符合Ⅴ类水标准；总磷符合Ⅱ类水标准；高锰酸盐符合Ⅱ类水标准。

夏季保护区水质监测中，pH符合《地表水环境质量标准》（GB 3838—2002）；溶解氧符合Ⅱ类水标准；氨氮符合Ⅰ类水标准；总氮符合Ⅱ类水标准；总磷符合Ⅲ类水标准；高锰酸盐符合Ⅱ类水标准。

秋季保护区水质监测中，pH符合《地表水环境质量标准》（GB 3838—2002）；溶解氧符合Ⅰ类水标准；氨氮符合Ⅱ类水标准；总氮符合Ⅲ类水标准；总磷符合Ⅱ类水标准；高锰酸盐符合Ⅲ类水标准。

冬季保护区水质监测中，pH符合《地表水环境质量标准》(GB 3838—2002);溶解氧符合Ⅰ类水标准;氨氮符合Ⅰ类水标准;总氮符合Ⅲ类水标准;总磷符合Ⅲ类水标准;高锰酸盐符合Ⅱ类水标准。

3.1.2 太湖青虾中华绒螯蟹国家级水产种质资源保护区

· 水环境状况

根据四个季度监测数据可知:水深范围为2.30 ~ 2.90 m;pH范围为8.15 ~ 8.69;水温范围为7.20 ~ 31.00 ℃;溶解氧范围为7.28 ~ 11.79 mg/L;总氮范围为0.38 ~ 2.55 mg/L;氨氮范围为0.05 ~ 0.30 mg/L;亚硝酸盐氮范围为0.01 ~ 0.05 mg/L;总溶解性氮ND ~ 1.40 mg/L;总磷范围为ND ~ 0.06 mg/L;总溶解性磷范围为ND ~ 0.04 mg/L;磷酸盐范围为ND ~ 0.030 mg/L;高锰酸盐指数范围为3.10 ~ 4.72 mg/L;透明度范围为0.15 ~ 0.35 m;叶绿素a范围为1.40 ~ 20.50 μg/L。不同季节的水质参数详见表3.1–2。

表3.1–2 各监测项目统计结果(全年)

监测项目	春均值	夏均值	秋均值	冬均值
pH	8.69	8.38	8.37	8.15
水温(℃)	21.40	31.00	17.20	7.20
水深(m)	2.30	2.40	2.80	2.90
溶解氧(mg/L)	11.77	7.28	9.75	11.79
浊度(NTU)	75.20	63.00	40.70	88.00
透明度(m)	0.35	0.35	0.30	0.15
总氮(mg/L)	2.55	0.61	0.38	0.99
氨氮(mg/L)	0.30	0.11	0.11	0.05
亚硝酸盐氮(mg/L)	0.01	0.05	0.01	< 0.013
总溶解性氮(mg/L)	1.40	0.52	0.24	ND
总磷(mg/L)	0.01	0.05	ND	0.06
总溶解性磷(mg/L)	< 0.01	0.04	ND	ND
磷酸盐(mg/L)	0.03	ND	ND	ND
高锰酸盐指数(mg/L)	3.10	3.52	4.72	3.78
叶绿素a(μg/L)	9.40	1.40	1.78	20.50

注:ND指未检出。

· 总体评价

根据四个季度的监测结果进行评价,评价结果显示如下。

春季保护区水质监测中,pH符合《地表水环境质量标准》(GB 3838—2002);溶解氧符合Ⅰ类水标准;氨氮符合Ⅱ类水标准;总氮未达到Ⅴ类水标准;总磷符合Ⅰ类水标准;高锰酸盐符合Ⅱ类水标准。

夏季保护区水质监测中,pH符合《地表水环境质量标准》(GB 3838—2002);溶解氧符合Ⅱ类水标准;氨氮符合Ⅰ类水标准;总氮符合Ⅲ类水标准;总磷符合Ⅲ类水标准;高锰酸盐符合Ⅱ类水标准。

秋季保护区水质监测中,pH符合《地表水环境质量标准》(GB 3838—2002);溶解氧符合Ⅰ类水标准;氨氮符合Ⅰ类水标准;总氮符合Ⅱ类水标准;高锰酸盐符合Ⅲ类水标准。

冬季保护区水质监测中,pH符合《地表水环境质量标准》（GB 3838—2002）；溶解氧符合Ⅰ类水标准；氨氮符合Ⅰ类水标准；总氮符合Ⅲ类水标准；总磷符合Ⅳ类水标准；高锰酸盐符合Ⅱ类水标准。

3.1.3 太湖梅鲚河蚬国家级水产种质资源保护区

· 水环境状况

根据四个季度监测数据可知：水深范围为2.20～2.70 m；pH范围为7.99～8.85；水温范围为7.90～30.80℃；溶解氧范围为6.39～12.37 mg/L；总氮范围为0.83～2.61 mg/L；氨氮范围为0.06～0.32 mg/L；亚硝酸盐氮范围为ND～0.05 mg/L；总溶解性氮ND～1.44 mg/L；总磷范围为0.01～0.11 mg/L；总溶解性磷范围为ND～0.04 mg/L；磷酸盐范围为ND～0.03 mg/L；高锰酸盐指数范围为2.85～4.74 mg/L；透明度范围为0.27～0.50 m；叶绿素a范围为3.18～21.50 μg/L。不同季节的水质参数详见表3.1-3。

表3.1-3 各监测项目统计结果（全年）

监测项目	春均值	夏均值	秋均值	冬均值
pH	8.85	7.99	8.81	8.07
水温（℃）	21.20	30.80	17.80	7.90
水深（m）	2.30	2.30	2.70	2.20
溶解氧（mg/L）	12.37	6.39	9.51	7.96
浊度（NTU）	46.60	50.30	52.70	26.00
透明度（m）	0.50	0.35	0.50	0.27
总氮（mg/L）	1.86	0.83	2.61	2.33
氨氮（mg/L）	0.23	0.12	0.32	0.06
亚硝酸盐氮（mg/L）	0.02	0.05	ND	< 0.013
总溶解性氮（mg/L）	1.37	0.67	1.44	ND
总磷（mg/L）	0.01	0.05	0.10	0.11
总溶解性磷（mg/L）	< 0.01	0.04	0.03	ND
磷酸盐（mg/L）	0.03	ND	ND	ND
高锰酸盐指数（mg/L）	2.85	2.91	4.17	4.74
叶绿素a（μg/L）	3.40	4.30	3.18	21.50

注：ND指未检出。

· 总体评价

根据四个季度的监测结果进行评价，评价结果显示如下。

春季保护区水质监测中，pH符合《地表水环境质量标准》（GB 3838—2002）；溶解氧符合Ⅰ类水标准；氨氮符合Ⅱ类水标准；总氮符合Ⅴ类水标准；总磷符合Ⅰ类水标准；高锰酸盐符合Ⅱ类水标准。

夏季保护区水质监测中，pH符合《地表水环境质量标准》（GB 3838—2002）；溶解氧符合Ⅱ类水标准；氨氮符合Ⅰ类水标准；总氮符合Ⅲ类水标准；总磷符合Ⅲ类水标准；高锰酸盐符合Ⅱ类水标准。

秋季保护区水质监测中，pH符合《地表水环境质量标准》（GB 3838—2002）；溶解氧符合Ⅰ类水标准；氨氮符合Ⅱ类水标准；总氮未达到Ⅴ类水标准；总磷符合Ⅳ类水标准；高锰酸盐符合Ⅲ类水标准。

冬季保护区水质监测中，pH符合《地表水环境质量标准》(GB 3838—2002)；溶解氧符合Ⅰ类水标准；氨氮符合Ⅰ类水标准；总氮未达到Ⅴ类水标准；总磷符合Ⅴ类水标准；高锰酸盐符合Ⅲ类水标准。

3.1.4 滆湖鲌类国家级水产种质资源保护区

· 水环境状况

根据四个季度监测数据可知：水深范围为1.50～3.33 m；pH范围为6.79～7.89；水温范围为8.57～24.80℃；溶解氧范围为4.64～9.28 mg/L；总氮范围为2.09～6.04 mg/L；氨氮范围为0.23～1.96 mg/L；亚硝酸盐氮范围为0.02～0.17 mg/L；总溶解性氮1.83～4.76 mg/L；总磷范围为0.09～0.22 mg/L；总溶解性磷范围为0.06～0.19 mg/L；磷酸盐范围为ND～0.34 mg/L；高锰酸盐指数范围为2.67～3.81 mg/L；透明度范围为0.19～0.43 m；叶绿素a范围为1.73～16.43 μg/L。不同季节的水质参数详见表3.1-4。

表3.1-4 **各监测项目统计结果（全年）**

监测项目	春均值	夏均值	秋均值	冬均值
pH	7.89	7.68	6.79	7.69
水温（℃）	10.27	24.80	16.73	8.57
水深（m）	3.33	3.20	1.50	2.80
溶解氧（mg/L）	9.28	4.64	8.30	8.23
浊度（NTU）	19.97	65.43	59.90	32.57
透明度（m）	0.43	0.19	0.21	0.34
总氮（mg/L）	4.31	3.83	2.09	6.04
氨氮（mg/L）	1.49	0.27	0.23	1.96
亚硝酸盐氮（mg/L）	0.09	0.17	0.02	0.04
总溶解性氮（mg/L）	3.93	3.57	1.83	4.76
总磷（mg/L）	0.09	0.21	0.09	0.22
总溶解性磷（mg/L）	0.08	0.19	0.06	0.09
磷酸盐（mg/L）	0.07	0.34	ND	ND
高锰酸盐指数（mg/L）	3.56	3.81	2.67	3.39
叶绿素a（μg/L）	4.70	8.37	16.43	1.73

注：ND指未检出。

· 总体评价

根据四个季度的监测结果进行评价，评价结果显示如下。

春季保护区水质监测中，pH符合《地表水环境质量标准》(GB 3838—2002)；溶解氧符合Ⅰ类水标准；氨氮符合Ⅳ类水标准；总氮未达到Ⅴ类水标准；总磷符合Ⅳ类水标准；高锰酸盐符合Ⅱ类水标准。

夏季保护区水质监测中，pH符合《地表水环境质量标准》(GB 3838—2002)；溶解氧符合Ⅳ类水标准；氨氮符合Ⅱ类水标准；总氮未达到Ⅴ类水标准；总磷未达到Ⅴ类水标准；高锰酸盐符合Ⅱ类水标准。

秋季保护区水质监测中，pH符合《地表水环境质量标准》(GB 3838—2002)；溶解氧符合Ⅰ类水标准；氨氮符合Ⅱ类水标准；总氮未达到Ⅴ类水标准；总磷符合Ⅳ类水标准；高锰酸盐符合Ⅱ类水标准。

冬季保护区水质监测中，pH符合《地表水环境质量标准》(GB 3838—2002)；溶解氧符合Ⅰ类水标准；氨氮符合Ⅴ类水标准；总氮未达到Ⅴ类水标准；

总磷未达到Ⅴ类水标准；高锰酸盐符合Ⅱ类水标准。

3.1.5 滆湖国家级水产种质资源保护区

· 水环境状况

根据四个季度监测数据可知：水深范围为1.40～1.85 m；pH范围为7.19～8.40；水温范围为7.45～24.60℃；溶解氧范围为7.36～12.20 mg/L；总氮范围为1.69～3.50 mg/L；氨氮范围为0.13～1.17 mg/L；亚硝酸盐氮范围为0.02～0.07 mg/L；总溶解性氮1.45～3.60 mg/L；总磷范围为0.05～0.30 mg/L；总溶解性磷范围为0.04～0.14 mg/L；磷酸盐范围为ND～0.15 mg/L；高锰酸盐指数范围为2.54～4.02 mg/L；透明度范围为0.19～0.30 m；叶绿素a范围为3.40～30.85 μg/L。不同季节的水质参数详见表3.1-5。

表3.1-5 各监测项目统计结果（全年）

监测项目	春均值	夏均值	秋均值	冬均值
pH	7.19	8.41	8.32	7.92
水温（℃）	10.30	24.60	18.75	7.45
水深（m）	1.40	1.85	1.60	1.55
溶解氧（mg/L）	12.17	7.36	12.20	10.26
浊度（NTU）	51.75	74.65	51.60	69.70
透明度（m）	0.19	0.21	0.28	0.30
总氮（mg/L）	2.73	1.86	1.69	3.50
氨氮（mg/L）	0.76	0.13	0.29	1.17
亚硝酸盐氮（mg/L）	0.04	0.07	0.02	0.03
总溶解性氮（mg/L）	2.40	1.70	1.45	3.60
总磷（mg/L）	0.05	0.15	0.06	0.30
总溶解性磷（mg/L）	0.04	0.14	0.05	0.06
磷酸盐（mg/L）	0.12	0.15	ND	ND
高锰酸盐指数（mg/L）	3.80	3.70	2.54	4.02
叶绿素a（μg/L）	3.60	23.65	30.85	3.40

注：ND指未检出。

· 总体评价

根据四个季度的监测结果进行评价，评价结果显示如下。

春季保护区水质监测中，pH符合《地表水环境质量标准》（GB 3838—2002）；溶解氧符合Ⅰ类水标准；氨氮符合Ⅲ类水标准；总氮未达到Ⅴ类水标准；总磷符合Ⅳ类水标准；高锰酸盐符合Ⅱ类水标准。

夏季保护区水质监测中，pH符合《地表水环境质量标准》（GB 3838—2002）；溶解氧符合Ⅱ类水标准；氨氮符合Ⅰ类水标准；总氮符合Ⅴ类水标准；总磷符合Ⅴ类水标准；高锰酸盐符合Ⅱ类水标准。

秋季保护区水质监测中，pH符合《地表水环境质量标准》（GB 3838—2002）；溶解氧符合Ⅰ类水标准；氨氮符合Ⅱ类水标准；总氮符合Ⅴ类水标准；总磷符合Ⅳ类水标准；高锰酸盐符合Ⅱ类水标准。

冬季保护区水质监测中，pH符合《地表水环境质量标准》（GB 3838—2002）；溶解氧符合Ⅰ类水标准；氨氮符合Ⅳ类水标准；总氮未达到Ⅴ类水标准；

总磷未达到Ⅴ类水标准；高锰酸盐符合Ⅱ类水标准。

3.1.6 高邮湖大银鱼湖鲚国家级水产种质资源保护区

· 水环境状况

根据四个季度监测数据可知：水深范围为1.52 ~ 2.00 m；pH范围为8.50 ~ 8.78；水温范围为9.23 ~ 27.94 ℃；溶解氧10.34 ~ 13.74 mg/L；总氮范围为0.82 ~ 1.69 mg/L；氨氮范围为0.09 ~ 0.39 mg/L；亚硝酸盐氮范围为0.01 ~ 0.06 mg/L；总溶解性氮0.67 ~ 1.45 mg/L；总磷范围为0.03 ~ 0.09 mg/L；总溶解性磷范围为0.02 ~ 0.07 mg/L；磷酸盐范围为ND ~ 0.05 mg/L；高锰酸盐指数范围为3.55 ~ 4.78 mg/L；透明度范围为0.15 ~ 0.50 m；叶绿素a范围为4.50 ~ 20.40 μg/L。不同季节的水质参数详见表3.1-6。

表3.1-6 各监测项目统计结果（全年）

监测项目	春均值	夏均值	秋均值	冬均值
pH	8.78	8.77	8.50	8.56
水温（℃）	12.34	27.94	13.34	9.23
水深（m）	1.75	1.52	1.85	2.00
溶解氧（mg/L）	13.74	10.34	12.54	10.92
浊度（NTU）	40.90	15.70	82.80	8.22
透明度（m）	0.25	0.50	0.15	0.15
总氮（mg/L）	1.33	0.82	1.69	1.58
氨氮（mg/L）	0.30	0.17	0.39	0.09
亚硝酸盐氮（mg/L）	0.01	0.06	0.03	0.05
总溶解性氮（mg/L）	1.22	0.67	1.41	1.45
总磷（mg/L）	0.03	0.04	0.09	0.05
总溶解性磷（mg/L）	0.02	0.02	0.07	0.02
磷酸盐（mg/L）	0.05	ND	ND	ND
高锰酸盐指数（mg/L）	3.55	4.08	4.78	3.90
叶绿素a（μg/L）	4.50	10.90	20.40	5.00

注：ND指未检出。

· 总体评价

根据四个季度的监测结果进行评价，评价结果显示如下。

春季保护区水质监测中，pH符合《地表水环境质量标准》（GB 3838—2002）；溶解氧符合Ⅰ类水标准；氨氮符合Ⅱ类水标准；总氮符合Ⅳ类水标准；总磷符合Ⅲ类水标准；高锰酸盐符合Ⅱ类水标准。

夏季保护区水质监测中，pH符合《地表水环境质量标准》（GB 3838—2002）；溶解氧符合Ⅰ类水标准；氨氮符合Ⅱ类水标准；总氮符合Ⅲ类水标准；总磷符合Ⅲ类水标准；高锰酸盐符合Ⅲ类水标准。

秋季保护区水质监测中，pH符合《地表水环境质量标准》（GB 3838—2002）；溶解氧符合Ⅰ类水标准；氨氮符合Ⅱ类水标准；总氮符合Ⅴ类水标准；总磷符合Ⅳ类水标准；高锰酸盐符合Ⅲ类水标准。

冬季保护区水质监测中，pH符合《地表水环境质量标准》(GB 3838—2002)；溶解氧符合Ⅰ类水标准；氨氮符合Ⅰ类水标准；总氮符合Ⅴ类水标准；总磷符合Ⅲ类水标准；高锰酸盐符合Ⅱ类水标准。

3.1.7 高邮湖河蚬秀丽白虾国家级水产种质资源保护区

· 水环境状况

根据四个季度监测数据可知：水深范围为1.20～2.50 m；pH范围为8.36～9.18；水温范围为9.18～27.27℃；溶解氧7.62～15.57 mg/L；总氮范围为0.18～3.01 mg/L；氨氮范围为0.03～0.36 mg/L；亚硝酸盐氮范围为0.02～0.05 mg/L；总溶解性氮0.11～2.78 mg/L；总磷范围为0.02～0.14 mg/L；总溶解性磷范围为ND～0.06 mg/L；磷酸盐范围为ND～0.04 mg/L；高锰酸盐指数范围为3.21～4.54 mg/L；透明度范围为0.18～0.22 m；叶绿素a范围为3.10～16.30 μg/L。不同季节的水质参数详见表3.1-7。

表3.1-7 各监测项目统计结果（全年）

监测项目	春均值	夏均值	秋均值	冬均值
pH	8.66	8.39	8.36	9.18
水温（℃）	14.44	27.27	13.69	9.18
水深（m）	2.5	2.50	1.54	1.20
溶解氧（mg/L）	15.57	7.62	11.39	11.87
浊度（NTU）	17.70	137.00	74.60	5.01
透明度（m）	0.18	0.22	0.18	0.20
总氮（mg/L）	3.01	0.18	1.37	1.89
氨氮（mg/L）	0.22	0.09	0.36	0.03
亚硝酸盐氮（mg/L）	0.04	0.05	0.02	0.05
总溶解性氮（mg/L）	2.78	0.11	1.12	1.83
总磷（mg/L）	0.02	0.10	0.14	0.03
总溶解性磷（mg/L）	0.02	0.06	0.05	ND
磷酸盐（mg/L）	0.04	ND	ND	ND
高锰酸盐指数（mg/L）	3.88	4.11	4.54	3.21
叶绿素a（μg/L）	16.30	3.10	9.60	3.20

注：ND指未检出。

· 总体评价

根据四个季度的监测结果进行评价，评价结果显示如下。

春季保护区水质监测中，pH符合《地表水环境质量标准》(GB 3838—2002)；溶解氧符合Ⅰ类水标准；氨氮符合Ⅱ类水标准；总氮未达到Ⅴ类水标准；总磷符合Ⅱ类水标准；高锰酸盐符合Ⅱ类水标准。

夏季保护区水质监测中，pH符合《地表水环境质量标准》(GB 3838—2002)；溶解氧符合Ⅰ类水标准；氨氮符合Ⅰ类水标准；总氮符合Ⅰ类水标准；总磷符合Ⅳ类水标准；高锰酸盐符合Ⅲ类水标准。

秋季保护区水质监测中，pH符合《地表水环境质量标准》(GB 3838—2002)；溶解氧符合Ⅰ类水标准；氨氮符合Ⅱ类水标准；总氮符合Ⅳ类水标准；总磷符合Ⅴ类水标准；高锰酸盐符合Ⅲ类水标准。

冬季保护区水质监测中，pH符合《地表水环境质量标准》(GB 3838—2002)；溶解氧符合Ⅰ类水标准；氨氮符合Ⅰ类水标准；总氮符合Ⅴ类水标准；总磷符合Ⅲ类水标准；高锰酸盐符合Ⅱ类水标准。

3.1.8 高邮湖青虾国家级水产种质资源保护区

· 水环境状况

根据四个季度监测数据可知：水深范围为1.20 ~ 2.72 m；pH范围为8.01 ~ 9.67；水温范围为9.24 ~ 26.69 ℃；溶解氧6.34 ~ 15.09 mg/L；总氮范围为1.01 ~ 2.08 mg/L；氨氮范围为0.05 ~ 0.18 mg/L；亚硝酸盐氮范围为0.00 ~ 0.05 mg/L；总溶解性氮0.80 ~ 2.05 mg/L；总磷范围为0.02 ~ 0.05 mg/L；总溶解性磷范围为ND ~ 0.05 mg/L；磷酸盐范围为ND ~ 0.05 mg/L；高锰酸盐指数范围为3.17 ~ 6.60 mg/L；透明度范围为0.15 ~ 0.30 m；叶绿素a范围为3.40 ~ 10.40 μg/L。不同季节的水质参数详见表3.1-8。

表3.1-8 各监测项目统计结果（全年）

监测项目	春均值	夏均值	秋均值	冬均值
pH	9.67	8.01	8.17	8.59
水温（℃）	16.01	26.69	12.75	9.24
水深（m）	1.55	1.52	2.72	1.20
溶解氧（mg/L）	15.09	6.34	11.32	11.10
浊度（NTU）	3.84	88.10	33.60	4.56
透明度（m）	0.20	0.30	0.24	0.15
总氮（mg/L）	1.01	1.55	1.03	2.08
氨氮（mg/L）	0.18	0.10	0.17	0.05
亚硝酸盐氮（mg/L）	0.00	0.05	0.01	0.05
总溶解性氮（mg/L）	0.84	0.95	0.80	2.05
总磷（mg/L）	0.02	0.05	0.02	0.04
总溶解性磷（mg/L）	0.02	0.05	ND	0.01
磷酸盐（mg/L）	0.05	ND	ND	ND
高锰酸盐指数（mg/L）	3.47	6.60	4.34	3.17
叶绿素a（μg/L）	4.10	3.40	10.40	6.00

注：ND指未检出。

· 总体评价

根据四个季度的监测结果进行评价，评价结果显示如下。

春季保护区水质监测中，pH符合《地表水环境质量标准》(GB 3838—2002)；溶解氧符合Ⅰ类水标准；氨氮符合Ⅱ类水标准；总氮符合Ⅳ类水标准；总磷符合Ⅲ类水标准；高锰酸盐符合Ⅱ类水标准。

夏季保护区水质监测中，pH符合《地表水环境质量标准》(GB 3838—2002)；溶解氧符合Ⅰ类水标准；氨氮符合Ⅰ类水标准；总氮符合Ⅴ类水标准；总磷符合Ⅲ类水标准；高锰酸盐符合Ⅳ类水标准。

秋季保护区水质监测中，pH符合《地表水环境质量标准》(GB 3838—2002)；溶解氧符合Ⅰ类水标准；氨氮符合Ⅱ类水标准；总氮符合Ⅳ类水标准；总磷符合Ⅱ类水标准；高锰酸盐符合Ⅲ类水标准。

冬季保护区水质监测中，pH符合《地表水环境质量标准》（GB 3838—2002）；溶解氧符合Ⅰ类水标准；氨氮符合Ⅰ类水标准；总氮未达到Ⅴ类水标准；总磷符合Ⅲ类水标准；高锰酸盐符合Ⅱ类水标准。

3.1.9 邵伯湖国家级水产种质资源保护区

· 水环境状况

根据四个季度监测数据可知：水深范围为1.50～2.00 m；pH范围为7.93～8.95；水温范围为9.21～27.75℃；溶解氧8.38～12.95 mg/L；总氮范围为0.53～3.26 mg/L；氨氮范围为0.05～1.55 mg/L；亚硝酸盐氮范围为0.01～0.06 mg/L；总溶解性氮0.44～3.14 mg/L；总磷范围为0.04～0.10 mg/L；总溶解性磷范围为ND～0.07 mg/L；磷酸盐范围为ND～0.02 mg/L；高锰酸盐指数范围为3.31～5.97 mg/L；透明度范围为0.20～0.35 m；叶绿素a范围为3.60～15.60 μg/L。不同季节的水质参数详见表3.1–9。

表3.1–9 各监测项目统计结果（全年）

监测项目	春均值	夏均值	秋均值	冬均值
pH	7.93	8.30	8.20	8.95
水温（℃）	15.62	27.75	12.18	9.21
水深（m）	2.00	1.50	1.92	2.00
溶解氧（mg/L）	12.95	8.38	10.57	11.17
浊度（NTU）	47.00	116.00	55.30	8.42
透明度（m）	0.30	0.35	0.32	0.20
总氮（mg/L）	3.26	0.53	1.56	2.32
氨氮（mg/L）	1.55	0.12	0.21	0.05
亚硝酸盐氮（mg/L）	0.05	0.05	0.01	0.06
总溶解性氮（mg/L）	3.14	0.44	1.29	2.24
总磷（mg/L）	0.05	0.10	0.08	0.04
总溶解性磷（mg/L）	0.03	0.07	0.04	ND
磷酸盐（mg/L）	0.02	ND	ND	ND
高锰酸盐指数（mg/L）	3.31	5.97	3.75	3.61
叶绿素a（μg/L）	15.60	5.80	3.60	5.80

注：ND指未检出。

· 总体评价

根据四个季度的监测结果进行评价，评价结果显示如下。

春季保护区水质监测中，pH符合《地表水环境质量标准》（GB 3838—2002）；溶解氧符合Ⅰ类水标准；氨氮符合Ⅴ类水标准；总氮未达到Ⅴ类水标准；总磷符合Ⅲ类水标准；高锰酸盐符合Ⅱ类水标准。

夏季保护区水质监测中，pH符合《地表水环境质量标准》（GB 3838—2002）；溶解氧符合Ⅰ类水标准；氨氮符合Ⅰ类水标准；总氮符合Ⅲ类水标准；总磷符合Ⅳ类水标准；高锰酸盐符合Ⅲ类水标准。

秋季保护区水质监测中，pH符合《地表水环境质量标准》（GB 3838—2002）；溶解氧符合Ⅰ类水标准；氨氮符合Ⅱ类水标准；总氮符合Ⅴ类水标准；总磷符合Ⅳ类水标准；高锰酸盐符合Ⅱ类水标准。

冬季保护区水质监测中，pH符合《地表水环境质量标准》(GB 3838—2002)；溶解氧符合Ⅰ类水标准；氨氮符合Ⅰ类水标准；总氮未达到Ⅴ类水标准；总磷符合Ⅲ类水标准；高锰酸盐符合Ⅱ类水标准。

3.1.10 宝应湖国家级水产种质资源保护区

· 水环境状况

根据四个季度监测数据可知：水深范围为1.62～2.50 m；pH范围为7.72～9.34；水温范围为9.70～28.25℃；溶解氧2.44～15.92 mg/L；总氮范围为0.74～1.27 mg/L；氨氮范围为0.06～0.28 mg/L；亚硝酸盐氮范围为0.01～0.05 mg/L；总溶解性氮0.68～1.02 mg/L；总磷范围为0.02～0.15 mg/L；总溶解性磷范围为ND～0.12 mg/L；磷酸盐范围为ND～0.05 mg/L；高锰酸盐指数范围为4.52～6.41 mg/L；透明度范围为0.25～1.00 m；叶绿素a范围为4.00～12.90 μg/L。不同季节的水质参数详见表3.1-10。

表3.1-10 各监测项目统计结果（全年）

监测项目	春均值	夏均值	秋均值	冬均值
pH	8.61	7.72	8.20	9.34
水温（℃）	17.87	28.25	12.75	9.70
水深（m）	2.50	1.87	1.62	2.50
溶解氧（mg/L）	15.92	2.44	12.21	13.75
浊度（NTU）	9.11	12.80	25.20	ND
透明度（m）	0.25	0.55	0.25	1.00
总氮（mg/L）	1.08	1.06	1.27	0.74
氨氮（mg/L）	0.28	0.06	0.15	0.21
亚硝酸盐氮（mg/L）	0.02	0.05	0.01	0.03
总溶解性氮（mg/L）	1.00	0.97	1.02	0.68
总磷（mg/L）	0.04	0.15	0.02	0.03
总溶解性磷（mg/L）	0.03	0.12	ND	0.01
磷酸盐（mg/L）	0.05	ND	ND	ND
高锰酸盐指数（mg/L）	4.52	6.41	4.86	6.25
叶绿素a（μg/L）	12.90	4.00	11.50	4.30

注：ND指未检出。

· 总体评价

根据四个季度的监测结果进行评价，评价结果显示如下。

春季保护区水质监测中，pH符合《地表水环境质量标准》(GB 3838—2002)；溶解氧符合Ⅰ类水标准；氨氮符合Ⅱ类水标准；总氮符合Ⅳ类水标准；总磷符合Ⅲ类水标准；高锰酸盐符合Ⅲ类水标准。

夏季保护区水质监测中，pH符合《地表水环境质量标准》(GB 3838—2002)；溶解氧符合Ⅴ类水标准；氨氮符合Ⅰ类水标准；总氮符合Ⅳ类水标准；总磷符合Ⅴ类水标准；高锰酸盐符合Ⅳ类水标准。

秋季保护区水质监测中，pH符合《地表水环境质量标准》(GB 3838—2002)；溶解氧符合Ⅰ类水标准；氨氮符合Ⅰ类水标准；总氮符合Ⅳ类水标准；总磷符合Ⅱ类水标准；高锰酸盐符合Ⅲ类水标准。

冬季保护区水质监测中，pH符合《地表水环境质量标准》（GB 3838—2002）；溶解氧符合Ⅰ类水标准；氨氮符合Ⅰ类水标准；总氮符合Ⅲ类水标准；总磷符合Ⅲ类水标准；高锰酸盐符合Ⅲ类水标准。

3.1.11 洪泽湖青虾河蚬国家级水产种质资源保护区

· 水环境状况

根据四个季度监测数据可知：水深范围为3.82～6.00 m；pH全年7.38～8.85；水温范围为9.75～29.09℃；溶解氧范围为7.49～9.78 mg/L；总氮范围为0.73～2.15 mg/L；氨氮范围为0.17～0.55 mg/L；亚硝酸盐氮范围为0.00～0.12 mg/L；总溶解性氮0.40～1.99 mg/L；总磷范围为0.03～0.11 mg/L；总溶解性磷范围为ND～0.09 mg/L；磷酸盐均值为0.07 mg/L；高锰酸盐指数范围为2.93～7.08 mg/L；透明度范围为0.10～0.40 m；叶绿素a范围为1.60～37.20 μg/L。不同季节的水质参数详见表3.1-11。

表 3.1-11 各监测项目统计结果（全年）

监测项目	春均值	夏均值	秋均值	冬均值
pH	8.30	8.85	7.79	7.38
水温（℃）	24.79	29.09	14.47	9.75
水深（m）	5.70	6.00	5.00	3.82
溶解氧（mg/L）	7.49	9.78	7.53	8.96
浊度（NTU）	29.50	24.70	230.00	17.60
透明度（m）	0.20	0.40	0.10	0.20
总氮（mg/L）	0.73	1.52	2.07	2.15
氨氮（mg/L）	0.55	0.19	0.25	0.17
亚硝酸盐氮（mg/L）	0.12	0.03	0.00	0.02
总溶解性氮（mg/L）	0.40	1.49	1.93	1.99
总磷（mg/L）	0.08	0.11	0.10	0.03
总溶解性磷（mg/L）	0.07	0.05	0.09	ND
磷酸盐（mg/L）	0.07	ND	ND	ND
高锰酸盐指数（mg/L）	4.55	7.08	4.59	2.93
叶绿素a（μg/L）	5.10	37.20	4.50	1.60

注：ND指未检出。

· 总体评价

根据四个季度的监测结果进行评价，评价结果显示如下。

春季保护区水质监测中，pH符合《地表水环境质量标准》（GB 3838—2002）；溶解氧符合Ⅱ类水标准；氨氮符合Ⅲ类水标准；总氮符合Ⅲ类水标准；总磷符合Ⅳ类水标准；高锰酸盐符合Ⅲ类水标准。

夏季保护区水质监测中，pH符合《地表水环境质量标准》（GB 3838—2002）；溶解氧符合Ⅰ类水标准；氨氮符合Ⅱ类水标准；总氮符合Ⅴ类水标准；总磷符合Ⅴ类水标准；高锰酸盐符合Ⅳ类水标准。

秋季保护区水质监测中，pH符合《地表水环境质量标准》（GB 3838—2002）；溶解氧符合Ⅰ类水标准；氨氮符合Ⅱ类水标准；总氮未达到Ⅴ类水标准；

总磷符合Ⅳ类水标准；高锰酸盐符合Ⅲ类水标准。

冬季保护区水质监测中，pH符合《地表水环境质量标准》（GB 3838—2002）；溶解氧符合Ⅰ类水标准；氨氮符合Ⅱ类水标准；总氮未达到Ⅴ类水标准；总磷符合Ⅲ类水标准；高锰酸盐符合Ⅱ类水标准。

3.1.12 洪泽湖银鱼国家级水产种质资源保护区

· 水环境状况

根据四个季度监测数据可知：水深范围为3.00～3.50 m；pH范围为7.12～8.77；水温范围为9.54～29.59℃；溶解氧范围为7.71～10.82 mg/L；总氮范围为1.03～1.95 mg/L；氨氮范围为0.15～0.26 mg/L；亚硝酸盐氮范围为0.02～0.05 mg/L；总溶解性氮0.63～1.81 mg/L；总磷范围为0.03～0.14 mg/L；总溶解性磷范围为ND～0.10 mg/L；磷酸盐范围为ND～0.02 mg/L；高锰酸盐指数范围为2.88～5.38 mg/L；透明度范围为0.23～0.45 m；叶绿素a范围为3.14～12.90 μg/L。不同季节的水质参数详见表3.1-12。

表3.1-12 各监测项目统计结果（全年）

监测项目	春均值	夏均值	秋均值	冬均值
pH	8.50	8.77	8.07	7.12
水温（℃）	27.19	29.59	14.43	9.54
水深（m）	3.10	3.00	3.50	3.40
溶解氧（mg/L）	10.23	7.71	10.82	7.89
浊度（NTU）	9.81	37.65	56.05	9.02
透明度（m）	0.45	0.38	0.23	0.25
总氮（mg/L）	1.03	1.82	1.95	1.61
氨氮（mg/L）	0.15	0.18	0.19	0.26
亚硝酸盐氮（mg/L）	0.05	0.03	0.02	0.02
总溶解性氮（mg/L）	0.63	1.63	1.81	1.02
总磷（mg/L）	0.03	0.13	0.14	0.04
总溶解性磷（mg/L）	0.02	0.10	0.10	ND
磷酸盐（mg/L）	0.02	ND	ND	ND
高锰酸盐指数（mg/L）	4.25	5.38	4.93	2.88
叶绿素a（μg/L）	5.20	12.90	3.14	4.50

注：ND指未检出。

· 总体评价

根据四个季度的监测结果进行评价，评价结果显示如下。

春季保护区水质监测中，pH符合《地表水环境质量标准》（GB 3838—2002）；溶解氧符合Ⅰ类水标准；氨氮符合Ⅰ类水标准；总氮符合Ⅳ类水标准；总磷符合Ⅲ类水标准；高锰酸盐符合Ⅲ类水标准。

夏季保护区水质监测中，pH符合《地表水环境质量标准》（GB 3838—2002）；溶解氧符合Ⅰ类水标准；氨氮符合Ⅱ类水标准；总氮符合Ⅴ类水标准；总磷符合Ⅴ类水标准；高锰酸盐符合Ⅲ类水标准。

秋季保护区水质监测中，pH符合《地表水环境质量标准》（GB 3838—2002）；溶解氧符合Ⅰ类水标准；氨氮符合Ⅱ类水标准；总氮符合Ⅴ类水标准；总磷符合Ⅴ类水标准；高锰酸盐符合Ⅲ类水标准。

冬季保护区水质监测中，pH符合《地表水环境质量标准》（GB 3838—2002）；溶解氧符合Ⅰ类水标准；氨氮符合Ⅱ类水标准；总氮符合Ⅴ类水标准；总磷符合Ⅲ类水标准；高锰酸盐符合Ⅱ类水标准。

3.1.13 洪泽湖秀丽白虾国家级水产种质资源保护区

· 水环境状况

根据四个季度监测数据可知：水深范围为2.95～4.50 m；pH范围为7.27～8.50；水温范围为9.29～27.30℃；溶解氧范围为7.58～10.52 mg/L；总氮范围为1.28～2.28 mg/L；氨氮范围为0.05～0.25 mg/L；亚硝酸盐氮为0.02 mg/L；总溶解性氮0.83～2.14 mg/L；总磷范围为0.04～0.15 mg/L；总溶解性磷范围为ND～0.12 mg/L；磷酸盐均值小于0.01 mg/L；高锰酸盐指数范围为2.73～4.86 mg/L；透明度范围为0.20～0.45 m；叶绿素a范围为2.70～9.50 μg/L。不同季节的水质参数详见表3.1-13。

表 3.1-13　各监测项目统计结果（全年）

监测项目	春均值	夏均值	秋均值	冬均值
pH	8.33	8.50	7.88	7.27
水温（℃）	26.27	27.30	14.65	9.29
水深（m）	3.60	4.50	3.50	2.95
溶解氧（mg/L）	9.22	7.58	10.52	9.86
浊度（NTU）	19.20	58.70	61.80	4.97
透明度（m）	0.20	0.45	0.25	0.30
总氮（mg/L）	1.28	1.30	2.28	1.52
氨氮（mg/L）	0.22	0.05	0.18	0.25
亚硝酸盐氮（mg/L）	0.02	0.02	0.02	0.02
总溶解性氮（mg/L）	0.83	1.03	2.14	1.47
总磷（mg/L）	0.09	0.07	0.15	0.04
总溶解性磷（mg/L）	0.03	0.06	0.12	ND
磷酸盐（mg/L）	< 0.01	ND	ND	ND
高锰酸盐指数（mg/L）	3.50	3.08	4.86	2.73
叶绿素a（μg/L）	6.40	9.50	2.70	5.40

注：ND指未检出。

· 总体评价

根据四个季度的监测结果进行评价，评价结果显示如下。

春季保护区水质监测中，pH符合《地表水环境质量标准》（GB 3838—2002）；溶解氧符合Ⅰ类水标准；氨氮符合Ⅱ类水标准；总氮符合Ⅳ类水标准；总磷符合Ⅳ类水标准；高锰酸盐符合Ⅱ类水标准。

夏季保护区水质监测中，pH符合《地表水环境质量标准》（GB 3838—2002）；溶解氧符合Ⅰ类水标准；氨氮符合Ⅰ类水标准；总氮符合Ⅳ类水标准；总磷符合Ⅳ类水标准；高锰酸盐符合Ⅱ类水标准。

秋季保护区水质监测中，pH符合《地表水环境质量标准》(GB 3838—2002);溶解氧符合Ⅰ类水标准;氨氮符合Ⅱ类水标准;总氮未达到Ⅴ类水标准;总磷符合Ⅴ类水标准;高锰酸盐符合Ⅲ类水标准。

冬季保护区水质监测中,pH符合《地表水环境质量标准》(GB 3838—2002);溶解氧符合Ⅰ类水标准;氨氮符合Ⅱ类水标准;总氮符合Ⅴ类水标准;总磷符合Ⅲ类水标准;高锰酸盐符合Ⅱ类水标准。

3.1.14 洪泽湖虾类国家级水产种质资源保护区

· 水环境状况

根据四个季度监测数据可知:水深范围为2.00～2.60 m;pH范围为7.25～8.47;水温范围为10.20～27.41 ℃;溶解氧范围为5.43～10.01 mg/L;总氮范围为0.71～2.00 mg/L;氨氮范围为0.15～0.59 mg/L;亚硝酸盐氮范围为0.01～0.04 mg/L;总溶解性氮0.32～1.78 mg/L;总磷范围为0.02～0.15 mg/L;总溶解性磷范围为ND～0.12 mg/L;磷酸盐范围为ND～0.04 mg/L;高锰酸盐指数范围为2.85～6.64 mg/L;透明度范围为0.15～0.60 m;叶绿素a范围为2.10～20.10 μg/L。不同季节的水质参数详见表3.1-14。

· 总体评价

根据四个季度的监测结果进行评价,评价结果显示如下。

春季保护区水质监测中,pH符合《地表水环境质量标准》(GB 3838—2002);溶解氧符合Ⅰ类水标准;氨氮符合Ⅲ类水标准;总氮符合Ⅲ类水标准;总磷符合Ⅲ类水标准;高锰酸盐符合Ⅲ类水标准。

夏季保护区水质监测中,pH符合《地表水环境质量标准》(GB 3838—2002);溶解氧符合Ⅲ类水标准;氨氮符合Ⅲ类水标准;总氮符合Ⅴ类水标准;总磷符合Ⅴ类水标准;高锰酸盐符合Ⅳ类水标准。

秋季保护区水质监测中,pH符合《地表水环境质量标准》(GB 3838—2002);溶解氧符合Ⅰ类水标

表 3.1-14 各监测项目统计结果(全年)

监测项目	春均值	夏均值	秋均值	冬均值
pH	8.47	8.04	7.81	7.25
水温(℃)	26.17	27.41	14.79	10.20
水深(m)	2.60	2.60	2.00	2.37
溶解氧(mg/L)	10.01	5.43	7.71	8.32
浊度(NTU)	17.40	11.40	122.00	5.70
透明度(m)	0.15	0.60	0.15	0.30
总氮(mg/L)	0.71	2.00	1.92	1.71
氨氮(mg/L)	0.59	0.59	0.19	0.15
亚硝酸盐氮(mg/L)	0.03	0.04	0.01	0.02
总溶解性氮(mg/L)	0.32	1.76	1.78	1.65
总磷(mg/L)	0.04	0.15	0.07	0.02
总溶解性磷(mg/L)	0.03	0.12	0.06	ND
磷酸盐(mg/L)	0.04	ND	ND	ND
高锰酸盐指数(mg/L)	4.30	6.64	4.11	2.85
叶绿素a(μg/L)	8.90	20.10	3.60	2.10

注:ND指未检出。

准；氨氮符合Ⅱ类水标准；总氮符合Ⅴ类水标准；总磷符合Ⅲ类水标准；高锰酸盐符合Ⅲ类水标准。

冬季保护区水质监测中，pH符合《地表水环境质量标准》（GB 3838—2002）；溶解氧符合Ⅰ类水标准；氨氮符合Ⅰ类水标准；总氮符合Ⅴ类水标准；总磷符合Ⅱ类水标准；高锰酸盐符合Ⅱ类水标准。

3.1.15 洪泽湖鳜国家级水产种质资源保护区

• 水环境状况

根据四个季度监测数据可知：水深范围为3.10～3.50 m；pH范围为7.15～8.43；水温范围为10.05～28.26℃；溶解氧范围为8.07～10.49 mg/L；总氮范围为1.25～2.27 mg/L；氨氮范围为0.13～0.26 mg/L；亚硝酸盐氮范围为0.02～0.04 mg/L；总溶解性氮0.91～2.13 mg/L；总磷范围为0.03～0.15 mg/L；总溶解性磷范围为ND～0.14 mg/L；磷酸盐均值为小于0.01 mg/L；高锰酸盐指数范围为2.99～6.85 mg/L；透明度范围为0.20～0.35 m；叶绿素a范围为2.30～15.70 μg/L。不同季节的水质参数详见表3.1-15。

表3.1-15 各监测项目统计结果（全年）

监测项目	春均值	夏均值	秋均值	冬均值
pH	8.43	8.42	7.78	7.15
水温（℃）	26.80	28.26	14.81	10.05
水深（m）	3.10	3.50	3.50	3.14
溶解氧（mg/L）	9.60	8.07	10.49	9.32
浊度（NTU）	23.70	33.70	68.30	8.52
透明度（m）	0.25	0.35	0.20	0.20
总氮（mg/L）	1.25	1.94	2.27	1.81
氨氮（mg/L）	0.18	0.25	0.13	0.26
亚硝酸盐氮（mg/L）	0.02	0.04	0.02	0.02
总溶解性氮（mg/L）	0.91	1.18	2.13	1.64
总磷（mg/L）	0.03	0.15	0.15	0.05
总溶解性磷（mg/L）	0.01	0.14	0.13	ND
磷酸盐（mg/L）	< 0.01	ND	ND	ND
高锰酸盐指数（mg/L）	3.60	6.85	4.78	2.99
叶绿素a（μg/L）	10.80	15.70	2.30	2.30

注：ND指未检出。

• 总体评价

根据四个季度的监测结果进行评价，评价结果显示如下。

春季保护区水质监测中，pH符合《地表水环境质量标准》（GB 3838—2002）；溶解氧符合Ⅰ类水标准；氨氮符合Ⅱ类水标准；总氮符合Ⅳ类水标准；总磷符合Ⅲ类水标准；高锰酸盐符合Ⅱ类水标准。

夏季保护区水质监测中，pH符合《地表水环境质量标准》(GB 3838—2002)；溶解氧符合Ⅰ类水标准；氨氮符合Ⅱ类水标准；总氮符合Ⅴ类水标准；总磷符合Ⅴ类水标准；高锰酸盐符合Ⅳ类水标准。

秋季保护区水质监测中，pH符合《地表水环境质量标准》(GB 3838—2002)；溶解氧符合Ⅰ类水标准；氨氮符合Ⅰ类水标准；总氮未达到Ⅴ类水标准；总磷符合Ⅴ类水标准；高锰酸盐符合Ⅲ类水标准。

冬季保护区水质监测中，pH符合《地表水环境质量标准》(GB 3838—2002)；溶解氧符合Ⅰ类水标准；氨氮符合Ⅱ类水标准；总氮符合Ⅴ类水标准；总磷符合Ⅲ类水标准；高锰酸盐符合Ⅱ类水标准。

3.1.16 洪泽湖黄颡鱼国家级水产种质资源保护区

· 水环境状况

根据四个季度监测数据可知：水深范围为3.82～4.50 m；pH范围为6.38～8.89；水温范围为9.80～30.24℃；溶解氧范围为7.38～10.01 mg/L；总氮范围为1.73～3.40 mg/L；氨氮范围为0.12～0.46 mg/L；亚硝酸盐氮范围为0.00～0.03 mg/L；总溶解性氮1.30～2.13 mg/L；总磷范围为0.04～0.16 mg/L；总溶解性磷范围为ND～0.12 mg/L；磷酸盐范围为ND～0.06 mg/L；高锰酸盐指数范围为3.09～4.82 mg/L；透明度范围为0.20～0.45 m；叶绿素a范围为0.10～31.50 μg/L。不同季节的水质参数详见表3.1-16。

· 总体评价

根据四个季度的监测结果进行评价，评价结果显示如下。

春季保护区水质监测中，pH符合《地表水环境质量标准》(GB 3838—2002)；溶解氧符合Ⅰ类水标准；氨氮符合Ⅱ类水标准；总氮未达到Ⅴ类水标准；总磷符合Ⅳ类水标准；高锰酸盐符合Ⅱ类水

表3.1-16 各监测项目统计结果（全年）

监测项目	春均值	夏均值	秋均值	冬均值
pH	7.93	8.89	6.38	7.02
水温（℃）	25.44	30.24	15.11	9.80
水深（m）	4.50	4.50	4.00	3.82
溶解氧（mg/L）	8.30	9.85	7.38	10.01
浊度（NTU）	61.70	34.70	176.00	16.60
透明度（m）	0.35	0.45	0.20	0.20
总氮（mg/L）	2.47	3.40	1.73	2.85
氨氮（mg/L）	0.31	0.46	0.12	0.13
亚硝酸盐氮（mg/L）	0.03	0.03	0.01	0.00
总溶解性氮（mg/L）	2.13	1.30	1.59	2.00
总磷（mg/L）	0.09	0.11	0.16	0.04
总溶解性磷（mg/L）	0.06	0.10	0.12	ND
磷酸盐（mg/L）	0.06	ND	ND	ND
高锰酸盐指数（mg/L）	3.20	4.82	4.37	3.09
叶绿素a（μg/L）	9.60	31.50	0.10	5.30

注：ND指未检出。

标准。

夏季保护区水质监测中，pH符合《地表水环境质量标准》（GB 3838—2002）；溶解氧符合Ⅰ类水标准；氨氮符合Ⅱ类水标准；总氮未达到Ⅴ类水标准；总磷符合Ⅴ类水标准；高锰酸盐符合Ⅲ类水标准。

秋季保护区水质监测中，pH符合《地表水环境质量标准》（GB 3838—2002）；溶解氧符合Ⅱ类水标准；氨氮符合Ⅰ类水标准；总氮符合Ⅴ类水标准；总磷符合Ⅴ类水标准；高锰酸盐符合Ⅲ类水标准。

冬季保护区水质监测中，pH符合《地表水环境质量标准》（GB 3838—2002）；溶解氧符合Ⅰ类水标准；氨氮符合Ⅰ类水标准；总氮未达到Ⅴ类水标准；总磷符合Ⅲ类水标准；高锰酸盐符合Ⅱ类水标准。

3.1.17 骆马湖国家级水产种质资源保护区

• 水环境状况

根据四个季度监测数据可知：水深范围为3.00～3.50 m；pH范围为6.97～8.88；水温范围为8.80～27.20 ℃；溶解氧8.32～10.91 mg/L；总氮范围为0.73～2.83 mg/L；氨氮范围为0.11～0.43 mg/L；亚硝氮范围为0.00～0.04 mg/L；总溶解性氮0.63～2.74 mg/L；总磷范围为0.01～0.04 mg/L；总溶解性磷范围为ND～0.02 mg/L；磷酸盐范围为ND～0.01 mg/L；高锰酸盐指数范围为3.50～4.27 mg/L；透明度范围为0.10～1.20 m；叶绿素a范围为2.70～31.30 μg/L。不同季节的水质参数详见表3.1-17。

• 总体评价

根据四个季度的监测结果进行评价，评价结果显示如下。

表 3.1-17 各监测项目统计结果（全年）

监测项目	春均值	夏均值	秋均值	冬均值
pH	8.22	6.97	8.88	8.69
水温（℃）	22.12	27.20	12.82	8.80
水深（m）	3.50	3.00	3.49	3.00
溶解氧（mg/L）	9.58	8.32	10.91	9.17
浊度（NTU）	9.68	8.85	9.00	3.42
透明度（m）	0.20	0.10	1.20	0.20
总氮（mg/L）	0.73	1.14	2.51	2.83
氨氮（mg/L）	0.14	0.32	0.43	0.11
亚硝酸盐氮（mg/L）	0.01	0.04	0.00	0.02
总溶解性氮（mg/L）	0.63	0.89	0.68	2.74
总磷（mg/L）	0.01	0.03	0.04	0.04
总溶解性磷（mg/L）	0.01	0.02	ND	0.01
磷酸盐（mg/L）	0.01	ND	ND	ND
高锰酸盐指数（mg/L）	3.50	3.97	4.27	4.23
叶绿素a（μg/L）	4.20	2.70	31.30	3.80

注：ND指未检出。

春季保护区水质监测中，pH符合《地表水环境质量标准》(GB 3838—2002)；溶解氧符合Ⅰ类水标准；氨氮符合Ⅰ类水标准；总氮符合Ⅲ类水标准；总磷符合Ⅰ类水标准；高锰酸盐符合Ⅱ类水标准。

夏季保护区水质监测中，pH符合《地表水环境质量标准》(GB 3838—2002)；溶解氧符合Ⅰ类水标准；氨氮符合Ⅱ类水标准；总氮符合Ⅳ类水标准；总磷符合Ⅲ类水标准；高锰酸盐符合Ⅱ类水标准。

秋季保护区水质监测中，pH符合《地表水环境质量标准》(GB 3838—2002)；溶解氧符合Ⅰ类水标准；氨氮符合Ⅱ类水标准；总氮未达到Ⅴ类水标准；总磷符合Ⅲ类水标准；高锰酸盐符合Ⅲ类水标准。

冬季保护区水质监测中，pH符合《地表水环境质量标准》(GB 3838—2002)；溶解氧符合Ⅰ类水标准；氨氮符合Ⅰ类水标准；总氮未达到Ⅴ类水标准；总磷符合Ⅲ类水标准；高锰酸盐符合Ⅲ类水标准。

3.1.18 骆马湖青虾国家级水产种质资源保护区

· 水环境状况

根据四个季度监测数据可知：水深范围为1.80～5.00 m；pH范围为6.97～8.72；水温范围为8.42～29.30℃；溶解氧7.88～9.32 mg/L；总氮范围为0.85～4.36 mg/L；氨氮范围为0.15～0.23 mg/L；亚硝酸盐氮范围为0.01～0.07 mg/L；总溶解性氮为0.68～2.95 mg/L；总磷范围为0.02～0.15 mg/L；总溶解性磷范围为0.01～0.13 mg/L；磷酸盐范围为ND～0.02 mg/L；高锰酸盐指数范围为3.50～4.32 mg/L；透明度范围为0.20～0.88 m；叶绿素a范围为0.90～4.50 μg/L。不同季节的水质参数详见表3.1-18。

· 总体评价

根据四个季度的监测结果进行评价，评价结果显示如下。

表 3.1-18 各监测项目统计结果（全年）

监测项目	春均值	夏均值	秋均值	冬均值
pH	8.37	6.97	8.38	8.72
水温（℃）	20.62	29.30	13.24	8.42
水深（m）	5.00	1.80	4.24	4.50
溶解氧（mg/L）	9.32	8.49	7.88	9.05
浊度（NTU）	6.01	9.03	15.20	ND
透明度（m）	0.30	0.60	0.88	0.20
总氮（mg/L）	1.13	0.85	4.36	3.08
氨氮（mg/L）	0.20	0.23	0.15	0.15
亚硝酸盐氮（mg/L）	0.02	0.01	0.07	0.03
总溶解性氮（mg/L）	1.04	0.68	1.72	2.95
总磷（mg/L）	0.02	0.03	0.15	0.05
总溶解性磷（mg/L）	0.01	0.02	0.13	0.02
磷酸盐（mg/L）	0.02	ND	ND	ND
高锰酸盐指数（mg/L）	3.50	3.96	4.32	3.94
叶绿素a（μg/L）	4.00	2.10	4.50	0.90

注：ND指未检出。

春季保护区水质监测中，pH符合《地表水环境质量标准》（GB 3838—2002）；溶解氧符合Ⅰ类水标准；氨氮符合Ⅱ类水标准；总氮符合Ⅳ类水标准；总磷符合Ⅱ类水标准；高锰酸盐符合Ⅱ类水标准。

夏季保护区水质监测中，pH符合《地表水环境质量标准》（GB 3838—2002）；溶解氧符合Ⅰ类水标准；氨氮符合Ⅱ类水标准；总氮符合Ⅲ类水标准；总磷符合Ⅲ类水标准；高锰酸盐符合Ⅱ类水标准。

秋季保护区水质监测中，pH符合《地表水环境质量标准》（GB 3838—2002）；溶解氧符合Ⅰ类水标准；氨氮符合Ⅰ类水标准；总氮未达到Ⅴ类水标准；总磷符合Ⅴ类水标准；高锰酸盐符合Ⅲ类水标准。

冬季保护区水质监测中，pH符合《地表水环境质量标准》（GB 3838—2002）；溶解氧符合Ⅰ类水标准；氨氮符合Ⅰ类水标准；总氮未达到Ⅴ类水标准；总磷符合Ⅲ类水标准；高锰酸盐符合Ⅱ类水标准。

3.1.19 长江大胜关长吻鮠铜鱼国家级水产种质资源保护区

· 水环境状况

根据四个季度监测数据可知：水深范围为4.37 ～ 23.53 m；pH范围为7.40 ～ 8.03；水温范围为10.43 ～ 25.53 ℃；溶解氧范围为6.58 ～ 9.95 mg/L；总氮范围为1.28 ～ 2.68 mg/L；氨氮范围为0.05 ～ 0.25 mg/L；亚硝酸盐氮范围为0.00 ～ 0.04 mg/L；总溶解性氮1.10 ～ 2.38 mg/L；总磷范围为0.05 ～ 0.15 mg/L；总溶解性磷范围为0.04 ～ 0.12 mg/L；磷酸盐范围为ND ～ 0.10 mg/L；高锰酸盐指数范围为1.27 ～ 2.14 mg/L；透明度范围为0.15 ～ 0.41 m；叶绿素a范围为0.29 ～ 0.90 μg/L。不同季节的水质参数详见表3.1-19。

· 总体评价

根据四个季度的监测结果进行评价，评价结果显示如下。

表 3.1-19 各监测项目统计结果（全年）

监测项目	春均值	夏均值	秋均值	冬均值
pH	7.40	7.96	7.79	8.03
水温（℃）	25.53	22.73	19.67	10.43
水深（m）	4.37	—	18.70	23.53
溶解氧（mg/L）	6.58	7.56	8.28	9.95
浊度（NTU）	29.27	67.90	—	91.43
透明度（m）	0.40	0.41	0.21	0.15
总氮（mg/L）	2.11	1.28	1.64	2.68
氨氮（mg/L）	0.25	0.16	0.05	0.20
亚硝酸盐氮（mg/L）	0.02	0.04	0	0.01
总溶解性氮（mg/L）	1.84	1.10	1.57	2.38
总磷（mg/L）	0.05	0.15	0.06	0.09
总溶解性磷（mg/L）	0.04	0.12	0.05	0.07
磷酸盐（mg/L）	0.04	0.10	—	—
高锰酸盐指数（mg/L）	1.27	2.14	1.24	1.53
叶绿素a（μg/L）	0.47	0.90	0.29	—

注：—指数据缺失。

春季保护区水质监测中，pH符合《地表水环境质量标准》（GB 3838—2002）；溶解氧符合Ⅱ类水标准；氨氮符合Ⅱ类水标准；总氮未达到Ⅴ类水标准；总磷符合Ⅱ类水标准；高锰酸盐符合Ⅰ类水标准。

夏季保护区水质监测中，pH符合《地表水环境质量标准》（GB 3838—2002）；溶解氧符合Ⅰ类水标准；氨氮符合Ⅱ类水标准；总氮符合Ⅳ类水标准；总磷符合Ⅲ类水标准；高锰酸盐符合Ⅱ类水标准。

秋季保护区水质监测中，pH符合《地表水环境质量标准》（GB 3838—2002）；溶解氧符合Ⅰ类水标准；氨氮符合Ⅰ类水标准；总氮符合Ⅴ类水标准；总磷符合Ⅱ类水标准；高锰酸盐符合Ⅰ类水标准。

冬季保护区水质监测中，pH符合《地表水环境质量标准》（GB 3838—2002）；溶解氧符合Ⅰ类水标准；氨氮符合Ⅱ类水标准；总氮未达到Ⅴ类水标准；总磷符合Ⅱ类水标准；高锰酸盐符合Ⅰ类水标准。

3.1.20 长江扬州段四大家鱼国家级水产种质资源保护区

· 水环境状况

根据四个季度监测数据可知：水深范围为3.70 ～ 11.40 m；pH范围为7.20 ～ 8.50，秋季pH未检出；水温范围为5.60 ～ 26.20℃；溶解氧的范围为5.13 ～ 12.80 mg/L；浊度范围为ND ～ 63.00 NTU；透明度范围为0.10 ～ 0.70 m。全年总氮范围为1.90 ～ 2.60 mg/L；氨氮范围为0.07 ～ 0.27 mg/L；亚硝酸盐氮范围为0.00 ～ 0.07 mg/L；总溶解性氮1.62 ～ 2.00 mg/L；总磷范围为0.05 ～ 0.21 mg/L；总溶解性磷范围为0.03 ～ 0.10 mg/L；磷酸盐范围为ND ～ 0.07 mg/L；高锰酸盐指数范围为2.40 ～ 6.30 mg/L；叶绿素a范围为0.20 ～ 13.50 μg/L。不同季节的水质参数详见表3.1-20。

表3.1-20 各监测项目统计结果（全年）

监测项目	春均值	夏均值	秋均值	冬均值
pH	8.29	7.20	—	8.50
水温（℃）	20.70	26.20	20.50	5.60
水深（m）	7.20	11.40	8.50	3.70
溶解氧（mg/L）	11.70	5.13	7.28	12.80
浊度（NTU）	11.00	ND	42.00	63.00
透明度（m）	0.70	0.10	0.28	0.22
总氮（mg/L）	2.05	1.90	2.60	2.45
氨氮（mg/L）	0.07	0.17	0.18	0.27
亚硝酸盐氮（mg/L）	0.07	0.06	0.01	0.00
总溶解性氮（mg/L）	1.96	1.62	2.00	1.80
总磷（mg/L）	0.05	0.11	0.21	0.07
总溶解性磷（mg/L）	0.03	0.10	0.07	0.05
磷酸盐（mg/L）	0.03	ND	0.07	0.03
高锰酸盐指数（mg/L）	3.30	2.40	6.30	3.70
叶绿素a（μg/L）	0.20	6.40	9.30	13.50

注：ND指未检出，—指数据缺失。

· 总体评价

根据地表水环境质量标准（GB 3838—2002），结果显示，主要超标的指标是总氮，长江扬州段四大家鱼国家级水产种质资源保护区整体属于Ⅴ类水。

根据四个季度的监测结果进行评价，评价结果显示如下。

春季保护区水质监测中，pH符合《地表水环境质量标准》（GB 3838—2002）；溶解氧符合Ⅰ类水标准；氨氮符合Ⅰ类水标准；总氮未达到Ⅴ类水标准；总磷符合Ⅱ类水标准；高锰酸盐符合Ⅱ类水标准。

夏季保护区水质监测中，pH符合《地表水环境质量标准》（GB 3838—2002）；溶解氧符合Ⅲ类水标准；氨氮符合Ⅱ类水标准；总氮符合Ⅴ类水标准；总磷符合Ⅲ类水标准；高锰酸盐符合Ⅱ类水标准。

秋季保护区水质监测中，溶解氧符合Ⅱ类水标准；氨氮符合Ⅱ类水标准；总氮未达到Ⅴ类水标准；总磷符合Ⅳ类水标准；高锰酸盐符合Ⅳ类水标准。

冬季保护区水质监测中，pH符合《地表水环境质量标准》（GB 3838—2002）；溶解氧符合Ⅰ类水标准；氨氮符合Ⅱ类水标准；总氮未达到Ⅴ类水标准；总磷符合Ⅱ类水标准；高锰酸盐符合Ⅱ类水标准。

3.1.21 长江扬中段暗纹东方鲀、刀鲚国家级水产种质资源保护区

· 水环境状况

根据四个季度监测数据可知：水深范围为6.50～10.40 m；pH范围为7.67～8.00；水温范围为10.00～29.90 ℃；浊度范围为28.00～181.00 NTU；溶解氧范围为5.87～10.45 mg/L；透明度范围为0.18～0.43 m。全年总氮范围为1.74～2.49 mg/L；氨氮范围为0.01～0.20 mg/L；亚硝酸盐氮范围为0.00～0.07 mg/L；总溶解性氮1.53～2.09 mg/L；总磷范围为0.04～0.16 mg/L；总溶解性磷范围为0.03～0.08 mg/L；磷酸盐范围为0.04～0.06 mg/L；高锰酸盐指数范围为2.04～3.65 mg/L；叶绿素a范围为ND～2.67 μg/L。不同季节的水质参数详见表3.1-21。

表 3.1-21 各监测项目统计结果（全年）

监测项目	春均值	夏均值	秋均值	冬均值
pH	7.99	7.67	7.76	8.00
水温（℃）	22.30	29.90	20.10	10.00
水深（m）	6.50	9.60	7.80	10.40
溶解氧（mg/L）	10.45	5.87	8.25	10.04
浊度（NTU）	28.00	70.00	181.00	80.00
透明度（m）	0.43	0.34	0.18	0.21
总氮（mg/L）	1.74	1.79	2.49	2.47
氨氮（mg/L）	0.05	0.01	0.11	0.20
亚硝酸盐氮（mg/L）	0.07	0.01	0.00	0.02
总溶解性氮（mg/L）	1.62	1.53	2.09	1.71
总磷（mg/L）	0.04	0.09	0.16	0.11
总溶解性磷（mg/L）	0.03	0.05	0.06	0.08
磷酸盐（mg/L）	0.04	0.05	0.06	0.06
高锰酸盐指数（mg/L）	2.97	2.04	3.65	2.31
叶绿素a（μg/L）	1.73	2.67	2.51	ND

注：ND指未检出。

・总体评价

根据四个季度的监测结果进行评价，评价结果显示如下。

春季保护区水质监测中，pH符合《地表水环境质量标准》(GB 3838—2002)；溶解氧符合Ⅱ类水标准；氨氮符合Ⅰ类水标准；总氮符合Ⅴ类水标准；总磷符合Ⅱ类水标准；高锰酸盐符合Ⅱ类水标准。

夏季保护区水质监测中，pH符合《地表水环境质量标准》(GB 3838—2002)；溶解氧符合Ⅲ类水标准；氨氮符合Ⅰ类水标准；总氮符合Ⅴ类水标准；总磷符合Ⅱ类水标准；高锰酸盐符合Ⅱ类水标准。

秋季保护区水质监测中，pH符合《地表水环境质量标准》(GB 3838—2002)；溶解氧符合Ⅰ类水标准；氨氮符合Ⅰ类水标准；总氮未达到Ⅴ类水标准；总磷符合Ⅲ类水标准；高锰酸盐符合Ⅱ类水标准。

冬季保护区水质监测中，pH符合《地表水环境质量标准》(GB 3838—2002)；溶解氧符合Ⅰ类水标准；氨氮符合Ⅱ类水标准；总氮未达到Ⅴ类水标准；总磷符合Ⅲ类水标准；高锰酸盐符合Ⅱ类水标准。

3.1.22 长江靖江段中华绒螯蟹鳜鱼国家级水产种质资源保护区

・水环境状况

根据四个季度监测数据可知：水深范围为7.5 ～ 27.8 m；pH范围为7.25 ～ 8.07；水温范围为10.3 ～ 25.9 ℃；浊度范围为44 ～ 182 NTU；溶解氧的范围为5.26 ～ 9.70 mg/L；透明度范围为0.17 ～ 0.40 m。全年总氮范围为1.73 ～ 2.54 mg/L；氨氮范围为0.04 ～ 0.18 mg/L；亚硝酸盐氮范围为ND ～ 0.045 mg/L；总溶解性氮1.49 ～ 2.35 mg/L；总磷范围为0.062 ～ 0.091 mg/L；总溶解性磷范围为0.043 ～ 0.070 mg/L；磷酸盐范围为ND ～ 0.05 mg/L；高锰酸盐指数范围为1.60 ～ 4.64 mg/L；叶绿素a范围为ND ～ 0.47 μg/L。不同季节的水质参数详见表3.1-22。

表 3.1-22 各监测项目统计结果（全年）

监测项目	春均值	夏均值	秋均值	冬均值
pH	7.91	7.25	8.07	7.93
水温（℃）	23.0	25.9	19.5	10.3
水深（m）	17.6	13.0	27.8	7.5
溶解氧（mg/L）	7.08	5.26	8.59	9.70
浊度（NTU）	44	—	182	113
透明度（m）	0.40	—	0.19	0.17
总氮（mg/L）	2.23	1.77	1.73	2.54
氨氮（mg/L）	0.18	0.18	0.04	0.14
亚硝酸盐氮（mg/L）	0.037	0.045	ND	0.005
总溶解性氮（mg/L）	1.92	1.61	1.49	2.35
总磷（mg/L）	0.084	0.062	0.070	0.091
总溶解性磷（mg/L）	0.047	0.043	0.044	0.070
磷酸盐（mg/L）	0.05	ND	ND	ND
高锰酸盐指数（mg/L）	1.60	4.64	3.79	1.61
叶绿素a（μg/L）	0.47	ND	0.47	ND

注：ND指未检出，—指数据缺失。

· 总体评价

根据四个季度的监测结果进行评价，评价结果显示如下。

春季保护区水质监测中，pH符合《地表水环境质量标准》（GB 3838—2002）；溶解氧符合Ⅰ类水标准；氨氮符合Ⅱ类水标准；总氮未达到Ⅴ类水标准；总磷符合Ⅱ类水标准；高锰酸盐符合Ⅰ类水标准。

夏季保护区水质监测中，pH符合《地表水环境质量标准》（GB 3838—2002）；溶解氧符合Ⅲ类水标准；氨氮符合Ⅱ类水标准；总氮符合Ⅴ类水标准；总磷符合Ⅱ类水标准；高锰酸盐符合Ⅲ类水标准。

秋季保护区水质监测中，pH符合《地表水环境质量标准》（GB 3838—2002）；溶解氧符合Ⅰ类水标准；氨氮符合Ⅰ类水标准；总氮符合Ⅴ类水标准；总磷符合Ⅱ类水标准；高锰酸盐符合Ⅱ类水标准。

冬季保护区水质监测中，pH符合《地表水环境质量标准》（GB 3838—2002）；溶解氧符合Ⅰ类水标准；氨氮符合Ⅰ类水标准；总氮未达到Ⅴ类水标准；总磷符合Ⅱ类水标准；高锰酸盐符合Ⅰ类水标准。

3.1.23 长江如皋段刀鲚国家级水产种质资源保护区

· 水环境状况

根据四个季度监测数据可知：水深范围为7.4～10.7 m；pH范围为7.95～8.03；水温范围为9.9～19.8 ℃；浊度范围为48～114 NTU；溶解氧的范围为8.52～10.06 mg/L；透明度范围为0.14～0.27 m。全年总氮范围为1.72～2.26 mg/L；氨氮范围为0.074～0.485 mg/L；亚硝酸盐氮范围为0.006～0.063 mg/L；总溶解性氮1.58～1.97 mg/L；总磷范围为0.039～0.132 mg/L；总溶解性磷范围为0.038～0.085 mg/L；磷酸盐范围为ND～0.026 mg/L；高锰酸盐指数范围为1.5～3.8 mg/L；叶绿素a范围为ND～4.6 μg/L。不同季节的水质参数详见表3.1-23。

表3.1-23 各监测项目统计结果（全年）

监测项目	春均值	夏均值	秋均值	冬均值
pH	8.03	—	7.95	8
水温（℃）	15.4	—	19.8	9.9
水深（m）	10.3	—	10.7	7.4
溶解氧（mg/L）	9.69	—	8.52	10.06
浊度（NTU）	48	—	114	89
透明度（m）	0.27	—	0.17	0.14
总氮（mg/L）	1.93	1.72	1.86	2.26
氨氮（mg/L）	0.158	0.485	0.074	0.198
亚硝酸盐氮（mg/L）	0.041	0.047	0.063	0.006
总溶解性氮（mg/L）	1.84	1.58	1.67	1.97
总磷（mg/L）	0.039	0.058	0.064	0.132
总溶解性磷（mg/L）	0.038	0.038	0.039	0.085
磷酸盐（mg/L）	0.026	ND	ND	ND
高锰酸盐指数（mg/L）	3.5	3.8	2.6	1.5
叶绿素a（μg/L）	4.6	ND	0.5	ND

注：ND指未检出，—指数据缺失。

· 总体评价

根据四个季度的监测结果进行评价，评价结果显示如下。

春季保护区水质监测中，pH符合《地表水环境质量标准》（GB 3838—2002）；溶解氧符合Ⅰ类水标准；氨氮符合Ⅱ类水标准；总氮符合Ⅴ类水标准；总磷符合Ⅲ类水标准；高锰酸盐符合Ⅱ类水标准。

夏季保护区水质监测中，氨氮符合Ⅱ类水标准；总氮符合Ⅴ类水标准；总磷符合Ⅳ类水标准；高锰酸盐符合Ⅱ类水标准。

秋季保护区水质监测中，pH符合《地表水环境质量标准》（GB 3838—2002）；溶解氧符合Ⅰ类水标准；氨氮符合Ⅰ类水标准；总氮符合Ⅴ类水标准；总磷符合Ⅳ类水标准；高锰酸盐符合Ⅱ类水标准。

冬季保护区水质监测中，pH符合《地表水环境质量标准》（GB 3838—2002）；溶解氧符合Ⅰ类水标准；氨氮符合Ⅱ类水标准；总氮未达到Ⅴ类水标准；总磷符合Ⅴ类水标准；高锰酸盐符合Ⅰ类水标准。

3.1.24 淀山湖河蚬翘嘴红鲌国家级水产种质资源保护区

· 水环境状况

根据四个季度监测数据可知：水深范围为2.2 ～ 2.8 m；pH范围为7.61 ～ 7.90；水温范围为9.4 ～ 27.6℃；浊度范围为12 ～ 24.7 NTU；溶解氧范围为5.95 ～ 10.70 mg/L；透明度范围为0.43 ～ 0.61 m。全年总氮范围为1.31 ～ 5.22 mg/L；氨氮范围为0.028 ～ 1.37 mg/L；亚硝酸盐氮范围为0.052 ～ 0.159 mg/L；总溶解性氮1.06 ～ 4.53 mg/L；总磷范围为0.085 ～ 0.208 mg/L；总溶解性磷范围为0.058 ～ 0.155 mg/L；磷酸盐范围为ND ～ 0.131 mg/L；高锰酸盐指数范围为3.4 ～ 4.3 mg/L；叶绿素a范围为0.9 ～ 5.37 μg/L。不同季节的水质参数详见表3.1-24。

表 3.1-24 各监测项目统计结果（全年）

监测项目	春均值	夏均值	秋均值	冬均值
pH	7.90	7.68	7.61	7.73
水温（℃）	12.3	23.9	27.6	9.4
水深（m）	2.2	2.8	2.4	2.6
溶解氧（mg/L）	10.70	5.95	8.26	10.24
浊度（NTU）	16.4	24.7	22	12
透明度（m）	0.61	0.44	0.47	0.43
总氮（mg/L）	2.51	1.88	1.31	5.22
氨氮（mg/L）	0.558	0.228	0.373	1.37
亚硝酸盐氮（mg/L）	0.133	0.159	0.052	0.063
总溶解性氮（mg/L）	2.21	1.70	1.06	4.53
总磷（mg/L）	0.085	0.208	0.094	0.169
总溶解性磷（mg/L）	0.058	0.155	0.074	0.084
磷酸盐（mg/L）	0.048	0.131	ND	ND
高锰酸盐指数（mg/L）	4.3	4.0	4.2	3.4
叶绿素a（μg/L）	1.6	5.37	2.09	0.9

注：ND指未检出。

· 总体评价

根据四个季度的监测结果进行评价，评价结果显示如下。

春季保护区水质监测中，pH符合《地表水环境质量标准》（GB 3838—2002）；溶解氧符合Ⅰ类水标准；氨氮符合Ⅲ类水标准；总氮未达到Ⅴ类水标准；总磷符合Ⅲ类水标准；高锰酸盐符合Ⅲ类水标准。

夏季保护区水质监测中，pH符合《地表水环境质量标准》（GB 3838—2002）；溶解氧符合Ⅲ类水标准；氨氮符合Ⅱ类水标准；总氮符合Ⅴ类水标准；总磷未达到Ⅴ类水标准；高锰酸盐符合Ⅱ类水标准。

秋季保护区水质监测中，pH符合《地表水环境质量标准》（GB 3838—2002）；溶解氧符合Ⅰ类水标准；氨氮符合Ⅱ类水标准；总氮符合Ⅳ类水标准；总磷符合Ⅲ类水标准；高锰酸盐符合Ⅲ类水标准。

冬季保护区水质监测中，pH符合《地表水环境质量标准》（GB 3838—2002）；溶解氧符合Ⅰ类水标准；氨氮符合Ⅳ类水标准；总氮未达到Ⅴ类水标准；总磷符合Ⅴ类水标准；高锰酸盐符合Ⅱ类水标准。

3.1.25 阳澄湖中华绒螯蟹国家级水产种质资源保护区

· 水环境状况

根据四个季度监测数据可知：水深范围为1.37 ～ 1.70 m；pH范围为8.34 ～ 9.00；水温范围为8.30 ～ 34.20℃；溶解氧范围为8.50 ～ 15.86 mg/L；总氮范围为0.79 ～ 1.97 mg/L；氨氮范围为0.10 ～ 0.28 mg/L；亚硝酸盐氮范围为0.01 ～ 0.05 mg/L；总溶解性氮0.63 ～ 1.20 mg/L；总磷范围为0.04 ～ 0.05 mg/L；总溶解性磷范围为0.00 ～ 0.04 mg/L；磷酸盐范围为0.01 ～ 0.06 mg/L；高锰酸盐指数范围为3.84 ～ 4.58 mg/L；透明度范围为0.54 ～ 0.83 m；叶绿素a范围为4.00 ～ 11.40 μg/L。不同季节的水质参数详见表3.1-25。

表3.1-25 各监测项目统计结果（全年）

监测项目	春均值	夏均值	秋均值	冬均值
pH	9.00	8.44	8.56	8.34
水温（℃）	17.53	34.20	17.80	8.30
水深（m）	1.43	1.67	1.70	1.37
溶解氧（mg/L）	15.86	8.50	9.36	12.08
浊度（NTU）	12.83	28.30	18.37	4.86
透明度（m）	0.54	0.59	0.55	0.83
总氮（mg/L）	1.10	0.79	0.87	1.97
氨氮（mg/L）	0.28	0.12	0.15	0.10
亚硝酸盐氮（mg/L）	0.01	0.05	0.01	0.01
总溶解性氮（mg/L）	0.63	0.76	0.73	1.20
总磷（mg/L）	0.04	0.05	0.05	0.05
总溶解性磷（mg/L）	0.03	0.04	0.02	0.00
磷酸盐（mg/L）	0.06	0.01	0.01	0.01
高锰酸盐指数（mg/L）	4.04	4.58	4.57	3.84
叶绿素a（μg/L）	5.20	11.40	6.77	4.00

· 总体评价

根据四个季度的监测结果进行评价，评价结果显示如下。

春季保护区水质监测中，pH符合《地表水环境质量标准》(GB 3838—2002)；溶解氧符合Ⅰ类水标准；氨氮符合Ⅱ类水标准；总氮符合Ⅳ类水标准；总磷符合Ⅲ类水标准；高锰酸盐符合Ⅲ类水标准。

夏季保护区水质监测中，pH符合《地表水环境质量标准》(GB 3838—2002)；溶解氧符合Ⅰ类水标准；氨氮符合Ⅰ类水标准；总氮符合Ⅲ类水标准；总磷符合Ⅲ类水标准；高锰酸盐符合Ⅴ类水标准。

秋季保护区水质监测中，pH符合《地表水环境质量标准》(GB 3838—2002)；溶解氧符合Ⅰ类水标准；氨氮符合Ⅰ类水标准；总氮符合Ⅲ类水标准；总磷符合Ⅲ类水标准；高锰酸盐符合Ⅱ类水标准。

冬季保护区水质监测中，pH符合《地表水环境质量标准》(GB 3838—2002)；溶解氧符合Ⅰ类水标准；氨氮符合Ⅰ类水标准；总氮符合Ⅴ类水标准；总磷符合Ⅲ类水标准；高锰酸盐符合Ⅱ类水标准。

3.1.26 长漾湖国家级水产种质资源保护区

· 水环境状况

根据四个季度监测数据可知：水深范围为2.9～3.4 m；pH范围为7.56～8.41；水温范围为11.6～33.6℃；溶解氧范围为4.80～10.14 mg/L；总氮范围为0.869～1.54 mg/L；氨氮范围为0.143～0.298 mg/L；亚硝酸盐氮范围为0.001～0.054 mg/L；总溶解性氮0.75～1.45 mg/L；总磷范围为0.049～0.148 mg/L；总溶解性磷范围为0.031～0.128 mg/L；磷酸盐范围为ND～0.027 mg/L；高锰酸盐指数范围为1.69～5.50 mg/L；透明度范围为0.32～0.44 m；叶绿素a范围为0.84～23.37 μg/L。不同季节的水质参数详见表3.1-26。

表3.1-26 各监测项目统计结果（全年）

监测项目	春均值	夏均值	秋均值	冬均值
pH	8.41	8.36	7.56	7.68
水温（℃）	11.6	33.6	24.8	12.4
水深（m）	2.9	2.9	3.4	3.4
溶解氧（mg/L）	10.14	6.49	4.80	9.94
浊度（NTU）	25	52.7	28	24
透明度（m）	0.44	—	0.33	0.32
总氮（mg/L）	0.950	1.54	0.869	1.080
氨氮（mg/L）	0.143	0.218	0.298	0.202
亚硝酸盐氮（mg/L）	0.044	0.054	0.020	0.000 9
总溶解性氮（mg/L）	0.78	1.45	0.75	0.92
总磷（mg/L）	0.049	0.148	0.097	0.075
总溶解性磷（mg/L）	0.031	0.128	0.082	0.034
磷酸盐（mg/L）	0.027	ND	ND	0.022
高锰酸盐指数（mg/L）	4.7	5.5	4.23	1.69
叶绿素a（μg/L）	2.1	23.37	19.5	0.84

注：ND指未检出，—指数据缺失。

· 总体评价

根据四个季度的监测结果进行评价，评价结果显示如下。

春季保护区水质监测中，pH符合《地表水环境质量标准》(GB 3838—2002)；溶解氧符合Ⅰ类水标准；氨氮符合Ⅰ类水标准；总氮符合Ⅲ类水标准；总磷符合Ⅲ类水标准；高锰酸盐符合Ⅲ类水标准。

夏季保护区水质监测中，pH符合《地表水环境质量标准》(GB 3838—2002)；溶解氧符合Ⅱ类水标准；氨氮符合Ⅱ类水标准；总氮符合Ⅴ类水标准；总磷符合Ⅴ类水标准；高锰酸盐符合Ⅲ类水标准。

秋季保护区水质监测中，pH符合《地表水环境质量标准》(GB 3838—2002)；溶解氧符合Ⅳ类水标准；氨氮符合Ⅱ类水标准；总氮符合Ⅲ类水标准；总磷符合Ⅳ类水标准；高锰酸盐符合Ⅲ类水标准。

冬季保护区水质监测中，pH符合《地表水环境质量标准》(GB 3838—2002)；溶解氧符合Ⅰ类水标准；氨氮符合Ⅱ类水标准；总氮符合Ⅳ类水标准；总磷符合Ⅳ类水标准；高锰酸盐符合Ⅰ类水标准。

3.1.27 宜兴团氿东氿翘嘴红鲌国家级水产种质资源保护区

· 水环境状况

根据四个季度监测数据可知：水深范围为2.1～3.1 m；pH范围为7.45～7.76；水温范围为9.3～25.3 ℃；溶解氧范围为5.69～9.68 mg/L；总氮范围为1.46～3.28 mg/L；氨氮范围为0.183～0.967 mg/L；亚硝酸盐氮范围为0.030～0.173 mg/L；总溶解性氮1.13～2.87 mg/L；总磷范围为0.081～0.278 mg/L；总溶解性磷范围为0.057～0.131 mg/L；磷酸盐范围为ND～0.071 mg/L；高锰酸盐指数范围为3.7～6.5 mg/L；透明度范围为0.17～0.19 m；叶绿素a范围为0.9～23.5 μg/L。不同季节的水质参数详见表3.1-27。

表3.1-27 各监测项目统计结果（全年）

监测项目	春均值	夏均值	秋均值	冬均值
pH	7.52	7.76	7.45	7.74
水温（℃）	12.3	22.3	25.3	9.3
水深（m）	3.1	2.1	2.9	2.4
溶解氧（mg/L）	9.68	5.69	5.85	7.33
浊度（NTU）	65	101	80	5
透明度（m）	0.19	0.17	0.17	0.19
总氮（mg/L）	2.99	3.28	1.46	3.06
氨氮（mg/L）	0.833	0.297	0.183	0.967
亚硝酸盐氮（mg/L）	0.173	0.067	0.038	0.030
总溶解性氮（mg/L）	2.87	2.69	1.13	2.67
总磷（mg/L）	0.081	0.184	0.124	0.278
总溶解性磷（mg/L）	0.057	0.131	0.058	0.065
磷酸盐（mg/L）	0.048	0.071	ND	ND
高锰酸盐指数（mg/L）	6.5	3.7	3.9	4.2
叶绿素a（μg/L）	0.9	4.8	8.0	23.5

注：ND指未检出。

· 总体评价

根据《地表水环境质量标准》(GB 3838—2002)对四个季度的监测结果进行评价，评价结果显示如下。

春季保护区水质监测中，pH符合标准；溶解氧符合Ⅰ类水标准；氨氮符合Ⅲ类水标准；总氮未达到Ⅴ类水标准；总磷符合Ⅳ类水标准；高锰酸盐符合Ⅳ类水标准。

夏季保护区水质监测中，pH符合标准；溶解氧符合Ⅲ类水标准；氨氮符合Ⅱ类水标准；总氮未达到Ⅴ类水标准；总磷符合Ⅴ类水标准；高锰酸盐符合Ⅱ类水标准。

秋季保护区水质监测中，pH符合标准；溶解氧符合Ⅲ类水标准；氨氮符合Ⅱ类水标准；总氮符合Ⅳ类水标准；总磷符合Ⅴ类水标准；高锰酸盐符合Ⅱ类水标准。

冬季保护区水质监测中，氨氮符合Ⅲ类水标准；总氮未达到Ⅴ类水标准；总磷未达到Ⅴ类水标准；高锰酸盐符合Ⅲ类水标准。

3.1.28 长荡湖国家级水产种质资源保护区

· 水环境状况

根据四个季度监测数据可知：水深范围为0.97～1.43 m；pH范围为5.35～9.52；水温范围为11.03～28.37 ℃；溶解氧范围为5.59～14.44 mg/L；总氮范围为1.44～1.94 mg/L；氨氮范围为0.21～0.63 mg/L；亚硝酸盐氮范围为0.01～0.05 mg/L；总溶解性氮1.02～1.69 mg/L；总磷范围为0.08～0.21 mg/L；总溶解性磷范围为0.00～0.18 mg/L；磷酸盐范围为0.01～0.05 mg/L；高锰酸盐指数范围为2.91～5.26 mg/L；透明度范围为0.08～0.21 m；叶绿素a范围为17.79～27.17 μg/L。不同季节的水质参数详见表3.1-28。

表3.1-28 各监测项目统计结果（全年）

监测项目	春均值	夏均值	秋均值	冬均值
pH	5.35	7.34	9.52	8.43
水温（℃）	19.33	28.37	15.30	11.03
水深（m）	0.97	1.43	1.20	1.20
溶解氧（mg/L）	14.44	5.59	12.35	11.81
浊度（NTU）	94.23	212.67	52.23	73.87
透明度（m）	0.17	0.08	0.21	0.17
总氮（mg/L）	1.94	1.48	1.44	1.45
氨氮（mg/L）	0.63	0.31	0.21	0.43
亚硝酸盐氮（mg/L）	0.03	0.05	0.01	0.05
总溶解性氮（mg/L）	1.69	1.25	1.22	1.02
总磷（mg/L）	0.16	0.21	0.08	0.13
总溶解性磷（mg/L）	0.07	0.18	0.05	0.00
磷酸盐（mg/L）	0.05	0.01	0.01	0.02
高锰酸盐指数（mg/L）	5.26	5.08	2.91	3.66
叶绿素a（μg/L）	21.50	27.17	26.37	17.79

· 总体评价

根据四个季度的监测结果进行评价，评价结果显示如下。

春季保护区水质监测中，pH不符合《地表水环境质量标准》（GB 3838—2002）；溶解氧符合Ⅰ类水标准；氨氮符合Ⅲ类水标准；总氮符合Ⅴ类水标准；总磷符合Ⅴ类水标准；高锰酸盐符合Ⅲ类水标准。

夏季保护区水质监测中，pH符合《地表水环境质量标准》（GB 3838—2002）；溶解氧符合Ⅲ类水标准；氨氮符合Ⅱ类水标准总氮符合Ⅳ类水标准；总磷未达到Ⅴ类水标准；高锰酸盐符合Ⅲ类水标准。

秋季保护区水质监测中，pH不符合《地表水环境质量标准》（GB 3838—2002）；溶解氧符合Ⅰ类水标准；氨氮符合Ⅱ类水标准；总氮符合Ⅳ类水标准；总磷符合Ⅳ类水标准；高锰酸盐符合Ⅱ类水标准。

冬季保护区水质监测中，pH符合《地表水环境质量标准》（GB 3838—2002）；溶解氧符合Ⅰ类水标准；氨氮符合Ⅱ类水标准；总氮符合Ⅳ类水标准；总磷符合Ⅴ类水标准；高锰酸盐符合Ⅱ类水标准。

3.1.29 固城湖中华绒螯蟹国家级水产种质资源保护区

· 水环境状况

根据四个季度监测数据可知：水深范围为1.85 ～ 3.85 m；pH范围为7.83 ～ 8.8；水温范围为7.25 ～ 25.85℃；溶解氧范围为6.78 ～ 10.13 mg/L；总氮范围为0.51 ～ 3.14 mg/L；氨氮范围为0.10 ～ 0.54 mg/L；亚硝酸盐氮范围为0.00 ～ 0.04 mg/L；总溶解性氮0.22 ～ 2.21 mg/L；总磷范围为0.02 ～ 0.07 mg/L；总溶解性磷范围为0.01 ～ 0.05 mg/L；磷酸盐范围为0.01 ～ 0.03 mg/L；高锰酸盐指数范围为2.78 ～ 4.31 mg/L；透明度范围为0.44 ～ 1.94 m；叶绿素a范围为0.25 ～ 12.17 μg/L。不同季节的水质参数详见表3.1–29。

表 3.1–29　各监测项目统计结果（全年）

监测项目	春均值	夏均值	秋均值	冬均值
pH	8.8	8.46	8.57	7.83
水温（℃）	18.85	25.85	25.60	7.25
水深（m）	2.15	1.85	3.85	2.95
溶解氧（mg/L）	9.99	7.89	6.78	10.13
浊度（NTU）	4.65	26.00	23.70	5.37
透明度（m）	1.45	0.64	0.44	1.94
总氮（mg/L）	0.78	0.51	1.29	3.14
氨氮（mg/L）	0.10	0.31	0.54	0.26
亚硝酸盐氮（mg/L）	0.00	0.04	0.02	0.02
总溶解性氮（mg/L）	0.66	0.22	1.14	2.21
总磷（mg/L）	0.03	0.03	0.02	0.07
总溶解性磷（mg/L）	0.01	0.03	0.01	0.05
磷酸盐（mg/L）	0.03	0.01	0.01	0.01
高锰酸盐指数（mg/L）	3.00	3.67	4.31	2.78
叶绿素a（μg/L）	0.25	6.25	12.17	0.30

· 总体评价

根据四个季度的监测结果进行评价，评价结果显示如下。

春季保护区水质监测中，pH符合《地表水环境质量标准》(GB 3838—2002)；溶解氧符合Ⅰ类水标准；氨氮符合Ⅰ类水标准；总氮符合Ⅲ类水标准；总磷符合Ⅲ类水标准；高锰酸盐符合Ⅱ类水标准。

夏季保护区水质监测中，pH符合《地表水环境质量标准》(GB 3838—2002)；溶解氧符合Ⅰ类水标准；氨氮符合Ⅱ类水标准；总氮符合Ⅲ类水标准；总磷符合Ⅲ类水标准；高锰酸盐符合Ⅱ类水标准。

秋季保护区水质监测中，pH符合《地表水环境质量标准》(GB 3838—2002)；溶解氧符合Ⅱ类水标准；氨氮符合Ⅲ类水标准；总氮符合Ⅳ类水标准；总磷符合Ⅱ类水标准；高锰酸盐符合Ⅲ类水标准。

冬季保护区水质监测中，pH符合《地表水环境质量标准》(GB 3838—2002)；溶解氧符合Ⅰ类水标准；氨氮符合Ⅱ类水标准；总氮未达到Ⅴ类水标准；总磷符合Ⅳ类水标准；高锰酸盐符合Ⅱ类水标准。

3.1.30 白马湖泥鳅沙塘鳢国家级水产种质资源保护区

· 水环境状况

根据四个季度监测数据可知：水深范围为1.48～2.03 m；pH范围为7.97～8.63；水温范围为13.04～34.61℃；溶解氧范围为8.38～8.91 mg/L；总氮范围为1.13～2.20 mg/L；氨氮范围为0.17～0.62 mg/L；亚硝酸盐氮范围为0.04～0.10 mg/L；总溶解性氮0.88～1.96 mg/L；总磷范围为0.04～0.14 mg/L；总溶解性磷范围为0.03～0.09 mg/L；磷酸盐范围为ND～0.055 mg/L；高锰酸盐指数范围为3.88～5.42 mg/L；透明度范围为0.32～0.56 m；叶绿素a范围为4.89～9.36 μg/L。不同季节的水质参数详见表3.1-30。

表3.1-30 各监测项目统计结果（全年）

监测项目	春均值	夏均值	秋均值	冬均值
pH	7.97	8.39	8.13	8.63
水温(℃)	20.83	34.61	26.11	13.04
水深(m)	1.48	1.86	1.82	2.03
溶解氧(mg/L)	8.74	8.38	8.60	8.91
浊度(NTU)	17.71	33.42	24.71	5.07
透明度(m)	0.32	0.41	0.39	0.56
总氮(mg/L)	1.13	1.37	1.14	2.20
氨氮(mg/L)	0.25	0.17	0.22	0.62
亚硝酸盐氮(mg/L)	0.10	0.06	0.08	0.04
总溶解性氮(mg/L)	1.00	1.33	0.88	1.96
总磷(mg/L)	0.07	0.10	0.04	0.14
总溶解性磷(mg/L)	0.03	0.09	0.04	0.08
磷酸盐(mg/L)	0.04	ND	ND	ND
高锰酸盐指数(mg/L)	4.14	5.42	4.81	3.88
叶绿素a(μg/L)	5.91	5.79	9.36	4.89

注：ND指未检出。

· 总体评价

根据四个季度的监测结果进行评价，评价结果显示如下。

春季保护区水质监测中，pH符合《地表水环境质量标准》（GB 3838—2002）；溶解氧符合Ⅰ类水标准；氨氮符合Ⅱ类水标准；总氮符合Ⅳ类水标准；总磷符合Ⅳ类水标准；高锰酸盐符合Ⅲ类水标准。

夏季保护区水质监测中，pH符合《地表水环境质量标准》（GB 3838—2002）；溶解氧符合Ⅰ类水标准；氨氮符合Ⅱ类水标准；总氮符合Ⅳ类水标准；总磷符合Ⅳ类水标准；高锰酸盐符合Ⅲ类水标准。

秋季保护区水质监测中，pH符合《地表水环境质量标准》（GB 3838—2002）；溶解氧符合Ⅰ类水标准；氨氮符合Ⅱ类水标准；总氮符合Ⅳ类水标准；总磷符合Ⅲ类水标准；高锰酸盐符合Ⅲ类水标准。

冬季保护区水质监测中，pH符合《地表水环境质量标准》（GB 3838—2002）；溶解氧符合Ⅰ类水标准；氨氮符合Ⅲ类水标准；总氮未达到Ⅴ类水标准；总磷符合Ⅴ类水标准；高锰酸盐符合Ⅱ类水标准。

3.1.31 射阳湖国家级水产种质资源保护区

· 水环境状况

根据四个季度监测数据可知：水深范围为1.7～3.2 m；pH范围为7.54～8.05；水温范围为9.4～29.3℃；溶解氧范围为2.19～8.83 mg/L；总氮范围为0.63～4.59 mg/L；氨氮范围为0.184～1.290 mg/L；亚硝酸盐氮范围为0.010～0.057 mg/L；总溶解性氮0.52～4.15 mg/L；总磷范围为0.122～0.207 mg/L；总溶解性磷范围为0.106～0.166 mg/L；磷酸盐范围为ND～0.028 mg/L；高锰酸盐指数范围为4.2～7.0 mg/L；透明度范围为0.20～0.41 m；叶绿素a范围为4.8～31.5 μg/L。不同季节的水质参数详见表3.1–31。

表3.1–31 各季节水质监测结果

监测项目	春均值	夏均值	秋均值	冬均值
pH	8.05	7.68	7.54	7.98
水温（℃）	17.9	29.3	24.9	9.4
水深（m）	1.7	2	2.7	3.2
溶解氧（mg/L）	8.13	8.04	2.19	8.83
浊度（NTU）	22	17	1	10
透明度（m）	0.28	0.41	0.20	0.25
总氮（mg/L）	4.59	0.63	1.09	2.71
氨氮（mg/L）	1.290	0.222	0.184	0.860
亚硝酸盐氮（mg/L）	0.011	0.057	0.010	0.054
总溶解性氮（mg/L）	4.15	0.52	0.69	2.49
总磷（mg/L）	0.158	0.207	0.127	0.122
总溶解性磷（mg/L）	0.143	0.166	0.108	0.106
磷酸盐（mg/L）	0.028	ND	ND	ND
高锰酸盐指数（mg/L）	4.2	7.0	4.8	4.9
叶绿素a（μg/L）	9.4	31.5	10.2	4.8

注：ND指未检出。

· 总体评价

根据四个季度的监测结果进行评价，评价结果显示如下。

春季保护区水质监测中，pH符合《地表水环境质量标准》（GB 3838—2002）；溶解氧符合Ⅰ类水标准；氨氮符合Ⅳ类水标准；总氮未达到Ⅴ类水标准；总磷符合Ⅴ类水标准；高锰酸盐符合Ⅲ类水标准。

夏季保护区水质监测中，pH符合《地表水环境质量标准》（GB 3838—2002）；溶解氧符合Ⅰ类水标准；氨氮符合Ⅱ类水标准；总氮符合Ⅲ类水标准；总磷未达Ⅴ类水标准；高锰酸盐符合Ⅳ类水标准。

秋季保护区水质监测中，pH符合《地表水环境质量标准》（GB 3838—2002）；溶解氧符合Ⅴ类水标准；氨氮符合Ⅱ类水标准；总氮符合Ⅳ类水标准；总磷符合Ⅴ类水标准；高锰酸盐符合Ⅲ类水标准。

冬季保护区水质监测中，pH符合《地表水环境质量标准》（GB 3838—2002）；溶解氧符合Ⅰ类水标准；氨氮符合Ⅲ类水标准；总氮未达到Ⅴ类水标准；总磷符合Ⅴ类水标准；高锰酸盐符合Ⅲ类水标准。

3.1.32 金沙湖黄颡鱼国家级水产种质资源保护区

· 水环境状况

根据四个季度监测数据可知：水深范围为2.5 ～ 4.5 m；pH范围为7.3 ～ 8.1；水温范围为5.3 ～ 28.3 ℃；溶解氧范围为5.00 ～ 9.35 mg/L；总氮范围为0.58 ～ 0.63 mg/L；氨氮范围为0.33 ～ 0.48 mg/L；亚硝酸盐氮范围为0.062 ～ 0.08 mg/L；总溶解性氮0.58 ～ 0.63 mg/L；总磷范围为0.07 ～ 0.08 mg/L；总溶解性磷范围为0.06 ～ 0.07 mg/L；高锰酸盐指数范围为4.75 ～ 4.83 mg/L；透明度范围为0.8 ～ 1.2 m；叶绿素a范围为8.9 ～ 35.7 μg/L。不同季节的水质参数详见表3.1-32。

表 3.1-32　各监测项目统计结果（全年）

监测项目	春均值	夏均值	秋均值	冬均值
pH	8.1	7.7	7.3	7.5
水温（℃）	16.8	28.3	22.9	5.3
水深（m）	2.5	4.5	3.6	2.9
溶解氧（mg/L）	8.67	8.07	5	9.35
浊度（NTU）	19	15	3	9
透明度（m）	0.8	1.2	0.9	0.8
总氮（mg/L）	0.63	0.61	0.58	0.59
氨氮（mg/L）	0.48	0.43	0.33	0.39
亚硝酸盐氮（mg/L）	0.08	0.08	0.06	0.07
总溶解性氮（mg/L）	0.63	0.58	0.61	0.58
总磷（mg/L）	0.07	0.08	0.07	0.07
总溶解性磷（mg/L）	0.06	0.07	0.07	0.06
高锰酸盐指数（mg/L）	4.75	4.83	4.77	4.82
叶绿素a（μg/L）	11.2	35.7	21.9	8.9

· 总体评价

根据四个季度的监测结果进行评价，评价结果显示如下。

春季保护区水质监测中，pH符合《地表水环境质量标准》（GB 3838—2002）；溶解氧符合Ⅰ类水标准；氨氮符合Ⅱ类水标准；总氮符合Ⅲ类水标准；总磷符合Ⅳ类水标准；高锰酸盐符合Ⅲ类水标准。

夏季保护区水质监测中，pH符合《地表水环境质量标准》（GB 3838—2002）；溶解氧符合Ⅰ类水标准；氨氮符合Ⅱ类水标准；总氮符合Ⅲ类水标准；总磷符合Ⅳ类水标准；高锰酸盐符合Ⅲ类水标准。

秋季保护区水质监测中，pH符合《地表水环境质量标准》（GB 3838—2002）；溶解氧符合Ⅲ类水标准；氨氮符合Ⅱ类水标准；总氮符合Ⅲ类水标准；总磷符合Ⅳ类水标准；高锰酸盐符合Ⅲ类水标准。

冬季保护区水质监测中，pH符合《地表水环境质量标准》（GB 3838—2002）；溶解氧符合Ⅰ类水标准；氨氮符合Ⅱ类水标准；总氮符合Ⅲ类水标准；总磷符合Ⅳ类水标准；高锰酸盐符合Ⅲ类水标准。

3.2 · 浮游植物

3.2.1 太湖银鱼翘嘴红鲌秀丽白虾国家级水产种质资源保护区

· 群落组成

根据本次调查，共鉴定浮游植物60属116种，种类组成以绿藻门为主、占总数的53.54%，硅藻门类次之、占总数的18.11%。各季的种类组成详见表3.2-1。

表3.2-1 太湖银鱼翘嘴红鲌秀丽白虾国家级水产种质资源保护区浮游植物分类统计表

门类	春季			夏季			秋季			冬季		
	属	种	%	属	种	%	属	种	%	属	种	%
蓝藻门	3	4	11.43	7	10	15.38	6	11	15.28	2	4	10.81
硅藻门	4	9	25.71	11	15	23.08	7	9	12.50	6	11	29.73
隐藻门	2	2	5.71	2	2	3.08	2	3	4.17	2	3	8.11
裸藻门	2	3	8.57	3	3	4.62	1	1	1.39	1	1	2.70
绿藻门	10	17	48.57	20	34	52.31	26	47	65.28	8	16	43.24
金藻门	—	—	—	1	1	1.54	1	1	1.39	1	1	2.70
黄藻门	—	—	—	—	—	—	—	—	—	1	1	2.70
合计	21	35	100	44	65	100	43	72	100	21	37	100

· 优势种

调查结果显示，秋季种类最多，主要优势种有蓝藻门的微囊藻、卷曲鱼腥藻、微小平裂藻和细小平裂藻；绿藻门的游丝藻。春季主要优势种有蓝藻门的微囊藻和水华鱼腥藻；隐藻门的尖尾蓝隐藻；绿藻门的游丝藻。夏季优势种包括蓝藻门的微囊藻、假鱼腥藻、卷曲鱼腥藻、鱼腥藻和细小平裂藻；硅藻门的针杆藻和颗粒直链藻纤细变种；绿藻门的双对栅藻和隐藻门的啮齿隐藻。冬季主要优势有蓝藻门的微囊藻、假鱼腥藻和针晶蓝纤维藻；隐藻门的尖尾蓝隐藻。

· 现存量

太湖银鱼翘嘴红鲌秀丽白虾国家级水产种质资源保护区浮游植物春季采样调查结果显示，3个采样点浮游植物密度变幅为9.13×10^6 ～ 1.5×10^7 cell/L，均值为1.18×10^7 cell/L，生物量均值为10.13 mg/L。夏季采样调查结果显示，3个采样点浮游植物密度变幅为

9.7×10^6 ～ 1.58×10^7 cell/L，均值为1.24×10^7 cell/L，生物量均值为12.21 mg/L。秋季采样调查结果显示，3个采样点浮游植物密度变幅为2.48×10^7 ～ 3.82×10^7 cell/L，均值为3.02×10^7 cell/L，生物量均值为16.73 mg/L。冬季采样调查结果显示，3个采样点浮游植物密度变幅为3.2×10^6 ～ 9.34×10^6 cell/L，均值为5.45×10^6 cell/L，生物量均值为3.28 mg/L。各季节浮游植物密度生物量见图3.2-1。

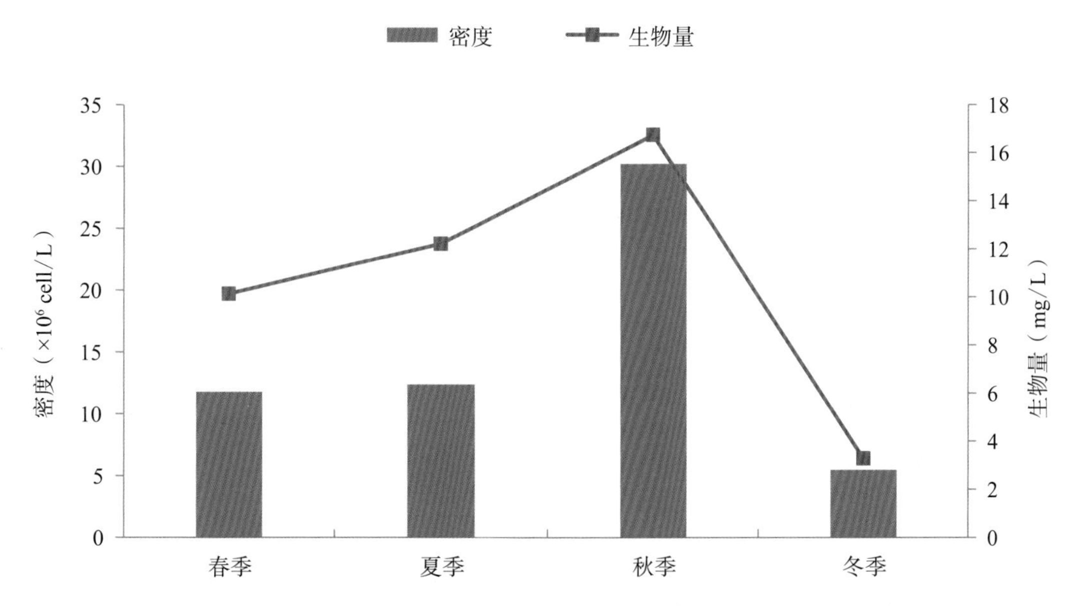

图3.2-1　太湖银鱼翘嘴红鲌秀丽白虾国家级水产种质资源保护区各季节浮游植物密度和生物量

· 群落多样性

春季太湖银鱼翘嘴红鲌秀丽白虾国家级水产种质资源保护区Shannon-Wiener多样性指数（H'）范围为1.10 ～ 1.65，平均为1.35；Pielou均匀度指数（J）范围为0.36 ～ 0.54，均值为0.44；Margalef丰富度指数（R）范围为1.23 ～ 1.27，均值为1.25。夏季H'范围为2.42 ～ 2.90，平均为2.67；J范围为0.65 ～ 0.75，均值为0.7；R范围为2.52 ～ 2.98，均值为2.72。秋季H'范围为0.89 ～ 2.20，平均为1.63；J范围为0.26 ～ 0.57，均值为0.43；R范围为1.64 ～ 2.74，均值为2.36。冬季H'范围为1.61 ～ 2.13，平均为1.81；J范围为0.52 ～ 0.63，均值为0.55；R范围为1.40 ～ 1.85，均值为1.58。Shannon-Wiener多样性指数（H'）最大值出现在夏季，最小值出现在春季；Pielou均匀度指数（J）最大值出现在夏季，最小值出现在秋季；Margalef丰富度指数（R）最大值出现在夏季，最小值出现在春季（图3.2-2）。

3.2.2　太湖青虾中华绒螯蟹国家级水产种质资源保护区

· 群落组成

根据本次调查，共鉴定浮游植物46属93种，种类组成以绿藻门为主、占总数的55.91%，硅藻门类次之、占总数的18.28%。各季的种类组成详见表3.2-2。

· 优势种

据现行通用标准，以优势度指数$Y > 0.02$定为优势种，调查结果显示，夏季种类最多，主要优势种有蓝藻门的微囊藻和细小平裂藻。春季主要优势种有蓝藻门的微囊藻和水华鱼腥藻；隐藻门的尖尾蓝隐藻。秋季优势种为蓝藻门的微囊藻、卷曲鱼腥藻、点状平裂藻和微小平裂藻。冬季主要优势有蓝藻门的微囊藻；隐藻门的尖尾蓝隐藻；绿藻门的丝藻。

· 现存量

太湖青虾中华绒螯蟹国家级水产种质资源保护区浮游植物春季采样调查结果显示，浮游植物密度为

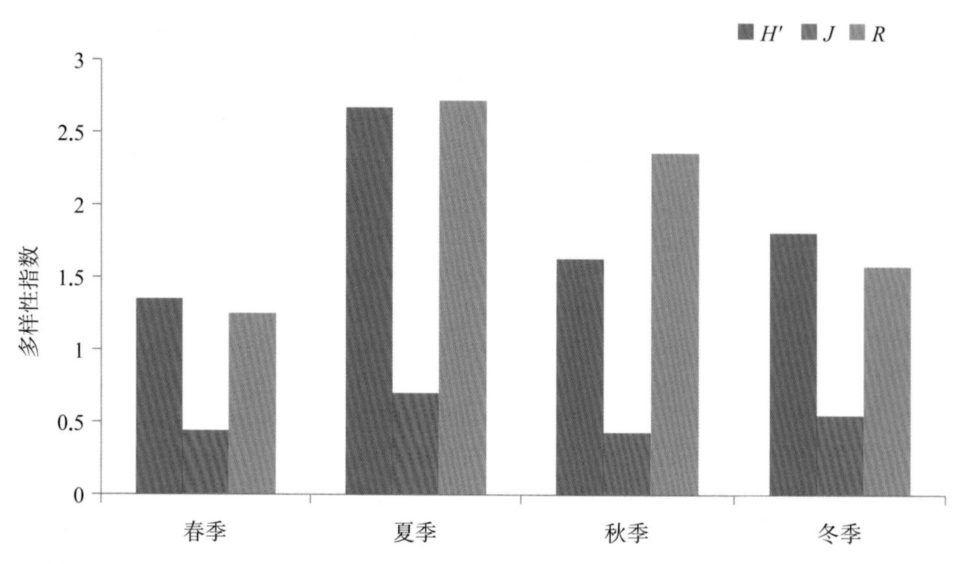

图3.2-2 太湖银鱼翘嘴红鲌秀丽白虾国家级水产种质资源保护区各季节浮游植物多样性指数

表3.2-2 太湖青虾中华绒螯蟹国家级水产种质资源保护区浮游植物分类统计表

门 类	春 季			夏 季			秋 季			冬 季		
	属	种	%	属	种	%	属	种	%	属	种	%
蓝藻门	3	3	14.29	7	8	18.60	6	7	19.44	2	3	13.04
硅藻门	4	8	38.10	6	8	18.60	3	3	8.33	5	7	30.43
隐藻门	2	2	9.52	2	2	4.65	2	2	5.56	2	2	8.70
裸藻门	—	—	—	1	1	2.33	—	—	—	—	—	—
绿藻门	6	8	38.10	14	22	51.16	15	23	63.89	6	9	39.13
甲藻门	—	—	—	1	1	2.33	—	—	—	1	1	4.35
金藻门	—	—	—	1	1	2.33	1	1	2.78	1	1	4.35
黄藻门	—	—	—	—	—	—	—	—	—	—	—	—
合 计	15	21	100	32	43	100	27	36	100	17	23	100

4.29×10^7 cell/L，生物量为8.72 mg/L。夏季采样调查结果显示，浮游植物密度为3.74×10^7 cell/L，生物量为3.86 mg/L。秋季采样调查结果显示，浮游植物密度为7.43×10^7 cell/L，生物量为13.0 mg/L。冬季采样调查结果显示，浮游植物密度为8.06×10^6 cell/L，生物量为0.91 mg/L。各季节浮游植物密度生物量见图3.2-3。

· 群落多样性

春季太湖青虾中华绒螯蟹国家级水产种质资源保护区Shannon-Wiener多样性指数（H'）为0.63；Pielou均匀度指数（J）为0.21；Margalef丰富度指数（R）为1.14。夏季H'为2.41；J为0.29；R为1.08。秋季H'范围为1.24；J为0.35；R范围为1.93。冬季H'为1.38；J为0.5；R为1.10。Shannon-Wiener多样性指数（H'）最大值出现在夏季，最小值出现在春季；Pielou均匀度指数（J）最大值出现在冬季，最小值出现在春季；Margalef丰富度指数（R）最大值出现在秋季，最小值出现在夏季（图3.2-4）。

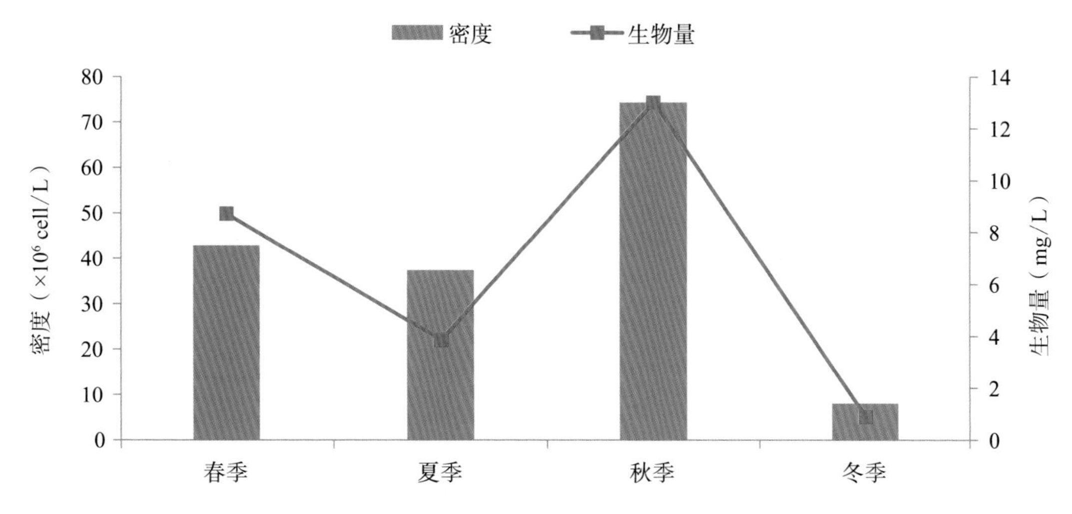

图3.2-3 太湖青虾中华绒螯蟹国家级种质资源保护区各季节浮游植物密度和生物量

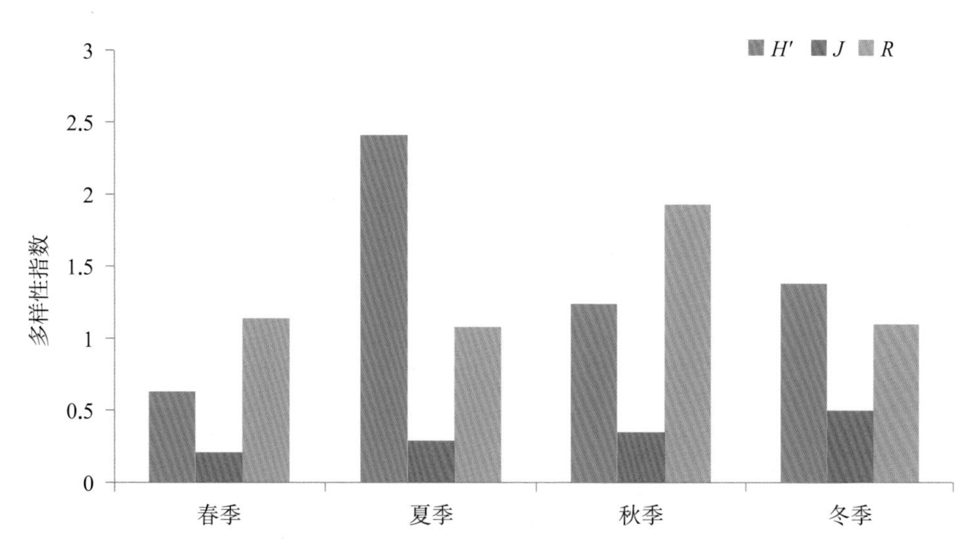

图3.2-4 太湖青虾中华绒螯蟹国家级水产种质资源保护区各季节浮游植物多样性指数

3.2.3 太湖梅鲚河蚬国家级水产种质资源保护区

· 群落组成

根据本次调查，共鉴定浮游植物45属82种，种类组成以绿藻门为主、占总数的48.78%，硅藻门类次之、占总数的20.73%。各季的种类组成详见表3.2-3。

· 优势种

据现行通用标准，以优势度指数 $Y > 0.02$ 定为优势种，调查结果显示，夏季种类最多，主要优势种有蓝藻门的微囊藻、假鱼腥藻、卷曲鱼腥藻、细小平裂藻和束丝藻；绿藻门的单角盘星藻。春季主要优势种有蓝藻门的微囊藻和水华鱼腥藻；硅藻门的梅尼小环藻；隐藻门的尖尾蓝隐藻；绿藻门的小球藻、平滑四星藻、四尾栅藻和衣藻。秋季优势种为蓝藻门的微囊藻。冬季主要优势有蓝藻门的微囊藻、卷曲鱼腥藻和针晶蓝纤维藻；硅藻门的梅尼小环藻；隐藻门的尖尾蓝隐藻；绿藻门的丛球韦斯藻和丝藻；黄藻门的黄丝藻。

· 现存量

太湖梅鲚河蚬国家级水产种质资源保护区浮游植物春季采样调查结果显示，浮游植物密度为 8.27×10^6 cell/L，生物量为1.40 mg/L。夏季采样调查结果显示，浮游植物密度为 2.43×10^7 cell/L，生物量

表 3.2-3 太湖梅鲚河蚬国家级水产种质资源保护区浮游植物分类统计表

门 类	春 季			夏 季			秋 季			冬 季		
	属	种	%	属	种	%	属	种	%	属	种	%
蓝藻门	3	5	22.73	7	11	27.50	3	3	18.75	3	5	13.89
硅藻门	3	4	18.18	7	10	25.00	4	4	25.00	5	8	22.22
隐藻门	2	2	9.09	2	2	5.00	2	3	18.75	2	3	8.33
裸藻门	—	—	—	—	—	—	—	—	—	1	1	2.78
绿藻门	8	11	50.00	12	17	42.50	4	6	37.50	12	16	44.44
甲藻门	—	—	—	—	—	—	—	—	—	1	1	2.78
金藻门	—	—	—	—	—	—	—	—	—	1	1	2.78
黄藻门	—	—	—	—	—	—	—	—	—	1	1	2.78
合 计	16	22	100	28	40	100	13	16	100	26	36	100

为3.81 mg/L。秋季采样调查结果显示，浮游植物密度为4.20×10^7 cell/L，生物量为2.94 mg/L。冬季采样调查结果显示，浮游植物密度为1.38×10^7 cell/L，生物量为3.82 mg/L。各季节浮游植物密度生物量见图3.2-5。

· 群落多样性

春季太湖梅鲚河蚬国家级水产种质资源保护区Shannon-Wiener多样性指数（H'）为2.07；Pielou均匀度指数（J）为0.63；Margalef丰富度指数（R）为2.25。夏季H'为2.29；J为0.55；R为2.04。秋季H'范围为0.18；J为0.06；R范围为0.85。冬季H'为1.67；J为0.55；R为1.26。Shannon-Wiener多样性指数（H'）最大值出现在夏季，最小值出现在秋季；Pielou均匀度指数（J）最大值出现在春季，最小值出现在秋季；Margalef丰富度指数（R）最大值出现在春季，最小值出现在秋季（图3.2-6）。

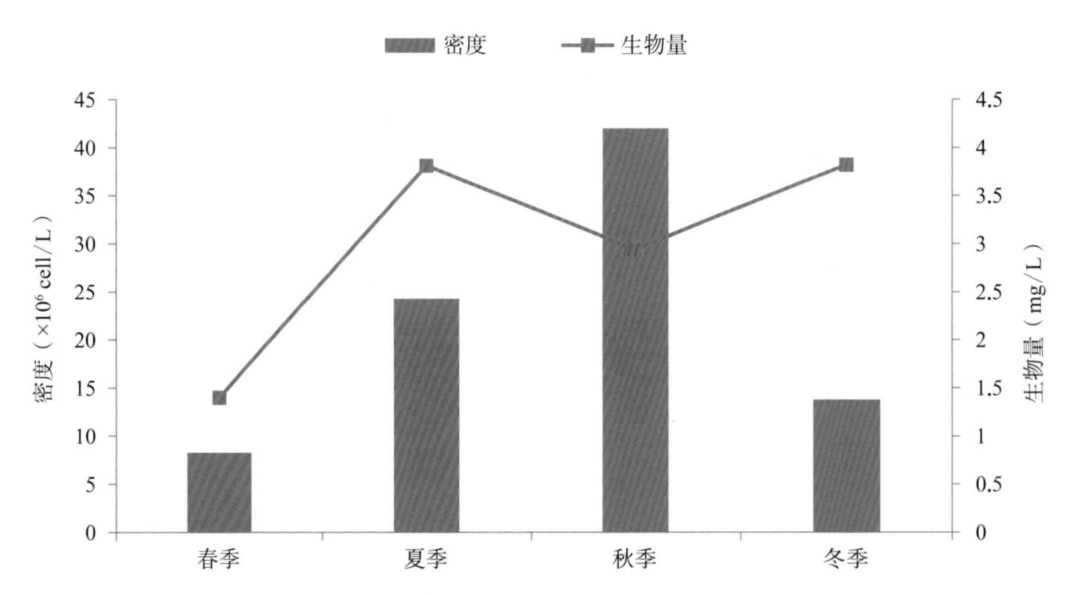

图3.2-5 太湖梅鲚河蚬国家级水产种质资源保护区各季节浮游植物密度和生物量

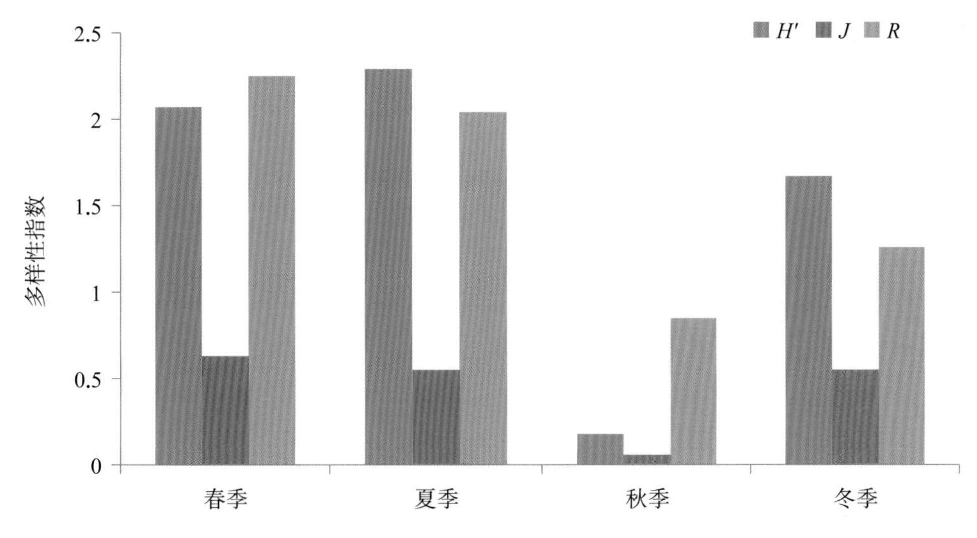

图3.2-6 太湖梅鲚河蚬国家级水产种质资源保护区各季节浮游植物多样性指数

3.2.4 滆湖鲌类国家级水产种质资源保护区

· 群落组成

根据本次调查，共鉴定浮游植物60属129种，种类组成以绿藻门为主、占总数的57.23%，硅藻门类次之、占总数的18.24%。各季的种类组成详见表3.2-4。

· 优势种

据现行通用标准，以优势度指数 $Y > 0.02$ 定为优势种，调查结果显示，夏季种类最多，主要优势种有蓝藻门的假鱼腥藻、颤藻微小平裂藻和细小平裂藻；硅藻门的针杆藻和梅尼小环藻；隐藻门的尖尾蓝隐藻；绿藻门的双对栅藻、四足十字藻、丝藻。春季主要优势种有蓝藻门的针晶蓝纤维藻；硅藻门的梅尼小环藻；隐藻门的啮蚀隐藻和尖尾蓝隐藻；绿藻门的平滑四星藻、美丽网球藻和丝藻。秋季优势种包括蓝藻门的细小平裂藻；硅藻门的针杆藻、梅尼小环藻和颗粒直链藻纤细变种；隐藻门的啮蚀隐藻；绿藻门的丝藻和衣藻。冬季主要优势有蓝藻门的针晶蓝纤维藻；硅藻门的梅尼小环藻和针形菱形藻；隐藻门的啮蚀隐藻和尖尾蓝隐藻；绿藻门的小球藻、四尾栅藻、平滑

表3.2-4 滆湖鲌类国家级水产种质资源保护区浮游植物分类统计表

门 类	春 季			夏 季			秋 季			冬 季		
	属	种	%	属	种	%	属	种	%	属	种	%
蓝藻门	3	4	7.84	9	12	13.33	3	5	8.33	2	3	8.11
硅藻门	8	13	25.49	8	15	16.67	8	9	15.00	4	8	21.62
隐藻门	2	3	5.88	2	3	3.33	2	3	5.00	2	2	5.41
裸藻门	1	2	3.92	3	7	7.78	3	7	11.67	3	3	8.11
绿藻门	17	24	47.06	22	51	56.67	18	33	55.00	12	16	43.24
甲藻门	2	2	3.92	1	1	1.11	2	2	3.33	2	2	5.41
金藻门	2	2	3.92	1	1	1.11	1	1	1.67	2	2	5.41
黄藻门	1	1	1.96	—	—	—	—	—	—	1	1	2.70
合 计	36	51	100	46	90	100	37	60	100	28	37	100

四星藻和丝藻。

· 现存量

滆湖鲌类国家级水产种质资源保护区浮游植物春季采样调查结果显示，3个采样点浮游植物密度变幅为3.70×10^6～5.58×10^6 cell/L，均值为4.41×10^6 cell/L，生物量均值为2.62 mg/L。夏季采样调查结果显示，3个采样点浮游植物密度变幅为1.19×10^7～2.42×10^7 cell/L，均值为1.87×10^7 cell/L，生物量均值为5.05 mg/L。秋季采样调查结果显示，3个采样点浮游植物密度变幅为1.72×10^7～2.66×10^7 cell/L，均值为2.28×10^7 cell/L，生物量均值为9.50 mg/L。冬季采样调查结果显示，3个采样点浮游植物密度变幅为1.06×10^6～1.36×10^6 cell/L，均值为1.22×10^6 cell/L，生物量均值为0.59 mg/L。各季节浮游植物密度生物量见图3.2-7。

· 群落多样性

春季滆湖鲌类国家级水产种质资源保护区Shannon-Wiener多样性指数（H'）范围为1.88～2.60，平均为2.22；Pielou均匀度指数（J）范围为0.58～0.72，均值为0.64；Margalef丰富度指数（R）范围为1.65～2.31，均值为2.05。夏季H'范围为2.88～4.16，平均为3.31；J范围为0.59～0.69，均值为0.66；R范围为2.30～2.94，均值为2.64。秋季H'范围为2.20～2.42，平均为2.28；J范围为0.60～0.63，均值为0.61；R范围为2.16～2.69，均值为2.38。冬季H'范围为1.50～1.80，平均为1.67；J范围为0.76～0.82，均值为0.80；R范围为2.49～2.57，均值为2.53。Shannon-Wiener多样性指数（H'）最大值出现在夏季，最小值出现在冬季；Pielou均匀度指数（J）最大值出现在冬季，最小值出现在秋季；Margalef丰富度指数（R）最大值出现在夏季，最小值出现在春季（图3.2-8）。

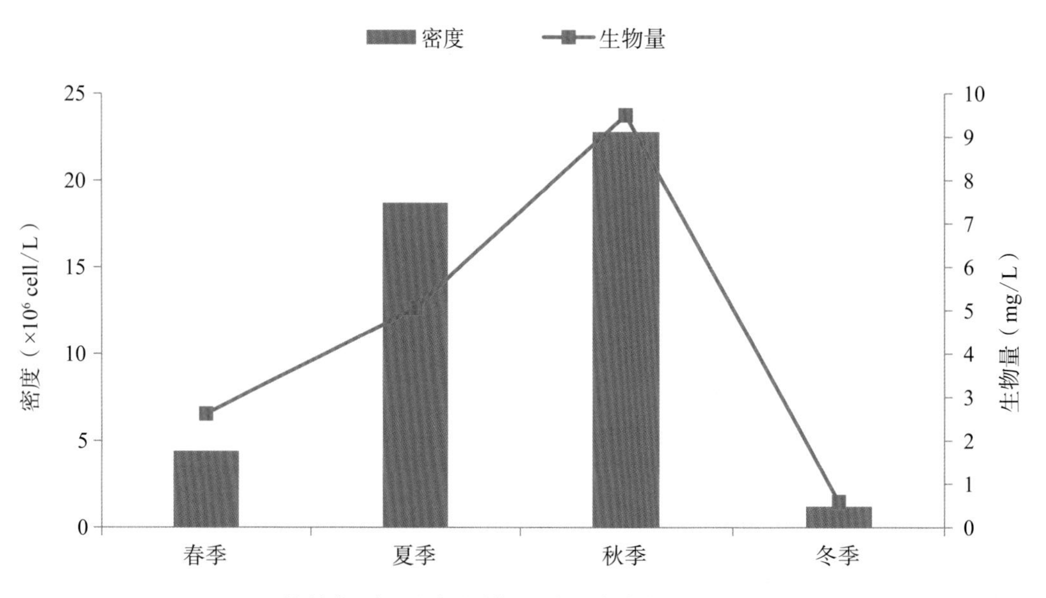

图3.2-7 滆湖鲌类国家级水产种质资源保护区各季节浮游植物密度和生物量

3.2.5 滆湖国家级水产种质资源保护区

· 群落组成

根据本次调查，共鉴定浮游植物54属108种，种类组成以绿藻门为主、占总数的63.87%，硅藻门类次之、占总数的15.48%。各季的种类组成详见表3.2-5。

· 优势种

据现行通用标准，以优势度指数$Y>0.02$定为优势种，调查结果显示，夏季种类最多，主要优势种有蓝藻门的假鱼腥藻、颤藻、细小平裂藻和微小平裂藻；硅藻门的针杆藻和梅尼小环藻；绿藻门的丝藻。春季主要优势种有硅藻门的梅尼小环藻；隐

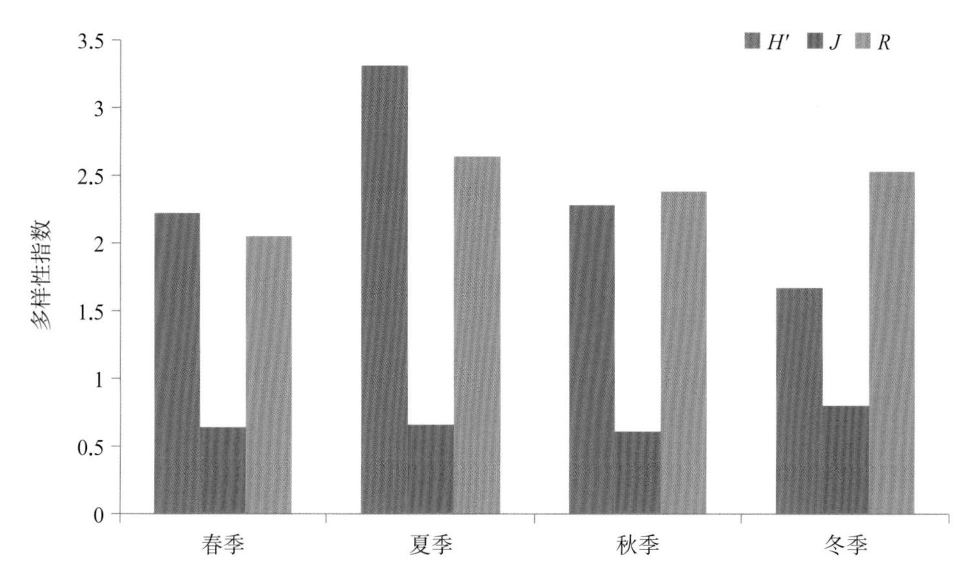

图3.2-8　滆湖鲌类国家级水产种质资源保护区各季节浮游植物多样性指数

表3.2-5　滆湖国家级水产种质资源保护区浮游植物分类统计表

门　类	春　季			夏　季			秋　季			冬　季		
	属	种	%	属	种	%	属	种	%	属	种	%
蓝藻门	1	2	5.56	8	13	13.83	5	7	11.11	3	5	12.20
硅藻门	5	10	27.78	9	14	14.89	6	8	12.70	6	11	26.83
隐藻门	2	3	8.33	2	3	3.19	2	3	4.76	2	2	4.88
裸藻门	1	1	2.78	1	3	3.19	1	3	4.76	1	1	2.44
绿藻门	11	15	41.67	24	59	62.77	22	40	63.49	11	20	48.78
甲藻门	2	2	5.56	1	1	1.06	1	1	1.59	1	1	2.44
金藻门	2	2	5.56	1	1	1.06	1	1	1.59	—	—	—
黄藻门	1	1	2.78	—	—	—	—	—	—	1	1	2.44
合　计	25	36	100	46	94	100	38	63	100	25	41	100

藻门的啮蚀隐藻和尖尾蓝隐藻；绿藻门的美丽网球藻和丝藻。秋季优势种包括蓝藻门的腔球藻、旋折平裂藻和细小平裂藻；硅藻门的梅尼小环藻；绿藻门的丝藻。冬季主要优势有蓝藻门的假鱼腥藻和针晶蓝纤维藻；硅藻门的针杆藻、变异直链藻、颗粒直链藻纤细变种、颗粒直链藻螺旋变种、谷皮菱形藻和针形菱形藻；隐藻门的啮蚀隐藻和尖尾蓝隐藻；绿藻门的小球藻、四尾栅藻、四尾栅藻四棘变种、平滑四星藻和丝藻。

· 现存量

滆湖国家级水产种质资源保护区浮游植物春季采样调查结果显示，2个采样点浮游植物密度变幅为 3.94×10^6 ～ 4.61×10^6 cell/L，均值为 4.27×10^6 cell/L，生物量均值为2.63 mg/L。夏季采样调查结果显示，2个采样点浮游植物密度变幅为 5.67×10^7 ～ 7.31×10^7 cell/L，均值为 6.49×10^7 cell/L，生物量均值为13.37 mg/L。秋季采样调查结果显示，2个采样点浮游植物密度变幅为 9.72×10^7 ～ 2.21×10^8 cell/L，均值为

1.59×10^8 cell/L，生物量均值为55.61 mg/L。冬季采样调查结果显示，2个采样点浮游植物密度变幅为1.95×10^6～2.75×10^6 cell/L，均值为2.35×10^6 cell/L，生物量均值为0.99 mg/L。各季节浮游植物密度生物量见图3.2-9。

· 群落多样性

春季滆湖国家级水产种质资源保护区Shannon-Wiener多样性指数（H'）范围为1.85～1.95，平均为1.90；Pielou均匀度指数（J）范围为0.56～0.59，均值为0.58；Margalef丰富度指数（R）范围为1.69～1.71，均值为1.70。夏季H'范围为3.64～4.53，平均为4.08；J范围为0.55～0.65，均值为0.60；R范围为2.44～2.72，均值为2.58。秋季H'范围为1.71～1.83，平均为1.77；J范围为0.45～0.46，均值为0.45；R范围为2.45～2.71，均值为2.58。冬季H'范围为1.79～2.29，平均为2.04；J范围为0.78～0.86，均值为0.82；R范围为2.56～3.06，均值为2.81。Shannon-Wiener多样性指数（H'）最大值出现在夏季，最小值出现在秋季；Pielou均匀度指数（J）最大值出现在冬季，最小值出现在秋季；Margalef丰富度指数（R）最大值出现在冬季，最小值出现在春季（图3.2-10）。

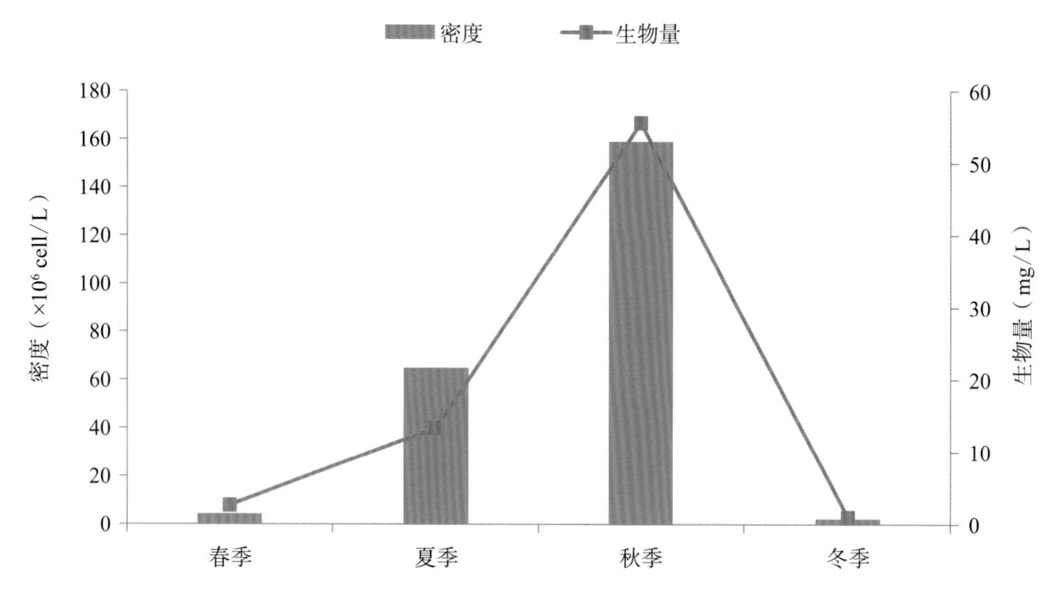

图3.2-9 滆湖国家级水产种质资源保护区各季节浮游植物密度和生物量

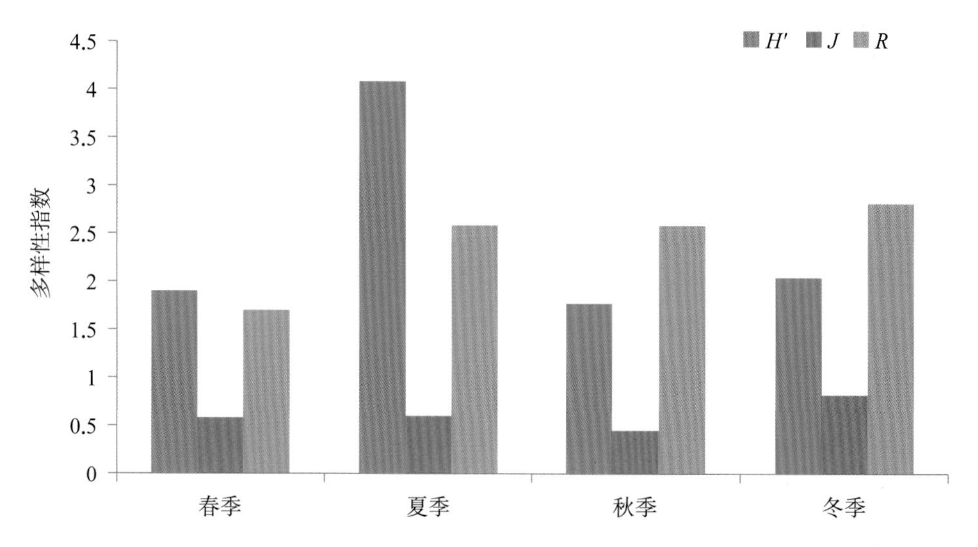

图3.2-10 滆湖国家级水产种质资源保护区各季节浮游植物多样性指数

3.2.6 高邮湖大银鱼湖鲚国家级水产种质资源保护区

· 群落组成

根据本次调查，共鉴定浮游植物64属131种，种类组成以绿藻门为主、占总数的46.56%，硅藻门次之、占总数的23.66%。各季的种类组成详见表3.2–6。

· 优势种

据现行通用标准，以优势度指数$Y > 0.02$定为优势种，调查结果显示，夏季种类最多。春季主要优势种有绿藻门的单角盘星藻、纤细月牙藻、小球藻、月牙藻和双对栅藻。夏季主要优势种有绿藻门的小球藻和硅藻门的颗粒直链藻。秋季优势种仅有绿藻门的小球藻。冬季主要优势包括绿藻门的卵囊藻、项圈鼓藻和四尾栅藻；蓝藻门的小席藻和微囊藻；硅藻门的针杆藻。

· 现存量

高邮湖大银鱼湖鲚国家级水产种质资源保护区浮游植物年平均数量为1.99×10^6 cell/L。从季节变化来看，以夏季数量最高，秋季次之，春季第三，冬季最少，平均数量依次为5.75×10^5 cell/L、2.08×10^5 cell/L、1×10^5 cell/L和0.23×10^5 cell/L。浮游植物生物量变幅为0.028 5 ～ 12.013 mg/L，年平均生物量为5.956 7 mg/L。从季节变化来看，以夏季生物量最高（12.013 mg/L），冬季次之（11.483 mg/L），春季最少（0.028 5 mg/L）。各季节浮游植物密度生物量见图3.2–11。

· 群落多样性

春季高邮湖大银鱼湖鲚国家级水产种质资源保护区Shannon–Wiener多样性指数（H'）为1.544；Pielou均匀度指数（J）为0.96；Margalef丰富度指数R为0.434。夏季H'为0.267；J为0.099；R为1.056。秋季H'为0.235；J为0.098；R为0.817。冬季H'为1.746；J为0.975；R为0.645。Shannon–Wiener多样性指数（H'）最大值出现在冬季，最小值出现在秋季；Pielou均匀度指数（J）最大值出现在冬季，最小值出现在秋季；Margalef丰富度指数（R）最大值出现在夏季，最小值出现在春季（图3.2–12）。

3.2.7 高邮湖河蚬秀丽白虾国家级水产种质资源保护区

· 群落组成

根据本次调查，共鉴定浮游植物54属107种，种类组成以绿藻门为主、占总数的42.06%，硅藻门类其次、占总数的30.84%。各季的种类组成详见表3.2–7。

表3.2–6 高邮湖大银鱼湖鲚国家级水产种质资源保护区浮游植物分类统计表

门类	春季			夏季			秋季			冬季		
	属	种	%	属	种	%	属	种	%	属	种	%
蓝藻门	8	17	19.10	7	13	11.21	7	15	17.05	4	8	13.79
金藻门	1	1	1.12	2	2	1.72	2	4	4.55	—	—	—
黄藻门	1	1	1.12	1	1	0.86	2	2	2.27	—	—	—
硅藻门	9	20	22.47	15	30	25.86	14	27	30.68	7	9	15.52
隐藻门	1	1	1.12	1	1	0.86	—	—	—	—	—	—
甲藻门	—	—	—	1	2	1.72	—	—	—	—	—	—
裸藻门	1	2	2.25	3	10	8.62	3	7	7.95	1	3	5.17
绿藻门	24	47	52.81	27	57	49.14	17	33	37.50	20	38	65.52
合计	45	89	100	57	116	100	45	88	100	32	58	100

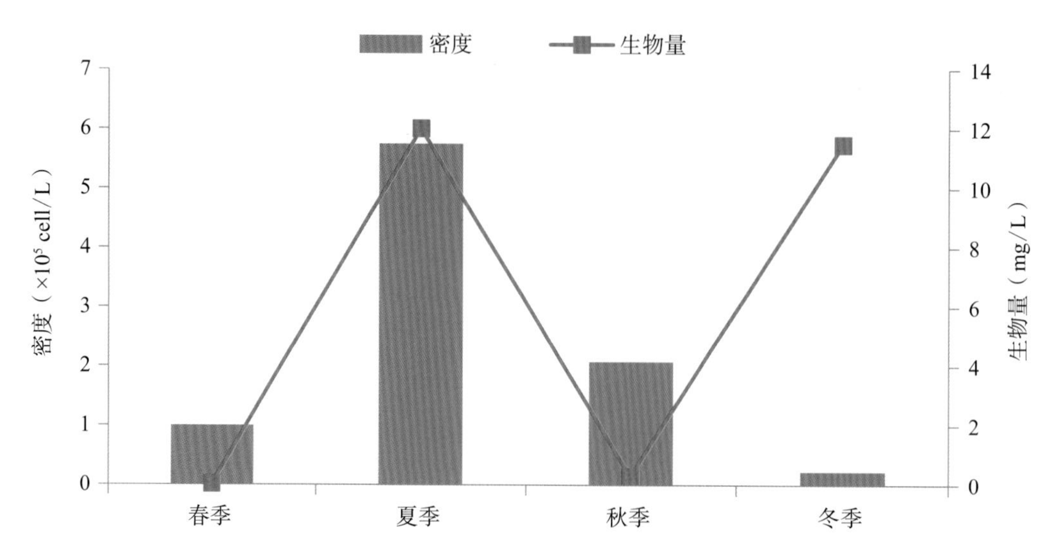

图3.2-11 高邮湖大银鱼湖鲚国家级水产种质资源保护区各季节浮游植物密度和生物量

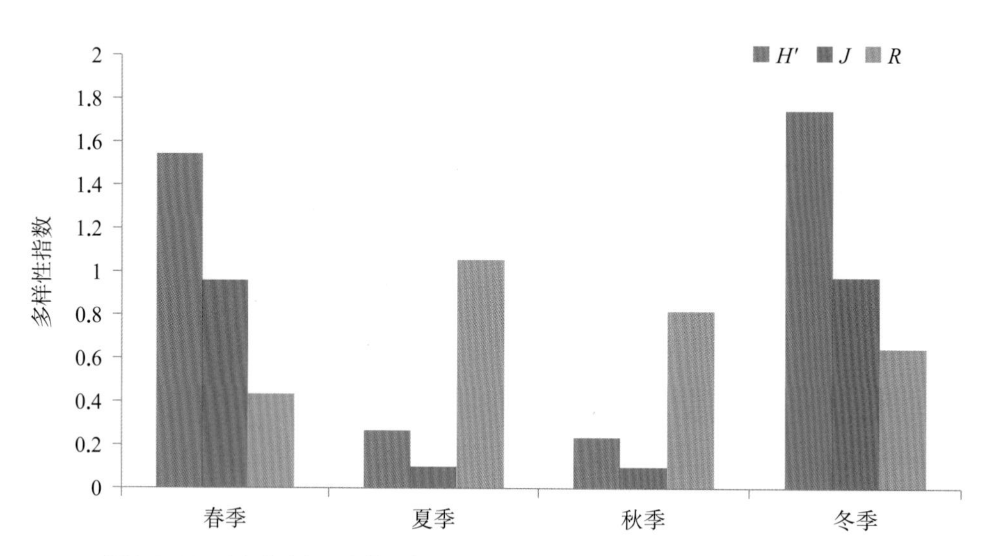

图3.2-12 高邮湖大银鱼湖鲚国家级水产种质资源保护区各季节浮游植物多样性指数

表3.2-7 高邮湖河蚬秀丽白虾国家级水产种质资源保护区浮游植物分类统计表

门 类	春 季			夏 季			秋 季			冬 季		
	属	种	%	属	种	%	属	种	%	属	种	%
蓝藻门	6	16	18.39	8	17	17.89	5	11	14.67	6	13	23.64
金藻门	1	1	1.15	—	—	0.00	1	1	1.33	—	—	—
黄藻门	—	—	—	1	2	2.11	1	2	2.67	1	1	1.82
硅藻门	15	28	32.18	16	32	33.68	9	22	29.33	13	21	38.18
隐藻门	—	—	—	—	—	—	—	—	—	1	1	1.82
甲藻门	1	2	2.30	1	2	2.11	1	1	1.33	1	2	3.64
裸藻门	—	—	—	2	3	3.16	2	3	4.00	—	—	—
绿藻门	23	40	45.98	24	39	41.05	21	35	46.67	11	17	30.91
合 计	46	87	100	52	95	100	40	75	100	33	55	100

・优势种

据现行通用标准，以优势度指数$Y > 0.02$定为优势种，调查结果显示，夏季种类最多。春季主要优势种有绿藻门的小球藻。夏季主要优势种有绿藻门的小球藻和蓝藻门的小席藻。秋季优势种有硅藻门的颗粒直链藻和具星小环藻；绿藻门的四足十字藻。冬季主要优势种有绿藻门的小球藻和蓝藻门的微囊藻。

・现存量

高邮湖河蚬秀丽白虾国家级水产种质资源保护区浮游植物年平均数量为1.44×10^6 cell/L。从季节变化来看，以夏季数量最高，春季次之，秋季第三，冬季最少，平均数量依次为3.01×10^6 cell/L、2.05×10^6 cell/L、6.6×10^5 cell/L和0.7×10^5 cell/L。浮游植物生物量变幅为0.24 ～ 15.09 mg/L，年平均生物量为4.16 mg/L。从季节变化来看，以夏季生物量最高（8.013 mg/L），春季次之（7.483 mg/L），冬季最少（0.302 3 mg/L）。各季节浮游植物密度生物量见图3.2-13。

・群落多样性

春季高邮湖河蚬秀丽白虾国家级水产种质资源保护区Shannon-Wiener多样性指数（H'）为0.13；Pielou均匀度指数（J）为0.08；Margalef丰富度指数（R）为0.28。夏季H'为2.63；J为0.86；R为1.34。秋季H'为2.16；J为0.9；R为0.75。冬季H'为1.92；J为0.83；R为0.81。Shannon-Wiener多样性指数（H'）最大值出现在夏季，最小值出现在春季；Pielou均匀度指数（J）最大值出现在秋季，最小值出现在春季；Margalef丰富度指数（R）最大值出现在夏季，最小值出现在春季（图3.2-14）。

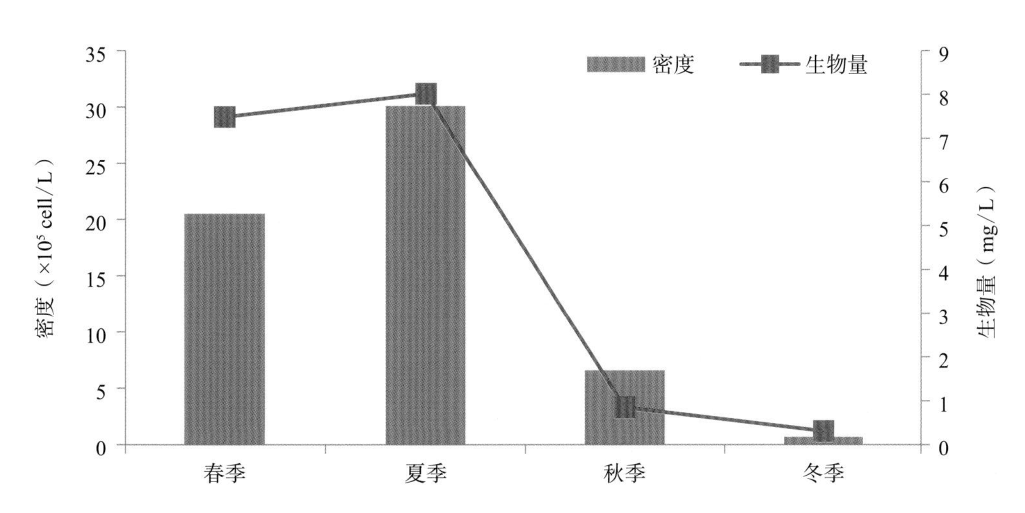

图3.2-13　高邮湖河蚬秀丽白虾国家级水产种质资源保护区各季节浮游植物密度和生物量

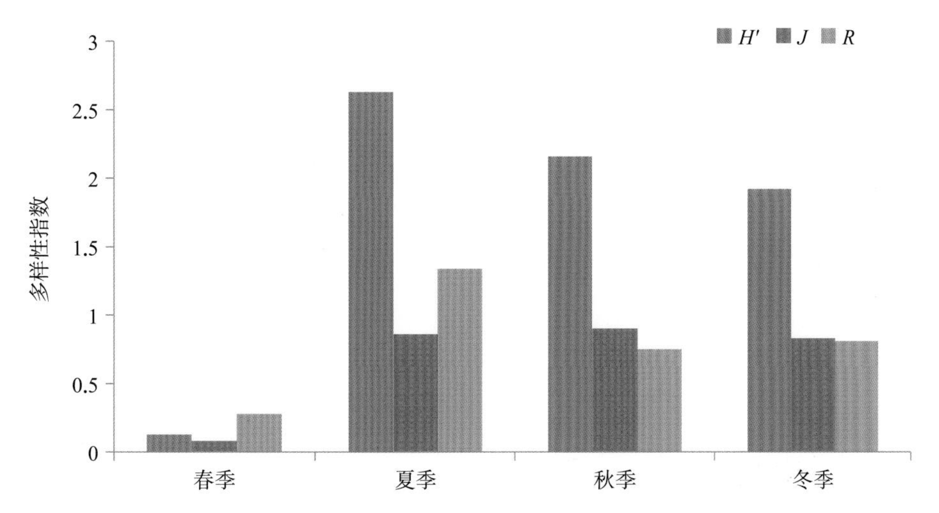

图3.2-14　高邮湖河蚬秀丽白虾国家级水产种质资源保护区各季节浮游植物多样性指数

3.2.8 高邮湖青虾国家级水产种质资源保护区

· 群落组成

根据本次调查，共鉴定浮游植物63属127种，种类组成以绿藻门为主、占总数的40.16%，硅藻门类其次、占总数的25.20%。各季的种类组成详见表3.2-8。

· 优势种

据现行通用标准，以优势度指数$Y > 0.02$定为优势种，调查结果显示，夏季种类最多。春季主要优势种有绿藻门的小球藻。夏季主要优势种有蓝藻门的小席藻和颤藻。秋季优势种有硅藻门的双头菱形藻和具星小环藻；蓝藻门的小席藻。冬季主要优势种有绿藻门的小球藻和硅藻门的小环藻、简单舟形藻。

· 现存量

高邮湖青虾国家级水产种质资源保护区浮游植物年平均数量为7.76×10^5 cell/L。从季节变化来看，以春季数量最高，夏季次之，秋季第三，冬季最少，平均数量依次为1.05×10^6 cell/L、8.45×10^5 cell/L、6.2×10^5 cell/L和1.2×10^5 cell/L。浮游植物生物量变幅为0.304 ～ 2.706 mg/L，年平均生物量为0.92 mg/L。从季节变化来看，以夏季生物量最高（2.706 mg/L），秋季次之（0.342 mg/L），春季最少（0.328 mg/L）。各季节浮游植物密度生物量见图3.2-15。

表3.2-8 高邮湖青虾国家级水产种质资源保护区浮游植物分类统计表

门 类	春 季			夏 季			秋 季			冬 季		
	属	种	%	属	种	%	属	种	%	属	种	%
蓝藻门	7	13	17.33	8	15	13.64	5	9	13.04	6	11	21.15
金藻门	1	1	1.33	2	3	2.73	2	2	2.90	1	1	1.92
黄藻门	1	1	1.33	1	2	1.82	2	3	4.35	1	1	1.92
硅藻门	13	24	32.00	15	29	26.36	11	21	30.43	8	13	25.00
隐藻门	—	—	—	1	2	1.82	1	1	1.45	—	—	0.00
甲藻门	1	1	1.33	1	2	1.82	1	1	1.45	2	3	5.77
裸藻门	—	—	—	3	8	7.27	2	5	7.25	1	3	5.77
绿藻门	20	35	46.67	28	49	44.55	19	27	39.13	12	20	38.46
合 计	43	75	100	59	110	100	43	69	100	31	52	100

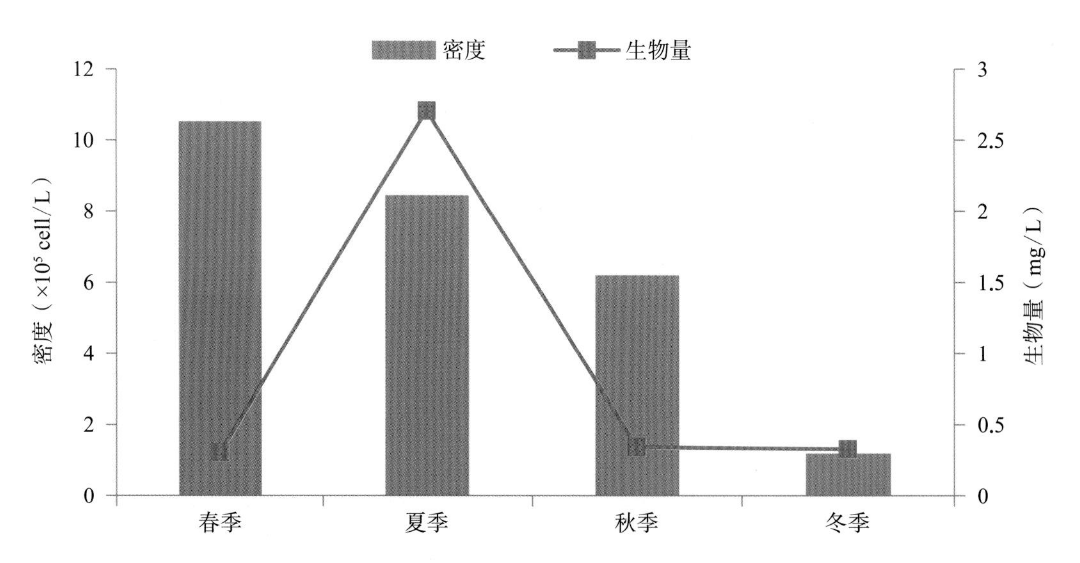

图3.2-15 高邮湖青虾国家级水产种质资源保护区各季节浮游植物密度和生物量

· 群落多样性

春季高邮湖青虾国家级水产种质资源保护区Shannon-Wiener多样性指数（H'）为0.09；Pielou均匀度指数（J）为0.06；Margalef丰富度指数（R）为0.28。夏季H'为2.38；J为0.78；R为2.25。秋季H'为1.47；J为0.94；R为0.75。冬季H'为1.69；J为0.81；R为0.6。Shannon-Wiener多样性指数（H'）最大值出现在夏季，最小值出现在春季；Pielou均匀度指数（J）最大值出现在秋季，最小值出现在春季；Margalef丰富度指数（R）最大值出现在夏季，最小值出现在春季（图3.2-16）。

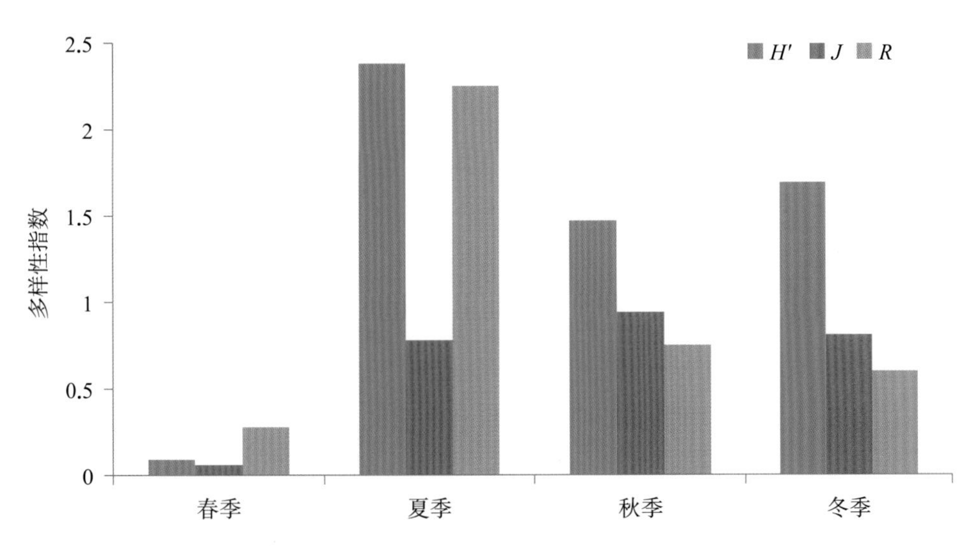

图3.2-16　高邮湖青虾国家级水产种质资源保护区各季节浮游植物多样性指数

3.2.9 邵伯湖国家级水产种质资源保护区

· 群落组成

根据本次调查，共鉴定浮游植物19属33种，种类组成以绿藻门为主、占总数的51.51%，硅藻门类和蓝藻门类相同、都占总数的21.21%。各季的种类组成详见表3.2-9。

· 优势种

据现行通用标准，以优势度指数$Y > 0.02$定为优势种，调查结果显示，秋季种类最多。春季主要优势种有绿藻门的小球藻。夏季主要优势种有绿藻门的拟菱形弓形藻、蓝藻门的巨颤藻和硅藻门的颗粒直链藻。秋季优势种仅有绿藻门的小球藻。冬季主要优势种有绿藻门的美丽团藻、四尾栅藻、肾形鼓藻和硬弓形

表3.2-9　邵伯湖国家级水产种质资源保护区浮游植物分类统计表

门 类	春 季			夏 季			秋 季			冬 季		
	属	种	%	属	种	%	属	种	%	属	种	%
蓝藻门	2	3	42.86	3	3	37.5	1	1	7.69	—	—	—
硅藻门	1	1	14.29	2	2	25	3	3	23.08	1	1	20.00
绿藻门	3	3	42.86	2	3	37.5	6	7	53.85	4	4	80.00
裸藻门	—	—	—	—	—	—	1	1	7.69	—	—	—
黄藻门	—	—	—	—	—	—	1	1	7.69	—	—	—
合 计	6	7	100	7	8	100	12	13	100	5	5	100

藻；硅藻门的小环藻。

- 现存量

邵伯湖国家级水产种质资源保护区浮游植物年平均数量为9.47×10^5 cell/L。从季节变化来看，以春季数量最高，秋季次之，夏季第三，冬季最少，平均数量依次为2.035×10^6 cell/L、1.62×10^6 cell/L、1.15×10^5 cell/L和0.165×10^5 cell/L。浮游植物生物量变幅为0.017～0.414 mg/L，年平均生物量为0.207 mg/L。从季节变化来看，以春季生物量最高（0.414 mg/L），秋季次之（0.25 mg/L），冬季最少（0.017 mg/L）。各季节浮游植物密度生物量见图3.2-17。

- 群落多样性

春季邵伯湖国家级水产种质资源保护区Shannon-Wiener多样性指数（H'）为0.117；Pielou均匀度指数（J）为0.06；Margalef丰富度指数（R）为0.413。夏季H'为1.922；J为0.924；R为0.601。秋季H'为0.437；J为0.17；R为0.839。冬季H'为1.609；J为1；R为0.412。Shannon-Wiener多样性指数（H'）最大值出现在夏季，最小值出现在春季；Pielou均匀度指数（J）最大值出现在冬季，最小值出现在春季；Margalef丰富度指数（R）最大值出现在秋季，最小值出现在春季（图3.2-18）。

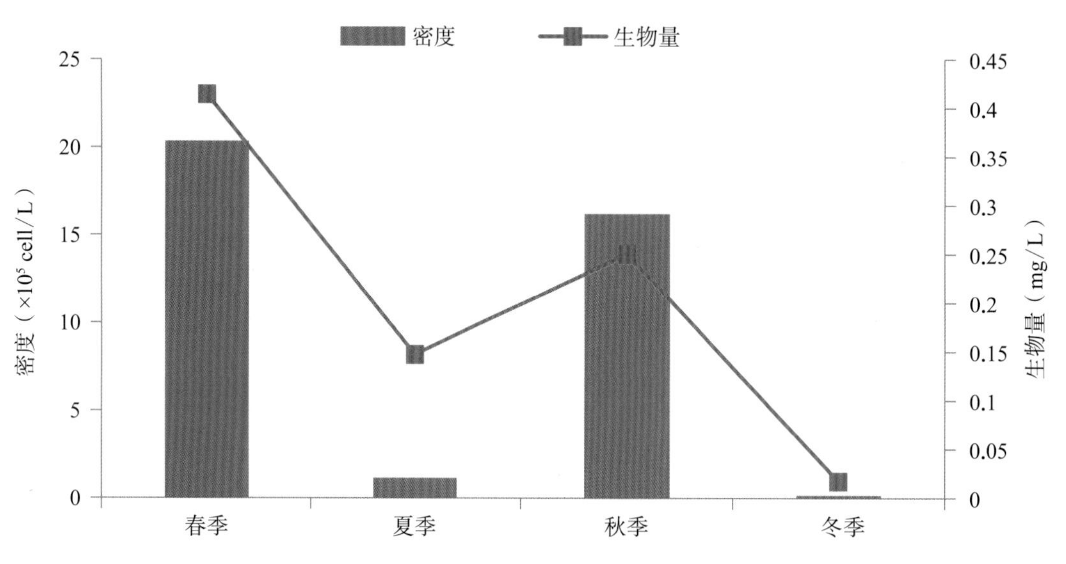

图3.2-17 邵伯湖国家级水产种质资源保护区各季节浮游植物密度和生物量

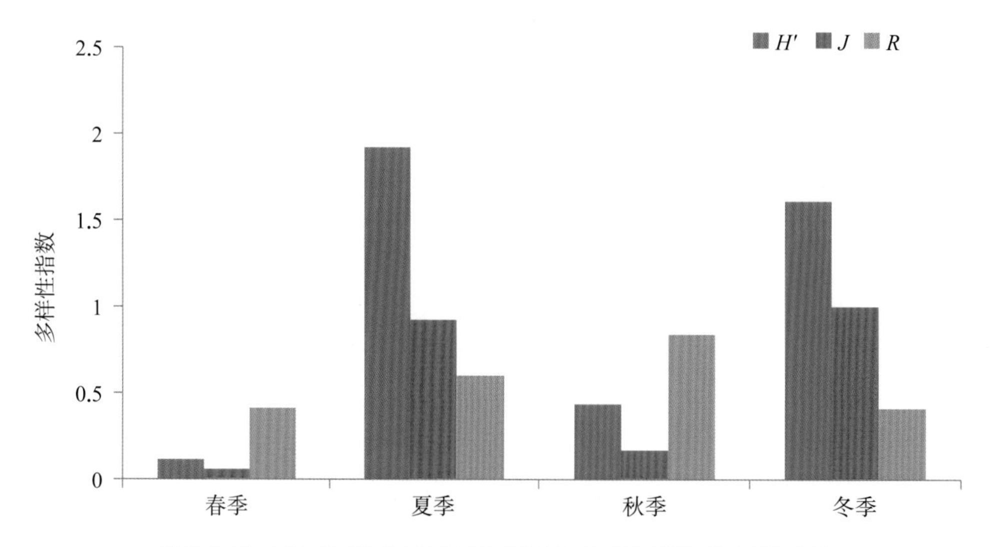

图3.2-18 邵伯湖国家级水产种质资源保护区各季节浮游植物多样性指数

3.2.10 宝应湖国家级水产种质资源保护区

· 群落组成

根据本次调查，共鉴定浮游植物34属49种，种类组成以绿藻门为主、占总数的46.94%，硅藻门类其次、占总数的26.53%。各季的种类组成详见表3.2–10。

· 优势种

据现行通用标准，以优势度指数$Y > 0.02$定为优势种，查结果显示，夏季种类最多。春季主要优势种有绿藻门的月牙藻。夏季主要优势种有绿藻门的小球藻和蓝藻门的螺旋藻。秋季优势种仅有绿藻门的小球藻。冬季主要优势种有绿藻门的月牙藻和蓝藻门的点形念珠藻。

· 现存量

宝应湖国家级水产种质资源保护区浮游植物年平均数量为2.52×10^6 cell/L。从季节变化来看，以春季数量最高，秋季次之，夏季第三，冬季最少，平均数量依次为4.64×10^6 cell/L、3.75×10^6 cell/L、1.67×10^5 cell/L和0.36×10^5 cell/L。浮游植物生物量变幅为0.73～5.53 mg/L，年平均生物量为2.12 mg/L。从季节变化来看，以夏季生物量最高（5.53 mg/L），春季次之（1.49 mg/L），秋冬季最少均为（0.73 mg/L）。各季节浮游植物密度生物量见图3.2–19。

· 群落多样性

春季宝应湖国家级水产种质资源保护区Shannon–Wiener多样性指数（H'）为2.6；Pielou均匀度指数

表3.2–10 宝应湖国家级水产种质资源保护区浮游植物分类统计表

门 类	春 季			夏 季			秋 季			冬 季		
	属	种	%	属	种	%	属	种	%	属	种	%
蓝藻门	1	2	12.50	4	4	16.67	3	3	13.64	3	3	33.33
硅藻门	4	5	31.25	5	6	25.00	4	5	22.73	3	3	33.33
绿藻门	5	8	50.00	10	12	50.00	7	11	50.00	2	2	22.22
裸藻门	1	1	6.25	2	2	8.33	2	2	9.10	—	—	—
黄藻门	0	0	0	0	0	0	1	1	4.55	1	1	11.11
合 计	11	16	100	21	24	100	17	22	100	9	9	100

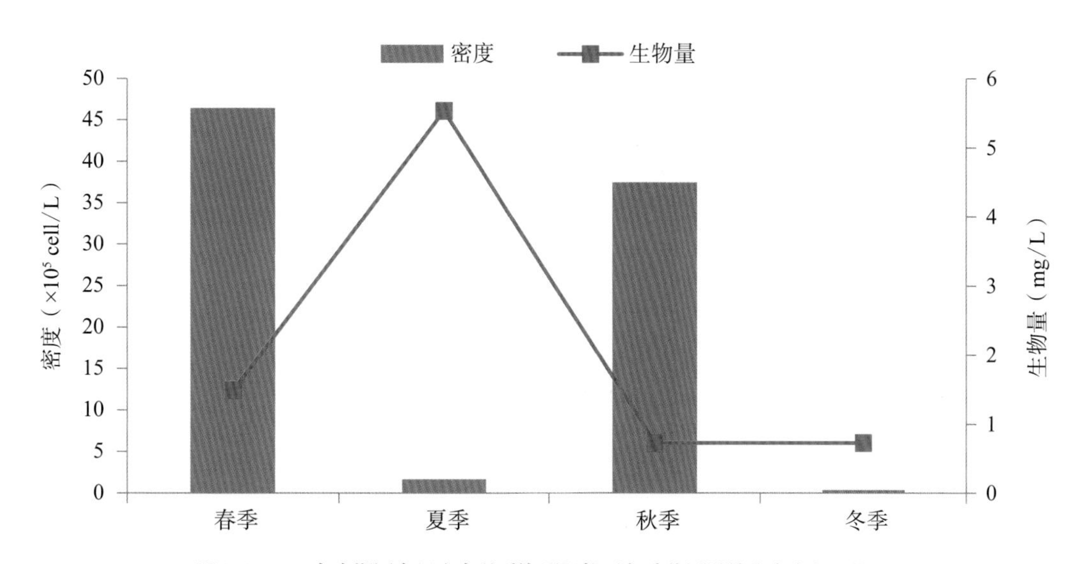

图3.2–19 宝应湖国家级水产种质资源保护区各季节浮游植物密度和生物量

（J）为0.94；Margalef丰富度指数（R）为0.98。夏季H'为2.36；J为0.74；R为1.61。秋季H'为0.43；J为0.14；R为1.39。冬季H'为2.14；J为0.98；R为0.76。Shannon-Wiener多样性指数（H'）最大值出现在春季，最小值出现在秋季；Pielou均匀度指数（J）最大值出现在冬季，最小值出现在秋季；Margalef丰富度指数（R）最大值出现在夏季，最小值出现在冬季（图3.2-20）。

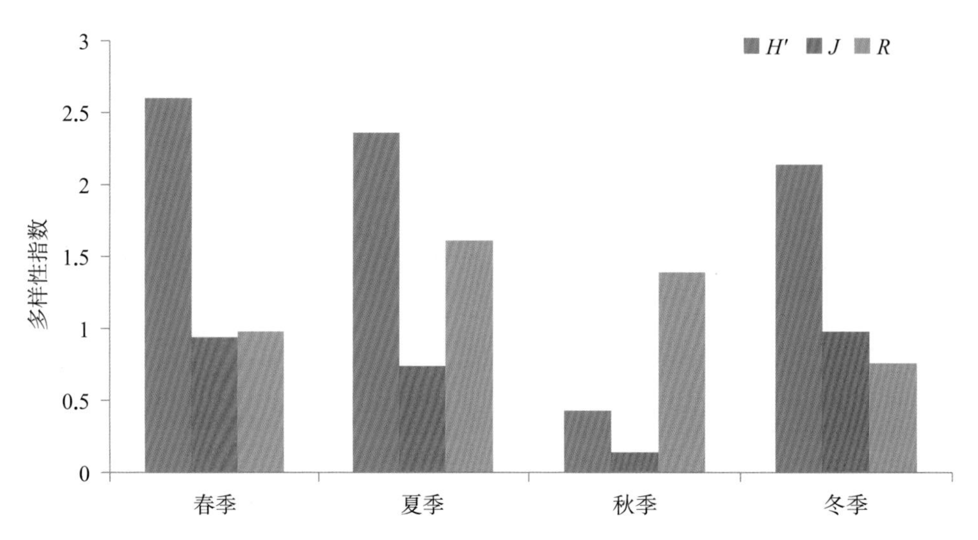

图3.2-20　宝应湖国家级水产种质资源保护区各季节浮游植物多样性指数

3.2.11　洪泽湖青虾河蚬国家级水产种质资源保护区

· 群落组成

根据本次调查，共鉴定浮游植物60属114种，种类组成以绿藻门为主、占总数的48.25%，硅藻门类次之、占总数的23.68%。各季的种类组成详见表3.2-11。

· 优势种

据现行通用标准，以优势度指数$Y > 0.02$定为优势种，调查结果显示，夏季种类最多。春季主要优势种有绿藻门的小球藻；蓝藻门的小席藻；硅藻门的小环藻。夏季主要优势种有硅藻门的尖针杆藻和小环藻；蓝藻门的平裂藻和黄藻门的黄丝藻。秋季

表3.2-11　洪泽湖青虾河蚬国家级水产种质资源保护区浮游植物分类统计表

门类	春季			夏季			秋季			冬季		
	属	种	%	属	种	%	属	种	%	属	种	%
蓝藻门	7	16	16.49	11	21	20.79	5	11	20.37	3	7	16.28
硅藻门	11	25	25.77	13	27	26.73	8	15	27.78	5	14	32.56
裸藻门	2	2	2.06	—	—	—	—	—	—	3	5	11.63
绿藻门	18	49	50.52	24	48	47.52	14	27	50.00	10	17	39.53
甲藻门	2	4	4.12	1	1	0.99	—	—	—	—	—	—
黄藻门	—	—	—	1	1	0.99	—	—	—	—	—	—
金藻门	—	—	—	1	1	0.99	—	—	—	—	—	—
隐藻门	1	1	1.03	1	2	1.98	1	1	1.85	—	—	—
合计	41	97	100	52	101	100	28	54	100	21	43	100

优势种包括绿藻门的小球藻；裸藻门的敏捷扁裸藻和硅藻门的科曼小环藻。冬季主要优势有绿藻门的小球藻。

- 现存量

洪泽湖浮游植物年平均数量为0.46×10^5 cell/L。从季节变化来看，以夏季数量最高，春季次之，秋季第三，冬季最少，平均数量依次为0.92×10^5 cell/L、0.82×10^5 cell/L、0.06×10^5 cell/L和0.03×10^5 cell/L。浮游植物生物量变幅为0.01～7.87 mg/L，年平均生物量为4.89 mg/L。从季节变化来看，以春季生物量最高（7.87 mg/L），秋季次之（4.09 mg/L），冬季最少（0.01 mg/L）。各季节浮游植物密度生物量见图3.2-21。

- 群落多样性

春季洪泽湖青虾河蚬国家级水产种质资源保护区Shannon-Wiener多样性指数（H'）为2.67；Pielou均匀度指数（J）为0.82；Margalef丰富度指数（R）为9.34。夏季H'为2.99；J为0.92；R为8.86。秋季H'为0.12；J为0.06；R为1.99。冬季H'为0.02；J为0.03；R为0.33。Shannon-Wiener多样性指数（H'）最大值出现在夏季，最小值出现在冬季；Pielou均匀度指数（J）最大值出现在夏季，最小值出现在冬季；Margalef丰富度指数（R）最大值出现在春季，最小值出现在冬季（图3.2-22）。

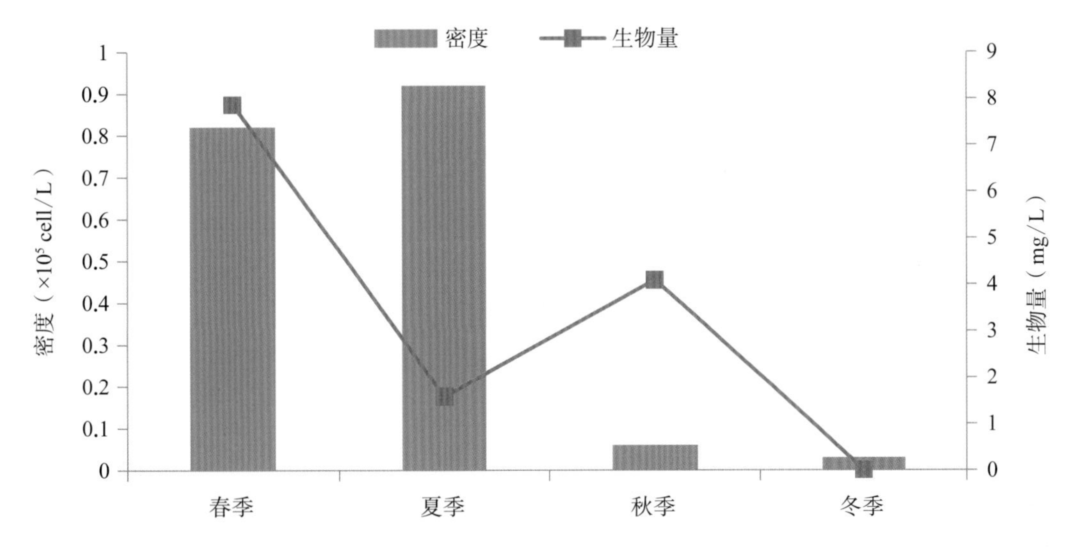

图3.2-21 洪泽湖青虾河蚬国家级水产种质资源保护区各季节浮游植物密度和生物量

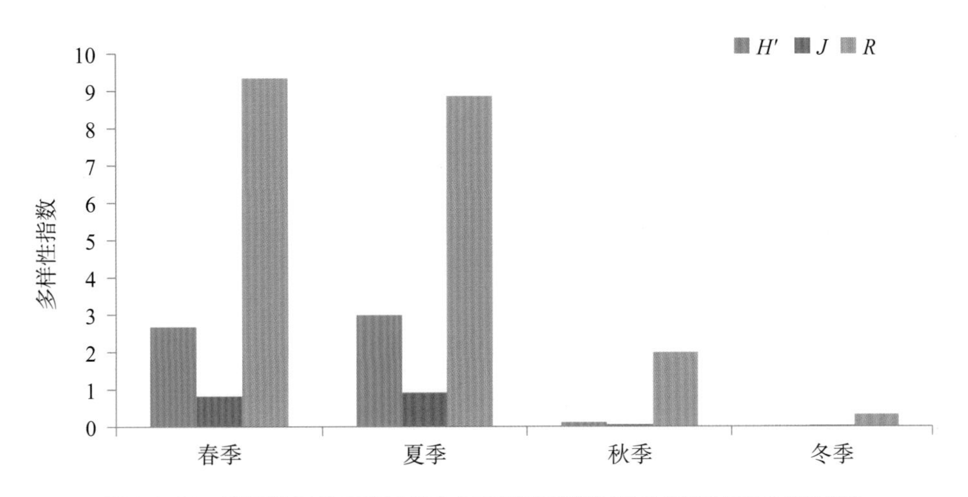

图3.2-22 洪泽湖青虾河蚬国家级水产种质资源保护区各季节浮游植物多样性指数

3.2.12 洪泽湖银鱼国家级水产种质资源保护区

·群落组成

根据本次调查，共鉴定浮游植物31属80种，种类组成以绿藻门为主、占总数的52.50%，蓝藻门类次之、占总数的26.25%。各季的种类组成详见表3.2-12。

·优势种

据现行通用标准，以优势度指数$Y>0.02$定为优势种，调查结果显示，夏季种类最多。春季主要优势种有绿藻门的小球藻；硅藻门的小环藻。夏季主要优势种有硅藻门的小环藻；蓝藻门的平裂藻。秋季优势种包括绿藻门的小球藻。冬季主要优势有绿藻门的小球藻。

·现存量

洪泽湖浮游植物年平均数量为0.61×10^5 cell/L。从季节变化来看，以夏季数量最高，春季次之，秋季第三，冬季最少，平均数量依次为1.46×10^5 cell/L、0.86×10^5 cell/L、0.12×10^5 cell/L和0.01×10^5 cell/L。浮游植物生物量变幅为0.50～0.91 mg/L，年平均生物量为0.75 mg/L。从季节变化来看，以夏季生物量最高（0.91 mg/L），冬季最少（0.50 mg/L）。各季节浮游植物密度生物量见图3.2-23。

表3.2-12 洪泽湖银鱼国家级水产种质资源保护区浮游植物分类统计表

门 类	春季			夏季			秋季			冬季		
	属	种	%	属	种	%	属	种	%	属	种	%
蓝藻门	4	7	23.33	7	12	28.57	3	5	16.13	1	1	7.69
硅藻门	5	5	16.67	3	4	9.52	1	2	6.45	—	—	—
隐藻门	1	1	3.33	—	—	—	1	1	3.23	—	—	—
裸藻门	1	1	3.33	—	—	—	—	0	—	—	—	—
绿藻门	7	16	53.33	13	26	61.90	11	23	74.19	4	12	92.31
合 计	18	30	100	23	42	100	16	31	100	5	13	100

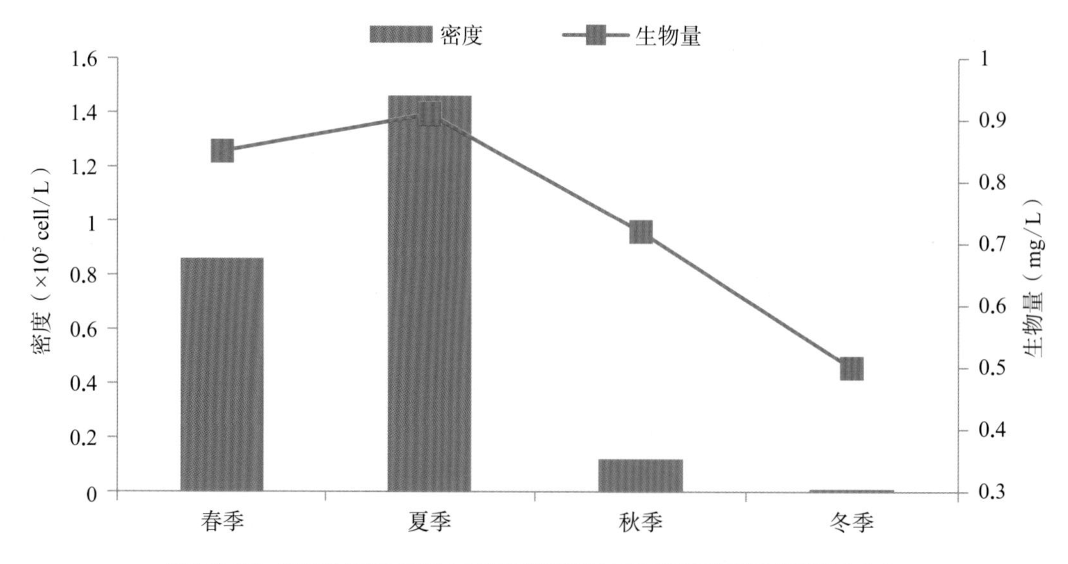

图3.2-23 洪泽湖银鱼国家级水产种质资源保护区各季节浮游植物密度和生物量

· 群落多样性

春季洪泽湖银鱼国家级水产种质资源保护区Shannon-Wiener多样性指数（H'）为1.17～2.25，平均为1.71；Pielou均匀度指数（J）为0.84～0.98，平均为0.91；Margalef丰富度指数（R）为0.26～0.66，平均为0.46。夏季H'为1.57～1.94，平均为1.76；J为0.88～0.94，平均为0.91；R为0.37～0.52，平均为0.45。秋季H'为0.77～1.03，平均为0.90；J为0.64～0.94，平均为1.58；R为0.18～0.32，平均为0.25。冬季H'为0.67；J为0.97；R为0.10。Shannon-Wiener多样性指数（H'）最大值出现在夏季，最小值出现在冬季；Pielou均匀度指数（J）最大值出现在秋季，最小值出现在春季；Margalef丰富度指数（R）最大值出现在春季，最小值出现在冬季（图3.2-24）。

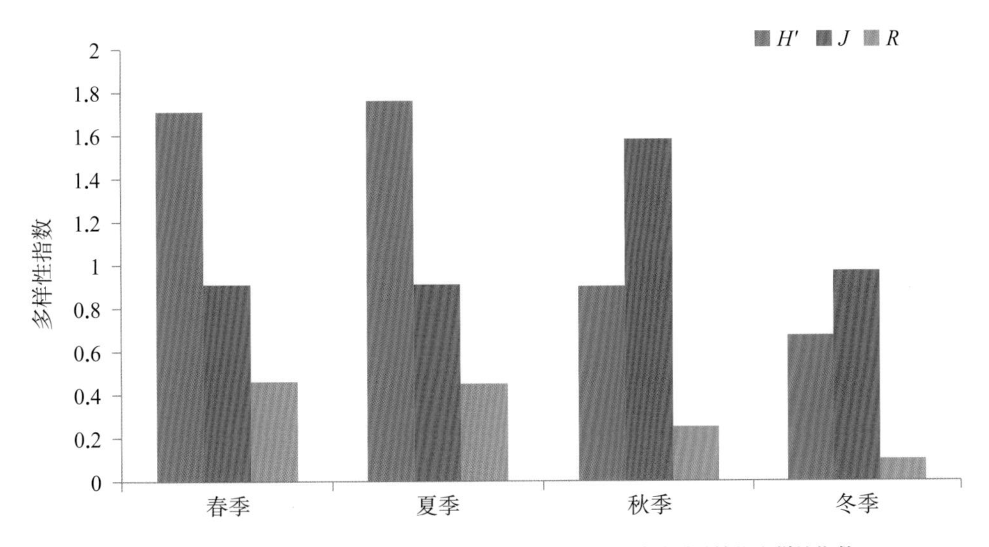

图3.2-24　洪泽湖银鱼国家级水产种质资源保护区各季节浮游植物多样性指数

3.2.13 洪泽湖秀丽白虾国家级水产种质资源保护区

· 群落组成

根据本次调查，共鉴定浮游植物49属107种，种类组成以绿藻门为主、占总数的41.12%，硅藻门类次之、占总数的23.36%。各季的种类组成详见表3.2-13。

· 优势种

据现行通用标准，以优势度指数$Y>0.02$定为优势种，调查结果显示，夏季种类数最多。春季主要优势种有绿藻门的小球藻、圆鼓藻；蓝藻门的小席藻和硅藻门的小环藻。夏季主要优势种有绿藻门的小球藻和圆鼓藻；硅藻门的小环藻。秋季主要优势种有绿藻门的小球藻。冬季优势种包括蓝藻门的小席藻。

· 现存量

洪泽湖秀丽白虾国家级水产种质资源保护区浮游植物年平均数量为1.17×10^5 cell/L。从季节变化来看，以夏季数量最高，春季次之，秋季第三，冬季最少，平均数量依次为2.80×10^5 cell/L、1.65×10^5 cell/L、0.20×10^5 cell/L和0.03×10^5 cell/L。浮游植物生物量变幅为0.003～0.94 mg/L，年平均生物量为0.32 mg/L。从季节变化来看，以夏季生物量最高（0.94 mg/L），春季次之（0.16 mg/L），冬季最少（0.003 mg/L）。各季节浮游植物密度生物量见图3.2-25。

· 群落多样性

春季洪泽湖秀丽白虾国家级水产种质资源保护区Shannon-Wiener多样性指数（H'）为2.12；Pielou均匀度指数（J）为0.92；Margalef丰富度指数（R）为0.75。夏季H'为1.96；J为0.72；R为1.12。秋季H'为0.88；J为0.81；R为0.20。冬季H'为0.67；J为0.78；R为0.98。Shannon-Wiener多样性指数（H'）最大值出现在春季，最小值出现在冬季；Pielou均匀度指数（J）最大值出现在春季，最小值出现在夏季；

表3.2-13 洪泽湖秀丽白虾国家级水产种质资源保护区浮游植物分类统计表

门 类	春 季			夏 季			秋 季			冬 季		
	属	种	%	属	种	%	属	种	%	属	种	%
蓝藻门	5	12	17.39	11	20	21.28	5	11	20.75	4	8	18.60
硅藻门	10	19	27.54	14	31	32.98	12	21	39.62	5	14	32.56
裸藻门	1	1	1.45	1	2	2.13	1	1	1.89	3	7	16.28
绿藻门	12	32	46.38	15	38	40.43	10	19	35.85	6	14	32.56
甲藻门	2	4	5.80	1	1	1.06	—	—	—	—	—	—
黄藻门	—	—	—	1	1	1.06	—	—	—	—	—	—
金藻门	—	—	—	1	1	1.06	—	—	—	—	—	—
隐藻门	1	1	1.45	—	—	—	1	1	1.89	—	—	—
合 计	31	69	100	44	94	100	29	53	100	18	43	100

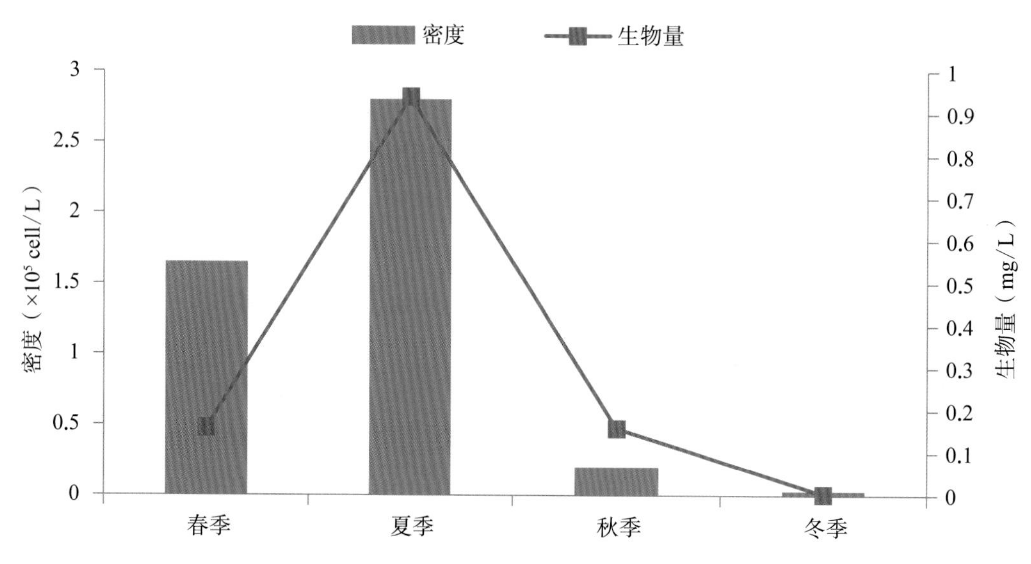

图3.2-25 洪泽湖秀丽白虾国家级水产种质资源保护区各季节浮游植物密度和生物量

Margalef丰富度指数（R）最大值出现在夏季，最小值出现在秋季（图3.2-26）。

3.2.14 洪泽湖虾类国家级水产种质资源保护区

· 群落组成

根据本次调查，共鉴定浮游植物32属73种，种类组成以绿藻门为主、占总数的54.79%，硅藻门类次之、占总数的30.14%。各季的种类组成详见表3.2-14。

· 优势种

据现行通用标准，以优势度指数$Y > 0.02$定为优势种，调查结果显示，夏季种类最多。春季主要优势种有绿藻门的小球藻；硅藻门的尖针杆藻。夏季主要

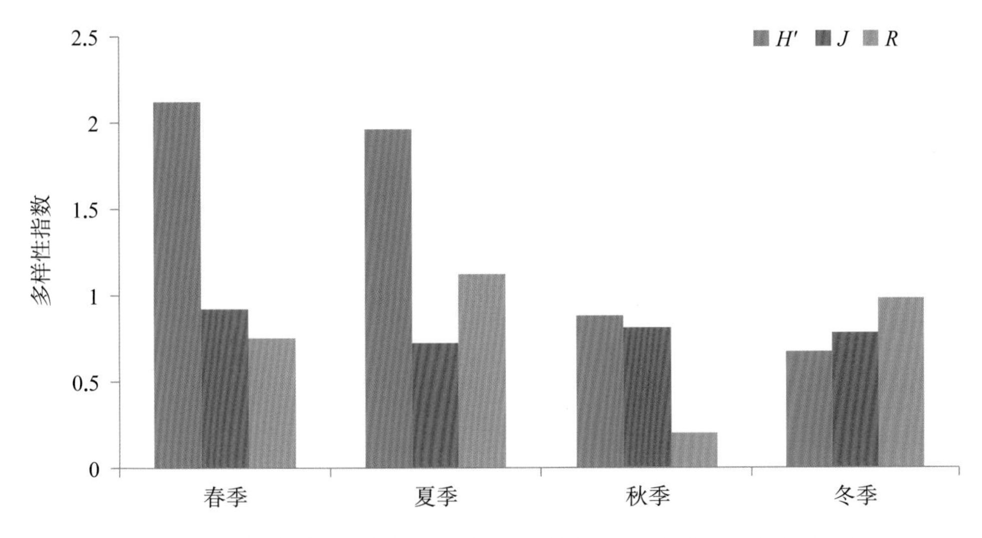

图3.2-26 洪泽湖秀丽白虾国家级水产种质资源保护区各季节浮游植物多样性指数

表3.2-14 洪泽湖虾类国家级水产种质资源保护区浮游植物分类统计表

门 类	春 季			夏 季			秋 季			冬 季		
	属	种	%	属	种	%	属	种	%	属	种	%
蓝藻门	4	7	15.56	7	12	21.43	5	7	19.44	5	7	15.56
硅藻门	7	13	28.89	6	17	30.36	8	12	33.33	8	13	28.89
裸藻门	—	—	—	1	1	1.79	1	1	2.78	3	5	11.11
绿藻门	9	21	46.67	12	24	42.86	7	14	38.89	8	19	42.22
甲藻门	2	3	6.67	1	1	1.79	—	—	—	—	—	—
黄藻门	—	—	—	1	1	1.79	—	—	—	—	—	—
金藻门	—	—	—	—	—	—	1	1	2.78	—	—	—
隐藻门	1	1	2.22	—	—	—	1	1	2.78	1	1	2.22
合 计	23	45	100	28	56	100	23	36	100	25	45	100

优势种有绿藻门的小球藻；硅藻门的针杆藻。秋季主要优势种有绿藻门的小球藻。冬季优势种包括蓝藻门的小席藻。

· 现存量

洪泽湖秀丽白虾国家级水产种质资源保护区浮游植物年平均数量为4.5×10^5 cell/L。从季节变化来看，以秋季数量最高，夏季次之，冬季第三，春季最少，平均数量依次为10.3×10^5 cell/L、6×10^5 cell/L、1.5×10^5 cell/L和0.2×10^5 cell/L。浮游植物生物量变幅为0.05 ～ 1.88 mg/L，年平均生物量为0.92 mg/L。从季节变化来看，以秋季生物量最高（1.88 mg/L），夏季次之（1.45 mg/L），冬季最少（0.05 mg/L）。各季节浮游植物密度生物量见图3.2-27。

· 群落多样性

春季洪泽湖虾类国家级水产种质资源保护区Shannon-Wiener多样性指数（H'）为0.69；Pielou均匀度指数（J）为1.00；Margalef丰富度指数（R）为0.10。夏季H'为2.56；J为0.90；R为1.20。秋季H'为

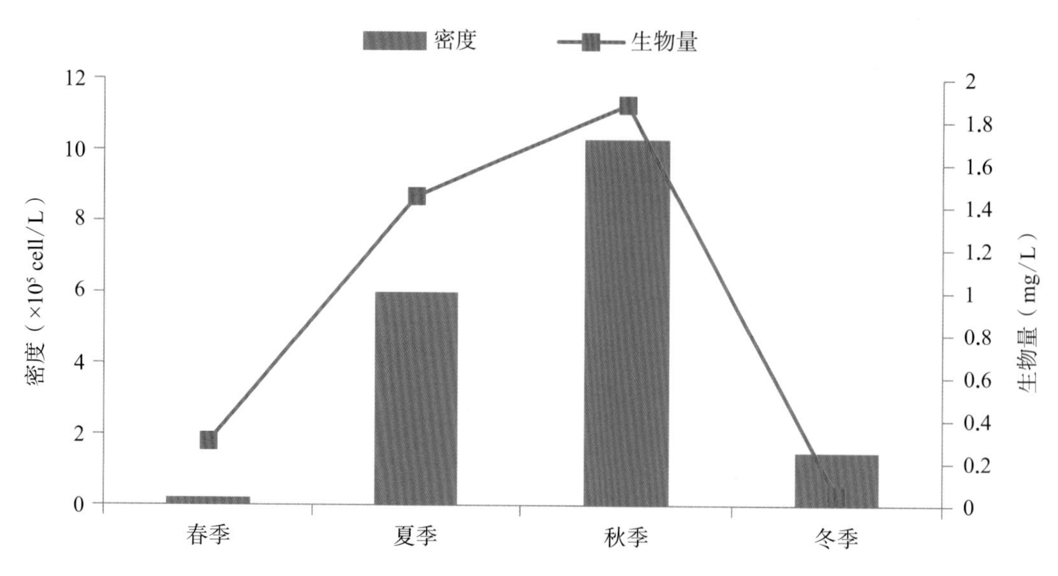

图3.2-27 洪泽湖虾类国家级水产种质资源保护区各季节浮游植物密度和生物量

0.18；*J*为0.86；*R*为0.76。冬季*H'*为1.98；*J*为0.86；*R*为0.76。Shannon-Wiener多样性指数（*H'*）最大值出现在夏季，最小值出现在秋季；Pielou均匀度指数（*J*）最大值出现在春季，最小值出现在夏季；Margalef丰富度指数（*R*）最大值出现在夏季，最小值出现在春季（图3.2-28）。

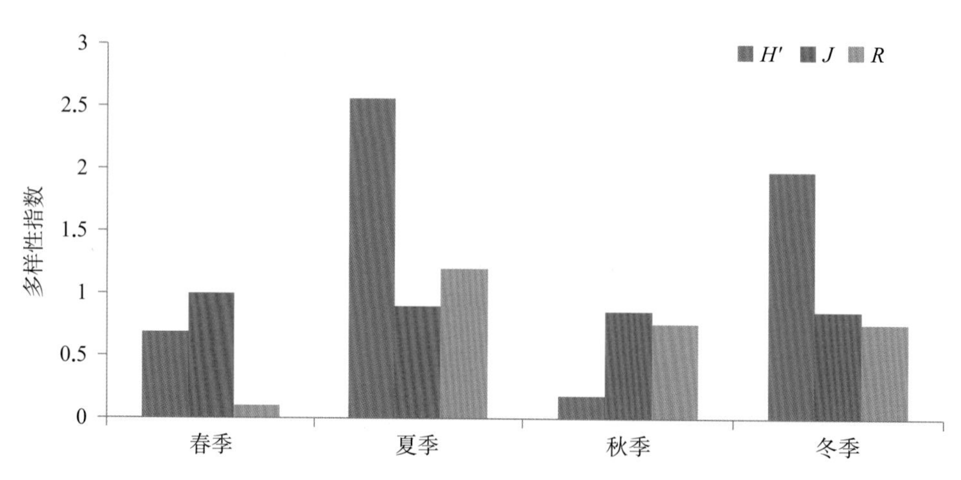

图3.2-28 洪泽湖虾类国家级水产种质资源保护区各季节浮游植物多样性指数

3.2.15 洪泽湖鳜国家级水产种质资源保护区

· 群落组成

根据本次调查，共鉴定浮游植物25属67种，种类组成以绿藻门为主、占总数的46.27%，硅藻门类次之、占总数的26.37%。各季的种类组成详见表3.2-15。

· 优势种

调查结果显示，夏季种类最多。春季主要优势种有绿藻门的小球藻；硅藻门的小环藻。夏季主要优势种有绿藻门的小球藻和拟菱形弓形藻。秋季主要优势种有绿藻门的小球藻。冬季优势种包括绿藻门的十字藻和小球藻，硅藻门的针杆藻。

· 现存量

洪泽湖鳜国家级水产种质资源保护区浮游植物年平均数量为1.17×10^5 cell/L。从季节变化来看，以春季数量最高，冬季次之，夏季第三，秋季最少，平均数量依次为3.05×10^5 cell/L、0.75×10^5 cell/L、0.55×10^5 cell/L和0.35×10^5 cell/L。浮游植物生物量

表 3.2-15　洪泽湖鳜国家级水产种质资源保护区浮游植物分类统计表

门类	春季			夏季			秋季			冬季		
	属	种	%	属	种	%	属	种	%	属	种	%
蓝藻门	4	9	22.50	5	9	21.43	3	5	19.23	1	1	4.55
硅藻门	5	11	27.50	5	12	28.57	1	2	7.69	2	5	22.73
隐藻门	1	1	2.50	—	—	—	1	1	3.85	—	—	—
裸藻门	—	—	—	—	—	—	1	1	3.85	—	—	—
绿藻门	10	19	47.50	11	21	50.00	9	17	65.38	7	16	72.73
合　计	20	40	100	21	42	100	15	26	100	10	22	100

变幅为0.05 ～ 0.03 mg/L，年平均生物量为0.13 mg/L。从季节变化来看，以春季生物量最高（0.30 mg/L），冬季次之（0.09 mg/L），夏季最少（0.05 mg/L）。各季节浮游植物密度生物量见图3.2-29。

· 群落多样性

春季洪泽湖鳜国家级水产种质资源保护区Shannon-Wiener多样性指数（H'）为1.79；Pielou均匀度指数（J）为0.82；Margalef丰富度指数（R）为0.63。夏季H'为1.37；J为0.85；R为0.37。秋季H'为1.57；J为0.81；R为0.54。冬季H'为0.80；J为0.73；R为0.18。Shannon-Wiener多样性指数（H'）最大值出现在春季，最小值出现在冬季；Pielou均匀度指数（J）最大值出现在夏季，最小值出现在冬季；Margalef丰富度指数（R）最大值出现在春季，最小值出现在冬季（图3.2-30）。

3.2.16 洪泽湖黄颡鱼国家级水产种质资源保护区

· 群落组成

根据本次调查，共鉴定浮游植物47属91种，种类

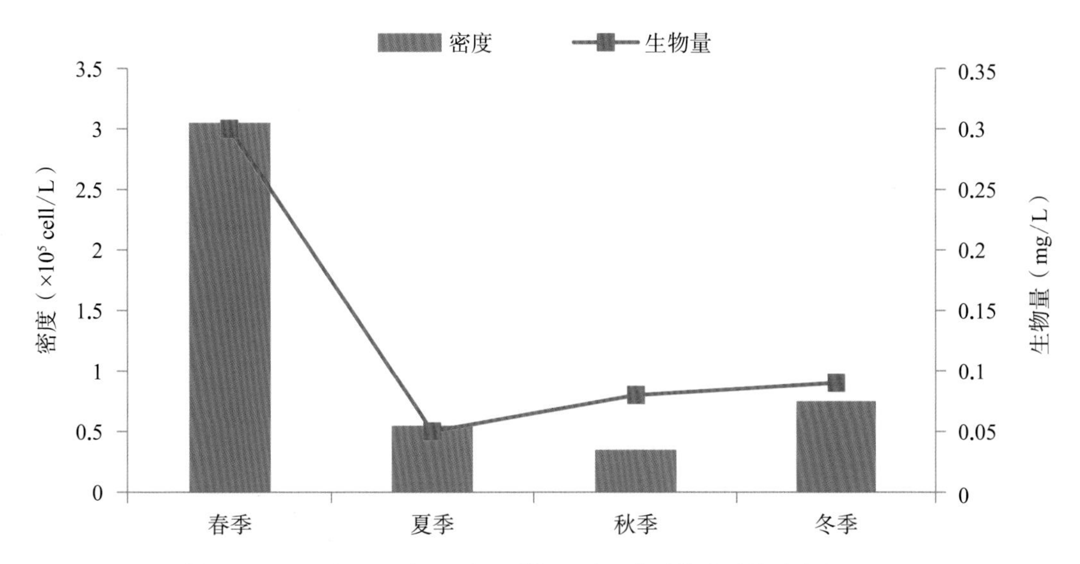

图3.2-29　洪泽湖鳜国家级水产种质资源保护区各季节浮游植物密度和生物量

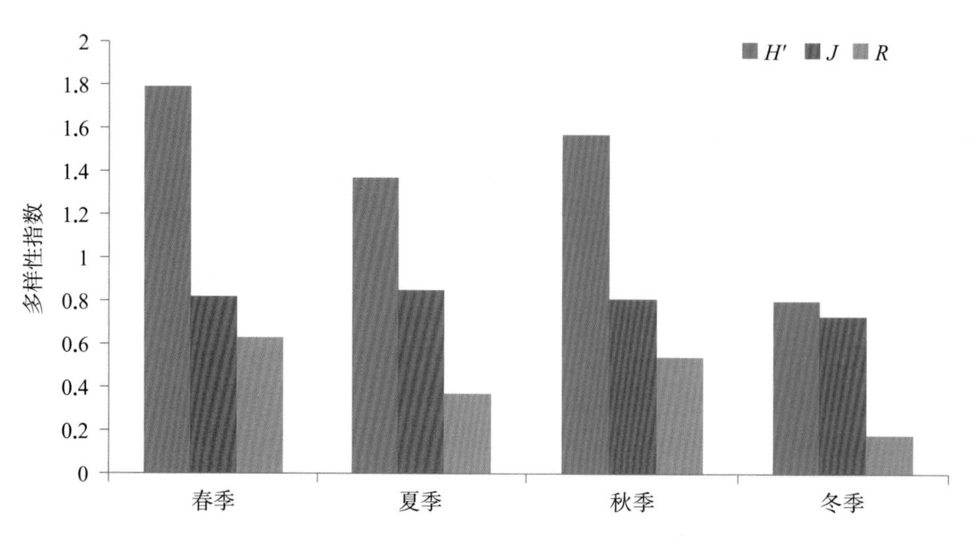

图3.2-30　洪泽湖鳜国家级水产种质资源保护区各季节浮游植物多样性指数

组成以绿藻门为主、占总数的48.35%，硅藻门类次之、占总数的32.97%。各季的种类组成详见表3.2-16。

◦ 优势种

调查结果显示，春季种类最多，主要优势种有绿藻门的小球藻和卵囊藻。夏季主要优势种有绿藻门的小球藻和双对栅藻；硅藻门的小环藻和黄藻门的黄丝藻。秋季主要优势种有绿藻门的小球藻，蓝藻门的小席藻和硅藻门的针杆藻。冬季优势种包括蓝藻门的小席藻，硅藻门的针杆藻。

◦ 现存量

洪泽湖黄颡鱼国家级水产种质资源保护区浮游植物年平均数量为 5.18×10^5 cell/L。从季节变化来看，以夏季数量最高，春季次之，秋季第三，冬季最少，平均数量依次为 10.05×10^5 cell/L、9.55×10^5 cell/L、

表3.2-16　洪泽湖黄颡鱼国家级水产种质资源保护区浮游植物分类统计表

门　类	春　季			夏　季			秋　季			冬　季		
	属	种	%	属	种	%	属	种	%	属	种	%
蓝藻门	7	17	21.79	9	16	23.19	5	7	12.96	4	9	17.31
硅藻门	14	23	29.49	8	17	24.64	8	15	27.78	5	13	25.00
裸藻门	2	5	6.41	—	—	—	1	2	3.70	2	5	9.62
绿藻门	11	28	35.90	14	32	46.38	12	28	51.85	11	23	44.23
甲藻门	2	4	5.13	1	1	1.45	—	—	—	1	2	3.85
黄藻门	—	—	—	1	1	1.45	1	1	1.85	—	—	—
金藻门	1	1	1.28	1	2	2.90	1	1	1.85	—	—	—
合　计	37	78	100	34	69	100	28	54	100	23	52	100

0.85×10^5 cell/L和0.27×10^5 cell/L。浮游植物生物量变幅为0.005～1.91 mg/L，年平均生物量为0.70 mg/L。从季节变化来看，以夏季生物量最高（1.91 mg/L），春季次之（0.54 mg/L），冬季最少（0.005 mg/L）。各季节浮游植物密度生物量见图3.2-31。

· 群落多样性

洪泽湖黄颡鱼国家级水产种质资源保护区Shannon-Wiener多样性指数（H'）为1.95；Pielou均匀度指数（J）为0.70；Margalef丰富度指数（R）为1.09。夏季H'为1.77；J为0.57；R为1.52。秋季H'为1.83；J为0.88；R为0.62。冬季H'为1.53；J为0.86；R为0.47。Shannon-Wiener多样性指数（H'）最大值出现在春季，最小值出现在冬季；Pielou均匀度指数（J）最大值出现在秋季，最小值出现在夏季；Margalef丰富度指数（R）最大值出现在夏季，最小值出现在冬季（图3.2-32）。

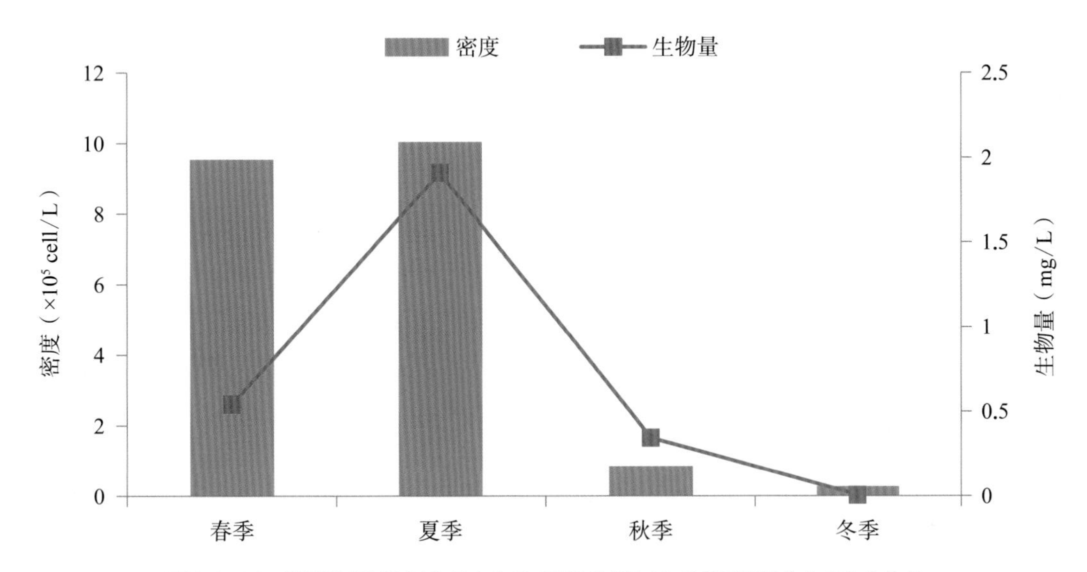

图3.2-31 洪泽湖黄颡鱼国家级水产种质资源保护区各季节浮游植物密度和生物量

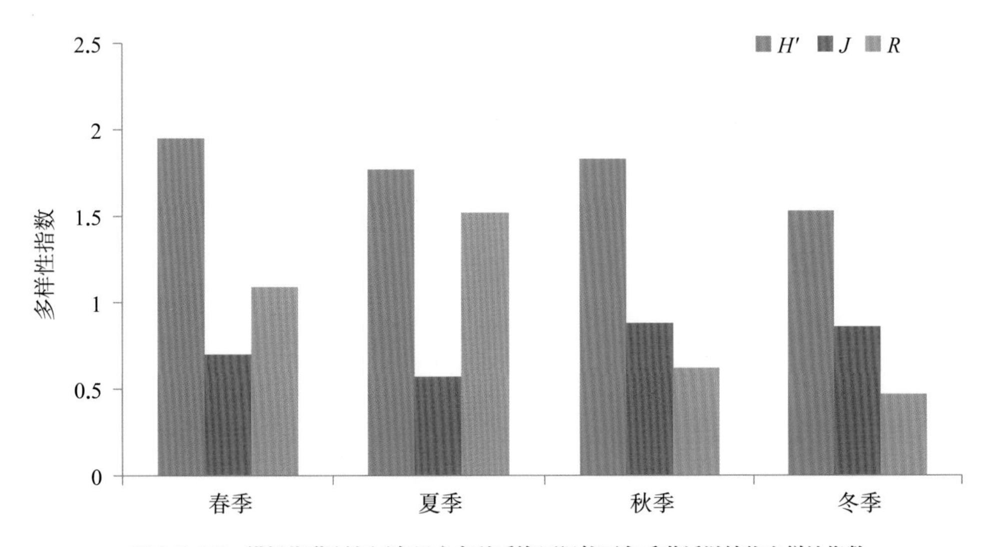

图3.2-32 洪泽湖黄颡鱼国家级水产种质资源保护区各季节浮游植物多样性指数

3.2.17 骆马湖国家级水产种质资源保护区

· 群落组成

根据本次调查，共鉴定浮游植物34属50种，种类组成以绿藻门为主、占总数的60.00%，蓝藻门类次之、占总数的18.00%。各季的种类组成详见表3.2-17。

· 优势种

据现行通用标准，以优势度指数 $Y > 0.02$ 定为优势种，调查结果显示，秋季种类最多。春季主要优势种有绿藻门的小球藻；蓝藻门的小席藻和蜂巢席藻以及硅藻门的颗粒直链藻。夏季主要优势种有硅藻门的尖针杆藻；蓝藻门的小席藻，裸藻门的尾裸藻，绿藻门的卵囊藻和小空星藻、新月藻。秋季优势种包括绿藻门的小球藻、四足十字藻和肾形鼓藻。冬季主要优势有绿藻门的小球藻、肾形鼓藻、二尾栅藻、多棘栅藻、月牙新月藻、粗刺藻，硅藻门的卵圆双壁藻、小环藻，蓝藻门的小席藻、微囊藻。

· 现存量

骆马湖国家级水产种质资源保护区浮游植物年平均数量为 10.26×10^5 cell/L。从季节变化来看，以秋季数量最高，春季次之，夏季第三，冬季最少，平均数量依次为 20.17×10^5 cell/L、12.62×10^5 cell/L、6.83×10^5 cell/L和 1.45×10^5 cell/L。浮游植物生物量变幅为0.056 ~ 3.43 mg/L，年平均生物量为1.29 mg/L。从季节变化来看，以秋季生物量最高（3.43 mg/L），夏季次之（0.89 mg/L），冬季最少（0.056 mg/L）。各季节浮游植物密度生物量见图3.2-33。

表3.2-17 骆马湖国家级水产种质资源保护区浮游植物分类统计表

门类	春季			夏季			秋季			冬季		
	属	种	%	属	种	%	属	种	%	属	种	%
蓝藻门	3	4	19.05	2	2	14.29	3	5	22.73	3	3	20.00
硅藻门	3	5	23.81	2	2	14.29	2	2	9.10	2	2	13.33
裸藻门	0	0	0	1	2	14.28	0	0	0	1	1	6.67
绿藻门	8	11	52.38	7	8	57.14	10	15	68.18	8	9	60.00
金藻门	1	0	4.76	0	0	0	0	0	0	0	0	0
合计	15	21	100	12	14	100	15	22	100	14	15	100

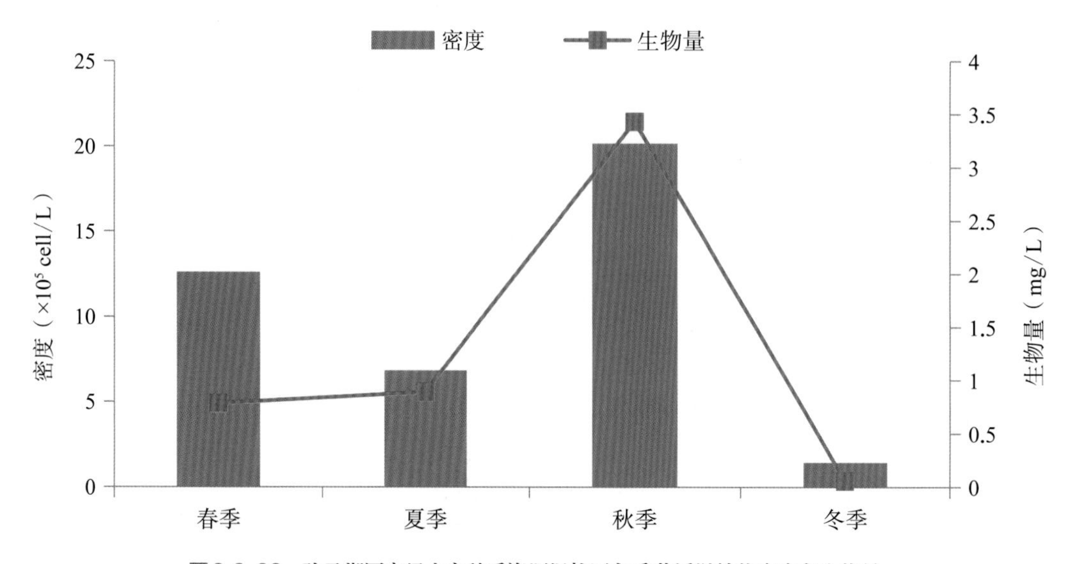

图3.2-33 骆马湖国家级水产种质资源保护区各季节浮游植物密度和生物量

· 群落多样性

春季保护区Shannon-Wiener多样性指数（H'）范围为1.10～1.38，平均为1.24；Pielou均匀度指数（J）范围为0.39～0.52，平均为0.46；Margalef丰富度指数（R）范围为0.90～1.03，平均为0.97。夏季H'范围为1.32～1.84，平均为1.58；J范围为0.74～0.89，平均为0.81；R范围为0.38～0.52，平均为0.45。秋季H'范围为0.95～0.96，平均为0.955；J范围为0.34～0.36，平均为0.35；R范围为0.88～1.09，平均为0.98。冬季H'范围为1.73～1.81，平均为1.77；J范围为0.82～0.83，平均为0.83；R范围为0.63～0.65，平均为0.64。Shannon-Wiener多样性指数（H'）最大值出现在冬季，最小值出现在秋季；Pielou均匀度指数（J）最大值出现在冬季，最小值出现在秋季；Margalef丰富度指数（R）最大值出现在秋季，最小值出现在夏季（图3.2-34）。

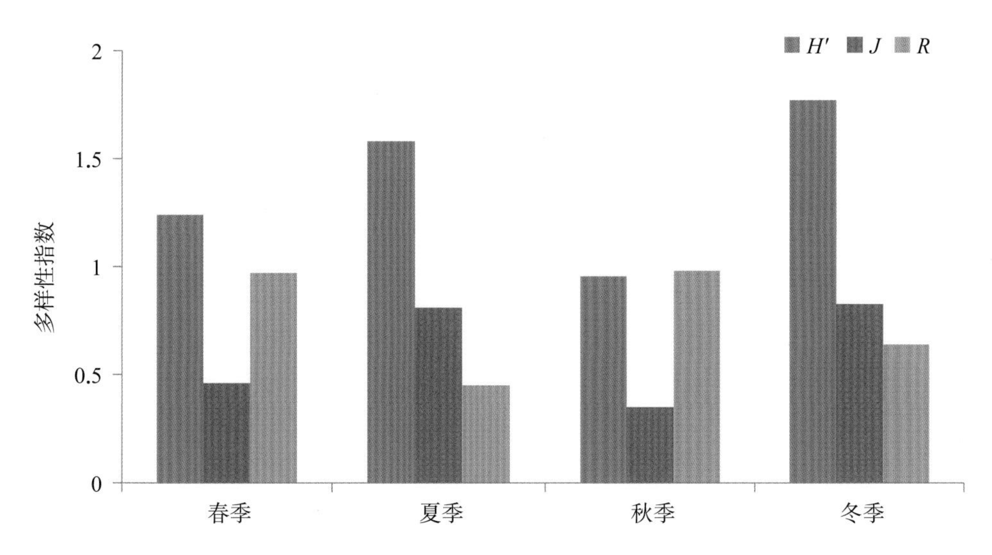

图3.2-34 骆马湖国家级水产种质资源保护区各季节浮游植物多样性指数

3.2.18 骆马湖青虾国家级水产种质资源保护区

· 群落组成

根据本次调查，共鉴定浮游植物55属108种，种类组成以绿藻门为主、占总数的46.30%，硅藻门类次之、占总数的19.44%。各季的种类组成详见表3.2-18。

· 优势种

据现行通用标准，以优势度指数$Y > 0.02$定为优势种，调查结果显示，春季种类最多，主要优势种有绿藻门的集星藻、蹄形藻、小球藻；蓝藻门的阿氏颤藻、弯形尖头藻和小席藻以及硅藻门的具星小环藻、科曼小环藻、华丽星杆藻和颗粒直链藻。夏季主要优势种有硅藻门的尖针杆藻；蓝藻门的平裂藻、微囊藻、小席藻，裸藻门的裸藻。秋季优势种包括绿藻门的小球藻，蓝藻门的小颤藻、小席藻，硅藻门的颗粒直链藻。冬季主要优势有绿藻门的十字藻、小球藻，蓝藻门的小席藻，裸藻门的裸藻。

· 现存量

骆马湖青虾国家级水产种质资源保护区浮游植物年平均数量为14.23×10^5 cell/L。从季节变化来看，以秋季数量最高，夏季次之，春季第三，冬季最少，平均数量依次为20.15×10^5 cell/L、14.55×10^5 cell/L、12.65×10^5 cell/L和9.58×10^5 cell/L。浮游植物生物量变幅为0.77～2.21 mg/L，年平均生物量为1.48 mg/L。从季节变化来看，以秋季生物量最高（2.21 mg/L），夏季次之（1.59 mg/L），冬季最少（0.77 mg/L）。各季节浮游植物密度生物量见图3.2-35。

· 群落多样性

春季保护区Shannon-Wiener多样性指数（H'）范围为2.84～3.16，平均为2.96；Pielou均匀度指数（J）范围为0.78～0.845，平均为0.822；Margalef丰富度指数（R）范围为2.072～3.0，平均为2.562。夏季H'范围为1.3～1.95，平均为1.36；J范围为

表 3.2-18　骆马湖青虾国家级水产种质资源保护区浮游植物分类统计表

门　类	春　季			夏　季			秋　季			冬　季		
	属	种	%	属	种	%	属	种	%	属	种	%
蓝藻门	8	11	14.86	5	8	34.78	2	5	17.86	3	3	15.79
硅藻门	10	15	20.27	5	5	21.74	5	7	25.00	2	3	15.79
裸藻门	4	9	12.16	1	1	4.35	—	—	—	1	1	5.26
绿藻门	18	33	44.59	6	9	39.13	9	14	50.00	9	12	63.16
金藻门	1	1	1.35	—	—	—	1	1	3.57	—	—	—
黄藻门	2	2	2.7	—	—	—	1	1	3.57	—	—	—
隐藻门	2	3	4.05	—	—	—	—	—	—	—	—	—
合　计	45	74	100	17	23	100	18	28	100	15	19	100

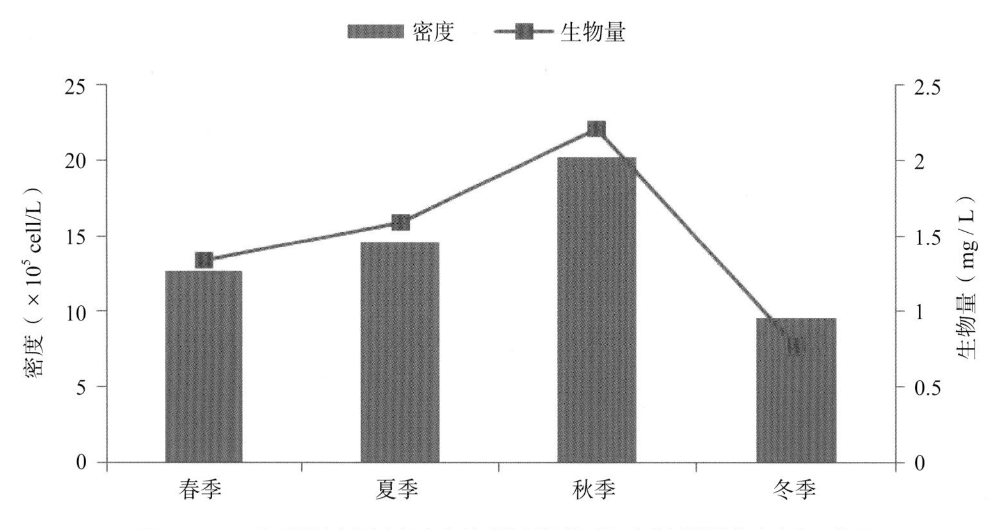

图3.2-35　骆马湖青虾国家级水产种质资源保护区各季节浮游植物密度和生物量

0.67～0.94，平均为0.797；*R*范围为0.61～0.78，平均为0.614。秋季*H′*范围为0.85～1.70，平均为1.36；*J*范围为0.3～0.96，平均为0.613；*R*范围为0.35～1.19，平均为0.878。冬季*H′*范围为3.12～6.43，平均为4.68；*J*范围为1.38～2.04，平均为1.66；*R*范围为0.40～0.72，平均为0.515。Shannon-Wiener多样性指数（*H′*）最大值出现在冬季，最小值出现在秋季；Pielou均匀度指数（*J*）最大值出现在冬季，最小值出现在秋季；Margalef丰富度指数（*R*）最大值出现在春季，最小值出现在冬季（图3.2-36）。

3.2.19　长江大胜关长吻鮠铜鱼国家级水产种质资源保护区

· 群落组成

根据本次调查，共鉴定浮游植物46属79种，种类组成以绿藻门为主、占总数的41.77%，硅藻门类次之、占总数的32.91%。各季的种类组成详见表3.2-19。

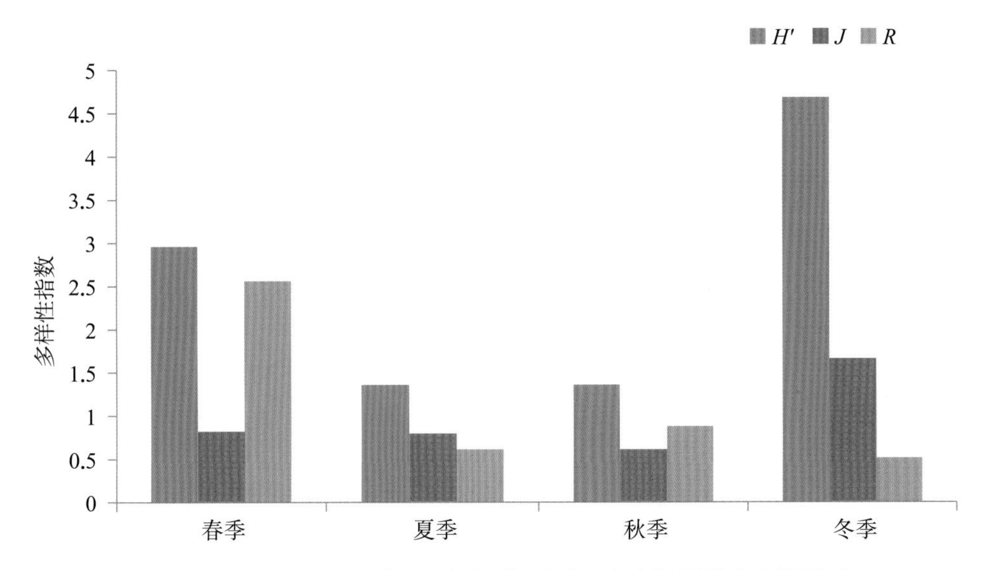

图3.2-36 骆马湖青虾国家级水产种质资源保护区各季节浮游植物多样性指数

表 3.2-19 长江大胜关长吻鮠铜鱼国家级水产种质资源保护区浮游植物分类统计表

门 类	春 季			夏 季			秋 季			冬 季		
	属	种	%	属	种	%	属	种	%	属	种	%
蓝藻门	1	1	5.88	4	6	12.00	4	5	14.71	4	5	17.24
硅藻门	7	10	58.82	13	20	40.00	9	11	32.35	8	12	41.38
隐藻门	2	2	11.76	1	1	2.00	2	2	5.88	2	2	6.90
裸藻门	—	—	—	1	1	2.00	—	—	—	1	1	3.45
绿藻门	4	4	23.53	13	21	42.00	8	16	47.06	7	8	27.59
甲藻门	—	—	—	1	1	2.00	—	—	—	—	—	—
黄藻门	—	—	—	—	—	—	—	—	—	1	1	3.45
合 计	14	17	100	33	50	100	23	34	100	23	29	100

· 优势种

据现行通用标准，以优势度指数 $Y > 0.02$ 定为优势种，调查结果显示，夏季种类最多，主要优势种有蓝藻门的假鱼腥藻属、细小平裂藻；硅藻门的针杆藻属、脆杆藻、颗粒直链藻纤细变种、舟形藻；隐藻门的啮蚀隐藻；绿藻门的直角十字藻、单角盘星藻、丝藻。

· 现存量

长江大胜关长吻鮠铜鱼国家级水产种质资源保护区浮游植物春季采样调查结果显示，浮游植物密度变幅为 $1.73 \times 10^5 \sim 2.72 \times 10^5$ cell/L，均值为 2.37×10^5 cell/L；生物量均值为0.14 mg/L。夏季采样调查结果显示，浮游植物密度变幅为 $5.27 \times 10^5 \sim 9.93 \times 10^5$ cell/L，均值为 7.29×10^5 cell/L；生物量均值为0.37 mg/L。秋季采样调查结果显示，浮游植物密度变幅为 $2.38 \times 10^5 \sim 5.41 \times 10^5$ cell/L，均值为 3.67×10^5 cell/L；生物量均值为0.30 mg/L。冬季采样调查结果显示，浮游植物密度变幅为 $2.22 \times 10^5 \sim 3.55 \times 10^5$ cell/L，均值为 2.70×10^5 cell/

L；生物量均值为0.16 mg/L。各季节浮游植物密度生物量见图3.2-37。

· 群落多样性

春季长江大胜关长吻鮠铜鱼国家级水产种质资源保护区Shannon-Wiener多样性指数（H'）范围为1.50 ~ 2.09，平均为1.75；Pielou均匀度指数（J）范围为0.76 ~ 0.91，均值为0.84；Margalef丰富度指数（R）范围为0.41 ~ 0.72，均值为0.59。夏季H'范围为2.01 ~ 2.76，平均为2.36；J范围为0.59 ~ 0.84，均值为0.72；R范围为1.67 ~ 2.17，均值为1.93。秋季H'范围为2.17 ~ 2.59，平均为2.37；J范围为0.77 ~ 0.86，均值为0.83；R范围为1.23 ~ 1.51，均值为1.32。冬季H'范围为1.82 ~ 2.68，平均为2.26；J范围为0.79 ~ 0.90，均值为0.84；R范围为0.73 ~ 1.54，均值为1.15。Shannon-Wiener多样性指数（H'）最大值出现在夏季，最小值出现在春季；Pielou均匀度指数（J）最大值出现在春季，最小值出现在夏季；Margalef丰富度指数（R）最大值出现在夏季，最小值出现在春季（图3.2-38）。

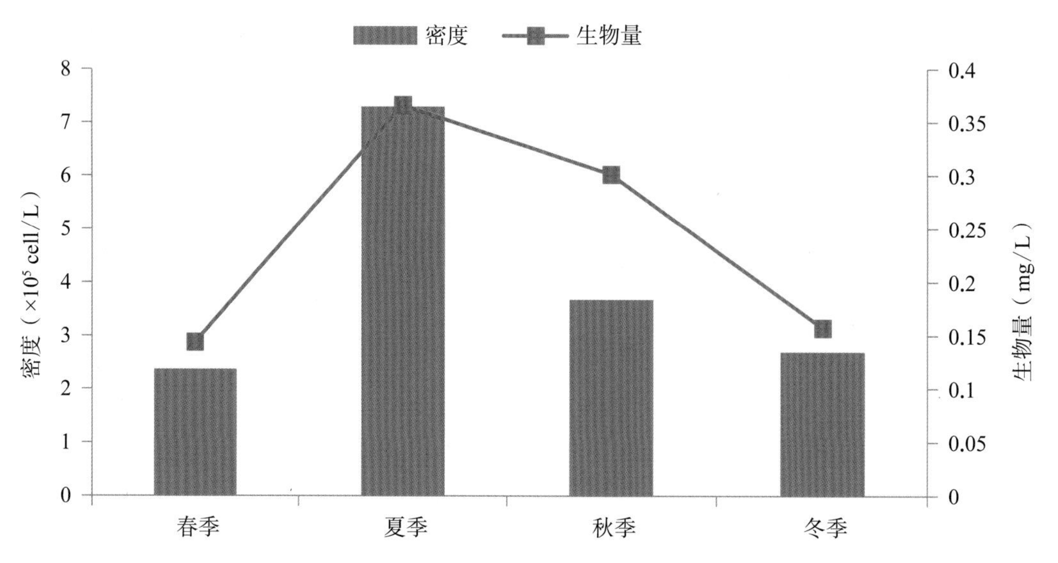

图3.2-37 长江大胜关长吻鮠铜鱼国家级水产种质资源保护区各季节浮游植物密度和生物量

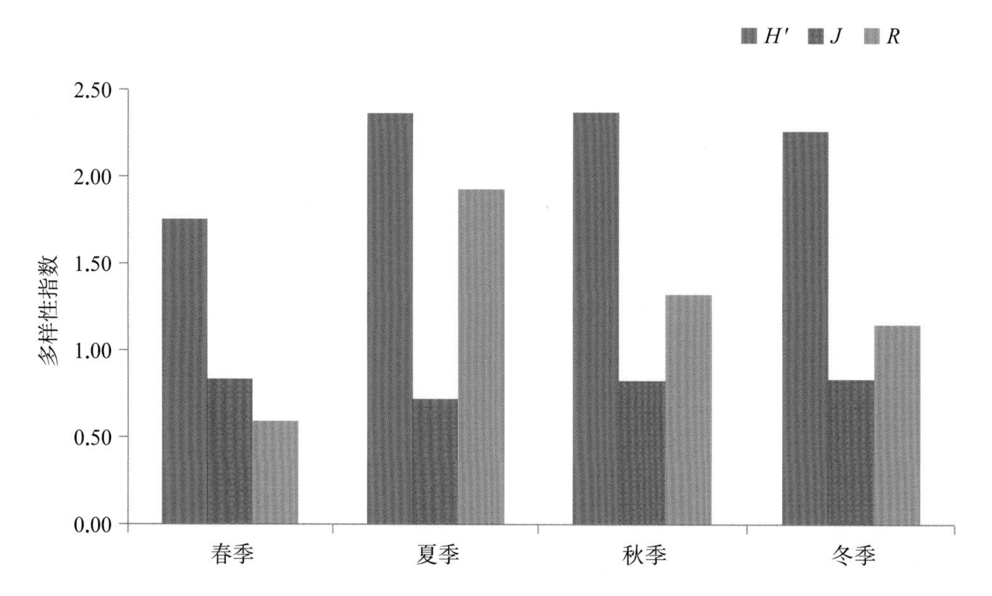

图3.2-38 长江大胜关长吻鮠铜鱼国家级水产种质资源保护区各季节浮游植物多样性指数

3.2.20 长江扬州段四大家鱼国家级水产种质资源保护区

· 群落组成

根据本次调查，共鉴定浮游植物8门54属115种，种类组成以绿藻门为主、占总数的46.96%，硅藻门次之、占总数的20%。各季节的种类组成详见表3.2-20。

· 优势种

据现行通用标准，以优势度指数$Y > 0.02$定为优势种，调查结果显示，夏季种类数最多，其中绿藻门的物种数最多，达31种。主要优势种有7种：蓝藻门的微囊藻、假鱼腥藻和细小平裂藻；隐藻门的啮蚀隐藻和尖尾蓝隐藻；绿藻门的丝藻；硅藻门的梅尼小环藻。春季主要优势种有蓝藻门的针晶蓝纤维藻和束缚色球藻；硅藻门的梅尼小环藻；绿藻门的衣藻、空星藻和尖角翼膜藻。秋季优势种包括蓝藻门的颤藻和卷曲鱼腥藻；硅藻门的小环藻、针杆藻和菱形藻；隐藻门的尖尾蓝隐藻。冬季的主要优势种有硅藻门的梅尼小环藻和针形菱形藻；黄藻门的黄丝藻；蓝藻门的针晶蓝纤维藻、假鱼腥藻和鱼腥藻；绿藻门的丝藻和平滑四星藻；隐藻门的尖尾蓝隐藻。

· 现存量

长江扬州段浮游植物春季采样调查结果显示，3个采样点浮游植物密度变幅为2.81×10^5 ～ 5.94×10^5 cell/L，均值为3.88×10^5 cell/L；生物量均值为0.14 mg/L。夏季采样调查结果显示，3个采样点浮游植物密度变幅为3.30×10^6 ～ 1.99×10^7 cell/L，均值为1.37×10^7 cell/L；生物量均值为4.53 mg/L。秋季采样调查结果显示，3个采样点浮游植物密度变幅为3.24×10^5 ～ 4.87×10^5 cell/L，均值为4.43×10^5 cell/L；生物量均值为0.14 mg/L。冬季采样调查结果显示，3个采样点浮游植物密度变幅为9.46×10^5 ～ 2.23×10^6 cell/L，均值为1.75×10^6 cell/L；生物量均值为0.51 mg/L。各季节浮游植物密度生物量见图3.2-39。

· 群落多样性

调查结果显示春季长江扬州段浮游植物群落Shannon-Wiener多样性指数（H'）的范围为1.98 ～ 2.36，平均为2.23；Pielou均匀度指数（J）范围为0.80 ～ 0.87，均值为0.85；Margalef丰富度指数（R）范围为0.88 ～ 1.11，均值为1.01。夏季H'范围为2.15 ～ 2.75，平均为2.36；J范围为0.61 ～ 0.75，均值为0.66；R范围为1.79 ～ 2.60，均值为2.12。秋季H'范围为1.98 ～ 2.14，平均为2.03；J范围为0.77 ～ 0.83，

表3.2-20 长江扬州段四大家鱼国家级水产种质资源保护区浮游植物分类统计表

门 类	春 季			夏 季			秋 季			冬 季		
	属	种	%	属	种	%	属	种	%	属	种	%
蓝藻门	3	4	15.38	6	8	13.33	2	2	14.29	4	6	15.00
甲藻门	—	—	—	3	3	5.00	—	—	—	—	—	—
硅藻门	5	8	30.77	6	10	16.67	6	7	50.00	6	12	30.00
隐藻门	1	1	3.85	2	3	5.00	2	2	14.29	2	3	7.50
裸藻门	—	—	—	2	3	5.00	—	—	—	2	2	5.00
绿藻门	9	12	46.15	20	31	51.67	3	3	21.43	10	14	35.00
金藻门	1	1	3.85	1	1	1.67	—	—	—	2	2	5.00
黄藻门	—	—	—	1	1	1.67	—	—	—	1	1	2.50
合 计	19	26	100	41	60	100	13	14	100	27	40	100

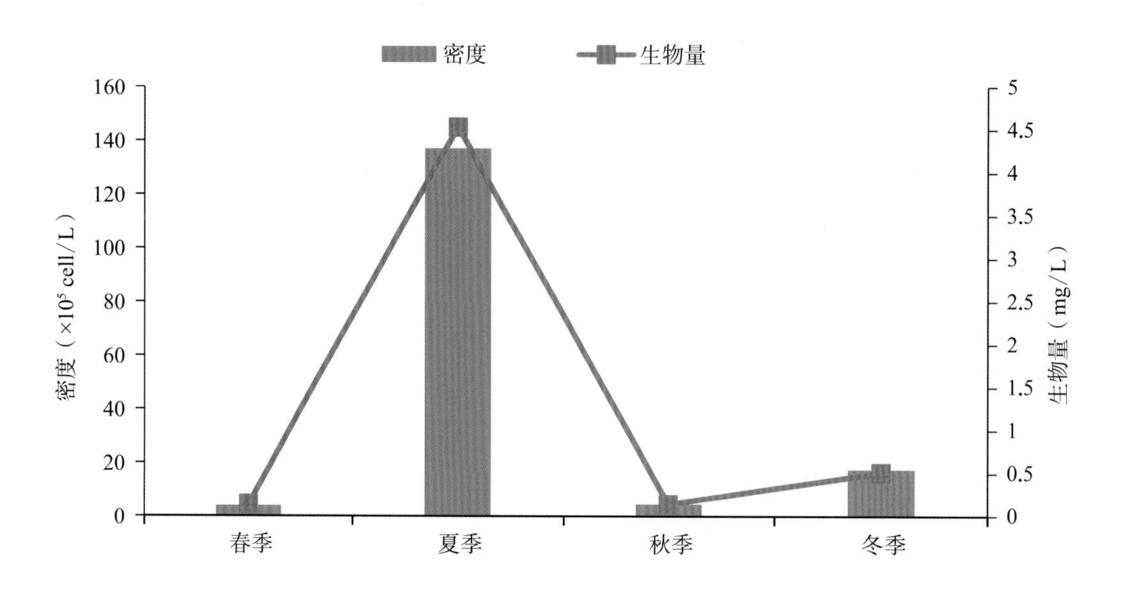

图3.2-39 长江扬州段四大家鱼国家级水产种质资源保护区各季节浮游植物密度和生物量

均值为0.79；*R*范围为0.86～0.88，均值为0.87；冬季*H'*范围为2.18～2.46，平均为2.33；*J*范围为0.67～0.76，均值为0.72；*R*范围为1.70～1.80，均值为1.75。Shannon-Wiener多样性指数（*H'*）最大值出现在夏季，最小值出现在秋季；Pielou均匀度指数（*J*）最大值出现在春季，最小值出现在夏季；Margalef丰富度指数（*R*）最大值出现在夏季，最小值出现在秋季（图3.2-40）。

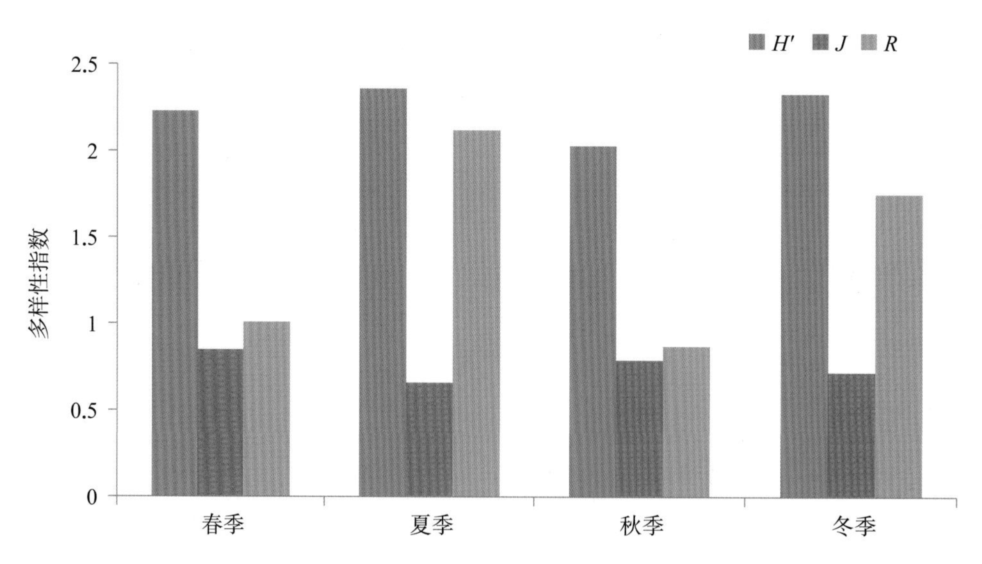

图3.2-40 长江扬州段四大家鱼国家级水产种质资源保护区各季节浮游植物多样性指数

3.2.21 长江扬中段暗纹东方鲀、刀鲚国家级水产种质资源保护区

• 群落组成

根据本次调查，共鉴定浮游植物44属83种，种类组成以硅藻门为主、占总数的43.37%，绿藻门次之、占总数的27.71%。各季节的种类组成详见表3.2-21。

• 优势种

据现行通用标准，以优势度指数$Y > 0.02$定为优势种，调查结果显示，夏季种类数最多，其中硅藻门的物种数最多，达16种。主要优势种有8种：硅藻门的梅尼小环藻和舟形藻；蓝藻门的假鱼腥藻和细小平裂藻；绿藻门的丝藻和双对栅藻；隐藻门的啮蚀隐藻。春季主要优势种有硅藻门的梅尼小环和谷皮菱形

表3.2-21 长江扬中段暗纹东方鲀、刀鲚国家级水产种质资源保护区浮游植物分类统计表

门 类	春季			夏季			秋季			冬季		
	属	种	%	属	种	%	属	种	%	属	种	%
蓝藻门	3	3	13.04	4	5	13.16	1	1	6.67	2	4	12.12
甲藻门	—	—	—	1	1	2.63	1	1	6.67	—	—	—
硅藻门	7	9	39.13	10	16	42.11	7	10	66.67	9	18	54.55
隐藻门	2	2	8.70	2	2	5.26	2	2	13.33	2	2	6.06
裸藻门	—	—	—	—	—	—	—	—	—	3	3	9.09
绿藻门	7	9	39.13	9	14	36.84	1	1	6.67	3	4	12.12
金藻门	—	—	—	—	—	—	—	—	—	1	1	3.03
黄藻门	—	—	—	—	—	—	—	—	—	1	1	3.03
合 计	19	23	100	26	38	100	12	15	100	21	33	100

藻；蓝藻门的细小平裂藻和针晶蓝纤维藻；绿藻门的空星藻、丝藻和衣藻；隐藻门的尖尾蓝隐藻。秋季优势种包括硅藻门的小环藻、颗粒直链藻、菱形藻、针杆藻和颗粒直链藻螺旋变种；蓝藻门的卷曲鱼腥藻；隐藻门的尖尾蓝隐藻。冬季的主要优势种有硅藻门的梅尼小环藻和谷皮菱形藻；蓝藻门的卷曲鱼腥藻；绿藻门的丝藻。

· 现存量

长江扬中段浮游植物春季采样调查结果显示，3个采样点浮游植物密度变幅为1.98×10^5 ~ 4.13×10^5 cell/L，均值为2.97×10^5 cell/L；生物量均值为0.15 mg/L。夏季采样调查结果显示，3个采样点浮游植物密度变幅为4.52×10^5 ~ 5.71×10^5 cell/L，均值为5.08×10^5 cell/L；生物量均值为0.19 mg/L。秋季采样调查结果显示，3个采样点浮游植物密度变幅为3.35×10^5 ~ 8.98×10^5 cell/L，均值为5.37×10^5 cell/L；生物量均值为0.53 mg/L。冬季采样调查结果显示，3个采样点浮游植物密度变幅为2.51×10^5 ~ 7.90×10^5 cell/L，均值为4.80×10^5 cell/L；生物量均值为0.21 mg/L。各季节浮游植物密度生物量见图3.2-41。

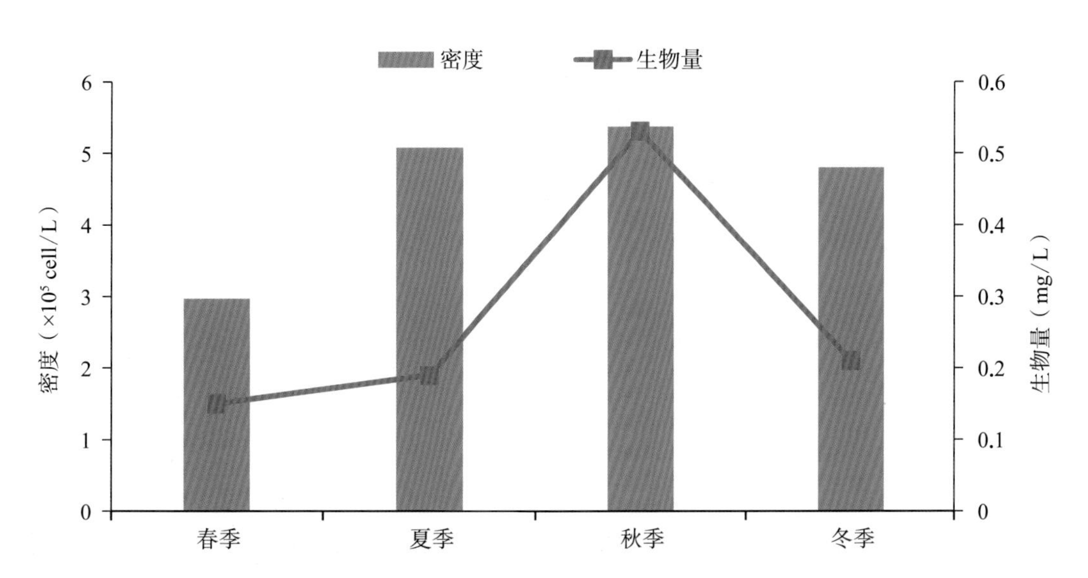

图3.2-41 长江扬中段暗纹东方鲀、刀鲚国家级水产种质资源保护区各季节浮游植物密度和生物量

· 群落多样性

调查结果显示春季长江扬中段浮游植物群落Shannon-Wiener多样性指数（H'）的范围为2.44～2.68，平均为2.58；Pielou均匀度指数（J）范围为0.80～0.83，均值为0.82；Margalef丰富度指数（R）范围为1.53～1.78，均值为1.66。夏季H'的范围为2.22～2.77，平均为2.56；J范围为0.72～0.83，均值为0.79；R范围为1.56～2.00，均值为1.85。秋季H'的范围为2.01～2.41，平均为2.23；J范围为0.81～0.86，均值为0.84；R范围为0.82～1.15，均值为0.98；冬季H'的范围为0.73～2.55，平均为1.90；J范围为0.30～0.87，均值为0. 67；R范围为0.81～1.42，均值为1.19。Shannon-Wiener多样性指数（H'）最大值出现在春季，最小值出现在冬季；Pielou均匀度指数（J）最大值出现在秋季，最小值出现在冬季；Margalef丰富度指数（R）最大值出现在夏季，最小值出现在秋季（图3.2-42）。

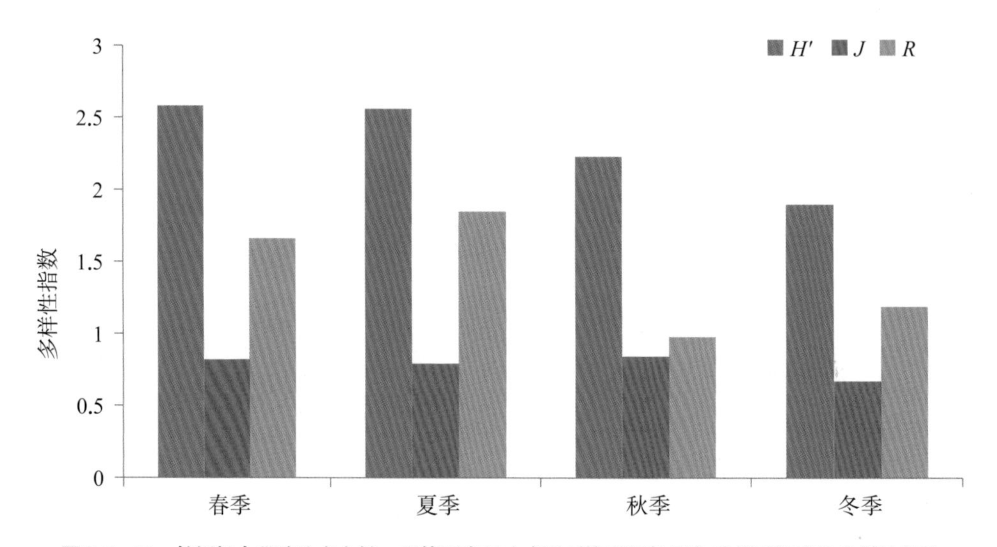

图3.2-42 长江扬中段暗纹东方鲀、刀鲚国家级水产种质资源保护区各季节浮游植物多样性指数

3.2.22 长江靖江段中华绒螯蟹鳜鱼国家级水产种质资源保护区

· 群落组成

根据本次调查，共鉴定浮游植物50属107种，种类组成以硅藻门为主、占总数的36.45%，绿藻门次之、占总数的35.51%。各季节的种类组成详见表3.2-22。

· 优势种

据现行通用标准，以优势度指数$Y > 0.02$定为优势种，调查结果显示，夏季种类数最多，其中硅藻门的物种数最多，达16种。主要优势种有8种：蓝藻门的细小平裂藻和假鱼腥藻；硅藻门的假鱼腥藻、梅尼小环藻和颗粒直链藻；绿藻门的丝藻和舟形藻；隐藻门的啮蚀隐藻。春季主要优势种有硅藻门的梅尼小环藻和颗粒直链藻纤细变种；蓝藻门的水华鱼腥藻和假鱼腥藻。秋季优势种包括硅藻门的针杆藻、脆杆藻、舟形藻、颗粒直链藻纤细变种、颗粒直链藻和菱形藻；蓝藻门的假鱼腥藻、颤藻、细小平裂藻和螺旋藻；隐藻门的啮蚀隐藻。冬季的主要优势种有硅藻门的梅尼小环藻、谷皮菱形藻；黄藻门的黄丝藻；蓝藻门的卷曲鱼腥藻；绿藻门的小空星藻、小球藻和丝藻；隐藻门的尖尾蓝隐藻和啮蚀隐藻。

· 现存量

长江靖江段浮游植物春季采样调查结果显示，3个采样点浮游植物密度变幅为1.57×10^5～4.62×10^6 cell/L，均值为1.65×10^6 cell/L；生物量均值为0.38 mg/L。夏季采样调查结果显示，3个采样点浮游植物密度变幅为1.80×10^5～1.27×10^6 cell/L，均值为6.08×10^5 cell/L；生物量均值为0.34 mg/L。秋季采样调查结果显示，3个采样点浮游植物密度变幅为3.16×10^5～7.48×10^5 cell/L，均值为4.71×10^5 cell/L；生物量均值为0.41 mg/L。冬季采样调查结果显示，3个采样点浮游植物密度变幅为7.57×10^4～5.58×10^5 cell/L，均值为3.64×10^5 cell/L；生物量均值为0.17 mg/L。各季节浮游植物密度生物量

表 3.2-22　长江靖江段中华绒螯蟹鳜鱼国家级水产种质资源保护区浮游植物分类统计表

门 类	春 季			夏 季			秋 季			冬 季		
	属	种	%	属	种	%	属	种	%	属	种	%
蓝藻门	5	6	20.00	4	5	13.16	5	6	17.14	2	3	10.00
甲藻门	—	—	—	1	1	2.63	1	1	2.86	—	—	—
硅藻门	6	10	33.33	15	16	42.11	8	10	28.57	8	16	53.33
隐藻门	1	1	3.33	2	2	5.26	2	3	8.57	2	2	6.67
绿藻门	8	13	43.33	12	14	36.84	11	15	42.86	5	7	23.33
金藻门	—	—	—	—	—	—	—	—	—	1	1	3.33
黄藻门	—	—	—	—	—	—	—	—	—	1	1	3.33
合 计	20	30	100	34	38	100	27	35	100	19	30	100

见图3.2-43。

· 群落多样性

调查结果显示春季长江靖江段浮游植物群落Shannon-Wiener多样性指数（H'）的范围为1.60 ～ 2.27，平均为1.86；Pielou均匀度指数（J）范围为0.48 ～ 0.91，均值为0.72；Margalef丰富度指数（R）范围为0.65 ～ 1.82，均值为1.13。夏季H'的范围为1.77 ～ 2.50，平均为2.25；J范围为0.54 ～ 0.88，均值为0.75；R范围为1.31 ～ 1.78，均值为1.52。秋季H'的范围为2.10 ～ 2.80，平均为2.55；J范围为0.69 ～ 0.90，均值为0.81；R范围为1.52 ～ 1.92，均值为1.68；冬季H'的范围为1.87 ～ 2.54，平均为2.27；J范围为0.80 ～ 0.85，均值为0.83；R范围为0.68 ～ 1.52，均值为1.20。Shannon-Wiener多样性指数（H'）最大值出现在秋季，最小值出现在春季；Pielou均匀度指数（J）最大值出现在冬季，最小值出现在春季；Margalef丰富度指数（R）最大值出现在秋季，最小值出现在春季（图3.2-44）。

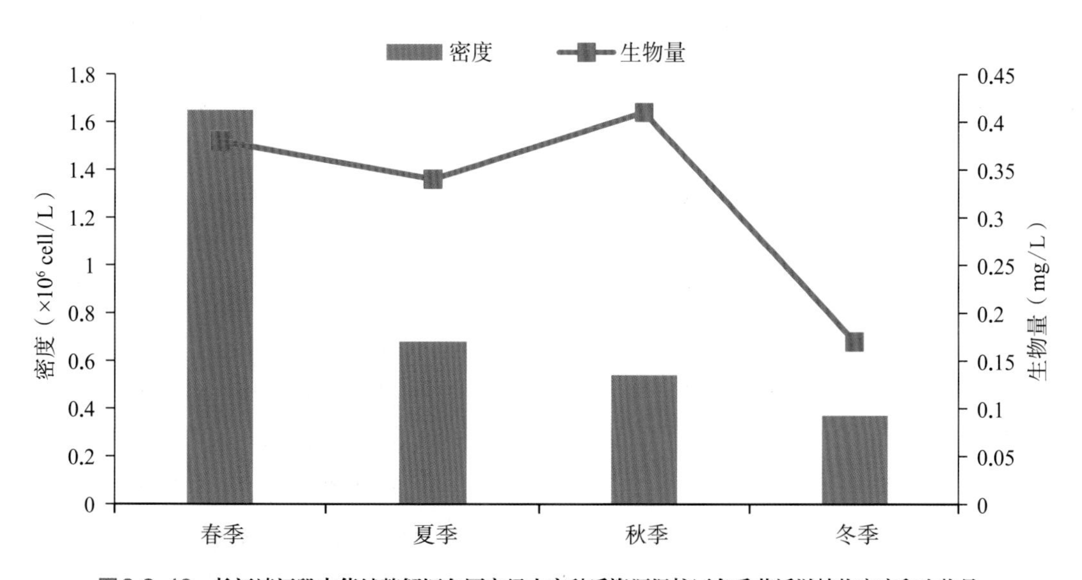

图3.2-43　长江靖江段中华绒螯蟹鳜鱼国家级水产种质资源保护区各季节浮游植物密度和生物量

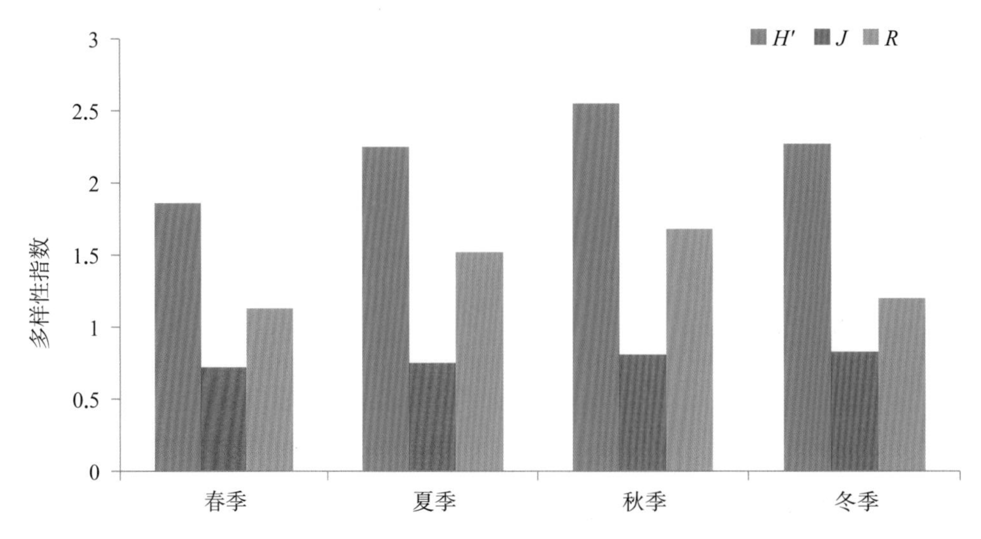

图3.2-44 长江靖江段中华绒螯蟹鳜鱼国家级水产种质资源保护区各季节浮游植物多样性指数

3.2.23 长江如皋段刀鲚国家级水产种质资源保护区

· 群落组成

根据本次调查，共鉴定浮游植物50属91种，种类组成以硅藻门为主、占总数的39.56%，绿藻门次之、占总数的29.67%。各季节的种类组成详见表3.2-23。

· 优势种

据现行通用标准，以优势度指数$Y > 0.02$定为优势种，调查结果显示，夏季种类数最多，其中硅藻门的物种数最多，达15种。主要优势种有10种：蓝藻门的细小平裂藻、微囊藻、颤藻和鱼腥藻；隐藻门的啮蚀隐藻；绿藻门的双对栅藻和河生集星藻；硅藻门的梅尼小环藻、舟形藻和颗粒直链藻纤细变种。春季主要优势种有硅藻门的梅尼小环藻、谷皮菱形藻、美丽星杆藻、肘状针杆藻和颗粒直链藻纤细变种；蓝藻门的针晶蓝纤维藻；绿藻门的丝藻；隐藻门的尖尾蓝隐藻。秋季优势种包括蓝藻门的假鱼腥藻属、颤藻、假鱼腥藻属和螺旋藻；硅藻门的针杆藻属、脆杆藻、颗粒直链藻纤细变种和舟形藻。冬季的主要优势种有蓝藻门的鱼腥藻；硅藻门的梅尼小环藻、尖针杆藻和谷皮菱形藻；隐藻门的啮蚀隐藻和尖尾蓝隐藻；绿藻

表3.2-23 长江如皋段刀鲚国家级水产种质资源保护区浮游植物分类统计表

门 类	春 季			夏 季			秋 季			冬 季		
	属	种	%	属	种	%	属	种	%	属	种	%
蓝藻门	1	2	8.70	5	6	16.22	5	6	18.75	4	5	17.86
甲藻门	—	—	—	1	1	2.70	1	1	3.13	—	—	—
硅藻门	9	14	60.87	10	15	40.54	8	11	34.38	8	12	42.86
隐藻门	2	2	8.70	2	2	5.41	2	2	6.25	2	2	7.14
裸藻门	—	—	—	1	1	2.70	1	1	3.13	1	1	3.57
绿藻门	4	4	17.39	8	12	32.43	9	11	34.38	6	8	28.57
黄藻门	1	1	4.35	—	—	—	—	—	—	—	—	—
合 计	17	23	100	27	37	100	26	32	100	21	28	100

门的丝藻。

· 现存量

长江如皋段浮游植物春季采样调查结果显示，3个采样点浮游植物密度变幅为2.64×10^5～3.22×10^5 cell/L，均值为2.92×10^5 cell/L；生物量均值为0.20 mg/L。夏季采样调查结果显示，3个采样点浮游植物密度变幅为2.24×10^5～6.33×10^5 cell/L，均值为3.87×10^5 cell/L；生物量均值为0.35 mg/L。秋季采样调查结果显示，3个采样点浮游植物密度变幅为3.95×10^5～5.68×10^5 cell/L，均值为4.18×10^5 cell/L；生物量均值为0.27 mg/L。冬季采样调查结果显示，3个采样点浮游植物密度变幅为1.37×10^5～2.18×10^5 cell/L，均值为2.13×10^5 cell/L；生物量均值为0.11 mg/L。各季节浮游植物密度生物量见图3.2-45。

· 群落多样性

调查结果显示春季长江如皋段浮游植物群落Shannon-Wiener多样性指数（H'）的范围为1.89～2.47，平均为2.26；Pielou均匀度指数（J）范围为0.86～0.91，均值为0.89；Margalef丰富度指数（R）范围为0.64～1.11，均值为0.95。夏季H'的范围为2.19～2.56，平均为2.33；J范围为0.77～0.84，均值为0.80；R范围为1.27～1.50，均值为1.36。秋季H'的范围为2.08～2.48，平均为2.23；J范围为0.75～0.87，均值为0.81；R范围为0.94～1.53，均值为1.23；冬季H'的范围为2.15～2.38，平均为2.23；J范围为0.78～0.89，均值为0.85；R范围为0.84～1.20，均值为1.06。Shannon-Wiener多样性指数（H'）最大值出现在夏季，最小值出现在秋季；Pielou均匀度指数（J）最大值出现在春季，最小值出现在夏季；Margalef丰富度指数（R）最大值出现在夏季，最小值出现在春季（图3.2-46）。

3.2.24 淀山湖河蚬翘嘴红鲌国家级水产种质资源保护区

· 群落组成

根据本次调查，共鉴定浮游植物77属158种，种类组成以绿藻门为主、占总数的50.31%，硅藻门次之、占总数的21.38%。各季节的种类组成详见表3.2-24。

· 优势种

据现行通用标准，以优势度指数$Y>0.02$定为优势种，调查结果显示，夏季种类数最多，其中绿藻门的物种数最多，达63种。主要优势种有6种：蓝藻门的微囊藻、假鱼腥藻、微小平裂藻和细小平裂藻；隐藻门的啮蚀隐藻；绿藻门的丝藻。春季主要优势种有硅藻门的梅尼小环藻；隐藻门的啮蚀隐藻和尖尾蓝隐藻。秋季优势种包括蓝藻门的微囊藻；金藻门的黄群藻。冬季的主要优势种有蓝藻门的颤藻；硅藻门的梅尼小环藻；隐藻门的啮蚀

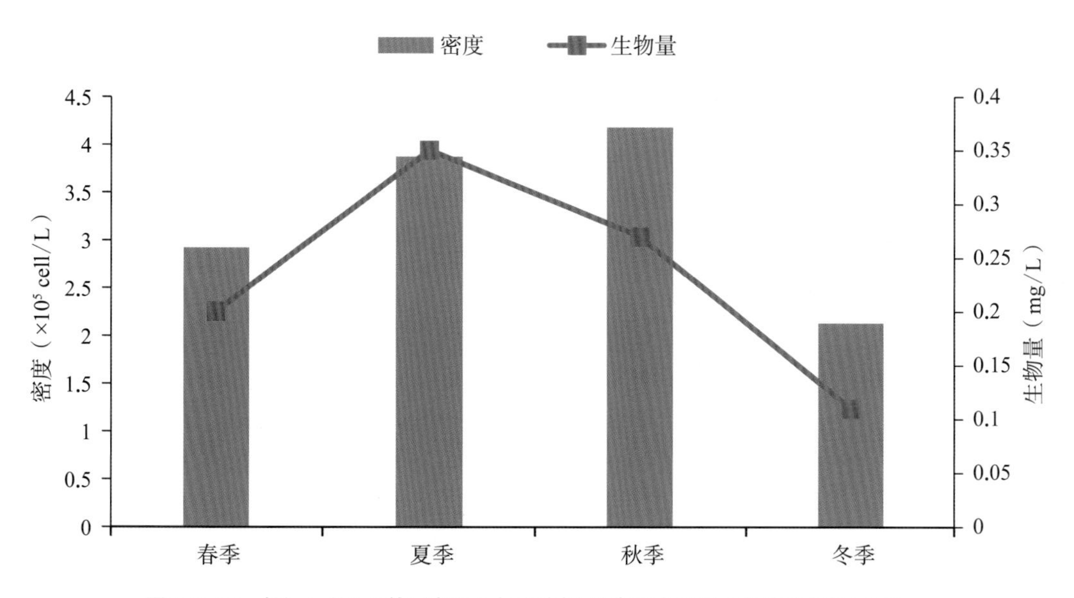

图3.2-45 长江如皋段刀鲚国家级水产种质资源保护区各季节浮游植物密度和生物量

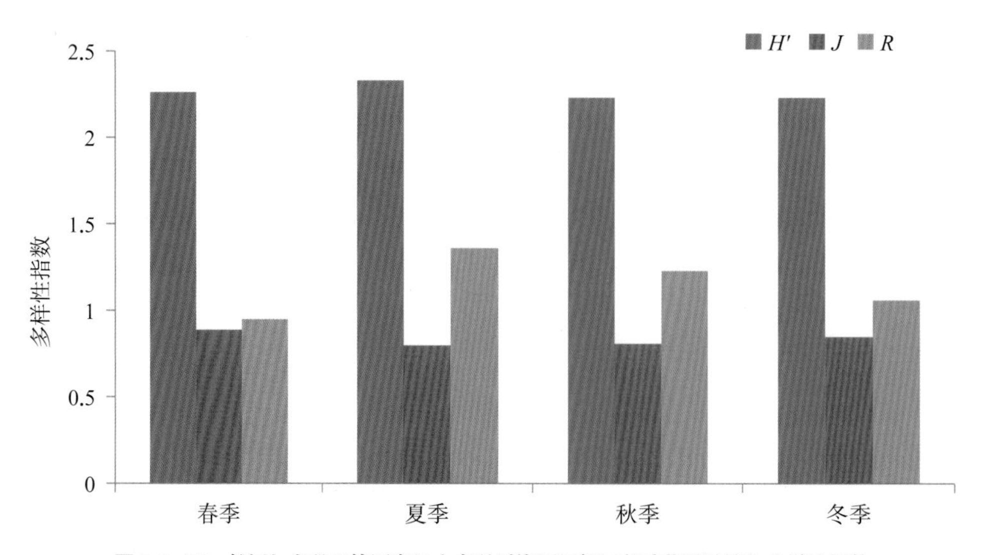

图3.2-46　长江如皋段刀鲚国家级水产种质资源保护区各季节浮游植物多样性指数

表3.2-24　淀山湖河蚬翘嘴红鲌国家级水产种质资源保护区浮游植物分类统计表

门 类	春 季			夏 季			秋 季			冬 季		
	属	种	%	属	种	%	属	种	%	属	种	%
蓝藻门	5	6	8.82	10	16	14.55	7	11	13.58	6	8	15.09
甲藻门	2	2	2.94	3	3	2.73	2	2	2.47	2	2	3.77
硅藻门	12	22	32.35	9	13	11.82	6	9	11.11	8	16	30.19
隐藻门	2	3	4.41	2	3	2.73	2	3	3.70	2	2	3.77
裸藻门	1	1	1.47	4	11	10.00	3	10	12.35	1	1	1.89
绿藻门	20	31	45.59	28	63	57.27	24	44	54.32	14	21	39.62
金藻门	2	2	2.94	1	1	0.91	2	2	2.47	2	2	3.77
黄藻门	1	1	1.47	—	—	—	—	—	—	1	1	1.89
合 计	45	68	100	57	110	100	46	81	100	36	53	100

隐藻和尖尾蓝隐藻；绿藻门的丝藻以及黄藻门的黄丝藻。

· 现存量

淀山湖河蚬翘嘴红鲌国家级水产种质资源保护区浮游植物春季采样调查结果显示，浮游植物密度变幅为2.06×10^6～3.95×10^6 cell/L，均值为2.98×10^6 cell/L；生物量均值为1.49 mg/L。夏季采样调查结果显示，浮游植物密度变幅为1.86×10^7～7.53×10^7 cell/L，均值为3.72×10^7 cell/L；生物量均值为4.95 mg/L。秋季采样调查结果显示，浮游植物密度变幅为4.10×10^6～9.85×10^7 cell/L，均值为2.22×10^7 cell/L；生物量均值为13.99 mg/L。冬季采样调查结果显示，浮游植物密度变幅为4.45×10^5～2.41×10^6 cell/L，均值为1.36×10^6 cell/L；生物量均值为0.41 mg/L。各季节浮游植物密度生物量见图3.2-47。

· 群落多样性

调查结果显示春季淀山湖河蚬翘嘴红鲌国家级水产种质资源保护区浮游植物群落Shannon-Wiener多样性指数（H'）的范围为0.56～2.17，平均为1.56；Pielou均匀度指数（J）范围为0.21～0.68，均值为0.50；Margalef丰富度指数（R）范围为0.96～1.99，

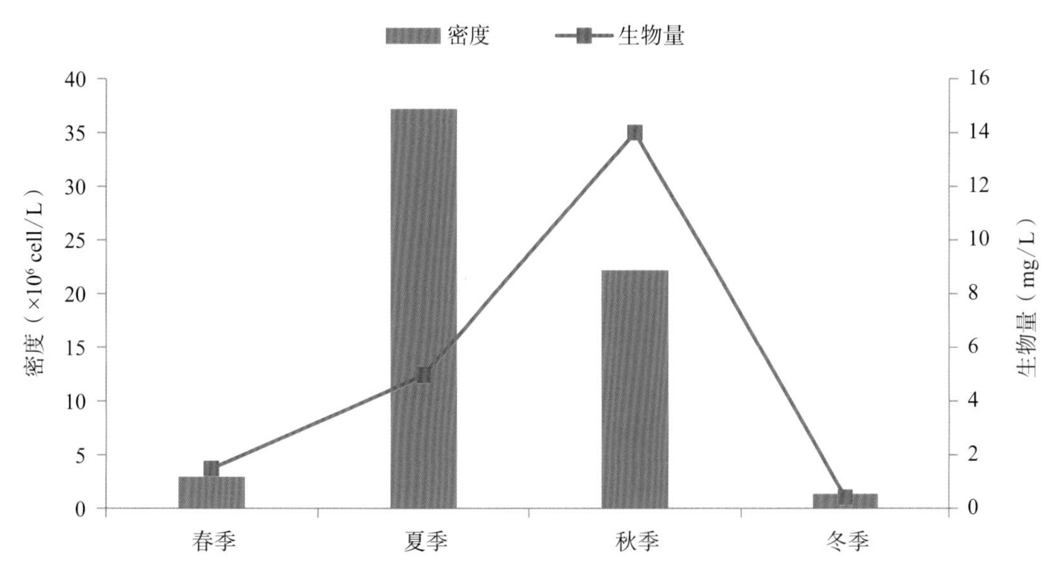

图3.2-47　淀山湖河蚬翘嘴红鲌国家级水产种质资源保护区各季节浮游植物密度和生物量

均值为1.44。夏季H'的范围为0.63～3.42，平均为2.32；J范围为0.10～0.71，均值为0.48；R范围为0.25～2.87，均值为1.82。秋季H'的范围为1.55～2.48，平均为2.00；J范围为0.46～0.68，均值为0.57；R范围为1.45～2.56，均值为1.94；冬季H'的范围为1.55～2.62，平均为1.93；J范围为0.50～0.89，均值为0.66；R范围为0.85～1.66，均值为1.27。Shannon-Wiener多样性指数（H'）最大值出现在夏季，最小值出现在春季；Pielou均匀度指数（J）最大值出现在冬季，最小值出现在夏季；Margalef丰富度指数（R）最大值出现在秋季，最小值出现在冬季（图3.2-48）。

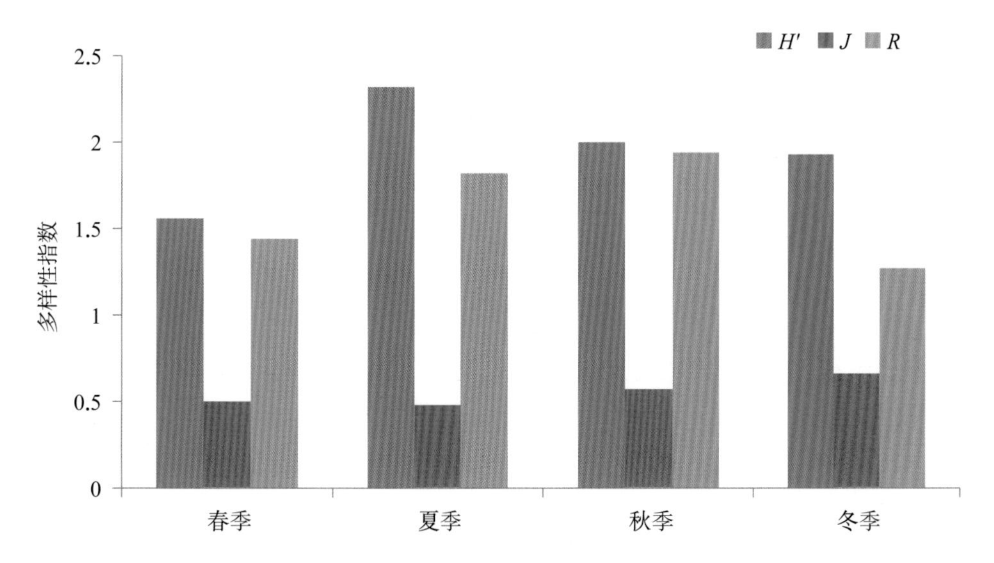

图3.2-48　淀山湖河蚬翘嘴红鲌国家级水产种质资源保护区各季节浮游植物多样性指数

3.2.25　阳澄湖中华绒螯蟹国家级水产种质资源保护区

・群落组成

根据本次调查，共鉴定浮游植物67属133种，种类组成以绿藻门为主、占总数的53.33%，硅藻门类次之、占总数的21.48%。各季的种类组成详见表3.2-25。

・优势种

据现行通用标准，以优势度指数$Y > 0.02$定为优势种，调查结果显示，秋季种类最多，主要优势种有

表 3.2-25 阳澄湖中华绒螯蟹国家级水产种质资源保护区浮游植物分类统计表

门 类	春 季			夏 季			秋 季			冬 季		
	属	种	%	属	种	%	属	种	%	属	种	%
蓝藻门	5	11	15.71	9	16	23.53	7	12	14.63	4	6	10.91
硅藻门	13	20	28.57	8	10	14.71	12	16	19.51	11	18	32.73
隐藻门	2	2	2.86	2	3	4.41	2	3	3.66	2	2	3.64
裸藻门	1	2	2.86	—	—	—	2	3	3.66	—	—	—
绿藻门	16	31	44.29	25	39	57.35	22	46	56.10	14	23	41.82
甲藻门	2	2	2.86	—	—	—	1	1	1.22	2	2	3.64
黄藻门	—	—	—	—	—	—	—	—	—	1	1	1.82
金藻门	2	2	2.86	—	—	—	1	1	1.22	3	3	5.45
合 计	41	70	100	44	68	100	47	82	100	37	55	100

蓝藻门的微囊藻、假鱼腥藻属、鱼腥藻和束丝藻；硅藻门的腔球藻、细小平裂藻和颗粒直链藻纤细变种。春季主要优势种有蓝藻门的颤藻、针晶蓝纤维藻；硅藻门的梅尼小环藻、颗粒直链藻纤细变种；隐藻门的尖尾蓝隐藻；绿藻门的四尾栅藻、四尾栅藻小型变种。夏季优势种包括蓝藻门的微囊藻、假鱼腥藻属、鱼腥藻、束丝藻、颤藻、细小平裂藻。冬季主要优势有蓝藻门的假鱼腥藻属、鱼腥藻；硅藻门的尖针杆藻、梅尼小环藻、变异直链藻 、针形菱形藻、线性菱形藻；隐藻门的啮蚀隐藻、尖尾蓝隐藻；金藻门的圆筒形锥囊藻。

• 现存量

阳澄湖中华绒螯蟹国家级水产种质资源保护区浮游植物春季采样调查结果显示，浮游植物密度变幅为 $5.59 \times 10^6 \sim 1.02 \times 10^7$ cell/L，均值为 8.32×10^6 cell/L；生物量均值为4.01 mg/L。夏季采样调查结果显示，浮游植物密度变幅为 $1.15 \times 10^7 \sim 1.68 \times 10^8$ cell/L，均值为 6.41×10^7 cell/L；生物量均值为13.82 mg/L。秋季采样调查结果显示，浮游植物密度变幅为 $5.76 \times 10^7 \sim 2.66 \times 10^8$ cell/L，均值为 1.46×10^8 cell/L；生物量均值为26.17 mg/L。冬季采样调查结果显示，浮游植物密度变幅为 $1.94 \times 10^6 \sim 6.87 \times 10^6$ cell/L，均值为 4.06×10^6 cell/L cell/L；生物量均值为1.60 mg/L。各季节浮游植物密度生物量见图3.2-49。

• 群落多样性

春季阳澄湖中华绒螯蟹国家级水产种质资源保护区Shannon-Wiener多样性指数（H'）范围为2.50 ～ 2.60，平均为2.56；Pielou均匀度指数（J）范围为0.67 ～ 0.69，均值为0.68；Margalef丰富度指数（R）范围为2.38 ～ 2.99，均值为2.66。夏季H'范围为1.24 ～ 1.93，平均为1.57；J范围为0.37 ～ 0.50，均值为0.44；R范围为1.65 ～ 2.53，均值为2.05。秋季H'范围为1.81 ～ 2.47，平均为2.09；J范围为0.45 ～ 0.59，均值为0.51；R范围为2.53 ～ 3.75，均值为3.07。冬季H'范围为1.97 ～ 2.84，平均为2.43；J范围为0.61 ～ 0.75，均值为0.70；R范围为1.66 ～ 2.67，均值为2.08。Shannon-Wiener多样性指数（H'）最大值出现在春季，最小值出现在夏季；Pielou均匀度指数（J）最大值出现在冬季，最小值出现在夏季；Margalef丰富度指数（R）最大值出现在秋季，最小值出现在夏季（图3.2-50）。

3.2.26 长漾湖国家级水产种质资源保护区

• 群落组成

根据本次调查，共鉴定浮游植物73属151种，种类组成以绿藻门为主、占总数的53.64%，硅藻门类次

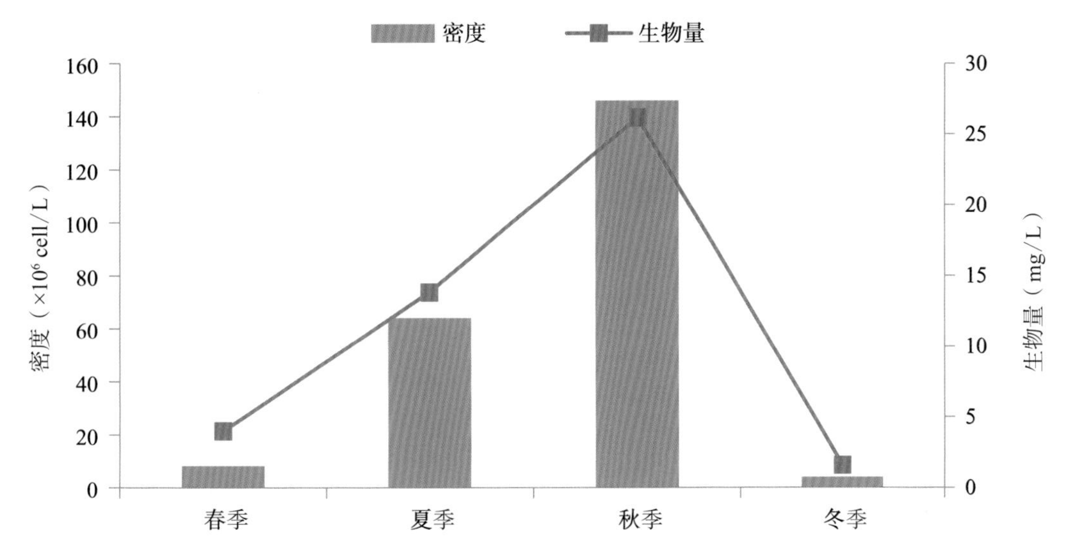

图3.2-49　阳澄湖中华绒螯蟹国家级水产种质资源保护区各季节浮游植物密度和生物量

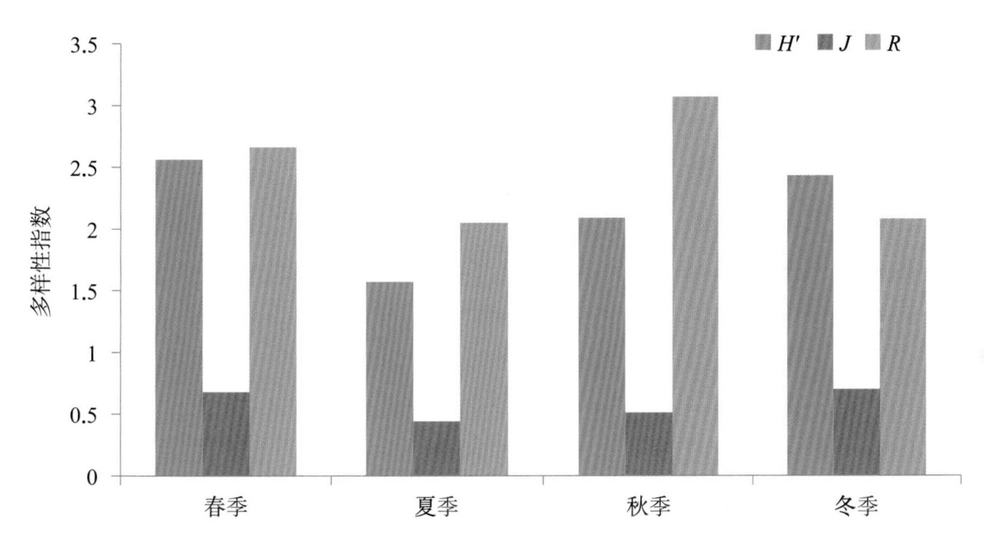

图3.2-50　阳澄湖中华绒螯蟹国家级水产种质资源保护区各季节浮游植物多样性指数

之、占总数的15.89%。各季的种类组成详见表3.2-26。

· 优势种

据现行通用标准，以优势度指数$Y > 0.02$定为优势种，调查结果显示，秋季种类最多，主要优势种有蓝藻门的微小平裂藻、细小平裂藻和旋折平裂藻；硅藻门的针杆藻属和梅尼小环藻；隐藻门的啮蚀隐藻和尖尾蓝隐藻；绿藻门的双对栅藻和丝藻。春季主要优势种有蓝藻门的微囊藻和针晶蓝纤维藻；硅藻门的梅尼小环藻；隐藻门的啮蚀隐藻和尖尾蓝隐藻；绿藻门的四尾栅藻、丝藻和衣藻；黄藻门的黄丝藻。夏季优势种包括蓝藻门的微囊藻、卷曲鱼腥藻、鱼腥藻和细小平裂藻。冬季主要优势有蓝藻门的微囊藻和卷曲鱼腥藻；硅藻门的梅尼小环藻；隐藻门的尖尾蓝隐藻；绿藻门的丝藻；黄藻门的黄丝藻。

· 现存量

长漾湖国家级水产种质资源保护区浮游植物春季采样调查结果显示，浮游植物密度变幅为2.17×10^6 ～ 5.23×10^6 cell/L，均值为3.66×10^6 cell/L；生物量均值为1.68 mg/L。夏季采样调查结果显示，浮游植物密度变幅为2.20×10^7 ～ 1.46×10^8 cell/L，均值为9.09×10^7 cell/L；生物量均值为13.04 mg/

表 3.2-26　长漾湖国家级水产种质资源保护区浮游植物分类统计表

门类	春季			夏季			秋季			冬季		
	属	种	%	属	种	%	属	种	%	属	种	%
蓝藻门	5	6	8.45	10	15	18.75	6	10	10.10	5	7	9.86
硅藻门	11	19	26.76	4	8	10.00	8	10	10.10	5	14	19.72
隐藻门	2	3	4.23	2	3	3.75	2	3	3.03	2	3	4.23
裸藻门	2	2	2.82	1	1	1.25	3	3	3.03	2	2	2.82
绿藻门	21	33	46.48	26	49	61.25	27	59	59.60	19	34	47.89
甲藻门	3	4	5.63	3	4	5.00	4	11	11.11	4	7	9.86
黄藻门	1	1	1.41	—	—	0.00	1	1	1.01	2	2	2.82
金藻门	3	3	4.23	—	—	0.00	2	2	2.02	2	2	2.82
合计	48	71	100	46	80	100	53	99	100	41	71	100

L。秋季采样调查结果显示，浮游植物密度变幅为 9.09×10^6 ～ 2.30×10^7 cell/L，均值为 1.44×10^7 cell/L；生物量均值为3.88 mg/L。冬季采样调查结果显示，浮游植物密度变幅为 6.73×10^6 ～ 6.63×10^7 cell/L，均值为 1.93×10^7 cell/L cell/L；生物量均值为3.10 mg/L。各季节浮游植物密度生物量见图3.2-51。

· 群落多样性

春季长漾湖国家级水产种质资源保护区Shannon-Wiener多样性指数（H'）范围为2.21 ～ 2.85，平均为2.42；Pielou均匀度指数（J）范围为0.64 ～ 0.80，均值为0.71；Margalef丰富度指数（R）范围为1.73 ～ 2.53，均值为1.99。夏季H'范围为1.30 ～ 2.53，平均为1.90；J范围为0.33 ～ 0.55，均值为0.43；R范围为1.07 ～ 2.04，均值为1.52。秋季H'范围为1.38 ～ 2.81，平均为2.35；J范围为0.39 ～ 0.74，均值为0.60；R范围为2.00 ～ 3.88，均值为2.97。冬季H'范围

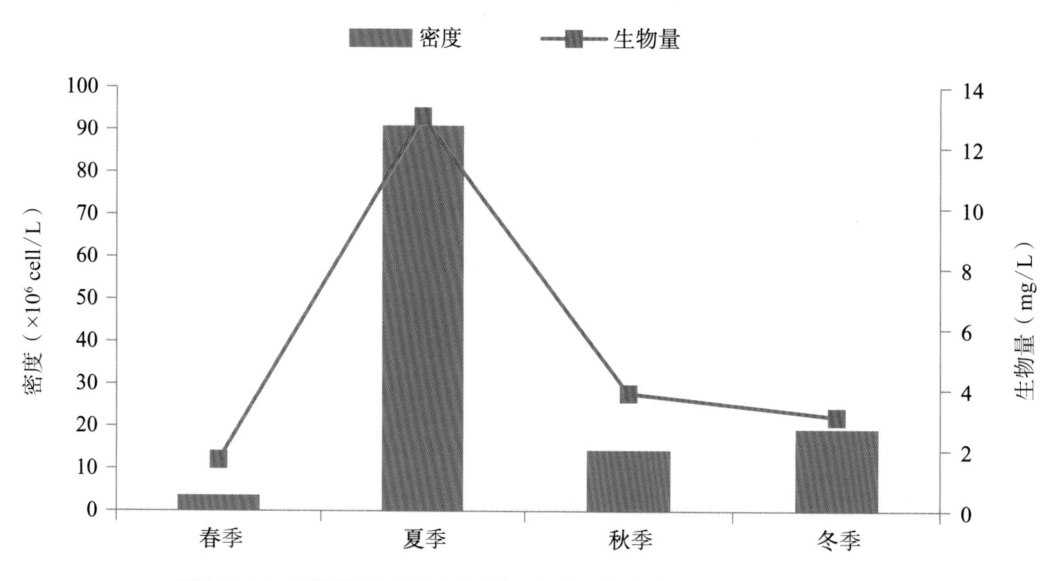

图3.2-51　长漾湖国家级水产种质资源保护区各季节浮游植物密度和生物量

为1.74～2.43，平均为2.12；*J*范围为0.27～0.60，均值为0.43；*R*范围为0.94～2.12，均值为1.54。Shannon-Wiener多样性指数（*H'*）最大值出现在春季，最小值出现在夏季；Pielou均匀度指数（*J*）最大值出现在春季，最小值出现在夏季；Margalef丰富度指数（*R*）最大值出现在秋季，最小值出现在夏季（图3.2-52）。

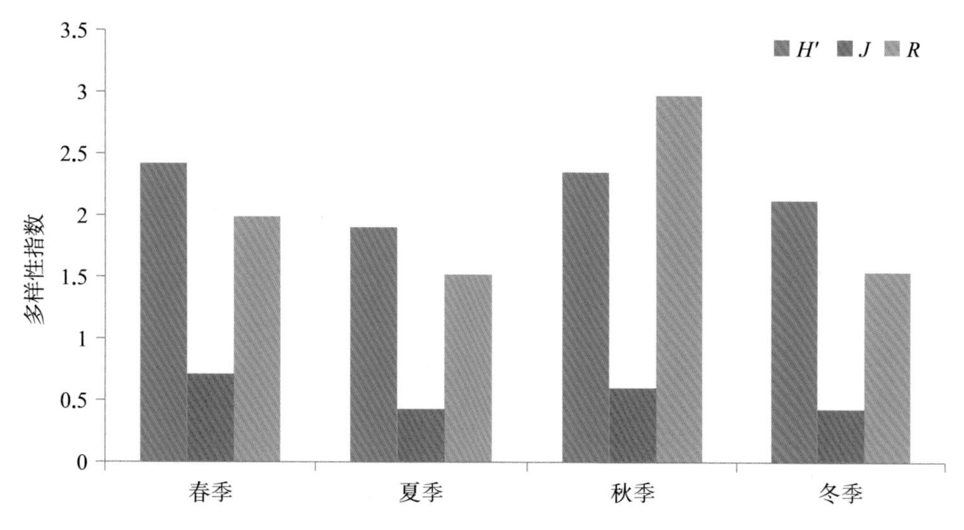

图3.2-52　长漾湖国家级水产种质资源保护区各季节浮游植物多样性指数

3.2.27　宜兴团氿东氿翘嘴红鲌国家级水产种质资源保护区

· 群落组成

根据本次调查，共鉴定浮游植物76属175种，种类组成以绿藻门为主、占总数的51.43%，硅藻门类次之、占总数的24.00%。各季的种类组成详见表3.2-27。

· 优势种

据现行通用标准，以优势度指数$Y > 0.02$定为优势种，调查结果显示，夏季种类最多，主要优势种有蓝藻门的微囊藻、微小平裂藻、细小平裂藻和旋转平裂藻；硅藻门的针杆藻和梅尼小环藻；绿藻门的双对栅藻、四尾栅藻、丝藻。春季主要优势种有蓝藻门的针晶蓝纤维藻；硅藻门的梅尼小环藻和颗粒直链藻纤细变种；隐藻门的啮蚀隐藻和尖尾蓝隐藻；绿藻门的微芒藻、小球藻、平滑四星藻、美丽网球藻和丝藻。秋季优势种包括蓝藻门的微囊藻、假鱼腥藻、颤藻、微小平裂藻和细小平裂藻；硅藻门的小环藻；绿藻门的双对栅藻、双棘栅藻和四尾栅藻。冬季主要优势有蓝藻门的假鱼腥藻和针晶蓝纤维藻；硅藻门的梅尼小环藻和针形菱形藻；隐藻门的啮蚀隐藻和尖尾蓝隐藻；绿藻门的四尾栅藻、四足十字藻、四角十字藻和丝藻；黄藻门的黄丝藻。

· 现存量

宜兴团氿东氿翘嘴红鲌国家级水产种质资源保护区浮游植物春季采样调查结果显示，9个采样点浮游植物密度变幅为2.20×10^{6}～5.44×10^{6} cell/L，均值为3.29×10^{6} cell/L；生物量均值为1.61 mg/L。夏季采样调查结果显示，9个采样点浮游植物密度变幅为8.86×10^{6}～2.79×10^{7} cell/L，均值为1.93×10^{7} cell/L；生物量均值为3.99 mg/L。秋季采样调查结果显示，9个采样点浮游植物密度变幅为5.46×10^{6}～2.26×10^{7} cell/L，均值为1.32×10^{7} cell/L；生物量均值为2.88 mg/L。冬季采样调查结果显示，9个采样点浮游植物密度变幅为1.02×10^{6}～2.47×10^{6} cell/L，均值为1.69×10^{6} cell/L；生物量均值为0.66 mg/L。各季节浮游植物密度生物量见图3.2-53。

· 群落多样性

春季宜兴团氿东氿翘嘴红鲌国家级水产种质资源保护区Shannon-Wiener多样性指数（*H'*）范围为2.58～3.13，平均为2.86；Pielou均匀度指数（*J*）范围为0.71～0.83，均值为0.79；Margalef丰富度指数（*R*）范围为2.12～2.88，均值为2.43。夏季*H'*范围

表 3.2-27 团氿东氿翘嘴红鲌国家级水产种质资源保护区浮游植物分类统计表

门 类	春 季			夏 季			秋 季			冬 季		
	属	种	%	属	种	%	属	种	%	属	种	%
蓝藻门	5	8	8.51	8	14	11.86	8	10	9.43	7	10	12.99
硅藻门	14	28	29.79	14	25	21.19	12	17	16.04	7	19	24.68
隐藻门	2	3	3.19	2	3	2.54	2	3	2.83	2	3	3.90
裸藻门	2	3	3.19	4	9	7.63	2	5	4.72	2	3	3.90
绿藻门	28	46	48.94	25	63	53.39	28	68	64.15	20	37	48.05
甲藻门	2	2	2.13	2	2	1.69	1	1	0.94	2	2	2.60
金藻门	3	3	3.19	2	2	1.69	1	1	0.94	2	2	2.60
黄藻门	1	1	1.06	—	—	—	1	1	0.94	1	1	1.30
合 计	57	94	100	57	118	100	55	106	100	43	77	100

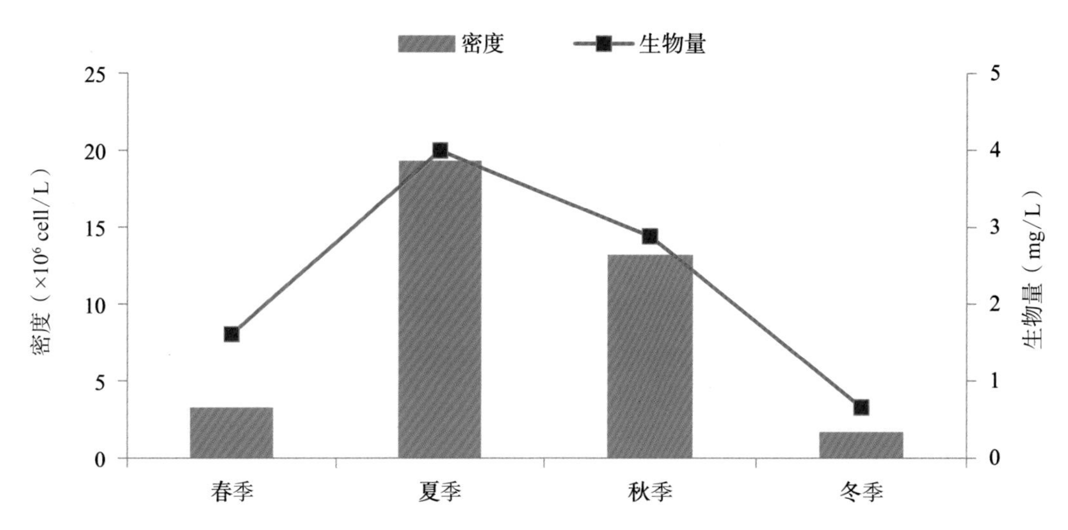

图3.2-53 团氿东氿翘嘴红鲌国家级水产种质资源保护区各季节浮游植物密度和生物量

为2.86 ～ 4.38，平均为3.27；*J*范围为0.51 ～ 0.78，均值为0.65；*R*范围为1.98 ～ 3.08，均值为2.61。秋季*H'*范围为1.97 ～ 2.70，平均为2.31；*J*范围为0.49 ～ 0.66，均值为0.58；*R*范围为2.66 ～ 3.65，均值为3.20。冬季*H'*范围为2.67 ～ 3，平均为2.84；*J*范围为0.79 ～ 0.85，均值为0.83；*R*范围为1.66 ～ 2.47，均值为2.11。Shannon-Wiener多样性指数（*H'*）最大值出现在夏季，最小值出现在秋季；Pielou均匀度指数（*J*）最大值出现在冬季，最小值出现在秋季；Margalef丰富度指数（*R*）最大值出现在秋季，最小值出现在冬季（图3.2-54）。

3.2.28 长荡湖国家级水产种质资源保护区

· 群落组成

根据本次调查，共鉴定浮游植物67属146种，种类组成以绿藻门为主、占总数的53.74%，硅藻门类次之、占总数的21.09%。各季的种类组成详见表3.2-28。

· 优势种

据现行通用标准，以优势度指数 $Y > 0.02$ 定为优势种，调查结果显示，秋季种类最多，主要优势种有

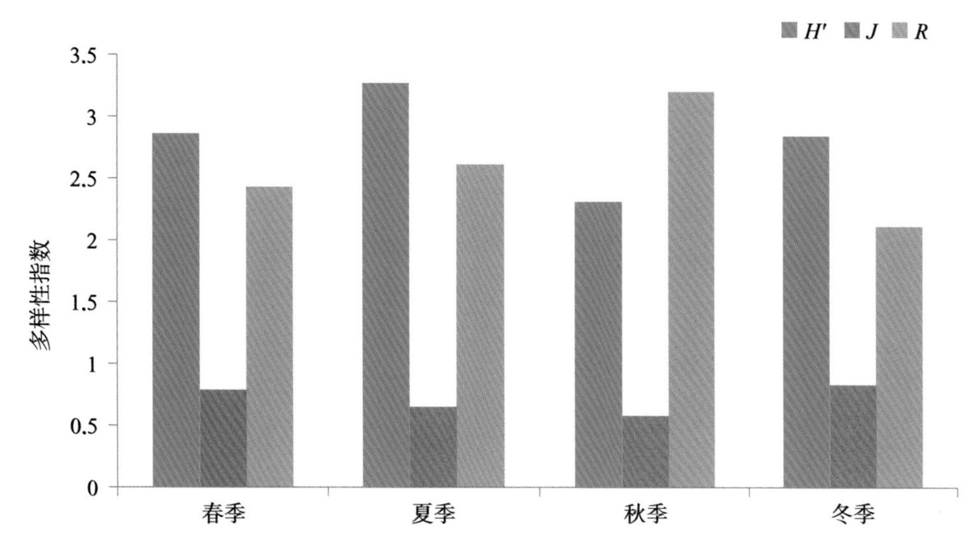

图3.2-54 团氿东氿翘嘴红鲌国家级水产种质资源保护区各季节浮游植物多样性指数

表 3.2-28 长荡湖国家级水产种质资源保护区浮游植物分类统计表

门 类	春 季			夏 季			秋 季			冬 季		
	属	种	%	属	种	%	属	种	%	属	种	%
蓝藻门	9	13	20.31	7	9	11.84	6	11	12.09	7	10	11.76
硅藻门	5	14	21.88	10	16	21.05	11	14	15.38	10	17	20.00
隐藻门	2	2	3.13	2	3	3.95	2	3	3.30	2	3	3.53
裸藻门	2	4	6.25	3	4	5.26	2	3	3.30	3	4	4.71
绿藻门	17	28	43.75	23	44	57.89	23	57	62.64	25	46	54.12
甲藻门	1	1	1.56	—	—	—	1	1	1.10	3	3	3.53
黄藻门	1	1	1.56	—	—	—	—	—	—	—	—	—
金藻门	1	1	1.56	—	—	—	2	2	2.20	2	2	2.35
合 计	38	64	100	45	76	100	47	91	100	52	85	100

蓝藻门的假鱼腥藻属、微小平裂藻、细小平裂藻和旋折平裂藻；硅藻门的梅尼小环藻；绿藻门的丝藻。春季主要优势种有蓝藻门的假鱼腥藻属、泽丝藻 、针晶蓝纤维藻、微小平裂藻和细小平裂藻；硅藻门的梅尼小环藻和颗粒直链藻纤细变种；绿藻门的丝藻。夏季优势种包括蓝藻门的微囊藻、假鱼腥藻属、鱼腥藻、束丝藻、颤藻、细小平裂藻和旋折平裂藻。冬季主要优势有硅藻门的梅尼小环藻、针杆藻属和颗粒直链藻纤细变种；隐藻门的啮蚀隐藻和尖尾蓝隐藻；绿藻门的小球藻、丝藻和衣藻。

· 现存量

长荡湖国家级水产种质资源保护区浮游植物春季采样调查结果显示，浮游植物密度变幅为 5.44×10^6 ～ 1.30×10^7 cell/L，均值为 8.13×10^6 cell/L；生物量均值为30.02 mg/L。夏季采样调查结果显示，浮游植物密度变幅为 5.07×10^6 ～ 1.72×10^7 cell/L，均值为 1.19×10^7 cell/L；生物量均值为48.52 mg/L。秋季采样调查结果显示，浮游植物密度变幅为 4.10×10^7 ～ 5.41×10^7 cell/L，均值为 3.62×10^7 cell/L；生物量均值为35.35 mg/L。冬季采样调查结果

显示，浮游植物密度变幅为$2.20\times10^6\sim2.67\times10^6$ cell/L，均值为2.49×10^6 cell/L；生物量均值为10.69 mg/L。各季节浮游植物密度生物量见图3.2-55。

· 群落多样性

春季长荡湖国家级水产种质资源保护区Shannon-Wiener多样性指数（H'）范围为2.09～2.82，平均为2.50；Pielou均匀度指数（J）范围为0.55～0.76，均值为0.68；Margalef丰富度指数（R）范围为1.97～2.41，均值为2.18。夏季H'范围为2.00～2.54，平均为2.25；J范围为0.54～0.67，均值为0.58；R范围为2.08～3.06，均值为2.52。秋季H'范围为1.64～1.84，平均为1.74；J范围为0.40～0.43，均值为0.42；R范围为2.97～3.43，均值为3.21。冬季H'范围为2.64～3.03，平均为2.84；J范围为0.66～0.75，均值为0.70；R范围为3.19～3.34，均值为3.29。Shannon-Wiener多样性指数（H'）最大值出现在冬季，最小值出现在秋季；Pielou均匀度指数（J）最大值出现在冬季，最小值出现在秋季；Margalef丰富度指数（R）最大值出现在冬季，最小值出现在春季（图3.2-56）。

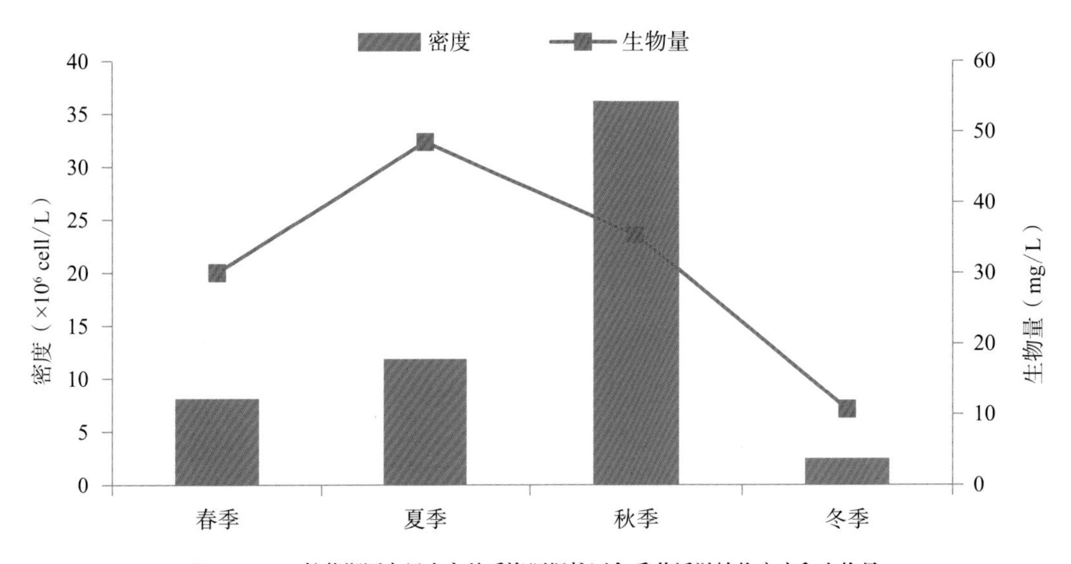

图3.2-55　长荡湖国家级水产种质资源保护区各季节浮游植物密度和生物量

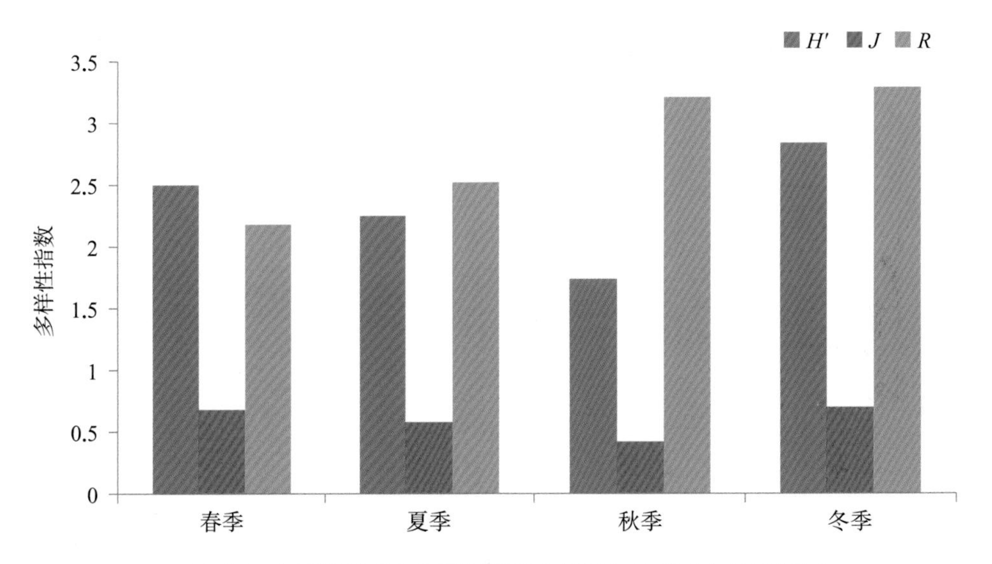

图3.2-56　长荡湖国家级水产种质资源保护区各季节浮游植物多样性指数

3.2.29 固城湖中华绒螯蟹国家级水产种质资源保护区

· 群落组成

根据本次调查，共鉴定浮游植物58属101种，种类组成以绿藻门为主、占总数的48.51%，硅藻门类次之、占总数的24.75%。各季的种类组成详见表3.2-29。

· 优势种

据现行通用标准，以优势度指数$Y > 0.02$定为优势种，调查结果显示，夏季种类最多，主要优势种有蓝藻门的微囊藻、假鱼腥藻、束丝藻和细小平裂藻；硅藻门的梅尼小环藻和颗粒直链藻纤细变种；隐藻门的尖尾蓝隐藻；绿藻门的网球藻。春季主要优势种有硅藻门的梅尼小环藻；隐藻门的尖尾蓝隐藻；绿藻门的美丽网球藻。秋季优势种包括蓝藻门的微囊藻、假鱼腥藻和束丝藻。冬季主要优势有蓝藻门的针晶蓝纤维藻；硅藻门的梅尼小环藻；隐藻门的啮蚀隐藻和尖尾蓝隐藻；绿藻门的小球藻、丝藻和衣藻。

· 现存量

固城湖中华绒螯蟹国家级水产种质资源保护区浮游植物春季采样调查结果显示，浮游植物密度变幅为1.05×10^6 ～ 1.16×10^6 cell/L，均值为1.10×10^6 cell/L；生物量均值为0.18 mg/L。夏季采样调查结果显示，浮游植物密度变幅为1.81×10^7 ～ 2.52×10^7 cell/L，均值为2.17×10^7 cell/L；生物量均值为5.37 mg/L。秋季采样调查结果显示，浮游植物密度变幅为3.25×10^8 ～ 3.45×10^8 cell/L，均值为3.35×10^8 cell/L；生物量均值为73.50 mg/L。冬季采样调查结果显示，浮游植物密度变幅为4.87×10^5 ～ 5.58×10^5 cell/L，均值为5.23×10^5 cell/L；生物量均值为0.13 mg/L。各季节浮游植物密度生物量见图3.2-57。

· 群落多样性

春季固城湖中华绒螯蟹国家级水产种质资源保护区Shannon-Wiener多样性指数（H'）范围为1.13 ～ 1.58，平均为1.36；Pielou均匀度指数（J）范围为0.47 ～ 0.62，均值为0.54；Margalef丰富度指数（R）范围为0.72 ～ 0.86，均值为0.79。夏季H'范围为2.60 ～ 2.94，平均为2.77；J范围为0.67 ～ 0.72，均值为0.69；R范围为2.87 ～ 3.46，均值为3.17。秋季H'范围为0.54 ～ 0.70，平均为0.62；J范围为0.16 ～ 0.22，均值为0.19；R范围为1.22 ～ 1.58，均值为1.40。冬季H'范围为1.73 ～ 2.07，平均为1.90；J范围为0.62 ～ 0.70，均值为0.66；R范围为1.15 ～ 1.36，均值为1.25。Shannon-Wiener多样性指数（H'）最大值出现在夏季，最小值出现在秋季；Pielou均匀度指数（J）最大值出现在冬季，最小值出现在春季；Margalef丰富度指数（R）最大值出现在夏季，最小值出现在秋季（图3.2-58）。

表3.2-29 固城湖中华绒螯蟹国家级水产种质资源保护区浮游植物分类统计表

门 类	春 季			夏 季			秋 季			冬 季		
	属	种	%	属	种	%	属	种	%	属	种	%
蓝藻门	3	3	15.79	6	11	15.07	5	9	20.45	3	3	10.34
硅藻门	3	4	21.05	10	16	21.92	8	8	18.18	6	11	37.93
隐藻门	1	1	5.26	2	3	4.11	2	3	6.82	2	2	6.90
裸藻门	—	—	—	2	3	4.11	2	3	6.82	—	—	—
绿藻门	10	11	57.89	19	38	52.05	13	18	40.91	7	10	34.48
甲藻门	—	—	—	—	—	—	2	2	4.55	—	—	—
金藻门	—	—	—	2	2	2.74	1	1	2.27	3	3	10.34
合 计	17	19	100	41	73	100	33	44	100	21	29	100

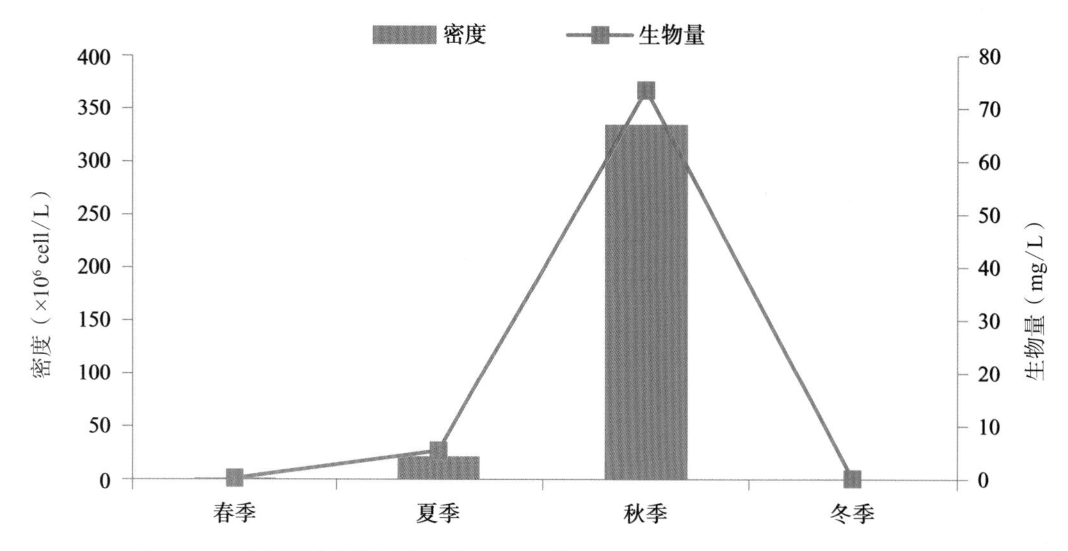

图3.2-57 固城湖中华绒螯蟹国家级水产种质资源保护区各季节浮游植物密度和生物量

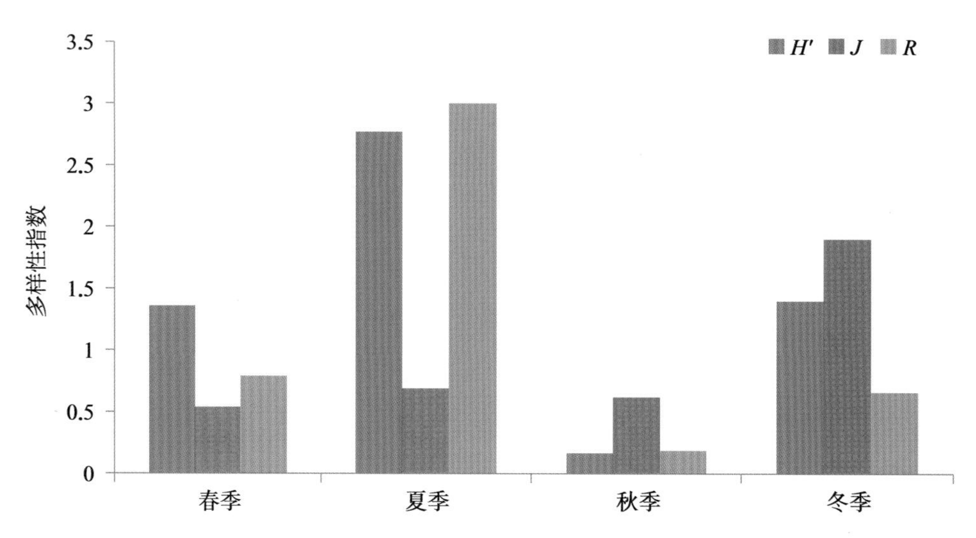

图3.2-58 固城湖中华绒螯蟹国家级水产种质资源保护区各季节浮游植物多样性指数

3.2.30 白马湖泥鳅沙塘鳢国家级水产种质资源保护区

· 群落组成

根据本次调查，共鉴定浮游植物58属79种，种类组成以绿藻门为主、占总数的45.57%，硅藻门类次之、占总数的18.99%。各季的种类组成详见表3.2-30。

· 优势种

据现行通用标准，以优势度指数$Y > 0.02$定为优势种，调查结果显示，夏季种类最多，主要优势种有绿藻门的狭形纤维藻；蓝藻门的林氏念珠藻以及裸藻门的敏捷扁裸藻。春季主要优势种有硅藻门的角甲藻、线形菱形藻、小环藻、舟形藻；蓝藻门的平裂藻、小席藻，绿藻门的小球藻、小席藻、新月藻。秋季优势种包括绿藻门的小球藻；硅藻门的颗粒直链藻；蓝藻门的小席藻。冬季主要优势有绿藻门的球鼓藻、狭形纤维藻、小球藻，裸藻门的敏捷扁裸藻，蓝藻门的小席藻。

· 现存量

白马湖国家级水产种质资源保护区浮游植物年平均数量为5×10^6 cell/L。从季节变化来看，以秋季数量最高，冬季次之，夏季第三，春季最少，平均数量依次为158.88×10^5 cell/L、16.20×10^5 cell/L、15.41×10^5 cell/L和10.41×10^5 cell/L。浮游植物生物量变幅为

表 3.2-30　白马湖泥鳅沙塘鳢国家级水产种质资源保护区浮游植物分类统计表

门 类	春 季			夏 季			秋 季			冬 季		
	属	种	%	属	种	%	属	种	%	属	种	%
蓝藻门	5	3	7.50	6	10	17.24	5	6	28.57	5	7	25.93
硅藻门	6	7	17.50	6	11	18.97	4	7	33.33	5	5	18.52
裸藻门	3	3	7.50	2	3	5.17	—	—	—	2	2	7.41
绿藻门	16	23	57.50	17	26	44.83	6	7	33.33	10	12	44.44
黄藻门	1	1	2.50	2	2	3.45	1	1	4.76	1	1	3.70
金藻门	1	1	2.50	2	2	3.45	—	—	—	—	—	—
隐藻门	1	2	5.00	2	2	3.45	—	—	—	—	—	—
甲藻门	—	—	—	2	2	3.45	—	—	—	—	—	—
合 计	33	40	100	39	58	100	16	21	100	23	27	100

4.24 ～ 30.32 mg/L，年平均生物量为16.41 mg/L。从季节变化来看，以秋季生物量最高30.32（mg/L），夏季次之26.75（mg/L），春季最少4.24（mg/L）。各季节浮游植物密度生物量见图3.2-59。

· 群落多样性

春季保护区Shannon-Wiener多样性指数（H'）范围为1.60 ～ 2.67，平均为2.13；Pielou均匀度指数（J）范围为0.59 ～ 0.82，平均为0.71；Margalef丰富度指数（R）范围为1.03 ～ 1.76，平均为1.39。夏季H'范围为1.76 ～ 3.03，平均为2.40；J范围为0.51 ～ 0.87，平均为0.69；R范围为2.08 ～ 2.30，平均为2.19。秋季H'范围为1.19 ～ 1.85，平均为1.52；J范围为0.46 ～ 0.80，平均为0.63；R范围为0.66 ～ 0.70，平均为0.68。冬季H'范围为1.46 ～ 2.51，平均为1.98；J范围为0.526 ～ 0.87，平均为0.70；R范围为1.01 ～ 1.245，平均为1.13。Shannon-Wiener多样性指数（H'）最大值出现在夏季，最小值出现在秋季；Pielou均匀度指数（J）最大值出现在春季，最小值出现在秋季；Margalef丰富度指数（R）最大值出现在夏季，最小值出现在秋季（图3.2-60）。

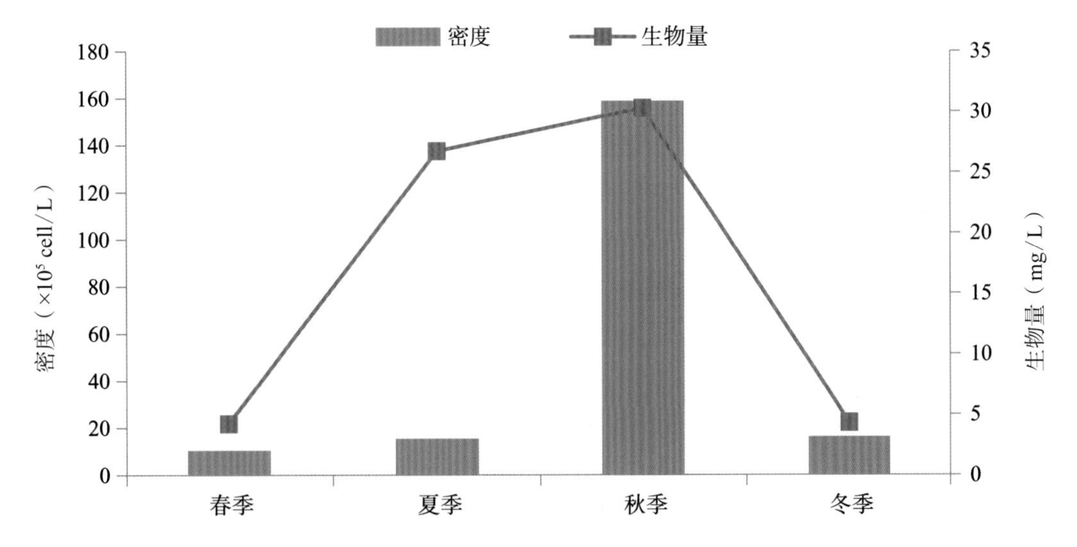

图3.2-59　白马湖泥鳅沙塘鳢国家级水产种质资源保护区各季节浮游植物密度和生物量

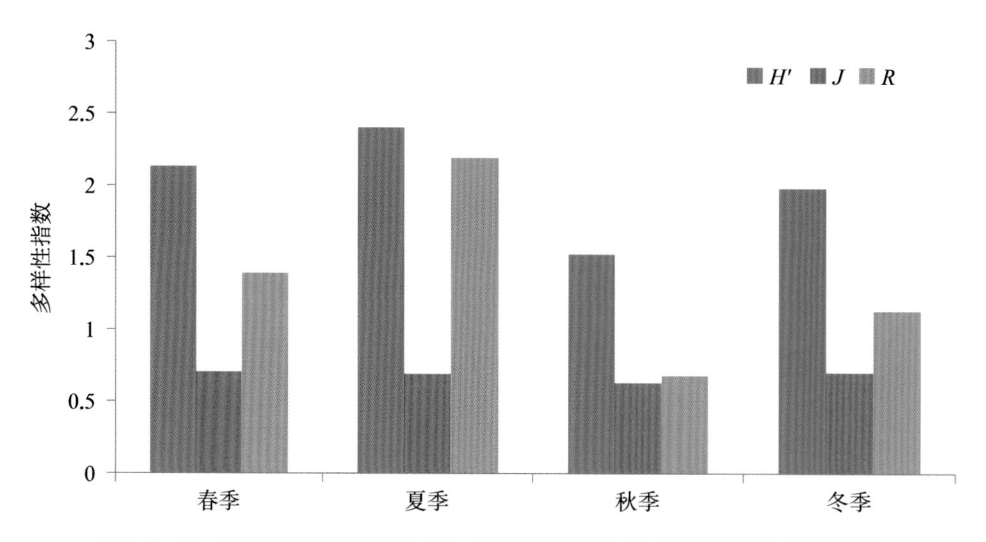

图3.2-60 白马湖泥鳅沙塘鳢国家级水产种质资源保护区各季节浮游植物多样性指数

3.2.31 射阳湖国家级水产种质资源保护区

·群落组成

根据本次调查，共鉴定浮游植物64属135 种，种类组成以绿藻类为主、占总数的47.83%，硅藻类次之、占总数的18.12%。各季的种类组成详见表3.2–31。

·优势种

据现行通用标准，以优势度指数$Y > 0.02$定为优势种，调查结果显示，春季种类最多，主要优势种有绿藻门的简单衣藻、小球藻和二形栅藻；蓝藻门的小席藻和硅藻门的小环藻。夏季数量占优势的种类主要有硅藻门的尖针杆藻和小环藻；蓝藻门的平裂藻和黄藻门的黄丝藻。秋季优势种包括绿藻门的小球藻；裸藻门的敏捷扁裸藻和硅藻门的科曼小环藻。冬季数量占优势的种类为绿藻门的小球藻和裸藻门的敏捷扁裸藻。

·现存量

射阳湖浮游植物年平均数量为7.29×10^5 cell/L。从季节变化来看，以春季数量最高，秋季次之，冬季第三，夏季最少，四个季节平均数量依次为13.31×10^5 cell/L、6.26×10^5 cell/L、5.90×10^5 cell/L和3.70×10^5 cell/L。浮游植物生物量变幅为0.76 ～

表3.2–31 射阳湖国家级水产种质资源保护区浮游植物分类统计表

门 类	春季			夏季			秋季			冬季		
	属	种	%	属	种	%	属	种	%	属	种	%
甲藻门	2	2	2.38	1	1	1.92	2	2	2.99	1	1	2.86
蓝藻门	4	6	7.14	3	5	9.62	5	10	14.93	3	4	11.43
硅藻门	7	11	13.10	8	11	21.15	9	10	14.93	3	4	11.43
隐藻门	2	4	4.76	—	—	—	—	—	—	—	—	—
裸藻门	2	9	10.72	2	3	5.77	3	11	16.42	3	9	25.71
绿藻门	26	50	59.52	21	31	59.62	25	34	50.75	13	17	48.57
金藻门	1	1	1.19	—	—	—	—	—	—	—	—	—
黄藻门	1	1	1.19	1	1	1.92	—	—	—	—	—	—
合 计	45	84	100	36	52	100	44	67	100	23	35	100

3.69 mg/L，年平均生物量为1.89 mg/L。从季节变化来看，以秋季生物量最高（3.69 mg/L），春季次之（2.25 mg/L），夏季最少（0.76 mg/L）。各季节浮游植物密度和生物量见图3.2-61。

· 群落多样性

春季射阳湖Shannon-Wiener多样性指数（H'）范围为2.32 ~ 3.03，平均为2.70；Pielou均匀度指数（J）范围为0.70 ~ 0.87，平均为0.80；Margalef丰富度指数（R）范围为1.83 ~ 2.22，平均为2.01。夏季H'范围为1.77 ~ 2.5，平均为2.16；J范围为0.8 ~ 0.0.89，平均为0.86；R范围为0.67 ~ 1.63，平均为1.12。秋季H'范围为2.47 ~ 2.75，平均为2.58；J范围为0.78 ~ 0.86，平均为0.81；R范围为1.69 ~ 1.82，平均为1.76。冬季H'范围为1.11 ~ 1.85，平均为1.60；J范围为0.77 ~ 0.80，平均为0.79；R范围为0.24 ~ 0.73，平均为0.55。Shannon-Wiener多样性指数（H'）最大值出现在春季，最小值出现在冬季；Pielou均匀度指数（J）最大值出现在夏季，最小值出现在冬季；Margalef丰富度指数（R）最大值出现在春季，最小值出现在冬季（图3.2-62）。

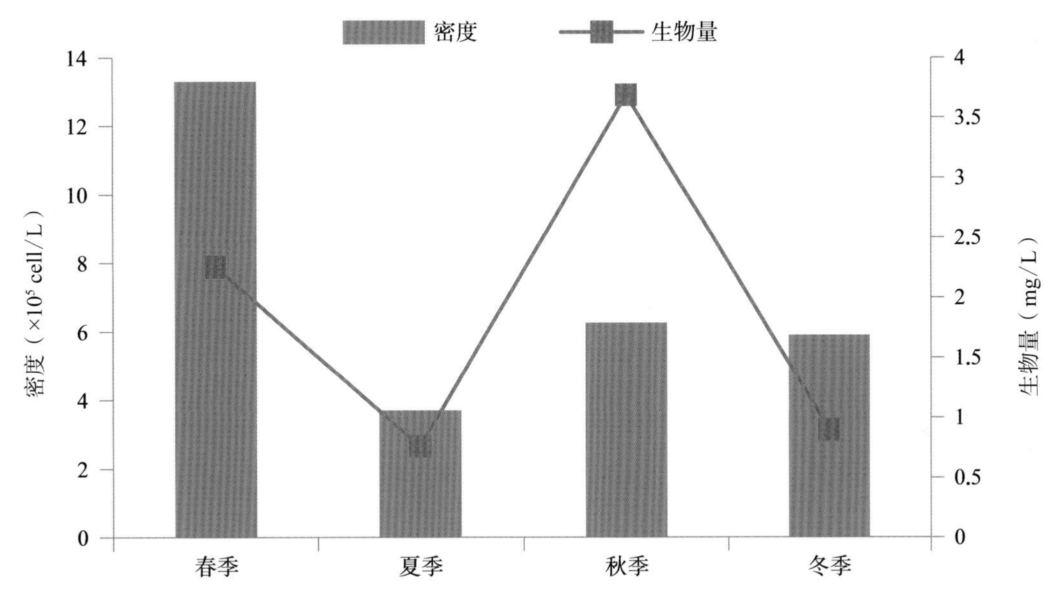

图3.2-61 射阳湖国家级水产种质资源保护区各季节浮游植物密度和生物量

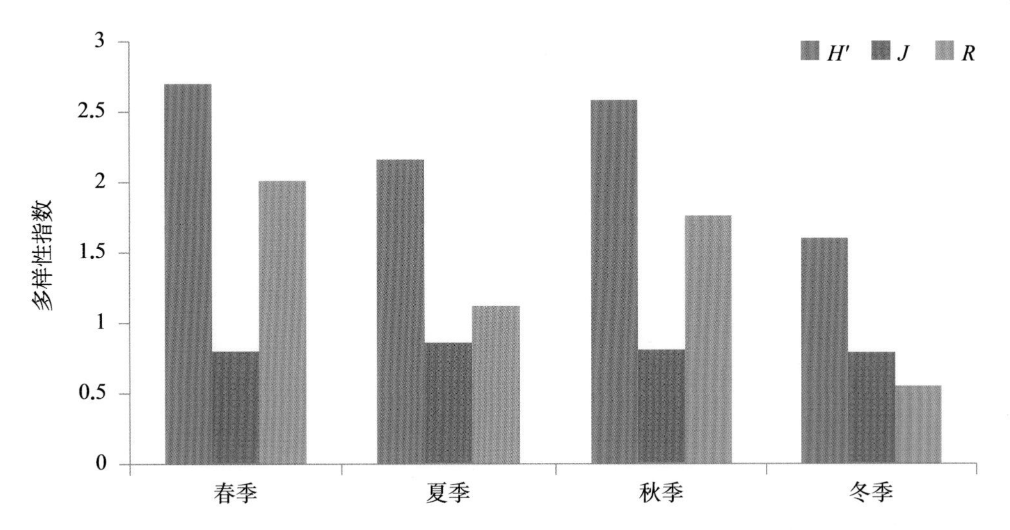

图3.2-62 射阳湖国家级水产种质资源保护区各季节浮游植物多样性指数

3.2.32 金沙湖黄颡鱼国家级水产种质资源保护区

· 群落组成

根据本次调查，共鉴定浮游植物78种，数量最多的为绿藻门，计37种，占47.83%；硅藻门第二，计17种，占21.74%；蓝藻门第三，计13种，占14.34%；裸藻门、隐藻门及黄藻门种类及数量较少。各季的种类组成详见表3.2–32。

· 优势种

据现行通用标准，以优势度指数$Y > 0.02$定为优势种，调查结果显示，各季节物种数相差不大。春季主要优势种有硅藻门的小环藻和菱行藻；蓝藻门的微囊藻和束丝藻以及绿藻门的纤维藻。夏季数量占优势的种类主要有隐藻门的啮蚀隐藻和尖尾蓝隐藻、硅藻门的小环藻、蓝藻门的微囊藻以及绿藻门的新月藻。秋季优势种包括蓝藻门的伪鱼腥藻、小颤藻、水华束丝藻和螺旋藻以及隐藻门的啮蚀隐藻。冬季优势种有硅藻门的颗粒直链藻、双菱藻；隐藻门的尖尾蓝隐藻、蓝藻门的微囊藻以及裸藻门的裸藻。

· 现存量

金沙湖黄颡鱼国家级水产种质资源保护区浮游植物年平均数量为407.29×10^5个/L。从季节变化来看，以夏季数量最高，春季次之，冬季最少。春、夏、秋、冬的平均数量依次为639.29×10^5 cell/L、987.48×10^5 cell/L、2.38×10^5 cell/L和0.012×10^5 cell/L。浮游植物生物量变幅为1.18 ～ 37.63 mg/L，年平均生物量为11.48 mg/L。从季节变化来看，以夏季生物量最高（37.63 mg/L），春季次之（5.45 mg/L），冬季最少（1.18 mg/L）。各季节浮游植物密度生物量见图3.2–63。

· 群落多样性

春季金沙湖黄颡鱼国家级水产种质资源保护区Shannon–Wiener多样性指数（H'）范围为0.65 ～ 2.27，平均为1.22；Pielou均匀度指数（J）范围为0.26 ～ 0.77，平均为0.34；Margalef丰富度指数（R）范围为2.26 ～ 2.85，平均为2.24。夏季H'范围为1.96 ～ 2.40，平均为2.28；J范围为0.65 ～ 0.72，平均为0.62；R范围为2.85 ～ 2.96，平均为2.60。秋季H'范围为0.52 ～ 0.69，平均为0.62；J范围为0.16 ～ 0.2，平均为0.16；R范围为4.51 ～ 4.81，平均为4.17。冬季H'范围为2.77 ～ 2.98，平均为3.07；J范围为0.8 ～ 0.88，平均为0.82；R范围为10.16 ～ 13.48，平均为8.742。Shannon–Wiener多样性指数（H'）最大值出现在冬季，最小值出现在秋季；Pielou均匀度指数（J）最大值出现在冬季，最小值出现在秋季；Margalef丰富度指数（R）最大值出现在冬季，最小值出现在春季（图3.2–64）。

表3.2–32 金沙湖黄颡鱼国家级水产种质资源保护区浮游植物分类统计表

门 类	春 季			夏 季			秋 季			冬 季		
	属	种	%	属	种	%	属	种	%	属	种	%
甲藻门	—	—	—	2	2	4.88	1	1	2.38	1	1	2.38
蓝藻门	6	6	15.38	6	6	14.63	5	6	14.29	6	6	14.29
硅藻门	9	11	28.21	6	8	19.51	4	4	9.52	11	11	26.19
隐藻门	—	—	—	2	2	4.88	2	3	7.14	2	2	4.76
裸藻门	2	2	5.13	2	3	7.32	2	4	9.52	2	3	7.14
绿藻门	15	18	46.15	15	20	48.78	17	23	54.76	17	19	45.24
黄藻门	—	—	—	—	—	—	1	1	2.38	—	—	—
金藻门	2	2	5.13	—	—	—	—	—	—	—	—	—
合 计	34	39	100	33	41	100	32	42	100	39	42	100

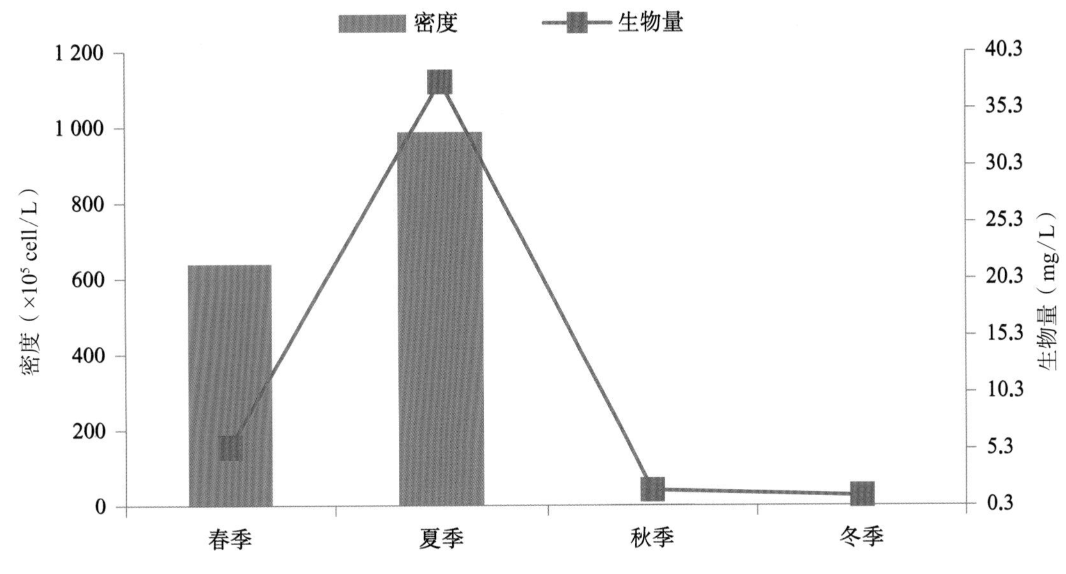

图3.2-63　金沙湖黄颡鱼国家级水产种质资源保护区各季节浮游植物密度和生物量

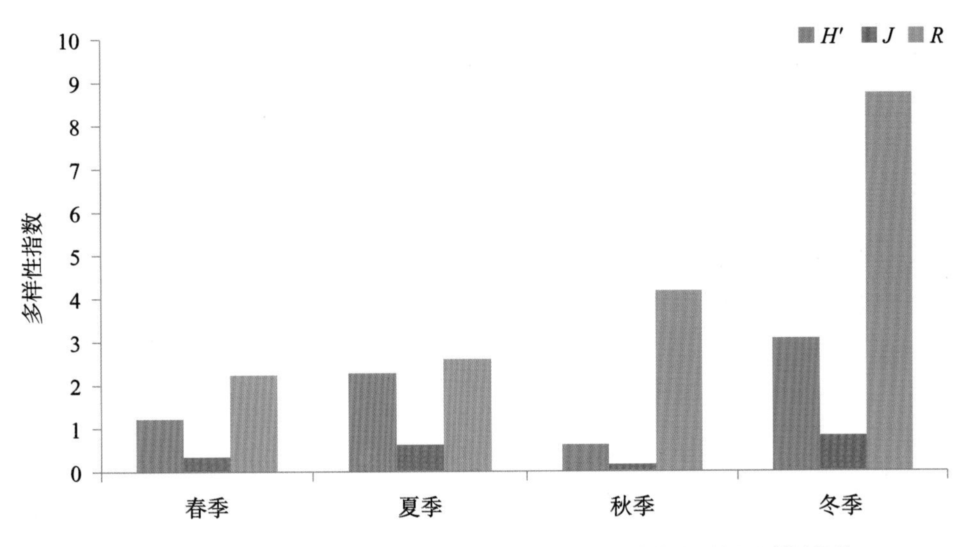

图3.2-64　金沙湖黄颡鱼国家级水产种质资源保护区各季节浮游植物多样性指数

3.3 · 浮游动物

3.3.1　太湖银鱼翘嘴红鲌秀丽白虾国家级水产种质资源保护区

· 群落组成

根据本次调查，共鉴定浮游动物19属34种，种类组成以桡足动物类为主、占总数的35.29%，原生动物类次之、占总数的23.53%。各季的种类组成详见表3.3-1。

· 优势种

据现行通用标准，以优势度指数$Y > 0.02$为优势种，调查结果显示，冬季种类最多，主要优势种有原生动物的太阳虫、中华似铃壳虫、钵杵似铃壳虫和淡水薄铃虫；桡足类的无节幼体。春季优势种类主要有原生动物的太阳虫和纤毛虫；枝角类的简弧象鼻溞和长额象鼻溞；桡足类的汤匙华哲水蚤。夏季优势种类主要有原生动物的长筒拟铃壳虫；轮虫类的萼花臂尾轮虫、尾突臂尾轮虫和曲腿龟甲轮虫；枝角类的简弧象鼻溞和长额象鼻溞；桡足类的无节幼体和广布中剑

表 3.3-1 **太湖银鱼翘嘴红鲌秀丽白虾国家级水产种质资源保护区浮游动物分类统计表**

门 类	春 季			夏 季			秋 季			冬 季		
	属	种	%	属	种	%	属	种	%	属	种	%
原生动物门	2	2	20	1	2	16.67	1	1	7.69	3	6	35.29
轮虫动物门	1	3	30	1	2	16.67	3	4	30.77	1	1	5.88
枝角动物门	—	—	—	4	5	41.67	3	4	30.77	1	3	17.65
桡足动物门	3	5	50	2	3	25.00	2	4	30.77	4	7	41.18
合 计	6	10	100	8	12	100	9	13	100	9	17	100

水蚤。秋季优势种类为原生动物的长筒似铃壳虫和王氏似铃壳虫；轮虫类的萼花臂尾轮虫。

· 现存量

春季太湖银鱼翘嘴红鲌秀丽白虾国家级水产种质资源保护区浮游动物密度变化范围为47.25 ～ 273.75 ind./L，平均密度为127.75 ind./L，生物量均值为0.83 mg/L。夏季太湖银鱼翘嘴红鲌秀丽白虾国家级水产种质资源保护区浮游动物密度变化范围为61.50 ～ 315.00 ind./L，平均密度为202.50 ind./L，生物量均值为0.30 mg/L。秋季太湖银鱼翘嘴红鲌秀丽白虾国家级水产种质资源保护区浮游动物密度变化范围为62.25 ～ 130.50 ind./L，平均密度为85.5 ind./L，生物量均值为0.14 mg/L。冬季太湖银鱼翘嘴红鲌秀丽白虾国家级水产种质资源保护区浮游动物密度变化范围为1.67 ～ 30.83 ind./L，平均密度为15.95 ind./L，生物量均值为0.07 mg/L。各季节浮游动物密度和生物量见图3.3-1。

· 群落多样性

春季太湖银鱼翘嘴红鲌秀丽白虾国家级水产种质资源保护区Shannon-Wiener多样性指数（H'）范围为0.99 ～ 1.13，平均为1.08；Pielou均匀度指数（J）范围为0.58 ～ 0.71，平均为0.66；Margalef丰富度指数（R）范围为0.78 ～ 1.07，平均为0.94。夏季H'范围为0.31 ～ 1.36，平均为0.85；J范围为0.22 ～ 0.70，平均为0.49；R范围为0.55 ～ 1.46，平均为0.90。秋季H'范围为0.20 ～ 0.95，平均为0.68；J范围为0.14 ～ 0.53，平均为0.38；R范围为0.73 ～ 1.23，平均为1.05。冬季H'范围为1.24 ～ 1.43，平均为

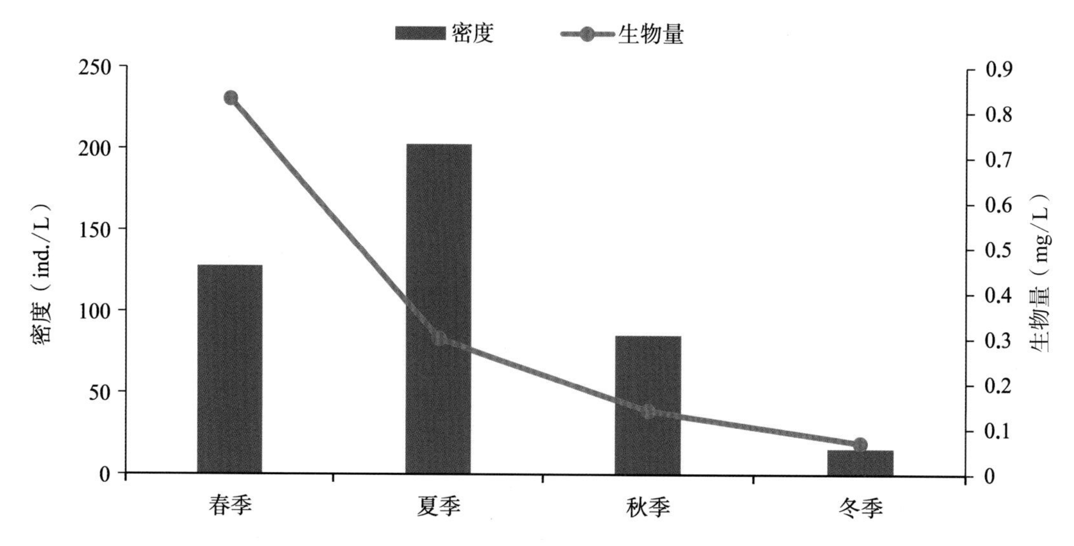

图3.3-1 太湖银鱼翘嘴红鲌秀丽白虾国家级水产种质资源保护区各季节浮游动物密度和生物量

1.32；J范围为0.55 ～ 0.73，平均为0.66；R 范围为0.95 ～ 1.95，平均为1.31。

四个季节Shannon-Wiener多样性指数（H'）冬季较高，秋季较低；Pielou均匀度指数（J）冬季和春季较高，秋季较低；Margalef丰富度指数（R）冬季较高，夏季较低（图3.3-2）。

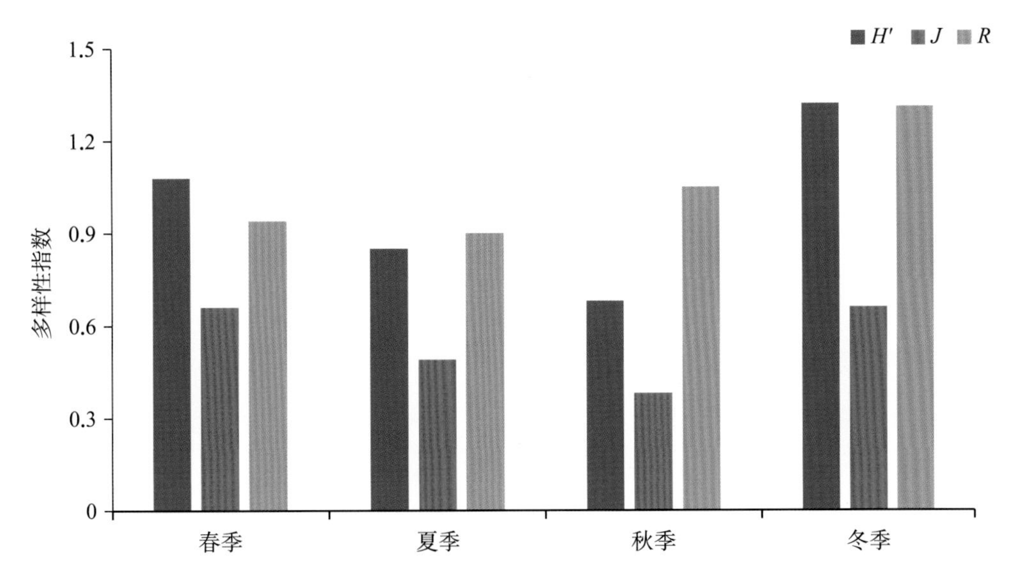

图3.3-2 太湖银鱼翘嘴红鲌秀丽白虾国家级水产种质资源保护区浮游动物各季节多样性指数

3.3.2 太湖青虾中华绒螯蟹国家级水产种质资源保护区

· 群落组成

根据本次调查，共鉴定浮游动物22属30种，种类组成以枝角动物类为主、占总数的30.00%。各季的种类组成详见表3.3-2。

· 优势种

据现行通用标准，以优势度指数$Y > 0.02$为优势种，调查结果显示，秋季种类最多，主要优势种有原生动物的瓶累枝虫、江苏似铃壳虫、长筒似铃壳虫和中华似铃壳虫；轮虫类的角突臂尾轮虫、迈氏三肢轮虫、螺形龟甲轮虫、共趾腔轮虫、矩形龟甲轮虫和刺盖异尾轮虫；桡足类的广布中剑水蚤。春季优势种类主要有原生动物的太阳虫和瓶累枝虫；轮虫类的独角聚花轮虫和矩形龟甲轮虫；枝角类的脆弱象鼻溞和长额象鼻溞；桡足类的汤匙华哲水蚤。夏季优势种类主要有轮虫类的镰状臂尾轮虫；枝角类的长额象鼻溞和微型裸腹溞；桡足类的无节幼体和广布中剑水蚤。冬季优势种类为原生动物的王氏似铃壳虫和中华似铃壳虫；轮虫类的晶囊轮虫、螺形龟甲轮虫和针簇多肢轮虫。

表3.3-2 太湖青虾中华绒螯蟹国家级水产种质资源保护区浮游动物分类统计表

门 类	春 季			夏 季			秋 季			冬 季		
	属	种	%	属	种	%	属	种	%	属	种	%
原生动物门	2	2	22.22	—	—	—	—	—	—	1	2	25.00
轮虫动物门	2	2	22.22	—	—	—	5	6	37.50	3	3	37.50
枝角动物门	3	4	44.44	3	3	50.00	3	5	31.25	1	1	12.50
桡足动物门	1	1	11.11	2	3	50.00	3	5	31.25	2	2	25.00
合 计	8	9	100	5	6	100	11	16	100	7	8	100

· 现存量

春季太湖青虾中华绒螯蟹国家级水产种质资源保护区浮游动物密度为597.75 ind./L，生物量为1.41 mg/L。夏季浮游动物密度为115.50 ind./L，生物量为0.40 mg/L。秋季浮游动物密度为544.50 ind./L，生物量为0.69 mg/L。冬季浮游动物密度为147.68 ind./L，生物量为0.12 mg/L。各季节浮游动物密度和生物量见图3.3-3。

· 群落多样性

春季太湖青虾中华绒螯蟹国家级水产种质资源保护区Shannon-Wiener多样性指数（H'）平均为1.28；Pielou均匀度指数（J）平均为0.58；Margalef丰富度指数（R）平均为1.25。夏季H'平均为0.90；J平均为0.43；R平均为1.47。秋季H'平均为2.26；J平均为0.75；R平均为3.02。冬季H'为1.39；J平均为0.67；R平均为1.40。

四个季节Shannon-Wiener多样性指数（H'）和Pielou均匀度指数（J）秋季较高，夏季较低；Margalef丰富度指数（R）秋季较高，春季较低（图3.3-4）。

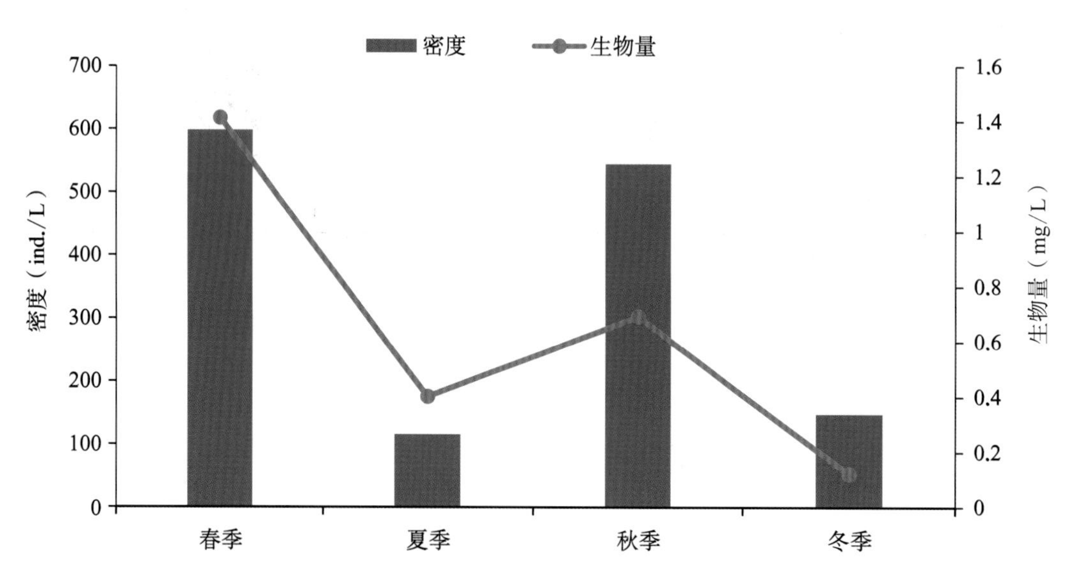

图3.3-3　太湖青虾中华绒螯蟹国家级水产种质资源保护区各季节浮游动物密度和生物量

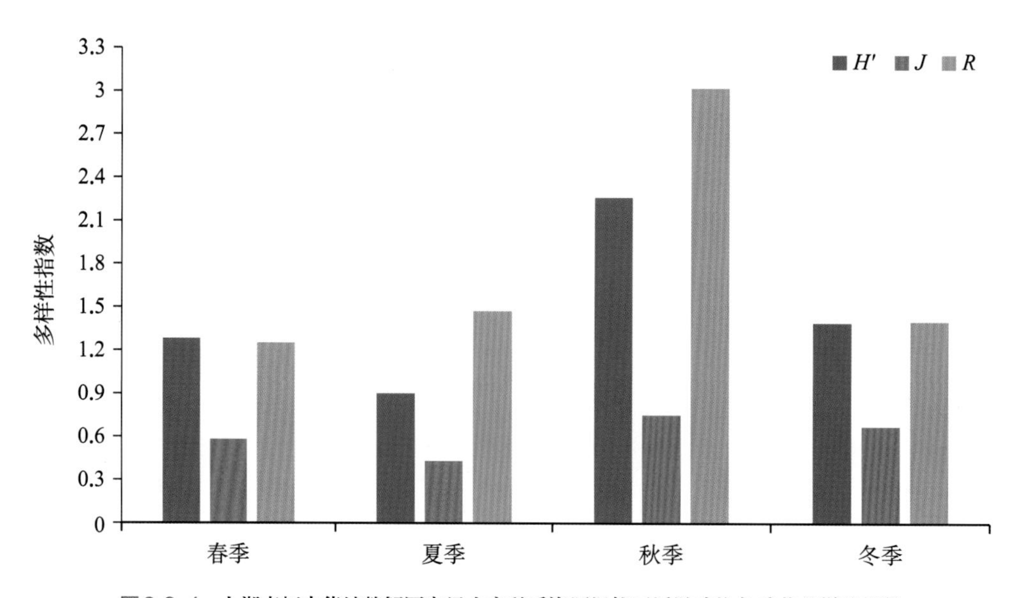

图3.3-4　太湖青虾中华绒螯蟹国家级水产种质资源保护区浮游动物各季节多样性指数

3.3.3 太湖梅鲚河蚬国家级水产种质资源保护区

· 群落组成

根据本次调查，共鉴定浮游动物17属25种，种类组成以轮虫动物和桡足动物类为主，均占总数的32.00%。各季的种类组成详见表3.3-3。

· 优势种

据现行通用标准，以优势度指数 $Y > 0.02$ 为优势种，调查结果显示，冬季种类最多，主要优势种有原生动物的太阳虫、长筒似铃壳虫、湖沼砂壳虫和褶累枝虫；轮虫类的萼花臂尾轮虫、螺形龟甲轮虫、角突臂尾轮虫和针簇多肢轮虫；桡足类的无节幼体。春季优势种类主要有枝角类的简弧象鼻溞；桡足类的无节幼体。夏季优势种类主要有原生动物的江苏似铃壳虫；轮虫类的长三肢轮虫、螺形龟甲轮虫和橘色轮虫。秋季优势种类为原生动物的淡水薄铃虫、恩茨似铃壳虫、江苏似铃壳虫、王氏似铃壳虫、雷殿似铃壳虫和镈形似铃壳虫；轮虫类的晶囊轮虫、萼花臂尾轮虫、矩形龟甲轮虫和等刺异尾轮虫；桡足类的无节幼体。

· 现存量

春季太湖梅鲚河蚬国家级水产种质资源保护区浮游动物密度为2.25 ind./L，生物量为0.2 mg/L。夏季浮游动物密度为610.35 ind./L，生物量为0.76 mg/L。秋季浮游动物密度为671.25 ind./L，生物量为0.84 mg/L。冬季浮游动物密度为384.49 ind./L，生物量为0.32 mg/L。各季节浮游动物密度和生物量见图3.3-5。

表3.3-3 太湖梅鲚河蚬国家级水产种质资源保护区浮游动物分类统计表

门 类	春 季			夏 季			秋 季			冬 季		
	属	种	%	属	种	%	属	种	%	属	种	%
原生动物门	—	—	—	—	—	—	—	—	—	4	4	28.57
轮虫动物门	—	—	—	3	3	42.86	3	3	23.08	3	4	28.57
枝角动物门	1	1	50	1	2	28.57	2	4	30.77	1	2	14.29
桡足动物门	1	1	50	2	2	28.57	4	6	46.15	3	4	28.57
合 计	2	2	100	6	7	100	9	13	100	11	14	100

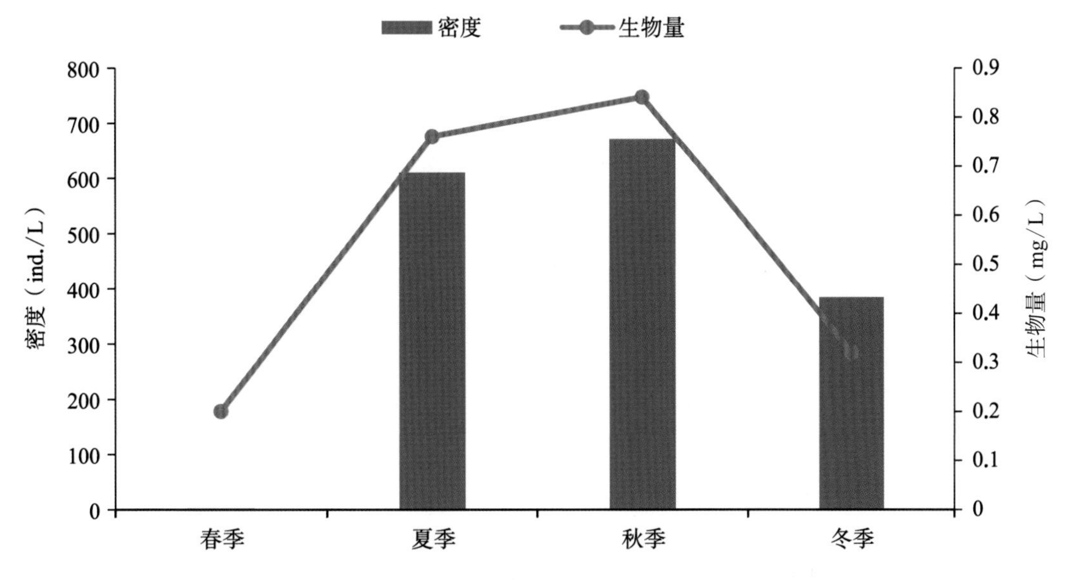

图3.3-5 太湖梅鲚河蚬国家级水产种质资源保护区各季节浮游动物密度和生物量

· 群落多样性

春季太湖梅鲚河蚬国家级水产种质资源保护区Shannon-Wiener多样性指数（H'）平均为0.64；Pielou均匀度指数（J）平均为0.92；Margalef丰富度指数（R）平均为1.23。夏季H'平均为1.43；J平均为0.69；R平均为1.09。秋季H'平均为2.32；J平均为0.78；R平均为2.92。冬季H'平均为1.90；J平均为0.72；R平均为2.18。

四个季节Shannon-Wiener多样性指数（H'）秋季较高，春季较低；Pielou均匀度指数（J）春季较高，夏季较低；Margalef丰富度指数（R）秋季较高，夏季较低（图3.3-6）。

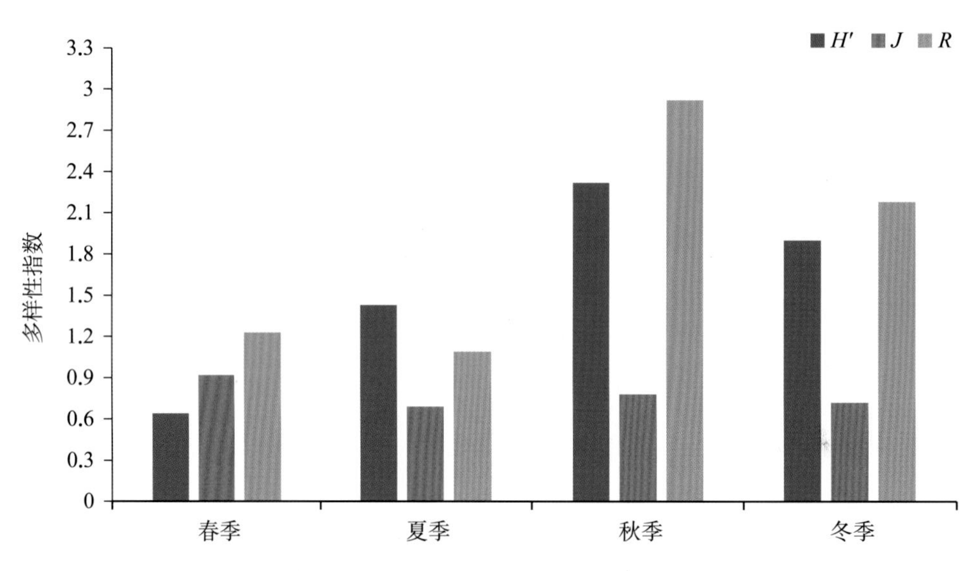

图3.3-6　太湖梅鲚河蚬国家级水产种质资源保护区浮游动物各季节多样性指数

3.3.4 滆湖鲌类国家级水产种质资源保护区

· 群落组成

根据本次调查，共鉴定浮游动物23属47种，种类组成以轮虫动物为主、占总数的34.04%，原生动物类次之、占总数的23.40%。各季的种类组成详见表3.3-4。

· 优势种

据现行通用标准，以优势度指数$Y > 0.02$为优势种，调查结果显示，春季种类最多，主要优势种有原生动物的纤毛虫；轮虫类的晶囊轮虫、螺形龟甲轮虫和针簇多肢轮虫；枝角类的长额象鼻溞。夏季优势种类主要有原生动物的淡水薄铃虫、中华拟铃壳虫和长筒拟铃壳虫；轮虫类的晶囊轮虫、尾突臂尾轮虫、萼

表3.3-4　滆湖鲌类国家级水产种质资源保护区浮游动物分类统计表

门　类	春　季			夏　季			秋　季			冬　季		
	属	种	%	属	种	%	属	种	%	属	种	%
原生动物门	6	12	44.44	3	5	22.73	8	16	69.57	3	6	40.00
轮虫动物门	7	10	37.04	5	9	40.91	4	5	21.74	4	7	46.67
枝角动物门	2	2	7.41	3	5	22.73	—	—	—	—	—	—
桡足动物门	3	3	11.11	2	3	13.64	2	2	8.70	2	2	13.33
合　计	18	27	100.00	13	22	100.00	14	23	100.00	9	15	100.00

花臂尾轮虫、迈氏三肢轮虫和曲腿龟甲轮虫。秋季优势种类主要有原生动物的琵琶砂壳虫、湖沼砂壳虫、淡水薄铃虫和钟虫；轮虫类的晶囊轮虫、萼花臂尾轮虫和曲腿龟甲轮虫；枝角类的简弧象鼻溞和长额象鼻溞；桡足类的无节幼体和广布中剑水蚤。冬季优势种类为原生动物的钵杵拟铃壳虫和长筒似铃壳虫；轮虫类的针簇多肢轮虫、迈氏三肢轮虫、曲腿龟甲轮虫、角突臂尾轮虫和萼花臂尾轮虫。

· 现存量

春季滆湖鲌类国家级水产种质资源保护区浮游动物密度变化范围为1 155.75 ～ 3 244.5 ind./L，平均密度为2 437.0 ind./L，生物量均值为2.15 mg/L。夏季浮游动物密度变化范围为260.83 ～ 2 208.8 ind./L，平均密度为1 456.89 ind./L，生物量均值为1.42 mg/L。秋季浮游动物密度变化范围为1 719.6 ～ 4 790.91 ind./L，平均密度为2 805.03 ind./L，生物量均值为1.4 mg/L。冬季浮游动物密度变化范围为200.16 ～ 532.33 ind./L，平均密度为373.61 ind./L，生物量均值为0.27 mg/L。各季节浮游动物密度和生物量见图3.3-7。

· 群落多样性

春季滆湖鲌类国家级水产种质资源保护区Shannon-Wiener多样性指数（H'）范围为1.24 ～ 1.75，平均为1.56；Pielou均匀度指数（J）范围为0.50 ～ 0.68，平均为0.62；Margalef丰富度指数（R）范围为1.36 ～ 1.56，平均为1.47。夏季H'范围为1.60 ～ 2.16，平均为1.88；J范围为0.75 ～ 0.86，平均为0.79；R范围为1.06 ～ 2.21，平均为1.51。秋季H'范围为1.92 ～ 2.33，平均为2.09；J范围为0.73 ～ 0.94，平均为0.83；R范围为1.46 ～ 1.53，平均为1.49。冬季H'范围为1.52 ～ 2.05，平均为1.76；J范围为0.69 ～ 0.87，平均为0.80；R范围为1.13 ～ 1.75，平均为1.41。

四个季节Shannon-Wiener多样性指数（H'）秋季较高，春季较低；Pielou均匀度指数（J）秋季较高，春季较低；Margalef丰富度指数（R）夏季较高，冬季较低（图3.3-8）。

3.3.5 滆湖国家级水产种质资源保护区

· 群落组成

根据本次调查，共鉴定浮游动物24属47种，种类组成以原生动物为主、占总数的42.55%，轮虫动物类次之、占总数的29.79%。各季的种类组成详见表3.3-5。

· 优势种

据现行通用标准，以优势度指数$Y > 0.02$为优势种，调查结果显示，秋季种类最多，主要优势种有原生动物的弯凸表壳虫、球砂壳虫、淡水薄铃虫、恩茨筒壳虫、江苏拟铃壳虫和长筒拟铃壳虫；轮虫类的晶囊轮虫、萼花臂尾轮虫和裂足臂尾轮虫。春季优势种

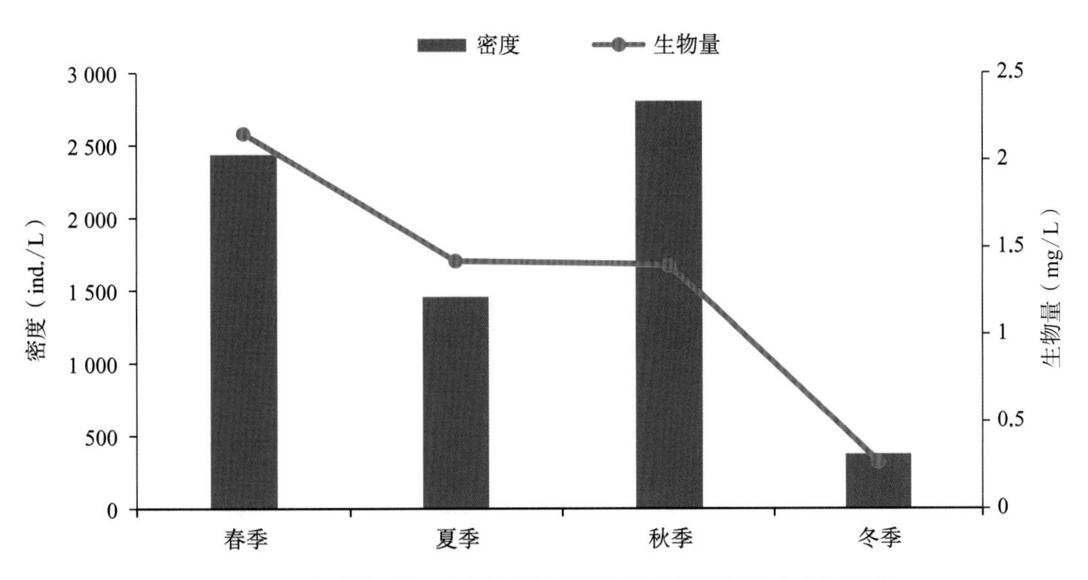

图3.3-7　滆湖鲌类国家级水产种质资源保护区各季节浮游动物密度和生物量

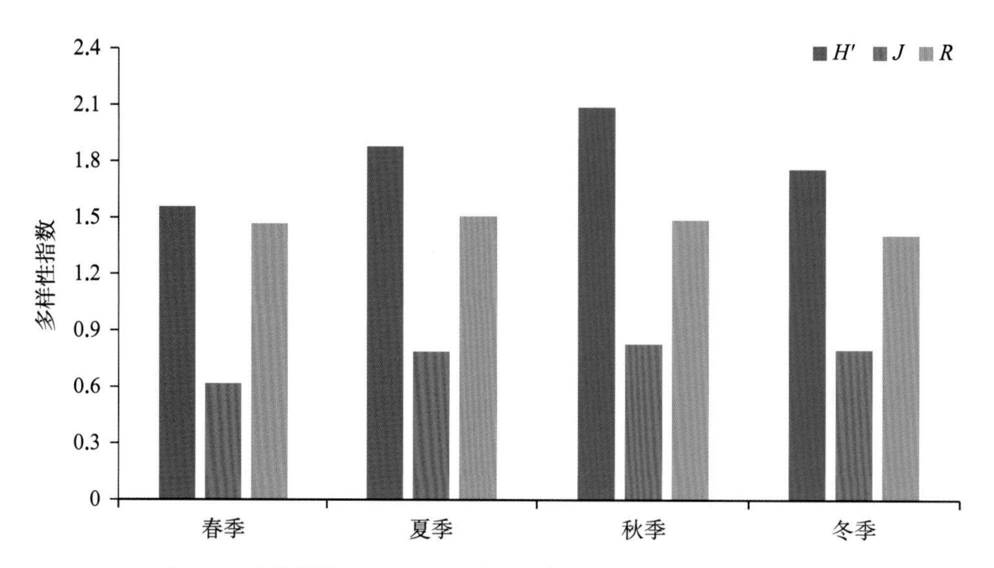

图3.3-8 滆湖鲌类国家级水产种质资源保护区浮游动物各季节多样性指数

表3.3-5 滆湖国家级水产种质资源保护区浮游动物分类统计表

门 类	春 季			夏 季			秋 季			冬 季		
	属	种	%	属	种	%	属	种	%	属	种	%
原生动物门	5	7	33.33	2	2	11.76	7	11	42.31	2	5	27.78
轮虫动物门	6	8	38.10	4	8	47.06	5	10	38.46	5	8	44.44
枝角动物门	1	2	9.52	1	3	17.65	3	3	11.54	2	2	11.11
桡足动物门	4	4	19.05	4	4	23.53	2	2	7.69	3	3	16.67
合 计	16	21	100	11	17	100	17	26	100	12	18	100

类主要有原生动物的钟虫；轮虫类的角突臂尾轮虫、萼花臂尾轮虫、独角聚花轮虫、螺形龟甲轮虫和针簇多肢轮虫。夏季优势种类主要有轮虫类的萼花臂尾轮虫、尾突臂尾轮虫和针簇多肢轮虫。冬季优势种类为原生动物的雷殿似铃壳虫、钵杵拟铃壳虫、长筒似铃壳虫和球砂壳虫；轮虫类的针簇多肢轮虫、角突臂尾轮虫、萼花臂尾轮虫和迈氏三肢轮虫。

- 现存量

春季滆湖国家级水产种质资源保护区浮游动物密度变化范围为1 753.50 ～ 4 311.75 ind./L，平均密度为3 032.63 ind./L，生物量均值为3.47 mg/L。夏季浮游动物密度变化范围为250.50 ～ 1 419.0 ind./L，平均密度为834.75 ind./L，生物量均值为1.06 mg/L。秋季浮游动物密度变化范围为2 520.6 ～ 45 724.5 ind./L，平均密度为24 122.55 ind./L，生物量均值为10.61 mg/L。冬季浮游动物密度变化范围为508.74 ～ 521.2 ind./L，平均密度为514.97 ind./L，生物量均值为0.67 mg/L。各季节浮游动物密度和生物量见图3.3-9。

- 群落多样性

春季滆湖国家级水产种质资源保护区Shannon-Wiener多样性指数(H') 范围为0.97 ～ 1.89，平均为1.43；Pielou均匀度指数(J) 范围为0.44 ～ 0.63，平均为0.54；Margalef丰富度指数(R) 范围为1.07 ～ 2.27，平均为1.67。夏季H'范围为1.37 ～ 1.38，平均为1.38；J范围为0.52 ～ 0.67，平均为0.59；R范围为1.27 ～ 1.79，平均为1.53。秋季H'范围为1.93 ～ 2.33，平均为2.13；J范围为0.80 ～ 0.81，平均为0.81；R范围为1.25 ～ 1.58，平均为1.43。冬季H'范围为1.70 ～ 2.24，平均为1.97；

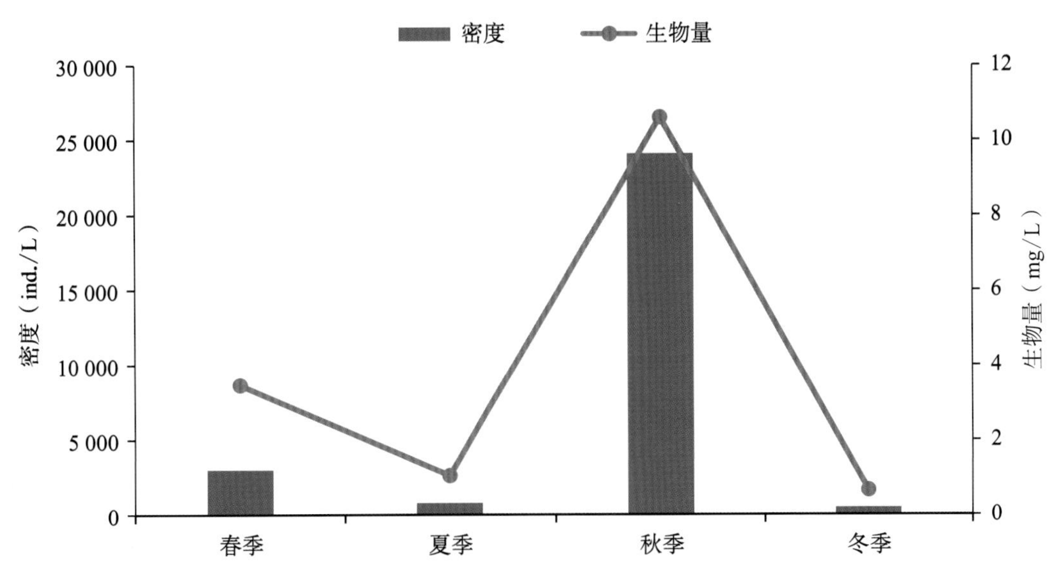

图3.3-9　滆湖国家级水产种质资源保护区各季节浮游动物密度和生物量

*J*范围为0.83～0.88，平均为0.85；*R*范围为0.96～2.25，平均为1.60。

四个季节Shannon-Wiener多样性指数（*H'*）秋季较高，夏季较低；Pielou均匀度指数（*J*）冬季较高，春季较低；Margalef丰富度指数（*R*）春季较高，秋季较低（图3.3-10）。

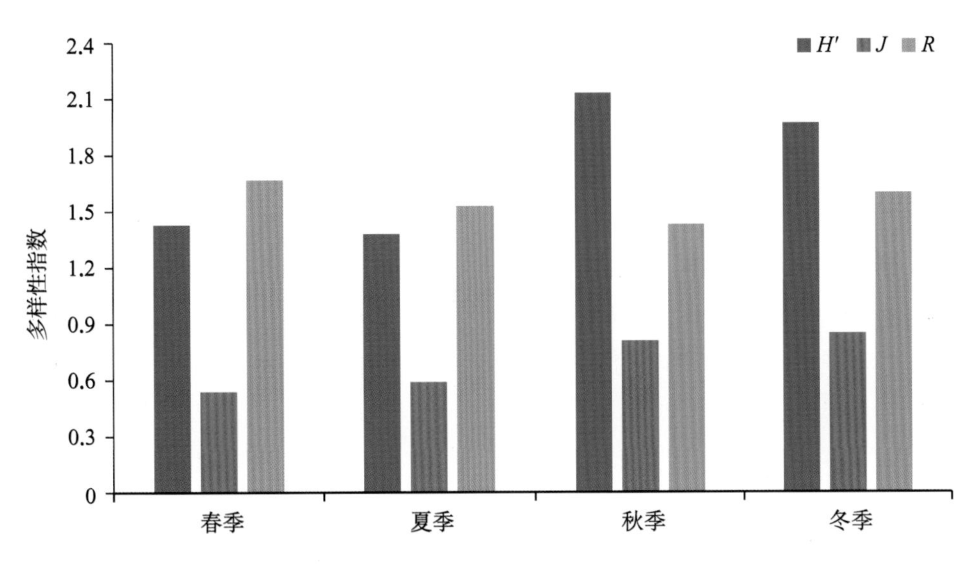

图3.3-10　滆湖国家级水产种质资源保护区浮游动物各季节多样性指数

3.3.6　高邮湖大银鱼湖鲚国家级水产种质资源保护区

· 群落组成

根据本次调查，共鉴定浮游动物17属25种，种类组成以轮虫动物为主、占总数的48%，桡足动物类次之、占总数的24%。各季的种类组成详见表3.3-6。

· 优势种

据现行通用标准，以优势度指数$Y>0.02$为优势种，调查结果显示，秋季种类最多。春季优势种类主要有轮虫类的晶囊轮虫和圆筒异尾轮虫；桡足类的特异荡漂水蚤、等刺温剑水蚤和广布中剑水蚤；幼体类的无节幼体；枝角类的长额象鼻溞、简弧象鼻溞和脆弱象鼻溞。夏季优势种类主要有轮虫类的囊形腔轮

表 3.3-6　高邮湖大银鱼湖鲚国家级水产种质资源保护区浮游动物分类统计表

门 类	春 季			夏 季			秋 季			冬 季		
	属	种	%	属	种	%	属	种	%	属	种	%
原生动物门	—	—	—	—	—	—	2	2	50	—	—	—
轮虫动物门	3	4	28.57	4	6	60	1	1	25	3	4	80
枝角动物门	2	4	28.57	1	1	10	—	—	—	—	—	—
幼体类	1	1	7.14	1	1	10	1	1	25	1	1	20
桡足动物门	5	5	35.71	2	2	20	—	—	—	—	—	—
合 计	11	14	100	15	23	100	13	25	100	8	14	100

虫、等刺异尾轮虫和方形臂尾轮虫；桡足类的广布中剑水蚤和透明温剑水蚤；幼体类的无节幼体。秋季优势种包括轮虫类曲腿龟甲轮虫和幼体类的无节幼体。冬季优势种类为轮虫类的萼花臂尾轮虫、角突臂尾轮虫和晶囊轮虫。

· 现存量

高邮湖大银鱼湖鲚国家级水产种质资源保护区浮游动物年平均数量为11.79 ind./L。从季节变化来看，以春季数量最高，冬季次之，夏季最少，平均数量依次为25.5 ind./L、15 ind./L、3.5 ind./L和3.17 ind./L。浮游动物生物量变幅为0.05 ～ 0.87 mg/L，年平均生物量为0.26 mg/L。从季节变化来看，以春季生物量最高（0.87 mg/L），秋季次之（0.07 mg/L），夏季最少（0.05 mg/L）。各季节浮游动物密度和生物量见图3.3-11。

· 群落多样性

春季Shannon-Wiener多样性指数（H'）为2.23；Pielou均匀度指数（J）为0.84；Margalef丰富度指数（R）为4.01。夏季H'为2.19；J为0.95；R为7.8。秋季H'为0.99；J为0.72；R为2.4。冬季H'为1.31；J为0.82；R为1.48。

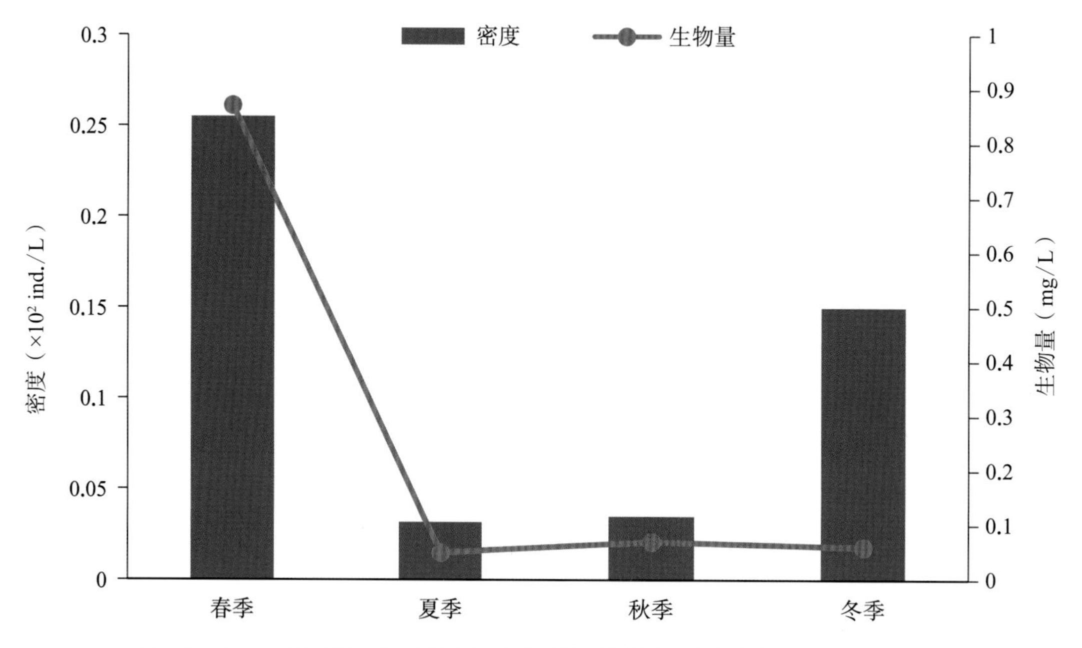

图3.3-11　高邮湖大银鱼湖鲚国家级水产种质资源保护区各季节浮游动物密度和生物量

四个季节Shannon-Wiener多样性指数（H'）春季较高，秋季较低；Pielou均匀度指数（J）夏季较高，秋季较低；Margalef丰富度指数（R）夏季较高，冬季较低（图3.3-12）。

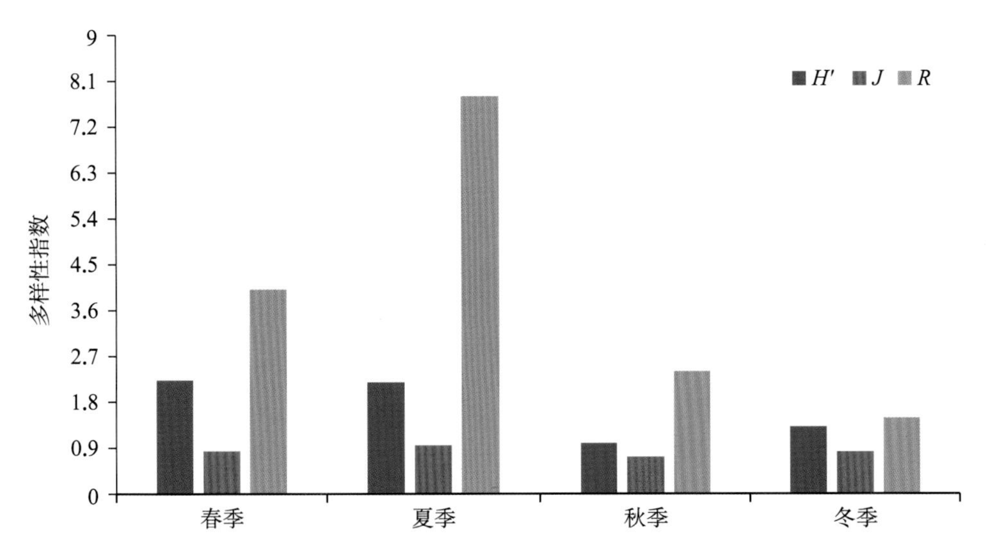

图3.3-12 高邮湖大银鱼湖鲚国家级水产种质资源保护区浮游动物各季节多样性指数

3.3.7 高邮湖河蚬秀丽白虾国家级水产种质资源保护区

· 群落组成

根据本次调查，共鉴定浮游动物24属33种，种类组成以轮虫动物为主、占总数的42.42%，枝角类和桡足类次之、各占总数的21.21%。各季的种类组成详见表3.3-7。

· 优势种

据现行通用标准，以优势度指数$Y > 0.02$为优势种，调查结果显示，春季种类最多。春季优势种类主要有轮虫类的螺形龟甲轮虫和枝角类的长额象鼻溞、简弧象鼻溞。夏季优势种类有枝角类的简弧象鼻溞。秋季优势种有枝角类的长额象鼻溞、简弧象鼻溞。冬季优势种类为轮虫类的曲腿龟甲轮虫和晶囊轮虫。

· 现存量

高邮湖河蚬秀丽白虾国家级水产种质资源保护区浮游动物年平均数量为26.72 ind./L。从季节变化来看，以春季数量最高，秋季次之，夏季第三，冬

表3.3-7 高邮湖河蚬秀丽白虾国家级水产种质资源保护区浮游动物分类统计表

门 类	春 季			夏 季			秋 季			冬 季		
	属	种	%	属	种	%	属	种	%	属	种	%
原生动物门	3	3	16.67	—	—	—	2	2	12.50	—	—	—
轮虫动物门	8	9	50.00	5	7	58.33	1	2	12.50	2	2	100.00
枝角动物门	2	3	16.67	2	2	16.67	4	6	37.5	—	—	33.33
幼体类	1	1	5.56	1	1	8.33	1	1	6.25	—	—	33.33
桡足动物门	2	2	11.11	2	2	16.67	4	5	31.25	—	—	33.33
合 计	16	18	100	10	12	100	12	16	100	2	2	100

季最少，平均数量依次为73.5 ind./L、25.25 ind./L、7.68 ind./L和0.43 ind./L。浮游动物生物量变幅为0.000 34 ～ 1.553 mg/L，年平均生物量为0.74 mg/L。从季节变化来看，以春季生物量最高（1.55 mg/L）、秋季次之（1.04 mg/L）、冬季最少（0.000 34 mg/L）。各季节浮游动物密度和生物量见图3.3-13。

· 群落多样性

春季Shannon-Wiener多样性指数（H'）为2.15；Pielou均匀度指数（J）为0.74；Margalef丰富度指数（R）为3.96。夏季H'为1.78；J为0.72；R为5.4。秋季H'为1.86；J为0.67；R为4.65。冬季H'为0.54；J为0.78；R为2.3。

四个季节Shannon-Wiener多样性指数（H'）春季较高，冬季较低；Pielou均匀度指数（J）冬季较高，秋季较低；Margalef丰富度指数（R）夏季较高，冬季较低（图3.3-14）。

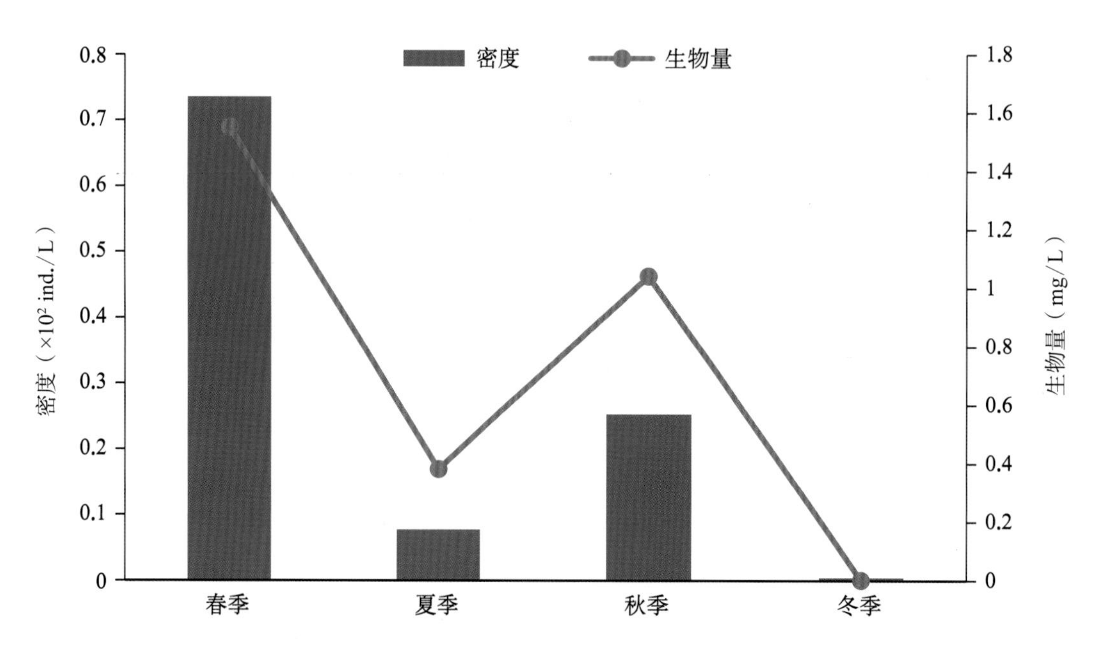

图3.3-13 高邮湖河蚬秀丽白虾国家级水产种质资源保护区各季节浮游动物密度和生物量

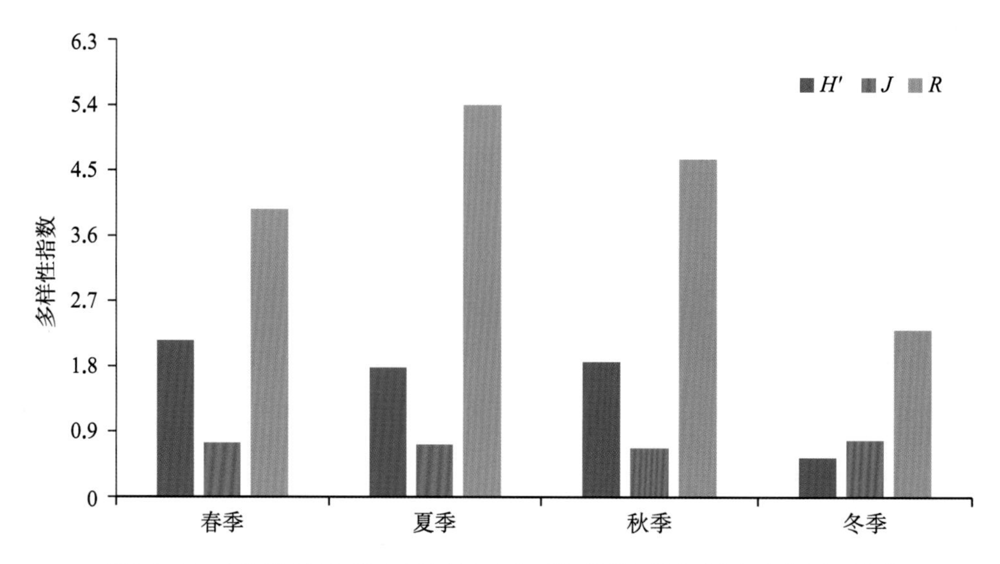

图3.3-14 高邮湖河蚬秀丽白虾国家级水产种质资源保护区浮游动物各季节多样性指数

3.3.8 高邮湖青虾国家级水产种质资源保护区

· 群落组成

根据本次调查，共鉴定浮游动物14属22种，种类组成以轮虫动物为主、占总数的50%，桡足类次之、占总数的22.73%。各季的种类组成详见表3.3-8。

· 优势种

据现行通用标准，以优势度指数 $Y > 0.02$ 为优势种，调查结果显示，春季种类最多。春季优势种类主要有轮虫类的圆筒异尾轮虫和枝角类的长额象鼻溞、简弧象鼻溞。夏季优势种类有轮虫类的方形臂尾轮虫、囊形腔轮虫和等刺异尾轮虫；桡足类的广布中剑水蚤。秋季优势种有枝角类的长额象鼻溞和幼体类的无节幼体。冬季优势种类为轮虫类的曲腿龟甲轮虫；枝角类的长额象鼻溞；幼体类的无节幼体；桡足类的近邻剑水蚤。

· 现存量

高邮湖青虾国家级水产种质资源保护区浮游动物年平均数量为9.25 ind./L。从季节变化来看，春季数量最高，冬季次之，夏季第三，秋季最少，平均数量依次为28.75 ind./L、5 ind./L、2.5 ind./L和0.75 ind./L。浮游动物生物量变幅为0.027 5 ~ 0.743 3 mg/L，年平均生物量为0.33 mg/L。从季节变化来看，以春季生物量最高（0.74 mg/L），冬季次之（0.52 mg/L），秋季最少（0.03 mg/L）。各季节浮游动物密度和生物量见图3.3-15。

表3.3-8 高邮湖青虾国家级水产种质资源保护区浮游动物分类统计表

门 类	春 季			夏 季			秋 季			冬 季		
	属	种	%	属	种	%	属	种	%	属	种	%
原生动物门	1	1	8.33	—	—	—	—	—	—	—	—	—
轮虫动物门	4	4	33.33	4	6	66.67	—	—	—	1	1	25.00
枝角动物门	1	3	25.00	1	1	11.11	1	1	50.00	1	1	25.00
幼体类	1	2	16.67	—	—	—	1	1	50.00	1	1	25.00
桡足动物门	2	2	16.67	2	2	22.22	—	—	—	1	1	25.00
合 计	9	12	100	7	9	100	2	2	100	4	4	100

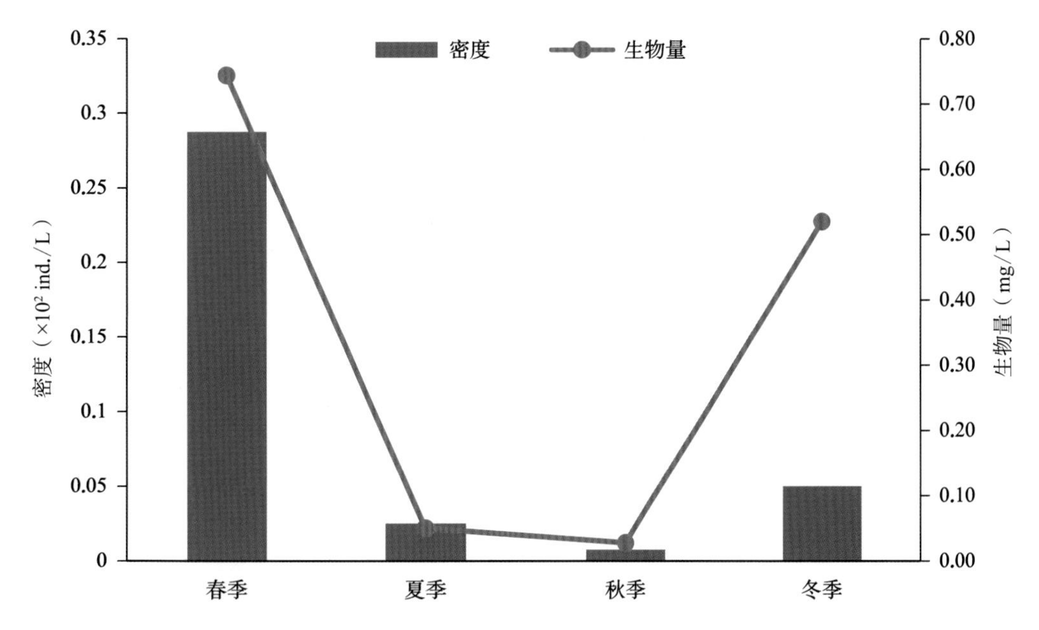

图3.3-15 高邮湖青虾国家级水产种质资源保护区各季节浮游动物密度和生物量

· 群落多样性

春季Shannon-Wiener多样性指数（H'）为1.65；Pielou均匀度指数（J）为0.67；Margalef丰富度指数（R）为3.28。夏季H'为2.12；J为0.97；R为8.73。秋季H'为0.64；J为0.92；R为3.47。冬季H'为1.2；J为0.86；R为1.86。

四个季节Shannon-Wiener多样性指数（H'）夏季较高，秋季较低；Pielou均匀度指数（J）夏季较高，春季较低；Margalef丰富度指数（R）夏季较高，冬季较低（图3.3-16）。

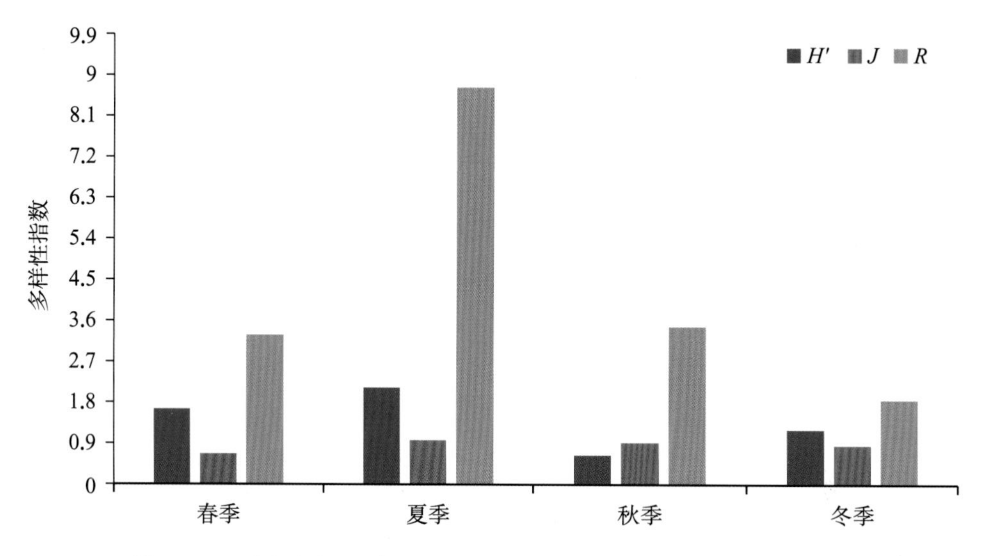

图3.3-16　高邮湖青虾国家级水产种质资源保护区浮游动物各季节多样性指数

3.3.9　邵伯湖国家级水产种质资源保护区

· 群落组成

根据本次调查，共鉴定浮游动物15属20种，种类组成以轮虫动物为主，占总数的65%，枝角类次之，占总数的20%。各季的种类组成详见表3.3-9。

· 优势种

据现行通用标准，以优势度指数$Y > 0.02$为优势种，调查结果显示，春季种类最多。春季优势种类主要有轮虫类的螺形龟甲轮虫、晶囊轮虫和大肚须足轮虫。夏季优势种类仅有枝角类的简弧象鼻溞。秋季优势种仅有枝角类的长额象鼻溞。冬季优势种类为枝角

表3.3-9　邵伯湖国家级水产种质资源保护区浮游动物分类统计表

门类	春季			夏季			秋季			冬季		
	属	种	%	属	种	%	属	种	%	属	种	%
原生动物门	1	1	6.67	—	—	—	—	—	—	—	—	—
轮虫动物门	8	10	66.67	2	3	50.00	2	2	28.57	—	—	—
枝角动物门	1	2	13.33	1	1	16.67	2	2	28.57	1	1	33.33
幼体类	1	1	6.67	1	1	16.67	1	1	14.29	1	1	33.33
桡足动物门	1	1	6.67	1	1	16.67	2	2	28.57	1	1	33.33
合计	12	15	100	5	6	100	7	7	100	3	3	100

类的长额象鼻溞；幼体类的无节幼体；桡足类的广布中剑水蚤。

· 现存量

浮游动物年平均数量为57.33 ind./L。从季节变化来看，夏季数量最高，春季次之，秋季第三，冬季最少，平均数量依次为179.3 ind./L、31.3 ind./L、17.8 ind./L和1 ind./L。浮游动物生物量变幅为0.03 ～ 6.43 mg/L，年平均生物量为1.94 mg/L。从季节变化来看，夏季生物量最高（6.43 mg/L），秋季次之（1.25 mg/L），冬季最少（0.03 mg/L）。各季节浮游动物密度和生物量见图3.3–17。

· 群落多样性

春季Shannon–Wiener多样性指数（H'）为2.04；Pielou均匀度指数（J）为0.75；Margalef丰富度指数（D）为4.87。夏季H'为0.77；J为0.43；D为0.96。秋季H'为0.51；J为0.26；D为1.74。冬季H'为1.01；J为0.92；D为1.01。

四个季节Shannon–Wiener多样性指数（H'）春季较高，秋季较低；Pielou均匀度指数（J）冬季较高，秋季较低；Margalef丰富度指数（R）春季较高，夏季较低（图3.3–18）。

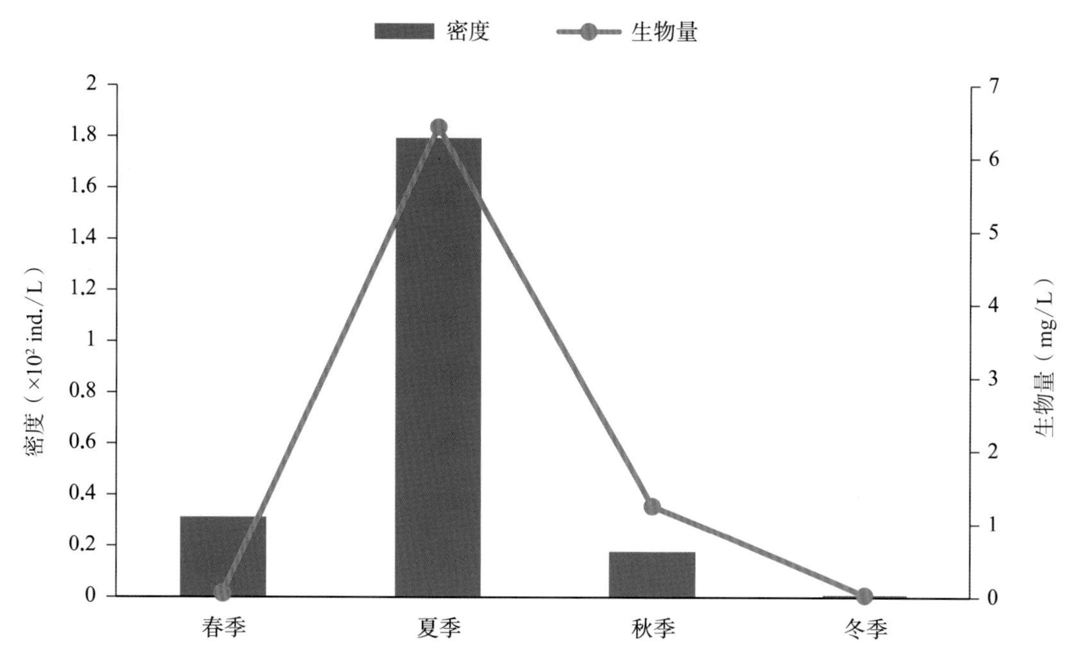

图3.3–17　邵伯湖国家级水产种质资源保护区各季节浮游动物密度和生物量

3.3.10　宝应湖国家级水产种质资源保护区

· 群落组成

根据本次调查，共鉴定浮游动物18属22种，种类组成以轮虫动物为主、占总数的59.09%，枝角类次之、占总数的22.73%。各季的种类组成详见表3.3–10。

· 优势种

据现行通用标准，以优势度指数$Y > 0.02$为优势种，调查结果显示，夏季种类最多。春季优势种类主要有轮虫类的角突臂尾轮虫、针簇多肢轮虫、萼花臂尾轮虫和晶囊轮虫；幼体类的无节幼体。夏季优势种类有枝角类的简弧象鼻溞和幼体类的无节幼体。秋季优势种有枝角类的短尾秀体溞和微型裸腹溞；轮虫类的刺盖异尾轮虫。冬季优势种类为轮虫类的萼花臂尾轮虫和晶囊轮虫。

· 现存量

浮游动物年平均数量为7.36 ind./L。从季节变化来看，冬季数量最高，春季次之，夏季第三，秋季最少，平均数量依次为12.00 ind./L、8.75 ind./L、7.18 ind./L和1.50 ind./L。浮游动物年平均生物量为0.11 mg/L。从季节变化来看，夏季生物量最高（0.35 mg/L），春季最

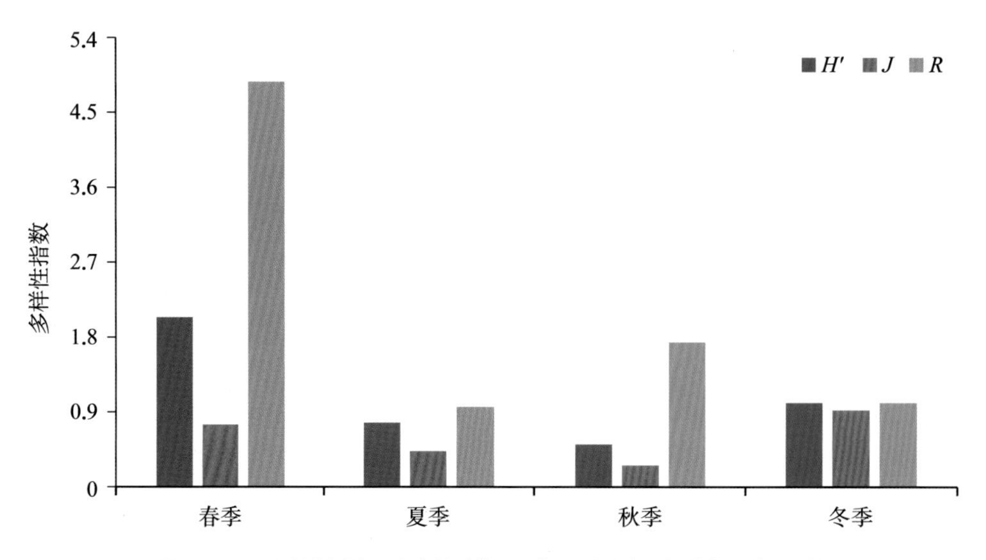

图3.3-18　邵伯湖国家级水产种质资源保护区浮游动物各季节多样性指数

表3.3-10　宝应湖国家级水产种质资源保护区浮游动物分类统计表

门 类	春 季			夏 季			秋 季			冬 季		
	属	种	%	属	种	%	属	种	%	属	种	%
轮虫动物门	6	7	66.67	3	5	50.00	1	1	33.33	—	—	—
枝角动物门	1	1	11.11	2	2	20.00	2	2	66.67	1	1	33.33
幼体类	1	1	11.11	1	1	10.00	—	—	—	1	1	33.33
桡足动物门	—	—	—	2	2	20.00	—	—	—	1	1	33.33
合 计	8	9	100	8	10	100	3	3	100	3	3	100

少（0.015 mg/L）。各季节浮游动物密度和生物量见图3.3-19。

· 群落多样性

春季Shannon-Wiener多样性指数（H'）为1.58；Pielou均匀度指数（J）为0.88；Margalef丰富度指数（R）为3.61。夏季H'为1.6；J为0.7；R为3.1。秋季H'为1；J为0.92；R为2.57。冬季H'为1.4；J为0.79；R为2.01。

四个季节Shannon-Wiener多样性指数（H'）夏季较高，秋季较低；Pielou均匀度指数（J）秋季较高，夏季较低；Margalef丰富度指数（R）春季较高，冬季较低（图3.3-20）。

3.3.11　洪泽湖青虾河蚬国家级水产种质资源保护区

· 群落组成

根据本次调查，共鉴定浮游动物15属27种，种类组成以轮虫动物为主、占总数63.96%，桡足动物类次之、占总数的22.22%。各季的种类组成详见表3.3-11。

· 优势种

据现行通用标准，以优势度指数$Y > 0.02$为优势种，春季和夏季种类最多。春季主要优势种有轮虫类的迈氏三肢轮虫和角突臂尾轮虫，以及桡足类的无节

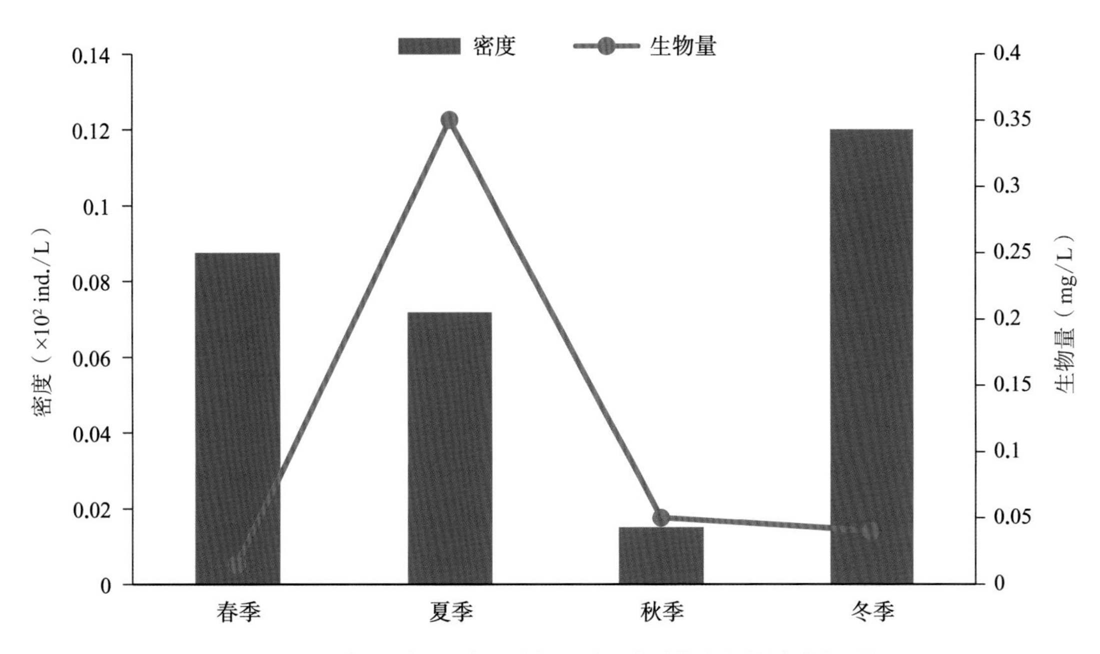

图3.3-19　宝应湖国家级水产种质资源保护区各季节浮游动物密度和生物量

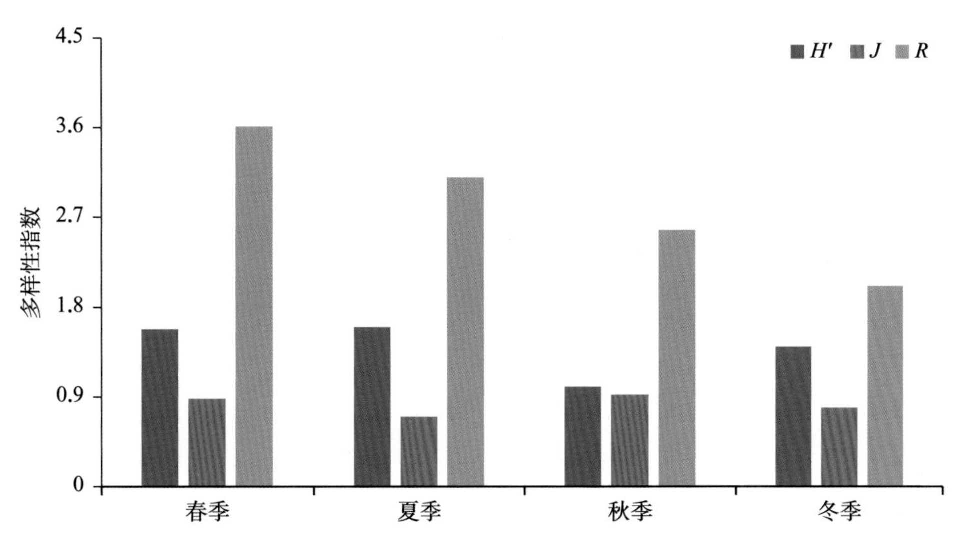

图3.3-20　宝应湖国家级水产种质资源保护区浮游动物各季节多样性指数

表3.3-11　洪泽湖青虾河蚬国家级水产种质资源保护区浮游动物分类统计表

门　类	春　季			夏　季			秋　季			冬　季		
	属	种	%	属	种	%	属	种	%	属	种	%
原生动物门	2	2	13.33	—	—	—	3	3	20/00	—	—	—
轮虫动物门	3	6	40.00	2	2	15.38	3	5	33.33	4	5	55.56
枝角动物门	2	2	13.33	5	7	53.85	3	5	33.33	1	1	11.11
桡足动物门	2	3	20.00	1	4	30.77	1	2	13.33	1	3	33.33
合　计	9	13	100	8	13	100	10	15	100	6	9	100

幼体。夏季优势种类主要有轮虫类的萼花臂尾轮虫和矩形龟甲轮虫，以及桡足类的无节幼体。秋季优势种包括轮虫类的萼花臂尾轮虫和桡足类的无节幼体。冬季优势种类为轮虫类的萼花臂尾轮虫。

· 现存量

洪泽湖浮游动物年平均数量为31.14 ind./L。从季节变化来看，夏季数量最高，秋季次之，冬季最少，平均数量依次为57.29 ind./L、42.25 ind./L、21.01 ind./L和4.01 ind./L。浮游动物年平均生物量为0.71 mg/L。从季节变化来看，夏季生物量最高（4.01 mg/L），秋季次之（0.81 mg/L），冬季最少（0.03 mg/L）。各季节浮游动物密度和生物量见图3.3-21。

· 群落多样性

春季洪泽湖青虾河蚬国家级水产种质资源保护区Shannon-Wiener多样性指数（H'）为1.98；Pielou均匀度指数（J）为0.72；Margalef丰富度指数（R）为1.47。夏季H'为2.61；J为0.94；R为12.36。秋季的H'范围为2.26～2.45，平均为2.35；J范围为0.83～0.85，平均为0.84；R范围为2.98～4.81，平均为3.79。冬季洪泽湖H'范围为1.89～2.09，平均为1.97；J范围为0.84～0.87，平均为0.86；R范围为2.01～3.30，平均为2.54。

四个季节Shannon-Wiener多样性指数（H'）夏季较高，冬季较低；Pielou均匀度指数（J）和Margalef丰富度指数（R）均为夏季较高，春季较低（图3.3-22）。

3.3.12 洪泽湖银鱼国家级水产种质资源保护区

· 群落组成

根据本次调查，共鉴定浮游动物15属27种，种类组成以轮虫动物为主、占总数的63.96%，桡足动物类次之、占总数的22.22%。各季的种类组成详见表3.3-12。

· 优势种

据现行通用标准，以优势度指数$Y > 0.02$为优势种，调查结果显示，春季种类最多，主要优势种有轮虫类的镰形臂尾轮虫和萼花臂尾轮虫，以及桡足类的无节幼体。夏季优势种类主要有轮虫类的萼花臂尾轮虫和镰形臂尾轮虫，以及桡足类的无节幼体。秋季优势种包括轮虫类的萼花臂尾轮虫和桡足类的无节幼体。冬季优势种类为轮虫类的桡足类的无节幼体。

· 现存量

洪泽湖银鱼国家级水产种质资源保护区浮游动物年平均数量为26.58 ind./L。从季节变化来看，春

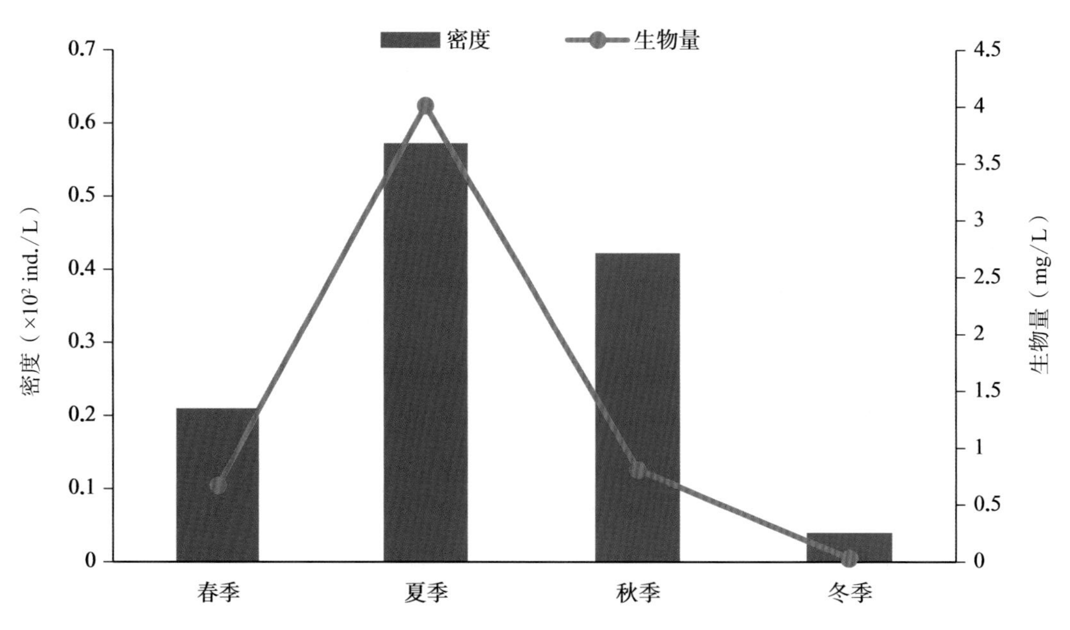

图3.3-21 洪泽湖青虾河蚬国家级水产种质资源保护区各季节浮游动物密度和生物量

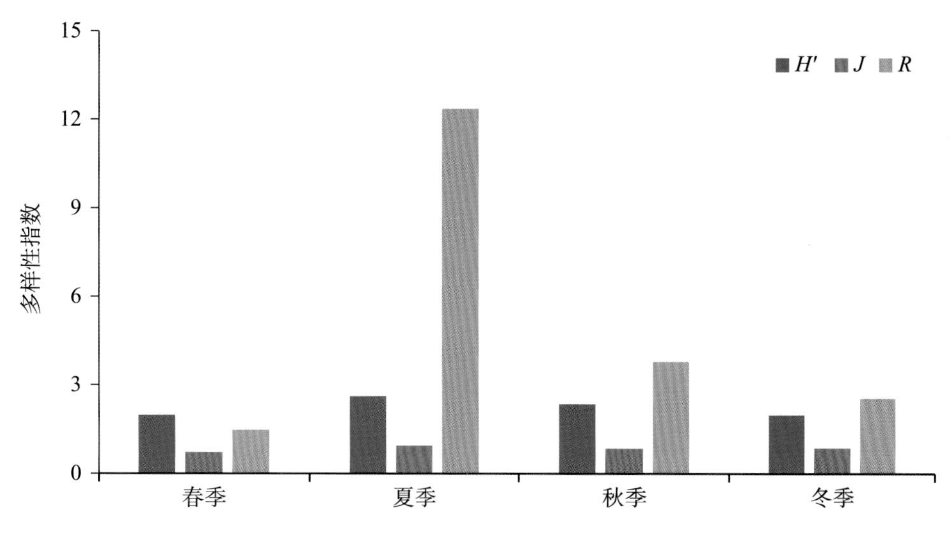

图3.3-22 洪泽湖青虾河蚬国家级水产种质资源保护区浮游动物各季节多样性指数

表 3.3-12 洪泽湖银鱼国家级水产种质资源保护区浮游动物分类统计表

门 类	春 季			夏 季			秋 季			冬 季		
	属	种	%	属	种	%	属	种	%	属	种	%
轮虫动物门	2	3	20.00	2	3	21.43	4	9	69.23	2	2	50.00
枝角动物门	4	9	60.33	4	9	64.29	2	3	23.08	1	1	25.00
桡足动物门	3	3	20.00	1	2	14.29	1	1	0.08	1	1	25.00
合 计	9	15	100	7	14	100	7	13	100	4	4	100

季数量最高，夏季次之，秋季第三，冬季最少，平均数量依次为45.24 ind./L、44.57 ind./L、12 ind./L和4.5 ind./L。浮游动物年平均生物量为0.73 mg/L。从季节变化来看，春季生物量最高（1.51 mg/L），夏季次之（1.30 mg/L），秋季最少（0.05 mg/L）。各季节浮游动物密度和生物量见图3.3-23。

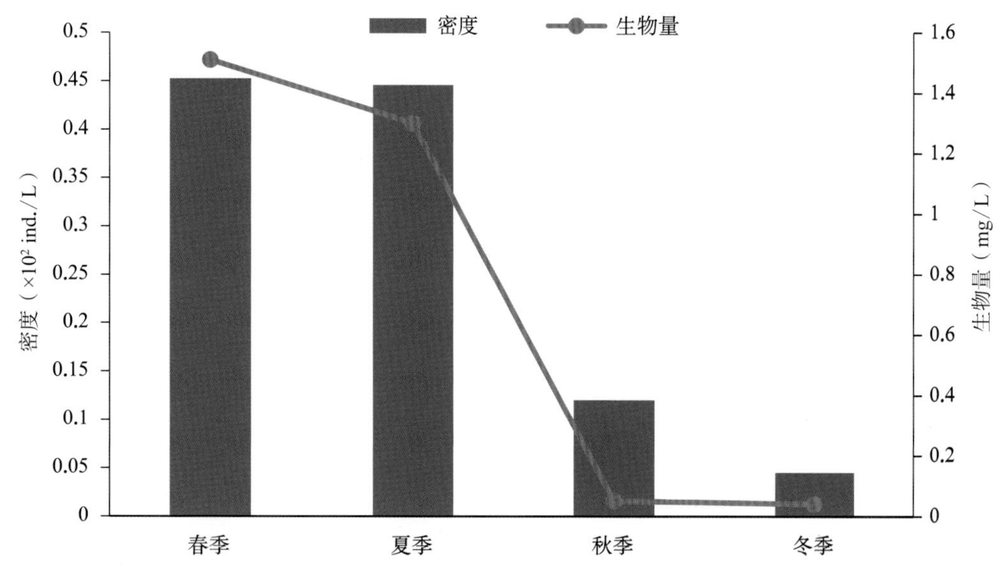

图3.3-23 洪泽湖银鱼国家级水产种质资源保护区各季节浮游动物密度和生物量

· 群落多样性

春季洪泽湖银鱼国家级水产种质资源保护区Shannon-Wiener多样性指数（H'）范围为1.45～1.94，平均为1.65；Pielou均匀度指数（J）范围为0.80～0.84，平均为0.82；Margalef丰富度指数（R）范围为0.86～0.96，平均为0.91。夏季H'范围为0.89～1.96，平均为1.44；J范围为0.82～0.85，平均为0.84；R为5.40～6.18，平均为5.79。秋季H范围为1.85～1.87，平均为1.86；J范围为0.85～0.95，平均为0.90；R范围为5.06～5.76，平均为5.41。冬季H'范围为0.28～1.33，平均为0.81；J范围为0.40～0.96，平均为0.68；R范围为1.17～3.64，平均为2.41。

四个季节Shannon-Wiener多样性指数（H'）和Pielou均匀度指数（J）最大值出现在秋季，最小值出现在冬季；Margalef丰富度指数（R）最大值出现在夏季，最小值出现在春季（图3.3-24）。

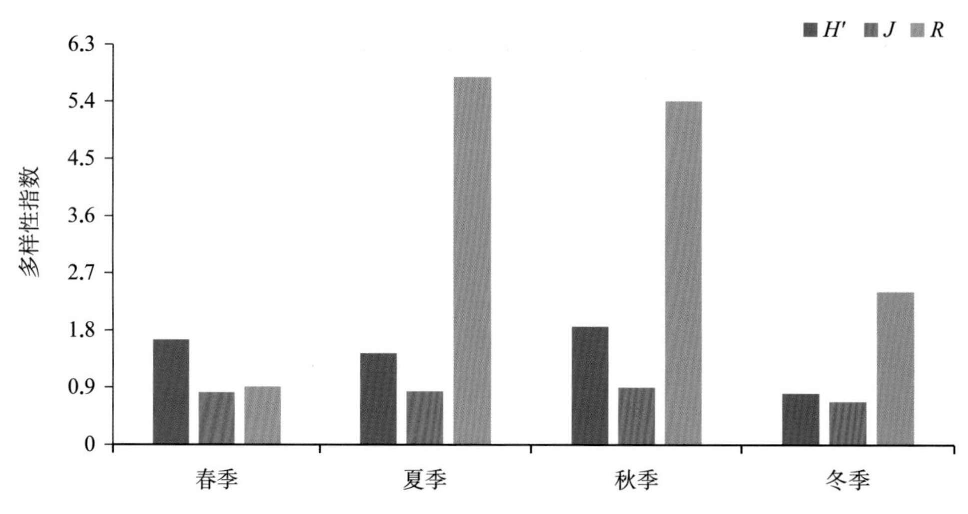

图3.3-24 洪泽湖银鱼国家级水产种质资源保护区浮游动物各季节多样性指数

3.3.13 洪泽湖秀丽白虾国家级水产种质资源保护区

· 群落组成

根据本次调查，共鉴定浮游动物27属32种，种类组成以枝角动物为主、占总数的31.25%，轮虫动物类次之、占总数的25.00%。各季的种类组成详见表3.3-13。

· 优势种

据现行通用标准，以优势度指数$Y > 0.02$为优势种，调查结果显示，秋季种类最多。春季主要优势种有枝角类的简弧象鼻溞，以及桡足类的无节幼体。夏

表3.3-13 洪泽湖秀丽白虾国家级水产种质资源保护区浮游动物分类统计表

门类	春季			夏季			秋季			冬季		
	属	种	%	属	种	%	属	种	%	属	种	%
原生动物门	1	1	14.29	—	—	—	4	4	28.57	—	—	—
轮虫动物门	—	—	—	1	1	10.00	4	6	42.86	1	1	50.00
枝角动物门	2	4	57.14	4	4	40.00	1	2	14.29	—	—	—
桡足动物门	2	2	28.57	4	5	50.00	2	2	14.29	1	1	50.00
合计	5	7	100	9	10	100	11	14	100	2	2	100

季优势种类主要有桡足类的无节幼体。秋季优势种包括轮虫类的螺形龟甲轮虫和桡足类的无节幼体。冬季优势种类为轮虫类的萼花臂尾轮虫。

· 现存量

洪泽湖秀丽白虾国家级水产种质资源保护区浮游动物年平均数量为16.29 ind./L。从季节变化来看，夏季数量最高，春季次之，秋季第三，冬季最少，平均数量依次为24.66 ind./L、22 ind./L、17.5 ind./L和1 ind./L。浮游动物年平均生物量为1.21 mg/L。从季节变化来看，秋季生物量最高（2.47 mg/L），夏季次之（1.69 mg/L），冬季最少（0.01 mg/L）。各季节浮游动物密度和生物量见图3.3–25。

· 群落多样性

春季洪泽湖秀丽白虾国家级水产种质资源保护区Shannon–Wiener多样性指数（H'）为1.85；Pielou均匀度指数（J）为0.84；Margalef丰富度指数（R）为5.28。夏季H'为2.14；J为0.84；R为6.60。秋季H'为2.32；J为0.86；R为7.40。冬季H'为0.94；J为0.86；R为2.33。

Shannon–Wiener多样性指数（H'）最大值出现在秋季，最小值出现在冬季；Pielou均匀度指数（J）四季相差不大；Margalef丰富度指数（R）最大值出现在秋季，最小值出现在冬季（图3.3–26）。

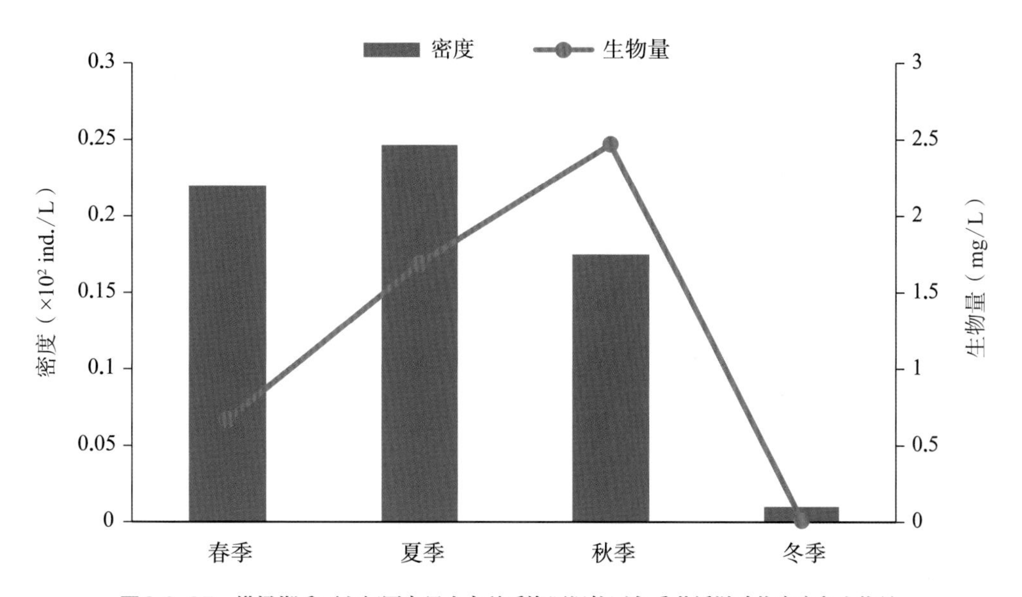

图3.3–25 洪泽湖秀丽白虾国家级水产种质资源保护区各季节浮游动物密度和生物量

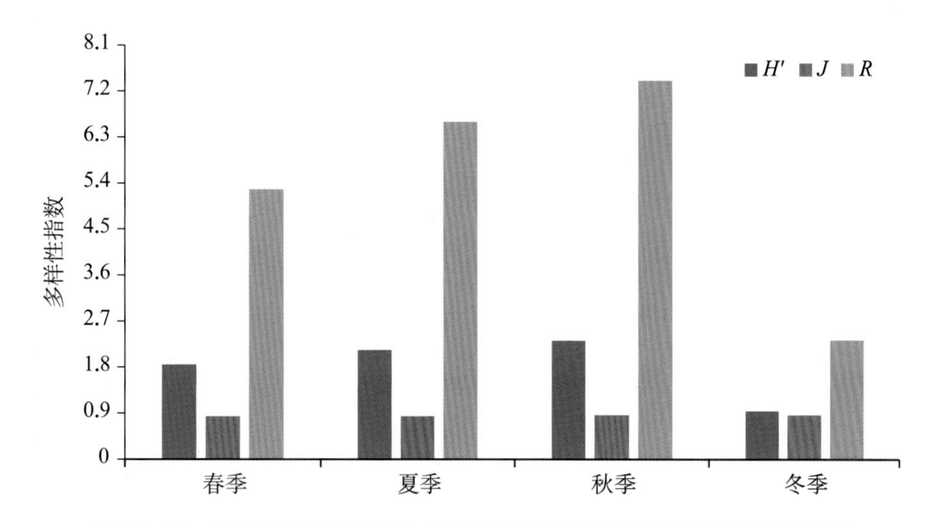

图3.3–26 洪泽湖秀丽白虾国家级水产种质资源保护区浮游动物各季节多样性指数

3.3.14 洪泽湖虾类国家级水产种质资源保护区

· 群落组成

根据本次调查，共鉴定浮游动物28属46种，种类组成以枝角动物为主，占总数的34.78%，轮虫动物类次之，占总数的30.43%。各季的种类组成详见表3.3-14。

· 优势种

据现行通用标准，以优势度指数 $Y > 0.02$ 为优势种，调查结果显示，春季种类最多，主要优势种有枝角类的简弧象鼻溞，以及桡足类的无节幼体。夏季优势种类主要有桡足类的无节幼体。秋季优势种包括轮虫类的螺形龟甲轮虫和桡足类的无节幼体。冬季优势种类为轮虫类的萼花臂尾轮虫。

· 现存量

洪泽湖虾类国家级水产种质资源保护区浮游动物年平均数量为20.8 ind./L。从季节变化来看，夏季数量最高，秋春季次之，冬季最少，平均数量依次为27.18 ind./L、26.5 ind./L、24.52 ind./L和5 ind./L。浮游动物年平均生物量为0.23 mg/L。从季节变化来看，夏季生物量最高（0.71 mg/L），春季次之（0.18 mg/L），冬季最少（0.004 mg/L）。各季节浮游动物密度和生物量见图3.3-27。

· 群落多样性

春季洪泽湖虾类国家级水产种质资源保护区Shannon-Wiener多样性指数（H'）为2.14；Pielou均

表3.3-14 洪泽湖虾类国家级水产种质资源保护区浮游动物分类统计表

门 类	春季			夏季			秋季			冬季		
	属	种	%	属	种	%	属	种	%	属	种	%
原生动物门	—	—	—	—	—	—	2	2	18.18	—	—	—
轮虫动物门	2	2	11.76	2	2	12.50	3	9	81.82	1	1	50.00
枝角动物门	4	8	47.06	7	8	50.00	—	—	—	—	—	—
桡足动物门	3	7	41.18	3	6	37.50	—	—	—	1	1	50.00
合 计	9	17	100	12	16	100	5	11	100	2	2	100

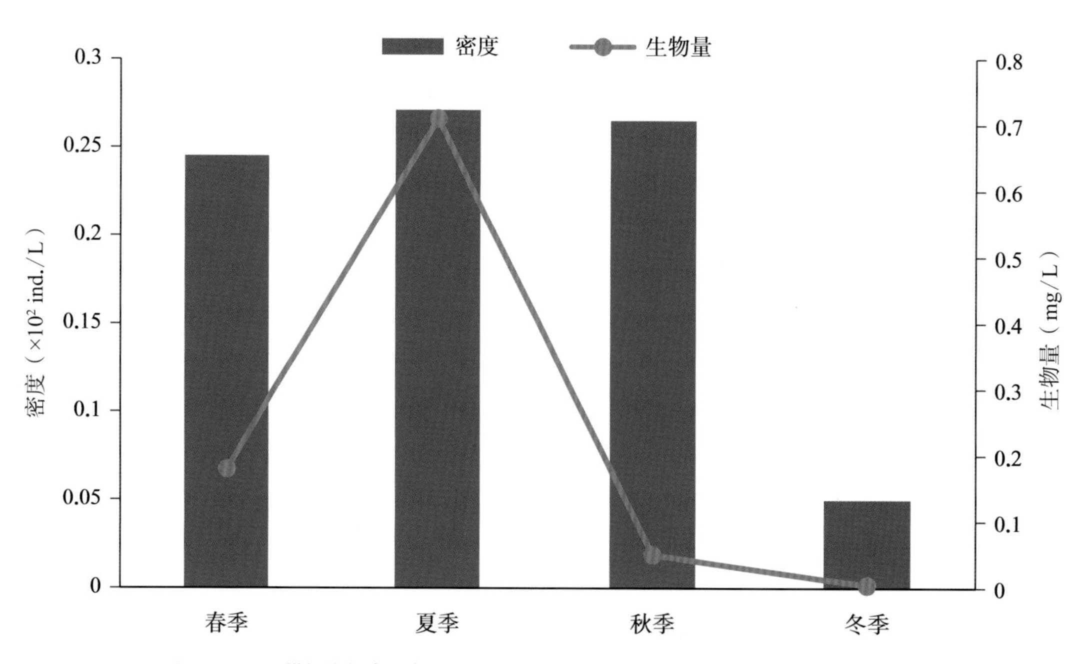

图3.3-27 洪泽湖虾类国家级水产种质资源保护区各季节浮游动物密度和生物量

匀度指数（J）为0.74；Margalef丰富度指数（R）为5.71。夏季H'为2.23；J为0.71；Margalef丰富度指数（R）为6.53。秋季H'为1.98；J为0.83；R为5.44。冬季H'为0.15；J为0.21；R为1.07。

四个季节Shannon-Wiener多样性指数（H'）夏季较高，冬季较低；Pielou均匀度指数（J）秋季较高，冬季较低；Margalef丰富度指数（R）夏季较高，冬季较低（图3.3-28）。

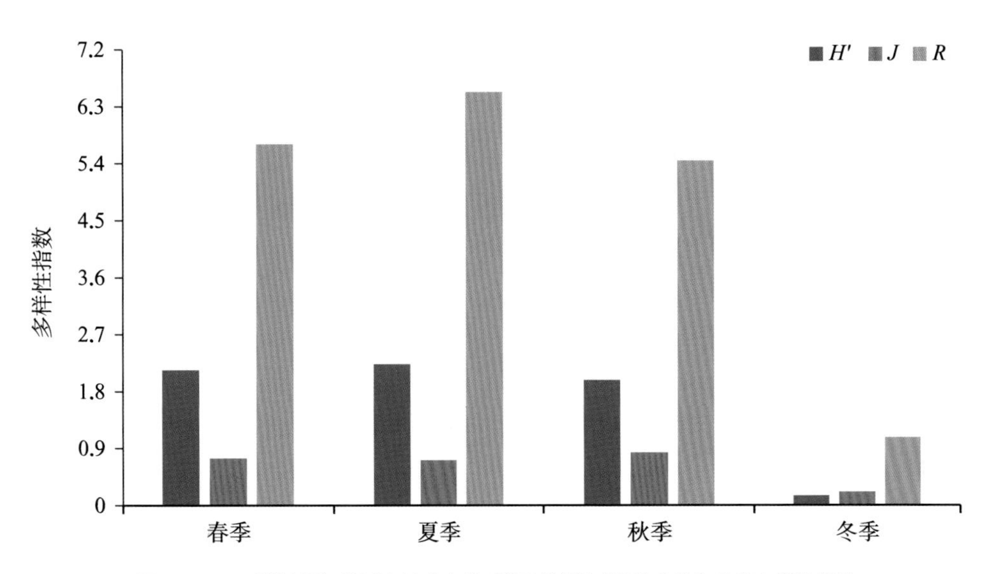

图3.3-28　洪泽湖虾类国家级水产种质资源保护区浮游动物各季节多样性指数

3.3.15　洪泽湖鳜国家级水产种质资源保护区

· 群落组成

根据本次调查，共鉴定浮游动物22属25种，种类组成以枝角动物为主、占总数的36.00%，轮虫动物类次之、占总数28.00%。各季的种类组成详见表3.3-15。

· 优势种

据现行通用标准，以优势度指数$Y > 0.02$为优势种，调查结果显示，春季种类最多，主要优势种有枝角类的长额象鼻溞，以及桡足类的等刺温剑水蚤。夏季优势种类主要有枝角类的简弧象鼻蚤。秋季优势种包括原生动物门的纤毛虫和轮虫类的锦囊轮虫。冬季优势种类为轮虫类的尾突臂尾轮虫。

表3.3-15　洪泽湖鳜国家级水产种质资源保护区浮游动物分类统计表

门　类	春　季			夏　季			秋　季			冬　季		
	属	种	%	属	种	%	属	种	%	属	种	%
原生动物门	2	2	20.00	—	—	—	3	4	50.00	—	—	—
轮虫动物门	2	2	20.00	1	1	14.29	2	2	25.00	4	4	80.00
枝角动物门	3	4	40.00	4	5	71.43	1	1	12.50	—	—	—
桡足动物门	1	2	20.00	1	1	14.29	1	1	12.50	1	1	20.00
合　计	8	10	100	6	7	100	7	8	100	5	5	100

现存量

洪泽湖鳜国家级水产种质资源保护区浮游动物年平均数量为8.74 ind./L。从季节变化来看，以春季数量最高，夏冬季次之，秋季最少，平均数量依次为14 ind./L、11.65 ind./L、7.3 ind.l/L和2 ind./L。浮游动物年平均生物量为0.14 mg/L。从季节变化来看，夏季生物量最高（0.33 mg/L），春季次之（0.26 mg/L），秋季最少（0.02 mg/L）。各季节浮游动物密度和生物量见图3.3–29。

群落多样性

春季洪泽湖鳜国家级水产种质资源保护区Shannon–Wiener多样性指数（H'）为2.22；Pielou均匀度指数（J）为0.89；Margalef丰富度指数（R）为4.17。夏季H'为2.03；J为0.85；R为6.43。秋季H'为2.19；J为0.99；R为8.89。冬季H'为1.50；J为0.72；R为3.26。

四个季节Shannon–Wiener多样性指数（H'）春季较高，冬季较低；Pielou均匀度指数（J）和Margalef丰富度指数（R）均为秋季较高，冬季较低（图3.3–30）。

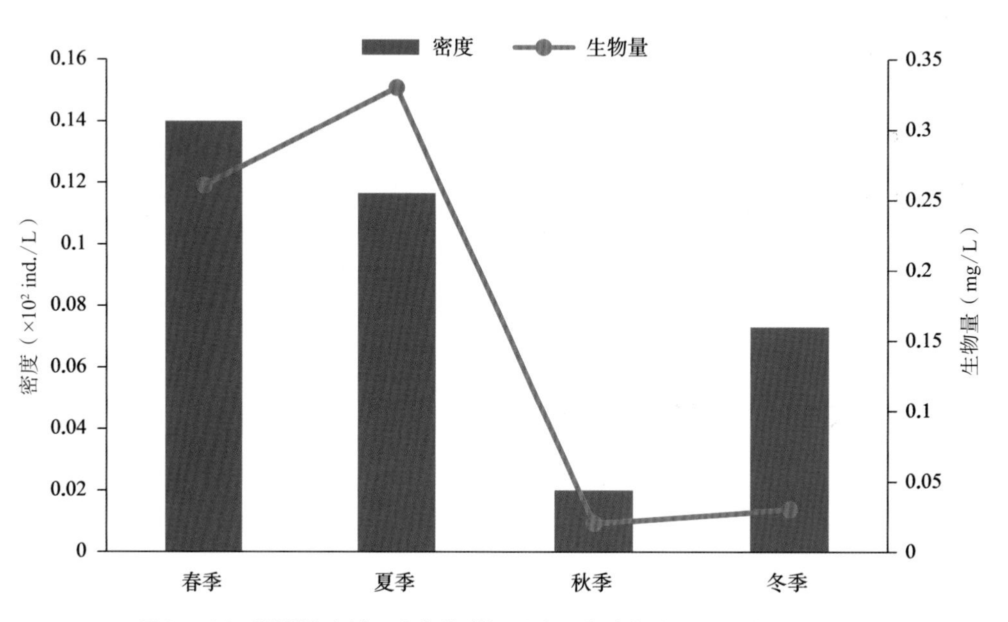

图3.3–29 洪泽湖鳜国家级水产种质资源保护区各季节浮游动物密度和生物量

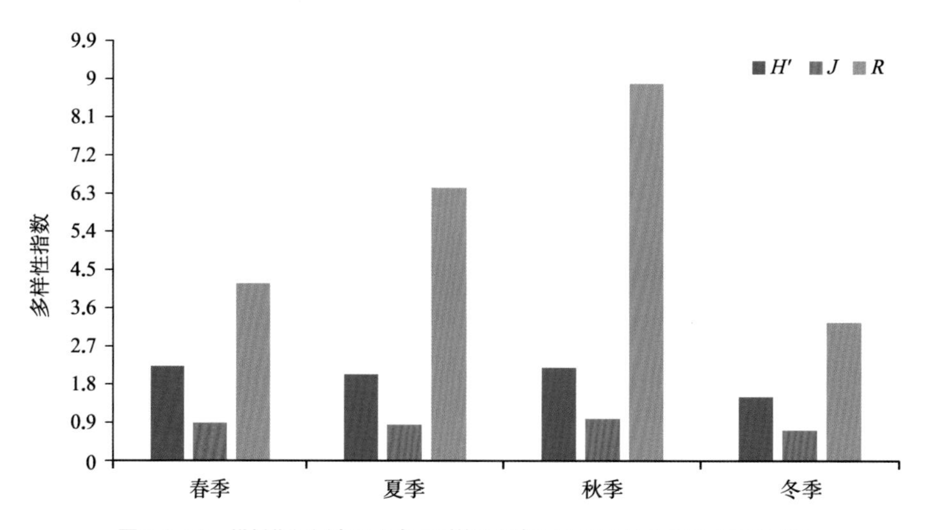

图3.3–30 洪泽湖鳜国家级水产种质资源保护区浮游动物各季节多样性指数

3.3.16 洪泽湖黄颡鱼国家级水产种质资源保护区

· 群落组成

根据本次调查，共鉴定浮游动物18属26种，种类组成以枝角动物为主、占总数的38.46%，轮虫动物类次之、占总数的30.76%。各季的种类组成详见表3.3-16。

· 优势种

据现行通用标准，以优势度指数 $Y > 0.02$ 为优势种，调查结果显示，春季优势种类主要有枝角类的长额象鼻蚤。夏秋季种类最多。夏季主要优势种有枝角类的简弧象鼻溞，以及轮虫动物门的萼花臂尾轮虫。秋季优势种包括原生动物门的纤毛虫和轮虫类的锦囊轮虫。冬季优势种类为轮虫类的巨型龟甲轮虫和桡足类的近邻剑水蚤。

· 现存量

洪泽湖黄颡鱼国家级水产种质资源保护区浮游动物年平均数量为25.21 ind./L。从季节变化来看，以夏季数量最高，春秋季次之，冬季最少，平均数量依次为27.29 ind./L、21.01 ind./L、15.25 ind./L和7.27 ind./L。浮游动物年平均生物量为0.53 mg/L。从季节变化来看，夏季生物量最高（1.59 mg/L），春季次之（0.41 mg/L），冬季最少（0.04 mg/L）。各季节浮游动物密度和生物量见图3.3-31。

表 3.3-16　洪泽湖黄颡鱼国家级水产种质资源保护区浮游动物分类统计表

门 类	春 季			夏 季			秋 季			冬 季		
	属	种	%	属	种	%	属	种	%	属	种	%
原生动物门	—	—	—	—	—	—	3	3	30.00	—	—	—
轮虫动物门	—	—	—	2	3	30.00	4	5	50.00	1	3	50.00
枝角动物门	3	5	55.56	3	4	40.00	1	1	10.00	—	—	—
桡足动物门	3	4	44.44	2	3	30.00	1	1	10.00	3	3	50.00
合 计	6	9	100	7	10	100	9	10	100	4	6	100

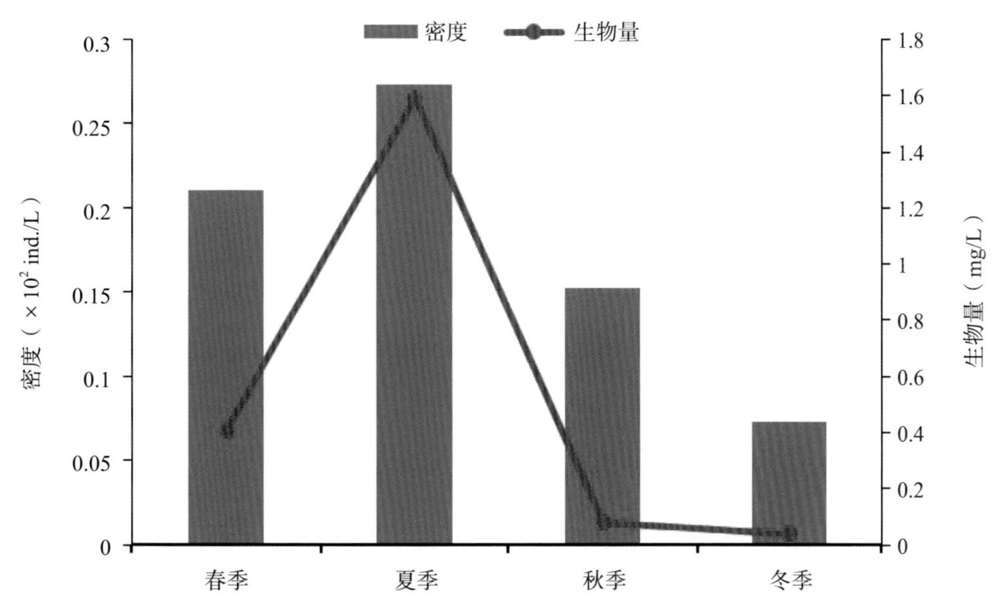

图3.3-31　洪泽湖黄颡鱼国家级水产种质资源保护区各季节浮游动物密度和生物量

· 群落多样性

洪泽湖黄颡鱼国家级水产种质资源保护区春季Shannon-Wiener多样性指数（H'）为2.19；Pielou均匀度指数（J）为0.88；Margalef丰富度指数（R）为3.61。夏季H'为1.85；J为0.77；R为4.36。秋季H'为1.96；J为0.61，R为5.51。冬季H'为1.33；J为0.61；R为2.82。

四个季节Shannon-Wiener多样性指数（H'）春季较高，冬季较低；Pielou均匀度指数（J）春季较高，秋季较低；Margalef丰富度指数（R）秋季较高，冬季较低（图3.3-32）。

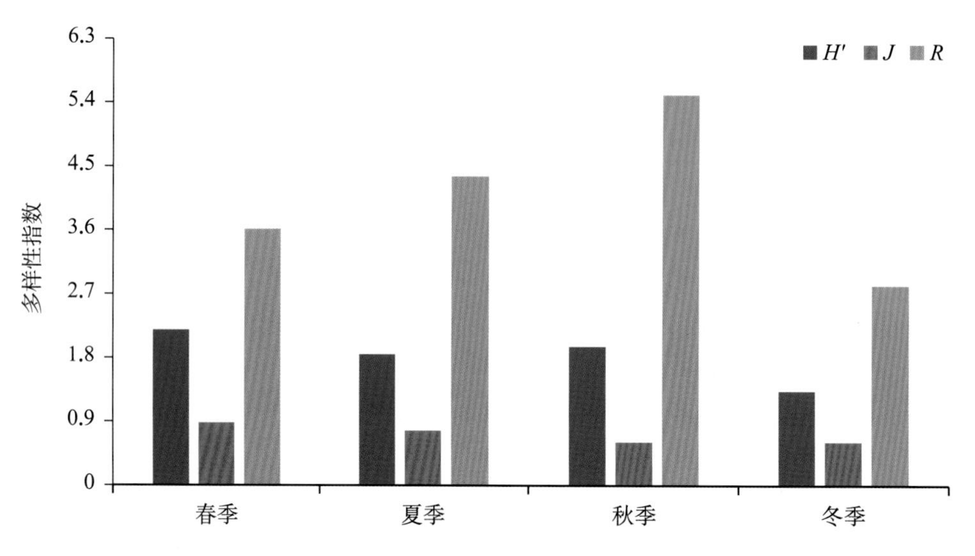

图3.3-32 洪泽湖黄颡鱼国家级水产种质资源保护区浮游动物各季节多样性指数

3.3.17 骆马湖国家级水产种质资源保护区

· 群落组成

根据本次调查，共鉴定浮游动物26属48种，种类组成以轮虫动物为主，占总数的39.58%，原生动物门次之，占总数的27.08%。各季的种类组成详见表3.3-17。

· 优势种

据现行通用标准，以优势度指数$Y > 0.02$为优势种，调查结果显示，秋季种类最多，主要优势种有轮虫类的晶囊轮虫、螺形龟甲轮虫、曲腿龟甲轮虫和针簇多肢轮虫，桡足类的无节幼体、等刺温剑水蚤、广

表3.3-17 骆马湖国家级水产种质资源保护区浮游动物分类统计表

门 类	春 季			夏 季			秋 季			冬 季		
	属	种	%	属	种	%	属	种	%	属	种	%
原生动物门	4	6	31.58	—	—	—	7	9	31.03	—	—	—
轮虫动物门	6	7	36.84	6	11	64.71	7	10	34.48	3	5	83.33
枝角动物门	1	2	10.53	2	3	17.65	1	4	13.79	1	1	16.67
桡足动物门	3	4	21.05	2	3	17.65	4	6	20.69	—	—	—
合 计	15	19	100	11	17	100	22	29	100	4	6	100

布中剑水蚤以及枝角类的长额象鼻溞。春季优势种类主要有轮虫类的螺形龟甲轮虫，枝角类的筒弧象鼻溞，以及原生动物的瓶累枝虫。夏季优势种包括轮虫类的剪形臂尾轮虫、裂足臂尾轮虫、晶囊轮虫和桡足类的无节幼体、广布中剑水蚤。冬季优势种类为轮虫类的萼花臂尾轮虫、螺形龟甲轮虫。

· 现存量

骆马湖国家级水产种质资源保护区浮游动物年平均数量为242.53 ind./L。从季节变化来看，春季数量最高，夏秋季次之，冬季最少，平均数量依次为870 ind./L、56.75 ind./L、42.68 ind./L和0.68 ind./L。浮游动物年平均生物量为1.13 mg/L。从季节变化来看，春季生物量最高（3.60 mg/L），夏季次之（0.67 mg/L），冬季最少（0.003 9 mg/L）。各季节浮游动物密度和生物量见图3.3-33。

· 群落多样性

春季保护区Shannon-Wiener多样性指数（H'）范围为0.94～1.61，平均为1.27；Pielou均匀度指数（J）范围为0.34～0.73，平均为0.54；Margalef丰富度指数（R）范围为1.62～2.03，平均为1.82。夏季H'范围为1.31～1.99，平均为1.65；J范围为0.51～0.75，平均为0.63；R范围为2.78～5.56，平均为4.17。秋季H'范围为1.94～2.36，平均为2.15；J范围为0.72～0.74，平均为0.73；R范围为4.18～5.18，平均为4.68。冬季H'范围为1.06～1.25，平均为1.15；J范围为0.76～0.90，平均为0.83；R范围为3.27～3.49，平均为3.37。

四个季节Shannon-Wiener多样性指数（H'）秋季较高，冬季较低；Pielou均匀度指数（J）冬季较高，春季较低；Margalef丰富度指数（R）秋季较高，春季较低（图3.3-34）。

3.3.18 骆马湖青虾国家级水产种质资源保护区

· 群落组成

根据本次调查，共鉴定浮游动物24属42种，种类组成以轮虫动物为主、占总数的47.62%。各季的种类组成详见表3.3-18。

· 优势种

据现行通用标准，以优势度指数$Y > 0.02$为优势种，调查结果显示，春季种类数最多，主要优势种有轮虫类的晶囊轮虫、螺形龟甲轮虫、圆筒异尾轮虫和针簇多肢轮虫，桡足类的无节幼体以及枝角类的筒弧象鼻溞和原生动物的瓶累枝虫。夏季优势种类主要有轮虫类的裂足龟甲轮虫和圆筒异尾轮虫，桡足类的粗壮温剑水蚤、广布中剑水蚤、透明

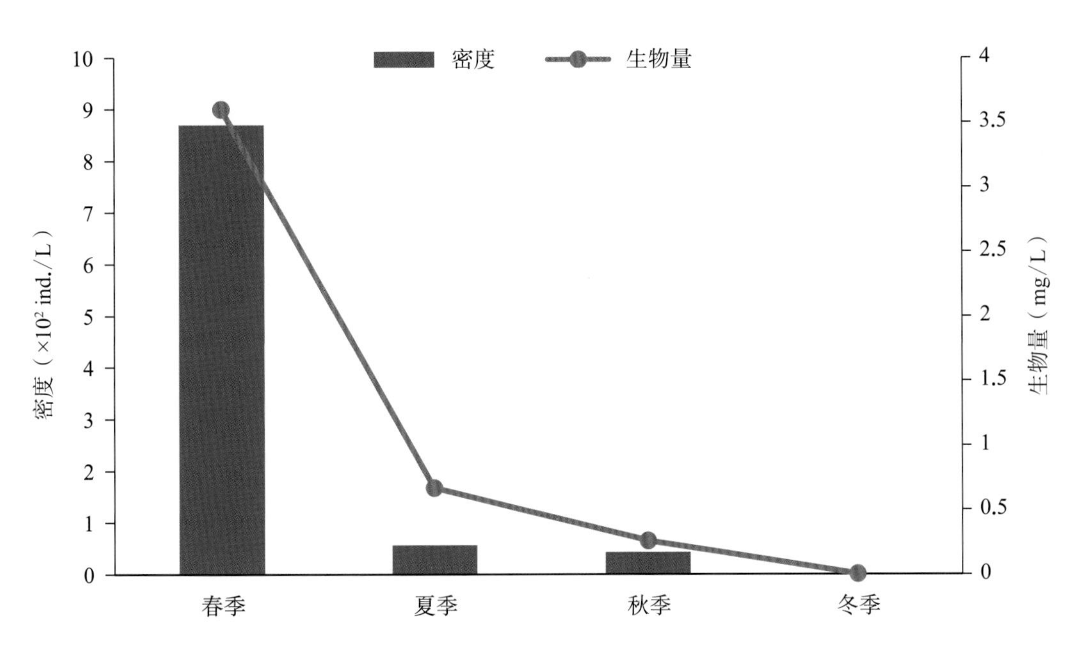

图3.3-33　骆马湖国家级水产种质资源保护区各季节浮游动物密度和生物量

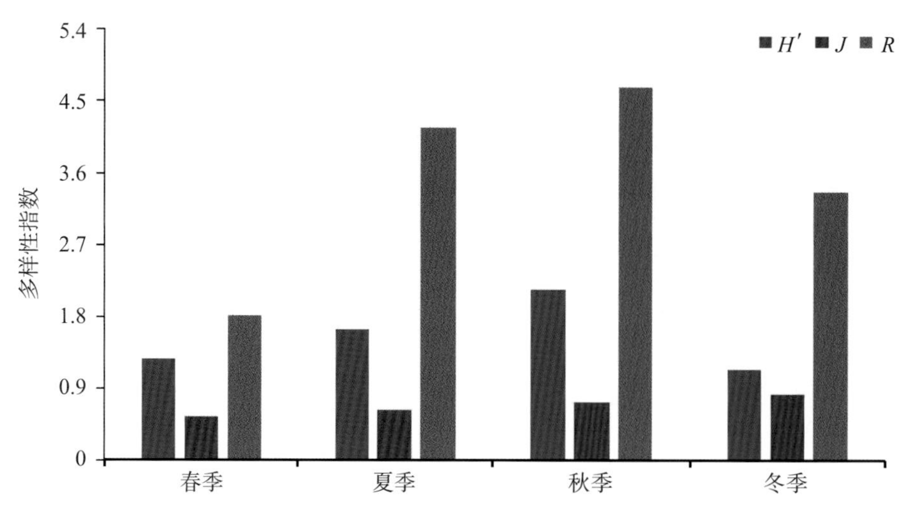

图3.3-34 骆马湖国家级水产种质资源保护区浮游动物各季节多样性指数

表3.3-18 骆马湖青虾国家级水产种质资源保护区浮游动物分类统计表

门类	春季			夏季			秋季			冬季		
	属	种	%	属	种	%	属	种	%	属	种	%
原生动物门	5	6	20.00	—	—	—	3	6	30	—	—	—
轮虫动物门	9	15	50.00	3	5	35.71	4	6	30	4	5	62.5
枝角动物门	2	4	13.3	2	4	28.57	1	3	15.00	1	1	12.5
桡足动物门	5	5	16.67	4	5	35.17	3	5	25	2	2	25
合计	21	30	100	9	14	100	11	20	100	7	8	100

温剑水蚤，枝角类的简弧象鼻溞和长额象鼻溞。秋季优势种包括轮虫类的螺形龟甲轮虫、曲腿龟甲轮虫、晶囊轮虫，桡足类的等刺温剑水蚤、广布中剑水蚤、锯缘真剑水蚤以及无节幼体。冬季优势种类为轮虫类的等刺异尾轮虫、萼花臂尾轮虫、针簇多肢轮虫以及桡足类的广布中剑水蚤和枝角类的简弧象鼻溞。

现存量

骆马湖青虾国家级水产种质资源保护区浮游动物年平均数量为88.40 ind./L。从季节变化来看，春季数量最高，秋夏季次之，冬季最少，平均数量依次为335.7 ind./L、10.83 ind./L、6.45 ind./L和0.65 ind./L。浮游动物生物量年平均生物量为0.89 mg/L。从季节变化来看，春季生物量最高（3.19 mg/L），秋季次之（0.20 mg/L），冬季最少（0.012 4 mg/L）。各季节浮游动物密度和生物量结果见图3.3-35。

群落多样性

春季保护区Shannon-Wiener多样性指数（H'）范围为0.87～1.72，平均为1.319；Pielou均匀度指数（J）范围为0.33～0.75，平均为0.50；Margalef丰富度指数（R）范围为1.94～3.72，平均为2.73。夏季H'范围为1.48～1.97，平均为1.79；J范围为0.83～0.95，平均为0.88；R范围为2.97～4.56，平均为4.02。秋季H'范围为2.10～2.18，平均为2.14；J范围为0.817～0.91，平均为0.86；R范围为4.21～5.00，平均为4.59。冬季H'范围为0～1.59，平均为0.87；J范围为0.00～0.99，平均为0.64；R范围为2.13～3.78，平均为2.76。

四个季节Shannon-Wiener多样性指数（H'）秋季较高，冬季较低；Pielou均匀度指数（J）夏季较高，春季较低；Margalef丰富度指数（R）秋季较高，春季较低（图3.3-36）。

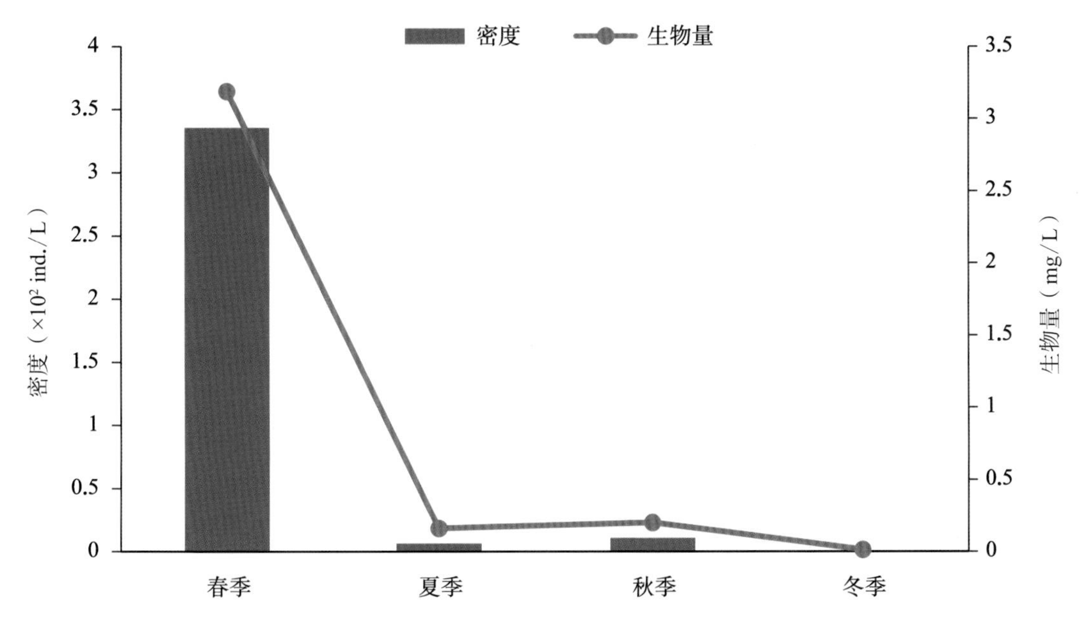

图3.3-35　骆马湖青虾国家级水产种质资源保护区各季节浮游动物密度和生物量

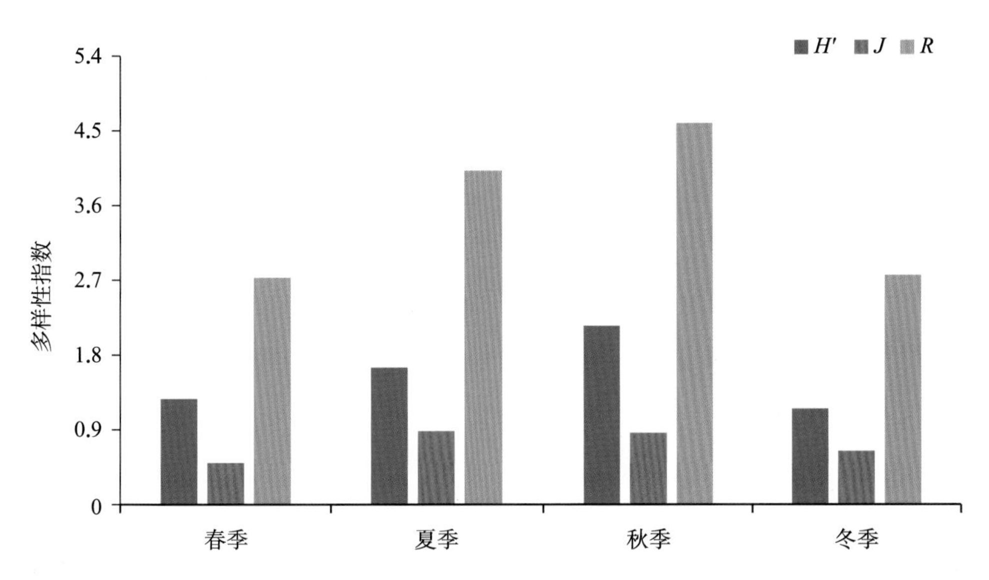

图3.3-36　骆马湖青虾国家级水产种质资源保护区浮游动物各季节多样性指数

3.3.19　长江大胜关长吻鮠铜鱼国家级水产种质资源保护区

· 群落组成

根据本次调查，共鉴定浮游动物15属19种，种类组成以原生动物和桡足动物类为主，各占总数的31.58%。各季的种类组成详见表3.3-19。

· 优势种

据现行通用标准，以优势度指数$Y>0.02$为优势种，调查结果显示，冬季种类最多，主要优势种有原生动物的雷殿似铃壳虫和瓶砂壳虫；桡足类的无节幼体和广布中剑水蚤。春季优势种类主要有晶囊轮虫和无节幼体。夏季优势种类主要有球砂壳虫、瘤棘砂壳虫和曲腿龟甲轮虫。秋季优势种类为晶囊轮虫。

· 现存量

春季长江大胜关长吻鮠铜鱼国家级水产种质资源保护区浮游动物密度变化范围为4.50～122.25 ind./L，平均密度为63.50 ind./L，生物量均值为0.10 mg/L。夏季浮游动物密度变化范围为0～466.50 ind./L，平均密度为155.50 ind./L，生物量均值为0.13 mg/L。

表3.3-19 长江大胜关长吻鮠铜鱼国家级水产种质资源保护区浮游动物分类统计表

门 类	春 季			夏 季			秋 季			冬 季		
	属	种	%	属	种	%	属	种	%	属	种	%
原生动物门	—	—	—	1	2	33.33	2	2	50.00	2	2	20.00
轮虫动物门	1	1	25.00	1	1	16.67	1	1	25.00	—	—	—
枝角动物门	1	1	25.00	1	1	16.67	—	—	—	3	4	40.00
桡足动物门	2	2	50.00	2	2	33.33	1	1	25.00	4	4	40.00
合 计	4	4	100	5	6	100	4	4	100	9	10	100

秋季浮游动物密度变化范围为3～120.75 ind./L，平均密度为51.25 ind./L，生物量均值为0.05 mg/L。冬季浮游动物密度变化范围为1.20～280.33 ind./L，平均密度为129.39 ind./L，生物量均值为0.23 mg/L。各季节浮游动物密度和生物量见图3.3-37。

• 群落多样性

春季长江大胜关长吻鮠铜鱼国家级水产种质资源保护区Shannon-Wiener多样性指数（H'）范围为0.09～1.01，平均为0.46；Pielou均匀度指数（J）范围为0.13～0.92，平均为0.43；Margalef丰富度指数（R）范围为0.21～1.33，平均为0.67。夏季H'平均为1.23；J平均为0.69；R平均为0.81。秋季H'平均为0.60；J平均为0.54；R平均为0.42。冬季H'范围为0.70～1.47，平均为1.08；J范围为0.64～0.75，平均为0.70；R范围为0.35～1.28，平均为0.82。

四个季节Shannon-Wiener多样性指数（H'）夏季较高，春季较低；Pielou均匀度指数（J）冬季较高，春季较低；Margalef丰富度指数（R）冬季较高，秋季较低（图3.3-38）。

3.3.20 长江扬州段四大家鱼国家级水产种质资源保护区

• 群落组成

根据本次调查，共鉴定浮游动物4门22属36种，种类组成以桡足动物为主、占总数的38.89%，轮虫动物次之、占总数的36.11%。各季节的种类组成详见表3.3-20。

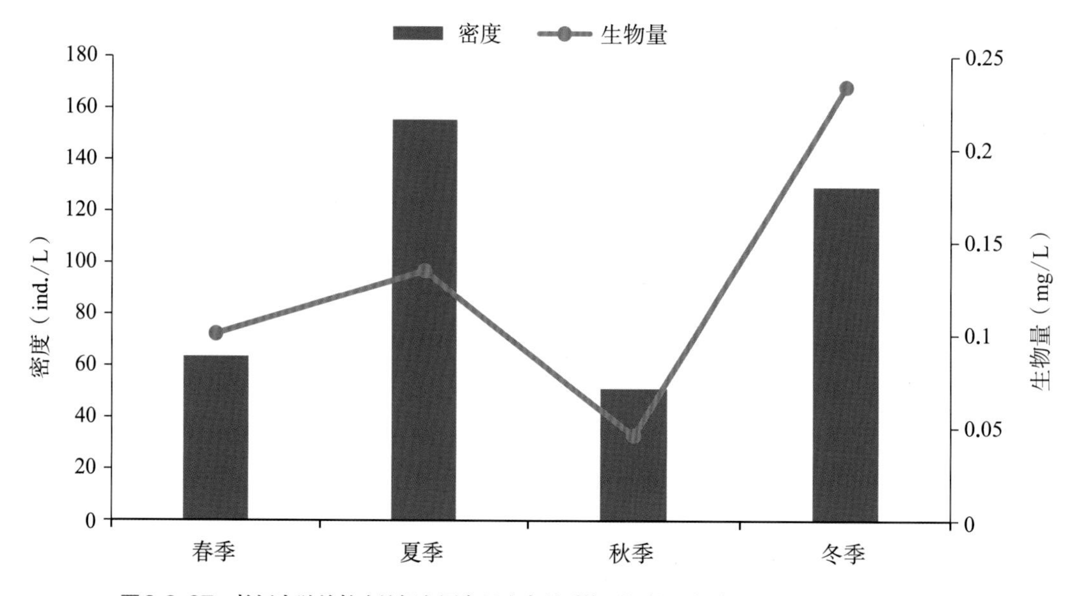

图3.3-37 长江大胜关长吻鮠铜鱼国家级水产种质资源保护区各季节浮游动物密度和生物量

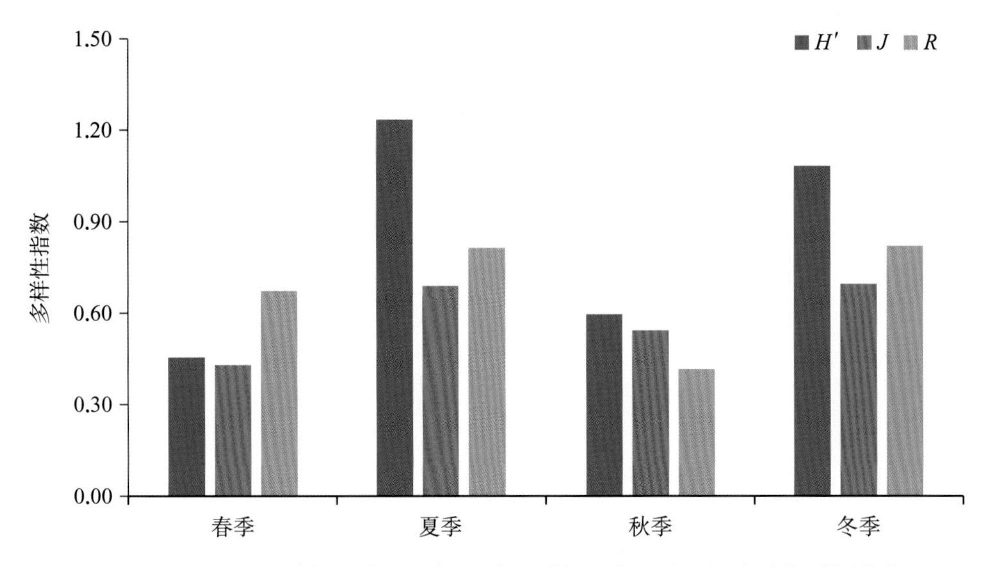

图3.3-38 长江大胜关长吻鮠铜鱼国家级水产种质资源保护区浮游动物各季节多样性指数

表3.3-20 长江扬州段四大家鱼国家级水产种质资源保护区浮游动物分类统计表

门 类	春 季			夏 季			秋 季			冬 季		
	属	种	%	属	种	%	属	种	%	属	种	%
原生动物门	1	1	12.50	1	1	10.00	2	2	22.22	2	2	9.09
轮虫动物门	1	1	12.50	4	4	40.00	4	7	77.78	3	4	18.18
枝角动物门	2	2	25.00	—	—	0.00	—	—	0.00	1	3	13.64
桡足动物门	4	4	50.00	4	5	50.00	—	—	0.00	9	13	59.09
合 计	8	8	100	9	10	100	6	9	100	15	22	100

· 优势种

据现行通用标准，以优势度指数 $Y > 0.02$ 为优势种，调查结果显示，冬季种类数最多，主要优势种有原生动物的弯凸表壳虫和淡水薄铃虫；轮虫类的萼花臂尾轮虫、螺形龟甲轮虫、针簇多肢轮虫和方形臂尾轮虫；枝角类的简弧象鼻溞和长额象鼻溞；桡足类的无节幼体、桡足幼体和右突新镖水蚤。春季优势种类包括原生动物的瓶累枝虫；轮虫动物的晶囊轮虫；枝角类的长额象鼻溞；桡足类的无节幼体。夏季优势种类主要有原生动物的长筒拟铃壳虫；轮虫类的针簇多肢轮虫、矩形龟甲轮虫、截头皱甲轮虫和剪形臂尾轮虫；桡足类的无节幼体。秋季优势种类包括原生动物的太阳虫和瓶累枝虫；轮虫类的角突臂尾轮虫、晶囊轮虫和萼花臂尾轮虫。

· 现存量

春季长江扬州段浮游动物密度变化范围为34.5 ～ 170.25 ind./L，平均密度为90 ind./L，生物量均值为0.20 mg/L；夏季浮游动物密度变化范围为5.25 ～ 451.5 ind./L，平均密度为273.75 ind./L，生物量均值为0.24 mg/L；秋季浮游动物密度变化范围为100.25 ～ 300.15 ind./L，平均密度为200.25 ind./L，生物量均值为0.17 mg/L；冬季浮游动物密度变化范围为39.20 ～ 100.33 ind./L，平均密度为70.23 ind./L，生物量均值为0.28 mg/L。各季节浮游动物密度和生物量见图3.3-39。

· 群落多样性

春季长江扬州段Shannon-Wiener多样性指数（H'）范围为0.03 ～ 0.11，平均为0.06；Pielou均匀度指数（J）范围为0.01 ～ 0.05，平均为0.03；Margalef丰富度指数

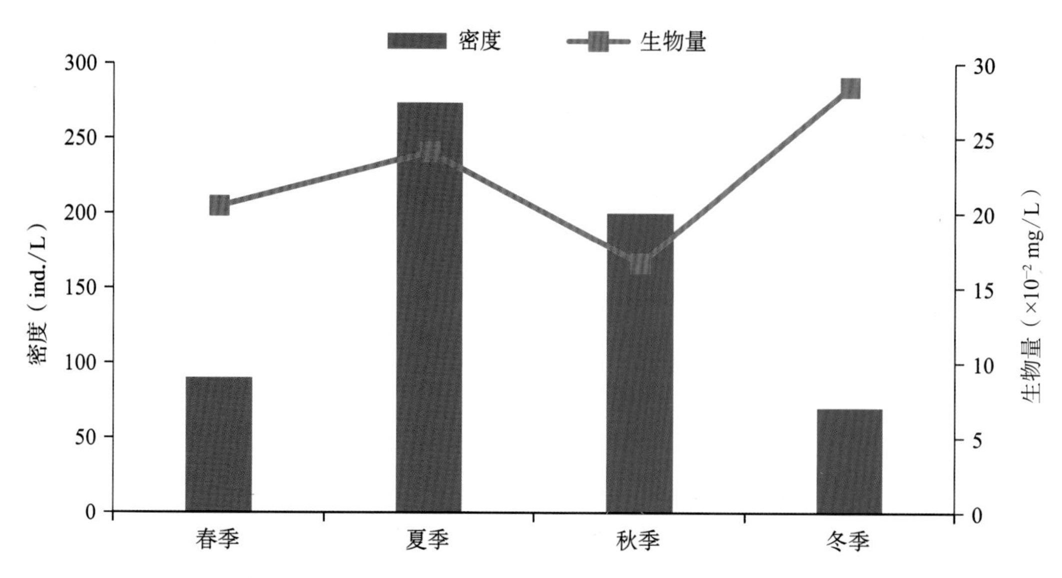

图3.3-39 长江扬州段四大家鱼国家级水产种质资源保护区各季节浮游动物密度和生物量

（R）范围为0.66～0.76，平均为0.73。夏季H'范围为0.01～0.22，平均为0.14；J范围为0.00～0.13，平均为0.08；R范围为0.43～0.87，平均为0.58。秋季H'范围为0.06～0.17，平均为0.12；J范围为0.03～0.09，平均为0.06；R范围为0.54～0.65，平均为0.58。冬季H'范围为0.03～0.08，平均为0.06；J范围为0.01～0.03，平均为0.02；R范围为1.20～1.64，平均为1.35。

四个季节Shannon-Wiener多样性指数（H'）夏季较高，春季和冬较低；Pielou均匀度指数（J）夏季较高，冬季较低；Margalef丰富度指数（R）冬季较高，夏季和秋季较低（图3.3-40）。

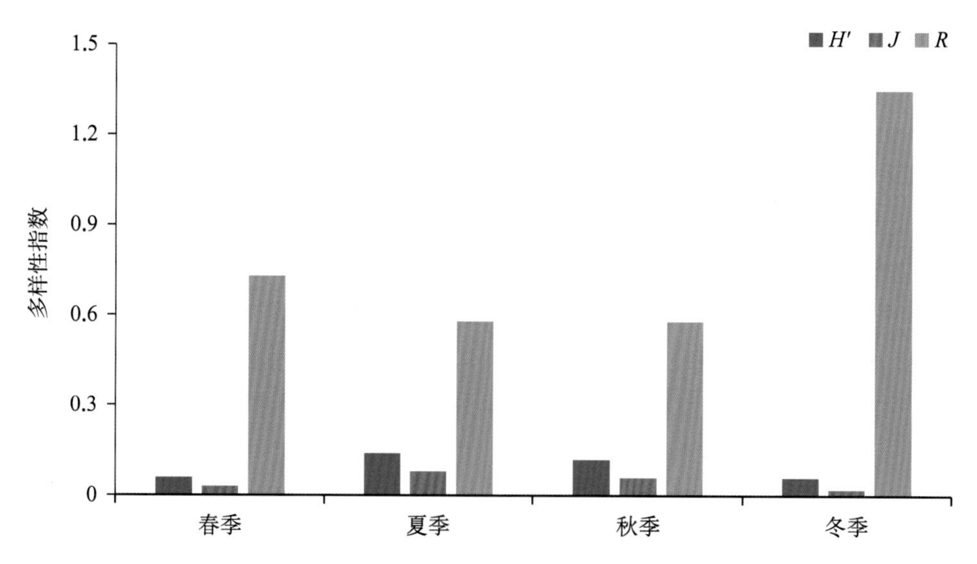

图3.3-40 长江扬州段四大家鱼国家级水产种质资源保护区浮游动物各季节多样性指数

3.3.21 长江扬中段暗纹东方鲀、刀鲚国家级水产种质资源保护区

· 群落组成

根据本次调查，共鉴定浮游动物4门14属21种，种类组成以桡足动物为主、占总数的28.57%，其余种类次之、各占总数的23.81%。各季节的种类组成详见表3.3-21。

· 优势种

据现行通用标准，以优势度指数$Y>0.02$为优势

表 3.3-21 长江扬中段暗纹东方鲀、刀鲚国家级水产种质资源保护区浮游动物分类统计表

门 类	春 季			夏 季			秋 季			冬 季		
	属	种	%	属	种	%	属	种	%	属	种	%
原生动物门	—	—	—	1	1	8.33	4	4	100.0	—	—	—
轮虫动物门	—	—	—	3	5	41.67	—	—	—	—	—	—
枝角动物门	1	1	33.33	—	—	—	—	—	—	3	5	62.50
桡足动物门	2	2	66.67	4	6	50.00	—	—	—	3	3	37.50
合 计	3	3	100	8	12	100	4	4	100	6	8	100

种，调查结果显示，夏季种类数最多，主要优势种有原生动物的长筒似铃壳虫；轮虫类的裂足臂尾轮虫、螺形龟甲轮虫、镰状臂尾轮虫、萼花臂尾轮虫和针簇多肢轮虫。春季优势种类有枝角类的长额象鼻溞；桡足类的无节幼体。秋季优势种类主要有原生动物的雷殿似铃壳虫。冬季优势种类包括枝角类的长额象鼻溞和简弧象鼻溞；桡足类的无节幼体、广布中剑水蚤和近邻剑水蚤。

· 现存量

春季长江扬中段浮游动物密度变化范围为2.25 ～ 10.5 ind./L，平均密度为6 ind./L，生物量均值为0.10 mg/L；夏季浮游动物密度变化范围为0 ～ 439.5 ind./L，平均密度为149.0 ind./L，生物量均值为0.20 mg/L；秋季浮游动物密度变化范围为0.1 ～ 100.6 ind./L，平均密度为33.62 ind./L，生物量均值为0.004 mg/L；冬季浮游动物密度变化范围为0.33 ～ 8.33 ind./L，平均密度为4.59 ind./L，生物量均值为0.03 mg/L。各季节浮游动物密度和生物量见图3.3-41。

· 群落多样性

长江扬中段春季Shannon-Wiener多样性指数（H'）范围为0.00 ～ 0.01，平均为0.01；Pielou均匀度指数（J）范围为0.00 ～ 0.01，平均为0.00；Margalef丰富度指数（R）范围为0.44 ～ 0.44，平均为0.44。夏季H'范围为0.00 ～ 0.25，平均为0.09；J范围为0.00 ～ 0.10，平均为0.03；R范围为0.11 ～ 1.30，平均为0.62。秋季H'范围为0.00 ～ 0.06，平均为0.02；J范围为0.00 ～ 0.04，平均为0.01；R范围为0.33 ～ 0.33，平均为0.33。冬季H'范围为0.00 ～ 0.01，平均为

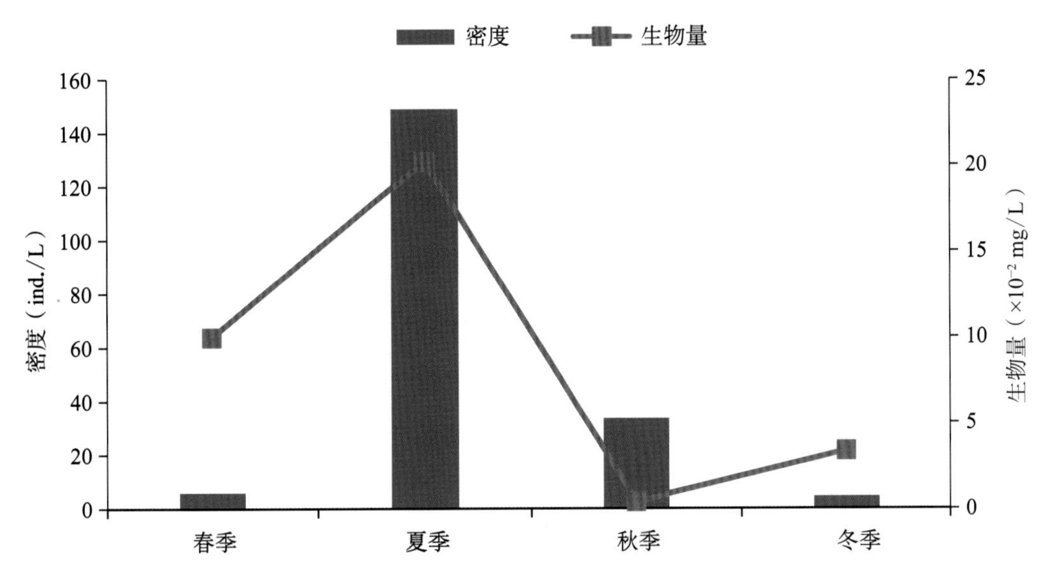

图3.3-41 长江扬中段暗纹东方鲀、刀鲚国家级水产种质资源保护区各季节浮游动物密度和生物量

0.01；*J*范围为0.00 ～ 0.00，平均为0.00；*R*范围为0.11 ～ 0.76，平均为0.44。

四个季节Shannon-Wiener多样性指数（*H'*）和Pielou均匀度指数（*J*）夏季较高，春季和冬较低；Margalef丰富度指数（*R*）夏季较高，秋季较低（图3.3-42）。

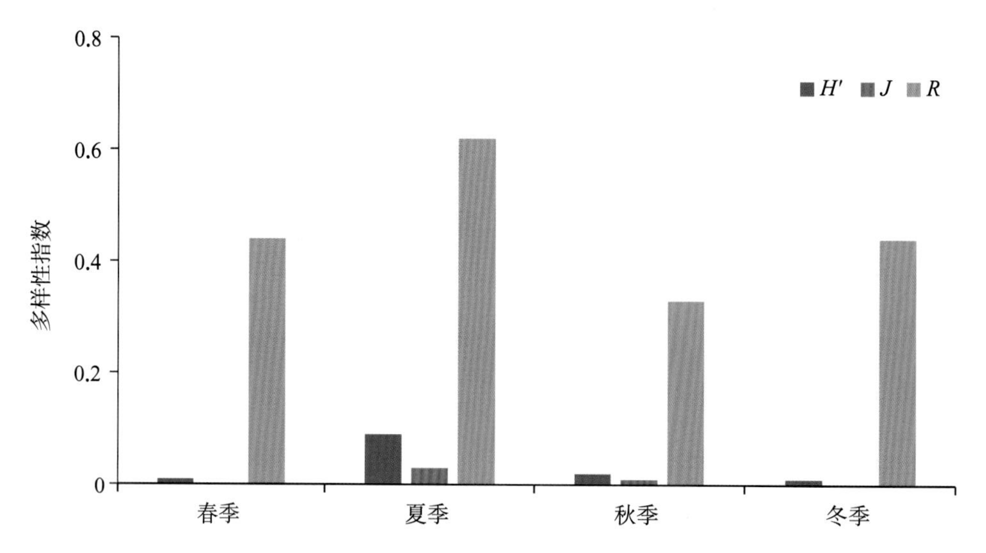

图3.3-42 长江扬中段暗纹东方鲀、刀鲚国家级水产种质资源保护区浮游动物各季节多样性指数

3.3.22 长江靖江段中华绒螯蟹鳜鱼国家级水产种质资源保护区

· 群落组成

根据本次调查，共鉴定浮游动物4门21属26种，种类组成以原生动物为主、占总种类数的38.46%，桡足类次之、占总数的30.77%。各季节的种类组成详见表3.3-22。

· 优势种

据现行通用标准，以优势度指数*Y* > 0.02为优势种，调查结果显示，秋季种类数最多，主要优势种有原生动物的镨形似铃壳虫、王氏似铃壳虫、湖沼砂壳虫、淡水薄铃虫、瓶砂壳虫和钟虫；轮虫类的螺形龟甲轮虫。春季优势种类全为轮虫类，主要包括针簇多肢轮虫和聚花轮虫。夏季优势种类主要有枝角类的简弧象鼻溞和微型裸腹溞；桡足类的近邻剑水蚤、右突新镖水蚤和台湾温剑水蚤。冬季优势种类包括原生动物的钵杵似铃壳虫、恩茨似铃壳虫、长筒似铃壳虫和盘状表壳虫；轮虫类的萼花臂尾轮虫。

· 现存量

春季长江靖江段浮游动物密度变化范围为32.25 ～ 125.2 5 ind./L，平均密度为83.25 ind./L，生

表3.3-22 长江靖江段中华绒螯蟹鳜鱼国家级水产种质资源保护区浮游动物分类统计表

门 类	春 季			夏 季			秋 季			冬 季		
	属	种	%	属	种	%	属	种	%	属	种	%
原生动物门	—	—	—	—	—	—	4	6	50.00	2	4	44.44
轮虫动物门	2	2	33.33	—	—	—	2	2	16.67	1	1	11.11
枝角动物门	—	—	—	2	2	40.00	1	1	8.33	—	—	—
桡足动物门	4	4	66.67	3	3	60.00	3	3	25.00	4	4	44.44
合 计	6	6	100	5	5	100	10	12	100	7	9	100

物量均值为0.11 mg/L；夏季浮游动物密度变化范围为0 ～ 6.75 ind./L，平均密度为2.25 ind./L，生物量均值为0.02 mg/L；秋季浮游动物密度变化范围为61.5 ～ 200.1 ind./L，平均密度为122.55 ind./L，生物量均值为0.07 mg/L；冬季浮游动物密度变化范围为0.33 ～ 51.53 ind./L，平均密度为26.2 ind./L，生物量均值为0.008 mg/L。各季节浮游动物密度和生物量见图3.3-43。

· 群落多样性

长江靖江段春季Shannon-Wiener多样性指数（H'）范围为0.02 ～ 0.07，平均为0.05；Pielou均匀度指数（J）范围为0.01 ～ 0.05，平均为0.03；Margalef丰富度指数（R）范围为0.33 ～ 0.44，平均为0.40。夏季H'范围为0.00 ～ 0.01，平均为0.00；J范围为0.00 ～ 0.00，平均为0.00；R范围为0.11 ～ 0.66，平均为0.29。秋季H'范围为0.04 ～ 0.12，平均为0.08；J范围为0.02 ～ 0.08，平均为0.05；R范围为0.44 ～ 0.87，平均为0.58。冬季H'范围为0.00 ～ 0.04，平均为0.02；J范围为0.00 ～ 0.02，平均为0.01；R范围为0.11 ～ 0.55，平均为0.33。

四个季节Shannon-Wiener多样性指数（H'）和Margalef丰富度指数（R）均为秋季较高，夏季较低；Pielou均匀度指数（J）秋季较高，夏季较低（图3.3-44）。

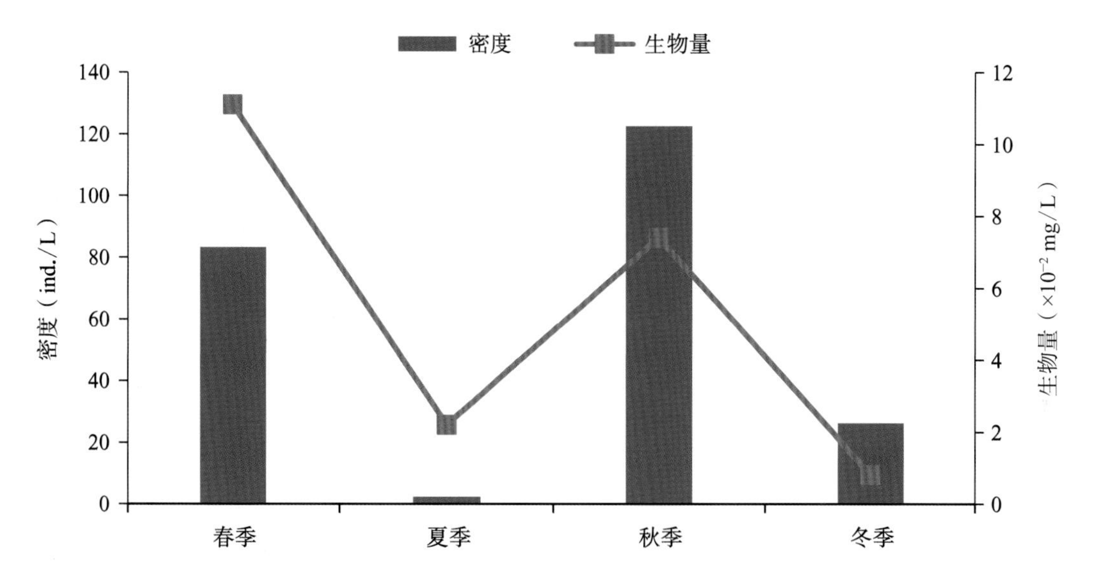

图3.3-43　长江靖江段中华绒螯蟹鳜鱼国家级水产种质资源保护区各季节浮游动物密度和生物量

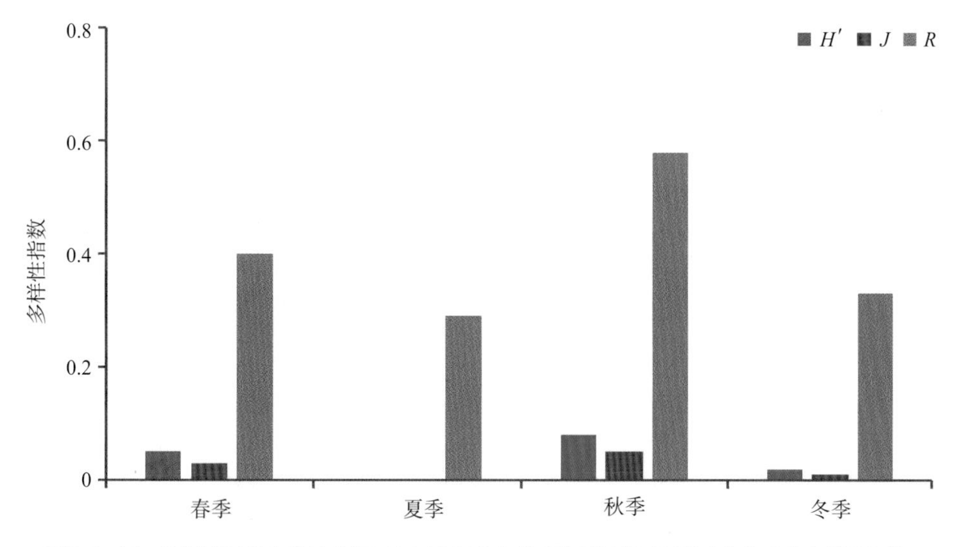

图3.3-44　长江靖江段中华绒螯蟹鳜鱼国家级水产种质资源保护区浮游动物各季节多样性指数

3.3.23 长江如皋段刀鲚国家级水产种质资源保护区

· 群落组成

根据本次调查，共鉴定浮游动物4门21属34种，种类组成以原生动物为主、占总数的29.41%，桡足类次之、占总数的30.77%。各季节的种类组成详见表3.3-23。

· 优势种

据现行通用标准，以优势度指数 $Y > 0.02$ 为优势种，调查结果显示，秋季种类数最多，主要优势种有原生动物的盘状表壳虫、钟虫、瓶砂壳虫、尖顶砂壳虫、王氏似铃壳虫和乳头砂壳虫。春季优势种类全为轮虫类，主要包括萼花臂尾轮虫、矩形龟甲轮虫和聚花轮虫。夏季优势种类主要有原生动物类的湖沼砂壳虫、长筒似铃壳虫、球砂壳虫和江苏拟铃壳虫；桡足类的台湾温剑水蚤。冬季优势种类为原生动物的盘状表壳虫、钟虫、瓶砂壳虫、尖顶砂壳虫、王氏似铃壳虫和乳头砂壳虫。

· 现存量

春季长江如皋段浮游动物密度变化范围为90.75 ～ 270.75 ind./L，平均密度为170.75 ind./L，生物量均值为0.13 mg/L；夏季浮游动物密度变化范围为48.75 ～ 121.50 ind./L，平均密度为90.00 ind./L，生物量均值为0.02 mg/L；秋季浮游动物密度变化范围为0 ～ 61.50 ind./L，平均密度为36.03 ind./L，生物量均值为0.08 mg/L；冬季浮游动物密度变化范围为400.34 ～ 1 030.70 ind./L，平均密度为655.10 ind./L，生物量均值为0.01 mg/L。各季节浮游动物密度和生物量见图3.3-45。

表3.3-23 长江如皋段刀鲚国家级水产种质资源保护区浮游动物分类统计表

门类	春季			夏季			秋季			冬季		
	属	种	%	属	种	%	属	种	%	属	种	%
原生动物门	3	3	30	2	4	44.4	2	3	50	5	10	62.5
轮虫动物门	4	5	50	—	—	—	—	—	—	—	—	—
枝角动物门	—	—	—	—	—	—	1	1	16.7	2	2	12.5
桡足动物门	2	2	20	4	5	55.6	2	2	33.3	4	4	25
合计	9	10	100	6	9	100	5	6	100	11	16	100

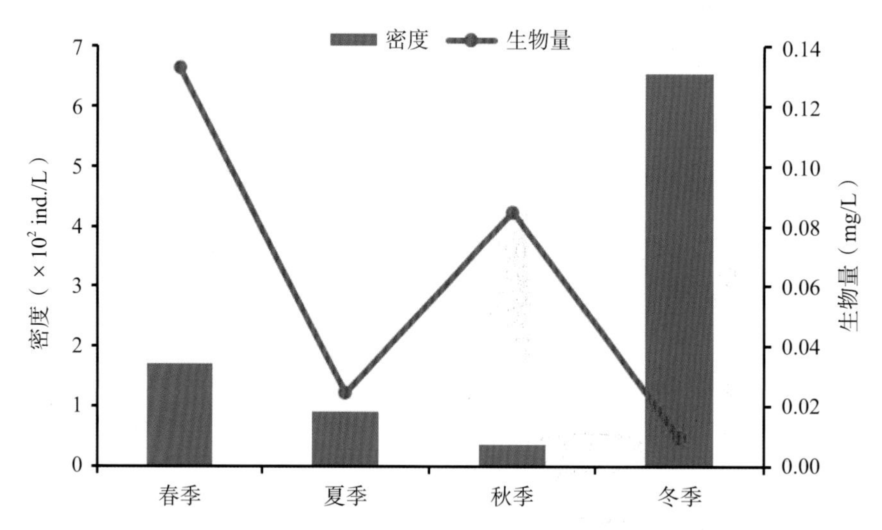

图3.3-45 长江如皋段刀鲚国家级水产种质资源保护区各季节浮游动物密度和生物量

· 群落多样性

长江如皋段春季Shannon-Wiener多样性指数（H'）范围为0.68～0.75，平均为0.72；Pielou均匀度指数（J）范围为0.34～0.42，平均为0.38；Margalef丰富度指数（R）范围为0.42～0.84，平均为0.59。夏季H'范围为0.66～0.69，平均为0.68；J范围为0.32～0.38，平均为0.36；R范围为0.52～0.73，平均为0.59。秋季H'范围为0.64～0.67，平均为0.66；J范围为0.37～0.58，平均为0.44；R范围为0.21～0.52，平均为0.42。冬季H'范围为0.23～0.49，平均为0.36；J范围为0.11～0.21，平均为0.16；R范围为0.76～0.97，平均为0.83。

四个季节Shannon-Wiener多样性指数（H'）和Margalef丰富度指数（R）均为春季较高，冬季较低；Pielou均匀度指数（J）秋季较高，冬季较低；Margalef丰富度指数（R）冬季较高，秋季较低（图3.3-46）。

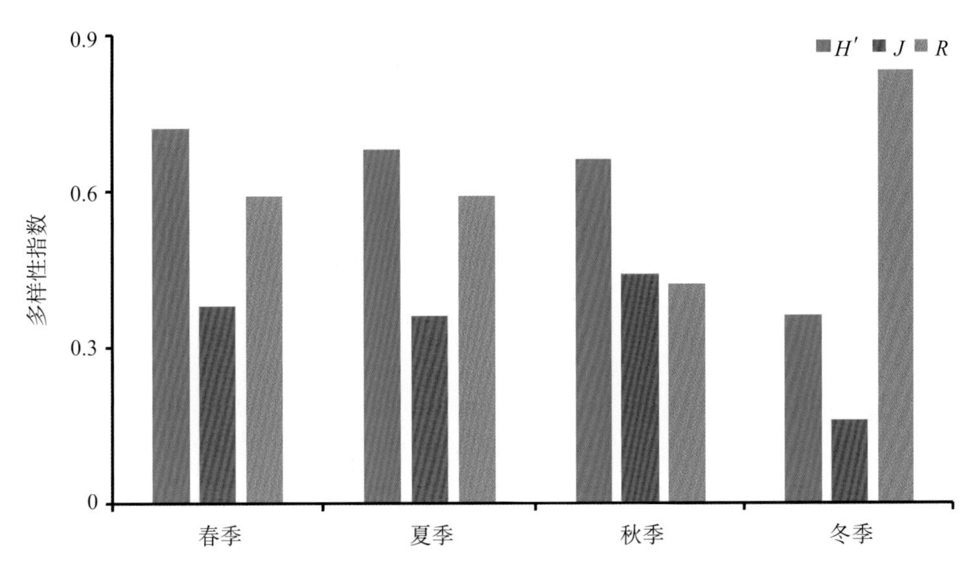

图3.3-46　长江如皋段刀鲚国家级水产种质资源保护区浮游动物各季节多样性指数

3.3.24 淀山湖河蚬翘嘴红鲌国家级水产种质资源保护区

· 群落组成

根据本次调查，共鉴定浮游动物4门38属75种，种类组成以轮虫动物为主、占总数的34.67%，原生动物次之、占总数的28%。各季节的种类组成详见表3.3-24。

· 优势种

据现行通用标准，以优势度指数$Y > 0.02$为优势种，调查结果显示，冬季种类数最多，主要优势种有原生动物的纤毛虫、淡水薄铃虫、江苏拟铃壳虫和雷

表3.3-24　淀山湖河蚬翘嘴红鲌国家级水产种质资源保护区浮游动物分类统计表

门类	春季			夏季			秋季			冬季		
	属	种	%	属	种	%	属	种	%	属	种	%
原生动物门	5	10	32.26	4	8	27.59	6	13	26.53	8	17	34.00
轮虫动物门	9	15	48.39	5	8	27.59	10	17	34.69	6	11	22.00
枝角动物门	1	2	6.45	3	5	17.24	4	8	16.33	5	8	16.00
桡足动物门	4	4	12.90	6	8	27.59	7	11	22.45	8	14	28.00
合计	19	31	100	18	29	100	27	49	100	27	50	100

殿拟铃壳虫；轮虫类的裂痕鬼纹轮虫、裂足臂尾轮虫、曲腿龟甲轮虫、螺形龟甲轮虫和针簇多肢轮虫。春季优势种类全为轮虫类，主要包括角突臂尾轮虫、萼花臂尾轮虫、迈氏三肢轮虫、螺形龟甲轮虫、矩形龟甲轮虫和针簇多肢轮虫。夏季优势种类主要有原生动物的淡水薄铃虫和长筒拟铃壳虫；轮虫类的螺形龟甲轮虫和针簇多肢轮虫。秋季优势种类包括原生动物的纤毛虫、淡水薄铃虫、江苏拟铃壳虫和雷殿拟铃壳虫；轮虫类的裂痕鬼纹轮虫、裂足臂尾轮虫、曲腿龟甲轮虫、螺形龟甲轮虫和针簇多肢轮虫。

· 现存量

春季淀山湖河蚬翘嘴红鲌国家级水产种质资源保护区浮游动物密度变化范围为0.00 ～ 5 438.25 ind./L，平均密度为2 320.58 ind./L，生物量均值为2.51 mg/L；夏季浮游动物密度变化范围为22.41 ～ 1 961.25 ind./L，平均密度为542.23 ind./L，生物量均值为0.44 mg/L；秋季浮游动物密度变化范围为1 091.25 ～ 3 897.75 ind./L，平均密度为2 466.46 ind./L，生物量均值为1.80 mg/L。冬季浮游动物密度变化范围为290.14 ～ 1 618.52 ind./L，平均密度为670.32 ind./L，生物量均值为0.75 mg/L。各季节浮游动物密度和生物量见图3.3–47。

· 群落多样性

春季淀山湖河蚬翘嘴红鲌国家级水产种质资源保护区Shannon–Wiener多样性指数（H'）范围为0.00 ～ 2.06，平均为1.40；Pielou均匀度指数（J）范围为0.00 ～ 0.76，平均为0.57；Margalef丰富度指数（R）范围为0.00 ～ 2.09，平均为1.26。夏季H'范围为0.35 ～ 1.78，平均为1.02；J范围为0.20 ～ 0.73，平均为0.53；R范围为0.64 ～ 1.98，平均为1.13。秋季H'范围为1.40 ～ 2.59，平均为2.06；J范围为0.58 ～ 0.83，平均为0.69；R范围为1.43 ～ 3.20，平均为2.47。冬季H'范围为1.60 ～ 2.20，平均为2.02；J范围为0.41 ～ 0.59，平均为0.49；R范围为1.76 ～ 2.94，平均为2.34。

四个季节Shannon–Wiener多样性指数（H'）秋季较高，春季较低；Pielou均匀度指数（J）冬季较高，夏季较低；Margalef丰富度指数（R）秋季较高，夏季较低（图3.3–48）。

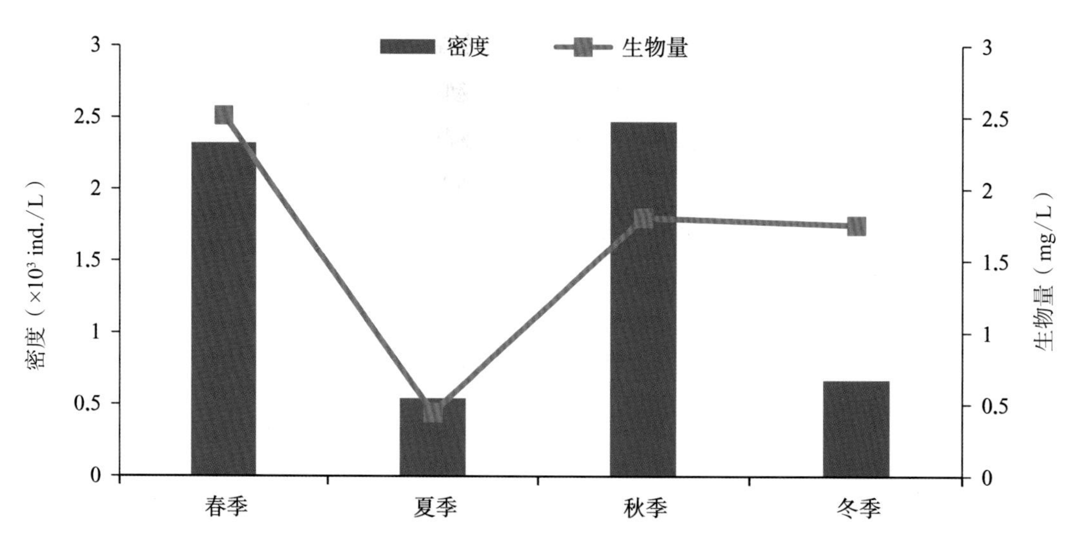

图3.3–47 淀山湖河蚬翘嘴红鲌国家级水产种质资源保护区各季节浮游动物密度和生物量

3.3.25 阳澄湖中华绒螯蟹国家级水产种质资源保护区

· 群落组成

根据本次调查，共鉴定浮游动物25属47种，轮虫种类数最多、占总数的44.68%，其次为原生动物、占总数的21.28%。各季的种类组成详见表3.3–25。

· 优势种

据现行通用标准，以优势度指数$Y > 0.02$为优势种，调查结果显示，春季种类最多，主要优势种有轮虫类的晶囊轮虫、萼花臂尾轮虫、螺形龟甲轮虫。夏季优势种类主要有轮虫类的萼花臂尾轮虫、裂足臂尾

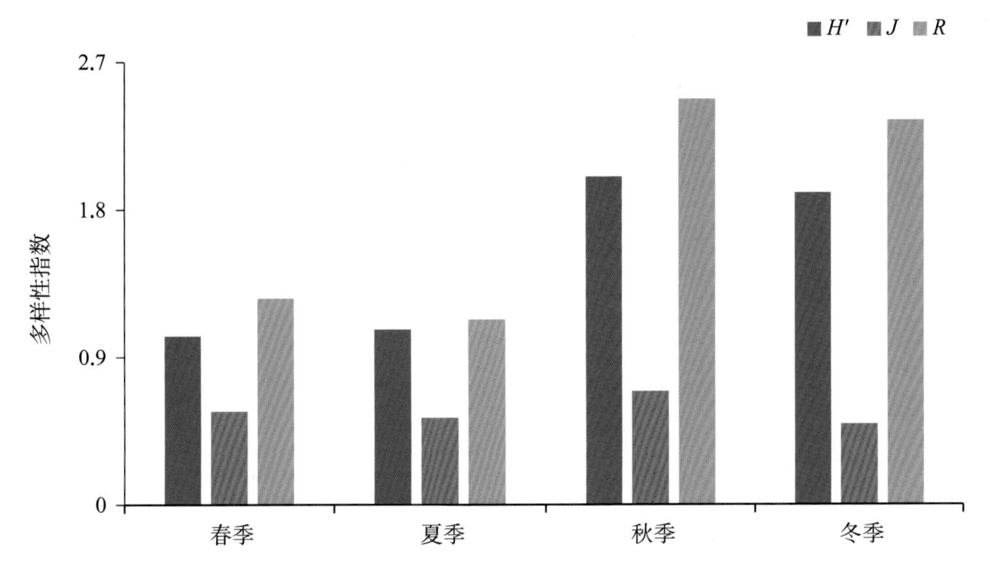

图3.3-48 淀山湖河蚬翘嘴红鲌国家级水产种质资源保护区浮游动物各季节多样性指数

表3.3-25 阳澄湖中华绒螯蟹国家级水产种质资源保护区浮游动物分类统计表

门 类	春 季			夏 季			秋 季			冬 季		
	属	种	%	属	种	%	属	种	%	属	种	%
原生动物门	2	2	10.00	—	—	—	—	—	—	5	5	29.41
轮虫动物门	7	11	55.00	3	5	38.46	5	7	63.64	4	8	47.06
枝角动物门	1	2	10.00	4	5	38.46	1	1	9.09	1	1	5.88
桡足动物门	5	5	25.00	3	3	23.08	3	3	27.27	3	3	17.65
合 计	15	20	100	10	13	100	9	11	100	13	17	100

轮虫。秋季优势种类主要有轮虫类的萼花臂尾轮虫、长三肢轮虫、迈氏三肢轮虫、螺形龟甲轮虫、针簇多肢轮虫、等刺异尾轮虫。冬季优势种类为原生动物的瓶累枝虫；轮虫类的萼花臂尾轮虫、螺形龟甲轮虫、矩形龟甲轮虫、真翅多肢轮虫、针簇多肢轮虫。

· 现存量

春季阳澄湖中华绒螯蟹国家级水产种质资源保护区浮游动物密度变化范围为3 483.75 ~ 13 807.50 ind./L，平均密度为8 714.50 ind./L；生物量均值为10.59 mg/L。夏季浮游动物密度变化范围为359.25 ~ 1 214.25 ind./L，平均密度为652.25 ind./L；生物量均值为1.02 mg/L。秋季浮游动物密度变化范围为123.75 ~ 770.25 ind./L，平均密度为497.25 ind./L；生物量均值为0.70 mg/L。冬季浮游动物密度变化范围为173.93 ~ 1 284.48 ind./L，平均密度为659.74 ind./L；生物量均值为0.44 mg/L。各季节浮游动物密度和生物量见图3.3-49。

· 群落多样性

春季阳澄湖中华绒螯蟹国家级水产种质资源保护区Shannon-Wiener多样性指数（H'）范围为0.58 ~ 1.10，平均为0.85；Pielou均匀度指数（J）范围为0.15 ~ 0.38，平均为0.25；Margalef丰富度指数（R）范围为0.77 ~ 1.57，平均为1.07。夏季H'范围为0.57 ~ 1.38，平均为0.97；J范围为0.25 ~ 0.44，平均为0.38；R范围为0.84 ~ 1.36，平均为1.02。秋季H'范围为0.81 ~ 1.63，平均为1.11；J范围为0.41 ~ 0.75，平均为0.60；R范围为0.42 ~ 1.05，平均为0.75。冬季H'范围为0.95 ~ 1.93，平均为1.41；J范围为

0.32 ～ 0.86，平均为0.57；R范围为0.78 ～ 1.54，平均为1.14。

四个季节Shannon-Wiener多样性指数（H'）冬季较高，春季较低；Pielou均匀度指数（J）秋季较高，春季较低；Margalef丰富度指数（R）冬季较高，秋季较低（图3.3-50）。

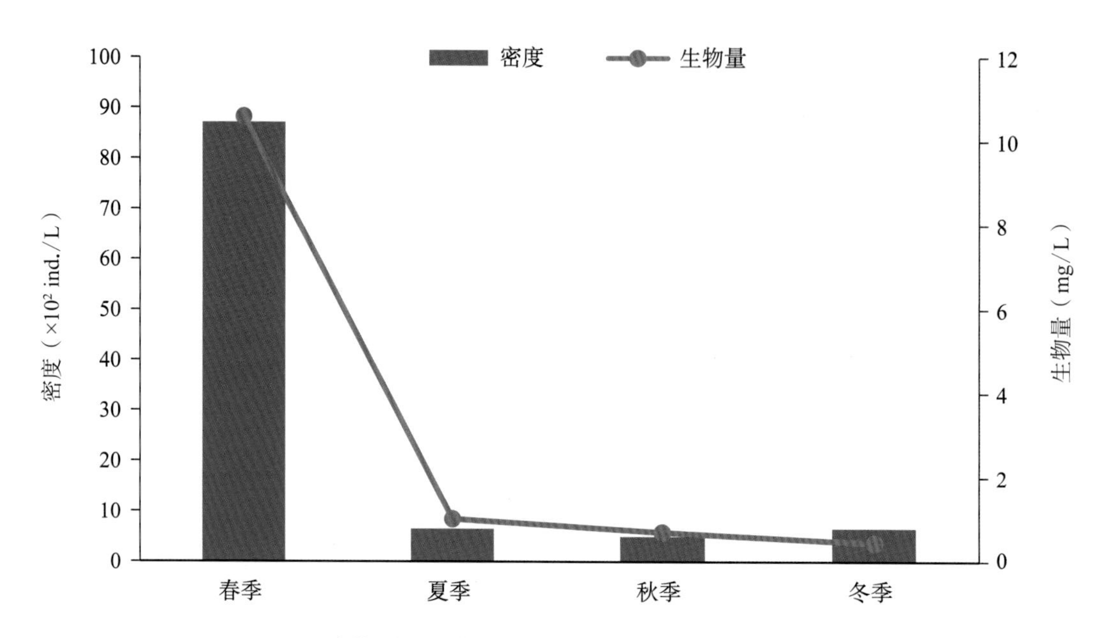

图3.3-49　阳澄湖中华绒螯蟹国家级水产种质资源保护区各季节浮游动物密度和生物量

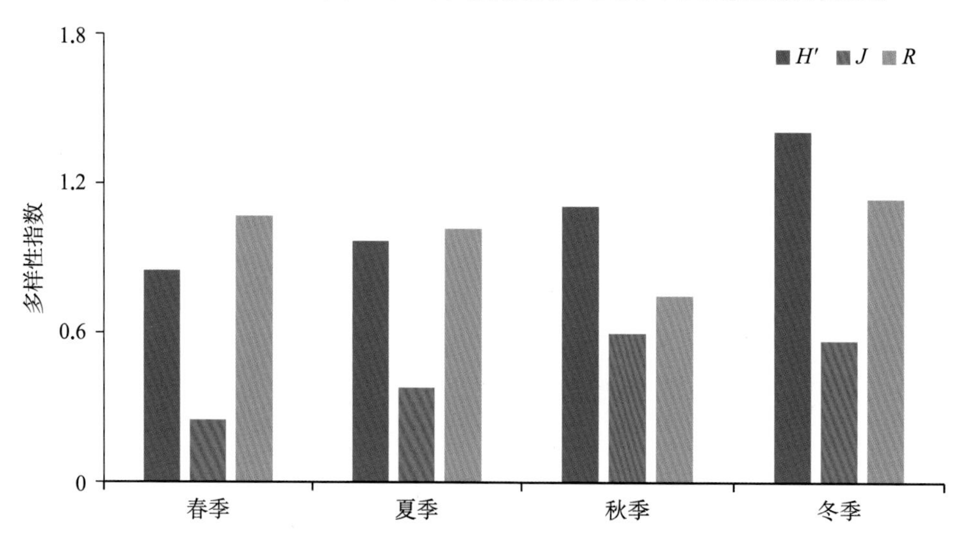

图3.3-50　阳澄湖中华绒螯蟹国家级水产种质资源保护区浮游动物各季节多样性指数

3.3.26　长漾湖国家级水产种质资源保护区

• 群落组成

根据本次调查，共鉴定浮游动物36属83种，原生动物种类数最多、占总数的28.92%，其次为轮虫类、占总数的27.71。各季的种类组成详见表3.3-26。

• 优势种

据现行通用标准，以优势度指数$Y > 0.02$为优势种，调查结果显示，秋季种类最多，主要优势种有原生动物的纤毛虫、球砂壳虫、湖沼砂壳虫、淡水薄铃虫、江苏似铃壳虫、长筒似铃壳虫和镰形似铃壳虫。春季优势种类主要有原生动物的长筒似铃壳虫和萼花臂尾轮虫；轮虫类的针簇多肢轮虫。夏季优势种类主要有原生动物的长筒似铃壳虫和钵杵似铃壳虫；轮虫类的螺形龟甲轮虫和针簇多肢轮虫。冬季优势种类为原生动物的长筒似铃壳虫和钟虫属一种；轮虫类的螺

表 3.3–26 长漾湖国家级水产种质资源保护区浮游动物分类统计表

门 类	春 季			夏 季			秋 季			冬 季		
	属	种	%	属	种	%	属	种	%	属	种	%
原生动物门	5	9	25.71	6	14	35.00	9	18	29.03	5	12	30.77
轮虫动物门	5	10	28.57	4	11	27.50	8	13	20.97	6	9	23.08
枝角动物门	2	3	8.57	3	5	12.50	8	14	22.58	2	6	15.38
桡足动物门	7	13	37.14	6	10	25.00	8	17	27.42	6	12	30.77
合 计	19	35	100	19	40	100	33	62	100	19	39	100

形龟甲轮虫和晶囊轮虫属一种。

· 现存量

春季长漾湖国家级水产种质资源保护区浮游动物密度变化范围为261.00 ～ 3 195.75 ind./L，平均密度为1 568.00 ind./L；生物量均值为1.67 mg/L。夏季浮游动物密度变化范围为535.59 ～ 5 683.27 ind./L，平均密度为1 692.32 ind./L；生物量均值为1.42 mg/L。秋季浮游动物密度变化范围为1 153.50 ～ 4 843.35 ind./L，平均密度为2 429.02 ind./L；生物量均值为1.73 mg/L。冬季浮游动物密度变化范围为0.83 ～ 681.28 ind./L，平均密度为231.53 ind./L；生物量均值为0.15 mg/L。各季节浮游动物密度和生物量见图3.3–51。

· 群落多样性

春季长漾湖国家级水产种质资源保护区Shannon-Wiener多样性指数（H'）范围为0.71 ～ 1.92，平均为1.24；Pielou均匀度指数（J）范围为0.25 ～ 0.73，平均为0.50；Margalef丰富度指数（R）范围为1.07 ～ 2.18，平均为1.60。夏季H'范围为1.39 ～ 2.05，平均为1.77；J范围为0.51 ～ 0.73，平均为0.62；R范围为1.27 ～ 2.85，平均为2.35。秋季H'范围为1.09 ～ 2.77，平均为1.74；J范围为0.39 ～ 0.90，平均为0.59；R范围为1.27 ～ 3.61，平均为2.38。冬季H'范围为0.08 ～ 2.01，平均为1.28；J范围为0.28 ～ 0.81，平均为0.48；R范围为0.00 ～ 2.76，平均为1.65。

四个季节Shannon-Wiener多样性指数（H'）和Margalef丰富度指数（R）均为夏季较高，春季较低；Pielou均匀度指数（J）夏季较高，冬季较低（图3.3–52）。

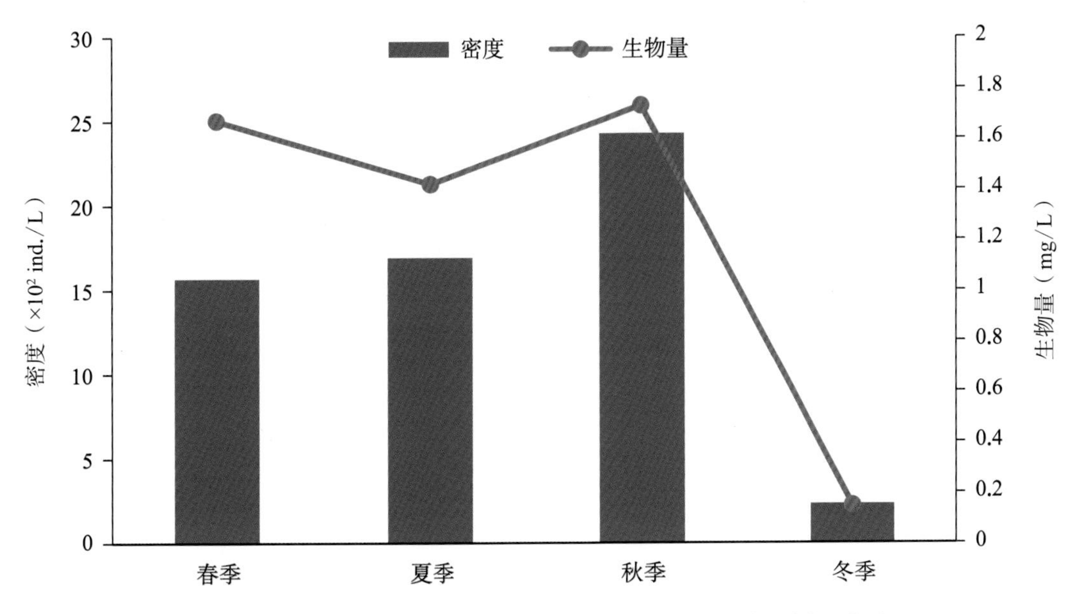

图3.3–51 长漾湖国家级水产种质资源保护区各季节浮游动物密度和生物量

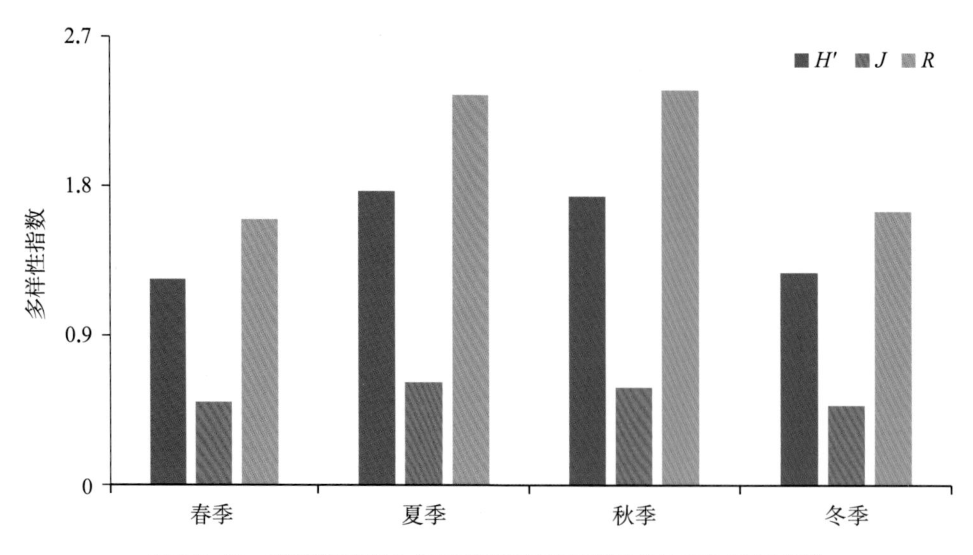

图3.3-52　长漾湖国家级水产种质资源保护区浮游动物各季节多样性指数

3.3.27　宜兴团氿东氿翘嘴红鲌国家级水产种质资源保护区

· 群落组成

根据本次调查，共鉴定浮游动物29属60种，种类组成以轮虫动物为主、占总数的31.67%，桡足动物类次之、占总数的26.67%。各季的种类组成详见表3.3-27。

· 优势种

据现行通用标准，以优势度指数 $Y > 0.02$ 为优势种，调查结果显示，秋季种类最多，主要优势种有原生动物的淡水薄铃虫、江苏拟铃壳虫和王氏拟铃壳虫；轮虫类的萼花臂尾轮虫和针簇多肢轮虫；枝角类的长额象鼻溞。春季优势种类主要有原生动物的太阳虫和长筒拟铃壳虫；轮虫类的晶囊轮虫、角突臂尾轮虫、萼花臂尾轮虫、长三肢轮虫、曲腿龟甲轮虫和螺形龟甲轮虫。夏季优势种类主要有原生动物的长筒拟铃壳虫；轮虫类的萼花臂尾轮虫、尾突臂尾轮虫和曲腿龟甲轮虫；枝角类的简弧象鼻溞和长额象鼻溞；桡足类的无节幼体和广布中剑水蚤。冬季优势种类为原生动物的钵杵拟铃壳虫；轮虫类的迈氏三肢轮虫、真翅多肢轮虫、壶状臂尾轮虫、角突臂尾轮虫和萼花臂尾轮虫。

· 现存量

春季宜兴团氿东氿翘嘴红鲌国家级水产种质资源保护区浮游动物密度变化范围为993.00～3 150.00 ind./L，平均密度为1 719.17 ind./L，生物量均值为1.52 mg/L；夏季东氿团氿浮游动物密度变化

表3.3-27　宜兴团氿东氿翘嘴红鲌国家级水产种质资源保护区浮游动物分类统计表

门　类	春　季			夏　季			秋　季			冬　季		
	属	种	%	属	种	%	属	种	%	属	种	%
原生动物门	6	6	28.57	2	3	9.38	6	11	26.83	3	5	19.23
轮虫动物门	7	11	52.38	6	11	34.38	5	12	29.27	5	10	38.46
枝角动物门	2	2	9.52	5	8	25.00	4	7	17.07	1	2	7.69
桡足动物门	2	2	9.52	6	10	31.25	6	11	26.83	6	9	34.62
合　计	17	21	100	19	32	100	21	41	100	15	26	100

范围为19.50 ~ 423.75 ind./L，平均密度为162.74 ind./L，生物量均值为0.53 mg/L；秋季东氿团氿浮游动物密度变化范围为501.78 ~ 2 796.51 ind./L，平均密度为1 122.89 ind./L，生物量均值为3.52 mg/L；冬季东氿团氿浮游动物密度变化范围为1.33 ~ 482.27 ind./L，平均密度为161.69 ind./L，生物量均值为0.17 mg/L。各季节浮游动物密度和生物量见图3.3-53。

· 群落多样性

春季宜兴团氿东氿翘嘴红鲌国家级水产种质资源保护区Shannon-Wiener多样性指数（H'）范围为1.72 ~ 2.19，平均为1.94；Pielou均匀度指数（J）范围为0.73 ~ 0.88，平均为0.81；Margalef丰富度指数（R）范围为0.98 ~ 1.62，平均为0.38。夏季H'范围为1.09 ~ 2.03，平均为1.61；J范围为0.52 ~ 0.97，平均为0.72；R范围为1.40 ~ 2.60，平均为1.84。秋季H范围为1.14 ~ 2.23，平均为1.85；J范围为0.58 ~ 0.84，平均为0.70；R范围为0.93 ~ 2.87，平均为2.02。冬季H范围为0.77 ~ 2.13，平均为1.37；J范围为0.36 ~ 0.94，平均为0.67；R范围为0.63 ~ 7.01，平均为2.37。

四个季节Shannon-Wiener多样性指数（H'）和Pielou均匀度指数（J）均为春季较高，冬季较低；Margalef丰富度指数（R）冬季较高，春季较低（图3.3-54）。

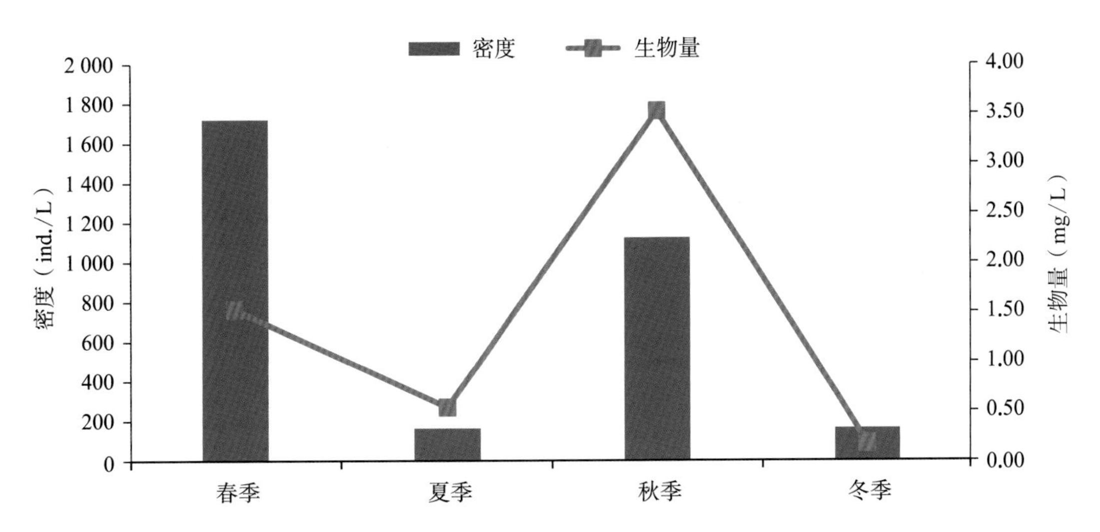

图3.3-53 宜兴团氿东氿翘嘴红鲌国家级水产种质资源保护区各季节浮游动物密度和生物量

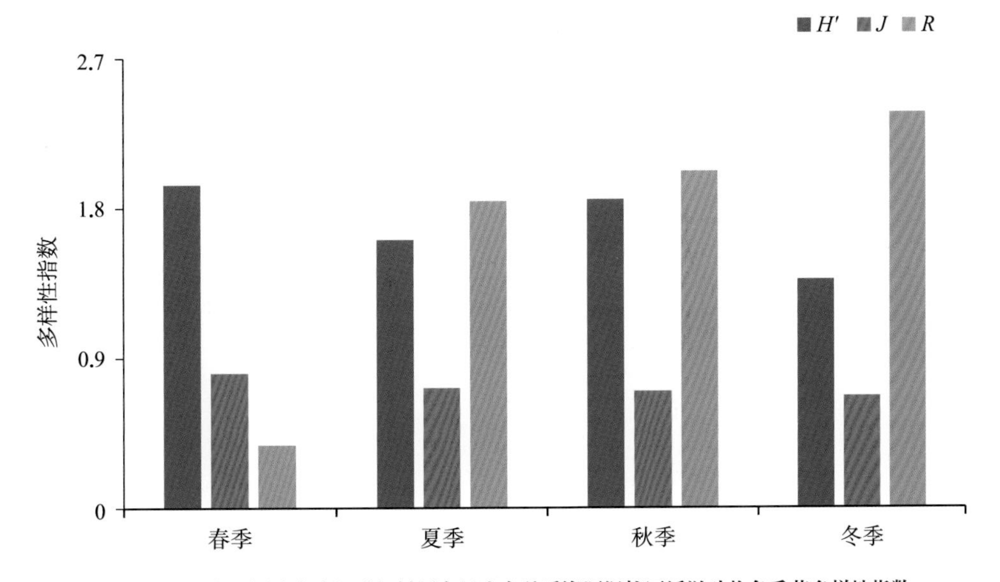

图3.3-54 宜兴团氿东氿翘嘴红鲌国家级水产种质资源保护区浮游动物各季节多样性指数

3.3.28 长荡湖国家级水产种质资源保护区

· 群落组成

根据本次调查，共鉴定浮游动物39属75种，轮虫种类数最多、占总数的37.33%。其次为原生动物、占总数的25.33%。各季的种类组成详见表3.3-28。

· 优势种

据现行通用标准，以优势度指数 $Y > 0.02$ 为优势种，调查结果显示，夏季种类最多，主要优势种有原生动物的橡子砂壳虫、睫杵虫和恩茨筒壳虫；轮虫类的剪形臂尾轮虫、多态胶鞘轮虫、猪吻轮虫、曲腿龟甲轮虫、小多肢轮虫、针簇多肢轮虫、暗小异尾轮虫、罗氏异尾轮虫、等刺异尾轮虫、异尾轮虫。春季优势种类主要有轮虫类的裂痕龟纹轮虫、萼花臂尾轮虫、针簇多肢轮虫。秋季优势种类主要有原生动物的纤毛虫、湖沼砂壳虫、淡水薄铃虫、江苏似铃壳虫、中华似铃壳虫；轮虫类晶囊轮虫、萼花臂尾轮虫、螺形龟甲轮虫、针簇多肢轮虫。冬季优势种类为原生动物的瓶砂壳虫、雷殿似铃壳虫、长筒似铃壳虫；轮虫类的晶囊轮虫、角突臂尾轮虫、萼花臂尾轮虫、螺形龟甲轮虫、针簇多肢轮虫。

· 现存量

春季长荡湖国家级水产种质资源保护区浮游动物密度变化范围为130.50 ～ 423.00 ind./L，平均密度为236.00 ind./L；生物量均值为0.34 mg/L。夏季浮游动物密度变化范围为4 507.15 ～ 10 610.65 ind./L，平均密度为7 741.73 ind./L；生物量均值为8.00 mg/L。秋季浮游动物密度变化范围为1 327.50 ～ 2 613.00 ind./L，平均密度为1 801.00 ind./L；生物量均值为1.61 mg/L。冬季浮游动物密度变化范围为2 329.69 ～ 8 823.63 ind./L，平均密度为4 635.92 ind./L；生物量均值为2.45 mg/L。各季节浮游动物密度和生物量见图3.3-55。

表3.3-28 长荡湖国家级水产种质资源保护区浮游动物分类统计表

门　类	春　季			夏　季			秋　季			冬　季		
	属	种	%	属	种	%	属	种	%	属	种	%
原生动物门	—	—	—	5	6	13.95	6	13	38.24	5	10	34.48
轮虫动物门	4	4	44.44	12	23	53.49	4	6	17.65	5	8	27.59
枝角动物门	2	2	22.22	6	7	16.28	3	6	17.65	3	5	17.24
桡足动物门	3	3	33.33	6	7	16.28	8	9	26.47	5	6	20.69
合　计	9	9	100	29	43	100	21	34	100	18	29	100

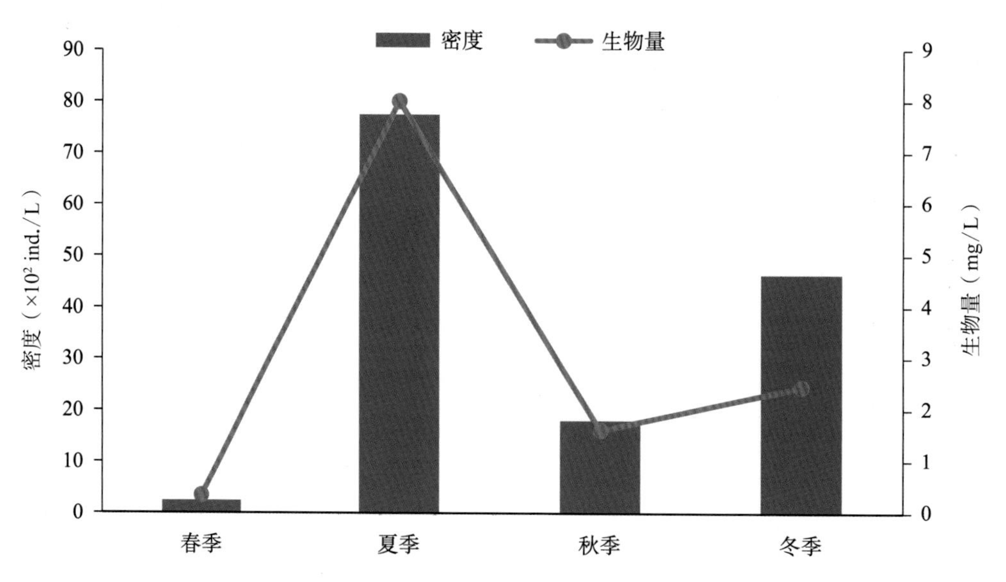

图3.3-55 长荡湖国家级水产种质资源保护区各季节浮游动物密度和生物量

· 群落多样性

春季长荡湖国家级水产种质资源保护区Shannon-Wiener多样性指数（H'）范围为0.15～1.29，平均为0.60；Pielou均匀度指数（J）范围为0.14～0.72，平均为0.37；Margalef丰富度指数（R）范围为0.40～0.83，平均为0.61。夏季H'范围为2.30～2.52，平均为2.41；J范围为0.69～0.76，平均为0.73；R范围为2.61～3.45，平均为3.02。秋季H'范围为1.81～2.28，平均为2.12；J范围为0.71～0.76，平均为0.74；R范围为1.39～3.05，平均为2.40。冬季H'范围为1.72～2.05，平均为1.86；J范围为0.60～0.73，平均为0.67；R范围为1.27～2.44，平均为2.03。

四个季节Shannon-Wiener多样性指数（H'）夏季较高，春季较低；Pielou均匀度指数（J）秋季较高，春季较低；Margalef丰富度指数（R）夏季较高，春季较低（图3.3-56）。

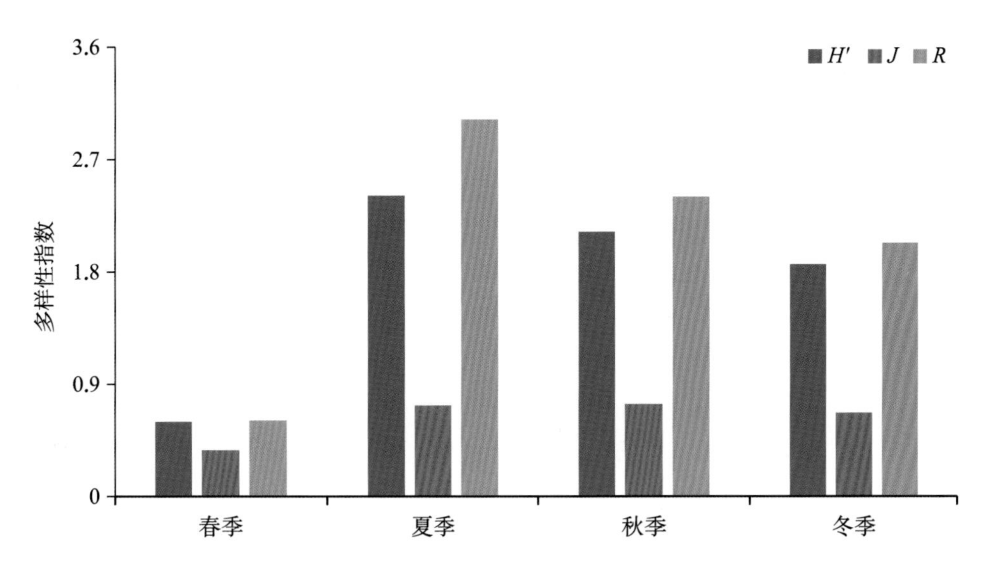

图3.3-56 长荡湖国家级水产种质资源保护区浮游动物各季节多样性指数

3.3.29 固城湖中华绒螯蟹国家级水产种质资源保护区

· 群落组成

根据本次调查，共鉴定浮游动物29属43种，轮虫类和桡足类种类数最多，各占总数的27.91%。各季的种类组成详见表3.3-29。

· 优势种

据现行通用标准，以优势度指数$Y > 0.02$为优势种，调查结果显示，冬季种类最多，主要优势种有原生动物的太阳虫和球砂壳虫；轮虫类的迈氏三肢轮虫；枝角类的盔形透明溞。春季优势种类主要有轮

表3.3-29 固城湖中华绒螯蟹国家级水产种质资源保护区浮游动物分类统计表

门 类	春 季			夏 季			秋 季			冬 季		
	属	种	%	属	种	%	属	种	%	属	种	%
原生动物门	2	3	27.27	3	5	45.45	4	4	25.00	2	2	11.11
轮虫动物门	2	3	27.27	4	4	36.36	4	4	25.00	1	1	5.56
枝角动物门	1	1	9.09	—	—	—	2	2	12.50	4	7	38.89
桡足动物门	4	4	36.36	2	2	18.18	5	6	37.50	6	8	44.44
合 计	9	11	100	9	11	100	15	16	100	13	18	100

虫类的萼花臂尾轮虫。夏季优势种类主要有原生动物的纤毛虫、淡水薄铃虫、安徽拟铃壳虫和雷殿拟铃壳虫；轮虫类的针簇多肢轮虫。秋季优势种类为原生动物的杂葫芦虫、恩茨筒壳虫和雷殿拟铃壳虫；轮虫类的裂痕鬼纹轮虫、螺形龟甲轮虫和等刺异尾轮虫。

· 现存量

春季固城湖中华绒螯蟹国家级水产种质资源保护区浮游动物密度变化范围为153.75 ～ 1 422.00 ind./L，平均密度为787.88 ind./L；生物量均值为0.91 mg/L。夏季浮游动物密度变化范围为1 833.75 ～ 2 055.30 ind./L，平均密度为1 944.53 ind./L；生物量均值为1.26 mg/L。秋季浮游动物密度变化范围为390.00 ～ 615.75 ind./L，平均密度为502.88 ind./L；生物量均值为0.74 mg/L。冬季浮游动物密度变化范围为11.50 ～ 55.19 ind./L，平均密度为33.34 ind./L；生物量均值为0.28 mg/L。各季节浮游动物密度和生物量见图3.3–57。

· 群落多样性

春季固城湖中华绒螯蟹国家级水产种质资源保护区Shannon–Wiener多样性指数（H'）范围为0.783 1 ～ 0.783 5，平均为0.78；Pielou均匀度指数（J）范围为0.34 ～ 0.57，平均为0.45；Margalef丰富度指数（R）范围为0.60 ～ 1.24，平均为0.92。夏季H'范围为1.25 ～ 1.51，平均为1.38；J范围为0.60 ～ 0.69，平均为0.64；R范围为0.93 ～ 1.05，平均为0.99。秋季H'范围为1.74 ～ 2.26，平均为2.00；J范围为0.76 ～ 0.81，平均为0.79；R范围为1.38 ～ 2.33，平均为1.85。冬季H'范围为1.19 ～ 1.34，平均为1.27；J范围为0.50 ～ 0.65，平均为0.57；R范围为1.90 ～ 2.87，平均为2.38。

四个季节Shannon–Wiener多样性指数（H'）和Pielou均匀度指数（J）均为秋季较高，春季较低；Margalef丰富度指数（R）冬季较高，春季较低（图3.3–58）。

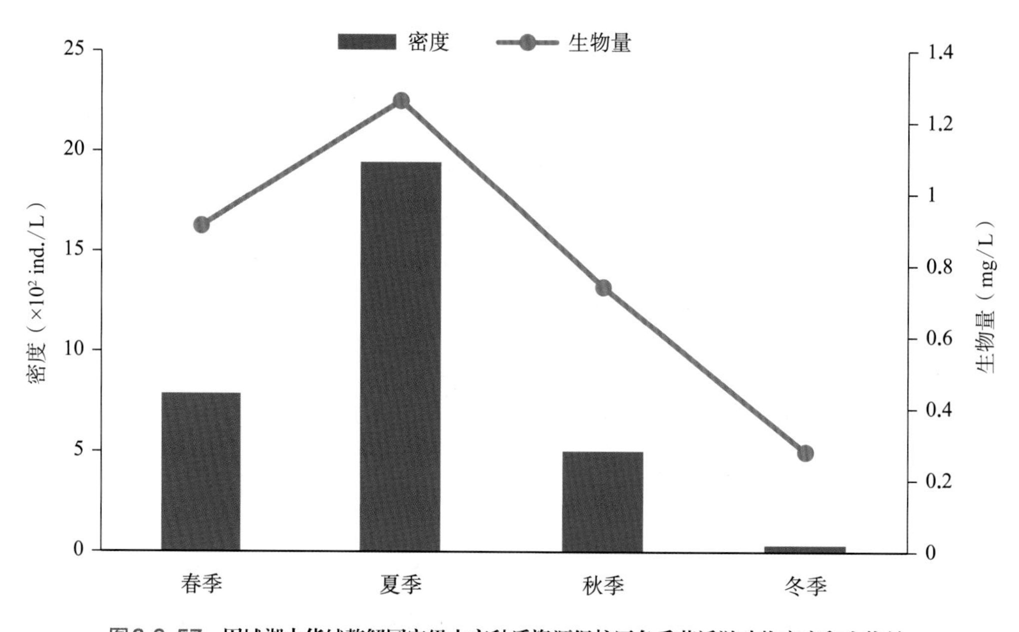

图3.3–57 固城湖中华绒螯蟹国家级水产种质资源保护区各季节浮游动物密度和生物量

3.3.30 白马湖泥鳅沙塘鳢国家级水产种质资源保护区

· 群落组成

根据本次调查，共鉴定浮游动物25属38种，种类组成以轮虫动物为主、占总数的44.74%，枝角动物门次之、占总数的21.05%。各季的种类组成详见表3.3–30。

· 优势种

据现行通用标准，以优势度指数$Y > 0.02$为优势种，调查结果显示，秋季种类最多，主要优势种有轮虫类的萼花臂尾轮虫、晶囊轮虫、螺形龟甲轮虫和针簇多肢轮虫，桡足类的无节幼体以及枝角类的长额象鼻溞。春季优势种类主要有轮虫类的晶囊轮虫、螺形

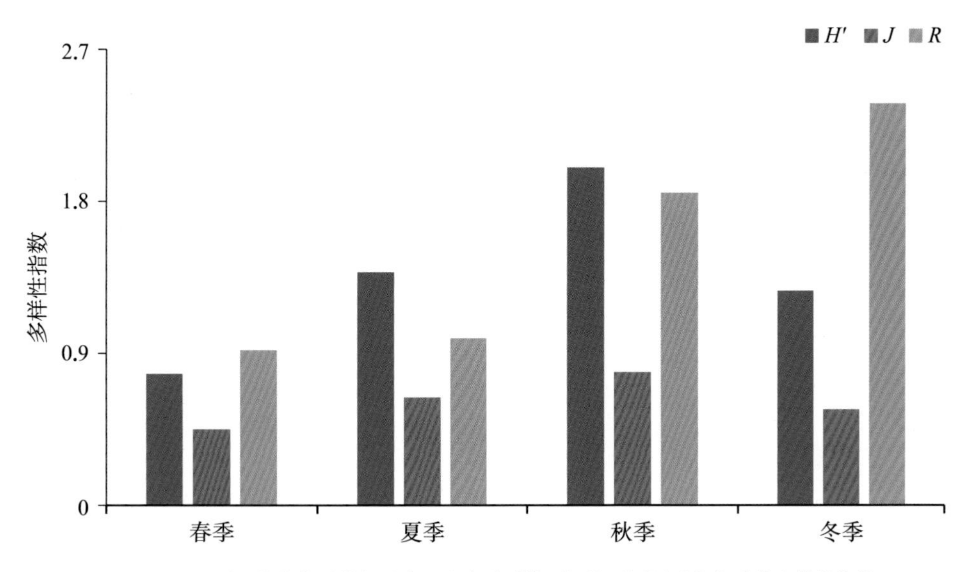

图3.3-58 固城湖中华绒螯蟹国家级水产种质资源保护区浮游动物各季节多样性指数

表3.3-30 白马湖泥鳅沙塘鳢国家级水产种质资源保护区浮游动物分类统计表

门 类	春 季			夏 季			秋 季			冬 季		
	属	种	%	属	种	%	属	种	%	属	种	%
原生动物门	3	7	25.93	—	—	—	4	4	14.29	3	4	28.57
轮虫动物门	9	13	48.15	3	6	66.67	8	12	42.86	4	6	42.86
枝角动物门	4	5	18.52	0	0	0	7	8	28.57	1	2	14.29
桡足动物门	2	2	7.41	2	3	33.33	3	4	14.29	2	2	14.29
合 计	18	27	100	5	9	100	22	28	100	10	14	100

龟甲轮虫、迈氏三肢轮虫、曲腿龟甲轮虫、针簇多肢轮虫，以及桡足类的无节幼体。夏季优势种包括轮虫类的等刺异尾轮虫、萼花臂尾轮虫、壶状臂尾轮虫、裂足臂尾轮虫、曲腿龟甲轮虫和桡足类的无节幼体、广布中剑水蚤、锯缘真剑水蚤。冬季优势种类为轮虫类的独角聚花轮虫、晶囊轮虫、螺形龟甲轮虫和桡足类的无节幼体。

· 现存量

白马湖泥鳅沙塘鳢国家级水产种质资源保护区浮游动物年平均数量为68.33个/L。从季节变化来看，春季数量最高，秋冬季次之，夏季最少，平均数量依次为880 ind./L、67.63 ind./L、60 ind./L和21.69 ind./L。浮游动物生物量变幅为0.10～0.24 mg/L，年平均生物量为0.18 mg/L。从季节变化来看，秋季生物量最高（0.24 mg/L），春季次之（0.19 mg/L），冬季最少（0.10 mg/L）。各季节浮游动物密度和生物量见图3.3-59。

· 群落多样性

春季保护区Shannon-Wiener多样性指数（H'）范围为1.69～2.25，平均为1.97；Pielou均匀度指数（J）范围为0.56～0.74，平均为0.65；Margalef丰富度指数（R）范围为3.94～5.07，平均为4.51。夏季H'范围为1.72～1.75，平均为1.74；J范围为0.88～0.90，平均为0.89；R范围为1.55～2.08，平均为1.97。秋季H'范围为1.69～2.34，平均为2.01；J范围为0.56～0.89，平均为0.72；R范围为3.94～5.47，平均为4.70。冬季H'范围为1.02～1.80，平均为1.41；J范围为0.44～0.78，平均为0.61；R范围为1.97～2.86，平均为2.41。

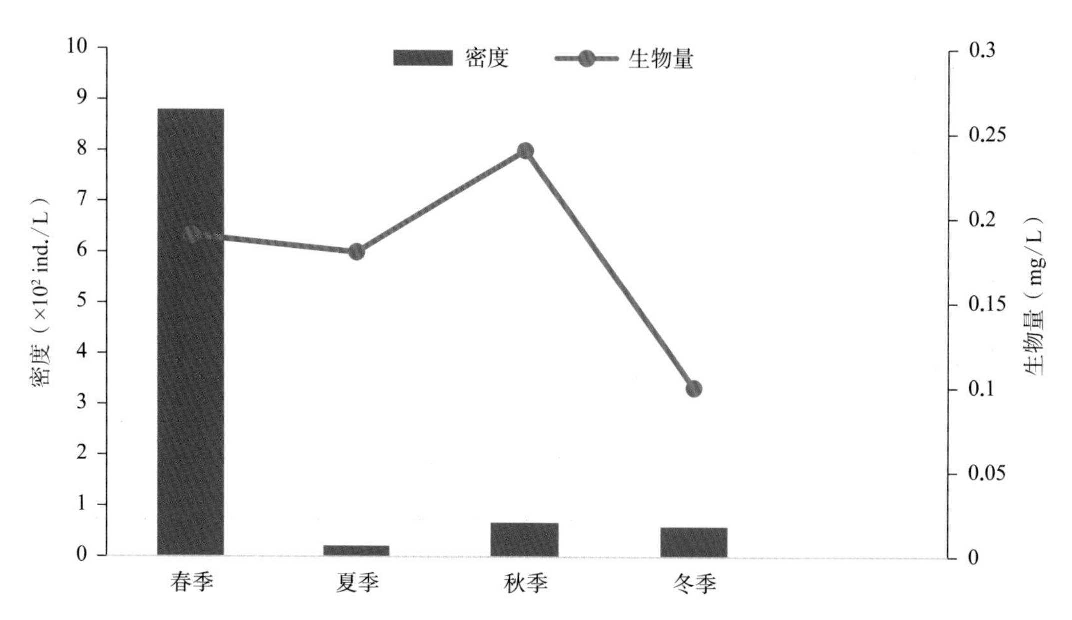

图3.3-59 白马湖泥鳅沙塘鳢国家级水产种质资源保护区各季节浮游动物密度和生物量

四个季节Shannon-Wiener多样性指数（H'）秋季较高，冬季较低；Pielou均匀度指数（J）夏季较高，冬季较低；Margalef丰富度指数（R）秋季较高，夏季较低（图3.3-60）。

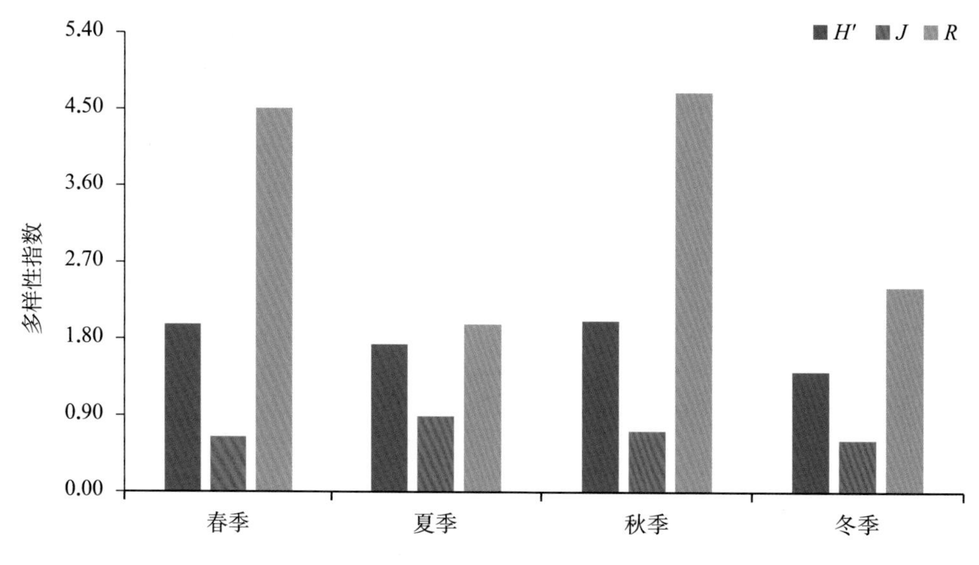

图3.3-60 白马湖泥鳅沙塘鳢国家级水产种质资源保护区游动物各季节多样性指数

3.3.31 射阳湖国家级水产种质资源保护区

· 群落组成

根据本次调查，共鉴定浮游动物23属48种，种类组成以轮虫为主、占总数的54.17%，桡足类次之、占总数的25.00%。各季的种类组成详见表3.3-31。

· 优势种

据现行通用标准，以优势度指数$Y > 0.02$为优势种，调查结果显示，春季种类最多，主要优势种有轮虫类的迈氏三肢轮虫和角突臂尾轮虫，以及桡足类的无节幼体。夏季数量占优势的种类主要有轮虫类的萼花臂尾轮虫和矩形龟甲轮虫，以及桡足类的无节幼体。秋季优势种包括轮虫类的萼花臂尾轮虫和桡足类的无节幼体。冬季数量占优势的种类为轮虫类的萼花臂尾轮虫。

· 现存量

射阳湖浮游动物年平均数量为76.00 ind./L。从

表 3.3-31　射阳湖国家级水产种质资源保护区浮游动物分类统计表

门　类	春　季			夏　季			秋　季			冬　季		
	属	种	%	属	种	%	属	种	%	属	种	%
原生动物门	1	3	11.11	—	—	—	1	5	20.00	—	—	—
轮虫动物门	9	17	63.96	8	16	69.57	9	18	72.00	8	14	100.00
枝角动物门	1	1	3.70	3	3	13.04	—	—	—	—	—	—
桡足动物门	4	6	22.22	4	4	17.39	3	3	12.00	—	—	—
合　计	15	27	100	15	23	100	13	25	100	8	14	100

季节变化来看，秋季数量最高，春冬季次之，夏季最少，平均数量依次为117.11 ind./L、61.96 ind./L、41.17 ind./L和23.78 ind./L。浮游动物生物量变幅为0.010 8 ～ 0. 701 9 mg/L，年平均生物量为0.162 9 mg/L。从季节变化来看，秋季生物量最高（0.316 1 mg/L），春季次之（0.210 8 mg/L），夏季最少（0.091 7 mg/L）。各季节浮游动物密度和生物量见图3.3-61。

· 群落多样性

春季射阳湖Shannon-Wiener多样性指数（H'）范围为2.24 ～ 2.50，平均为2.40；Pielou均匀度指数（J）范围为0.79 ～ 0.87，平均为0.83；Margalef丰富度指数（R）范围为3.50 ～ 4.99，平均为4.25。夏季H'范围为1.07 ～ 1.76，平均为1.43；J范围为0.72 ～ 0.88，平均为0.81；R范围为3.75 ～ 4.08，平均为3.96。秋季H'范围为2.26 ～ 2.45，平均为2.35；J范围为0.83 ～ 0.85，平均为0.84；R范围为2.98 ～ 4.81，平均为3.79。冬季H'范围为1.89 ～ 2.09，平均为1.97；J范围为0.84 ～ 0.87，平均为0.86；R范围为2.01 ～ 3.30，平均为2.54。

四个季节Shannon-Wiener多样性指数（H'）春季较高，夏季较低；Pielou均匀度指数（J）冬季较高，夏季较低；Margalef丰富度指数（R）春季较高，冬季较低（图3.3-62）。

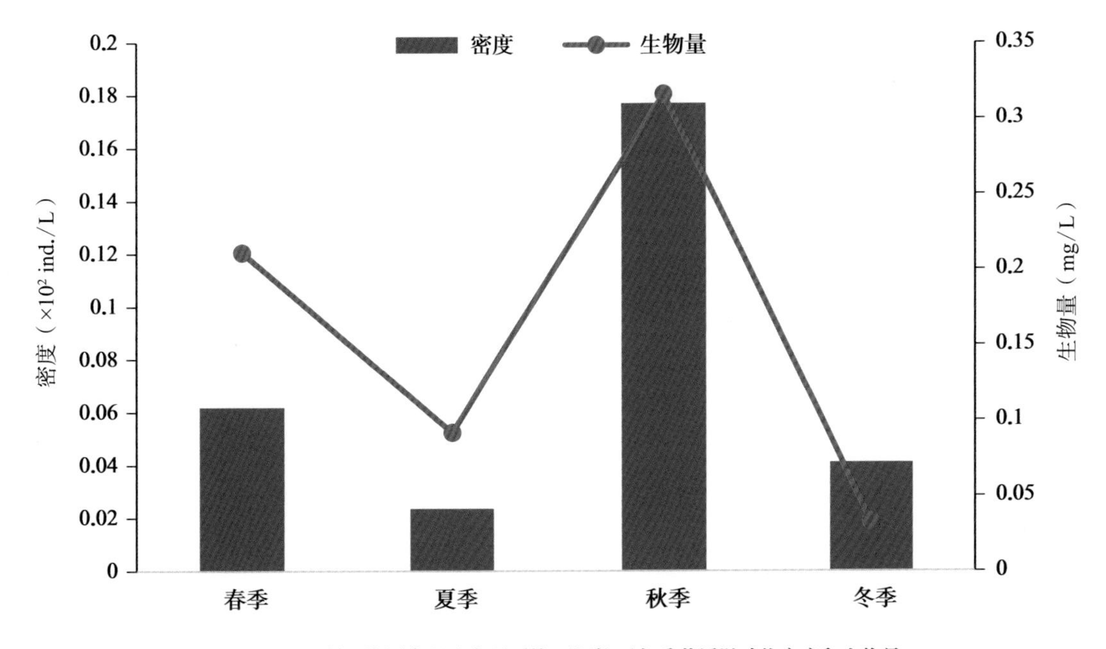

图3.3-61　射阳湖国家级水产种质资源保护区各季节浮游动物密度和生物量

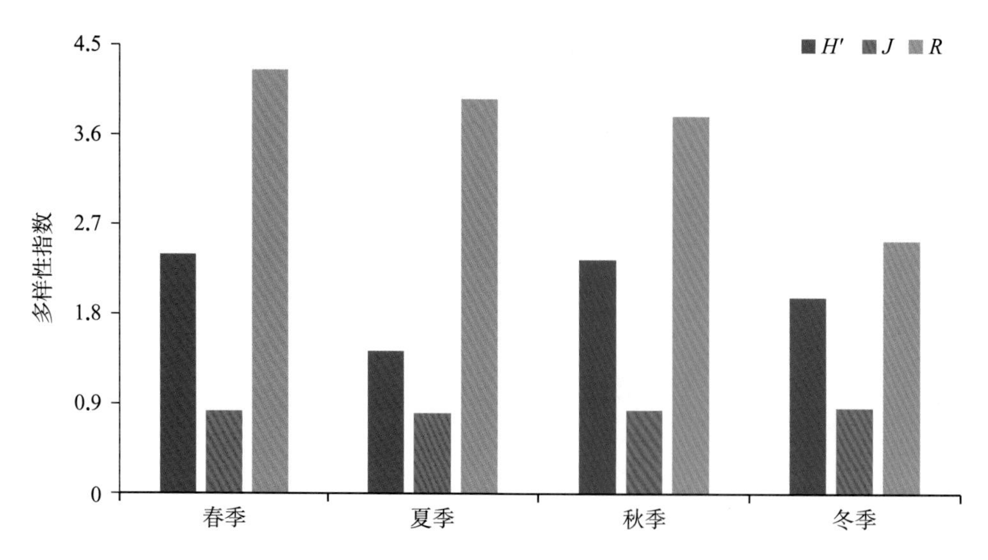

图3.3-62 射阳湖国家级水产种质资源保护区浮游动物各季节多样性指数

3.3.32 金沙湖黄颡鱼国家级水产种质资源保护区

· 群落组成

根据本次调查，共鉴定浮游动物50属58种，种类组成以轮虫和桡足纲为主、占总数的65.52%，原生动物和枝角类占总数的34.48%。各季的种类组成详见表3.3-32。

· 优势种

据现行通用标准，以优势度指数 $Y > 0.02$ 为优势种，调查结果显示，夏季种类数最多。春季主要优势种有枝角类的简弧象鼻溞、桡足类的汤匙华哲水蚤和无节幼体。夏季优势种类主要有桡足类的无节幼体、中华窄腹剑水蚤和剑水蚤幼体。秋季优势种包括轮虫类的针簇多肢轮虫、桡足类的剑水蚤幼体和无节幼体。冬季优势种类为桡足类的剑水蚤幼体、哲水蚤幼体和无节幼体。

· 现存量

金沙湖黄颡鱼国家级水产种质资源保护区浮游动物年平均数量为276.05 ind./L。从季节变化来看，夏季数量最高，春季、秋季和冬季相差不大，冬季最少，平均数量依次为671.20 ind./L、181.60 ind./L、141.80 ind./L和109.60 ind./L。浮游动物生物量变幅为0.62 ～ 2.21 mg/L，年平均生物量为1.28 mg/L。从季节变化来看，春季生物量最高（2.21 mg/L），秋季次之（1.50 mg/L），夏季最少（0.62 mg/L）。各季节浮游动物密度和生物量见图3.3-63。

· 群落多样性

春季金沙湖黄颡鱼国家级水产种质资源保护区

表3.3-32 金沙湖黄颡鱼国家级水产种质资源保护区浮游动物分类统计表

门 类	春 季			夏 季			秋 季			冬 季		
	属	种	%	属	种	%	属	种	%	属	种	%
原生动物门	7	7	36.84	10	10	34.48	—	—	—	—	—	—
轮虫动物门	3	3	15.79	6	6	20.69	7	13	68.42	4	5	45.45
枝角动物门	1	1	5.26	4	5	17.24	2	2	10.53	1	1	9.09
桡足动物门	8	8	42.11	8	8	27.59	4	4	21.05	5	5	45.45
合 计	19	19	100	28	29	100	13	19	100	10	11	100

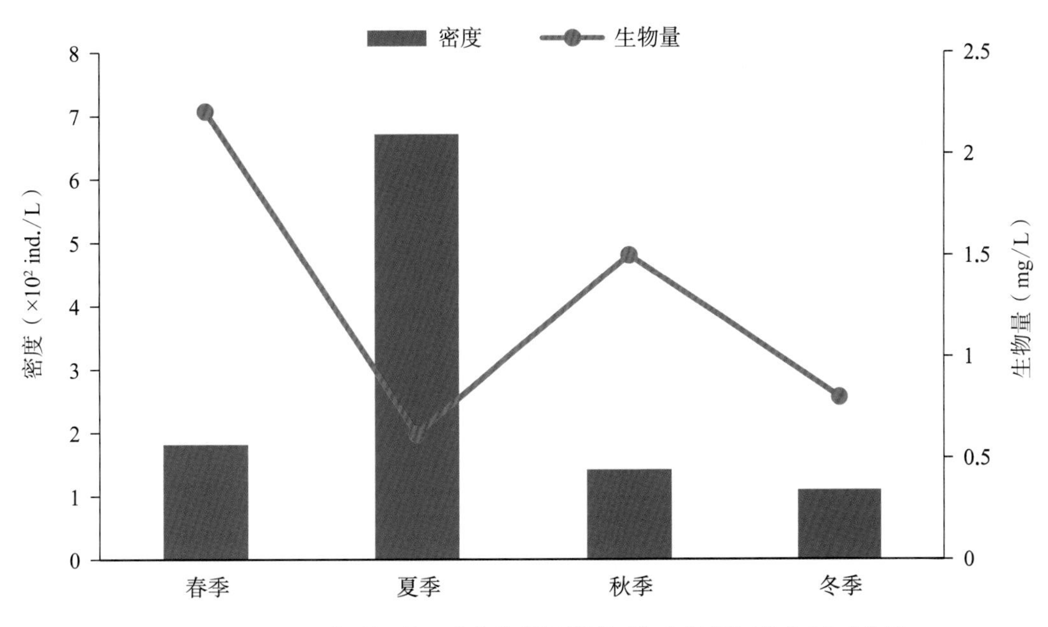

图3.3-63　金沙湖黄颡鱼国家级水产种质资源保护区各季节浮游动物密度和生物量

Shannon-Wiener多样性指数（H'）范围为1.57～2.72，平均为1.81；Pielou均匀度指数（J）范围为0.53～0.76，平均为0.61；Margalef丰富度指数（R）范围为2.42～3.84，平均为2.74。夏季H'范围为1.52～2.11，平均为1.96；J范围为0.50～0.76，平均为0.58；R范围为3.20～4.37，平均为3.45。秋季H'范围为1.75～2.00，平均为1.90；J范围为0.63～0.67，平均为0.64；R范围为2.11～3.18，平均为2.64。冬季H'范围为1.18～3.22，平均为2.64；J范围为0.46～0.61，平均为0.53；R范围为0.84～2.21，平均为1.59。

四个季节Shannon-Wiener多样性指数（H'）冬季较高，春季较低；Pielou均匀度指数（J）秋季较高，冬季较低；Margalef丰富度指数（R）夏季较高，冬季较低（图3.3-64）。

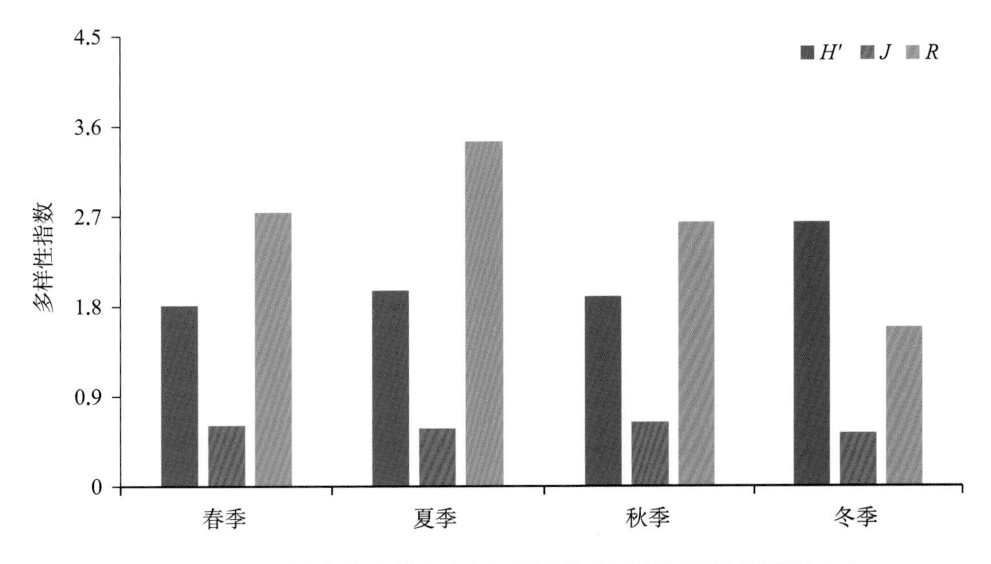

图3.3-64　金沙湖黄颡鱼国家级水产种质资源保护区浮游动物四季多样性指数

3.4 · 底栖动物

3.4.1 太湖银鱼翘嘴红鲌秀丽白虾国家级水产种质资源保护区

· 群落组成

根据本次调查，共鉴定底栖动物7属种，另有齿吻沙蚕科和等足目底栖动物未能鉴定到属种。其中，已鉴定的底栖动物中，环节动物门4属种，软体动物3属种，节肢动物门1属种。软体动物门在四季均出现。各季的种类组成详见表3.4-1。

· 优势种

调查结果显示，太湖银鱼翘嘴红鲌秀丽白虾国家级水产种质资源保护区春季仅调查到软体动物门的梨形环棱螺。夏季优势种为环节动物门的苏氏尾鳃蚓；软体动物门的环棱螺属一种；节肢动物门的小摇蚊属一种。秋季优势种为环节动物门的厚唇嫩丝蚓和未能鉴定到属种的齿吻沙蚕科物种；软体动物门的铜锈环棱螺；节肢动物门未能鉴定到属种的等足目物种。冬季优势种为环节动物门的苏氏尾鳃蚓、厚唇嫩丝蚓、水丝蚓属一种、管水蚓属一种和未能鉴定到属种的齿吻沙蚕科物种；软体动物门的环棱螺属一种；节肢动物门的刺铗长足摇蚊。

· 现存量

太湖银鱼翘嘴红鲌秀丽白虾国家级水产种质资源保护区底栖动物年平均密度为1 304.30 ind./m^2，其中环节动物门的平均密度为825.00 ind./m^2、软体动物门的平均密度为337.32 ind./m^2、节肢动物门的平均密度为141.98 ind./m^2。从不同季节来看，冬季底栖动物密度最高，达2 482.71 ind./m^2；春季最低，平均密度为177.29 ind./m^2。太湖银鱼翘嘴红鲌秀丽白虾国家级水产种质资源保护区底栖动物年平均生物量为672.42 g/m^2。其中，环节动物门的平均生物量为4.94 g/m^2、软体动物门的平均生物量为666.89 g/m^2、节肢动物门的平均生物量为0.59 g/m^2。从不同季节来看，夏季底栖动物生物量最高，达1 092.22 g/m^2，其中软体动物生物量高达1 087.54 g/m^2。各类群季节变化见表3.4-2。

· 生物多样性

太湖银鱼翘嘴红鲌秀丽白虾国家级水产种质资源保护区底栖动物Shannon-Wiener多样性指数（H'）、Pielou均匀度指数（J）和Margalef丰富度指数（R）分别为1.976、0.858、1.520。整体来看，除J外，H'和R均显示冬季生物多样性较高，春季最低（图3.4-1）。

保护区春季底栖动物Shannon-Wiener多样性指数（H'）为0，Pielou均匀度指数（J）为0，Margalef丰富度指数（R）为0；夏季底栖动物Shannon-Wiener多样性指数（H'）为1.277，Pielou均匀度指数（J）为0.921，Margalef丰富度指数（R）为0.661；秋季底栖动物Shannon-Wiener多样性指数（H'）为1.242，Pielou均匀度指数（J）为0.896，Margalef丰富度指数（R）为0.685；冬季底栖动物Shannon-Wiener多样性指数（H'）为1.631，Pielou均匀度指数（J）为0.910，Margalef丰富度指数（R）为0.956。

表3.4-1 太湖银鱼翘嘴红鲌秀丽白虾国家级水产种质资源保护区底栖动物分类统计表

类群	春季		夏季		秋季		冬季	
	属种	%	属种	%	属种	%	属种	%
环节动物	—	—	2	33.3	2	50	4	60
软体动物	1	100	1	33.3	1	50	1	20
节肢动物	—	—	1	33.3	1	—	1	20
合计	1	100	4	100	4	100	6	100

表3.4-2 太湖银鱼翘嘴红鲌秀丽白虾国家级水产种质资源保护区生物密度、生物量季节变化

项 目	季 节	环节动物门	软体动物门	节肢动物门	合 计
生物密度（ind./m²）	春 季	—	177.29	—	177.29
	夏 季	640.00	640.00	213.33	1 493.33
	秋 季	709.29	177.29	177.29	1 063.87
	冬 季	1 950.71	354.71	177.29	2 482.71
	平 均	825.00	337.32	141.98	1 304.30
生物量（g/m²）	春 季	—	273.05	—	273.05
	夏 季	4.66	1 087.54	0.02	1 092.22
	秋 季	9.66	539.79	2.30	551.75
	冬 季	5.45	803.19	0.02	808.66
	平 均	4.94	666.89	0.59	672.42

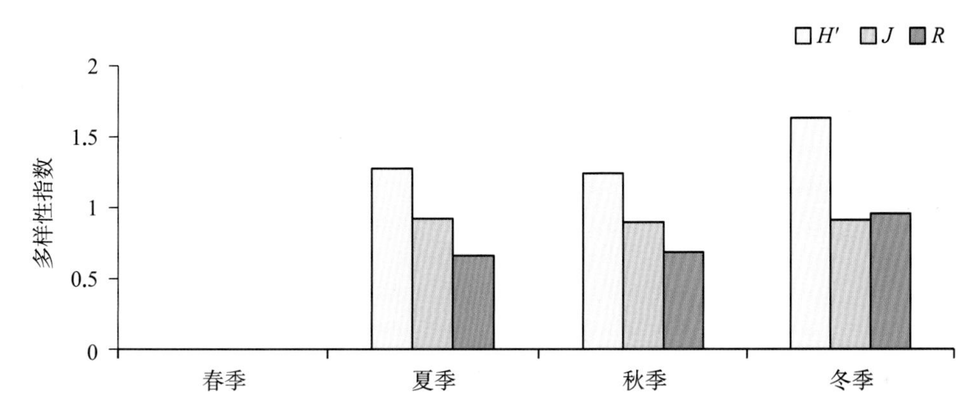

图3.4-1 太湖银鱼翘嘴红鲌秀丽白虾国家级水产种质资源保护区底栖动物四季多样性指数

3.4.2 太湖青虾中华绒螯蟹国家级水产种质资源保护区

· 群落组成

根据本次调查，共鉴定底栖动物10属种，其中环节动物门2属种、软体动物门3属种、节肢动物门5属种。未鉴定到属种的有环节动物门2科和节肢动物门1目1科。种类组成以节肢动物门为主，占总数的50%。各季的种类组成详见表3.4-3。

· 优势种

从4次调查总体结果来看，太湖青虾中华绒螯蟹国家级水产种质资源保护区春季优势种为软体动物门的铜锈环棱螺和河蚬；节肢动物门的未鉴定出的多巴小摇蚊属和哈摇蚊属各一种。夏季优势种为节肢动物门的未鉴定出的拟背尾水虱属和小摇蚊属各一种。秋季优势种为环节动物门的未鉴定出的齿吻沙蚕科和缨鳃虫科物种；节肢动物门的中国长足摇蚊和未鉴定出的等足目和长臂虾科物种。冬季优势种为环节动物门的苏氏尾鳃蚓和未鉴定出的水丝蚓属一种；软体动物门的未鉴定出的环棱螺属一种。

· 现存量

太湖青虾中华绒螯蟹国家级水产种质资源保护区底栖动物年平均密度为709.36 ind./m²，其中环节动物门的平均密度为88.68 ind./m²、软体动物门的平均密度为88.68 ind./m²、节肢动物门的平均密度为532.00 ind./m²。从不同季节来看，春季底栖动物密度最高，达1 241.42 ind./m²。太湖青虾中华绒螯蟹国家级水产种质资源保护区底栖动物年平均生物

表3.4-3 太湖青虾中华绒螯蟹国家级水产种质资源保护区底栖动物分类统计表

类 群	春 季		夏 季		秋 季		冬 季	
	属 种	%	属 种	%	属 种	%	属 种	%
环节动物	—	—	—	—	2	—	2	66.7
软体动物	2	50	—	—	—	—	1	33.3
节肢动物	2	50	2	100	2	100	—	—
合 计	4	100	2	100	4	100	3	100

量为241.10 g/m²，其中环节动物门的平均生物量为0.21 g/m²、软体动物门的平均生物量为224.44 g/m²、节肢动物门的平均生物量为16.46 g/m²。从不同季节来看，春季底栖动物生物量最高，达897.98 g/m²，其中软体动物门的生物量高达897.75 g/m²。各类群季节变化见表3.4-4。

表3.4-4 太湖青虾中华绒螯蟹国家级水产种质资源保护区底栖动物生物密度、生物量季节变化

项 目	季 节	环节动物门	软体动物门	节肢动物门	合 计
生物密度（ind./m²）	春 季	—	354.71	886.71	1 241.42
	夏 季	—	—	709.29	709.29
	秋 季	354.71	—	532.00	886.71
	冬 季	—	—	—	—
	平 均	88.68	88.68	532.00	709.36
生物量（g/m²）	春 季	—	897.75	0.23	897.98
	夏 季	—	—	2.55	2.55
	秋 季	0.84	—	63.04	63.88
	冬 季	—	—	—	—
	平 均	0.21	224.44	16.46	241.10

· 生物多样性

太湖青虾中华绒螯蟹国家级水产种质资源保护区底栖动物Shannon-Wiener多样性指数（*H'*）、Pielou均匀度指数（*J*）和Margalef丰富度指数（*R*）分别为1.921、0.834、1.678。整体来看，三个生物指数均显示夏季生物多样性较高，秋季最低（图3.4-2）。

保护区春季Shannon-Wiener多样性指数（*H'*）1.154，Pielou均匀度指数（*J*）为0.832，Margalef丰富度指数（*R*）为0.661；夏季Shannon-Wiener多样性指数（*H'*）0.562，Pielou均匀度指数（*J*）为0.811，Margalef丰富度指数（*R*）为0.252；秋季Shannon-Wiener多样性指数（*H'*）1.609，Pielou均匀度指数（*J*）为1，Margalef丰富度指数（*R*）为0.952。

3.4.3 太湖梅鲚河蚬国家级水产种质资源保护区

· 群落组成

根据本次调查，共鉴定底栖动物10属种，其中环节动物门3属种、软体动物门3属种、节肢动物门4属种。未鉴定到属种的有环节动物门1科和节肢动物门

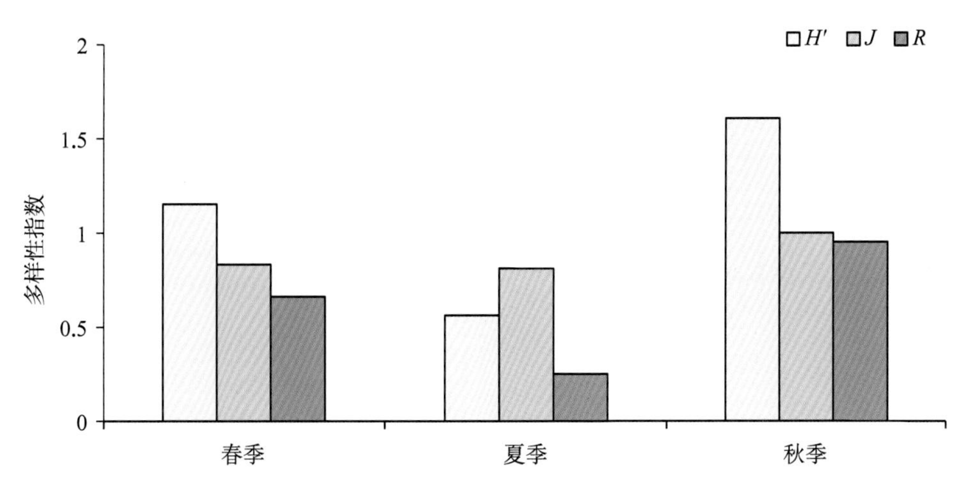

图3.4-2 太湖青虾中华绒螯蟹国家级水产种质资源保护区底栖动物四季多样性指数

2目。环节动物门和节肢动物门在四季均出现。种类组成以节肢动物门为主、占总数的40%。各季的种类组成详见表3.4-5。

· 优势种

从4次调查总体结果来看，太湖梅鲚河蚬国家级水产种质资源保护区春季优势种为环节动物门的苏氏尾鳃蚓、未鉴定出的水丝蚓属一种和未鉴定出的沙蚕科一种；软体动物门的河蚬；节肢动物门的未鉴定出的十足目一种。夏季优势种为环节动物门的未鉴定出的水丝蚓属一种；软体动物门的河蚬和未鉴定出的环棱螺属一种；节肢动物门的未鉴定出的拟背尾水虱属一种。秋季优势种为环节动物门的未鉴定出的水丝蚓属一种；软体动物门的光滑狭口螺和河蚬；节肢动物门的未鉴定出的等足目一种。冬季优势种为环节动物门的厚唇嫩丝蚓；节肢动物门的红裸须摇蚊、未鉴定出的钩虾属一种和隐摇蚊属一种。

· 现存量

太湖梅鲚河蚬国家级水产种质资源保护区底栖动物年平均密度为1 462.96 ind./m^2，其中环节动物门的平均密度为443.29 ind./m^2、软体动物门的平均密度为443.32 ind./m^2、节肢动物门的平均密度为576.36 ind./m^2。从不同季节来看，春季底栖动物密度最高，达1 773.29 ind./m^2；夏季最低，平均密度为886.58 ind./m^2。太湖梅鲚河蚬国家级水产种质资源保护区底栖动物年平均生物量为571.26 g/m^2，其中环节动物门的平均生物量为1.16 g/m^2、软体动物门的平均生物量为568.21 g/m^2、节肢动物门的平均生物量为1.89 g/m^2。从不同季节来看，春季底栖动物生物量最高，达1 855.27 g/m^2；冬季底栖动物生物量最低，为1.89 g/m^2。各类群季节变化见表3.4-6。

表3.4-5 太湖梅鲚河蚬国家级水产种质资源保护区底栖动物分类统计表

类 群	春 季		夏 季		秋 季		冬 季	
	属 种	%	属 种	%	属 种	%	属 种	%
环节动物	3	60	1	25	1	25	1	25
软体动物	1	20	2	50	2	50	—	—
节肢动物	1	20	1	25	1	25	3	75
合 计	5	100	4	100	3	100	4	100

表 3.4-6 太湖梅鲚河蚬国家级水产种质资源保护区底栖动物生物密度、生物量季节变化

项　目	季　节	环节动物门	软体动物门	节肢动物门	合　计
生物密度（ind./m²）	春　季	709.29	709.29	354.71	1 773.29
	夏　季	177.29	532.00	177.29	886.58
	秋　季	709.29	532.00	354.71	1 596.00
	冬　季	177.29	—	1 418.71	1 596.00
	平　均	443.29	443.32	576.36	1 462.96
生物量（g/m²）	春　季	0.04	1 854.02	1.21	1 855.27
	夏　季	0.02	26.33	0.97	27.32
	秋　季	4.52	392.48	3.56	400.56
	冬　季	0.07	—	1.82	1.89
	平　均	1.16	568.21	1.89	571.26

· 生物多样性

太湖梅鲚河蚬国家级水产种质资源保护区底栖动物Shannon-Wiener多样性指数（*H'*）、Pielou均匀度指数（*J*）和Margalef丰富度指数（*R*）分别为2.34、0.80、1.97。整体来看，三个生物指数均显示秋季生物多样性较高，春季最低（图3.4-3）。

春季保护区Shannon-Wiener多样性指数（*H'*）为0.956，Pielou均匀度指数（*J*）为0.870，Margalef丰富度指数（*R*）为0.441；夏季保护区Shannon-Wiener多样性指数（*H'*）为1.332，Pielou均匀度指数（*J*）为0.961，Margalef丰富度指数（*R*）为0.714；秋季保护区Shannon-Wiener多样性指数（*H'*）为1.523，Pielou均匀度指数（*J*）为0.946，Margalef丰富度指数（*R*）为0.836；冬季保护区Shannon-Wiener多样性指数（*H'*）为1.273，Pielou均匀度指数（*J*）为0.918，Margalef丰富度指数（*R*）为0.627。

3.4.4 滆湖鲌类国家级水产种质资源保护区

· 群落组成

根据本次调查，共鉴定底栖动物12属种，其中环节动物门6属种、节肢动物门6属种。环节动物门及节肢动物门在四季均出现。各季的种类组成详见表3.4-7。

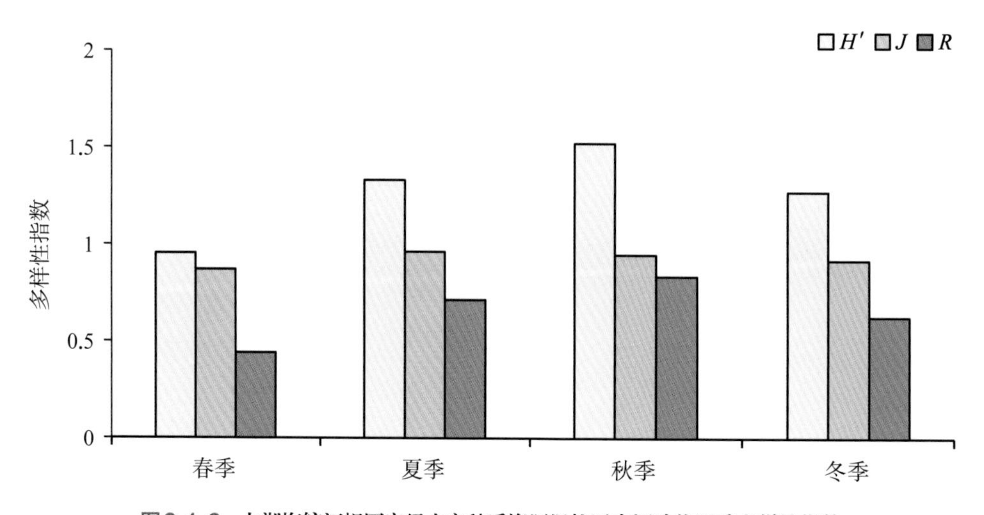

图3.4-3 太湖梅鲚河蚬国家级水产种质资源保护区底栖动物四季多样性指数

表 3.4-7 滆湖鲌类国家级水产种质资源保护区底栖动物分类统计表

类　群	春　季		夏　季		秋　季		冬　季	
	属　种	%	属　种	%	属　种	%	属　种	%
环节动物	3	60	5	50	2	66.7	1	33.3
节肢动物	2	40	6	54.5	1	33.3	2	66.7
合　计	5	100	11	100	3	100	3	100

· 优势种

从4次调查总体结果来看，滆湖鲌类国家级水产种质资源保护区春季优势种为环节动物门的克拉泊水丝蚓、霍甫水丝蚓和未鉴定出的水丝蚓属一种；节肢动物门的红裸须摇蚊和太湖裸须摇蚊。夏季优势种为环节动物门的克拉泊水丝蚓、霍甫水丝蚓、多毛管水蚓和未鉴定出的水丝蚓属一种；节肢动物门的红裸须摇蚊、中华裸须摇蚊。秋季优势种为环节动物门的克拉泊水丝蚓和未鉴定出的水丝蚓属一种；节肢动物门红裸须摇蚊。冬季优势种为环节动物门的霍甫水丝蚓；节肢动物门的红裸须摇蚊和未能鉴定到属种的长臂虾科物种。

· 现存量

滆湖鲌类国家级水产种质资源保护区底栖动物年平均密度为665.00 ind./m^2，其中环节动物门的平均密度为202.83 ind./m^2，节肢动物门的平均密度为462.18 ind./m^2。从不同季节来看，春季底栖动物密度最高，达1 476.30 ind./m^2；秋季最低，平均密度为146.30 ind./m^2。滆湖鲌类国家级水产种质资源保护区底栖动物年平均生物量为8.62 g/m^2，其中环节动物门的平均生物量为0.47 g/m^2、节肢动物门的平均生物量为8.14 g/m^2。从不同季节来看，冬季底栖动物生物量最高，达20.45 g/m^2；夏季底栖动物生物量最低，为1.39 g/m^2。各类群季节变化见表3.4-8。

表 3.4-8 滆湖鲌类国家级水产种质资源保护区底栖动物生物密度、生物量季节变化

项　目	季　节	环节动物门	节肢动物门	合　计
生物密度（ind./m^2）	春　季	399.00	1 077.30	1 476.30
	夏　季	372.40	505.40	877.80
	秋　季	26.60	119.70	146.30
	冬　季	13.30	146.30	159.60
	平　均	202.83	462.18	665.00
生物量（g/m^2）	春　季	0.70	9.91	10.61
	夏　季	1.15	0.24	1.39
	秋　季	0.02	1.99	2.02
	冬　季	0.01	20.44	20.45
	平　均	0.47	8.15	8.62

· 生物多样性

滆湖鲌类国家级水产种质资源保护区底栖动物Shannon-Wiener多样性指数（H'）、Pielou均匀度指数（J）和Margalef丰富度指数（R）分别为2.209、0.780、3.020。整体来看，三个生物指数均显示夏季生物多样性较高，秋季最低（图3.4-4）。

春季保护区Shannon-Wiener多样性指数（H'）为1.112，Pielou均匀度指数（J）为0.691，Margalef丰富度指数（R）为0.849；夏季H'为1.690，J为0.769，R为1.909；秋季H'为0.600，J为0.546，R为0.834；冬季H'为0.824，J为0.750，R为0.805。

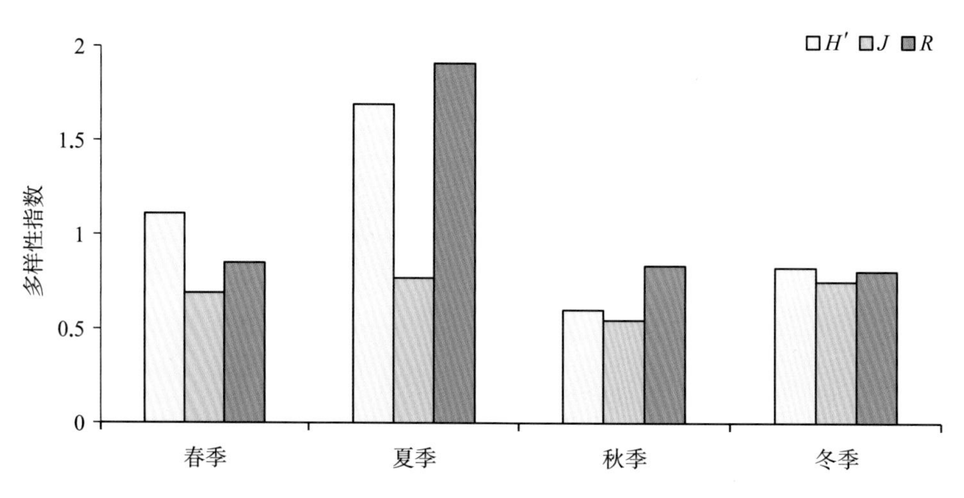

图3.4-4 滆湖鲌类国家级水产种质资源保护区底栖动物四季多样性指数

3.4.5 滆湖国家级水产种质资源保护区

· 群落组成

根据本次调查，共鉴定底栖动物10属种，其中环节动物门4属种、软体动物1属种、节肢动物门5属种。节肢动物门在四季均出现。种类组成以节肢动物门为主、占总数的50%，环节动物门次之、占总数的40%。各季的种类组成详见表3.4-9。

· 优势种

从4次调查总体结果来看，滆湖国家级水产种质资源保护区春季优势种为环节动物门的克拉泊水丝蚓、霍甫水丝蚓和未鉴定出的水丝蚓属一种；节肢动物门的红裸须摇蚊和太湖裸须摇蚊。夏季优势种为环节动物门的霍甫水丝蚓和苏氏尾鳃蚓；节肢动物门的

表3.4-9 滆湖国家级水产种质资源保护区底栖动物分类统计表

类群	春季		夏季		秋季		冬季	
	属种	%	属种	%	属种	%	属种	%
环节动物门	3	60	2	40	—	—	—	—
软体动物门	—	—	—	—	1	33.33	—	—
节肢动物门	2	40	3	60	2	66.67	2	100
合计	5	100	5	100	3	100	2	100

软铗小摇蚊、刺铗长足摇蚊、红裸须摇蚊。秋季优势种为软体动物门的方形环棱螺；节肢动物门中国长足摇蚊和红裸须摇蚊。冬季优势种为节肢动物门的中国长足摇蚊和红裸须摇蚊。

· 现存量

滆湖国家级水产种质资源保护区底栖动物年平均密度为186.20 ind./m^2，其中环节动物门的平均密度为36.58 ind./m^2，节肢动物门的平均密度为146.30 ind./m^2。从不同季节来看，春季底栖动物密度最高，达292.60 ind./m^2；冬季最低，平均密度为79.80 ind./m^2。滆湖国家级水产种质资源保护区底栖动物年平均生物量为19.15 g/m^2，其中环节动物门的平均生物量为0.22 g/m^2、软体动物门平均生物量为17.42 g/m^2、节肢动物门的平均生物量为1.51 g/m^2。从不同季节来看，秋季底栖动物生物量最高，达71.82 g/m^2；冬季底栖动物生物量最低，为0.46 g/m^2。各类群季节变化见表3.4-10。

表3.4-10 滆湖国家级水产种质资源保护区底栖动物生物密度、生物量季节变化

项 目	季 节	环节动物门	软体动物门	节肢动物门	合 计
生物密度（ind./m^2）	春 季	106.40	—	186.20	292.60
	夏 季	39.90	—	133.00	172.90
	秋 季	—	13.30	186.20	199.50
	冬 季	—	—	79.80	79.80
	平 均	36.58	3.33	146.30	186.20
生物量（g/m^2）	春 季	0.18	—	2.79	2.97
	夏 季	0.71	—	0.63	1.34
	秋 季	—	69.68	2.14	71.82
	冬 季	—	—	0.46	0.46
	平 均	0.22	17.42	1.51	19.15

· 生物多样性

滆湖国家级水产种质资源保护区底栖动物Shannon-Wiener多样性指数（H'）、Pielou均匀度指数（J）和Margalef丰富度指数（R）分别为1.828、0.794、2.236。整体来看，三个生物指数均显示夏季生物多样性较高，秋季最低（图3.4-5）。

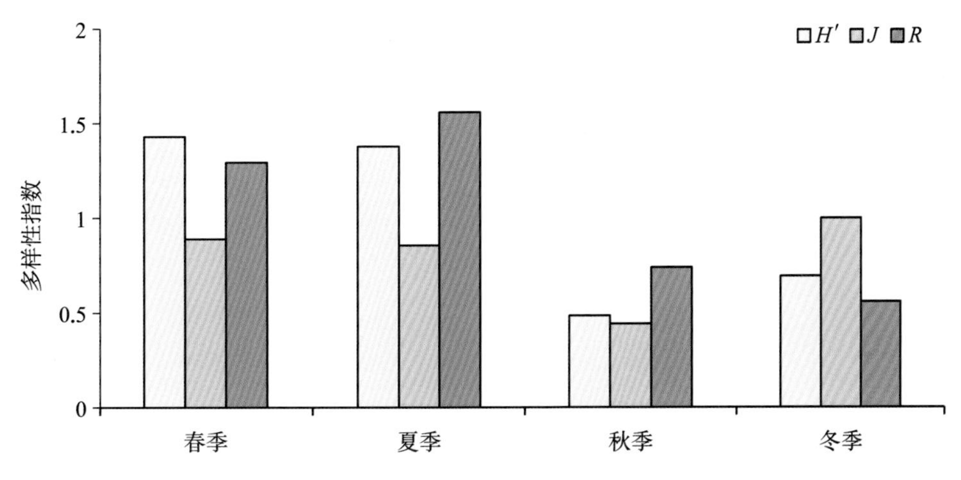

图3.4-5 滆湖国家级水产种质资源保护区底栖动物四季多样性指数

春季保护区Shannon–Wiener多样性指数（H'）为1.430，Pielou均匀度指数（J）为0.889，Margalef丰富度指数（R）为1.294；夏季Shannon–Wiener多样性指数（H'）为1.378，Pielou均匀度指数（J）为0.856，Margalef丰富度指数（R）为1.559；秋季保护区Shannon–Wiener多样性指数（H'）为0.485，Pielou均匀度指数（J）为0.442，Margalef丰富度指数（R）为0.739；冬季保护区Shannon–Wiener多样性指数（H'）为0.693，Pielou均匀度指数（J）为1.000，Margalef丰富度指数（R）为0.558。

3.4.6 高邮湖大银鱼湖鲚国家级水产种质资源保护区

· 群落组成

根据本次调查，共鉴定底栖动物19属种，其中寡毛类3属种、甲壳类1属种、水生昆虫3种、软体动物12属种。其中，软体动物在四季均有出现，寡毛类在春季和冬季都有出现，水生昆虫在春季和秋季都有出现，甲壳类仅在秋季有出现。种类组成以软体动物为主、占总数的63.16%，寡毛类占总数的15.79%，水生昆虫占总数的15.79%，甲壳类占总数的6.25%。各季的种类组成详见表3.4–11。

· 优势种

从4次调查总体结果来看，高邮湖大银鱼湖鲚国家级水产种质资源保护区底栖动物群落中，春季的优势种有寡毛类的水丝蚓、软体动物的长角涵螺和角形环棱螺以及水生昆虫的摇蚊幼虫；夏季优势种均为软体动物，有河蚬、长角涵螺、纹沼螺和铜锈环棱螺；秋季优势种有甲壳动物的秀丽白虾、软体动物的河蚬和铜锈环棱螺；冬季优势种均为软体动物，有铜锈环棱螺、河蚬、长角涵螺和椭圆萝卜螺。

· 现存量

底栖动物年平均数量、生物量分别为909.38 ind./m^2、4.33 g/m^2。其中软体动物年平均数量最高，为784.38 ind./m^2；甲壳类生物年平均生物量最高，为3.99 g/m^2。各类群季节变化见表3.4–12。

表3.4–11 高邮湖大银鱼湖鲚国家级水产种质资源保护区底栖动物分类统计表

类群	春季		夏季		秋季		冬季	
	属种	%	属种	%	属种	%	属种	%
寡毛类	1	25	—	—	—	—	2	28.6
软体动物	2	50	7	100	8	72.7	5	71.4
水生昆虫	1	25	—	—	2	18.2	—	—
甲壳动物	—	—	—	—	1	9.1	—	—
合计	4	100	7	100	11	100	7	100

表3.4–12 高邮湖大银鱼湖鲚国家级水产种质资源保护区底栖动物生物密度、生物量季节变化

项目	季节	寡毛类	甲壳动物	水生昆虫	软体动物	合计
生物密度（ind./m^2）	春季	25.00	—	25.00	125.00	175.00
	夏季	—	—	—	1 712.50	1 712.50
	秋季	—	375.00	75.00	475.00	925.00
	冬季	—	—	—	825.00	825.00
	平均	6.25	93.75	25	784.38	909.38

（续表）

项　目	季　节	寡毛类	甲壳动物	水生昆虫	软体动物	合　计
生物量（g/m^2）	春　季	0.80	—	0.50	—	1.30
	夏　季	—	—	—	—	0
	秋　季	—	15.96	0.05	—	16
	冬　季	—	—	—	—	0
	平　均	0.20	3.99	0.14	—	4.33

· 生物多样性

高邮湖大银鱼湖鲚国家级水产种质资源保护区底栖动物Shannon–Weaver多样性指数（H'）、Pielou均匀度指数（J）和Margalef丰富度指数（R）分别为1.51、0.53和3.31。不同季节之间多样性指数区别不大，数据显示秋季多样性指数（H'）和均匀度指数（J）均为最高，春季丰富度指数（R）最高（图3.4–6）。

高邮湖大银鱼湖鲚国家级水产种质资源保护区春季H'为1.15、J为0.83、R为8.22。夏季H'为1.21、J为0.62、R为3.79。秋季H'为1.79、J为0.747、R为4.43。冬季H'为1.08、J为0.67、R为4.58。

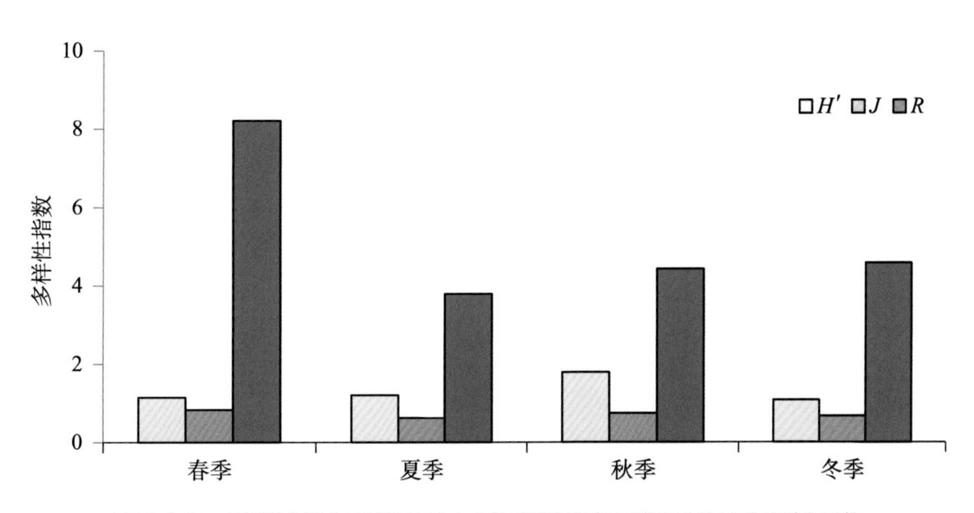

图3.4–6　高邮湖大银鱼湖鲚国家级水产种质资源保护区底栖动物四季多样性指数

3.4.7 高邮湖河蚬秀丽白虾国家级水产种质资源保护区

· 群落组成

根据本次调查，高邮湖河蚬秀丽白虾国家级水产种质资源保护区共鉴定底栖动物16属种，其中寡毛类3属种、甲壳类1属种、软体动物12属种。软体动物在四季均有出现，寡毛类在秋季和冬季都有出现，甲壳类仅在秋季有出现。种类组成以软体动物为主、占总数的75.0%，寡毛类占总数的18.75%，甲壳类占总数的6.25%。各季的种类组成详见表3.4–13。

· 优势种

从4次调查总体结果来看，高邮湖河蚬秀丽白虾国家级水产种质资源保护区底栖动物春季的优势种均为软体动物，有方格短沟蜷、河蚬和光滑狭口螺；夏季优势种均为软体动物，有河蚬、方格短沟蜷和方形环棱螺；秋季优势种有甲壳动物的日本沼虾、寡毛类的苏氏尾鳃蚓、软体动物的河蚬和方格短沟蜷；冬季

表 3.4-13 高邮湖河蚬秀丽白虾国家级水产种质资源保护区底栖动物分类统计表

类群	春季		夏季		秋季		冬季	
	属种	%	属种	%	属种	%	属种	%
寡毛类	—	—	—	—	2	20	2	22.2
蛭类	—	—	—	—	—	—	—	—
软体动物	6	100	7	100	7	70	7	77.8
水生昆虫	—	—	—	—	—	—	—	—
甲壳动物	—	—	—	—	1	10	—	—
合计	6	100	7	100	10	100	9	100

优势种均为软体动物，有铜锈环棱螺、河蚬、长角涵螺和方格短沟蜷。

· 现存量

高邮湖河蚬秀丽白虾国家级水产种质资源保护区底栖动物年平均数量、生物量分别为2 303.13 ind./m^2、35.95 g/m^2。其中软体动物年平均数量和年平均生物量均为最高，分别为2 271.88 ind./m^{2}和34.19 g/m^2；寡毛类动物年平均密度和年平均生物量分别为25.00 ind./m^{2}和0.29 g/m^2；甲壳动物年平均密度和年平均生物量分别为6.25 ind./m^{2}和1.48 g/m^2。各类群季节变化见表3.4-14。

表 3.4-14 高邮湖河蚬秀丽白虾国家级水产种质资源保护区底栖动物生物密度、生物量季节变化

项目	季节	寡毛类	甲壳动物	软体动物	合计
生物密度（ind./m^2）	春季	—	—	3 075.00	3 075.00
	夏季	—	—	2 512.50	2 512.50
	秋季	100.00	25.00	300.00	425.00
	冬季	—	—	3 200.00	3 200.00
	平均	25.00	6.25	2 271.88	2 303.13
生物量（g/m^2）	春季	—	—	136.74	136.74
	夏季	—	—	—	—
	秋季	1.17	5.90	—	7.07
	冬季	—	—	—	—
	平均	0.29	1.48	34.19	35.95

· 生物多样性

高邮湖河蚬秀丽白虾国家级水产种质资源保护区底栖动物Shannon-Weaver多样性指数（H'）、Pielou均匀度指数（J）和Margalef丰富度指数（R）分别为1.51、0.53和3.31。不同季节之间多样性指数区别不大，数据显示秋季多样性指数（H'）、均匀度指数（J）和丰富度指数（R）均为最高（图3.4-7）。

高邮湖河蚬秀丽白虾国家级水产种质资源保护区春季H'为0.63、J为0.35、R为3.33。夏季H'为1.18、J为0.61、R为3.47。秋季H'为2.36、J为0.95、R为5.34。冬季H'为1.55、J为0.80、R为3.47。

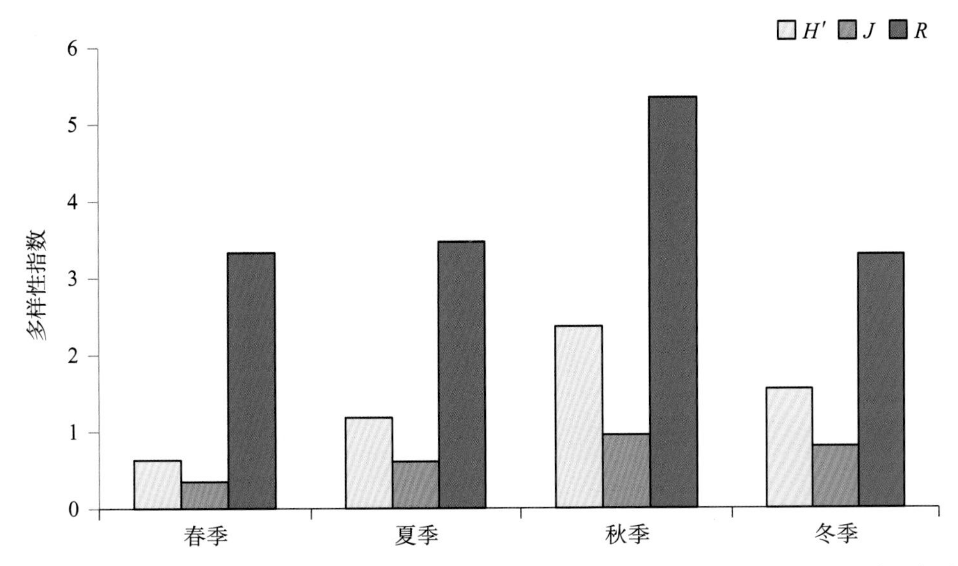

图3.4-7 高邮湖河蚬秀丽白虾国家级水产种质资源保护区国家级水产种质资源保护区底栖动物四季多样性指数

3.4.8 高邮湖青虾国家级水产种质资源保护区

· 群落组成

根据本次调查，高邮湖青虾国家级水产种质资源保护区底栖动物已鉴定有13属种，其中寡毛类2属种、水生昆虫1属种、软体动物10属种。软体动物在冬季之外都有出现，寡毛类在春季和夏季都有出现，水生昆虫仅在春季有出现。种类组成以软体动物为主、占总数的76.92%，寡毛类占总数的15.38%，水生昆虫占总数的7.70%。各季的种类组成详见表3.4-15。

· 优势种

从4次调查总体结果来看，高邮湖青虾国家级水产种质资源保护区底栖动物春季的优势种为水生昆虫的摇蚊幼虫、寡毛类的颤蚓以及软体动物的长角涵螺和铜锈环棱螺；夏季优势种有软体动物的河蚬和寡毛类的水丝蚓；秋季优势种均为软体动物，为中国淡水蛏和河蚬；冬季样品中没有采集到底栖动物。

· 现存量

高邮湖青虾国家级水产种质资源保护区底栖动物年平均数量、生物量分别为556.25 ind./m^2、0.55 g/m^2。软体动物年平均数量最高，为525.00 ind./m^2；水生昆虫年平均生物量最高，为0.40 g/m^2。各类群季节变化见表3.4-16。

· 生物多样性

高邮湖青虾国家级水产种质资源保护区底栖动物Shannon-Weaver多样性指数（H'）、Pielou均匀度指数（J）和Margalef丰富度指数（R）分别为1.87、0.73和2.66。除冬季外，不同季节之间多样性指数有显著差

表3.4-15 高邮湖青虾国家级水产种质资源保护区底栖动物分类统计表

类　群	春　季		夏　季		秋　季		冬　季	
	属　种	%	属　种	%	属　种	%	属　种	%
寡毛类	1	10	1	50	—	—	—	—
软体动物	8	80	1	50	3	100	—	—
水生昆虫	1	10	—	—	—	—	—	—
合　计	10	100	2	100	3	100	—	—

表3.4-16 高邮湖青虾国家级水产种质资源保护区底栖动物生物密度、生物量季节变化

项 目	季 节	寡毛类	水生昆虫	软体动物	合 计
生物密度（ind./m²）	春 季	25.00	75.00	2 012.50	2 112.50
	夏 季	25.00	—	12.50	37.50
	秋 季	—	—	75.00	75.00
	冬 季	—	—	—	—
	平 均	12.50	18.75	525.00	556.25
生物量（g/m²）	春 季	0.58	1.60	—	2.18
	夏 季	0.01	—	—	0.01
	秋 季	—	—	—	—
	冬 季	—	—	—	—
	平 均	0.15	0.40	—	0.55

异，数据显示春季多样性指数（H'）最高，秋季均匀度指数（J）和丰富度指数（R）均为最高（图3.4-8）。

高邮湖青虾国家级水产种质资源保护区春季H'为1.71、J为0.74、R为2.71。夏季H'为0.64、J为0.92、R为3.47。秋季H'为1.10、J为1.00、R为5.34。冬季样品中未采集到底栖动物。

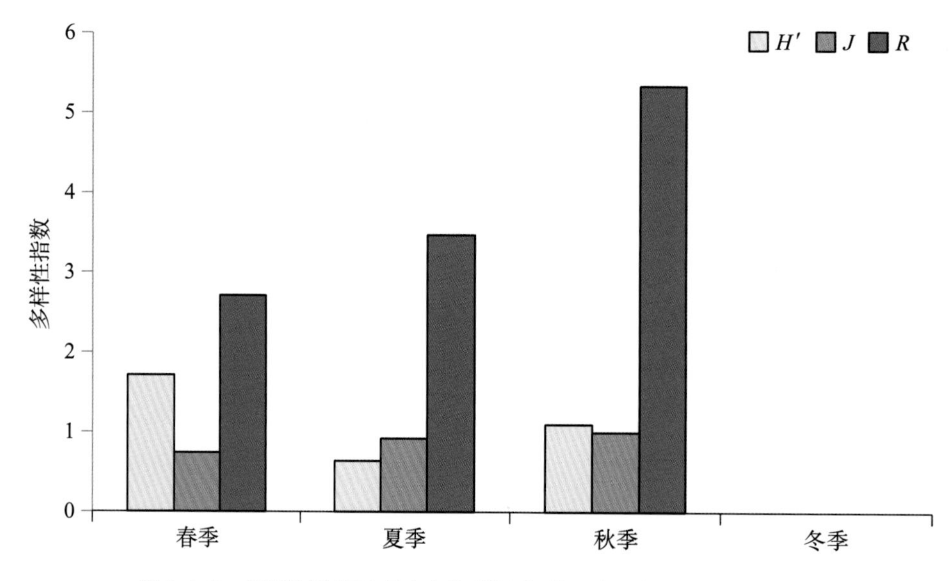

图3.4-8 高邮湖青虾国家级水产种质资源保护区底栖动物四季多样性指数

3.4.9 邵伯湖国家级水产种质资源保护区

· 群落组成

根据本次调查，邵伯湖国家级水产种质资源保护区共鉴定底栖动物20属种，其中寡毛类1属种、甲壳类2属种、软体动物17属种。其中软体动物在四季均有出现，甲壳类仅在秋季有出现，寡毛类除秋季之外其余季节均有出现。种类组成以软体动物为主、占总数的85.0%，寡毛类占总数的5.0%，甲壳类占总数的10.0%。各季的种类组成详见表3.4-17。

· 优势种

从4次调查总体结果来看，邵伯湖国家级水产种

表 3.4-17　邵伯湖国家级水产种质资源保护区底栖动物分类统计表

类　群	春　季		夏　季		秋　季		冬　季	
	属　种	%	属　种	%	属　种	%	属　种	%
寡毛类	1	11.1	1	11.1	—	—	2	40
软体动物	8	88.9	8	88.9	13	86.67	3	60
甲壳动物	—	—	—	—	2	13.33	—	—
合　计	9	100	9	100	15	100	5	100

质资源保护区春季的优势种均为软体动物，有铜锈环棱螺、河蚬、长角涵螺和梨形环棱螺；夏季优势种有软体动物的河蚬、方格短沟蜷、长角涵螺和寡毛类的水丝蚓；秋季优势种均为软体动物，有方形环棱螺、角形环棱螺、大沼螺和铜锈环棱螺；冬季优势种均为软体动物，有铜锈环棱螺、河蚬、长角涵螺和梨形环棱螺。

・现存量

邵伯湖国家级水产种质资源保护区底栖动物年平均数量、生物量分别为971.88 ind./m^2、80.83 g/m^2。软体动物年平均数量和年平均生物量均为最高，分别为940.63 ind./m^{2}和80.69 g/m^2；寡毛类动物年平均密度和年平均生物量分别为18.75 ind./m^{2}和0.018 g/m^2；甲壳动物年平均密度和年平均生物量分别为12.50 ind./m^{2}和0.13 g/m^2。各类群季节变化见表3.4-18。

・生物多样性

邵伯湖国家级水产种质资源保护区底栖动物Shannon-Weaver多样性指数（H'）、Pielou均匀度指数（J）和Margalef丰富度指数（R）分别为2.18、0.73和3.77。不同季节之间多样性指数相差不大，数据显示秋季多样性指数（H'）最高，夏季均匀度指数（J）最高，冬季丰富度指数（R）最高（图3.4-9）。

邵伯湖国家级水产种质资源保护区春季H'为1.27、J为0.58、R为4.6。夏季H'为1.9、J为0.89、R

表 3.4-18　邵伯湖国家级水产种质资源保护区底栖动物生物密度、生物量季节变化

项　目	季　节	寡毛类	甲壳动物	软体动物	合　计
生物密度（ind./m^2）	春　季	50.00	—	1 500.00	1 550.00
	夏　季	25.00	—	787.50	812.50
	秋　季	0	50.00	1 125.00	1 175.00
	冬　季	0	0	350.00	350.00
	平　均	18.75	12.5	940.63	971.88
生物量（g/m^2）	春　季	0.07	0	294.40	294.46
	夏　季	0.01	0	0	0.01
	秋　季	0	0.53	28.34	28.87
	冬　季	0	0	0	0
	平　均	0.02	0.13	80.69	80.83

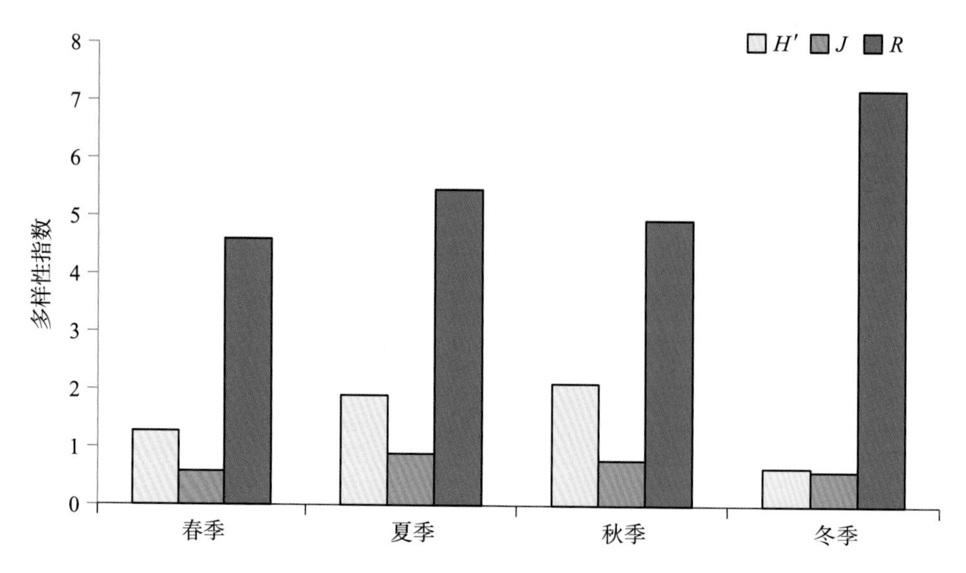

图3.4-9　邵伯湖国家级水产种质资源保护区底栖动物四季多样性指数

为5.46。秋季H'为2.11、J为0.78、R为4.94。冬季H'为0.66、J为0.6、R为7.2。

3.4.10　宝应湖国家级水产种质资源保护区

· 群落组成

根据本次调查，宝应湖国家级水产种质资源保护区共鉴定底栖动物24属种，其中寡毛类3属种、水生昆虫1属种、软体动物20属种。软体动物在四季均有出现。种类组成以软体动物为主、占总数的87.0%，寡毛类占总数的8.7%，水生昆虫占总数的4.3%。各季的种类组成详见表3.4-19。

· 优势种

从4次调查总体结果来看，宝应湖国家级水产种质资源保护区春季的优势种均为软体动物，有铜锈环棱螺、河蚬、长角涵螺、梨形环棱螺和纹沼螺；夏季优势种均为软体动物，有河蚬、铜锈环棱螺、长角涵螺和纹沼螺；秋季优势种为软体动物的河蚬、铜锈环棱螺和长角涵螺；冬季优势种均为软体动物，有铜锈环棱螺、河蚬、长角涵螺和纹沼螺。

· 现存量

宝应湖国家级水产种质资源保护区底栖动物年平均数量、生物量分别为4 846.88 ind./m^2、0.55 g/m^2。软体动物年平均数量最高，为4 778.13 ind./m^2；寡毛类年平均生物量最高，为0.44 g/m^2。各类群季节变化见表3.4-20。

表3.4-19　宝应湖国家级水产种质资源保护区底栖动物分类统计表

类　群	春　季		夏　季		秋　季		冬　季	
	属　种	%	属　种	%	属　种	%	属　种	%
寡毛类	—	—	—	—	—	—	3	23.1
软体动物	12	100	15	100	12	100	9	69.2
水生昆虫	—	—	—	—	—	—	1	7.7
合　计	12	100	15	100	12	100	13	100

表 3.4-20 宝应湖国家级水产种质资源保护区底栖动物生物密度、生物量季节变化

项目	季节	寡毛类	水生昆虫	软体动物	合计
生物密度（ind./m²）	春季	—	—	2 112.50	2 112.50
	夏季	—	—	8 512.50	8 512.50
	秋季	—	—	1 975.00	1 975.00
	冬季	175	100.00	6 512.50	6 787.50
	平均	43.75	25.00	4 778.13	4 846.88
生物量（g/m²）	春季	—	—	—	—
	夏季	—	—	—	—
	秋季	—	—	—	—
	冬季	1.75	0.46	—	2.21
	平均	0.44	0.12	—	0.55

· 生物多样性

宝应湖国家级水产种质资源保护区底栖动物Shannon-Weaver多样性指数（H'）、Pielou均匀度指数（J）和Margalef丰富度指数（R）分别为1.98、0.63和3.31。不同季节之间多样性指数区别不大，数据显示秋季多样性指数（H'）、均匀度指数（J）和丰富度指数（R）均为最高（图3.4-10）。

宝应湖国家级水产种质资源保护区春季H'为1.92、J为0.77、R为4.96。夏季H'为1.83、J为0.68、R为3.78。秋季H'为1.98、J为0.80、R为5.03。冬季H'为1.60、J为0.64、R为3.93。

3.4.11 洪泽湖青虾河蚬国家级水产种质资源保护区

· 群落结构

根据本次调查，洪泽湖青虾河蚬国家级水产种质资源保护区共鉴定底栖动物17属种，其中寡毛类3属种、蛭类1属种、水生昆虫1种、软体动物12属种。只有软体动物在四季均出现。种类组成以软体动物为主、占总数的70.6%，寡毛类次之、占总数的17.7%。

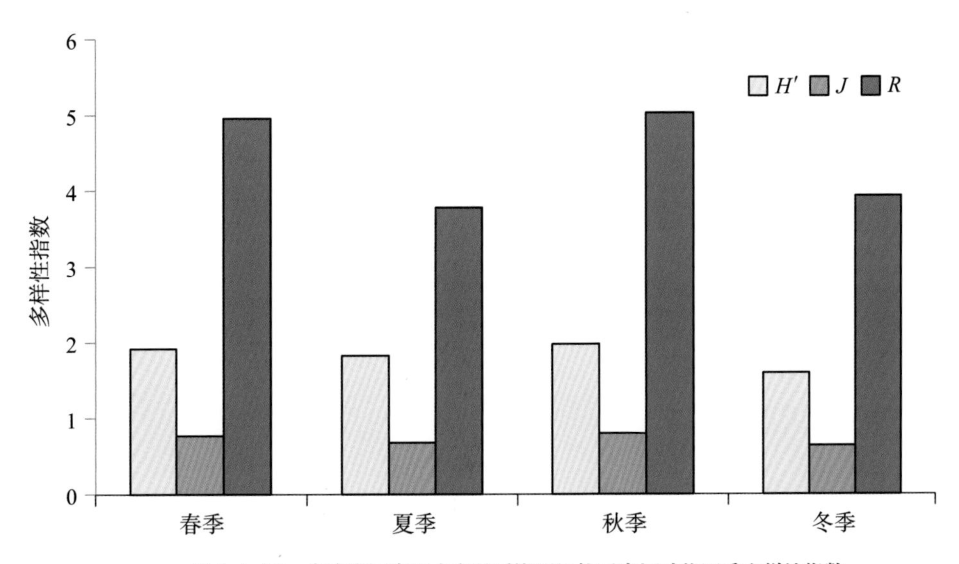

图3.4-10 宝应湖国家级水产种质资源保护区底栖动物四季多样性指数

表3.4-21　洪泽湖青虾河蚬国家级水产种质资源保护区底栖动物分类统计表

类　群	春　季		夏　季		秋　季		冬　季	
	属　种	%	属　种	%	属　种	%	属　种	%
寡毛类	1	16.7	1	25	—	—	1	20
蛭　类	1	16.7	—	—	—	—	—	—
水生昆虫	—	—	1	25	—	—	—	—
软体动物	4	66.7	2	50	7	100	4	80
合　计	6	100	4	100	7	100	5	100

各季的种类组成详见表3.4-21。

· 优势种

从4次调查总体结果来看，春季的优势种为霍普水丝蚓、湖球蚬和铜锈环棱螺。夏季优势种为巨毛水丝蚓、铜锈环棱螺、红裸须摇蚊和角形环棱螺。秋季种类最多，调查获得的底栖动物全部为软体动物，优势种为河蚬、长角涵螺、纹沼螺和方格短沟蜷；冬季铜锈环棱螺居绝对优势，其余优势种类除了寡毛类的苏氏尾鳃蚓，还有软体动物河蚬和长角涵螺。

· 现存量

洪泽湖青虾河蚬国家级水产种质资源保护区底栖动物年平均数量、生物量分别为185.42 ind./m^2、66.20 g/m^2。软体动物年平均数量和年平均生物量均最高，分别为139.58 ind./m^2和65.97 g/m^2；寡毛类动物年平均密度和年平均生物量分别为41.67 ind./m^2和0.16 g/m^2；水生昆虫年平均密度和年平均生物量分别为2.08 ind./m^2和0.04 g/m^2；蛭类年平均密度和年平均生物量分别为2.08 ind./m^2和0.02 g/m^2。各类群季节变化见表3.4-22。

· 生物多样性

洪泽湖青虾河蚬国家级水产种质资源保护区底栖动物Hannon-Weaver多样性指数（H'）、Pielou均匀度指数（J）和Margalef丰富度指数（R）分别为2.23、0.79和3.56。不同季节之间多样性指数区别不大，数据显示秋季多样性指数（H'）和丰富度指数（R）均为最高，夏季均匀度指数（J）最高（图3.4-11）。

表3.4-22　洪泽湖青虾河蚬国家级水产种质资源保护区底栖动物生物密度、生物量季节变化

项　目	季　节	寡毛类	蛭　类	水生昆虫	软体动物	合　计
生物密度（ind./m^2）	春　季	100.00	8.33	—	75.00	183.33
	夏　季	33.33	—	8.33	33.33	75.00
	秋　季	—	—	—	250.00	250.00
	冬　季	33.33	—	—	200.00	233.33
	平　均	41.67	2.08	2.08	139.58	185.42
生物量（g/m^2）	春　季	0.06	0.10	—	48.98	49.14
	夏　季	0.08	—	0.17	46.00	46.25
	秋　季	—	—	—	81.76	81.76
	冬　季	0.51	—	—	87.13	87.64
	平　均	0.16	0.02	0.04	65.97	66.20

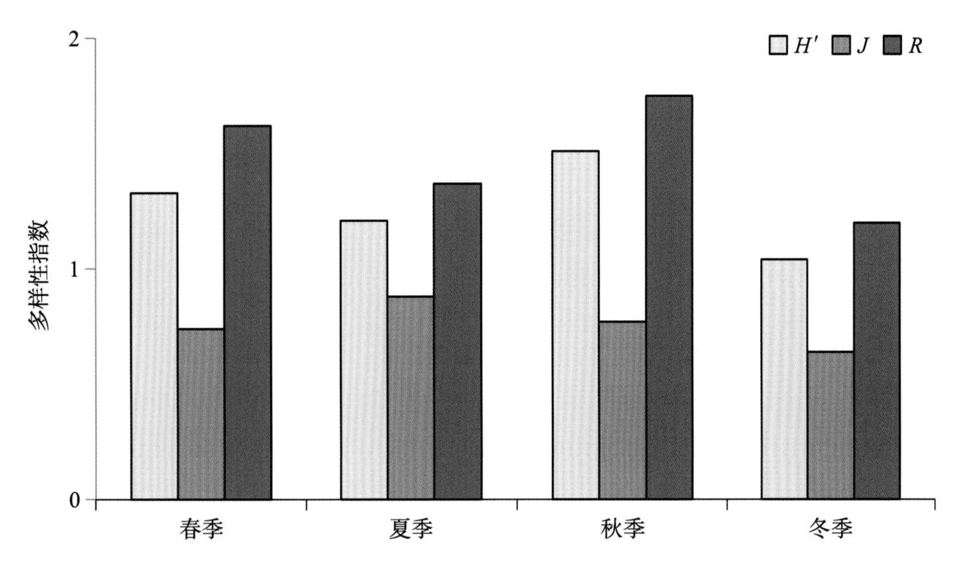

图3.4-11　洪泽湖青虾河蚬国家级水产种质资源保护区底栖动物四季多样性指数

洪泽湖青虾河蚬国家级水产种质资源保护区春季H'为1.33、J为0.74、R为1.62。夏季H'为1.21、J为0.88、R为1.37。秋季H'为1.51、J为0.77、R为1.75。冬季H'为1.04、J为0.64、R为1.20。

3.4.12 洪泽湖银鱼国家级水产种质资源保护区

· 群落组成

根据本次调查，洪泽湖银鱼国家级水产种质资源保护区底栖动物已鉴定有17属种，其中寡毛类4属种、甲壳动物1属种、软体动物12属种。仅软体动物有种类在四季均出现。种类组成以软体动物为主、占总数的70.6%，寡毛类次之、占总数的23.5%，甲壳类占总数的5.9%。各季的种类组成详见表3.4-23。

· 优势种

从4次调查总体结果来看，河蚬在四个季节中都居绝对优势。春季的优势种6种，除河蚬外，还有苏氏尾鳃蚓和扁旋螺、河蚬和纹沼螺等其他4种软体动物；夏季种类最多，优势种为河蚬、泥泞拟钉螺、椭圆萝卜螺和中国淡水蛭；秋季主要优势种是软体动物中的河蚬和铜锈环棱螺；冬季占优势的种类为河蚬、铜锈环棱螺和泥泞拟钉螺。

· 现存量

洪泽湖银鱼国家级水产种质资源保护区底栖动物年平均数量、生物量分别为465.63 ind./m^2、205.85 g/m^2。其中软体动物年平均数量和年平均生物量均最高，分别为444.79 ind./m^{2}和205.78 g/m^2；寡毛类动物年平均密度和年平均生物量分别为18.75 ind./

表3.4-23　洪泽湖银鱼国家级水产种质资源保护区底栖动物分类统计表

类　群	春　季		夏　季		秋　季		冬　季	
	属　种	%	属　种	%	属　种	%	属　种	%
寡毛类	1	16.7	2	25	—	—	1	25
甲壳动物	—	—	—	—	—	—	1	25
软体动物	5	83.3	6	75	5	100	2	50
合　计	6	100	8	100	5	100	4	100

m^2和0.04 g/m^2；甲壳动物年平均密度和年平均生物量分别为2.08 ind./m^2和0.03 g/m^2。各类群季节变化见表3.4–24。

· 生物多样性

洪泽湖银鱼国家级水产种质资源保护区底栖动物Shannon–Weaver多样性指数（H'）、Pielou均匀度指数（J）和Margalef丰富度指数（R）分别为1.57、0.56和2.96。不同季节之间多样性指数区别不大，数据显示春季多样性指数（H'）、均匀度指数（J）和丰富度指数（R）均为最高（图3.4–12）。

洪泽湖银鱼国家级水产种质资源保护区春季H'为1.72、J为0.96、R为2.09。夏季H'为1.51、J为0.72、R为1.53。秋季H'为0.97、J为0.60、R为1.05。冬季H'为0.32、J为0.23、R为0.70。

表3.4–24 洪泽湖银鱼国家级水产种质资源保护区底栖动物生物密度、生物量季节变化

项　目	季　节	寡毛类	甲壳动物	软体动物	合　计
生物密度（ind./m^2）	春　季	16.67	—	75.00	91.67
	夏　季	50.00	—	750.00	800.00
	秋　季	—	—	370.83	370.83
	冬　季	8.33	8.33	583.33	600.00
	平　均	18.75	2.08	444.79	465.63
生物量（g/m^2）	春　季	0.08	—	0.25	0.33
	夏　季	0.02	—	561.45	561.46
	秋　季	—	—	137.57	137.57
	冬　季	0.07	0.12	123.85	124.03
	平　均	0.04	0.03	205.78	205.85

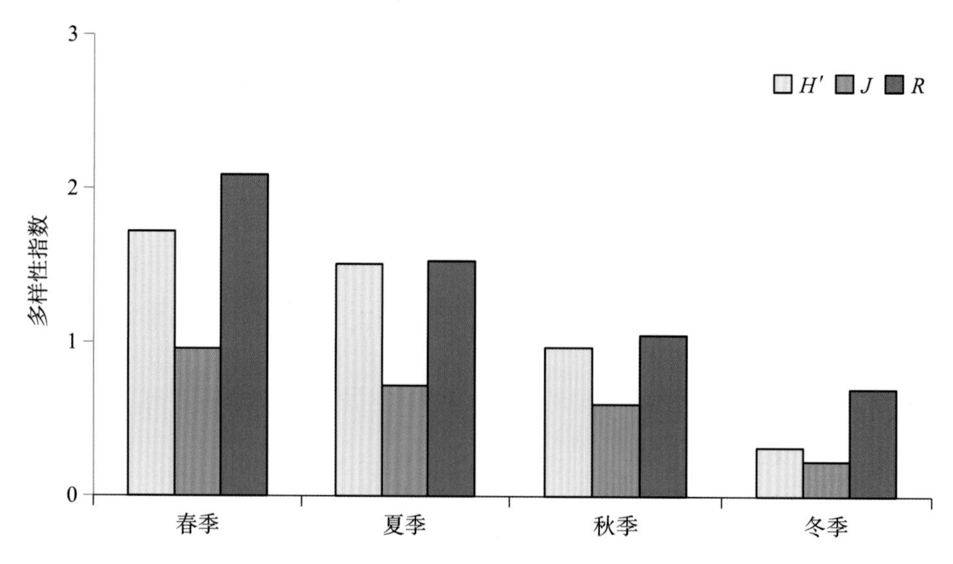

图3.4–12 洪泽湖银鱼国家级水产种质资源保护区底栖动物四季多样性指数

3.4.13 洪泽湖秀丽白虾国家级水产种质资源保护区

· 群落组成

根据本次调查，洪泽湖秀丽白虾国家级水产种质资源保护区共鉴定底栖动物16属种，其中寡毛类2属种、水生昆虫1属种、甲壳动物1属种、软体动物12属种。软体动物有种类在四季均出现。种类组成以软体动物为主、占总数的75.0%，寡毛类次之、占总数的12.5%。各季的种类组成详见表3.4-25。

· 优势种

从4次调查总体结果来看，河蚬在各个季节都占绝对优势。春季种类最多，优势种仅有河蚬；夏季占优势的种类除了河蚬以外，还有寡毛类的水丝蚓属以及软体动物长角涵螺和纹沼螺；秋季的另外一种优势种是软体动物中的中国淡水蛭；冬季其他优势种类为寡毛类的多毛管水蚓和软体动物背角无齿蚌。

· 现存量

洪泽湖秀丽白虾国家级水产种质资源保护区底栖动物年平均数量、生物量分别为260.42 ind./m^2、48.60 g/m^2。其中软体动物年平均数量和年平均生物量均最高，分别为243.75 ind./m^{2}和44.30 g/m^2；寡毛类动物年平均密度和年平均生物量分别为10.42 ind./m^{2}和0.15 g/m^2；水生昆虫年平均密度和年平均生物量分别为4.17 ind./m^{2}和0.63 g/m^2；甲壳动物年平均密度和年平均生物量分别为2.08 ind./m^{2}和3.52 g/m^2。各类群季节变化见表3.4-26。

· 生物多样性

洪泽湖秀丽白虾国家级水产种质资源保护区底

表3.4-25 洪泽湖秀丽白虾国家级水产种质资源保护区底栖动物分类统计表

类群	春季		夏季		秋季		冬季	
	属种	%	属种	%	属种	%	属种	%
寡毛类	—	—	1	25	—	—	1	20
水生昆虫	1	10	—	—	—	—	1	20
甲壳动物	1	10	—	—	—	—	—	—
软体动物	8	80	3	75	3	100	3	60
合计	10	100	4	100	3	100	5	100

表3.4-26 洪泽湖秀丽白虾国家级水产种质资源保护区底栖动物生物密度、生物量季节变化

项目	季节	寡毛类	水生昆虫	甲壳动物	软体动物	合计
生物密度（ind./m^2）	春季	—	8.33	8.33	533.33	550.00
	夏季	16.67	—	—	50.00	66.67
	秋季	0.00	—	—	208.33	208.33
	冬季	25.00	8.33	—	183.33	216.67
	平均	10.42	4.17	2.08	243.75	260.42
生物量（g/m^2）	春季	—	2.50	14.08	107.89	124.48
	夏季	0.28	—	—	26.11	26.39
	秋季	—	—	—	9.30	9.30
	冬季	0.32	—	—	33.92	34.24
	平均	0.15	0.63	3.52	44.30	48.60

栖动物Shannon-Weaver多样性指数（H'）、Pielou均匀度指数（J）和Margalef丰富度指数（R）分别为1.170、0.422和3.102。不同季节之间多样性指数有明显区别，数据显示夏季多样性指数（H'）和均匀度指数（J）均为最高，春季丰富度指数（R）最高（图3.4-13）。

洪泽湖秀丽白虾国家级水产种质资源保护区春季H'为0.91、J为0.40、R为2.15。夏季H'为1.32、J为0.95、R为1.44。秋季H'为0.66、J为0.60、R为0.62。冬季H'为0.9、J为0.56、R为1.21。

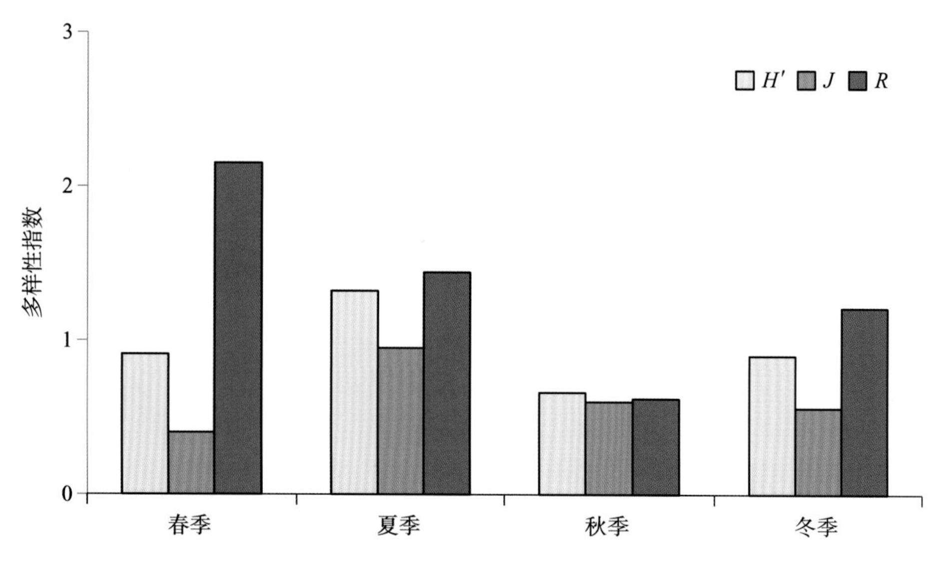

图3.4-13 洪泽湖秀丽白虾国家级水产种质资源保护区底栖动物四季多样性指数

3.4.14 洪泽湖虾类国家级水产种质资源保护区

· 群落组成

根据本次调查，洪泽湖虾类国家级水产种质资源保护区共鉴定底栖动物20属种，其中寡毛类4属种、水生昆虫2属种、甲壳动物1属种、软体动物13属种。种类组成以软体动物为主、占总数的65.0%，寡毛类次之、占总数的20.0%。各季的种类组成详见表3.4-27。

· 优势种

从4次调查总体结果来看，洪泽湖虾类国家级水产种质资源保护区春季的主要优势种为寡毛类的霍甫水丝蚓，其余优势种还有水生昆虫多巴小摇蚊、软体动物河蚬、铜锈环棱螺和三角帆蚌；夏季优势种为水生昆虫多巴小摇蚊、隐摇蚊属一种、寡毛类的中华颤蚓、软体动物泥泞拟钉螺和球形无齿蚌；秋季种类最多，优势种有软体动物中的河蚬、巴蜗牛、长角涵螺、角形环棱螺、铜锈环棱螺和寡毛类的水丝蚓属一

表3.4-27 洪泽湖虾类国家级水产种质资源保护区底栖动物分类统计表

类群	春季		夏季		秋季		冬季	
	属种	%	属种	%	属种	%	属种	%
寡毛类	1	20	1	20	1	11.1	1	16.7
水生昆虫	1	20	2	40	—	—	—	—
甲壳动物	—	—	—	—	—	—	1	16.7
软体动物	3	20	2	40	8	88.9	4	66.7
合计	5	100	5	100	9	100	6	100

种；冬季数量最多的种类为河蚬和扁旋螺，其他优势种为软体动物三角帆蚌、圆顶珠蚌、寡毛类的多毛管水蚓和甲壳类的拟背尾水虱一种。

· 现存量

洪泽湖虾类国家级水产种质资源保护区底栖动物年平均数量、生物量分别为116.67 ind./m^2、581.11 g/m^2。其中软体动物年平均数量和年平均生物量均最高，分别为81.25 ind./m^{2}和581.01 g/m^2；寡毛类动物年平均密度和年平均生物量分别为22.92 ind./m^{2}和0.08 g/m^2；水生昆虫年平均密度和年平均生物量分别为10.42 ind./m^{2}和0.01 g/m^2；甲壳动物年平均密度和年平均生物量分别为2.08 ind./m^{2}和0.002 5 g/m^2。各类群季节变化见表3.4-28。

表 3.4-28　洪泽湖虾类国家级水产种质资源保护区底栖动物生物密度、生物量季节变化

项　目	季　节	寡毛类	水生昆虫	甲壳动物	软体动物	合　计
生物密度（ind./m^2）	春　季	41.67	16.67	—	25.00	83.33
	夏　季	8.33	25.00	—	16.67	50.00
	秋　季	33.33	—	—	208.33	241.67
	冬　季	8.33	—	8.33	75.00	91.67
	平　均	22.92	10.42	2.08	81.25	116.67
生物量（g/m^2）	春　季	0.02	—	—	31.15	31.18
	夏　季	0.01	0.03	—	—	0.04
	秋　季	0.08	—	—	0.23	0.31
	冬　季	0.22	—	0.01	2 292.66	2 292.89
	平　均	0.08	0.01	0.002 5	581.01	581.11

· 生物多样性

洪泽湖虾类国家级水产种质资源保护区底栖动物Shannon-Weaver多样性指数（H'）、Pielou均匀度指数（J）和Margalef丰富度指数（R）分别为2.68、0.89和4.72。不同季节之间多样性指数区别不大，数据显示秋季多样性指数（H'）和丰富度指数（R）均为最高，夏季均匀度指数（J）最高（图3.4-14）。

洪泽湖虾类国家级水产种质资源保护区春季H'为1.36，J为0.85，R为1.74。夏季H'为1.56，J为0.97，R为2.23。秋季H'为1.96，J为0.89，R为2.38。冬季H'为1.67，J为0.93，R为2.09。

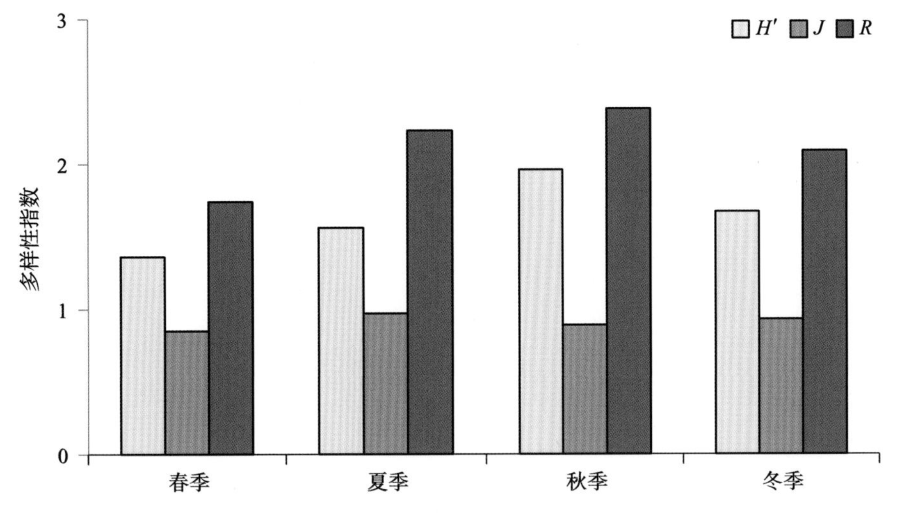

图3.4-14　洪泽湖虾类国家级水产种质资源保护区底栖动物四季多样性指数

3.4.15 洪泽湖鳜国家级水产种质资源保护区

· 群落组成

根据本次调查，洪泽湖鳜国家级水产种质资源保护区共鉴定底栖动物15属种，其中寡毛类1属种、水生昆虫1属种、软体动物13属种。仅软体动物中的河蚬在四季均出现。种类组成以软体动物为主、占总数的86.7%，寡毛类和水生昆虫各占总数的6.7%。各季的种类组成详见表3.4−29。

· 优势种

从4次调查总体结果来看，洪泽湖鳜国家级水产种质资源保护区春季的优势种5种均为软体动物，铜锈环棱螺居绝对优势，其他优势种还有淡水壳菜、河蚬、背角无齿蚌和扭蚌；夏季优势种为软体动物铜锈环棱螺、大沼螺、河蚬、方格短沟蜷和水生昆虫隐摇蚊属一种；秋季和冬季种类较多，河蚬在这两个季节的底栖动物中占绝对优势。秋季另外一个优势种为中国淡水蛭；冬季的优势种为铜锈环棱螺。

· 现存量

洪泽湖鳜国家级水产种质资源保护区底栖动物年平均数量、生物量分别为475.00 ind./m^2、851.71 g/m^2。其中软体动物年平均数量和年平均生物量均最高，分别为470.83 ind./m^{2}和851.69 g/m^2；寡毛类动物年平均密度和年平均生物量分别为2.08 ind./m^{2}和0.02 g/m^2；水生昆虫年平均密度和年平均生物量分别为2.08 ind./m^{2}和 < 0.01 g/m^2。各类群季节变化见表3.4−30。

表3.4−29 洪泽湖鳜国家级水产种质资源保护区底栖动物分类统计表

类　群	春　季		夏　季		秋　季		冬　季	
	属　种	%	属　种	%	属　种	%	属　种	%
寡毛类	—	—	—	—	—	—	1	12.5
水生昆虫	—	—	1	20	0	—	—	—
软体动物	5	100	4	80	8	100	7	87.5
合　计	5	100	5	100	8	100	8	100

表3.4−30 洪泽湖鳜国家级水产种质资源保护区底栖动物生物密度、生物量季节变化

项　目	季　节	寡毛类	水生昆虫	软体动物	合　计
生物密度（ind./m^2）	春　季	—	—	91.67	91.67
	夏　季	—	8.33	100.00	108.33
	秋　季	—	—	450.00	450.00
	冬　季	8.33	—	1 241.67	1 250.00
	平　均	2.08	2.08	470.83	475.00
生物量（g/m^2）	春　季	—	—	969.22	969.22
	夏　季	—	< 0.01	60.47	60.47
	秋　季	—	—	1 778.20	1 778.20
	冬　季	0.08	—	598.87	598.95
	平　均	0.02	< 0.01	851.69	851.71

· 生物多样性

洪泽湖鳜国家级水产种质资源保护区底栖动物Shannon-Weaver多样性指数（H'）、Pielou均匀度指数（J）和Margalef丰富度指数（R）分别为1.07、0.40和2.58。不同季节之间多样性指数区别不大，数据显示夏季多样性指数（H'）和均匀度指数（J）最高，秋季丰富度指数（R）最高（图3.4-15）。

春季洪泽湖鳜国家级水产种质资源保护区H'为0.91，J为0.4，R为1.67。夏季H'为1.32，J为0.95，R为1.56。秋季H'为0.66，J为0.60，R为1.76。冬季多样性指数H'为0.90，J为0.56，R为1.40。

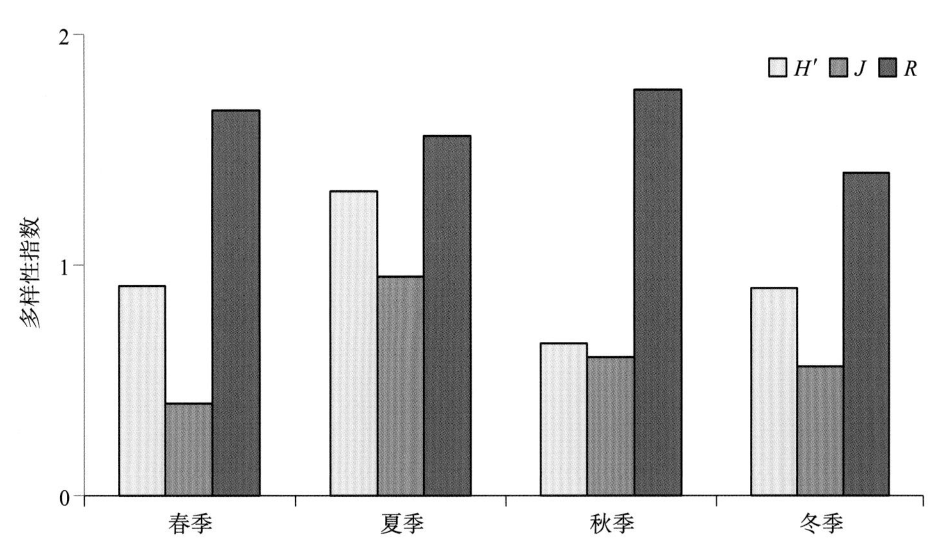

图3.4-15 洪泽湖鳜国家级水产种质资源保护区底栖动物四季多样性指数

3.4.16 洪泽湖黄颡鱼国家级水产种质资源保护区

· 群落组成

根据本次调查，洪泽湖黄颡鱼国家级水产种质资源保护区共鉴定底栖动物15属种，其中寡毛类2属种、水生昆虫1属种、软体动物12属种。种类组成以软体动物为主、占总数的80.0%，寡毛类次之、占总数的13.3%。各季的种类组成详见表3.4-31。

· 优势种

从4次调查总体结果来看，春季种类最多，3个优势种均为软体动物，除占绝对优势的河蚬外，还有方格短沟蜷和铜锈环棱螺；夏季优势种为寡毛类的水丝蚓属一种和软体动物的褶纹冠蚌；秋季铜锈环棱螺占绝对优势，另一种优势种为长角涵螺；冬季大沼螺占绝对优势，其余优势种为铜锈环棱螺、河蚬和长角涵螺。

· 现存量

洪泽湖黄颡鱼国家级水产种质资源保护区底

表3.4-31 洪泽湖黄颡鱼国家级水产种质资源保护区底栖动物分类统计表

类　群	春　季		夏　季		秋　季		冬　季	
	属　种	%	属　种	%	属　种	%	属　种	%
寡毛类	2	22.2	1	50	1	20	—	—
水生昆虫	—	—	—	—	—	—	1	12.5
软体动物	7	77.8	1	50	4	80	7	87.5
合　计	9	100	2	100	5	100	8	100

栖动物年平均数量、生物量分别为218.75 ind./m²、612.78 g/m²。其中软体动物年平均数量和年平均生物量均最高，分别为208.33 ind./m²和612.72 g/m²；寡毛类动物年平均密度和年平均生物量分别为8.33 ind./m²和0.01 g/m²；水生昆虫年平均密度和年平均生物量分别为2.08 ind./m²和0.05 g/m²。各类群季节变化见表3.4-32。

表3.4-32 洪泽湖黄颡鱼国家级水产种质资源保护区底栖动物生物密度、生物量季节变化

项　目	季　节	寡毛类	水生昆虫	软体动物	合　计
生物密度（ind./m²）	春　季	16.67	—	450.00	466.67
	夏　季	8.33	—	8.33	16.67
	秋　季	8.33	—	150.00	158.33
	冬　季	—	8.33	225.00	233.33
	平　均	8.33	2.08	208.33	218.75
生物量（g/m²）	春　季	0.02	—	230.48	230.50
	夏　季	0.01	—	296.17	296.18
	秋　季	0.01	—	138.78	138.79
	冬　季	—	0.20	1 785.46	1 785.66
	平　均	0.01	0.05	612.72	612.78

洪泽湖黄颡鱼国家级水产种质资源保护区底栖动物Shannon-Weaver多样性指数（H'）、Pielou均匀度指数（J）和Margalef丰富度指数（R）分别为1.91、0.71和3.00。不同季节之间多样性指数区别不大，数据显示春季多样性指数（H'）最高，夏季均匀度指数（J）最高，冬季丰富度指数（R）最高（图3.4-16）。

洪泽湖黄颡鱼国家级水产种质资源保护区H'为1.34，J为0.61，R为1.99。夏季多样性指数H'为0.70，J为1.00，R为1.44。秋季的多样性指数H'为0.93，J为0.58，R为1.36。冬季多样性指数H'为1.53，J为0.74，R为2.10。

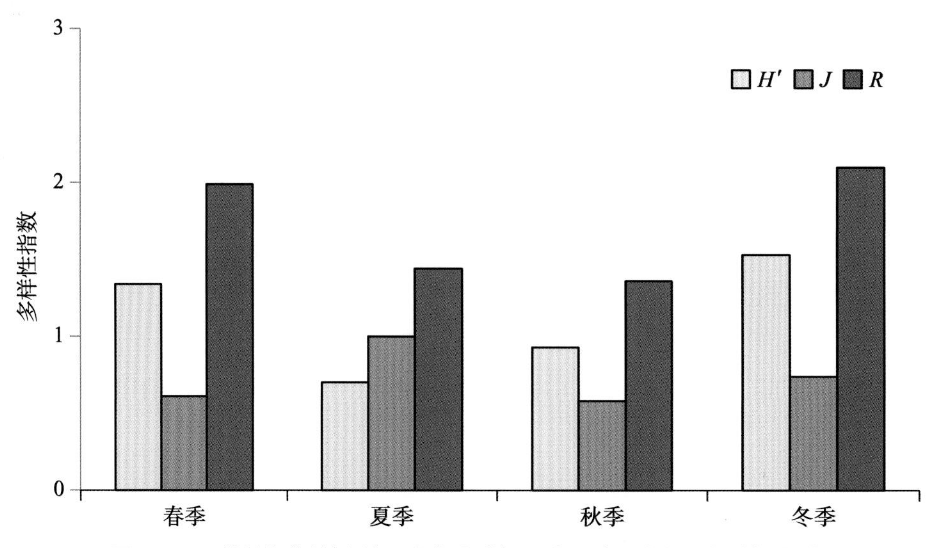

图3.4-16 洪泽湖黄颡鱼国家级水产种质资源保护区底栖动物四季多样性指数

3.4.17 骆马湖国家级水产种质资源保护区

· 群落组成

根据本次调查，共鉴定底栖动物17属种，其中寡毛类2属种、软体动物15属种。软体动物在四季均出现。种类组成以软体动物为主、占总数的88.24%，寡毛类占总数的11.76%。各季节的群落组成详见表3.4–33。

· 优势种

从4次调查总体结果来看，骆马湖国家级水产种质资源保护区底栖动物的优势种均为软体动物，分别为铜锈环棱螺、长角涵螺、扁旋螺、纹沼螺和大沼螺。不同季节之间优势种有较明显的差异，春季的优势种为苏氏尾鳃蚓和铜锈环棱螺；夏季数量占优势的种类主要有扁旋螺、长角涵螺、纹沼螺和湖沼股蛤；秋季种类最多，主要优势种是铜锈环棱螺、长角涵螺、大沼螺、角形环棱螺、纹沼螺、扁旋螺和河蚬；冬季优势种为铜锈环棱螺。

· 现存量

底栖动物年平均数量、生物量分别为343.06 ind./m^2、6.25 g/m^2，其中软体动物年平均密度和年平均生物量均最高，分别为271.88 ind./m^{2}和5.70 g/m^2；寡毛类动物年平均密度和年平均生物量分别为3.72 ind./m^{2}和0.55 g/m^2。各类群季节变化见表3.4–34。

· 生物多样性

骆马湖国家级水产种质资源保护区底栖动物Shannon–Weaver多样性指数（H'）、Pielou均匀度指数（J）和Margalef丰富度指数（R）分别为2.21、0.78和3.27。不同季节之间多样性指数有明显差距，数据显示秋季多样性指数（H'）最高，春季均匀度指数（J）最高，冬季丰富度指数（R）最高（图3.4–17）。

春季骆马湖国家级水产种质资源保护区H'为1.47，J为0.91，R为6.95。夏季H'为1.83，J为0.80，R为4.32。秋季的H'为2.02，J为0.81，R为3.71。冬季H'为1.39，J为0.86，R为7.69。

表3.4–33 骆马湖国家级水产种质资源保护区底栖动物分类统计表

类群	春季		夏季		秋季		冬季	
	属种	%	属种	%	属种	%	属种	%
寡毛类	1	20	—	—	—	—	1	20
软体动物	4	80	10	100	12	100	4	80
水生昆虫	—	—	—	—	—	—	—	—
合计	5	100	10	100	12	100	5	100

表3.4–34 骆马湖国家级水产种质资源保护区底栖动物生物密度、生物量季节变化

项目	季节	寡毛类	软体动物	合计
生物密度（ind./m^2）	春季	16.67	66.67	83. 33
	夏季	—	337.50	337.50
	秋季	—	625.00	625.00
	冬季	8.33	58.34	66.67
	平均	3.72	271.88	343.06

（续表）

项　目	季　节	寡毛类	软体动物	合　计
生物量（g/m^2）	春　季	1.10	—	1.10
	夏　季	—	—	—
	秋　季	—	22.80	22.79
	冬　季	1.10	—	1.10
	平　均	0.55	5.70	6.25

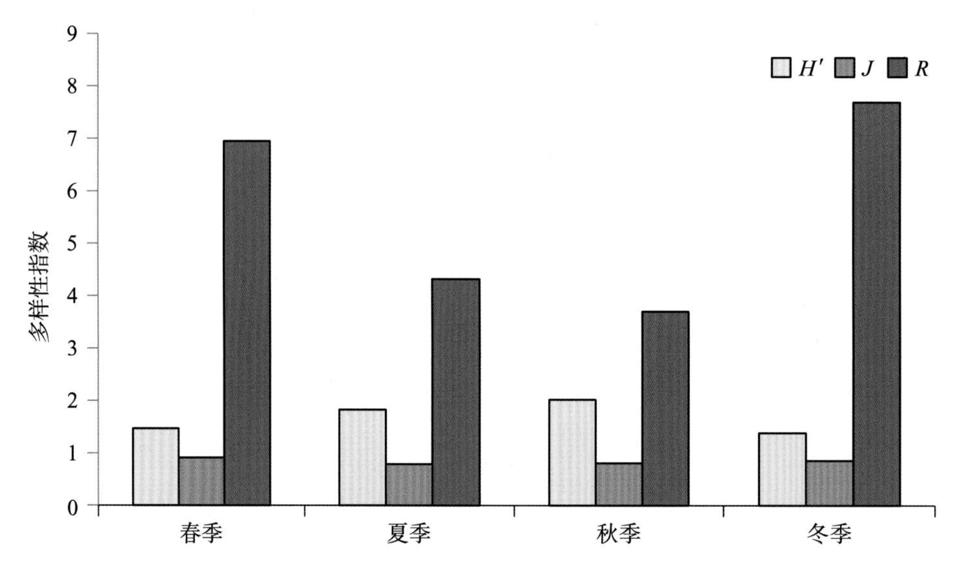

图3.4-17　骆马湖国家级水产种质资源保护区底栖动物四季多样性指数

3.4.18　骆马湖青虾国家级水产种质资源保护区

·群落组成

根据本次调查，共鉴定底栖动物17属种，其中寡毛类3属种、水生昆虫1属种、蛭类1属种、软体动物12属种。其中，寡毛类和软体动物在四季均出现。种类组成以软体动物为主、占总数的70.59%，寡毛类占总数的17.65%，蛭类占总数的5.88%，水生昆虫占总数的5.88%。各季节的群落组成详见表3.4-35。

·优势种

从4次调查总体结果来看，骆马湖青虾国家级水产种质资源保护区底栖动物的优势种均为软体动物，分别为铜锈环棱螺、三角帆蚌、河蚬、梨形环棱螺、长角涵螺、方格短沟蜷和角形环棱螺。不同季节之间优势种有较明显的差异，春季的优势种为铜锈环棱螺、河蚬长角涵螺、方格短沟蜷和角形环棱螺；夏季优势种类主要有铜锈环棱螺、梨形环棱螺和河蚬；秋季主要优势种是河蚬、铜锈环棱螺和摇蚊幼虫；冬季的种类最多，其中优势种为铜锈环棱螺、河蚬、梨形环棱螺、方格短沟蜷、长角涵螺、角形环棱螺和颤蚓属。

·现存量

底栖动物年平均数量、生物量分别为856.25 ind./m^2、2 107.48 g/m^2，其中软体动物年平均密度和年平均生物量均最高，分别为806.25 ind./m^{2}和2 105.00 g/m^2；寡毛类动物年平均密度和年平均生物量分别为28.13 ind./m^{2}和2.46 g/m^2；水生昆虫年平均密度和年平均生物量分别为18.75 ind./m^{2}和0.01 g/m^2；蛭类年平均密度为3.13 ind./m^2。各类群季节变化见表3.4-36。

表 3.4-35 骆马湖青虾国家级水产种质资源保护区底栖动物分类统计表

类 群	春 季		夏 季		秋 季		冬 季	
	属 种	%	属 种	%	属 种	%	属 种	%
寡毛类	1	11.1	1	20	1	14.3	2	15.4
蛭 类	—	—	—	—	—	—	1	7.7
软体动物	8	88.9	4	80	5	71.4	9	69.2
水生昆虫	—	—	—	—	1	14.3	1	7.7
合 计	9	100	5	100	7	100	13	100

表 3.4-36 骆马湖青虾国家级水产种质资源保护区底栖动物生物密度、生物量季节变化

项 目	季 节	寡毛类	水生昆虫	蛭 类	软体动物	合 计
生物密度（ind./m^2）	春 季	12.50	—	—	312.50	325.00
	夏 季	12.50	—	—	137.50	150.00
	秋 季	12.50	12.5	—	550.00	575.00
	冬 季	75.00	62.5	12.5	2 225.00	2 375.00
	平 均	28.13	18.75	3.13	806.25	856.25
生物量（g/m^2）	春 季	4.35	—	—	—	4.35
	夏 季	0.60	—	—	—	0.60
	秋 季	0.55	0.05	—	8 420	8 420.60
	冬 季	4.35	—	—	—	4.35
	平 均	2.46	0.01	—	2 105.00	2 107.48

· 生物多样性

骆马湖青虾国家级水产种质资源保护区底栖动物Shannon-Weaver多样性指数（H'）、Pielou均匀度指数（J）和Margalef丰富度指数（R）分别为2.05、0.72和2.85。不同季节之间多样性指数有明显差距，数据显示冬季多样性指数（H'）最高，春季均匀度指数（J）最高，夏季丰富度指数（R）最高（图3.4-18）。

春季骆马湖青虾国家级水产种质资源保护区H'为1.99，J为0.90，R为4.91。夏季H'为1.10，J为0.68，R为6.44。秋季的H'为1.28，J为0.66，R为4.18。冬季H'为2.04，J为0.80，R为3.05。

3.4.19 长江大胜关长吻鮠铜鱼国家级水产种质资源保护区

· 群落组成

根据本次调查，共鉴定底栖动物6属种，其中多毛类1属种、寡毛类3属种、水生昆虫1属种、甲壳类1属种。种类组成以寡毛类为主，占总数的50.00%。各季的种类组成详见表3.4-37。

· 优势种

从4次调查总体结果来看，长江大胜关长吻鮠铜鱼国家级水产种质资源保护区底栖动物不同季节优势

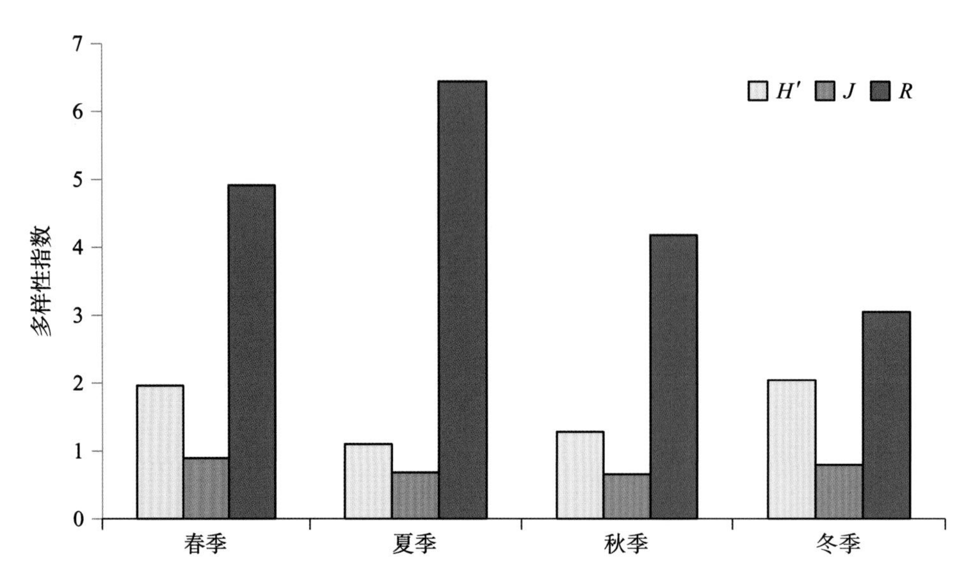

图3.4-18 骆马湖青虾国家级水产种质资源保护区底栖动物四季多样性指数

类有所差异，冬季以甲壳类为绝对优势，夏秋季节为寡毛类为绝对优势。

· 现存量

长江大胜关长吻鮠铜鱼国家级水产种质资源保护区底栖动物年平均密度为206.66 ind./m^2。从不同季节来看，冬季底栖动物密度最高、达666.67 ind./m^2。长江大胜关长吻鮠铜鱼国家级水产种质资源保护区底栖动物年平均生物量为0.71 g/m^2。各类群季节变化见表3.4-38。

· 生物多样性

长江大胜关长吻鮠铜鱼国家级水产种质资源保护区底栖动物Shannon-Wiener多样性指数（H'）、Pielou

表3.4-37 长江大胜关长吻鮠铜鱼国家级水产种质资源保护区底栖动物分类统计表

类　群	春　季		夏　季		秋　季		冬　季	
	属　种	%	属　种	%	属　种	%	属　种	%
多毛类	—	—	—	—	1	25	1	50
寡毛类	—	—	2	66.7	3	75	—	—
水生昆虫	—	—	1	33.3	—	—	—	—
甲壳类	—	—	—	—	—	—	1	50
合　计	—	—	3	100	4	100	2	100

表3.4-38 长江大胜关长吻鮠铜鱼国家级水产种质资源保护区底栖动物生物密度、生物量季节变化

项　目	季　节	多毛类	寡毛类	水生昆虫	甲壳类	合　计
生物密度（ind./m^2）	春　季	—	—	—	—	—
	夏　季	—	66.65	26.66	—	93.31
	秋　季	13.33	53.32	—	—	66.65
	冬　季	53.33	—	—	613.33	666.67
	平　均	16.67	29.99	6.67	153.33	206.66

（续表）

项　目	季　节	多毛类	寡毛类	水生昆虫	甲壳类	合　计
生物量（g/m²）	春　季	—	—	—	—	—
	夏　季	—	0.32	0.14	—	0.46
	秋　季	0.02	0.75	—	—	0.77
	冬　季	0.54	—	—	1.09	1.62
	平　均	0.14	0.27	0.03	0.27	0.71

均匀度指数（J）和Margalef丰富度指数（R）均值分别为0.64、0.63和0.70。整体来看，三个生物多样性指数均显示夏季较高，春季最低（图3.4-19）。

夏季H'为1.08，J为0.98，R为1.03；秋季H'为0.55，J为0.50，R为0.91；冬季H'为0.28，J为0.40，R为0.15。

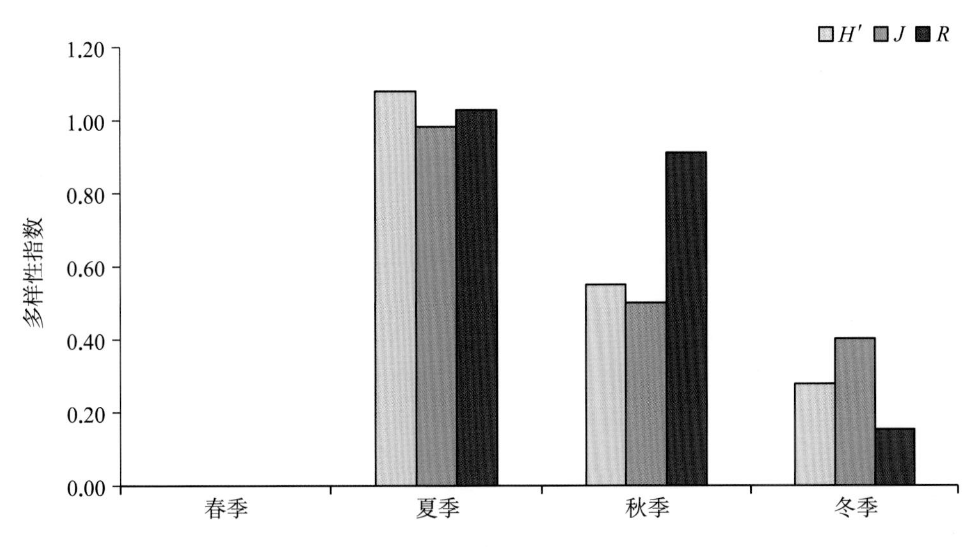

图3.4-19　长江大胜关长吻鮠铜鱼国家级水产种质资源保护区底栖动物四季多样性指数

3.4.20　长江扬州段四大家鱼国家级水产种质资源保护区

· 群落组成

根据本次调查，共鉴定底栖动物8属种，其中环节动物门4属种、节肢动物门4属种，无软体动物和其他类群。环节动物门在四个季节中均有出现。各季的种类组成详见表3.4-39。

· 优势种

从4次调查总体结果来看，长江扬州段四大家鱼国家级水产种质资源保护区底栖动物的优势种为齿吻沙蚕、沙蚕科和厚唇嫩丝蚓。不同季节优势类群有所差异，从调查数据看，春季优势种为沙蚕科和异腹鳃摇蚊；夏季优势种为齿吻沙蚕；秋季优势种有厚唇嫩丝蚓、特城泥育虫；冬季优势种有齿吻沙蚕和厚唇嫩丝蚓。

· 现存量

长江扬州段四大家鱼国家级水产种质资源保护区底栖动物年平均密度为20.75 ind./m²，其中环节动物门的平均密度为19.25 ind./m²、节肢动物门的平均密度为1.50 ind./m²。从不同季节来看，冬季密度明显高于其他三个季节，为60.00 ind./m²；夏季密度

表 3.4-39 长江扬州段四大家鱼国家级水产种质资源保护区底栖动物分类统计表

类 群	春 季		夏 季		秋 季		冬 季	
	属 种	%	属 种	%	属 种	%	属 种	%
环节动物	1	25	1	100	3	75	2	100
节肢动物	3	75	—	—	1	25	—	—
合 计	4	100	1	100	4	100	2	100

最低，仅为4.00 ind./m^2。底栖动物年平均生物量为0.17 g/m^2。其中环节动物门的平均生物量为0.17 g/m^2，节肢动物门的平均生物量仅为5.25×10^{-4} g/m^2。各类群季节变化见表3.4-40。

· 生物多样性

长江扬州段四大家鱼国家级水产种质资源保护区底栖动物Shannon-Wiener多样性指数（H'）、Pielou均匀度指数（J）和Margalef丰富度指数（R）均值分别为0.67、0.63和0.63。春季H'为0.97，J为0.89，R为0.96；夏季H'、J、R均为0.00；秋季H'为1.19，J为0.86，R为1.30；冬季H'为0.53，J为0.76，R为0.24。各季节多样性指数如图3.4-20所示。

3.4.21 长江扬中段暗纹东方鲀刀鲚国家级水产种质资源保护区

· 群落组成

根据本次调查，共鉴定底栖动物10属种，其中环节动物门6属种、软体动物门2属种、节肢动物门2属种。春季调查到2属种、夏季3属种、秋季3属种、冬季5属种，其中环节动物在四季均有出现。种类组成以节肢动物门为主，占总数的60.00%。各季的种类组成详见表3.4-41。

· 优势种

从4次调查总体结果来看，长江扬中段暗纹东方

表 3.4-40 长江扬州段四大家鱼国家级水产种质资源保护区底栖动物生物密度、生物量季节变化

项 目	季 节	环节动物	节肢动物	合 计
生物密度（ind./m^2）	春 季	4.00	5.00	9.00
	夏 季	4.00	—	4.00
	秋 季	9.00	1.00	10.00
	冬 季	60.00	—	60.00
	平 均	19.25	1.50	20.75
生物量（g/m^2）	春 季	0.15	0.002	0.15
	夏 季	0.03	—	0.03
	秋 季	0.01	0.000 5	0.01
	冬 季	0.47	—	0.47
	平 均	0.17	0.000 5	0.17

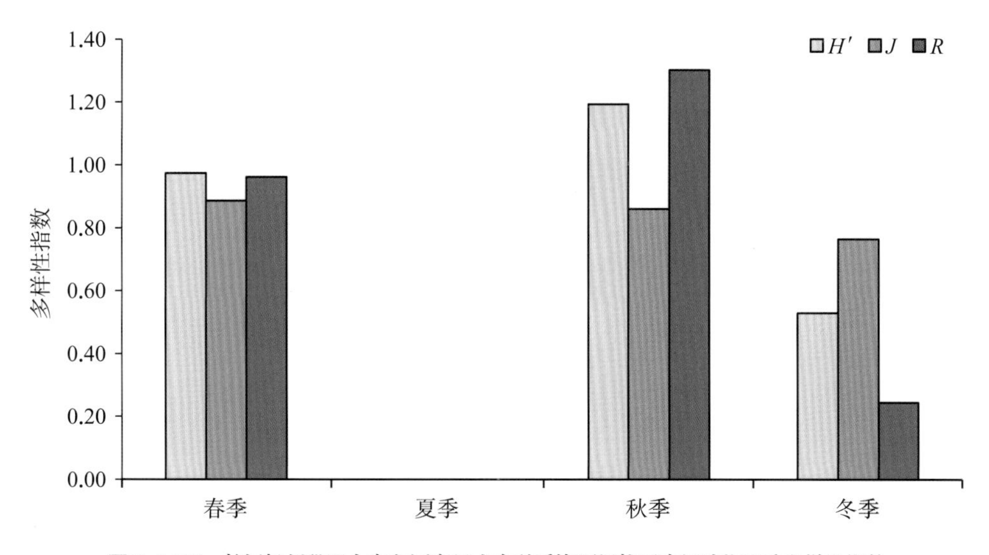

图3.4-20 长江扬州段四大家鱼国家级水产种质资源保护区底栖动物四季多样性指数

表 3.4-41 长江扬中段暗纹东方鲀刀鲚国家级水产种质资源保护区底栖动物分类统计表

类 群	春 季		夏 季		秋 季		冬 季	
	属 种	%	属 种	%	属 种	%	属 种	%
环节动物	2	100	3	100	1	33.3	3	50.00
软体动物	—	—	—	—	2	33.3	—	—
节肢动物	—	—	—	—	—	—	3	50.00
合 计	2	100	3	100	3	100	6	100

鲀、刀鲚国家级水产种质资源保护区底栖动物的优势种为齿吻沙蚕、厚唇嫩丝蚓和多足摇蚊。不同季节优势类群有所差异，从春季调查数据看，优势种为深栖水丝蚓、小头虫科；夏季优势种有齿吻沙蚕和厚唇嫩丝蚓；秋季的优势种有齿吻沙蚕、河蚬和方格短沟蜷；冬季的优势种有齿吻沙蚕、长臂虾、多足摇蚊、厚唇嫩丝蚓。

· 现存量

长江扬中段暗纹东方鲀刀鲚国家级水产种质资源保护区底栖动物年平均密度为77.58 ind./m^2，其中环节动物门的平均密度为36.83 ind./m^2、软体动物门的平均密度为0.75 ind./m^2、节肢动物的平均密度为40.00 ind./m^2。从不同季节来看，冬季密度明显高于其他三个季节，为213.00 ind./m^2；秋季密度最低，仅为6.00 ind./m^2。扬中段底栖动物年平均生物量为0.30 g/m^2，其中环节动物门的平均生物量为0.07 g/m^2、软体动物门的平均生物量为0.22 g/m^2、节肢动物门仅0.01 g/m^2。各类群季节变化见表3.4-42。

· 生物多样性

长江扬中段暗纹东方鲀刀鲚国家级水产种质资源保护区底栖动物Shannon-Wiener多样性指数（H'）、Pielou均匀度指数（J）和Margalef丰富度指数（R）均值分别为0.80、0.61和0.71。春季H'为0.10，J为0.15，R为0.26；夏季H'为0.60，J为0.55，R为0.53；秋季H'为1.01，J为0.92，R为1.12；冬季H'为1.47，J为0.82，R为0.93。各季节多样性指数如图3.4-21所示。

表 3.4-42　长江扬中段暗纹东方鲀刀鲚国家级水产种质资源保护区底栖动物生物密度、生物量季节变化

项　目	季　节	环节动物	软体动物	节肢动物	合　计
生物密度（ind./m²）	春　季	48.00	—	—	48.00
	夏　季	43.00	—	—	43.00
	秋　季	3.00	3.00	—	6.00
	冬　季	53.33	—	160.00	213.33
	平　均	36.83	0.75	40.00	77.58
生物量（g/m²）	春　季	0.003	—	—	0.003
	夏　季	0.15	—	—	0.15
	秋　季	0.06	0.89	—	0.95
	冬　季	0.07	—	0.05	0.12
	平　均	0.07	0.22	0.01	0.30

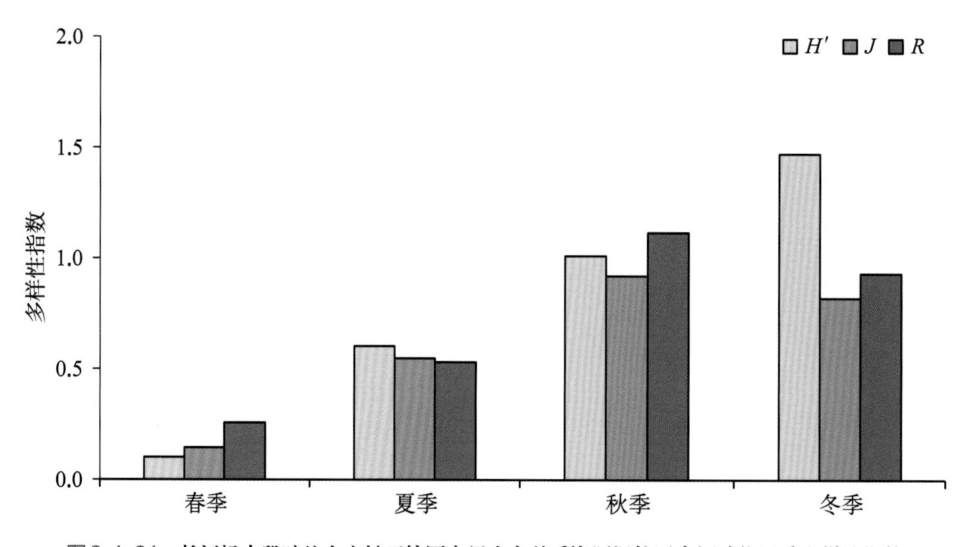

图3.4-21　长江扬中段暗纹东方鲀刀鲚国家级水产种质资源保护区底栖动物四季多样性指数

3.4.22 长江靖江段中华绒螯蟹鳜鱼国家级水产种质资源保护区

· 群落组成

根据本次调查，共鉴定底栖动物7属种，其中环节动物3属种、软体动物2属种、节肢动物2属种。春季调查到1属种、夏季1属种、秋季1属种、冬季6属种，无在四个季节均出现的物种。各季的种类组成详见表3.4-43。

· 优势种

从4次调查总体结果来看，长江靖江段中华绒螯蟹鳜鱼国家级水产种质资源保护区底栖动物的优势种为齿吻沙蚕、河蚬和钩虾。不同季节优势类群有所差异，春、夏季的优势种均为齿吻沙蚕；秋季的优势种为浅白雕翅摇蚊；冬季的优势种有齿吻沙蚕、河蚬和钩虾。

· 现存量

长江靖江段中华绒螯蟹鳜鱼国家级水产种质资源保护区底栖动物年平均密度为110.75 ind./m²，其中环

表 3.4-43　长江靖江段中华绒螯蟹鳜鱼国家级水产种质资源保护区底栖动物分类统计表

类　群	春　季		夏　季		秋　季		冬　季	
	属　种	%	属　种	%	属　种	%	属　种	%
环节动物	1	100	1	100	—	—	3	50
软体动物	—	—	—	—	—	—	2	33.3
节肢动物	—	—	—	—	1	100	1	16.7
合　计	1	100	1	100	1	100	6	100

节动物的平均密度为30.50 ind./m^2、软体动物的平均密度为6.67 ind./m^2、节肢动物的平均密度为73.58 ind./m^2。从不同季节来看，冬季密度明显高于其他三个季节，为440.00 ind./m^2；春季、夏季和秋季的密度均为1.00 ind./m^2。靖江段底栖动物年平均生物量为0.71 g/m^2，其中环节动物的平均生物量为0.18 g/m^2、软体动物的平均生物量为0.48 g/m^2、节肢动物的平均生物量仅为0.05 g/m^2。各类群季节变化见表3.4-44。

· 生物多样性

长江靖江段中华绒螯蟹鳜鱼国家级水产种质资源保护区底栖动物Shannon-Wiener多样性指数（H'）、Pielou均匀度指数（J）和Margalef丰富度指数（R）均值分别为0.27、0.15和0.21。冬季H'为1.10，J为0.61，R为0.82。各季节多样性指数如图3.4-22所示。

表 3.4-44　长江靖江段中华绒螯蟹鳜鱼国家级水产种质资源保护区底栖动物生物密度、生物量季节变化

项　目	季　节	环节动物	软体动物	节肢动物	合　计
生物密度（ind./m^2）	春　季	1.00	—	—	1.00
	夏　季	1.00	—	—	1.00
	秋　季	—	—	1.00	1.00
	冬　季	120.00	26.67	293.33	440.00
	平　均	30.50	6.67	73.58	110.75
生物量（g/m^2）	春　季	0.05	—	—	0.05
	夏　季	0.01	—	—	0.01
	秋　季	—	—	0.000 3	0.000 3
	冬　季	0.65	1.93	0.20	2.78
	平　均	0.18	0.48	0.05	0.71

3.4.23　长江如皋段刀鲚国家级水产种质资源保护区

· 群落组成

根据本次调查，共鉴定底栖动物5属种，其中环节动物门2种、节肢动物门2属种、软体动物1属种。其中，秋季和夏季均鉴定出2种底栖动物，冬季鉴定出4种底栖动物，春季未采集到底栖动物。各季的种类组成详见表3.4-45。

· 优势种

从4次调查总体结果来看，长江如皋段刀鲚国家级水产种质资源保护区底栖动物的优势种为钩虾科、

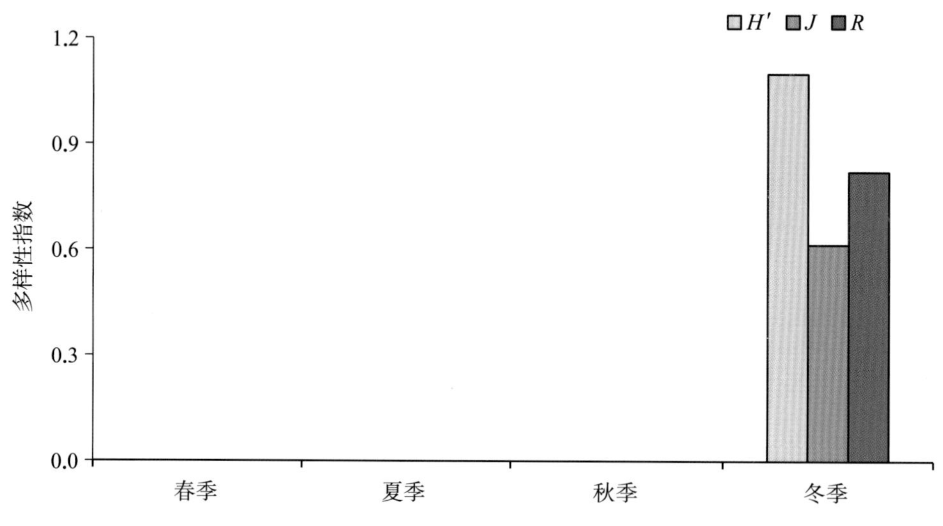

图3.4-22　长江靖江段中华绒螯蟹鳜鱼国家级水产种质资源保护区底栖动物四季多样性指数

表3.4-45　长江如皋段刀鲚国家级水产种质资源保护区段底栖动物分类统计表

类　群	夏　季		秋　季		冬　季	
	属　种	%	属　种	%	属　种	%
环节动物	1	50	1	50	2	50
节肢动物	—	—	1	50	2	50
软体动物	1	50	—	—	—	—
合　计	2	100	2	100	4	100

多足摇蚊属和齿吻沙蚕科。

· 现存量

长江如皋段刀鲚国家级水产种质资源保护区底栖动物年平均密度为306.00 ind./m^2，其中环节动物平均密度为78.00 ind./m^2、软体动物平均密度为1.00 ind./m^2、节肢动物平均密度为227.00 ind./m^2。从不同季节来看，冬季密度明显高于其他三个季节，为293.00 ind./m^2。如皋段底栖动物年平均生物量为1.99 g/m^2，其中环节动物的平均生物量为1.55 g/m^2、软体动物的平均生物量为0.43 g/m^2、节肢动物的平均生物量仅为0.003 g/m^2。各类群季节变化见表3.4-46。

表3.4-46　长江如皋段刀鲚国家级水产种质资源保护区底栖动物生物密度、生物量季节变化

项　目	季　节	环节动物	软体动物	节肢动物	合　计
生物密度（ind./m^2）	春　季	—	—	—	—
	夏　季	7.00	1.00	—	8.00
	秋　季	4.00	—	1.00	5.00
	冬　季	67.00	—	226.00	293.00
	平　均	78.00	1.00	227.00	306.00

（续表）

项目	季节	环节动物	软体动物	节肢动物	合计
生物量（g/m²）	春季	—	—	—	—
	夏季	0.06	0.43	—	0.49
	秋季	0.07	—	0.00	0.07
	冬季	1.42	—	0.01	1.43
	平均	1.55	0.43	0.003	1.99

· 生物多样性

长江如皋段刀鲚国家级水产种质资源保护区底栖动物Shannon-Wiener多样性指数（H'）、Pielou均匀度指数（J）和Margalef丰富度指数（R）均值分别为0.58、0.63和0.54。夏季H'为0.38，J为0.54，R为0.48；秋季H'为0.50，J为0.72，R为0.62；冬季H'为0.86，J为0.62，R为0.53。各季节多样性指数如图3.4-23所示。

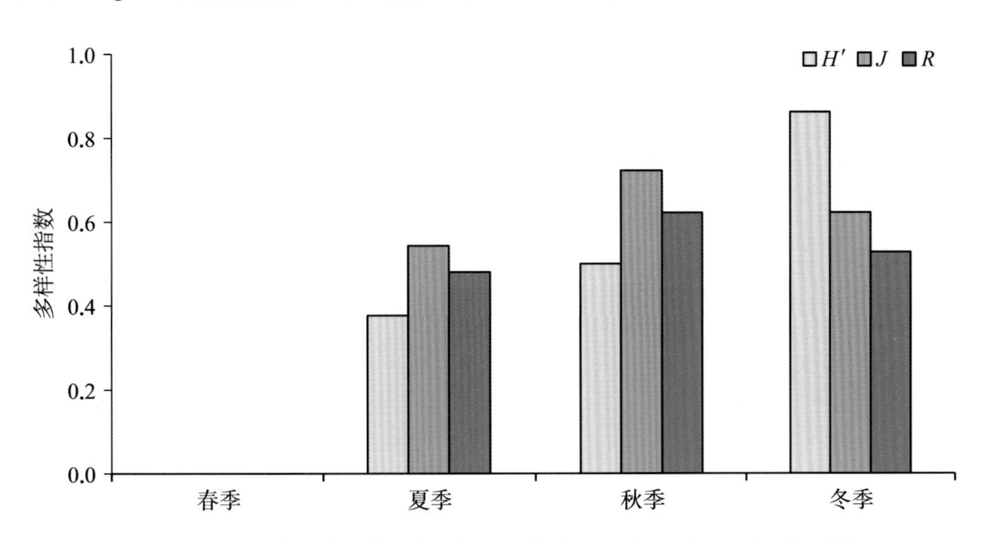

图3.4-23 长江如皋段刀鲚国家级水产种质资源保护区底栖动物四季多样性指数

3.4.24 淀山湖河蚬翘嘴红鲌国家级水产种质资源保护区

· 群落组成

根据本次调查，共鉴定底栖动物36属种，其中寡毛类7属种、水生昆虫12属种、软体动物11属种、其他类群6属种。4个种类在四季均有出现。种类组成以水生昆虫为主、占总数的34.29%，软体动物次之、占总数的31.43%。各季的种类组成详见表3.4-47。

· 优势种

从4次调查总体结果来看，淀山湖河蚬翘嘴红鲌国家级水产种质资源保护区底栖动物的优势种为铜锈环棱螺、中国长足摇蚊和太湖裸须摇蚊。不同季节优势类群有所差异，从调查数据看，春季优势种有克拉泊水丝蚓、霍甫水丝蚓、铜锈环棱螺、红裸须摇蚊、太湖裸须摇蚊；夏季优势种有铜锈环棱螺、河蚬、羽摇蚊、软铗小摇蚊、中国长足摇蚊；秋季优势种有铜锈环棱螺、梨形环棱螺、方形环棱螺、中国长足摇蚊；冬季优势种有栉水虱、前突摇蚊属、中国长足摇蚊、红裸须摇蚊。

· 现存量

淀山湖河蚬翘嘴红鲌国家级水产种质资源保护区底栖动物年平均密度为644.25 ind./m²，其中环节动物平均密度为68.50 ind./m²、节肢动物平均密度为

表 3.4-47 淀山湖河蚬翘嘴红鲌国家级水产种质资源保护区底栖动物分类统计表

类　群	春　季		夏　季		秋　季		冬　季	
	属　种	%	属　种	%	属　种	%	属　种	%
水生昆虫	7	36.8	4	25	5	25	5	33.3
软体动物	6	31.6	5	31.2	8	40	3	20
寡毛类	4	21.1	4	25	4	20	4	26.7
其他类群	2	10.5	3	18.8	3	15	3	20
合　计	19	100	16	100	20	100	15	100

463.75 ind./m^2、软体动物平均密度为111.75 ind./m^2、其他类群平均密度为0.25 ind./m^2。从不同季节来看，春季密度明显高于其他三个季节，为1 814.00 ind./m^2；冬季密度最低，仅为75.00 ind./m^2。淀山湖底栖动物年平均生物量为141.49 g/m^2，其中环节动物的平均生物量为0.12 g/m^2、节肢动物的平均生物量为6.46 g/m^2。底栖动物生物量主要由个体较大的软体动物决定，其平均生物量高达134.91 g/m^2，占底栖动物总生物量95.35%。各类群季节变化见表3.4-48。

表 3.4-48 淀山湖河蚬翘嘴红鲌国家级水产种质资源保护区底栖动物生物密度、生物量季节变化

项　目	季　节	环节动物	软体动物	节肢动物	其他类群	合　计
生物密度（ind./m^2）	春　季	170.00	95.00	1 548.00	1.00	1 814.00
	夏　季	76.00	128.00	141.00	—	345.00
	秋　季	13.00	222.00	108.00	—	343.00
	冬　季	15.00	2.00	58.00	—	75.00
	平　均	68.50	111.75	463.75	0.25	644.25
生物量（g/m^2）	春　季	0.25	122.58	24.78	0.01	147.62
	夏　季	0.13	104.14	0.70	—	104.97
	秋　季	0.02	308.80	0.18	—	309.00
	冬　季	0.08	4.11	0.16	—	4.35
	平　均	0.12	134.91	6.46	0.00	141.49

· 生物多样性

淀山湖河蚬翘嘴红鲌国家级水产种质资源保护区底栖动物Shannon-Wiener多样性指数（H'）、Pielou均匀度指数（J）和Margalef丰富度指数（R）均值分别为1.09、0.71和0.74。H'、J均为夏季最高，R为秋季最高。各季节多样性指数如图3.4-24所示。

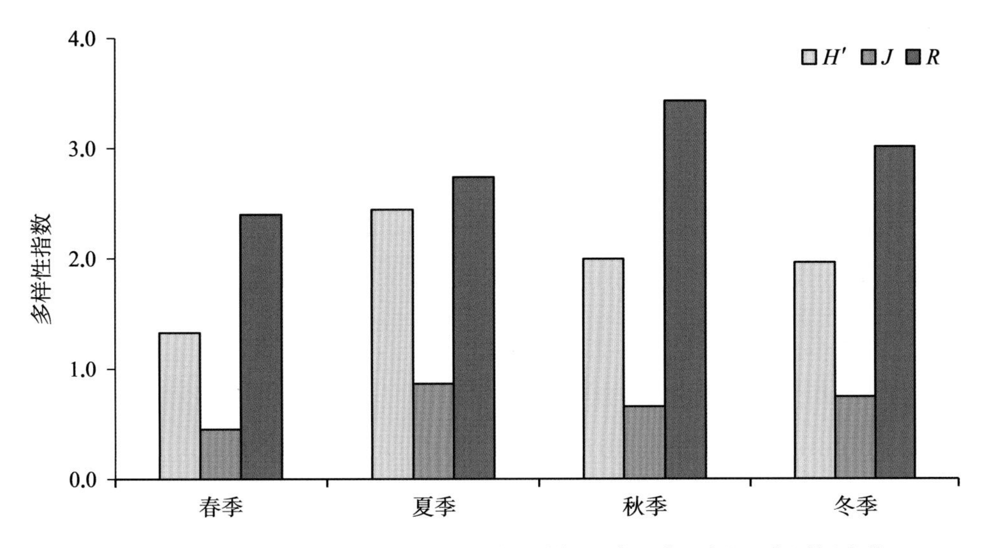

图3.4-24　淀山湖河蚬翘嘴红鲌国家级水产种质资源保护区底栖动物四季多样性指数

3.4.25 阳澄湖中华绒螯蟹国家级水产种质资源保护区

· 群落组成

根据本次调查，共鉴定底栖动物21属种，其中寡毛类8属种、软体动物3属种、水生昆虫10属种。种类组成以水生昆虫为主，占总数的47.62%。各季的种类组成详见表3.4-49。

· 优势种

从4次调查总体结果来看，阳澄湖中华绒螯蟹国家级水产种质资源保护区底栖动物的优势种为中国长足摇蚊。不同季节优势类群有所差异，其中春季、秋季优势种为中国长足摇蚊；冬季以红裸须摇蚊占绝对优。

· 现存量

阳澄湖中华绒螯蟹国家级水产种质资源保护区底栖动物年平均密度为345.49 ind./m^2。从不同季节来看，春季底栖动物密度最高，达519.87 ind./m^2；夏季最低，为4.44 ind./m^2。阳澄湖中华绒螯蟹国家级水产种质资源保护区底栖动物年平均生物量为12.58 g/m^2。各类群季节变化见表3.4-50。

· 生物多样性

阳澄湖中华绒螯蟹国家级水产种质资源保护区底栖动物Shannon-Wiener多样性指数（H'）、Pielou均匀度指数（J）和Margalef丰富度指数（R）分别为0.87、0.46和0.63。从不同季节来看，生物指数变化趋势有所差异，其中Shannon-Wiener多样性指数（H'）显示春季最高，夏季最低；Pielou均匀度指数（J）显示冬季最高，夏季最低；Margalef丰富度指数（R）显示春季最高，夏季最低（图3.4-25）。

表3.4-49　阳澄湖中华绒螯蟹国家级水产种质资源保护区底栖动物分类统计表

类　群	春　季		夏　季		秋　季		冬　季	
	属　种	%	属　种	%	属　种	%	属　种	%
寡毛类	5	38.5	—	—	5	62.5	1	16.7
水生昆虫	7	53.9	1	100	3	37.5	3	50
软体动物	1	7.7	—	—	—	—	2	33.3
合　计	13	100	1	100	8	100	6	100

表3.4-50 阳澄湖中华绒螯蟹国家级水产种质资源保护区底栖动物生物密度、生物量季节变化

项目	季节	寡毛类	甲壳动物	水生昆虫	合计
生物密度（ind./m^2）	春季	235.50	4.44	279.93	519.87
	夏季	—	—	4.44	4.44
	秋季	53.32	0.00	431.00	484.32
	冬季	13.33	8.89	351.11	373.33
	平均	75.54	3.33	266.62	345.49
生物量（g/m^2）	春季	1.21	1.54	1.99	4.75
	夏季	—	—	0.09	0.09
	秋季	0.29	0.00	1.80	2.08
	冬季	0.02	39.35	4.01	43.38
	平均	0.38	10.22	1.97	12.58

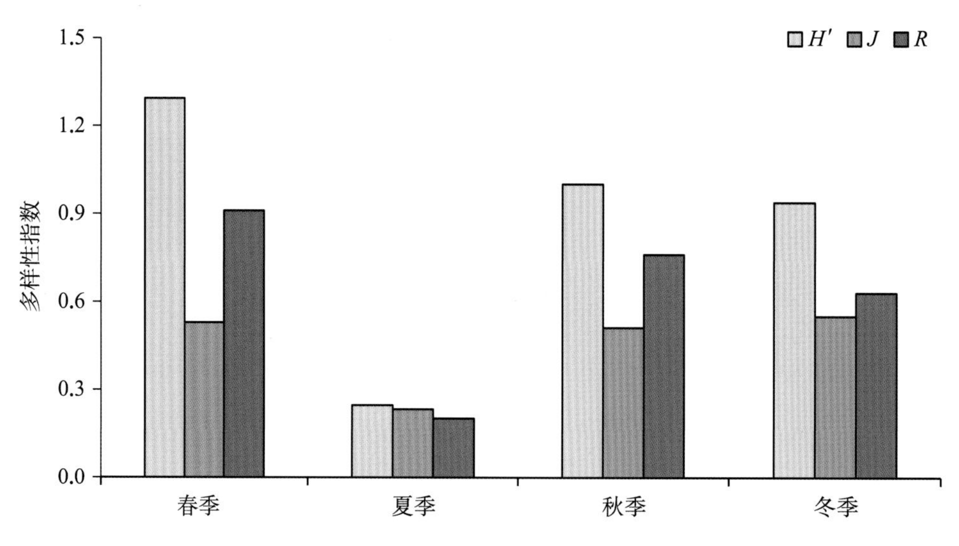

图3.4-25 阳澄湖中华绒螯蟹国家级水产种质资源保护区底栖动物四季多样性指数

3.4.26 长漾湖国家级水产种质资源保护区

· 群落组成

根据本次调查，共鉴定底栖动物28属种，其中寡毛类6属种、水生昆虫13属种、软体动物4属种、其他类群5属种。种类组成以水生昆虫为主，占总数的46.43%。各季的种类组成详见表3.4-51。

· 优势种

从4次调查总体结果来看，长漾湖国家级水产种质资源保护区底栖动物的优势种为水丝蚓属和中国长足摇蚊。不同季节优势类群有所差异，其中春季、夏季和秋季，优势种均为水丝蚓属和长足摇蚊属；冬季

表 3.4-51　长漾湖国家级水产种质资源保护区底栖动物分类统计表

类　群	春　季		夏　季		秋　季		冬　季	
	属　种	%	属　种	%	属　种	%	属　种	%
寡毛类	5	29.4	5	33.3	6	37.5	2	22.2
水生昆虫	7	41.2	5	33.3	6	37.5	5	55.6
软体动物	2	11.8	2	13.3	2	12.5	1	11.1
其他类群	3	17.7	3	20	2	12.5	1	11.1
合　计	17	100	15	100	16	100	9	100

以摇蚊占绝对优势，优势种为前突摇蚊属、红裸须摇蚊和中国长足摇蚊。

· 现存量

长漾湖国家级水产种质资源保护区底栖动物年平均密度为936.00 ind./m^2，其中寡毛类平均密度为129.50 ind./m^2、水生昆虫平均密度为793.25 ind./m^2、软体动物平均密度为8.25 ind./m^2、其他类群平均密度为5.00 ind./m^2。从不同季节来看，春季底栖动物密度最高，达1 601.00 ind./m^2；夏季最低，平均密度仅358.00 ind./m^2。长漾湖国家级水产种质资源保护区底栖动物年平均生物量为19.61 g/m^2。各类群季节变化见表3.4-52。

表 3.4-52　长漾湖国家级水产种质资源保护区底栖动物生物密度、生物量季节变化

项　目	季　节	寡毛类	水生昆虫	软体动物	其他类群	合　计
生物密度（ind./m^2）	春　季	96.00	1 496.00	5.00	4.00	1 601.00
	夏　季	135.00	203.00	13.00	7.00	358.00
	秋　季	259.00	754.00	12.00	4.00	1 029.00
	冬　季	28.00	720.00	3.00	5.00	756.00
	平　均	129.50	793.25	8.25	5.00	936.00
生物量（g/m^2）	春　季	0.11	8.08	12.03	0.06	20.28
	夏　季	0.13	0.37	25.25	0.20	25.95
	秋　季	0.36	1.27	21.25	0.11	22.99
	冬　季	0.32	2.35	6.48	0.05	9.20
	平　均	0.23	3.02	16.25	0.11	19.61

· 生物多样性

长漾湖国家级水产种质资源保护区底栖动物Shannon-Wiener多样性指数（H'）、Pielou均匀度指数（J）和Margalef丰富度指数（R）分别为0.88、0.57和0.63。从不同季节来看，生物指数变化趋势有所差异，其中Shannon-Wiener多样性指数（H'）显示夏季最高，春季最低；Pielou均匀度指数（J）显示夏季略低于其他三个季节；Margalef丰富度指数（R）表现为夏季最高，春季最低。（图3.4-26）。

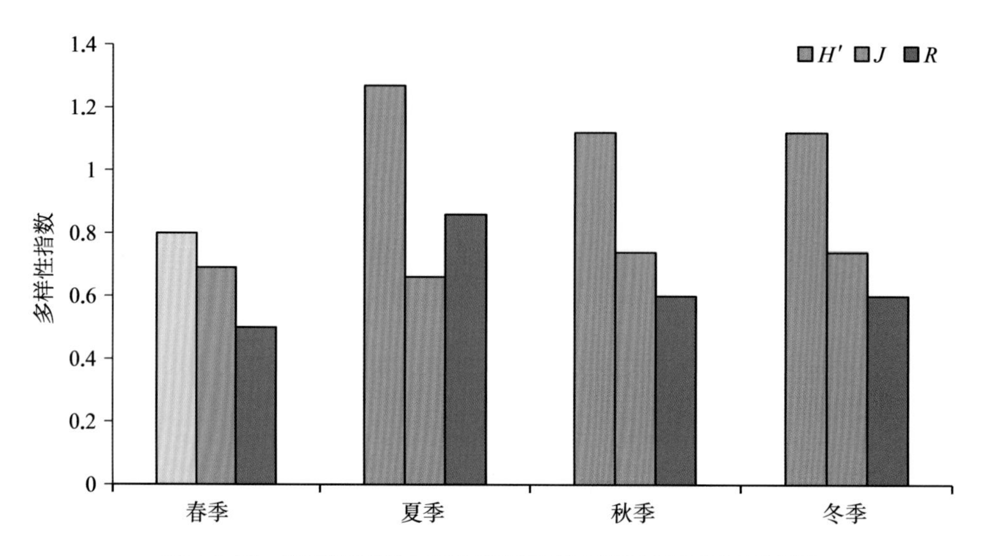

图3.4-26 长漾湖国家级水产种质资源保护区底栖动物四季多样性指数

3.4.27 宜兴团氿东氿翘嘴红鲌国家级水产种质资源保护区

· 群落组成

根据本次调查，共鉴定底栖动物34属种，其中寡毛类11属种、甲壳动物2属种、水生昆虫15属种、软体动物5属种、其他类群1属种。寡毛类及水生昆虫在四季均出现。种类组成以水生昆虫为主、占总数的44.12%，寡毛类次之、占总数的32.35%。各季的种类组成详见表3.4-53。

· 优势种

从4次调查总体结果来看，宜兴团氿东氿翘嘴红鲌国家级水产种质资源保护区底栖动物的优势种为霍甫水丝蚓、克拉泊水丝蚓、苏氏尾鳃蚓和中国长足摇

表3.4-53 宜兴团氿东氿翘嘴红鲌国家级水产种质资源保护区底栖动物分类统计表

类群	春季		夏季		秋季		冬季	
	属种	%	属种	%	属种	%	属种	%
寡毛类	9	64.29	5	27.78	6	37.50	6	75.00
甲壳动物	1	7.14	1	5.56	5	31.25	—	—
软体动物	—	—	1	5.56	1	6.25	—	—
水生昆虫	3	21.43	11	61.11	4	25.00	2	25.00
其他类群	1	7.14	—	—	—	—	—	—
合计	14	100	18	100	16	100	8	100

蚊。不同季节优势类群有所差异，从春季调查数据看，寡毛类占绝对优势，优势种为克拉泊水丝蚓、霍甫水丝蚓、苏氏尾鳃蚓；夏季调查结果显示，寡毛类中的克拉泊水丝蚓和摇蚊幼虫中的中国长足摇蚊为优势种；相比春、夏季，秋季底栖动物三大类群均有优势种，如克拉泊水丝蚓、中国长足摇蚊、铜锈环棱螺和梨形环棱螺；冬季与夏季结果较为相似，以寡毛类和摇蚊幼虫占优势，如霍甫水丝蚓、苏氏尾鳃蚓、中国长足摇蚊。

・现存量

宜兴团氿东氿翘嘴红鲌国家级水产种质资源保护区底栖动物年平均密度为304.74 ind./m^2，其中寡毛类平均密度为148.11 ind./m^2、甲壳动物平均密度为19.62 ind./m^2、水生昆虫平均密度为128.49 ind./m^2、软体动物平均密度为6.67 ind./m^2、其他类群平均密度为1.85 ind./m^2。从不同季节来看，夏季底栖动物密度最高，达419.15 ind./m^2；秋季最低，平均密度为239.94 ind./m^2。宜兴团氿东氿翘嘴红鲌国家级水产种质资源保护区底栖动物年平均生物量为47.08 g/m^2，其中寡毛类平均生物量为0.31 g/m^2、甲壳动物平均生物量为46.53 g/m^2、水生昆虫平均生物量为0.22 g/m^2、软体动物平均生物量0.01 g/m^2、其他类群0.01 g/m^2。因软体动物个体较大，对生物量的贡献最大。从不同季节来看，秋季底栖动物生物量最高，达182.53 g/m^2，其中软体动物密度高达182.22 g/m^2。各类群季节变化见表3.4-54。

表3.4-54 宜兴团氿东氿翘嘴红鲌国家级水产种质资源保护区底栖动物生物密度、生物量季节变化

项　目	季　节	寡毛类	甲壳动物	软体动物	水生昆虫	其他类群	合　计
生物密度（ind./m^2）	春　季	245.86	2.96	—	8.89	7.41	265.12
	夏　季	191.06	1.48	23.70	202.91	—	419.15
	秋　季	65.17	74.06	2.96	97.75	—	239.94
	冬　季	90.35	—	—	204.39	—	294.74
	平　均	148.11	19.62	6.67	128.49	1.85	304.74
生物量（g/m^2）	春　季	0.77	0.01	—	0.02	0.04	0.85
	夏　季	0.18	3.88	0.04	0.41	—	4.51
	秋　季	0.08	182.22	0.02	0.21	—	182.53
	冬　季	0.19	—	—	0.23	—	0.42
	平　均	0.31	46.53	0.01	0.22	0.01	47.08

・生物多样性

宜兴团氿东氿翘嘴红鲌国家级水产种质资源保护区底栖动物Shannon-Wiener多样性指数（H'）、Pielou均匀度指数（J）和Margalef丰富度指数（R）分别为0.92、0.67和0.51。从不同季节来看，除J外，H'和R均显示夏季较高，冬季最低。（图3.4-27）。

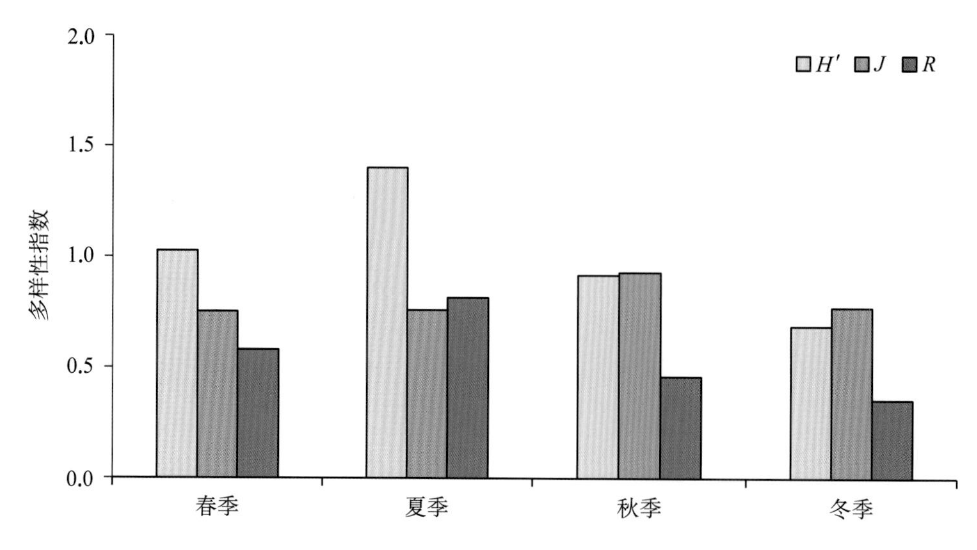

图3.4-27 宜兴团氿东氿翘嘴红鲌国家级水产种质资源保护区底栖动物四季多样性指数

3.4.28 长荡湖国家级水产种质资源保护区

· 群落组成

根据本次调查，共鉴定底栖动物10属种，其中寡毛类5属种、水生昆虫5属种。各季的种类组成详见表3.4-55。

· 优势种

从4次调查总体结果来看，长荡湖国家级水产种质资源保护区底栖动物的优势种为小摇蚊属和中国长足摇蚊。不同季节优势类群有所差异，其中春季优势种为小摇蚊属；秋、冬季以中国长足摇蚊占绝对优势。

· 现存量

长荡湖国家级水产种质资源保护区底栖动物年平均密度为82.21 ind./m^2。从不同季节来看，冬季底栖动物密度最高，达93.33 ind./m^2；夏季最低，平均密度为66.65 ind./m^2。长荡湖国家级水产种质资源保护区底栖动物年平均生物量为0.75 g/m^2。各类群季节变化见表3.4-56。

· 生物多样性

长荡湖国家级水产种质资源保护区底栖动物Shannon-Wiener多样性指数（H'）、Pielou均匀度指数（J）和Margalef丰富度指数（R）均值分别为0.69、0.73和0.31。从不同季节来看，生物多样性指数变化趋势有所差异，其中H'夏季最高，冬季最低；J春、夏季高于其他两个季节；R夏季最高，冬季最低（图3.4-28）。

表3.4-55 长荡湖国家级水产种质资源保护区底栖动物分类统计表

类　群	春　季		夏　季		秋　季		冬　季	
	属　种	%	属　种	%	属　种	%	属　种	%
寡毛类	1	33.3	4	50	2	66.7	3	75
水生昆虫	2	66.7	4	50	1	33.3	1	25
合　计	3	100	8	100	3	100	4	100

表 3.4–56　长荡湖国家级水产种质资源保护区底栖动物生物密度、生物量季节变化

项　目	季　节	寡毛类	水生昆虫	合　计
生物密度（ind./m²）	春　季	17.77	66.65	84.42
	夏　季	31.10	35.55	66.65
	秋　季	31.10	53.32	84.42
	冬　季	22.22	71.11	93.33
	平　均	25.55	56.66	82.21
生物量（g/m²）	春　季	0.09	0.15	0.24
	夏　季	0.14	0.23	0.37
	秋　季	0.32	0.11	0.42
	冬　季	0.13	1.84	1.97
	平　均	0.17	0.58	0.75

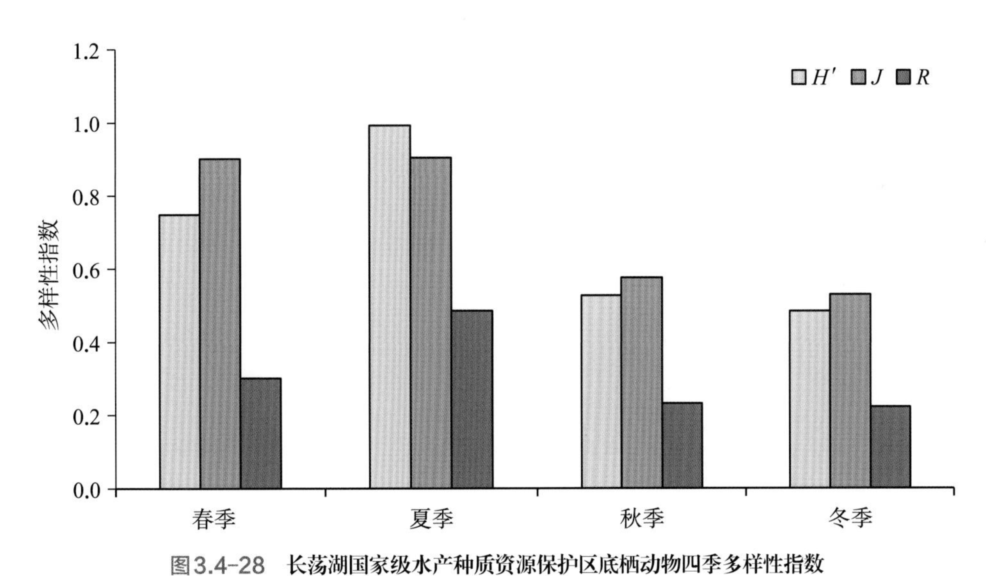

图3.4–28　长荡湖国家级水产种质资源保护区底栖动物四季多样性指数

3.4.29 固城湖中华绒螯蟹国家级水产种质资源保护区

· 群落组成

根据本次调查，共鉴定底栖动物10属种，其中寡毛类1属种、水生昆虫5属种、软体动物1属种、蛭类1属种、其他类群1属种。寡毛类及水生昆虫在四季均出现。种类组成以水生昆虫为主，占总数的50%。各季的种类组成详见表3.4–57。

· 优势种

从4次调查总体结果来看，固城湖中华绒螯蟹国家级水产种质资源保护区底栖动物不同季节优势类群差异不大，四个季度均以水生昆虫占绝对优势，优势种为羽摇蚊。

· 现存量

固城湖中华绒螯蟹国家级水产种质资源保

表 3.4-57 固城湖中华绒螯蟹国家级水产种质资源保护区底栖动物分类统计表

类　群	春　季		夏　季		秋　季		冬　季	
	属　种	%	属　种	%	属　种	%	属　种	%
寡毛类	1	25	1	14.3	1	33.3	1	20
水生昆虫	2	50	5	71.4	1	33.3	3	60
软体动物	—	—	1	14.3	1	33.3	—	—
蛭　类	—	—	—	—	—	—	1	20
其他类群	1	25.00	—	—	—	—	—	—
合　计	4	100	7	100	3	100	5	100

护区底栖动物年平均密度为164.96 ind./m²。从不同季节来看，冬季底栖动物密度最高，达299.93 ind./m²；秋季最低，为53.32 ind./m²。固城湖中华绒螯蟹国家级水产种质资源保护区底栖动物年平均生物量为4.96 g/m²。各类群季节变化见表3.4-58。

• 生物多样性

固城湖中华绒螯蟹国家级水产种质资源保护区底栖动物Shannon-Wiener多样性指数（H'）、Pielou均匀度指数（J）和Margalef丰富度指数（R）分别为0.86、0.70和0.46。整体来看，三个生物多样性指数均显示夏季较高，秋季最低（图3.4-29）。

3.4.30 白马湖泥鳅沙塘鳢国家级水产种质资源保护区

• 群落组成

根据本次调查，共鉴定底栖动物19属种，其中寡毛类1属种、软体动物18属种。其中软体动物在

表 3.4-58 固城湖中华绒螯蟹国家级水产种质资源保护区底栖动物生物密度、生物量季节变化

项　目	季　节	寡毛类	水生昆虫	软体动物	蛭　类	其他类群	合　计
生物密度（ind./m²）	春　季	6.67	106.64	—	—	113.31	226.61
	夏　季	13.33	59.99	6.67	—	—	79.98
	秋　季	39.99	6.67	6.67	—	—	53.32
	冬　季	13.33	279.93	—	6.67	—	299.93
	平　均	18.33	113.31	6.67	6.67	113.31	164.96
生物量（g/m²）	春　季	0.41	3.17	—	—	3.58	7.16
	夏　季	0.15	1.02	1.61	—	—	2.78
	秋　季	0.68	0.13	1.34	—	—	2.15
	冬　季	1.29	6.43	—	0.04	—	7.76
	平　均	0.63	2.69	1.48	—	3.58	4.96

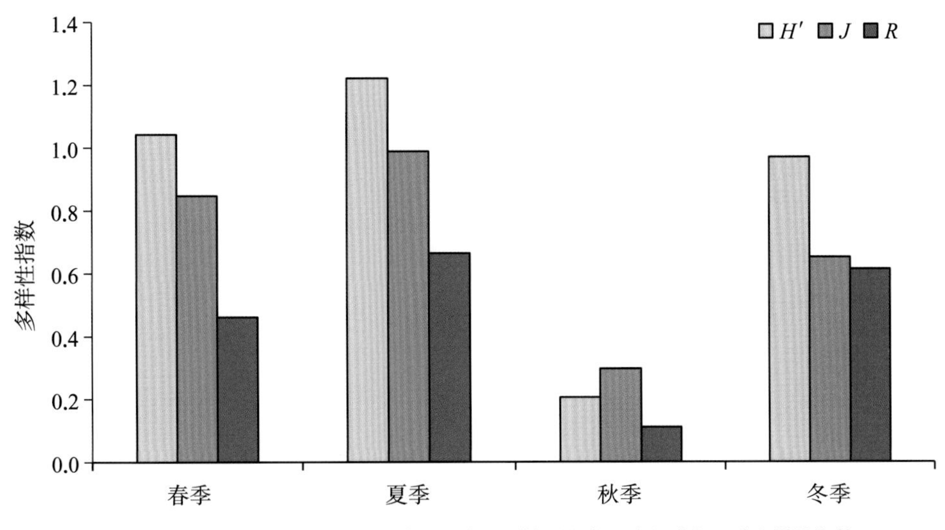

图3.4-29　固城湖中华绒螯蟹国家级水产种质资源保护区底栖动物四季多样性指数

夏季和秋季有出现。种类组成以软体动物为主、占总数的94.74%，寡毛类占总数的5.26%。各季的种类组成详见表3.4-59。

· 优势种

从4次调查总体结果来看，夏季优势种均为软体动物，有长角涵螺、椭圆萝卜螺、扁旋螺和纹沼螺；秋季优势种均为软体动物，有长角涵螺、椭圆萝卜螺、扁旋螺、纹沼螺和铜锈环棱螺；春季和冬季没有采集到底栖动物。

· 现存量

底栖动物年平均数量、生物量分别为3 092.19 ind./m^2、0.01 g/m^2。其中，软体动物年平均密度最高，为3 085.94 ind./m^2；寡毛类年平均生物量最高，为0.01 g/m^2。此次调查中，甲壳动物、水生昆虫、蛭类均未采集到。各类群季节变化见表3.4-60。

· 生物多样性

白马湖泥鳅沙塘鳢国家级水产种质资源保护区底栖动物Shannon-Weaver多样性指数（H'）、Pielou均

表3.4-59　白马湖泥鳅沙塘鳢国家级水产种质资源保护区底栖动物分类统计表

类　群	春　季		夏　季		秋　季		冬　季	
	属　种	%	属　种	%	属　种	%	属　种	%
寡毛类	—	—	1	7.69	—	—	—	—
软体动物	—	—	12	92.31	14	100	—	—
合　计	—	—	13	100	14	100	—	—

表3.4-60　白马湖泥鳅沙塘鳢国家级水产种质资源保护区底栖动物生物密度、生物量季节变化

项　目	季　节	寡毛类	软体动物	合　计
生物密度（ind./m^2）	春　季	—	—	—
	夏　季	25	7 225	7 250.00

（续表）

项　目	季　节	寡毛类	软体动物	合　计
生物密度（ind./m^2）	秋　季	—	5 118.75	5 118.75
	冬　季	—	—	—
	平　均	6.3	3 085.94	3 092.19
生物量（g/m^2）	春　季	—	—	—
	夏　季	0.03	—	0.03
	秋　季	—	—	—
	冬　季	—	—	—
	平　均	0.01	—	0.01

匀度指数（J）和Margalef丰富度指数（R）分别为1.87、0.63和2.9。不同季节之间多样性指数有较明显的区别，数据显示春季H'和J均为最高，秋季R最高（图3.4-30）。

白马湖泥鳅沙塘鳢国家级水产种质资源保护区夏季H'为1.80，J为0.71，R为3.18；秋季H'为1.71，J为0.65，R为3.39。春季和冬季没有采集到底栖生物。

3.4.31 射阳湖国家级水产种质资源保护区

·群落组成

根据本次调查，射阳湖国家级水产种质资源保护区共鉴定底栖动物34属种，其中寡毛类4属种、蛭类1种、水生昆虫4属种、甲壳动物1属种、软体动物24属种。除甲壳动物和蛭类以外，其他类群都有种类在四季均出现。种类组成以软体动物为主、占总数的70.6%，寡毛类和水生昆虫次之、占总数的11.8%。各季节的群落组成详见表3.4-61。

·优势种

从4次调查总体结果来看，射阳湖国家级水产种质资源保护区底栖动物的优势种为长角涵螺、铜锈环棱螺、颤蚓属、河蚬和纹沼螺。不同季节之间优势种有较明显的差异，春季的优势种为椭圆萝卜螺、梨形环棱螺、长角涵螺、摇蚊幼虫和铜锈环棱螺；夏季数量占优势的种类主要有寡毛类的水丝蚓属和颤蚓属，

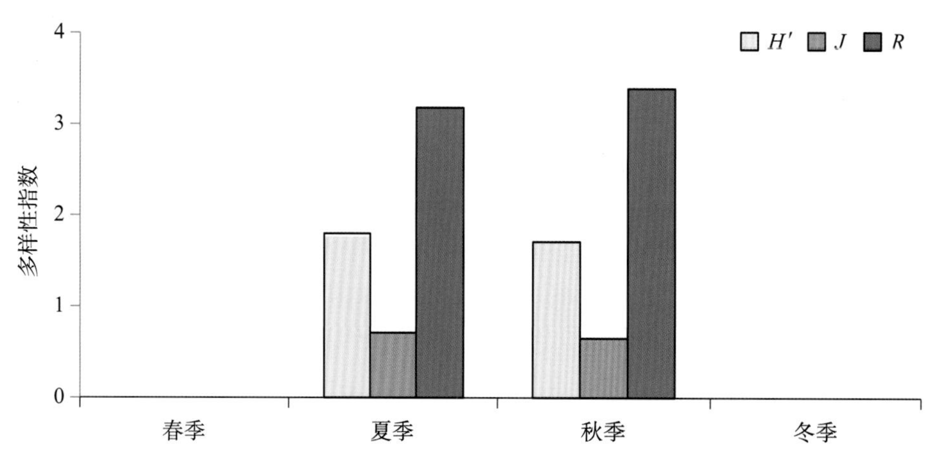

图3.4-30　白马湖泥鳅沙塘鳢国家级水产种质资源保护区底栖动物四季多样性指数

表 3.4–61　射阳湖国家级水产种质资源保护区底栖动物分类统计表

类　群	春　季		夏　季		秋　季		冬　季	
	属　种	%	属　种	%	属　种	%	属　种	%
寡毛类	3	15	2	10	3	13.0	2	25
蛭　类	—	—	1	5	—	—	—	—
软体动物	12	60	16	80	19	82.6	5	62.5
水生昆虫	4	20	1	5	1	4.4	1	12.5
甲壳动物	1	5	—	—	—	—	—	—
合　计	20	100	20	100	23	100	8	100

以及软体动物长角涵螺、环棱螺属、铜锈环棱螺、扁旋螺和纹沼螺；秋季种类最多，主要优势种为软体动物中的长角涵、环棱螺属、纹沼螺、扁旋螺、铜锈环棱螺、角形环棱螺、光滑狭口螺、椭圆萝卜螺和方格短沟蜷；冬季数量最多的种类为长角涵螺，其他占优势的种类为水生昆虫类的摇蚊幼虫、寡毛类的水丝蚓属和软体动物铜锈环棱螺。

· 现存量

射阳湖国家级水产种质资源保护区底栖动物年平均数量和生物量分别为3 972.28 ind./m^2和105.95 g/m^2。其中，软体动物年平均密度和年平均生物量均最高，分别为3 407.15 ind./m^2和102.98 g/m^2；寡毛类动物年平均密度和年平均生物量分别为502.15 ind./m^2和2.70 g/m^2；水生昆虫年平均密度和年平均生物量分别为59.31 g/m^2和0.16 ind./m^2；甲壳动物年平均密度和年平均生物量分别为3.67 ind./m^2和0.11 g/m^2；蛭类年平均密度和年平均生物量分别为2.08 g/m^2和0.003 ind./m^2。各类群季节变化见表3.4–62。

表 3.4–62　射阳湖国家级水产种质资源保护区底栖动物生物密度、生物量季节变化

项　目	季　节	寡毛类	甲壳动物	水生昆虫	软体动物	蛭　类	合　计
生物密度（ind./m^2）	春　季	75.28	14.67	87.22	1 291.11	—	1 468.28
	夏　季	1 783.33	—	41.67	3 162.50	8.33	4 995.83
	秋　季	116.67	—	25.00	8 975.00	—	9 116.67
	冬　季	108.33	—	—	—	—	308.33
	平　均	502.15	3.67	59.31	3 407.15	2.08	3 972.28
生物量（g/m^2）	春　季	1.84	0.44	0.19	312.85	—	315.33
	夏　季	6.3	—	0.14	0.13	0.01	6.58
	秋　季	2.17	—	0.13	98.94	—	101.23
	冬　季	0.50	—	0.17	—	—	0.67
	平　均	2.70	0.11	0.16	102.98	0.003	105.95

· 生物多样性

射阳湖国家级水产种质资源保护区底栖动物Shannon-Weaver多样性指数（H'）、Pielou均匀度指数（J）和Margalef丰富度指数（R）分别为2.44、0.69和4.78。不同季节之间多样性指数差异不显著，数据显示秋季H'最高，冬季J最高，春季R最高（图3.4-31）。

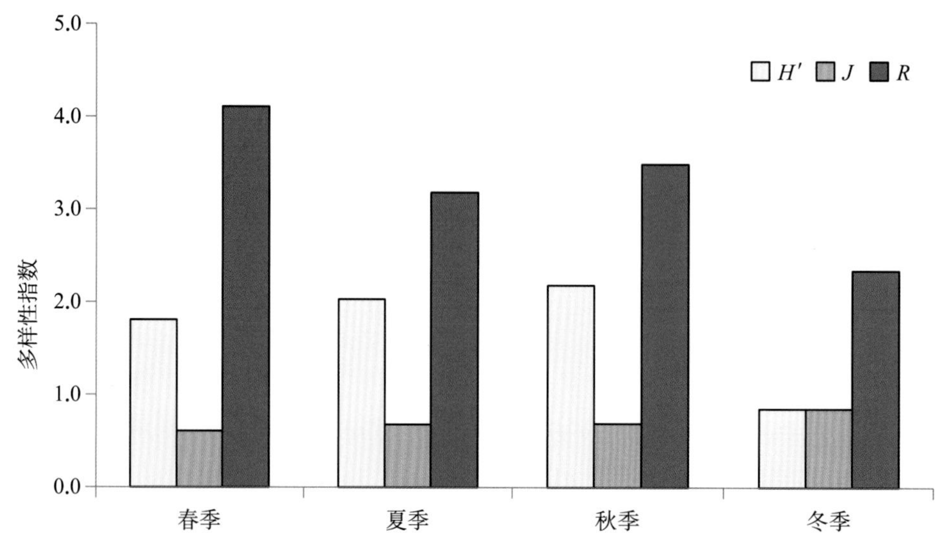

图3.4-31 射阳湖国家级水产种质资源保护区底栖动物四季多样性指数

3.4.32 金沙湖黄颡鱼国家级水产种质资源保护区

· 群落组成

根据本次调查，金沙湖黄颡鱼国家级水产种质资源保护区共鉴定底栖动物25属种，其中寡毛类3属种、蛭类2种、水生昆虫9属种、软体动物11属种。水生昆虫和软体动物在四季均有出现。种类组成以软体动物和水生昆虫为主、占总数的80%，寡毛类和蛭类次之、占总数的20%。各季的种类组成详见表3.4-63。

· 优势种

从4次调查总体结果来看，金沙湖黄颡鱼国家级水产种质资源保护区春季的优势种为长角涵螺、河蚬和铜锈环棱螺；夏季的种类最多，其中优势种主要有寡毛类的苏氏尾鳃蚓和软体动物中的长角涵螺、铜锈环棱螺；秋季主要优势种为软体动物中的铜锈环棱螺、水生昆虫的德永雕翅摇蚊和寡毛类的霍甫水丝蚓；冬季优势种为软体动物中的铜锈环棱螺、水生昆虫中的中国长足摇蚊、库蠓属和寡毛类的克拉泊水丝蚓。

表3.4-63 金沙湖黄颡鱼国家级水产种质资源保护区底栖动物分类统计表

类 群	春 季		夏 季		秋 季		冬 季	
	属 种	%	属 种	%	属 种	%	属 种	%
寡毛类	—	—	1	8.3	1	11.1	3	30
蛭 类	—	—	1	8.3	—	—	1	10
软体动物	8	88.9	7	58.3	2	22.2	2	20
水生昆虫	1	11.1	3	25	6	66.7	4	40
合 计	9	100	12	100	9	100	10	100

· 现存量

金沙湖黄颡鱼国家级水产种质资源保护区底栖动物年平均生物密度、生物量分别为872.50 ind./m^2、192.14 g/m^2。其中，软体动物年平均生物密度和年平均生物量均最高，分别为403.75 ind./m^2和190.60 g/m^2；寡毛类动物年平均密度和年平均生物量分别为93.75 ind./m^2和0.13 g/m^2；水生昆虫年平均密度和年平均生物量分别为363.75 ind./m^2和0.63 g/m^2；甲壳动物年平均密度和年平均生物量分别为7.50 ind./m^2和0.76 g/m^2；蛭类年平均密度和年平均生物量分别为3.75 ind./m^2和0.02 g/m^2。各类群季节变化见表3.4-64。

· 生物多样性

金沙湖黄颡鱼国家级水产种质资源保护区底栖动物Shannon-Weaver多样性指数（H'）、Pielou均匀度指数（J）和Margalef丰富度指数（R）分别为2.11、0.65和3.67。不同季节之间多样性指数区别不大，数据显示冬季H'最高，春季J和R均为最高（图3.4-32）。

表3.4-64　金沙湖黄颡鱼国家级水产种质资源保护区底栖动物生物密度、生物量季节变化

项　目	季　节	寡毛类	甲壳动物	水生昆虫	软体动物	蛭　类	合　计
生物密度（ind./m^2）	春　季	—	—	5.00	395.00	—	400.00
	夏　季	5.00	5.00	120.00	960.00	10.00	1 100.00
	秋　季	300.00	10.00	1 200.00	200.00	—	1 710.00
	冬　季	70.00	15.00	130.00	60.00	5.00	280.00
	平　均	93.75	7.50	363.75	403.75	3.75	872.50
生物量（g/m^2）	春　季	—	—	0.04	254.75	—	50.96
	夏　季	0.01	0.43	0.12	199.76	0.03	40.99
	秋　季	0.41	0.74	2.10	231.67	—	48.84
	冬　季	0.10	1.88	0.27	76.21	0.03	18.32
	平　均	0.13	0.76	0.63	190.60	0.02	192.14

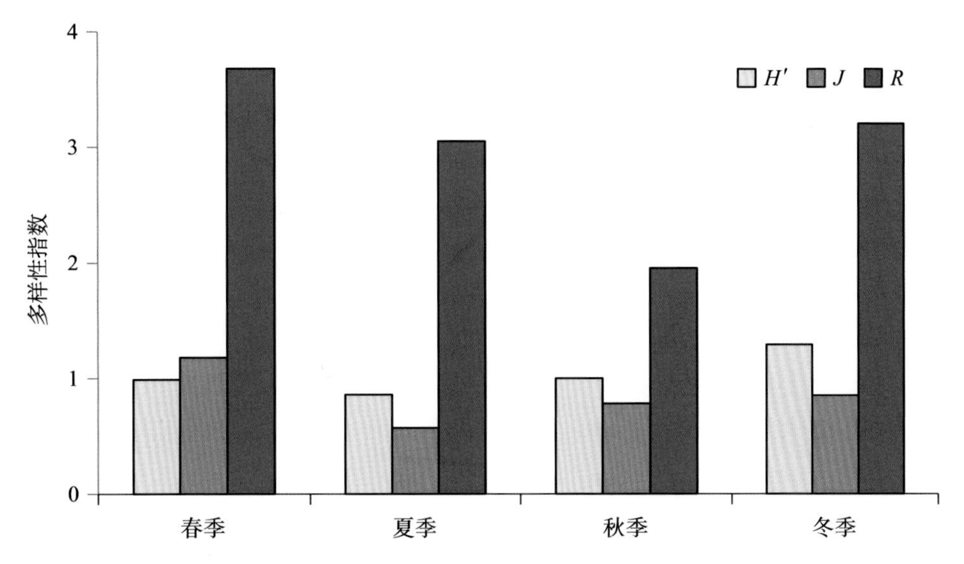

图3.4-32　金沙湖黄颡鱼国家级水产种质资源保护区底栖动物四季多样性指数

第四章
渔业资源现状及评价

4.1 · 太湖银鱼翘嘴红鲌秀丽白虾国家级水产种质资源保护区

· 鱼类种类组成

调查结果显示，共采集到鱼类32种1 271尾，重27.2 kg，隶属于5目7科26属。其中，鲤形目的种类数较多，有2科23种，约占总种类数的71.9%；其次为鲈形目（4科4种）和鲑形目（2科2种）；鲱形目和鲇形目为1种（图4.1-1）。

数量百分比（N%）显示，刀鲚数量最多（82.6%），其次为大鳍鱊、似鱎、红鳍原鲌等，贝氏䱗、黄颡鱼、兴凯鱊等23种鱼类的N%小于1%；重量百分比（W%）显示，鲫（30.4%）、刀鲚（26.2%）的W%较大，红鳍原鲌、鳙、翘嘴鲌等9种鱼类的W%小于10%，泥鳅、黄颡鱼、蒙古鲌等21种鱼类的W%小于1%。

· 优势种

优势种分析结果显示，刀鲚、鲫和红鳍原鲌3种鱼类为优势种。翘嘴鲌、鳙、团头鲂、似鱎、大鳍鱊、花䱻、鲤、兴凯鱊、子陵吻虾虎鱼、麦穗鱼、泥鳅和银鮈等12种鱼类为主要种。

· 鱼类季节组成

春季采集到鱼类19种，隶属于4目5科，优势种为刀鲚和鲫；夏季采集到鱼类19种，隶属于4目5科，优势种为刀鲚和红鳍原鲌；秋季采集到鱼类13种，隶属于3目3科，优势种为刀鲚、鲫和红鳍原鲌；冬季采集到鱼类16种，隶属于5目8科，优势种为刀鲚和红鳍原鲌。分析显示，夏季鱼类种类最多，冬季最少，四个季节均采集到的有大鳍鱊、刀鲚、红鳍原

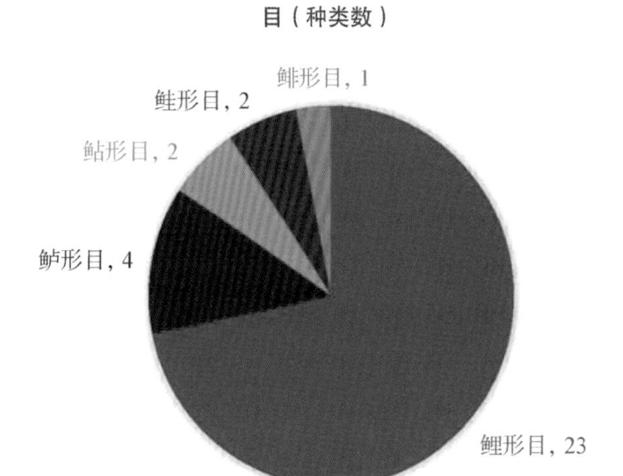

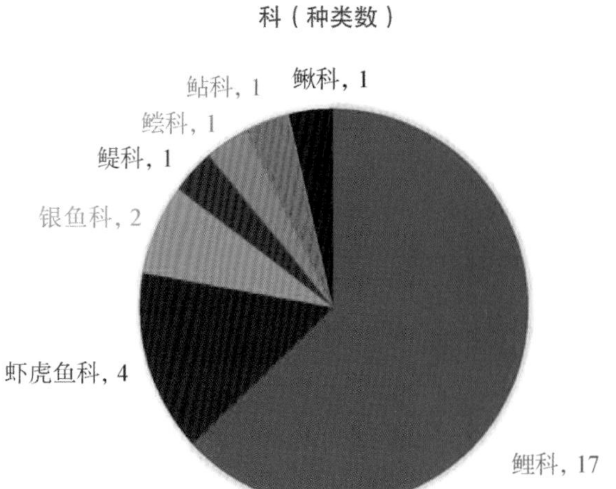

图4.1-1　太湖银鱼翘嘴红鲌秀丽白虾国家级水产种质资源保护区各目、科鱼类物种组成

鲌等7种鱼类。

数量百分比（N%）和重量百分比（W%）显示，四个季节中，夏季鱼类的N%和春季鱼类的W%为最高，分别为33.1%和46.1%；冬季鱼类的N%和W%均为最低，分别为15%和6.2%（图4.1-2）。

· 鱼类多样性指数

多样性指数显示，鱼类Margalef丰富度指数（R）为3.088 ～ 3.394，平均为3.250 ± 0.126（平均值 ± 标准差）；Shannon-Wiener多样性指数（H'）为0.539 ～ 1.809，平均为1.157 ± 0.519；Pielou均匀度指数（J）为0.082 ～ 0.291，平均为0.169 ± 0.089；Simpson优势度指数（λ）为0.334 ～ 0.828，平均为0.591 ± 0.202。各季节鱼类多样性指数如图4.1-3所示，以季度为因素对各多样性指数进行单因素方差分析，结果显示，季节间各多样性指数均无显著差异（$P > 0.05$）。

· 单位努力捕捞量

各季节基于数量及重量的刺网与定置串联笼壶的单位努力捕捞量（CPUE）如表4.1-1所示。结果显示，冬季刺网的CPUEn及夏季刺网的CPUEw较高，夏季定置串联笼壶的CPUEn及春季定置串联笼壶的CPUEw均较高。

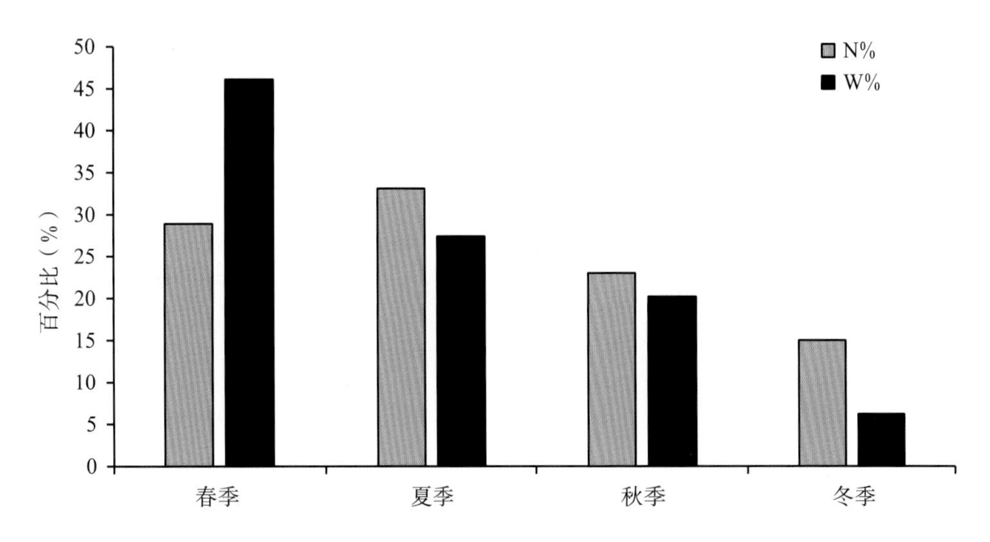

图4.1-2　各季节鱼类数量百分比（N%）与重量百分比（W%）

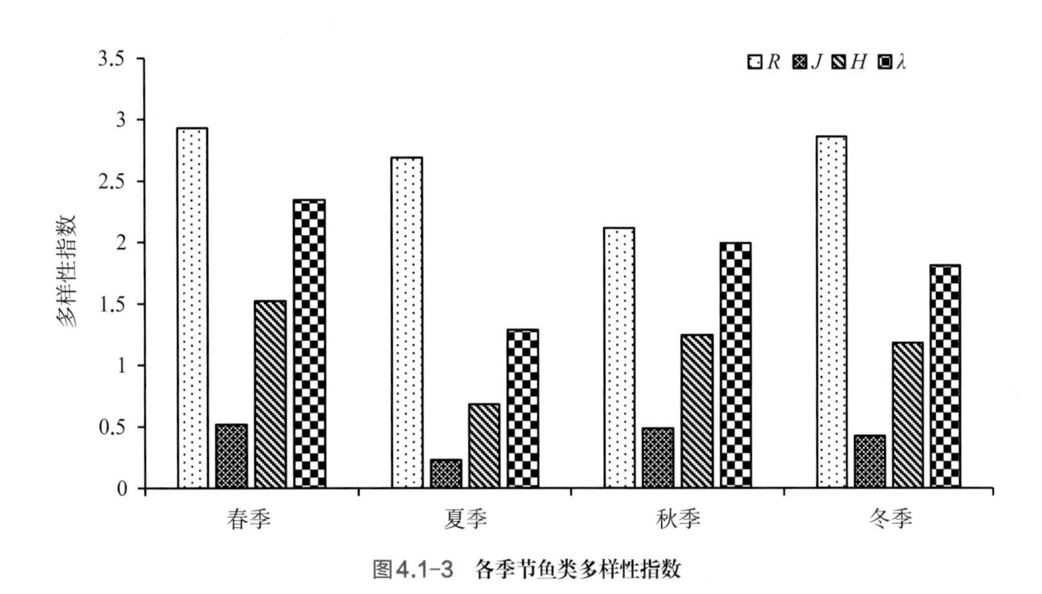

图4.1-3　各季节鱼类多样性指数

表 4.1-1　各季节单位努力捕捞量

季　节	刺网CPUEn（ind./net · 12 h）	刺网CPUEw（g/net · 12 h）	定置串联笼壶 CPUEn（ind./net · 12 h）	定置串联笼壶 CPUEw（g/net · 12 h）
春	34.67	1 461.19	120.67	2 722.75
夏	12.00	1 753.72	203.67	730.98
秋	42.00	1 643.43	55.33	192.23
冬	65.67	331.67	51.33	233.29

· 生物学特征

调查结果显示，太湖银鱼翘嘴红鲌秀丽白虾国家级水产种质资源保护区鱼类体长在1.8 ～ 32.1 cm，平均为10.8 cm；体重在0.5 ～ 616.3 g，平均为7.1 g。

分析表明，72.7%的鱼类体长在12 cm以下，只有1.4%的鱼类全长高于24 cm，体长在6～12 cm的鱼类较多、占总数的63%；78%的鱼类体重在10 g以下，1～10 g鱼类较多、占总数的77%（图4.1-4、图4.1-5）。

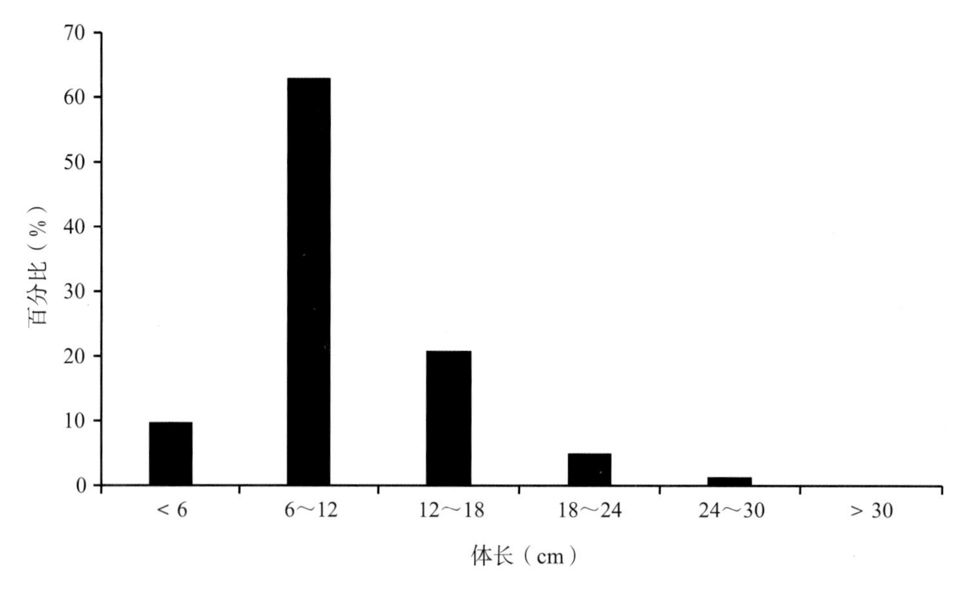

图4.1-4 鱼类体长分布图

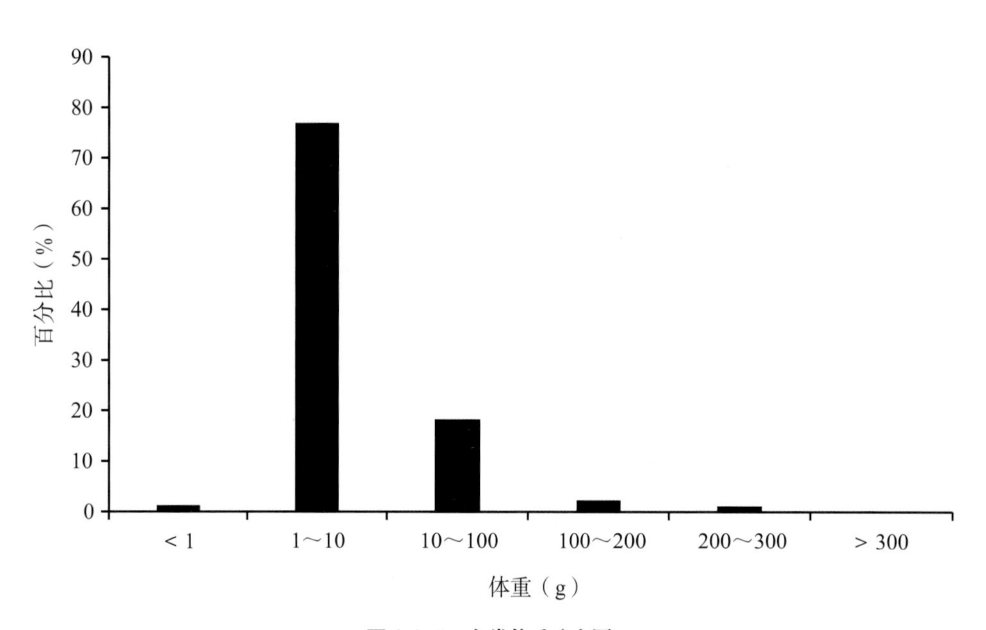

图4.1-5 鱼类体重分布图

各种鱼类平均体重显示（表4.1-2），鲤、团头鲂、蒙古鲌、翘嘴鲌等4种平均体重高于100 g；鳙、乌鳢、鲫等8种平均体重为50～100 g；泥鳅、黄颡鱼、江黄颡鱼等8种平均体重为10～50 g；中华刺鳅、华鳈、似鲚等13种平均体重低于10 g。统计各季节鱼类生物学特征显示，夏季鱼类平均全长及体长较高，冬季平均体重稍高（图4.1-6）。非参数检验显示，各季节的体长、体重差异均不显著。

• 其他渔获物

调查结果显示，共采集到虾蟹贝类4种，包括螺类1种（铜锈环棱螺）、贝类1种（河蚬）、虾类2种（日本沼虾、秀丽白虾）、蟹类1种（中华绒螯蟹），数量共597尾，占渔获物总数量的32%，其中秀丽白虾（76.4%）贡献较大；重量共690.5 g，占渔获物总重量

表 4.1-2 鱼类体长及体重组成

种类	体长（cm）			体重（g）		
	最小值	最大值	平均值	最小值	最大值	平均值
刀鲚 *Coilia nasus*	4.3	28.6	12.4	0.7	143.9	8.2
大银鱼 *Protosalanx hyalocranius*	7.4	13.7	9.9	1.1	9.8	3.4
陈氏新银鱼 *Neosalanx tangkahkeii*	7.2	7.3	7.3	1.3	1.3	1.3
贝氏 𩷕 *Hemiculter bleekeri*	9.3	11.7	10.9	6.1	15.9	11.2
𩷕 *Hemiculter leucisculus*	11.2	13.2	12.2	9.2	14.5	11.8
大鳍鱊 *Acheilognathus macropterus*	5.0	13.1	7.6	1.4	33.1	5.0
黑鳍鳈 *Sarcocheilichthys nigripinnis*	7.8	11.2	9.2	5.4	13.0	8.3
红鳍原鲌 *Chanodichthys erythropterus*	9.9	30.5	17.9	6.0	244.6	59.0
花䱻 *Hemibarbus maculatus*	7.7	28.5	14.6	2.8	232.9	64.8
华鳈 *Sarcocheilichtys sinensis*	9.8	9.8	9.8	8.8	8.8	8.8
鳙 *Aristichthys nobilis*	13.3	28.2	19.2	41.1	281.0	92.7
鲫 *Carassius auratus*	7.6	23.7	15.5	16.0	201.8	75.6
银鮈 *Squalidus argentatus*	5.2	7.2	6.0	1.0	3.0	1.7
鲤 *Cyprinus carpio*	23.0	38.8	30.9	211.1	366.7	273.8
鲢 *Hypophthalmichthys molitrix*	3.5	33.2	11.1	0.6	297.7	73.1
麦穗鱼 *Pseudorasbora parva*	5.3	11.5	7.2	1.1	13.5	3.3
蒙古鲌 *Culter mongolicus*	28.2	28.2	28.2	154.9	154.9	154.9
兴凯鱊 *Acheilognathus chankaensis*	4.4	8.0	6.4	1.1	5.9	2.9
翘嘴鲌 *Culter alburnus*	8.3	35.3	28.1	2.7	285.9	170.1
青鱼 *Mylopharyngodon piceus*	18.4	18.4	18.4	68.9	68.9	68.9
似鳊 *Pseudobrama simony*	11.5	13.6	12.3	10.1	14.0	11.2
似刺鳊鮈 *Paracanthobrama guichenoti*	10.3	20.6	13.3	79.1	164.4	24.8
似鱎 *Toxabramis swinhonis*	7.9	13.2	11.5	2.2	15.0	8.5
团头鲂 *Megalobrama amblycephala*	15.4	34.7	23.0	44.0	616.3	225.1
泥鳅 *Misgurnus anguillicaudatus*	12.8	17.6	15.9	140.0	167.7	47.2
中华刺鳅 *Sinobdella sinensis*	15.5	15.5	15.5	11.0	11.0	11.0
乌鳢 *Channa argus*	20.0	20.0	20.0	83.6	83.6	83.6
河川沙塘鳢 *Odontobutis potamophila*	16.1	16.1	16.1	56.7	56.7	56.7

（续表）

种　　类	体长（cm）			体重（g）		
	最小值	最大值	平均值	最小值	最大值	平均值
黄颡鱼 *Pelteobagrus fulvidraco*	9.3	22.9	16.1	8.3	73.9	41.1
瓦氏黄颡鱼 *Pelteobaggrus vachelli*	6.8	20.0	12.2	1.9	92.2	30.8
子陵吻虾虎 *Rhinogobius giurinus*	4.7	6.9	5.7	0.8	3.1	1.9

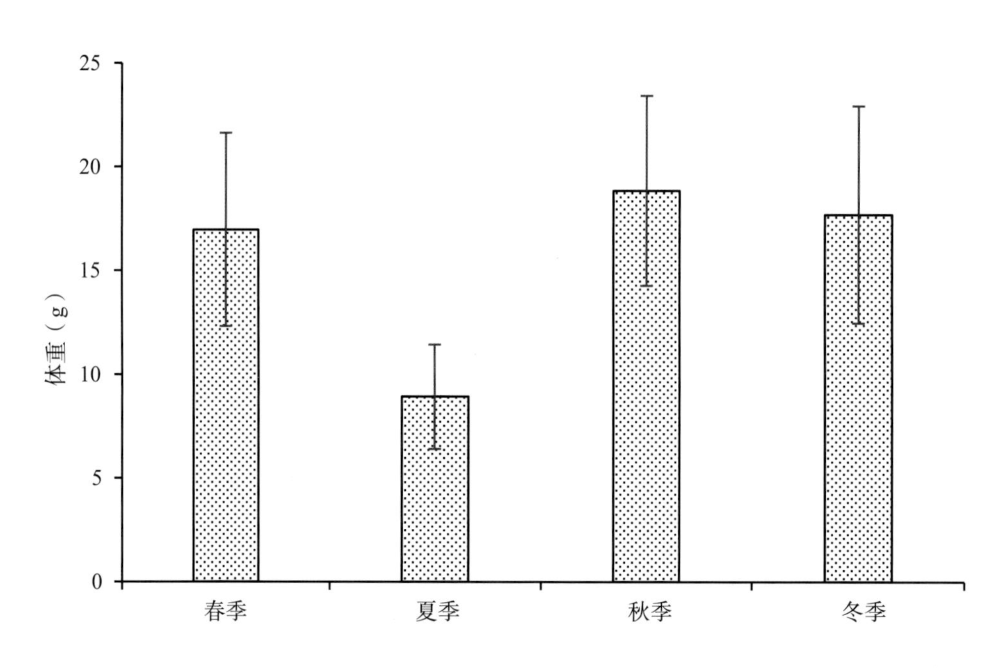

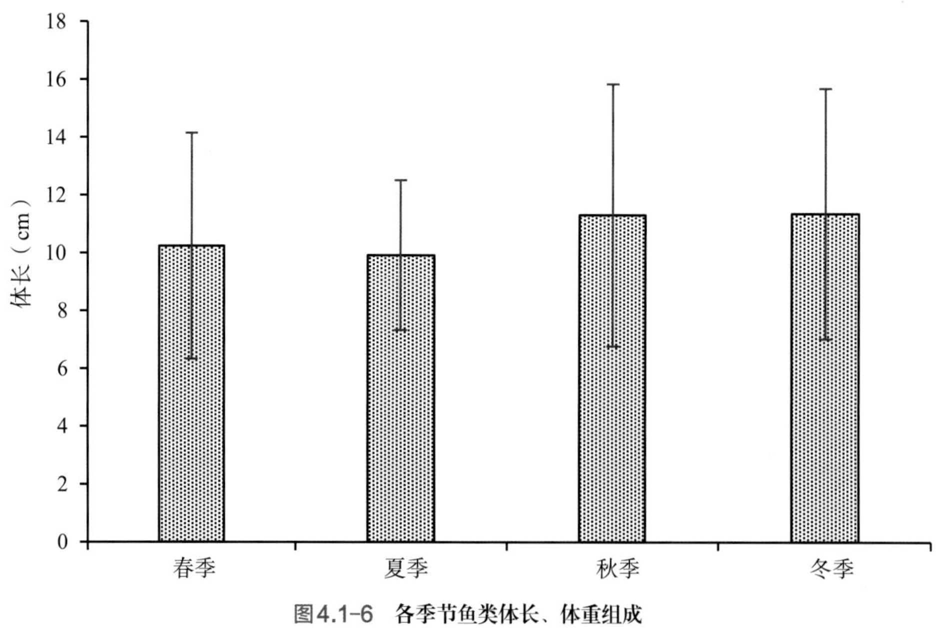

图4.1-6　各季节鱼类体长、体重组成

的2.5%，其中秀丽白虾（77.3%）贡献较大。

· 渔业资源现状及分析

共采集到鱼类32种，其他水生动物5种（包括螺类1种、贝类1种、虾类2种、蟹类1种）。鱼类中，鲤形目的种类数（23种）最多，其次为鲈形目（4种）、鲇形目和鲑形目各2种、鲱形目1种。数量百分比（N%）和重量百分比（W%）较高的种类中，多数是鲤科鱼类。以IRI指数为优势种判定指标，刀鲚、鲫、红鳍原鲌等3种鱼类为优势种，优势种与主要种多数是鲤科鱼类。

四个季节采集到的鱼类种类数在13 ～ 19种之间，优势种组成较接近。四个季节中，夏季鱼类的N%和春季鱼类的W%为最高，冬季鱼类的N%和W%均为最低。冬季刺网的CPUEn及夏季刺网的CPUEw较高，夏季定置串联笼壶的CPUEn及春季定置串联笼壶的CPUEw均较高。

多样性指数显示，鱼类Shannon-Wiener多样性指数（H'）平均为1.157 ± 0.519，小于该指数一般范围（15 ～ 35），说明该水域鱼类生物多样性水平较低。Shannon-Wiener多样性指数、Margalef丰富度指数（R）和Pielou均匀度指数（J）最大值均出现在春季。

生物学特征分析显示，72.7%的鱼类体长在12 cm以下，78%的鱼类体重在10 g以下。

该保护区的主要保护物种为被称为“太湖三白”的银鱼、白鱼（翘嘴鲌）和白虾（秀丽白虾），刀鲚是保护区优势度最大的种类，其N%和W%分别达到77.11%和26.21%，而大银鱼和陈氏新银鱼的数量和重量在总渔获物中占比较少。个体规格上，翘嘴鲌的平均体长和平均体重分别为28.1 cm和170.1 g；大银鱼的平均体长和平均体重分别为9.9 cm和3.4 g；陈氏新银鱼的平均体长和平均体重分别为7.3 cm和1.3 g。建议加强保护区的渔业资源养护，尤其是保护物种的资源养护；重视渔资源监测，不断优化放流模式，加强对偷捕鱼、电鱼等危害保护区行为的执法力度。同时，加强对水草的保护措施，以保障水草的合理分布。

4.2 · 太湖青虾中华绒螯蟹国家级水产种质资源保护区

· 鱼类种类组成

调查结果显示，共采集到鱼类27种567尾，重8.75 kg，隶属于5目7科24属。其中，鲤形目的种类数较多，有2科18种，约占总种类数的66.7%；其次为鲈形目（2科4种）、鲑形目（2科2种）和鲇形目（2科2种）；鲱形目为1种（图4.2-1）。

数量百分比（N%）显示，刀鲚数量最多（62.3%），其次为子陵吻虾虎鱼、银鮈、须鳗虾虎鱼等，贝氏鳘、大银鱼、花䱻等17种鱼类的N%小于1%；重量百分比（W%）显示，刀鲚（37.6%）、鲫（13.9%）、鳙（12.5%）的W%较大，红鳍原鲌、花䱻、团头鲂等9种鱼类的W%小于10%，似鳊、似鱎、须鳗虾虎鱼等15种鱼类的W%小于1%。

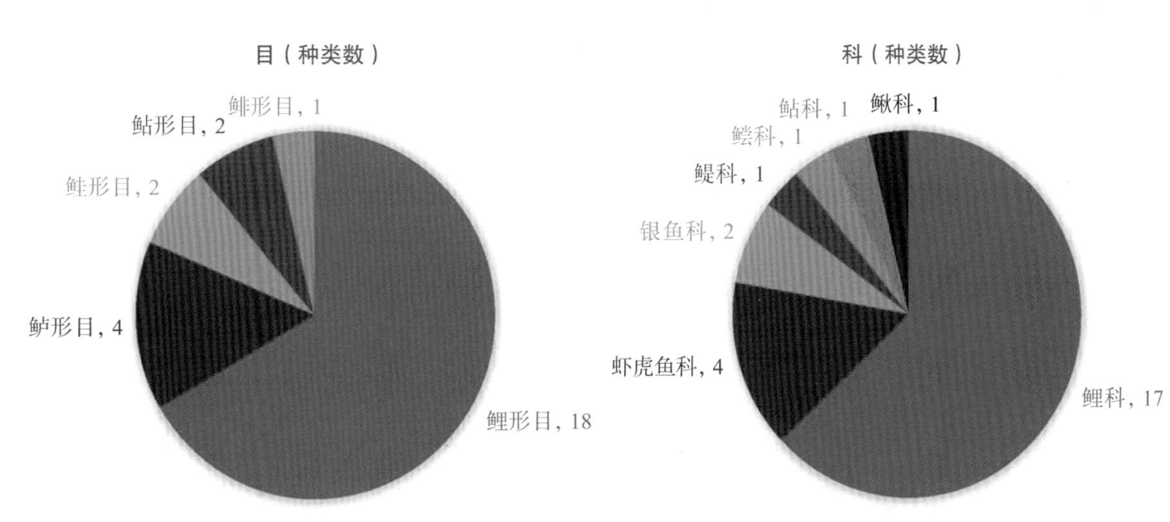

图4.2-1　太湖青虾中华绒螯蟹国家级水产种质资源保护区各目、科鱼类物种组成

· 优势种

优势种分析结果显示，刀鲚、鲫、鳙和子陵吻虾虎鱼等4种鱼类为优势种。红鳍原鲌、花䱻、银鮈、团头鲂、须鳗虾虎鱼、黑鳍鳈、鲤、麦穗鱼等15种鱼类为主要种。

· 鱼类季节组成

春季采集到鱼类15种，隶属于5目6科，优势种为刀鲚、花䱻、银鮈、鳙和子陵吻虾虎鱼；夏季采集到鱼类18种，隶属于5目6科，优势种为刀鲚、红鳍原鲌和鳙；秋季采集到鱼类5种，隶属于3目3科，优势种为刀鲚、鲫、鲤和子陵吻虾虎鱼；冬季采集到鱼类4种，隶属于3目3科，优势种为刀鲚和黑鳍鳈。分析显示，夏季鱼类种类最多，冬季最少，四个季节均采集到的有刀鲚和子陵吻虾虎鱼2种鱼类。

数量百分比（N%）和重量百分比（W%）显示，四个季节中，夏季鱼类的N%和W%均为最高，分别为52.9%和69.5%；秋季鱼类的N%和冬季鱼类的W%为最低，分别为8.1%和0.3%（图4.2-2）。

· 鱼类多样性指数

多样性指数显示，鱼类Margalef丰富度指数（R）为4.101；Shannon-Wiener多样性指数（H'）为1.604；Pielou均匀度指数（J）为0.184；Simpson优势度指数（λ）为0.407。各季节鱼类多样性指数如图4.2-3所示。

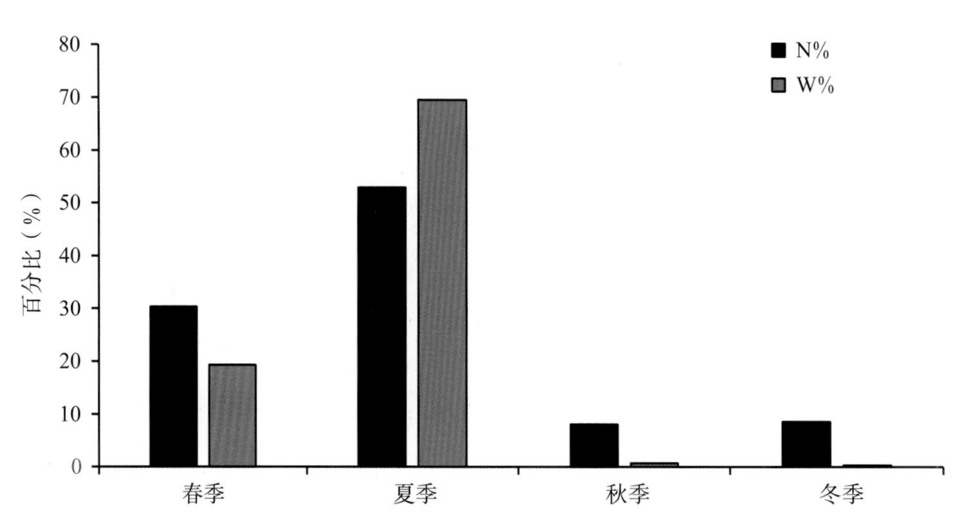

图4.2-2 各季节鱼类数量百分比（N%）与重量百分比（W%）

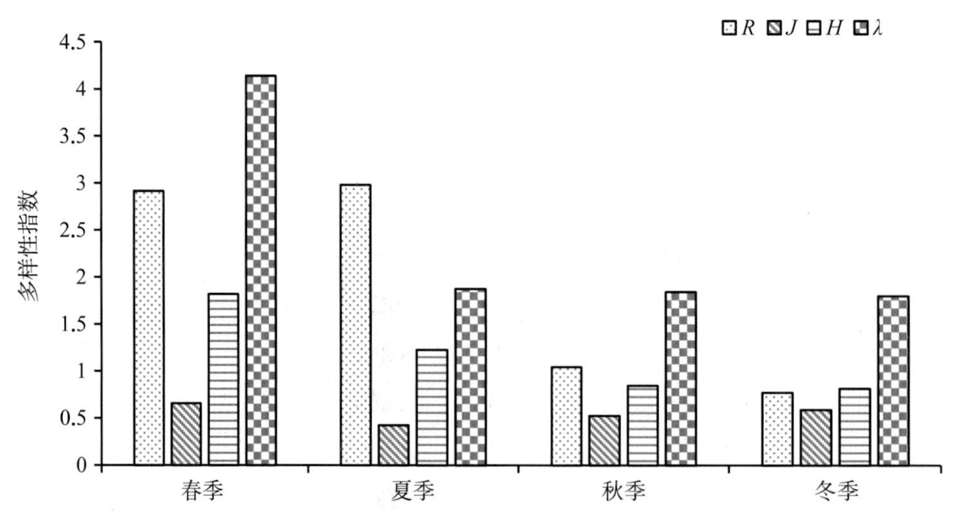

图4.2-3 各季节鱼类多样性指数

· 单位努力捕捞量

各季节基于数量及重量的刺网与定置串联笼壶的单位努力捕捞量（CPUE）如表4.2-1所示。结果显示，夏季刺网和定置串联笼壶的CPUEn及CPUEw均较高。

· 生物学特征

调查结果显示，太湖鱼类体长在2.6 ～ 30.4 cm，平均为10.2 cm；体重在0.2 ～ 790 g，平均为17.2 g。分析表明，94%的鱼类体长在18 cm以下，只有6%的鱼类全长高于18 cm，体长在6 ～ 12 cm的鱼类较多、占总数的45%；70%的鱼类体重在10 g以下，4%的鱼类体重在1 g以下，1 ～ 10 g鱼类较多、占总数的66%（图4.2-4、图4.2-5）。

各种鱼类平均体重显示（表4.2-2），团头鲂、鳙、鲤等5种平均体重高于100 g；似鳊、鲫、黄颡鱼等3种平均体重为50 ～ 100 g；泥鳅、鳘、贝氏鳘等7种平均体重为10 ～ 50 g；刀鲚、大银鱼、兴凯鱊等12种平均体重低于10 g。统计各季节鱼类生物学特征显示，夏季鱼类平均全长及体长较高，冬季平均体重稍高（图4.2-6）。非参数检验显示，各季节的体长、体重差异均不显著。

· 其他渔获物

共采集到鱼类27种，其他水生动物4种（包括螺类1种、虾类2种、蟹类1种）。鱼类中，鲤形目的种类数（18种）最多，其次为鲈形目（4种），鲇形目和鲑形目各2种，鲱形目1种。数量百分比（N%）和重量百分比（W%）较高的种类中，多数是鲤科鱼类。以IRI指数为优势种判定指标，刀鲚、鲫、鳙和子陵吻虾虎鱼等4种鱼类为优势种，优势种与主要种多数是鲤科鱼类。

表4.2-1 各季节单位努力捕捞量

季　节	刺网CPUEn（ind./net · 12 h）	刺网CPUEw（g/net · 12 h）	定置串联笼壶 CPUEn（ind./net · 12 h）	定置串联笼壶 CPUEw（g/net · 12 h）
春	16.00	434.38	41.33	129.52
夏	100.00	1 165.09	73.00	861.43
秋	15.33	212.90	7.67	20.62
冬	7.67	0.00	16.33	91.67

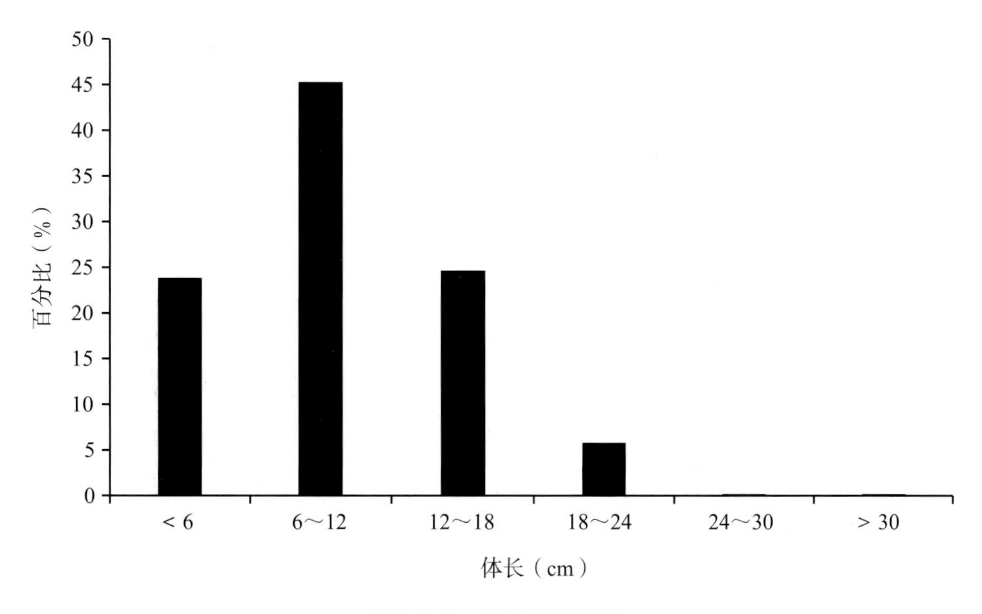

图4.2-4 鱼类体长分布图

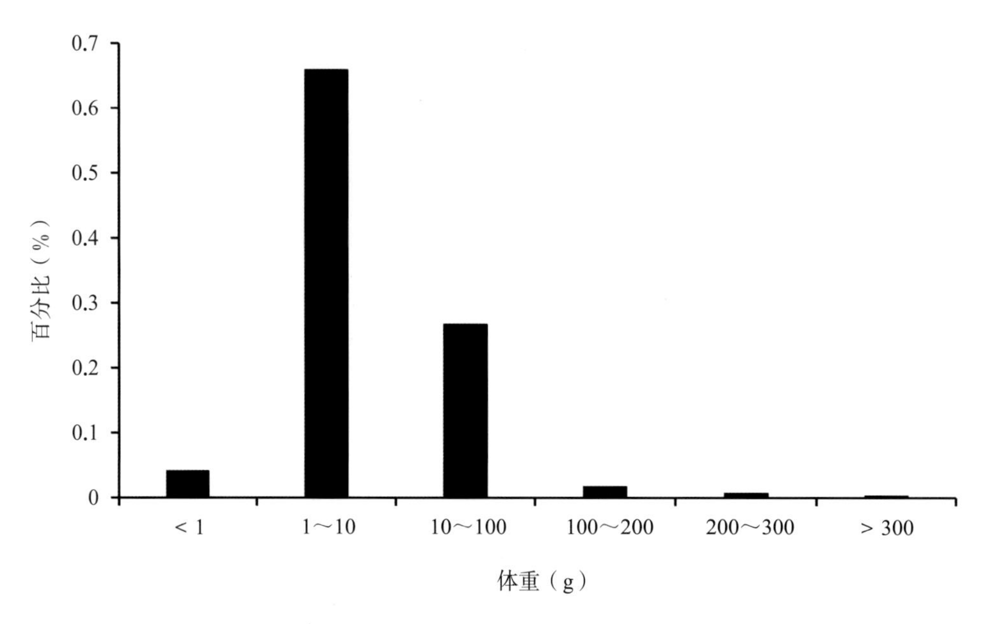

图4.2-5 鱼类体重分布图

表 4.2-2 鱼类体长及体重组成

种类	体长（cm）			体重（g）		
	最小值	最大值	平均值	最小值	最大值	平均值
刀鲚 *Coilia nasus*	1.9	24.5	13.0	0.3	48.8	7.9
大银鱼 *Protosalanx hyalocranius*	9.4	17.5	12.7	2.0	11.6	5.9
陈氏新银鱼 *Neosalanx tangkahkeii*	8.2	8.2	8.2	1.4	1.4	1.4
贝氏 䱗*Hemiculter bleekeri*	11.5	14.4	12.9	14.1	28.0	20.1
鳊 *Parabramis pekinensis*	7.7	8.2	7.9	5.0	5.0	5.0
䱗*Hemiculter leucisculus*	14.3	14.9	14.6	21.0	45.3	30.8
大鳍鱊*Acheilognathus macropterus*	8.1	8.1	8.1	16.7	16.7	16.7
黑鳍鳈 *Sarcocheilichthys nigripinnis*	9.9	12.9	11.0	12.0	25.0	16.3
红鳍原鲌 *Chanodichthys erythropterus*	19.5	24.3	21.6	82.3	215.0	114.4
花 䱻*Hemibarbus maculatus*	18.0	25.1	21.7	75.8	213.5	133.4
鲫 *Carassius auratus*	1.5	22.3	14.0	9.3	208.0	71.7
鲤 *Cyprinus carpio*	18.0	27.6	22.8	79.3	244.6	161.9
鲢 *Hypophthalmichthys molitrix*	13.7	13.7	13.7	20.5	20.5	20.5
麦穗鱼 *Pseudorasbora parva*	5.2	9.4	6.7	1.1	11.1	3.5
泥鳅 *Misgurnus anguillicaudatus*	19.2	19.2	19.2	45.9	45.9	45.9
似鳊 *Pseudobrama simony*	14.0	14.0	14.0	82.8	82.8	82.8
似 鲚*Toxabramis swinhonis*	10.3	15.9	12.5	6.5	28.2	11.8

（续表）

种　　类	体长（cm）			体重（g）		
	最小值	最大值	平均值	最小值	最大值	平均值
团头鲂 *Megalobrama amblycephala*	29.6	29.6	29.6	422.0	422.0	422.0
兴凯鱊 *Acheilognathus chankaensis*	3.6	8.8	6.6	0.2	7.9	4.0
银鮈 *Squalidus argentatus*	5.4	7.0	6.1	1.4	3.7	2.0
鳙 *Aristichthys nobilis*	19.1	25.7	21.3	95.3	790.0	273.1
鲇 *silurus asotus*	6.0	6.0	6.0	2.6	2.6	2.6
黄颡鱼 *Pelteobagrus fulvidraco*	14.1	21.9	17.0	38.3	70.9	51.3
波氏吻虾虎鱼 *Rhinogobius cliffordpopei*	7.0	7.0	7.0	3.2	3.2	3.2
纹缟虾虎 *Tridentiger trigonocephalus*	6.7	6.7	6.7	3.4	3.4	3.4
须鳗虾虎 *Taenioides cirratus*	9.1	12.0	10.6	2.0	4.3	3.0

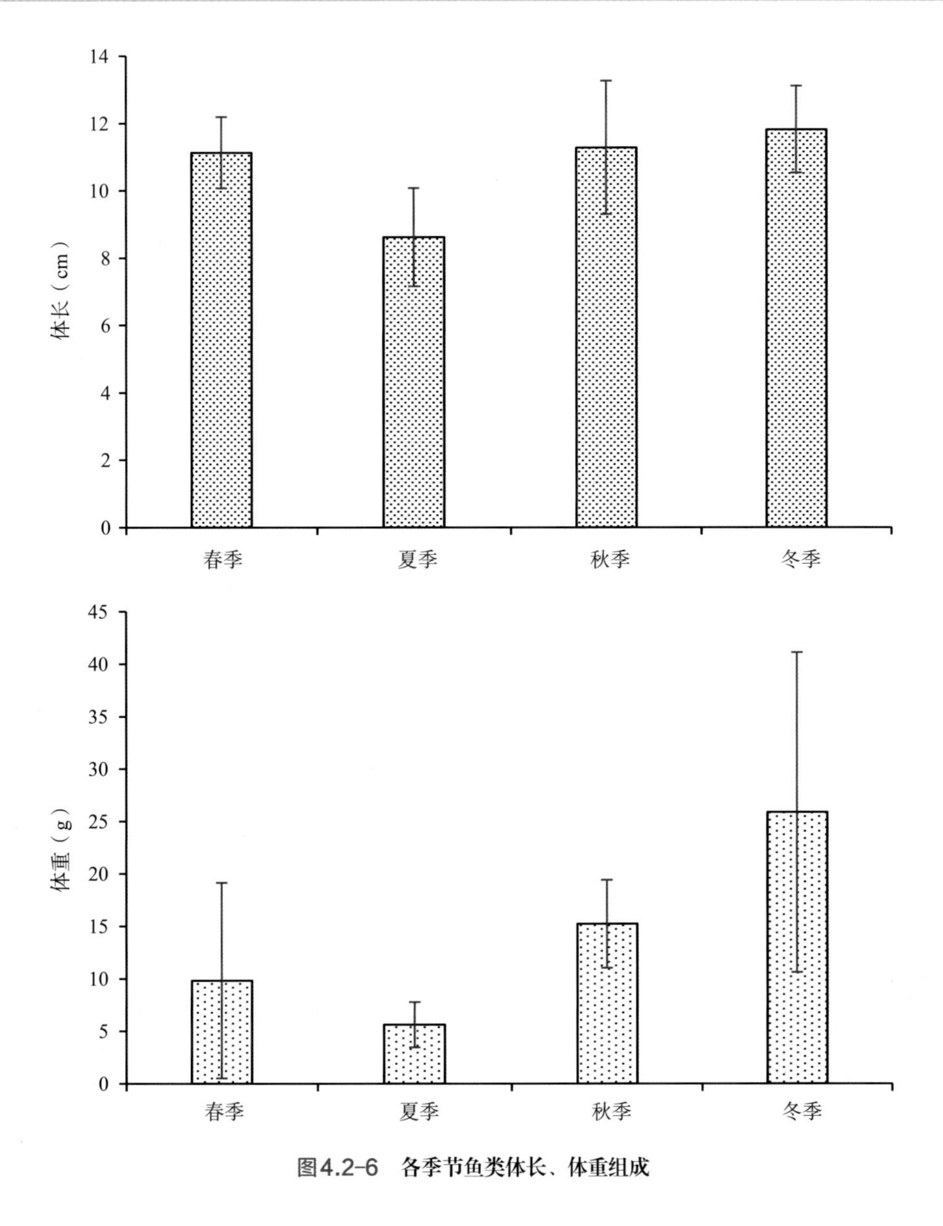

图4.2-6　各季节鱼类体长、体重组成

四个季节采集到的鱼类种类数在4～18种之间。四个季节中，夏季鱼类的N%和W%均为最高，秋季鱼类的N%和冬季鱼类的W%为最低。夏季刺网和定置串联笼壶的CPUEn及CPUEw均较高。

多样性指数显示，鱼类Shannon-Wiener多样性指数平均为1.604，小于该指数一般范围（15～35），说明该水域鱼类生物多样性水平较低。Shannon-Wiener多样性指数、Margalef丰富度指数和Pielou均匀度指数最大值均出现在春季。

生物学特征分析显示，94%的鱼类体长在18 cm以下，70%的鱼类体重在10 g以下。

该保护区的主要保护物种为青虾和中华绒螯蟹，刀鲚是保护区优势度最大的种类，其N%和W%分别达到62.26%和37.55%，而中华绒螯蟹的N%和W%在总渔获物中占比较少。个体规格上，青虾的平均体长和平均体重较小，仅为3 cm和0.8 g。建议加强保护区的渔业资源养护，尤其是保护物种的资源养护；重视渔资源监测，不断优化放流模式，加强对偷捕鱼、电鱼等危害保护区行为的执法力度。同时，加强对水草的保护措施，以保障水草的合理分布。

4.3 · 太湖梅鲚河蚬国家级水产种质资源保护区

鱼类种类组成

调查结果显示，共采集到鱼类16种958尾，重78.86 kg，隶属于5目5科15属。其中，鲤形目的种类数较多，有1科11种，约占总种类数的68.8%；其次为鲇形目（1科2种）；鲈形目、鲑形目和鲱形目均为1种（图4.3-1）。

数量百分比（N%）显示，刀鲚数量最多（89.6%），其次为子陵吻虾虎鱼、鲫等，子陵吻虾虎鱼、大银鱼、红鳍原鲌等13种鱼类的N%小于1%；重量百分比（W%）显示，刀鲚（45.3%）、鲢（15.1%）、鲫（13.1%）的W%较大，红鳍原鲌、黄颡鱼、花䱻等14种鱼类的W%小于10%，大银鱼、光泽黄颡鱼、麦穗鱼等5种鱼类的W%小于1%。

优势种

优势种分析结果显示，刀鲚、鲫、鲢等3种鱼类为优势种。红鳍原鲌、翘嘴鲌、鳙、鲤等8种鱼类为主要种。

鱼类季节组成

春季采集到鱼类8种，隶属于5目5科，优势种为刀鲚、子陵吻虾虎鱼和鲤；夏季采集到鱼类6种，隶属于3目3科，优势种为刀鲚、红鳍原鲌、鲫和鲢；秋季采集到鱼类5种，隶属于4目4科，优势种为刀鲚、翘嘴鲌、黄颡鱼和子陵吻虾虎鱼；冬季采集到鱼类4种，隶属于3目3科，优势种为刀鲚、华鳈和子陵吻虾虎鱼。分析显示，夏季鱼类种类最多，冬季最少，四个季节均采集到的有刀鲚和子陵吻虾虎鱼2种鱼类。

数量百分比（N%）和重量百分比（W%）显示，

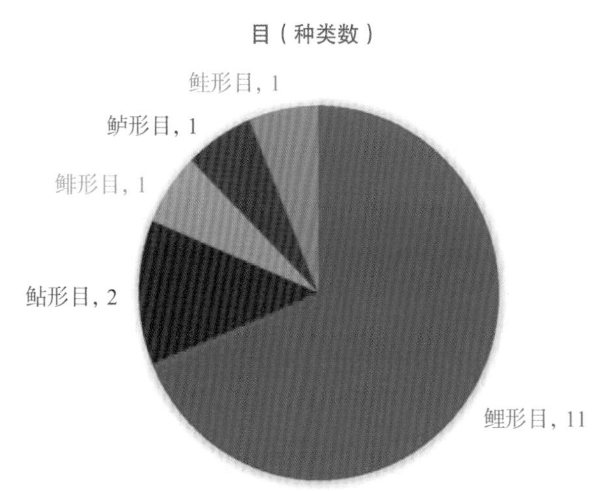

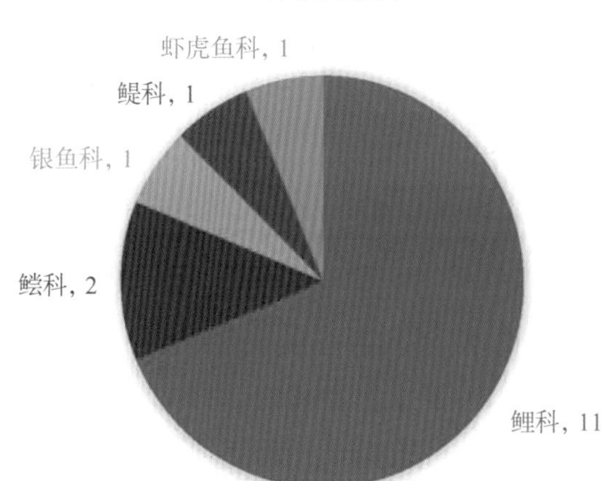

图4.3-1 太湖梅鲚河蚬国家级水产种质资源保护区各目、科鱼类物种组成

四个季节中，春季鱼类的N%和夏季鱼类的W%为最高，分别为39.4%和53.2%；秋季鱼类的N%和W%均为最低，分别为8.7%和8%（图4.3-2）。

· 鱼类多样性指数

多样性指数显示，鱼类Margalef丰富度指数（R）为2.185；Shannon-Wiener多样性指数（H'）为0.481；Pielou均匀度指数（J）为0.101；Simpson优势度指数（λ）为0.807。各季节鱼类多样性指数如图4.3-3所示。以季度为因素，对各多样性指数进行单因素方差分析，结果显示，季节间各多样性指数均无显著差异（$P > 0.05$）。

· 单位努力捕捞量

各季节基于数量及重量的刺网与定置串联笼壶的单位努力捕捞量（CPUE）如表4.3-1所示。结果显示，夏季刺网的CPUEn及CPUEw均较高，春季定置串联笼壶的CPUEn及CPUEw均较高。

· 生物学特征

调查结果显示，太湖梅鲚河蚬国家级水产种质资源保护区鱼类体长在3.7 ～ 29.1 cm，平均为10.2 cm；体重在0.3 ～ 549 g，平均为17.9 g。分析表明，94%的鱼类体长在18 cm以下，只有6%的鱼类全长高于18 cm，体长在6 ～ 12 cm的鱼类较多、占总数的59.8%；81.2%的鱼类体重在10 g以下，3.1%的鱼类体重在1 g以下，1 ～ 10 g鱼类较多、占总数的78%（图4.3-4、图4.3-5）。

各种鱼类平均体重显示（表4.3-2），鲤、鲢、翘嘴鲌等6种平均体重高于100 g；鲫、黄颡鱼、花䱻等3种平均体重为50 ～ 100 g；蛇鮈、团头鲂、大银鱼

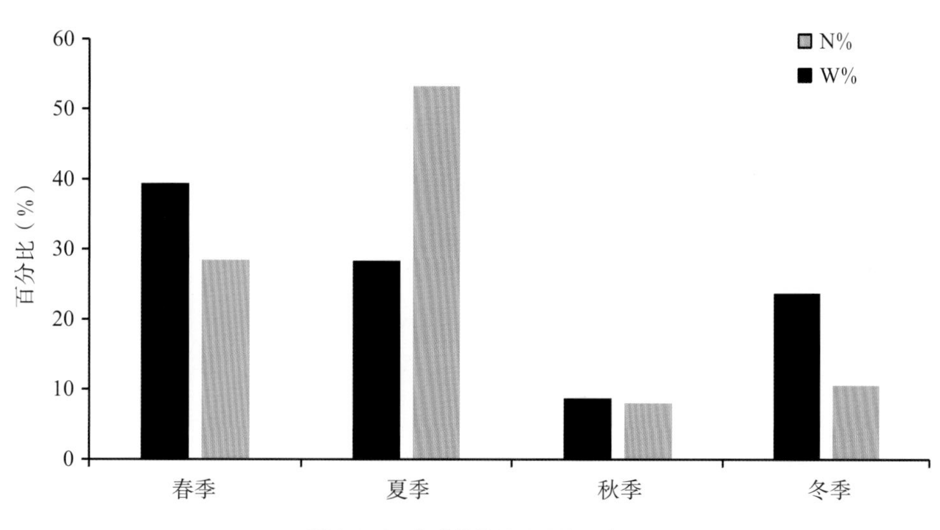

图4.3-2　各季节数量及重量百分比

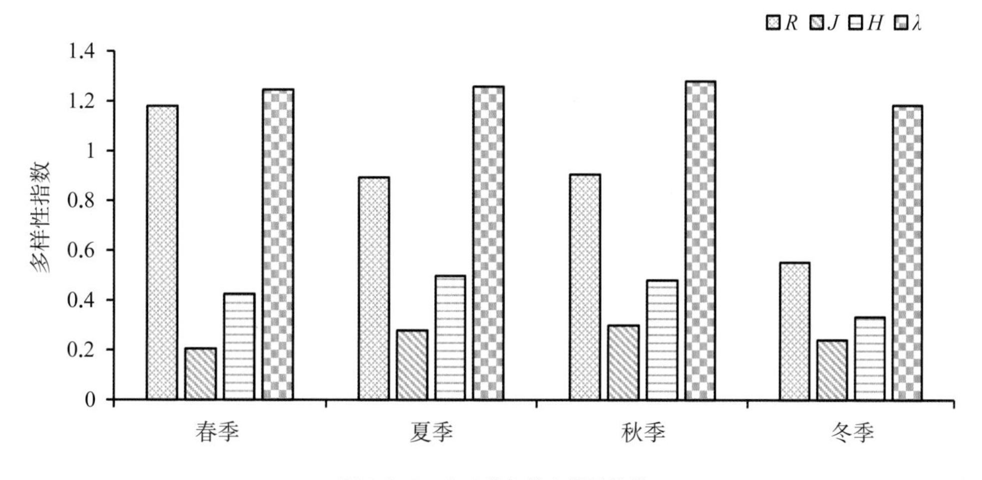

图4.3-3　各季节鱼类多样性指数

表 4.3-1 各季节单位努力捕捞量

季 节	刺网 CPUEn（ind./net · 12 h）	刺网 CPUEw（g/net · 12 h）	定置串联笼壶 CPUEn（ind./net · 12 h）	定置串联笼壶 CPUEw（g/net · 12 h）
春	17.33	395.81	108.33	359.05
夏	50.33	1 336.76	40.00	75.34
秋	9.67	161.37	18.00	50.97
冬	25.67	172.06	50.00	106.83

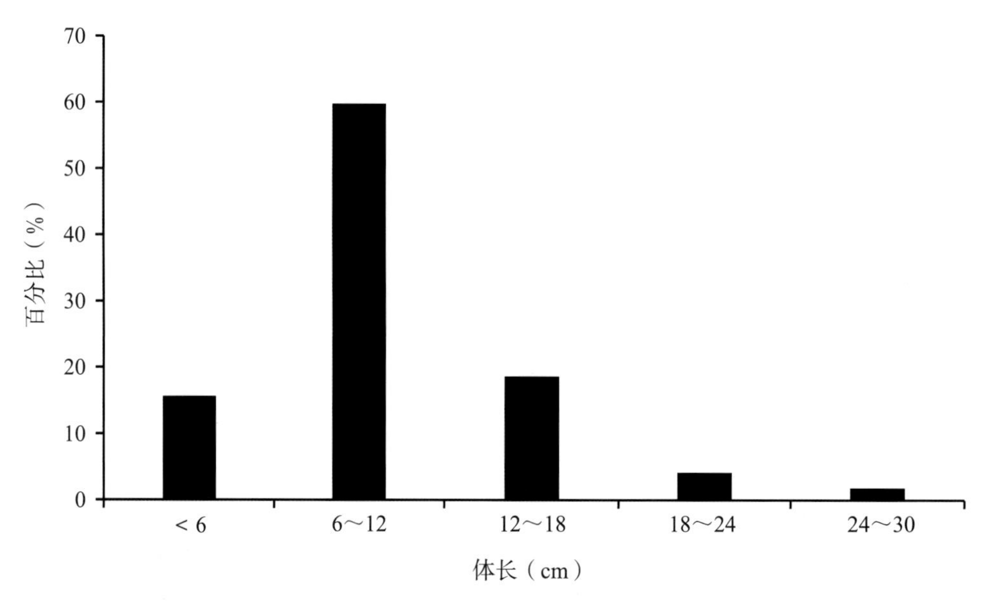

图4.3-4 鱼类体长分布图

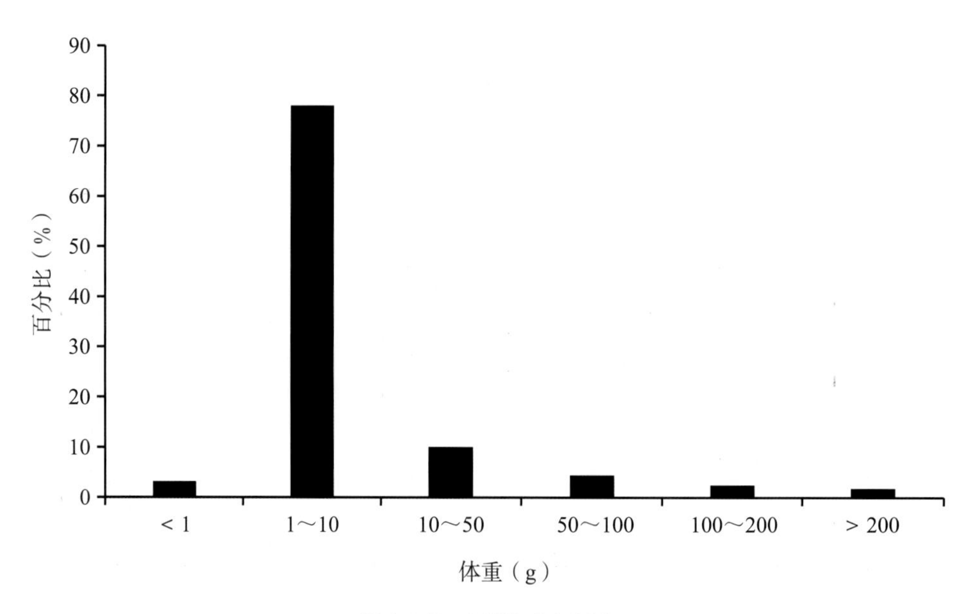

图4.3-5 鱼类体重分布图

表 4.3-2 鱼类体长及体重组成

种类	体长（cm）			体重（g）		
	最小值	最大值	平均值	最小值	最大值	平均值
刀鲚 *Coilia nasus*	1.9	28.4	11.8	0.3	67.4	4.2
大银鱼 *Protosalanx hyalocranius*	18.6	18.3	18.4	12.4	13.4	12.9
光泽黄颡鱼 *Pelteobagrus nitidus*	10.2	10.2	10.2	6.6	6.6	6.6
红鳍原鲌 *Chanodichthys erythropterus*	20.7	25.8	24.3	53.3	200.7	128.5
花䱻 *Hemibarbus maculatus*	21.0	21.0	21.0	108.4	108.4	108.4
华鳈 *Sarcocheilichtys sinensis*	15.7	19.9	17.8	46.5	96.6	71.6
鳙 *Aristichthys nobilis*	20.5	20.5	20.5	121.0	121.0	121.0
鲫 *Carassius auratus*	10.5	18.6	16.0	56.1	124.3	80.4
鲤 *Cyprinus carpio*	31.2	31.2	31.2	515.2	515.2	515.2
鲢 *Hypophthalmichthys molitrix*	31.5	35.2	33.4	245.0	549.0	400.3
麦穗鱼 *Pseudorasbora parva*	5.7	5.7	5.7	1.6	1.6	1.6
翘嘴鲌 *Culter alburnus*	29.9	29.9	29.9	180.8	180.8	180.8
蛇鮈 *Saurogobio dabryi*	15.9	15.9	15.9	30.0	30.0	30.0
团头鲂 *Megalobrama amblycephala*	12.5	12.5	12.5	29.6	29.6	29.6
子陵吻虾虎 *Rhinogobius giurinus*	2.0	7.0	5.7	0.7	8.4	2.3
黄颡鱼 *Pelteobagrus fulvidraco*	17.9	21.7	19.8	61.3	98.4	79.9

等3种平均体重为10～50 g；光泽黄颡鱼、子陵吻虾虎鱼、刀鲚等4种平均体重低于10 g。统计各季节鱼类生物学特征显示，夏季鱼类平均全长及体长较高，冬季平均体重稍高（图4.3-6）。非参数检验显示，各季节的体长、体重差异均不显著。

· 其他渔获物

调查结果显示，共采集到虾蟹贝类4种，包括螺类1种（铜锈环棱螺）、贝类1种（河蚬）、虾类2种（日本沼虾、秀丽白虾），数量共218尾、占渔获物总数量的18.5%，其中秀丽白虾（78%）贡献较大；重量共180.4 g、占渔获物总重量的2.2%，其中秀丽白虾（74.7%）贡献较大。

· 渔业资源现状、变动及原因分析

该保护区的主要保护物种为梅鲚和河蚬，其中梅鲚是保护区优势度最大的种类，其数量百分比和重量百分比分别达到77.49%和45.32%。个体规格上，湖鲚的平均体长和平均体重较小，仅为11.7 cm和4.2 g。建议加强保护区的渔业资源养护，尤其是保护物种的资源养护；重视渔资源监测，不断优化放流模式，加强对偷捕鱼、电鱼等危害保护区行为的执法力度。同时加强对水草的保护措施，以保障水草的合理分布。

共采集到鱼类16种，其他水生动物4种（包括螺类1种、贝类1种、虾类2种）。鱼类中，鲤形目的种类数（11种）最多，其次为鲇形目（2种），鲈形目、

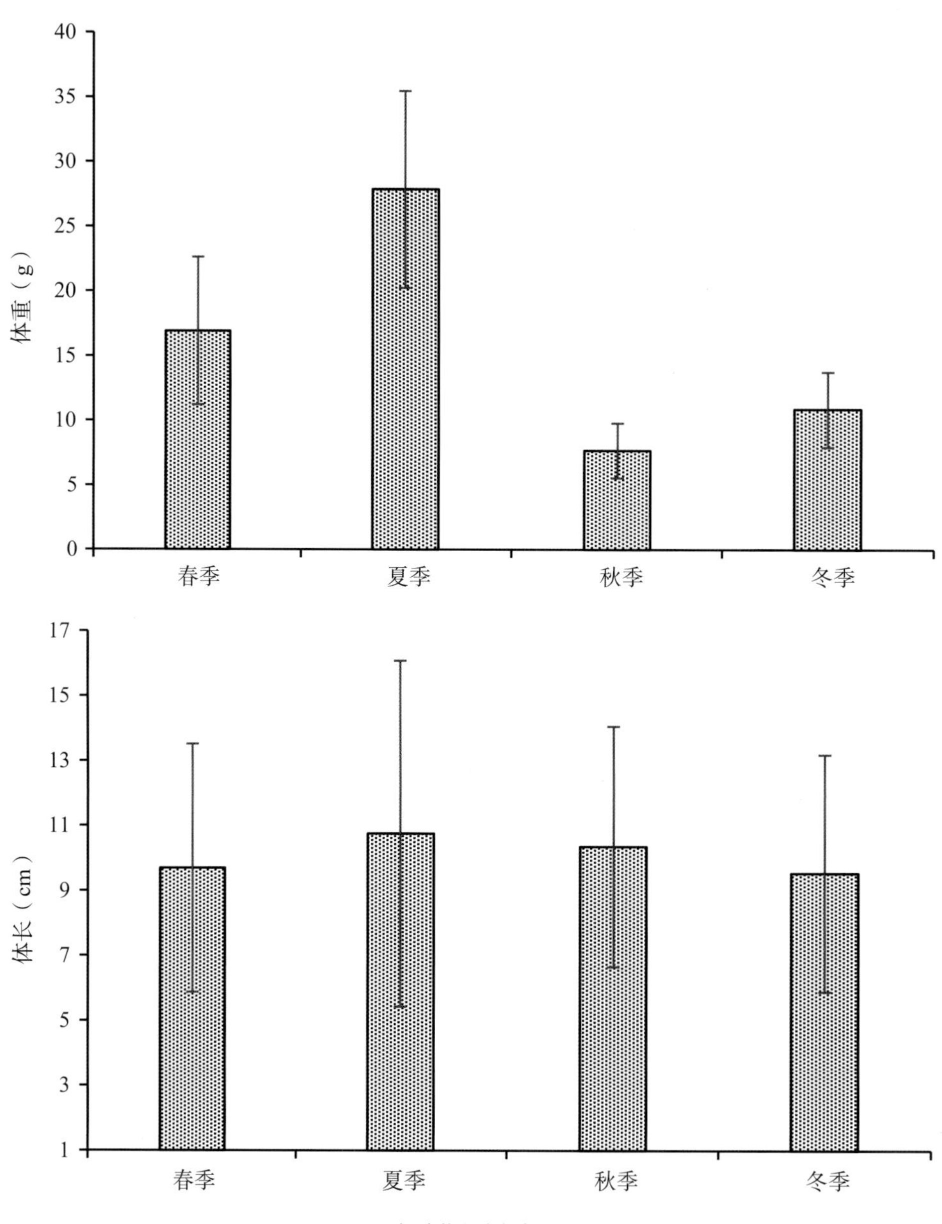

图4.3-6 各季节鱼类体长、体重组成

鲑形目和鲱形目均为1种。数量百分比（N%）和重量百分比（W%）较高的种类中，多数是鲤科鱼类。以IRI指数为优势种判定指标，刀鲚、鲫、鲢等3种鱼类为优势种，优势种与主要种多数是鲤科鱼类。

四个季节采集到的鱼类种类数在4～8种之间，优势种组成较接近。春季鱼类的N%和夏季鱼类的W%为最高，秋季鱼类的N%和W%均为最低，分别为8.7%和8%。夏季刺网的CPUEn及CPUEw均较高，春季定置串联笼壶的CPUEn及CPUEw均较高。

多样性指数显示，鱼类Shannon-Wiener多样性指数平均为0.481，小于该指数一般范围（15～35），说明该水域鱼类生物多样性水平较低。Shannon-Wiener多样性指数、Margalef丰富度指数和Pielou均匀度指数最大值均出现在夏季。

生物学特征分析显示，94%的鱼类体长在18 cm以下，81.2%的鱼类体重在10 g以下。

4.4 · 滆湖鲌类国家级水产种质资源保护区

· 鱼类种类组成

调查结果显示，共采集到鱼类25种1 310尾，重

78.86 kg，隶属于4目5科19属。其中，鲤形目的种类数较多，有2科20种，约占总种类数的80%；其次为鲇形目（1科3种）；鲈形目和鲱形目均为1种（图4.4-1）。

数量百分比（N%）显示，刀鲚数量最多（63.66%），鲢、鲫、似鳊等9种鱼类的N%小于10%，鲤、似鱎、泥鳅等13种鱼类的N%小于1%；重量百分比（W%）显示，鲢（56.69%）、鳙（15.15%）的W%较大，刀鲚、达氏鲌、鲫、翘嘴鲌、红鳍原鲌等5种鱼类的W%小于10%，鲤、黄颡鱼、似鳊等10种鱼类的W%小于1%，飘鱼、江黄颡鱼、大鳍鱊等8种鱼类的W%小于0.1%。

· 优势种

调查结果显示，四个季节以刀鲚、鲫、鲢、鳙等4种鱼类为优势种。达氏鲌、翘嘴鲌、似鳊、红鳍原鲌、黄颡鱼、光泽黄颡鱼、贝氏䱗、䱗等8种鱼类为重要种。

· 鱼类季节组成

春季采集到鱼类17种，隶属于4目4科，优势种为刀鲚、鲢和鲫；夏季采集到鱼类13种，隶属于4目4科，优势种为刀鲚和鲢；秋季采集到鱼类11种，隶属于4目4科，优势种为刀鲚、鲢、鳙和鲫；冬季采集到鱼类15种，隶属于3目4科，优势种为刀鲚、鲫和似鳊。分析显示，春季鱼类种类最多，秋季最少，四个季节均采集到的有刀鲚、鲫、鲢和鳙4种鱼类。

数量百分比（N%）和重量百分比（W%）显示，四个季节中，夏季鱼类的N%和秋季鱼类的W%为最高，分别为39.2%和33.9%；秋季鱼类的N%和冬季鱼类的W%为最低，分别为10.9%和3.1%（图4.4-2）。

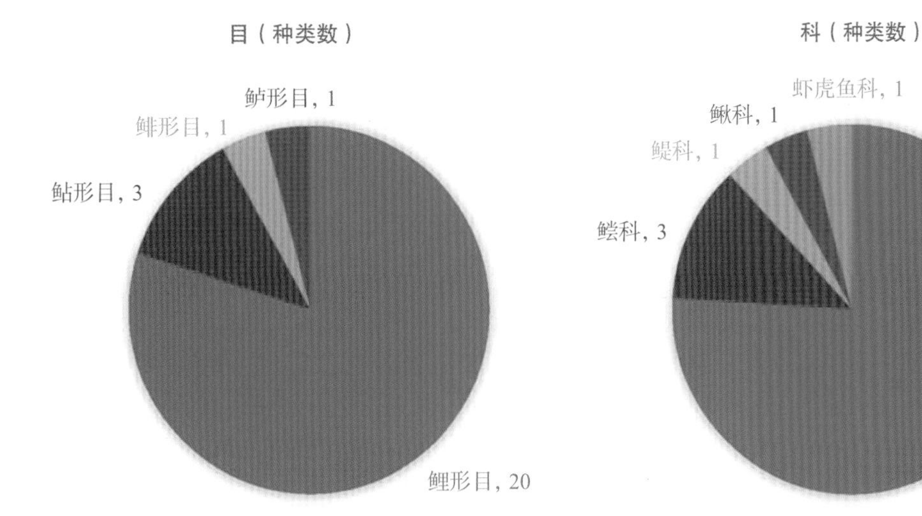

图4.4-1 滆湖鲌类国家级水产种质资源保护区各目、科鱼类物种组成

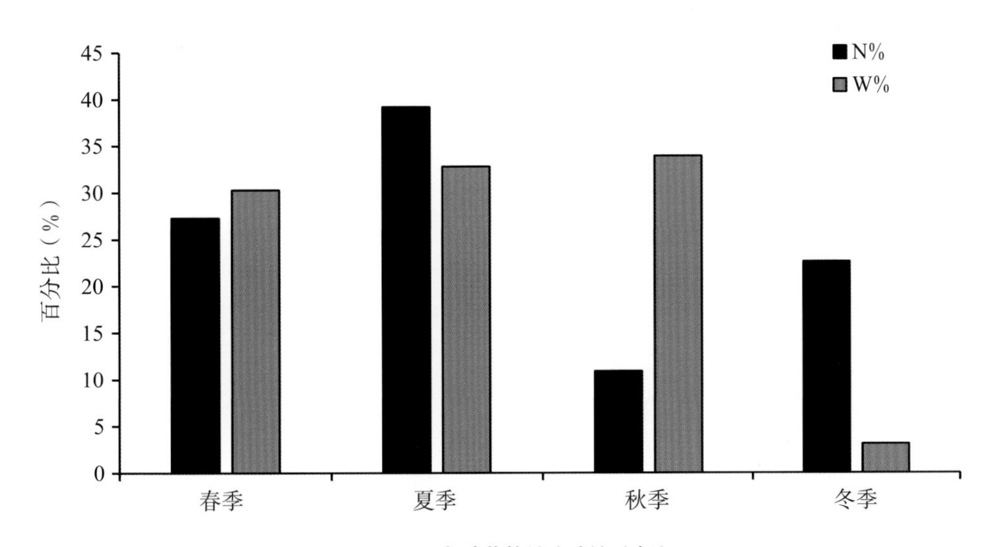

图4.4-2 各季节数量及重量百分比

多样性指数显示，各季节鱼类Margalef丰富度指数（R）为2.679～3.213，平均为2.874±0.240（平均值±标准差）；Shannon-Wiener多样性指数（H'）为1.318～1.945，平均为1.534±0.291；Pielou均匀度指数（J）为0.427～0.686，平均为0.532±0.112；Simpson优势度指数（λ）为1.997～3.806，平均为2.635±0.830。

· 单位努力捕捞量

各季节基于数量及重量的刺网与定置串联笼壶的单位努力捕捞量（CPUE）如表4.4-1所示。结果显示，夏季刺网的CPUEn及CPUEw均较高，冬季定置串联笼壶的CPUEn和秋季定置串联笼壶的CPUEw较高。

· 生物学特征

调查结果显示，滆湖鲌类国家级水产种质资源保护区鱼类体长在0.21～60.1 cm，平均为8.3 cm；体重在0.1～4 760 g，平均为61.2 g。分析表明，56%的鱼类体长在6 cm以下，只有2%的鱼类体长高于30 cm；87.8%的鱼类体重在50 g以下，21.6%的鱼类体重在1 g以下，1～10 g鱼类较多、占总数的39.2%（图4.4-4、图4.4-5）。

各种鱼类平均体重显示（表4.4-2），鳙、鲢、蒙古鲌等7种平均体重高于100 g；鲤、鲫、黄颡鱼等11种平均体重为10～100 g；兴凯鱊、大鳍鱊、贝氏䱗等7种平均体重低于10 g。统计各季节鱼类生物学特征显示，夏季鱼类平均全长及体长较高，冬季平均体重稍高（图4.4-6）。非参数检验显示，各季节的体长、体重差异均不显著。

· 其他渔获物

调查结果显示，共采集到虾、蟹、贝类3种，包括虾类2种（日本沼虾、秀丽白虾）、蟹类1种（中华绒螯蟹），数量共48尾、占渔获物总数量的3.5%，其中秀丽白虾（68.8%）贡献较大；重量共353.3 g、占渔获物总重量的0.3%，其中中华绒螯蟹（73.9%）贡献

表4.4-1 各季节单位努力捕捞量

季 节	刺网CPUEn（ind./net · 12 h）	刺网CPUEw（g/net · 12 h）	定置串联笼壶CPUEn（ind./net · 12 h）	定置串联笼壶CPUEw（g/net · 12 h）
春	100.33	11 801.06	19.00	292.50
夏	136.33	12 743.47	34.67	361.95
秋	44.00	12 439.76	3.67	1 096.07
冬	25.00	870.93	73.67	357.60

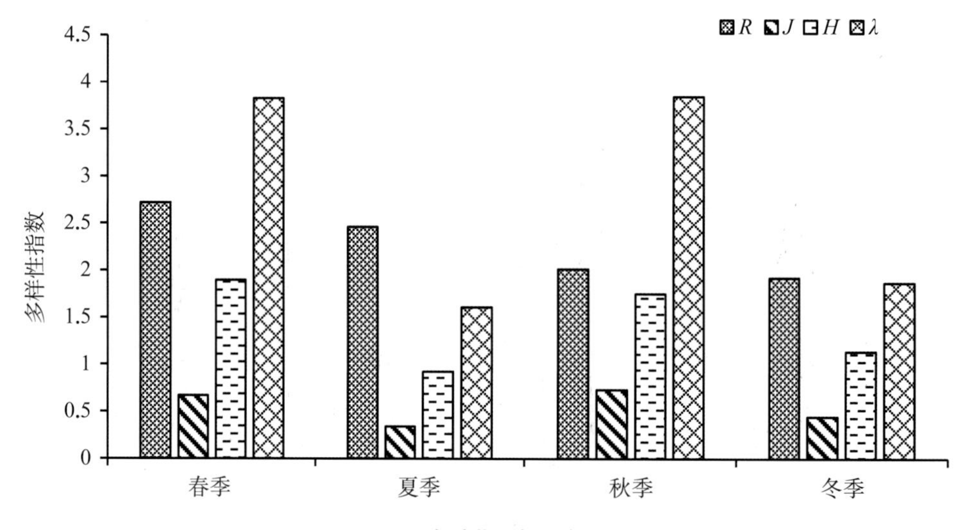

图4.4-3 各季节鱼类多样性指数

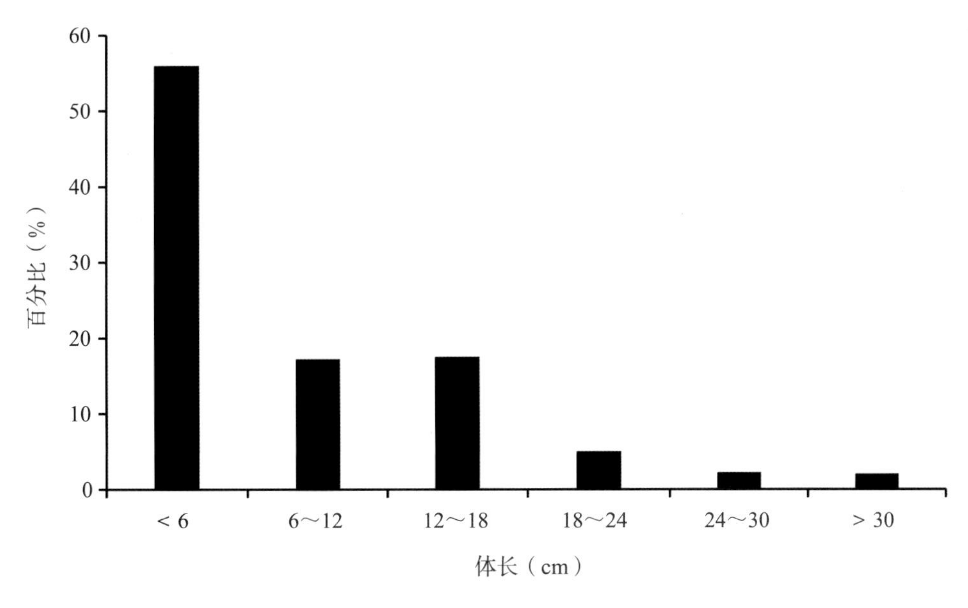

图4.4-4　鱼类体长分布图

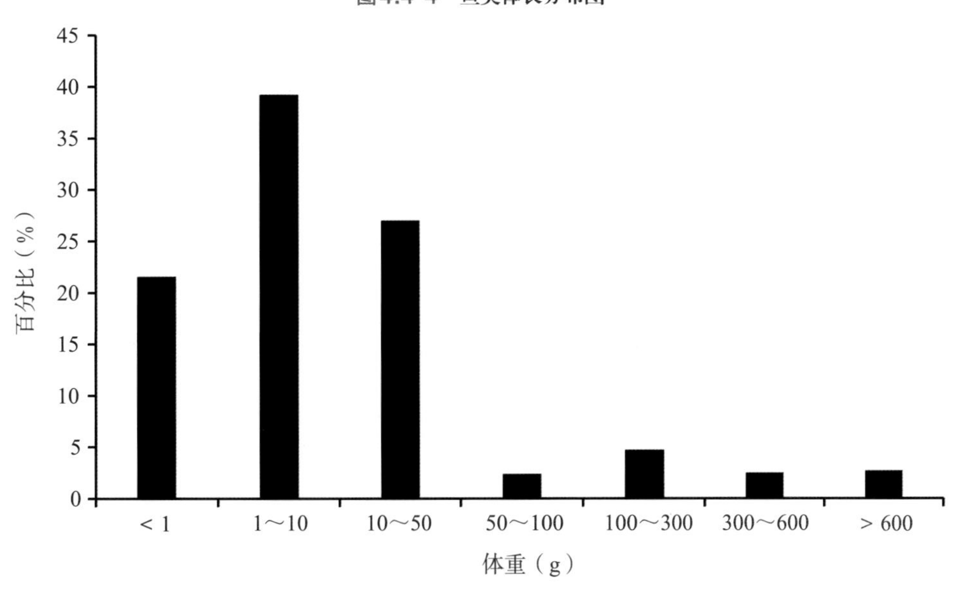

图4.4-5　鱼类体重分布图

表 4.4-2　**鱼类体长及体重组成**

种　　类	体长（cm）			体重（g）		
	最小值	最大值	平均值	最小值	最大值	平均值
刀鲚 *Coilia nasus*	0.3	31.2	11.1	0.8	75.7	10.0
贝氏 䱗*Hemiculter bleekeri*	6.0	15.5	9.8	0.7	22.7	7.9
䱗*Hemiculter leucisculus*	1.0	14.5	1.7	7.8	28.2	16.9
草鱼 *Ctenopharyngodon idellus*	26.0	26.0	26.0	170.8	170.8	170.8
达氏鲌 *Culter dabryi*	1.9	40.6	21.0	0.2	700.0	202.7
大鳍鱊*Acheilognathus macropterus*	0.8	0.9	0.9	8.0	11.0	9.5
鳙 *Aristichthys nobilis*	2.9	68.1	24.0	148.5	3 260.0	1 134.9
长蛇鮈*Saurogobio dumerili*	6.2	6.2	6.2	3.1	3.1	3.1

（续表）

种　　类	体长（cm）			体重（g）		
	最小值	最大值	平均值	最小值	最大值	平均值
红鳍原鲌 *Chanodichthys erythropterus*	1.2	33.7	13.3	0.2	380.0	109.0
华鳈 *Sarcocheilichtys sinensis*	8.6	8.6	8.6	6.6	6.6	6.6
黄颡鱼 *Pelteobagrus fulvidraco*	1.1	17.2	6.1	0.2	169.2	25.9
鲫 *Carassius auratus*	1.1	26.0	7.7	0.1	570.0	80.7
鲤 *Cyprinus carpio*	2.1	22.5	10.3	0.2	340.0	98.1
鲢 *Hypophthalmichthys molitrix*	2.1	72.5	23.5	0.2	4 760.0	673.0
麦穗鱼 *Pseudorasbora parva*	0.3	6.5	1.6	0.4	7.6	2.6
蒙古鲌 *Culter mongolicus*	34.1	34.1	34.1	290.0	290.0	290.0
兴凯鱊 *Acheilognathus chankaensis*	9.9	9.9	9.9	9.6	9.6	9.6
飘鱼 *Pseudolaubuca sinensis*	22.8	22.8	22.8	84.0	84.0	84.0
翘嘴鲌 *Culter alburnus*	2.3	52.2	20.9	1.2	850.0	187.6
似鳊 *Pseudobrama simony*	0.8	15.1	9.9	1.6	53.4	12.1
似 鲚 *Toxabramis swinhonis*	1.0	1.2	1.1	14.0	20.9	17.6
泥鳅 *Misgurnus anguillicaudatus*	15.6	20.3	18.2	27.0	69.0	47.5
瓦氏黄颡鱼 *Pelteobaggrus vachelli*	12.1	12.1	12.1	22.0	22.0	22.0
光泽黄颡鱼 *Pelteobagrus nitidus*	1.0	1.3	1.6	7.9	22.7	15.7
子陵吻虾虎 *Rhinogobius giurinus*	0.5	5.2	3.1	0.7	2.1	1.5

较大。

渔业资源现状、变动及原因分析

共采集到鱼类25种，其他水生动物3种（包括虾类2种、蟹类1种）。鱼类中，鲤形目的种类数（20种）最多，其次为鲇形目（3种），鲈形目和鲱形目为1种。数量百分比（N%）和重量百分比（W%）较高的种类中，多数是鲤科鱼类。以IRI指数为优势种判定指标，刀鲚、鲫、鲢、鳙等4种鱼类为优势种，优势种与主要种多数是鲤科鱼类。

四个季节采集到的鱼类种类数在11～17种之间，优势种组成较接近。四个季节中，夏季鱼类的N%和秋季鱼类的W%为最高，秋季鱼类的N%和冬季鱼类的W%为最低。冬季刺网的CPUEn及夏季刺网的CPUEw较高，夏季刺网的CPUEn及CPUEw均较高，冬季定置串联笼壶的CPUEn和秋季定置串联笼壶的CPUEw较高。

多样性指数显示，鱼类Shannon-Wiener多样性指数平均为1.534，小于该指数一般范围（15～35），说明该水域鱼类生物多样性水平较低。Shannon-Wiener多样性指数、Margalef丰富度指数和Pielou均匀度指数最大值均出现在春季。

生物学特征分析显示，56%的鱼类体长在6 cm以下，87.8%的鱼类体重在50 g以下。

该保护区的主要保护物种为翘嘴鲌、蒙古鲌等鲌类。梅鲚是保护区优势度最大的种类，其数量百分比和重量百分比分别达到63.66%和6.98%。蒙古鲌的数量和重量在总渔获物中占比较少。个体规格上，翘嘴鲌的平均体长和平均体重为20.8 cm和187.6 g；蒙古鲌的平均体长和平均体重为34.1 cm和290.0 g。建议加强保护区的渔业资源养护，尤其是保护物种的资源养护；重视渔资源监测，不断优化放流模式，加强对偷捕鱼、电鱼等危害保护区行为的执法力度。同时，

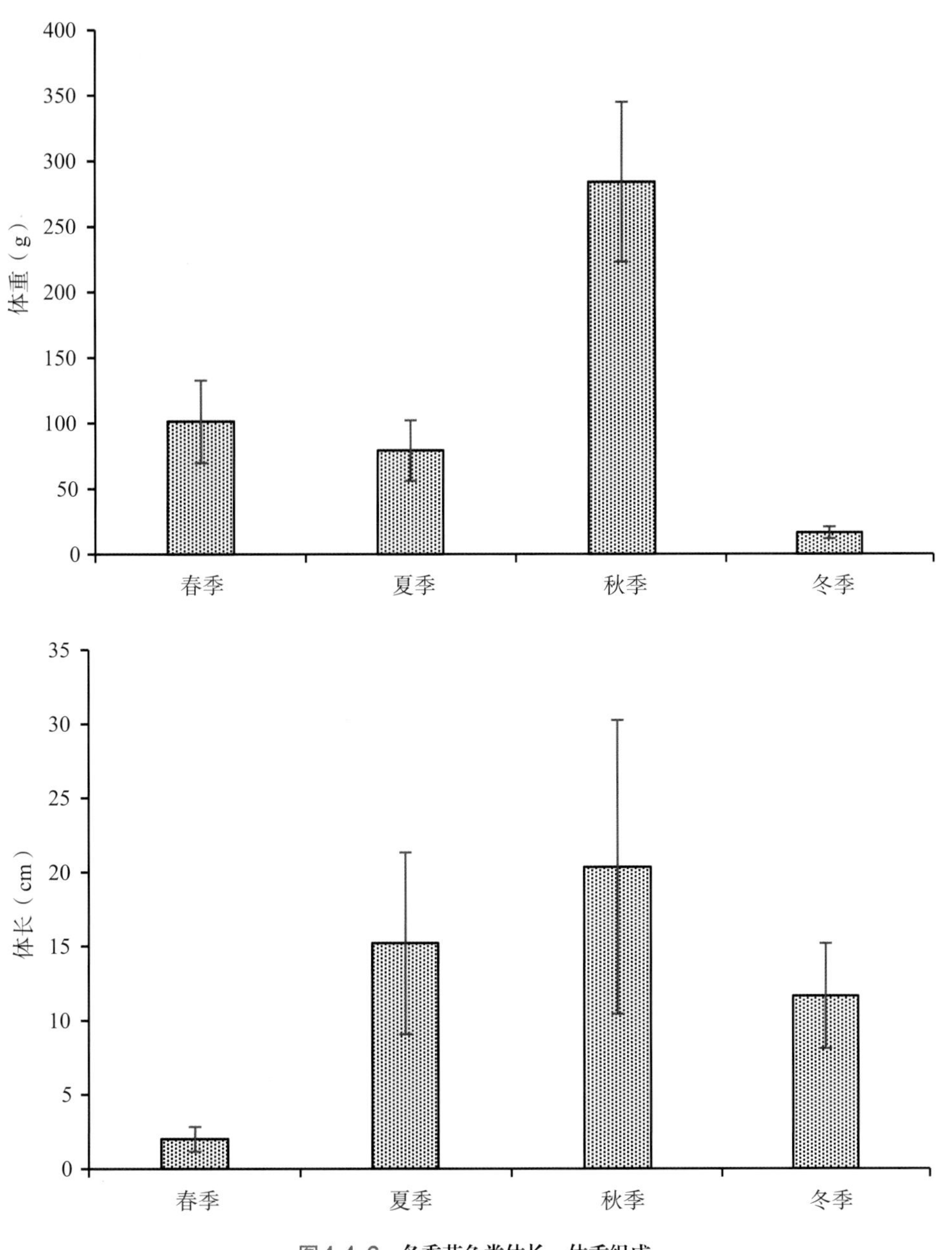

图4.4-6　各季节鱼类体长、体重组成

加强对水草的保护措施，以保障水草的合理分布。

4.5 · 滆湖国家级水产种质资源保护区

· 鱼类种类组成

调查结果显示，共采集到鱼类18种698尾，重78.86 kg，隶属于4目4科15属。其中，鲤形目的种类数较多，有2科14种，约占总种类数的77.8%；其次为鲇形目，有1科2种；鲈形目和鲱形目名为1种（图4.5-1）。

数量百分比（N%）显示，刀鲚数量最多（57.45%），其次为红鳍原鲌、鲢、贝氏鳘等，子陵吻虾虎鱼、光泽黄颡鱼、鳘等9种鱼类的N%小于1%；重量百分比（W%）显示，鲢（53.15%）、红鳍原鲌（14.43%）、鳙（12.68%）的W%较大，刀鲚、鲫、翘嘴鲌等5种鱼类的W%小于10%，达氏鲌、鲤、似鳊等5种鱼类的W%小于1%，光泽黄颡鱼、鳘、似鲚等5种鱼类的W%小于0.1%。

· 优势种

调查结果显示，四个季节以刀鲚、鲫、鲢、鳙4种鱼类为优势种。鲫、黄颡鱼、贝氏鳘、翘嘴鲌、似

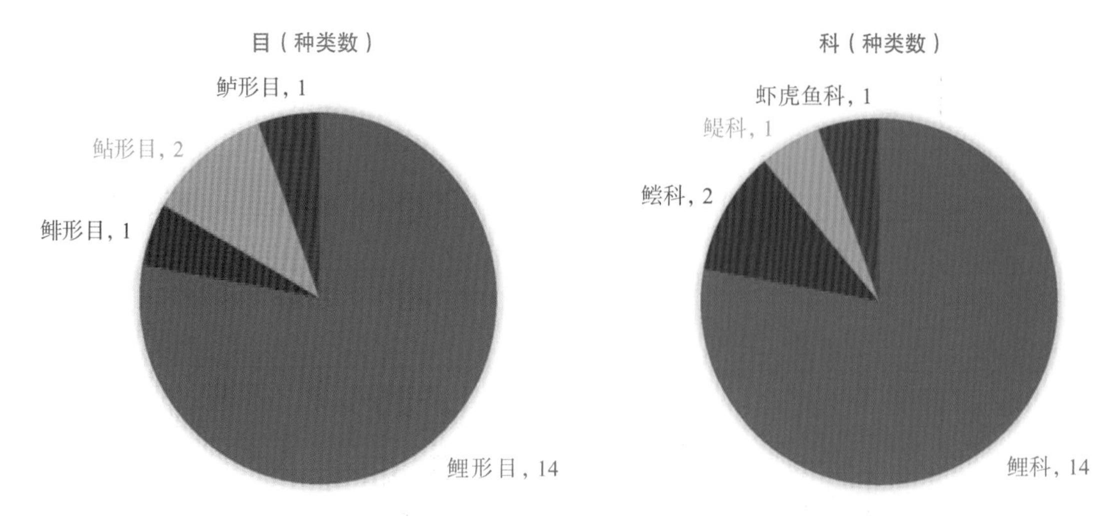

图4.5-1 滆湖国家级水产种质资源保护区各目、科鱼类物种组成

鳊、子陵吻虾虎鱼6种鱼类为重要种。

· 鱼类季节组成

春季采集到鱼类13种，隶属于4目4科，优势种为刀鲚、鲢、鳙和鲫；夏季采集到鱼类9种，隶属于3目3科，优势种为鲢、刀鲚、贝氏䱗和鲫；秋季采集到鱼类11种，隶属于4目4科，优势种为刀鲚、鲢和鲫；冬季采集到鱼类8种，隶属于3目3科，优势种为刀鲚、鲢、鳙和红鳍原鲌。分析显示，春季鱼类种类最多，冬季最少，四个季节均采集到的有刀鲚、鲫、鲢和黄颡鱼4种鱼类。

数量百分比（N%）和重量百分比（W%）显示，四个季节中，冬季鱼类的N%和秋季鱼类的W%最高，分别为34.2%和41.2%；夏季鱼类的N%和春季鱼类的W%最低，分别为17%和11.7%（图4.5-2）。

· 鱼类多样性指数

多样性指数显示，鱼类Margalef丰富度指数（R）为2.255～2.358，平均为2.306 ± 0.051（平均值 ± 标准差）；Shannon-Wiener多样性指数（H'）为1.237～1.797，平均为1.517 ± 0.280；Pielou均匀度指数（J）为0.457～0.681，平均为0.569 ± 0.112；Simpson优势度指数（λ）为2.012～4.117，平均为3.065 ± 1.052。各季节鱼类多样性指数如图4.5-3所示，以季度为因素，对各多样性指数进行单因素方差分析，结果显示，季节间各多样性指数均无显著差异（$P > 0.05$）。

· 单位努力捕捞量

各季节基于数量及重量的刺网与定置串联笼壶的

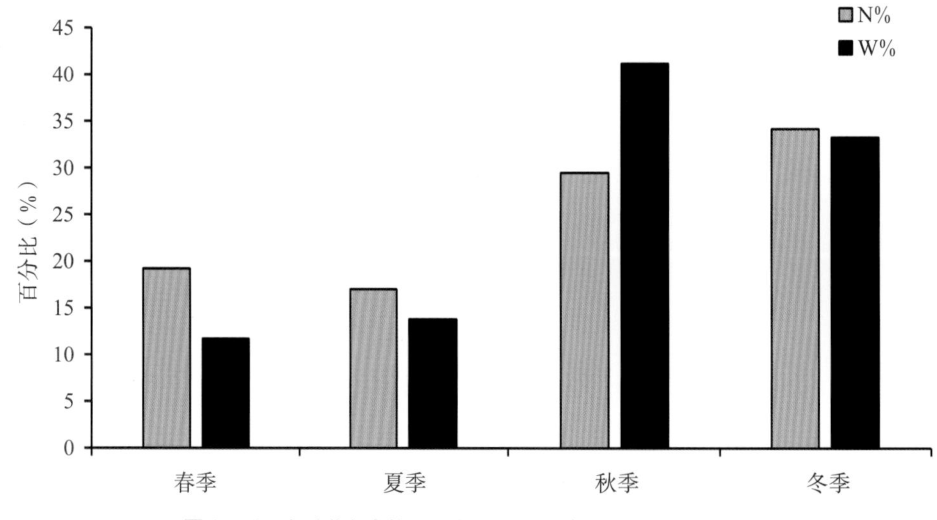

图4.5-2 各季节鱼类数量百分比（N%）与重量百分比（W%）

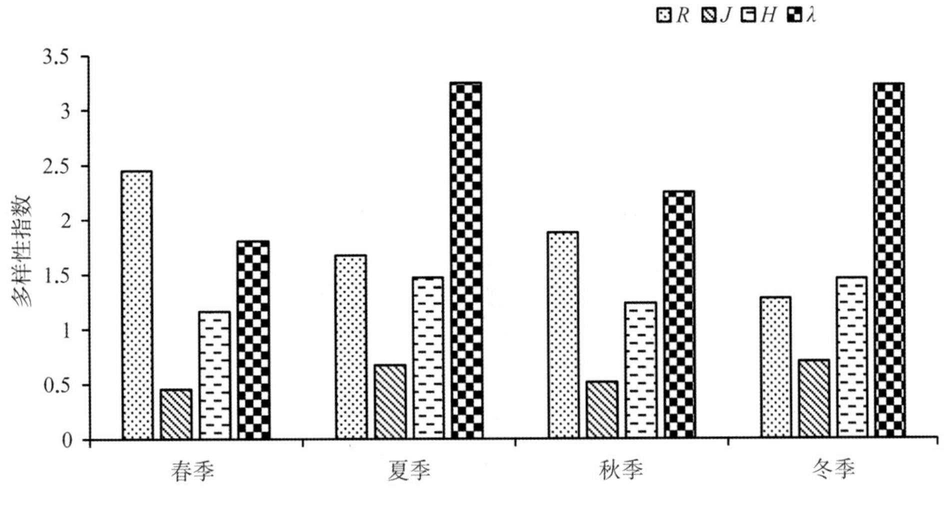

图4.5-3　各季节鱼类多样性指数

单位努力捕捞量（CPUE）如表4.5-1所示。结果显示，冬季刺网的CPUEn及秋季刺网的CPUEw较高，秋季定置串联笼壶的CPUEn及CPUEw均较高。

· 生物学特征

调查结果显示，滆湖国家级水产种质资源保护区鱼类体长在0.35～57.5 cm，平均为12.9 cm；体重在0.6～1 713.4 g，平均为20.5 g。分析表明，25.6%的鱼类体长在6 cm以下，只有3.3%的鱼类全长高于30 cm，体长在6～12 cm的鱼类较多、占总数的28.7%；78.8%的鱼类体重在100 g以下，2.9%的鱼类体重在1 g以下，1～10 g鱼类较多、占总数的37.8%（图4.5-4、图4.5-5）。

各种鱼类平均体重显示（表4.5-2），鲢、团头鲂、鲤等8种平均体重高于100 g；鳊平均体重为50～100 g；黄颡鱼、似鳊、光泽黄颡鱼等5种平均体重为10～50 g；似鲚、贝氏䱗、子陵吻虾虎鱼等4种平均体重低于10 g。统计各季节鱼类生物学特征显示，秋季鱼类平均全长、体长及平均体重均较高（图4.5-6）。

· 其他渔获物

调查结果显示，共采集到虾类2种（日本沼虾、秀丽白虾），数量共178尾、占渔获物总数量的20.3%，其中秀丽白虾（80.3%）贡献较大；重量共203.9 g、占渔获物总重量的0.4%，其中秀丽白虾（78.6%）贡献较大。

· 渔业资源现状及分析

共采集到鱼类18种，其他水生动物2种（包括虾类2种）。鱼类中，鲤形目的种类数（14种）最多，其次为鲇形目（2种），鲈形目和鲱形目为1种。数量百分比（N%）和重量百分比（W%）较高的种类中，多数是鲤科鱼类。以IRI指数为优势种判定指标，刀鲚、鲫、鲢、鳙等4种鱼类为优势种，优势种与主要种多数是鲤科鱼类。

四个季节采集到的鱼类种类数在8～13种之间，优势种组成较接近。四个季节中，冬季鱼类的N%和

表4.5-1　各季节单位努力捕捞量

季　节	刺网CPUEn（ind./net · 12 h）	刺网CPUEw（g/net · 12 h）	定置串联笼壶 CPUEn（ind./net · 12 h）	定置串联笼壶 CPUEw（g/net · 12 h）
春	41.67	2 585.31	3.00	26.36
夏	9.67	2 980.03	30.00	110.27
秋	36.00	8 878.20	32.67	344.77
冬	54.00	7 304.91	25.67	160.95

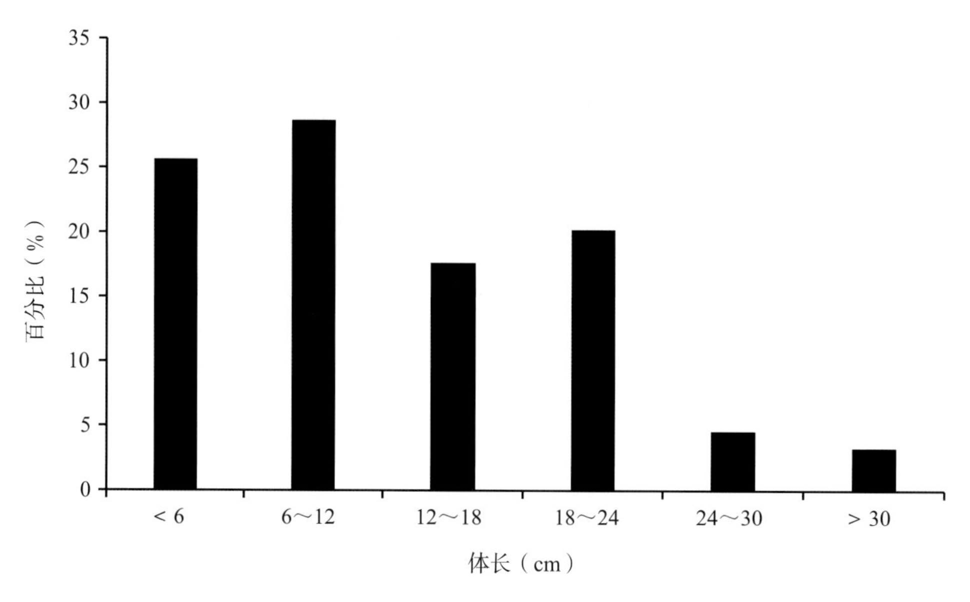

图4.5-4 鱼类体长分布图

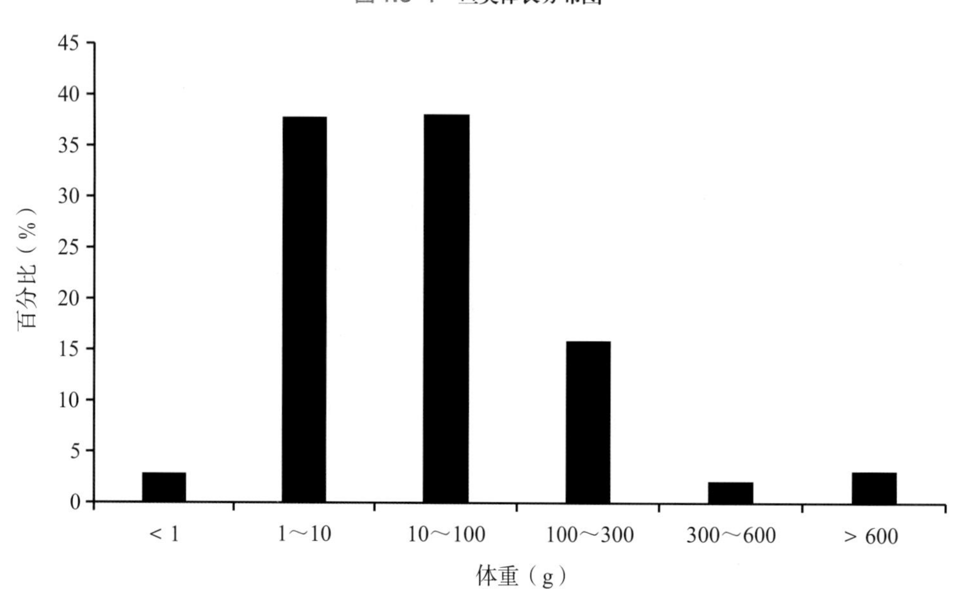

图4.5-5 鱼类体重分布图

表 4.5-2 鱼类体长及体重组成

种类	体长（cm）			体重（g）		
	最小值	最大值	平均值	最小值	最大值	平均值
刀鲚 *Coilia nasus*	0.5	30.5	11.9	0.8	87.7	13.4
贝氏 鳘*Hemiculter bleekeri*	4.5	14.1	5.6	0.2	20.0	2.7
鳊 *Parabramis pekinensis*	1.6	1.6	1.6	82.6	82.6	82.6
鳘*Hemiculter leucisculus*	1.0	1.4	1.2	12.0	16.3	14.2
达氏鲌 *Culter dabryi*	26.9	23.8	25.4	150.0	175.3	162.7
红鳍原鲌 *Chanodichthys erythropterus*	1.1	31.2	24.5	14.6	260.0	144.7

（续表）

种　类	体长（cm）			体重（g）		
	最小值	最大值	平均值	最小值	最大值	平均值
鲫 *Carassius auratus*	12.7	27.3	20.3	59.0	260.0	178.0
鲤 *Cyprinus carpio*	22.8	22.8	22.8	244.5	244.5	244.5
鲢 *Hypophthalmichthys molitrix*	2.6	71.5	31.8	4.9	4 280.0	714.1
麦穗鱼 *Pseudorasbora parva*	0.4	0.4	0.4	0.5	0.6	0.6
翘嘴鲌 *Culter alburnus*	11.0	33.9	20.1	22.5	235.6	129.9
似鳊 *Pseudobrama simony*	1.1	1.4	1.2	10.0	28.2	16.2
似鲚 *Toxabramis swinhonis*	1.0	10.6	5.8	5.2	12.1	8.6
团头鲂 *Megalobrama amblycephala*	26.5	29.8	28.2	446.3	568.3	507.3
鳙 *Aristichthys nobilis*	14.4	47.6	21.7	31.7	1 930.0	230.1
光泽黄颡鱼 *Pelteobagrus nitidus*	1.0	1.0	1.0	14.8	20.8	15.9
黄颡鱼 *Pelteobagrus fulvidraco*	7.0	25.2	12.7	2.1	363.6	27.0
子陵吻虾虎 *Rhinogobius giurinus*	0.3	6.4	4.1	1.3	2.0	1.7

秋季鱼类的W%最高，夏季鱼类的N%和春季鱼类的W%最低。冬季刺网的CPUEn及秋季刺网的CPUEw较高，秋季定置串联笼壶的CPUEn及CPUEw均较高。

多样性指数显示，鱼类Shannon-Wiener多样性指数平均为1.237，小于该指数一般范围（15 ～ 35），说明该水域鱼类生物多样性水平较低。Shannon-Wiener多样性指数、Pielou均匀度指数最大值均出现在夏季，Margalef丰富度指数最大值出现在春季。

生物学特征分析显示，25.6%的鱼类体长在6 cm以下，40.7%的鱼类体重在10 g以下。

该保护区的主要保护物种为黄颡鱼、翘嘴鲌等。梅鲚是保护区优势度最大的种类，其数量百分比和重量百分比分别达到57.59%和7.9%。个体规格上，黄颡鱼的平均体长和平均体重为12.7 cm和27.0 g；翘嘴鲌的平均体长和平均体重为20.1 cm和129.9 g；鲫的平均体长和平均体重为20.3 cm和180.0 g。建议加强保护区的渔业资源养护，尤其是

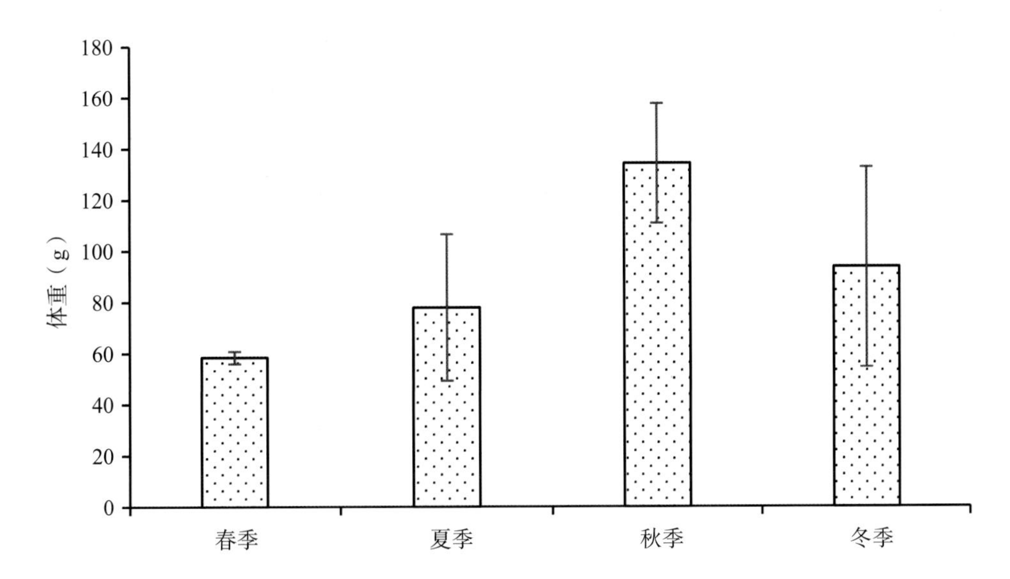

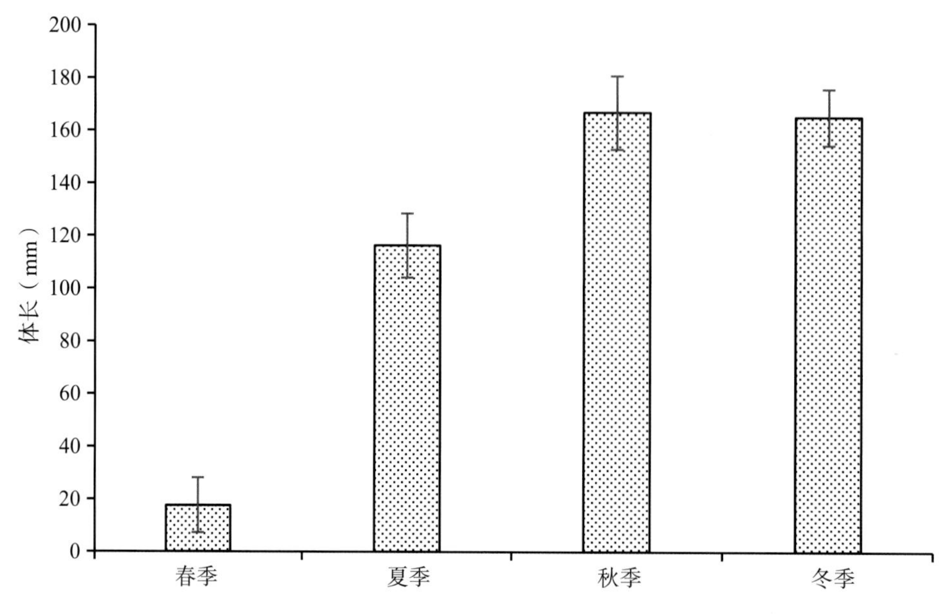

图4.5-6 各季节鱼类体重、体长组成

保护物种的资源养护；重视渔资源监测，不断优化放流模式，加强对偷捕鱼、电鱼等危害保护区行为的执法力度。同时加强对水草的保护措施，以保障水草的合理分布。

4.6・高邮湖大银鱼湖鲚国家级水产种质资源保护区

・鱼类种类组成

根据本次调查，共采集鱼类17种502尾，重7.40 kg，隶属14属17种。种类组成以鲤形目为主，鲤科鱼类13种、占总种类数的76.47%；其次为鲈形目，2科2种；鲱形目和鲑形目各为1种（图4.6-1）。鲱形目鱼类的数量百分比（74.65%）和重量百分比（41.23%）均远高于其他目的鱼类。

数量百分比（N%）显示，刀鲚数量最多（77.65%），其次为鲫、鳘、红鳍原鲌、大鳍鱊等，黄颡鱼、似鳊、麦穗、鳙、翘嘴鲌等12种鱼类的N%小于1%；重量百分比（W%）显示，刀鲚（41.23%）、鲫（23.91%）、红鳍原鲌（5.97%）的W%较大，达氏鲌、似鳊、麦穗鱼3种鱼类的W%小于1%，大银鱼、麦穗鱼2种鱼类的W%小于0.1%。

・优势种

优势种分析结果显示，刀鲚、鲫等2种鱼类为优势种。红鳍原鲌、鳘、大鳍鱊、黄颡鱼、鲤等5种鱼

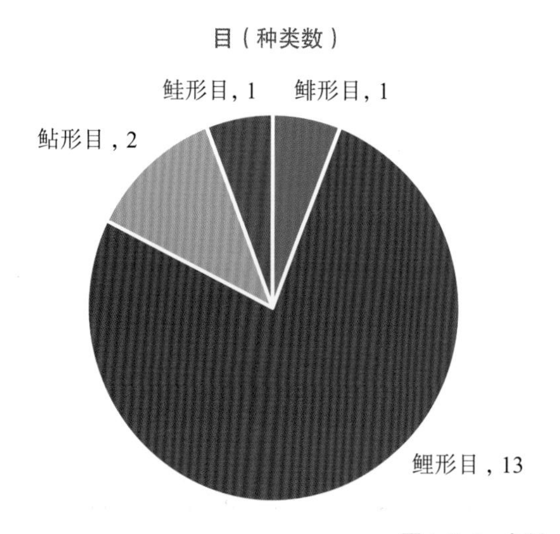

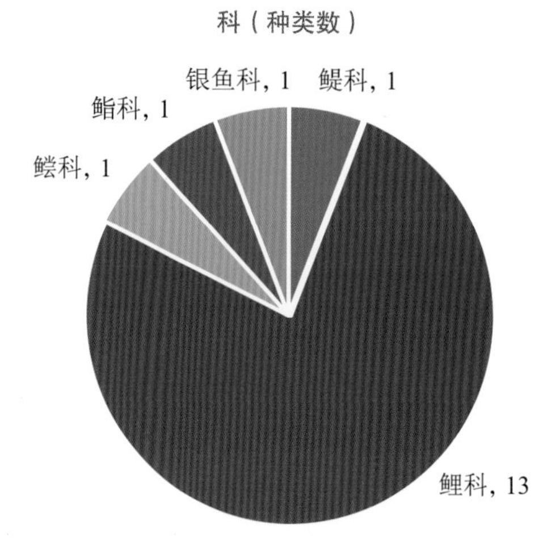

图4.6-1 各目、科鱼类物种组成

类为主要种。

· 鱼类季节组成

春季采集到鱼类10种，隶属于1目1科，优势种为刀鲚、鲫和红鳍原鲌；夏季采集到鱼类8种，隶属于3目3科，优势种为刀鲚、鲫；秋季采集到鱼类6种，隶属于2目2科，优势种为刀鲚、红鳍原鲌；冬季采集到鱼类6种，隶属于3目3科，优势种为刀鲚和鲫。分析显示，春季鱼类种类最多，秋季和冬季较少，四个季节均采集到的有鲫和红鳍原鲌2种鱼类。

数量百分比（N%）和重量百分比（W%）显示，四个季节中，夏季鱼类的N%和W%均为最高，分别为40.8%和34.0%；冬季鱼类的N%最低，为6.8%；秋季鱼类的W%最低，为14.6%（图4.6–2）。

· 鱼类多样性指数

多样性指数显示，鱼类Margalef丰富度指数（R）为0.89～2.02，平均为1.41±0.23；Shannon–Wiener多样性指数（H'）为0.76～1.43，平均为1.09±0.15；Pielou均匀度指数（J）为0.37～0.80，平均为0.55±0.09；Simpson优势度指数（λ）为0.29～0.62，平均为0.47±0.07。各季节鱼类多样性指数如图4.6–3所示。

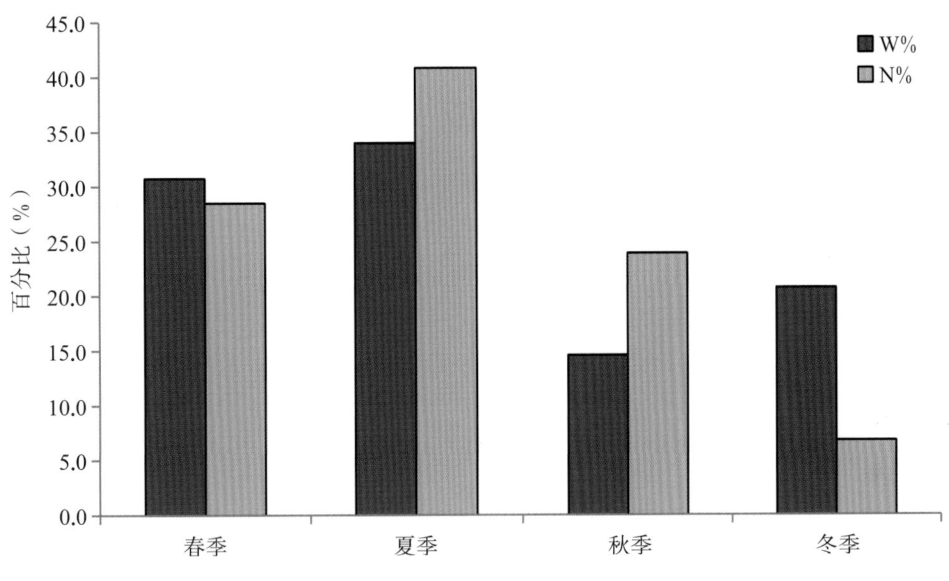

图4.6–2　各季节鱼类数量百分比（N%）与重量百分比（W%）

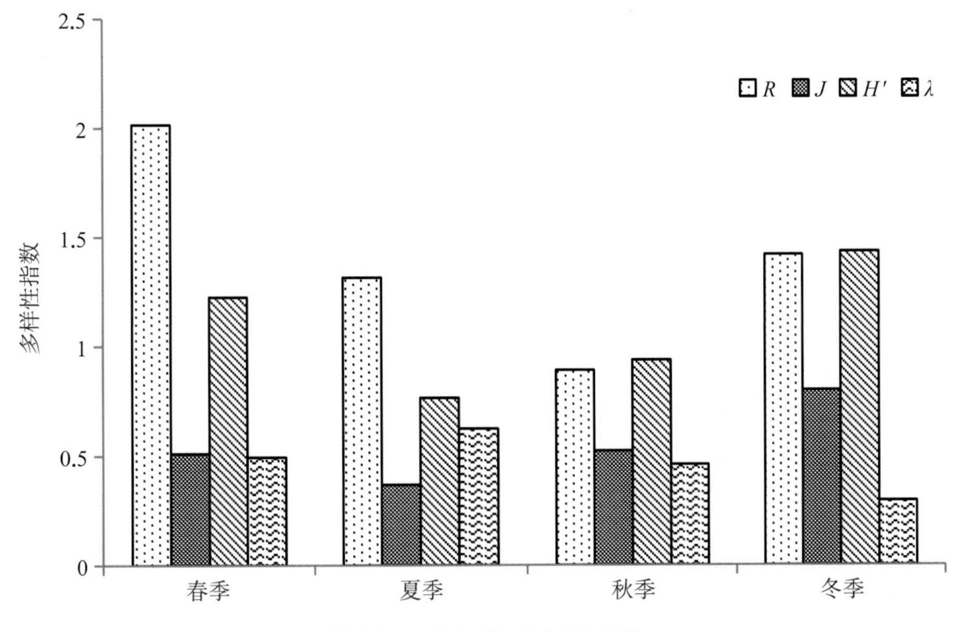

图4.6–3　各季节鱼类多样性指数

以季度为因素，对各多样性指数进行单因素方差分析，结果显示，季节间各多样性指数均无显著差异（$P > 0.05$）。

· 单位努力捕捞量

各季节基于数量及重量的刺网与定置串联笼壶的单位努力捕捞量（CPUE）如表4.6-1所示。结果显示，春季刺网和定置串联笼壶的CPUEn及CPUEw均较高。

· 生物学特征

调查结果显示，高邮湖大银鱼湖鲚国家级水产种质资源保护区鱼类体长在4.2～44.0 cm，平均为10.9 cm；体重在1.3～1 366.9 g，平均为34.5 g。分析表明，90.30%的鱼类体长在18 cm以下，只有9.70%的鱼类全长高于18 cm，体长在6～10 cm的鱼类较多、占总数的31.63%；71.51%的鱼类体重在16 g以下，4.30%的鱼类体重在100 g以上，4～8 g鱼类较多、占总数的30.10%（图4.6-4、图4.6-5）。

各种鱼类平均体重显示（表4.6-2），鳙、尖头鲌、鲤、鳜和花䱻等5种平均体重高于100 g；翘嘴鲌、黄颡鱼等2种平均体重为50～100 g；刀鲚、达氏鲌、红鳍原鲌、鲫等4种平均体重为10～50 g；棒花鱼、大鳍鱊、麦穗鱼等6种平均体重低于10 g。统计各季节鱼类生物学特征显示，冬季鱼类平均全长及体长和体重均较高（图4.6-6）。非参数检验显示，各季节的体长、体重差异均不显著。

· 其他渔获物

调查结果显示，共采集到虾蟹贝类4种，包括螺类1种（铜锈环棱螺）、虾类2种（日本沼虾、秀丽白虾）、蟹类1种（中华绒螯蟹），共184尾、占总渔获物数量的36.7%，其中秀丽白虾（36.7%）贡献较大；

表4.6-1 各季节单位努力捕捞量

季节	刺网CPUEn（ind./net · 12 h）	刺网CPUEw（g/net · 12 h）	定置串联笼壶CPUEn（ind./net · 12 h）	定置串联笼壶CPUEw（g/net · 12 h）
春	116.12	2 012.60	137.00	423.40
夏	77.50	968.00	83.00	147.80
秋	43.30	644.00	67.00	202.70
冬	34.80	1 244.40	11.00	105.30

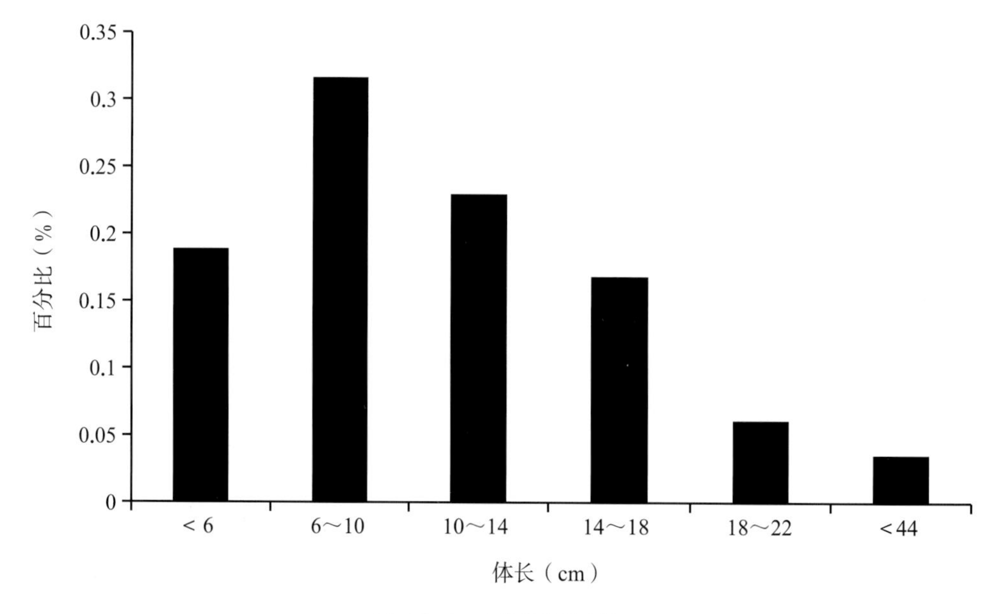

图4.6-4 鱼类体长分布图

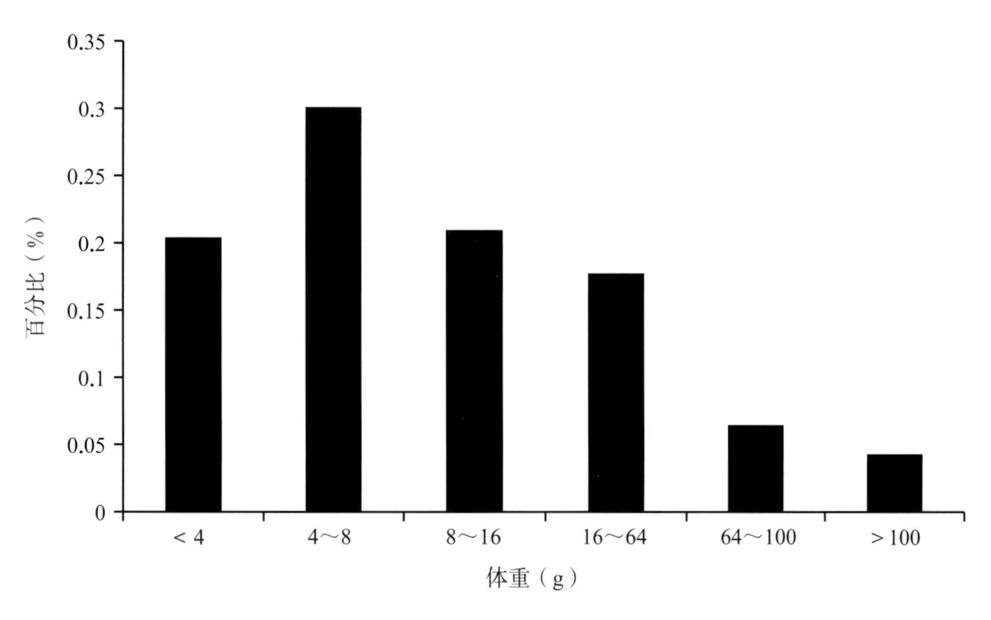

图4.6-5　鱼类体重分布图

表 4.6-2　鱼类体长及体重组成

种　　类	体长（cm）			体重（g）		
	最小值	最大值	平均值	最小值	最大值	平均值
刀鲚 *Coilia nasus*	9.9	24.5	14.9	2.8	51.7	12.2
棒花鱼 *Abbottina rivularis*	4.6	4.8	4.7	1.5	1.6	1.6
䱗 *Hemiculter leucisculus*	7.9	10.2	9.0	5.8	14.2	8.6
达氏鲌 *Culter dabryi*	8.9	8.9	8.9	15.4	15.4	15.4
大鳍鱊 *Acheilognathus macropterus*	4.5	6.8	5.4	1.4	7.6	3.7
红鳍原鲌 *Cultrichthys erythropterus*	5.2	20.0	8.6	1.3	98.2	14.0
花䱻 *Hemibarbus maculatus*	19.8	26.1	23.0	108.2	272.6	190.4
鲫 *Carassius auratus*	4.9	16.0	10.5	2.8	105.5	36.0
尖头鲌 *Culter oxycephalus*	30.6	30.6	30.6	861.0	861.0	861.0
鲤 *Cyprinus carpio*	26.1	26.1	26.1	369.2	369.2	369.2
麦穗鱼 *Pseudorasbora parva*	4.2	11.0	6.7	1.9	34.4	6.7
翘嘴鲌 *Culter alburnus*	18.0	20.5	19.3	78.3	102.4	90.4
似鳊 *Pseudobrama simoni*	7.2	9.9	8.9	5.4	14.4	9.7
鳙 *Aristichthys nobilis*	44.0	44.0	44.0	1 366.9	1 366.9	1 366.9
黄颡鱼 *Pelteobagrus fulvidraco*	16.0	19.0	17.5	62.0	93.0	77.0
鳜 *Siniperca chuatsi*	21.6	21.6	21.6	218.5	218.5	218.5
大银鱼 *Protosalanx chinensis*	9.6	9.6	9.6	2.3	2.3	2.3

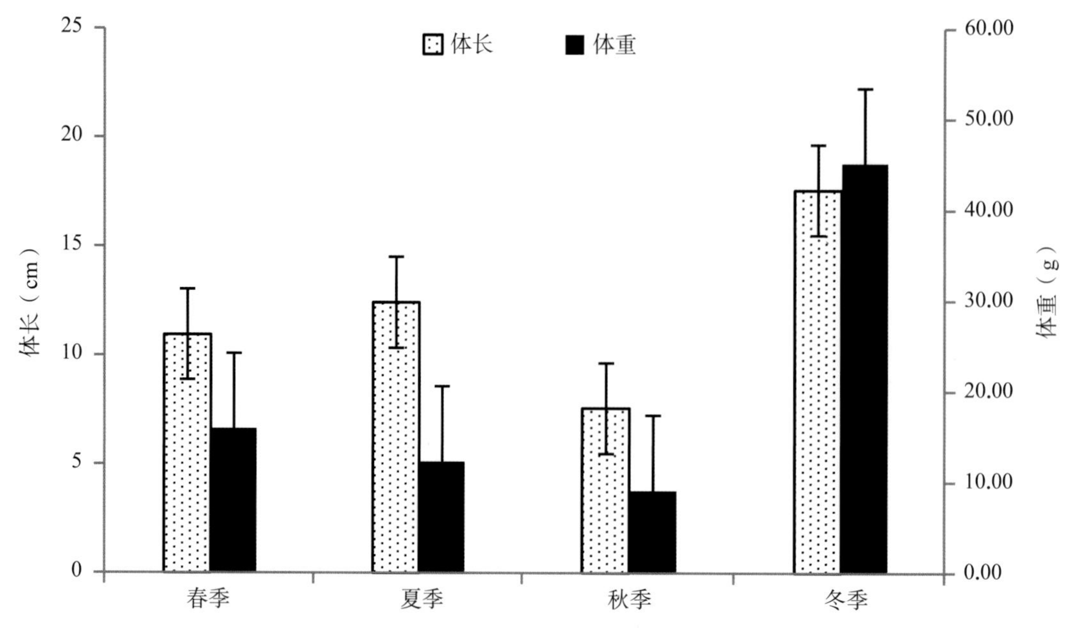

图4.6-6 各季节鱼类体长、体重组成

重量共159.4 g、占渔获物总重量的2.2%。

· 渔业资源现状及分析

高邮湖大银鱼湖鲚国家级水产种质资源保护区共采集到鱼类17种，其他水生动物4种（包括螺类1种、虾类2种、蟹类1种）。鱼类中，鲤形目的种类数（13种）最多，其次为鲈形目、鲱形目和鲑形目各2种，鲱形目1种。鲱形目鱼类的数量百分比（74.65%）和重量百分比（41.23%）均远高于其他目的鱼类。以IRI指数为优势种判定指标，刀鲚、鲫等2种鱼类为优势种，优势种与主要种多数是鲤科鱼类。

四个季节采集到的鱼类种类数在6～10种之间。四个季节中，夏季鱼类的N%和W%均为最高，冬季鱼类的N%和秋季鱼类的W%最低。春季刺网和定置串联笼壶的CPUEn及CPUEw均较高。

多样性指数显示，鱼类Shannon-Wiener多样性指数平均为1.09，小于该指数一般范围（1.5～3.5），说明该水域鱼类生物多样性水平较低。生物学特征分析显示，90.30%的鱼类体长在18 cm以下，71.51%的鱼类体重在16 g以下，鱼类个体呈小型化。

该保护区的主要保护物种为大银鱼和湖鲚。湖鲚是保护区优势度最大的种类，其数量百分比和重量百分比分别达到74.65%和41.23%，而大银鱼的数量和重量在总渔获物中占比较少。个体规格上，湖鲚的平均体长和平均体重较小，仅为14.86 cm和12.15 g；大银鱼的平均体长和平均体重则为9.6 cm和2.3 g。建议加强保护区的渔业资源养护，尤其是保护物种的资源养护；重视渔业资源监测，不断优化放流模式。同时，加强对保护区的投入和管理。

4.7 · 高邮湖河蚬秀丽白虾国家级水产种质资源保护区

· 鱼类种类组成

根据本次调查，共采集鱼类12种，共370尾，4.19 kg，隶属10属12种。种类组成以鲤形目为主，占总种类数的75.00%；其次为鲇形目、鲱形目和鲑形目，均为1种（图4.7-1）。鲱形目鱼类的数量百分比（73.37%）和重量百分比（59.07%）均远高于其他目的鱼类。

数量百分比（N%）显示，刀鲚数量最多（73.37%），其次为鲫、大鳍鱊、似鳊、兴凯鱊、麦穗鱼等，红鳍原鲌、达氏鲌、须鳗虾虎鱼、大银鱼、鲤、鳘等6种鱼类的N%小于1%；重量百分比（W%）显示，刀鲚（59.07%）、鲫（24.38%）、达氏鲌（6.38%）、大鳍鱊（3.31%）、似鳊（2.18%）、兴凯鱊（1.04%）的W%较大，大银鱼、麦穗鱼、鲤、红鳍原鲌、须鳗虾虎鱼、鳘6种鱼类的W%小于0.1%。

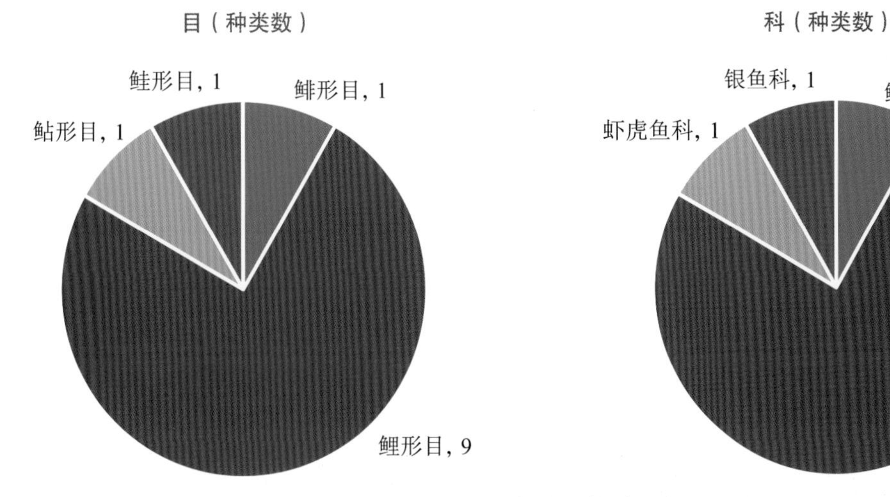

图4.7-1　各目、科鱼类组成

· 优势种

优势种分析结果显示，刀鲚、鲫等2种鱼类为优势种。达氏鲌、大鳍鱊、似鳊、兴凯鱊、麦穗鱼等5种鱼类为主要种。

· 鱼类季节组成

春季采集到鱼类8种，隶属于2目2科，优势种为刀鲚、大鳍鱊和达氏鲌；夏季采集到鱼类4种，隶属于2目2科，优势种为刀鲚、鲫；秋季采集到鱼类4种，隶属于2目2科，优势种为刀鲚、鲫；冬季采集到鱼类5种，隶属于3目3科，优势种为刀鲚和鲫。分析显示，春季鱼类种类最多，夏季和秋季较少，四个季节均采集到的有刀鲚和鲫2种鱼类。

数量百分比（N%）和重量百分比（W%）显示，四个季节中，春季鱼类的N%和W%均为最高，分别为35.2%和26.6%；冬季鱼类的N%和W%均为最低，分别为6.8%和13.8%（图4.7-2）。

· 鱼类多样性指数

多样性指数显示，鱼类Margalef丰富度指数（R）为0.64～1.67，平均为1.07±0.25；Shannon-Wiener多样性指数（H'）为0.52～1.26，平均为1.09±0.18；Pielou均匀度指数（J）为0.38～0.66，平均为0.51±0.07；Simpson优势度指数（λ）为0.41～0.75，平均为0.57±0.08。各季节鱼类多样性指数如图4.7-3所示。以季度为因素，对各多样性指

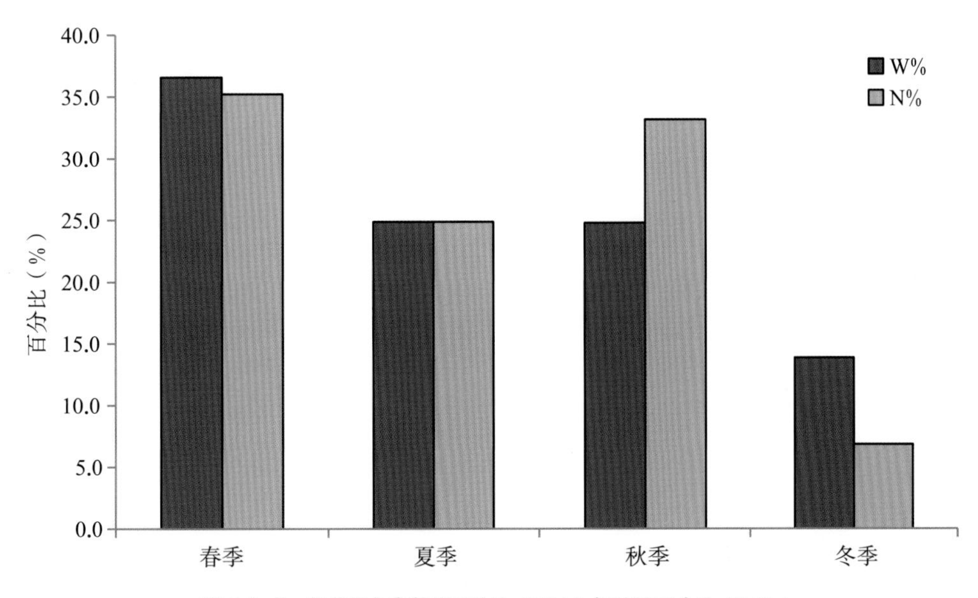

图4.7-2　各季节鱼类数量百分比（N%）与重量百分比（W%）

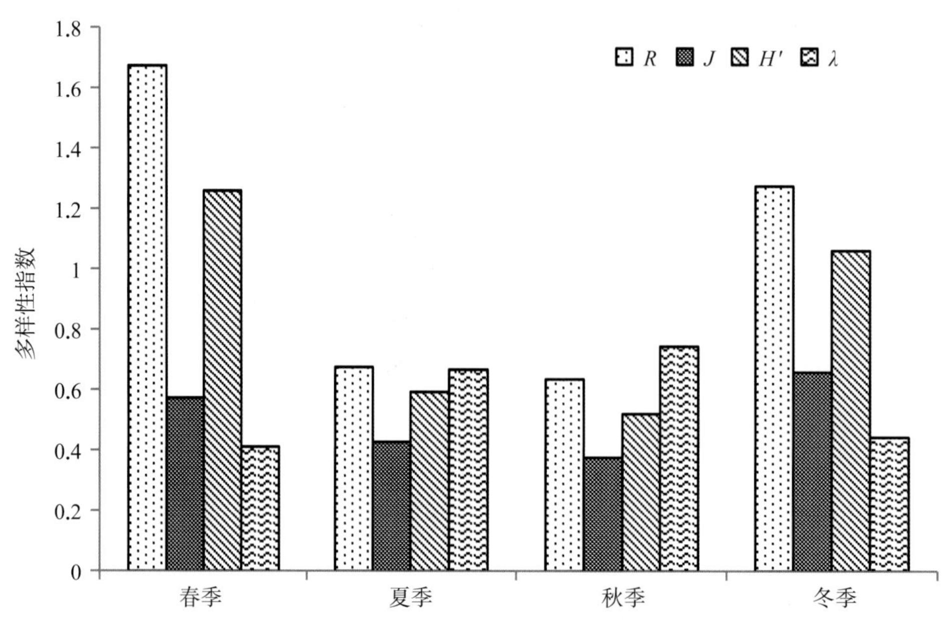

图4.7-3 各季节鱼类多样性指数

数进行单因素方差分析，结果显示，季节间各多样性指数均无显著差异（$P > 0.05$）。

· 单位努力捕捞量

各季节基于数量及重量的刺网与定置串联笼壶的单位努力捕捞量（CPUE）如表4.7-1所示。结果显示，春季刺网的CPUEn及CPUEw均较高，秋季定置串联笼壶的CPUEn及CPUEw均较高。

· 生物学特征

调查结果显示，高邮湖河蚬秀丽白虾国家级水产种质资源保护区鱼类体长在1.6 ～ 27.2 cm，平均为11.1 cm；体重在0.8 ～ 152.4 g，平均为19.4 g。分析表明，91.04%的鱼类体长在18 cm以下，只有8.96%的鱼类体长高于18 cm，体长在10 ～ 14 cm的鱼类较多、占总数的32.09%；89.47%的鱼类体重在64 g以下，3.01%的鱼类体重在100 g以上，4 ～ 8 g鱼类较多、占总数的40.60%（图4.7-4、图4.7-5）。

各种鱼类平均体重显示（表4.7-2），达氏鲌平均体重高于100 g；刀鲚、红鳍原鲌、鲫、鲤、须鳗虾虎鱼、大银鱼等6种平均体重为10 ～ 50 g；䱗、大鳍鱊、麦穗鱼、似鳊、兴凯鱊等5种平均体重低于10 g。统计各季节鱼类生物学特征显示，冬季鱼类平均体长和平均体重稍高（图4.7-6）。非参数检验显示，各季节的体长、体重差异均不显著。

· 其他渔获物

调查结果显示，采集到虾类2种（日本沼虾、秀丽白虾），共370尾、占总渔获物数量的52.26%，其中秀丽白虾占26.12%；重量共159.4 g，占渔获物总重量的3.4%。

· 渔业资源现状及分析

共采集到鱼类12种，其他水生动物2种（包括虾类

表4.7-1 各季节单位努力捕捞量

季　节	刺网CPUEn（ind./net · 12 h）	刺网CPUEw（g/net · 12 h）	定置串联笼壶CPUEn（ind./net · 12 h）	定置串联笼壶CPUEw（g/net · 12 h）
春	107.34	1 454.21	112.47	37.45
夏	54.55	967.15	142.61	108.76
秋	44.46	721.37	427.73	148.23
冬	23.37	333.14	56.72	78.45

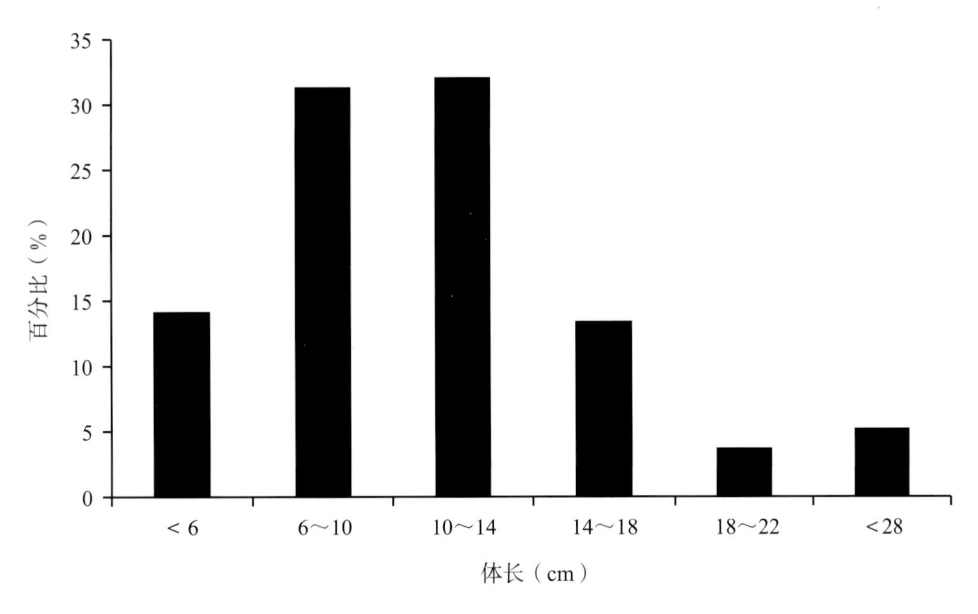

图4.7-4　鱼类体长分布图

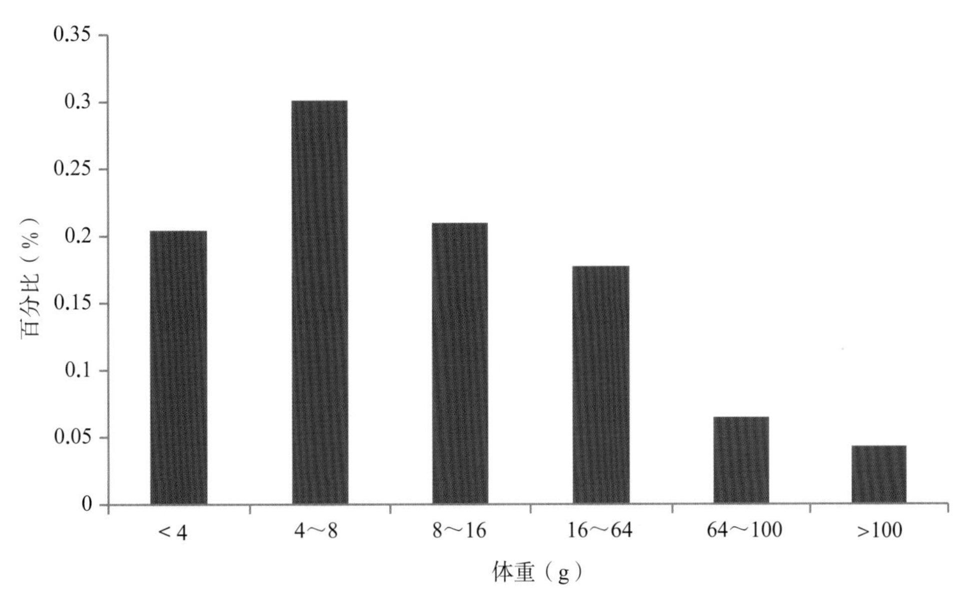

图4.7-5　鱼类体重分布图

2种）。鱼类中，鲤形目的种类数（9种）最多，鲱形目、鲇形目和鲑形目均为1种。数量百分比（N%）和重量百分比（W%）较高的种类中，大多数是鲤科和鳀科鱼类。以IRI指数为优势种判定指标，鲫和刀鲚等2种为优势种，优势种与主要种绝大多数是鲤科鱼类。

四个季节的鱼类优势种组成较接近。四个季节中，春季鱼类的数量百分比（N%）和重量百分比（W%）均为最高，而冬季的N%和W%均为最低。春季刺网的CPUEn及CPUEw均较高，秋季定置串联笼壶的CPUEn及CPUEw均较高。

多样性指数显示，鱼类群落的Shannon-Wiener多样性指数（H'）均值为1.09，小于该指数一般范围（1.5～3.5），说明该水域鱼类生物多样性水平较低。Shannon-Wiener多样性指数和Margalef丰富度指数最大值均出现在春季，Pielou均匀度指数最大值出现在冬季。

生物学特征分析显示，91.04%的鱼类体长在18 cm以下，89.47%的鱼类体重在64 g以下，表明该水域鱼类资源“小型化”的特征较明显。

该保护区的主要保护物种为河蚬、秀丽白虾。受

表 4.7-2 鱼类体长及体重组成

种类	体长（cm）			体重（g）		
	最小值	最大值	平均值	最小值	最大值	平均值
刀鲚 *Coilia nasus*	1.6	27.2	14.7	2.7	85.8	16.5
鳘 *Hemiculter leucisculus*	7.8	9.2	8.5	5.0	5.5	5.3
达氏鲌 *Culter dabryi*	20.5	21.3	20.9	132.1	152.4	142.3
大鳍鱊 *Acheilognathus macropterus*	5.0	7.7	6.1	3.2	11.8	6.3
红鳍原鲌 *Cultrichthys erythropterus*	7.5	12.0	9.8	6.5	17.3	11.9
鲫 *Carassius auratus*	5.9	16.1	10.3	2.6	113.2	42.2
鲤 *Cyprinus carpio*	10.3	10.3	10.3	28.3	28.3	28.3
麦穗鱼 *Pseudorasbora parva*	3.7	7.1	5.5	0.8	10.4	4.4
似鳊 *Pseudobrama simoni*	8.7	12.0	9.3	6.9	19.6	9.8
兴凯鱊 *Acheilognathus chankaensis*	4.4	7.3	5.6	2.6	8.9	4.8
须鳗虾虎鱼 *Taenioides cirratus*	17.2	17.2	17.2	15.7	15.7	15.7
大银鱼 *Protosalanx chinensis*	15.0	15.0	15.0	11.7	11.7	11.7

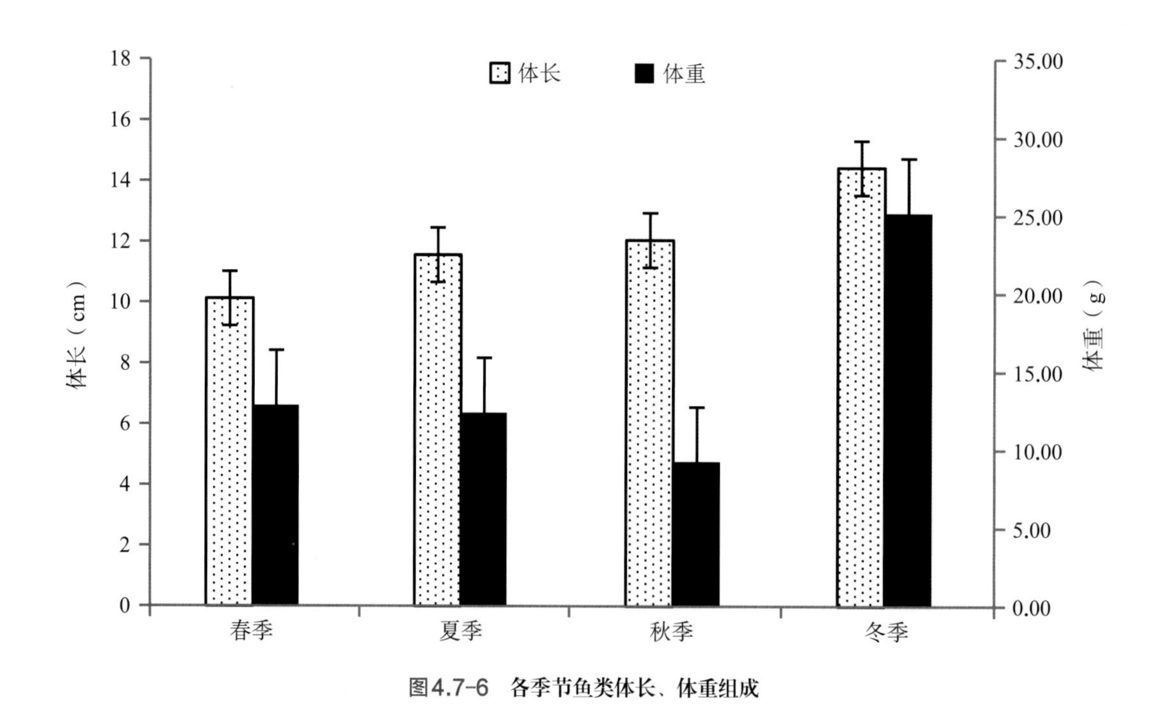

图4.7-6 各季节鱼类体长、体重组成

到调查渔具的限制，本次调查未监测到河蚬。监测到的秀丽白虾占总渔获数量的26.12%，渔获重量占比较小。江苏省淡水水产研究所于2020年采用划耙对该保护区的河蚬进行采集，通过计算得出，其核心区的河蚬密度和生物量分别为0.29 ind./m^{2}和2.47 g/m^2，实验区的河蚬密度和生物量分别为0.15 ind./m^2

和1.11 g/m²。建议加强对渔业资源栖息地保护，加强生态环境修复，重视渔业资源监测，优化鱼类群落结构，开展河蚬增殖放流。

4.8 · 高邮湖青虾国家级水产种质资源保护区

· 鱼类种类组成

根据本次调查，共采集鱼类21种，共438尾，9.04 kg，隶属18属21种。种类组成以鲤形目为主，占总种类数的80.95%；其次为鲇形目，1科2种；鲱形目和鲈形目均为1种（图4.8-1）。鲱形目鱼类的数量百分比（69.86%）和重量百分比（38.38%）均远高于其他目的鱼类。

数量百分比（N%）显示，刀鲚数量最多（69.89%），其次为大鳍鱊、团头鲂、鲫、似鳊、红鳍原鲌、黄颡鱼、黄尾鲴、棒花鱼等8种鱼类，似刺鳊鮈、鳘、兴凯鱊、麦穗鱼、鲤、花䱻等12种鱼类的N%小于1%；重量百分比（W%）显示，刀鲚（38.38%）、团头鲂（21.99%）、鲤（8.66%）、鲫（6.57%）、翘嘴鲌（3.38%）、乌鳢（3.38%）等13种鱼类的W%较大，棒花鱼、光泽黄颡鱼、黑鳍鳈、鳘、兴凯鱊、麦穗鱼、中华鳑鲏7种鱼类的W%小于0.1%。

· 优势种

优势种分析结果显示，刀鲚、团头鲂等2种鱼类为优势种。大鳍鱊、鲫、似鳊、红鳍原鲌、鲤、似刺鳊鮈、黄颡鱼、花䱻等8种鱼类为主要种。

· 鱼类季节组成

春季采集到鱼类14种，隶属于3目3科，优势种为刀鲚和鲤；夏季采集到鱼类10种，隶属于4目4科，优势种为似鳊、刀鲚和红鳍原鲌；秋季采集到鱼类11种，隶属于2目2科，优势种为刀鲚、黄尾鲴；冬季采集到鱼类4种，隶属于2目2科，优势种为刀鲚和鳙。分析显示，春季鱼类种类最多，冬季较少，四个季节均采集到的有刀鲚。

数量百分比（N%）和重量百分比（W%）显示，四个季节中，春季鱼类的N%和W%均为最高，分别为75.6%和63.6%；冬季鱼类的N%最低，为2.5%；夏季鱼类的W%最低，为8.8%（图4.8-2）。

· 鱼类多样性指数

多样性指数显示，鱼类Margalef丰富度指数（R）为1.25～2.80，平均为2.16±0.33；Shannon-Wiener多样性指数（H'）为0.83～1.98，平均为1.43±0.26；Pielou均匀度指数（J）为0.32～0.86，平均为0.68±0.13；Simpson优势度指数（λ）为0.17～0.67，平均为0.36±0.11。各季节鱼类多样性指数如图4.8-3所示。以季度为因素，对各多样性指数进行单因素方差分析，结果显示，季节间各多样性指数均无显著差异（$P > 0.05$）。

· 单位努力捕捞量

各季节基于数量及重量的刺网与定置串联笼壶的单位努力捕捞量（CPUE）如表4.8-1所示。结果显示，春季刺网的CPUEn及CPUEw均较高，夏季

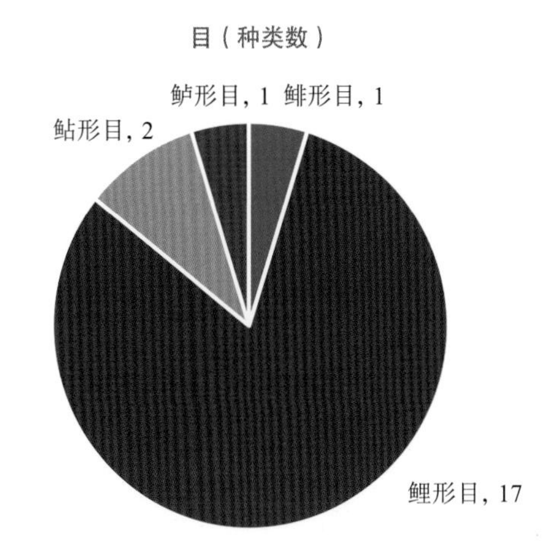

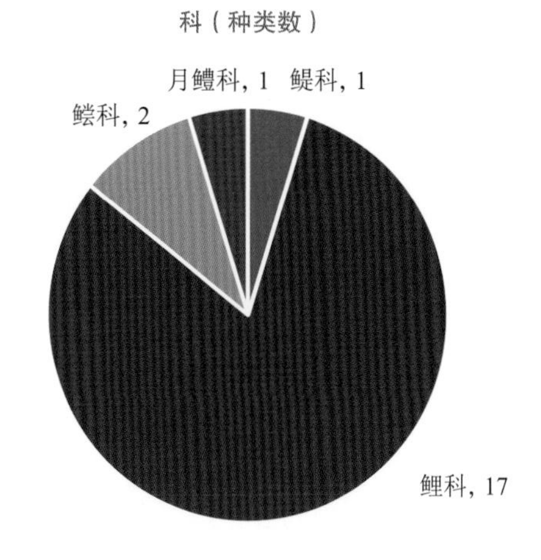

图4.8-1 各目、科鱼类组成

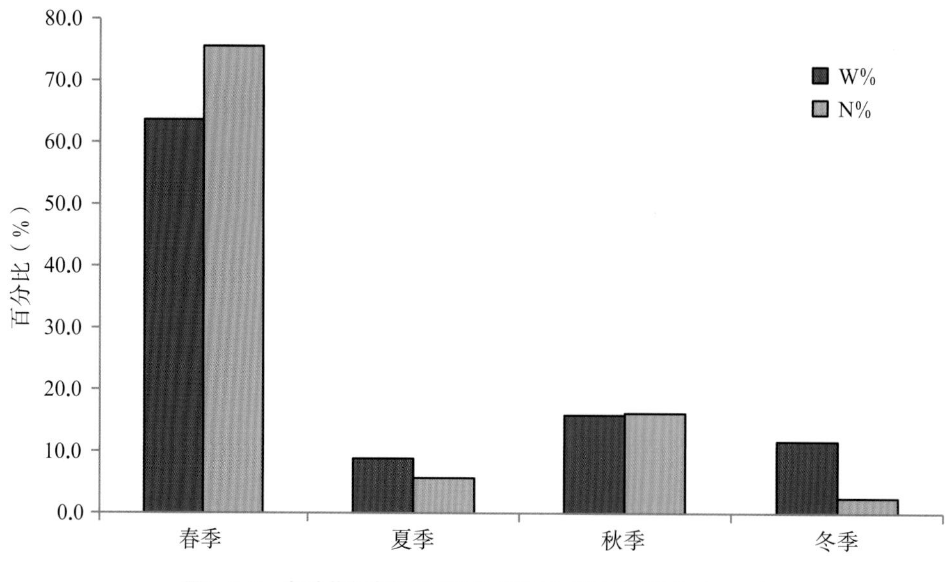

图4.8-2 各季节鱼类数量百分比（N%）与重量百分比（W%）

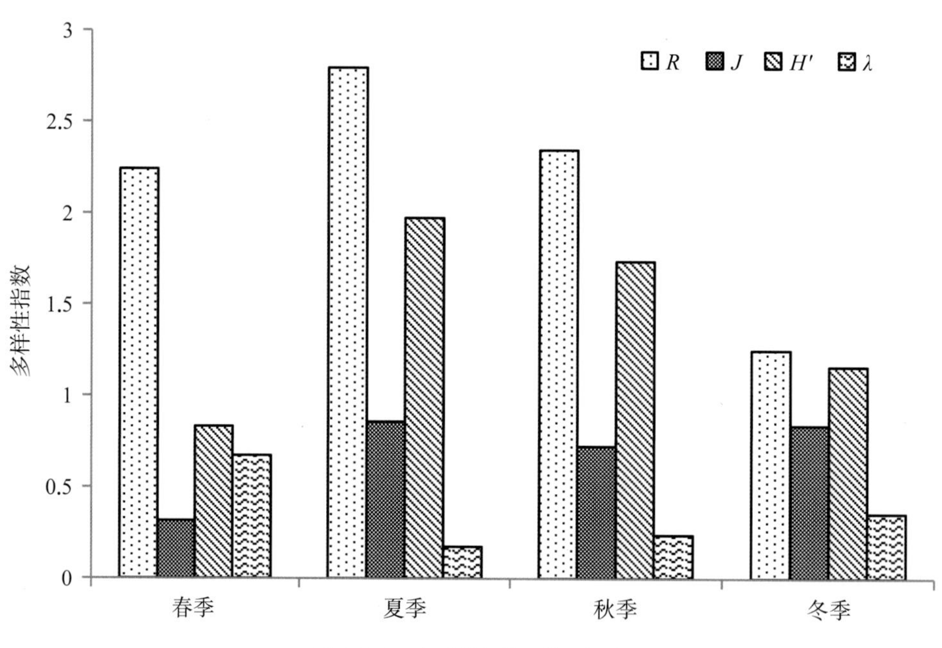

图4.8-3 各季节鱼类多样性指数

表 4.8-1 各季节单位努力捕捞量

季　节	刺网 CPUEn（ind./net · 12 h）	刺网 CPUEw（g/net · 12 h）	定置串联笼壶 CPUEn（ind./net · 12 h）	定置串联笼壶 CPUEw（g/net · 12 h）
春	329.32	5 746.81	37.25	61.63
夏	188.17	2 435.64	83.75	147.84
秋	34.51	1 103.26	71.06	373.92
冬	11.41	1 055.37	10.21	25.43

定置串联笼壶的CPUEn与秋季定置串联笼壶CPUEw均较高。

- 生物学特征

调查结果显示，高邮湖河蚬秀丽白虾国家级水产种质资源保护区鱼类体长在3.0 ～ 29.4 cm，平均为11.8 cm；体重在1.2 ～ 617.5 g，平均为38.0 g。分析表明，90.27%的鱼类体长在18 cm以下，只有9.73%的鱼类体长高于18 cm，体长在6 ～ 10 cm的鱼类较多、占总数的31.35%；85.95%的鱼类体重在64 g以下，5.41%的鱼类体重在100 g以上，16 ～ 64 g鱼类较多、占总数的29.19%（图4.8–4、图4.8–5）。

各种鱼类平均体重显示（表4.8–2），翘嘴鲌、乌鳢、鲤、团头鲂、花䱻等5种鱼类平均体重高于100 g；鳙平均体重为50 ～ 100 g；似刺鳊𬶋、黄颡鱼、鲫、黄尾鲴等9种平均体重为10 ～ 50 g；䱗、大鳍鱊、棒花鱼、麦穗鱼、似鳊、兴凯鱊、中华鳑鲏等6种平均体重低于10 g。统计各季节鱼类生物学特征显示，冬季鱼类平均体长和平均体重稍高（图4.8–6）。非参数检验显示，各季节的体长、体重差异均不显著。

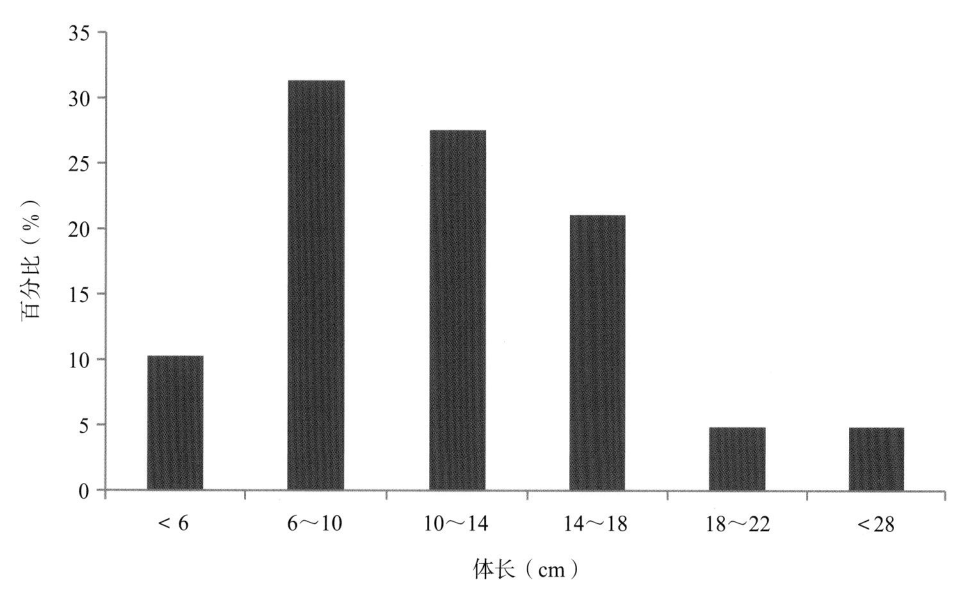

图4.8–4 鱼类体长分布图

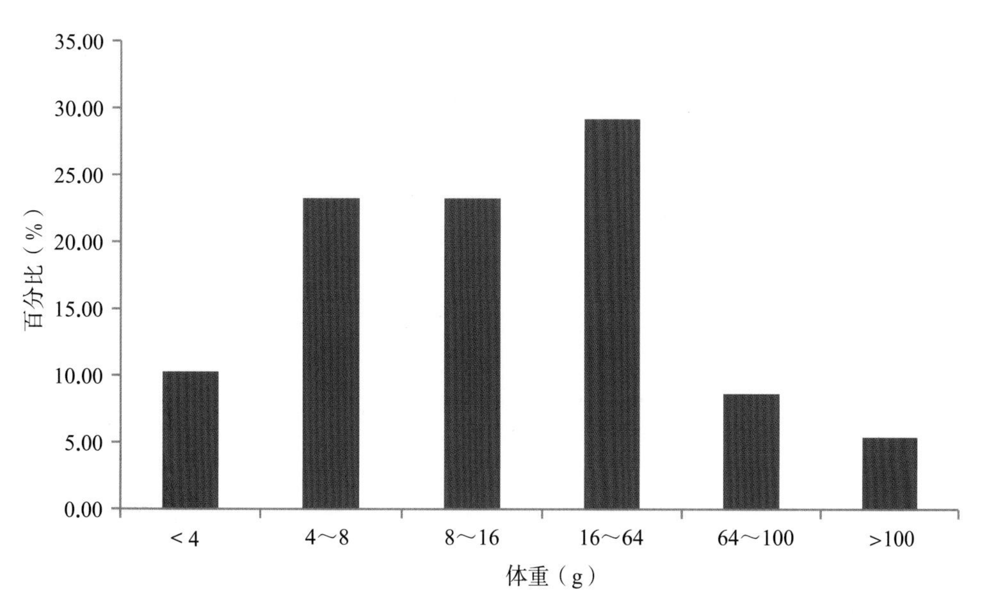

图4.8–5 鱼类体重分布图

表 4.8-2 鱼类体长及体重组成

种　类	体长（cm）			体重（g）		
	最小值	最大值	平均值	最小值	最大值	平均值
刀鲚 *Coilia nasus*	9.8	22.5	15.0	4.4	40.4	14.1
鳘 *Hemiculter leucisculus*	8.2	9.3	8.8	7.7	11.7	9.7
大鳍鱊 *Acheilognathus macropterus*	3.7	7.1	5.5	1.2	8.7	5.1
棒花鱼 *Abbottina rivularis*	7.6	8.6	8.1	7.4	12.5	9.9
黑鳍鳈 *Sarcocheilichthys nigripinnis*	9.3	11.1	10.2	15.5	22.2	18.9
红鳍原鲌 *Cultrichthys erythropterus*	6.6	18.4	9.0	2.0	78.0	13.1
花䱻 *Hemibarbus maculatus*	14.1	22.6	18.4	44.9	155.9	100.4
黄尾鲴 *Xenocypris davidi*	9.2	15.6	12.8	13.7	67.1	38.6
鲫 *Carassius auratus*	6.0	15.2	10.6	7.6	102.2	41.4
鲤 *Cyprinus carpio*	12.0	29.3	19.2	50.3	617.5	237.3
麦穗鱼 *Pseudorasbora parva*	4.6	7.6	5.8	3.2	9.9	5.5
翘嘴鲌 *Culter alburnus*	29.4	29.4	29.4	305.5	305.5	305.5
似鳊 *Pseudobrama simoni*	6.2	13.7	10.0	4.4	35.8	20.1
似刺鳊鮈 *Paracanthobrama guichenoti*	11.3	17.6	13.6	24.5	93.0	48.3
团头鲂 *Megalobrama amblycephala*	15.0	26.2	18.9	62.9	369.4	142.6
兴凯鱊 *Acheilognathus chankaensis*	5.8	7.3	6.4	5.5	11.2	7.5
鳙 *Aristichthys nobilis*	17.4	17.4	17.4	94.4	94.4	94.4
中华鳑鲏 *Rhodeus sinensis*	3.0	3.4	3.2	2.5	2.9	2.7
乌鳢 *Channa argus*	17.6	17.6	17.6	284.8	284.8	284.8
黄颡鱼 *Pelteobagrus fulvidraco*	8.9	17.4	13.6	11.9	76.8	44.5
光泽黄颡鱼 *Pelteobagrus nitidus*	13.2	13.2	13.2	37.8	37.8	37.8

· 其他渔获物

共采集到虾、蟹、贝类3种，包括虾类2种（日本沼虾、秀丽白虾）、蟹类1种（中华绒螯蟹），共116尾，占总渔获物数量的20.94%，其中秀丽白虾（17.15%）贡献较大；重量共159.4 g，占渔获物总重量的1.2%。

· 渔业资源现状及分析

共采集到鱼类21种，其他水生动物3种（包括虾类2种和蟹类1种）。鱼类中，鲤形目的种类数（17种）最多，其次为鲇形目（2种），鲈形目（1种）和鲱形目为1种。数量百分比（N%）和重量百分比（W%）较高的种类中，大多数是鲤科和鳀科鱼类。以IRI指数为优势种判定指标，团头鲂和刀鲚为优势种，优势种与主要种绝大多数是鲤科鱼类。

四个季节的鱼类优势种组成较接近。四个季节中，春季鱼类的数量百分比（N%）和重量百分比

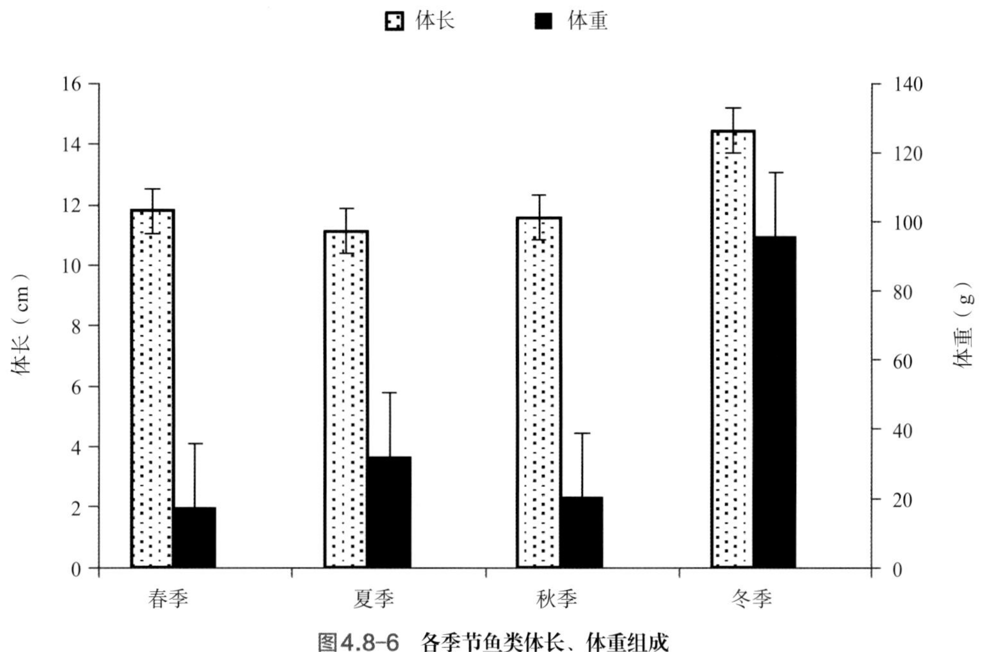

图4.8-6　各季节鱼类体长、体重组成

（W%）均为最高，而冬季的N%和秋季的W%为最低。春季刺网的CPUEn及CPUEw均较高，夏季定置串联笼壶的CPUEn与秋季定置串联笼壶CPUEw均较高。

多样性指数显示，鱼类群落的Shannon-Wiener多样性指数（H'）的均值为1.43，小于该指数一般范围（1.5～3.5），说明该水域鱼类生物多样性水平较低。Shannon-Wiener多样性指数、Margalef丰富度指数和Pielou均匀度指数最大值均出现在夏季。

生物学特征分析显示，90.27%的鱼类体长在18 cm以下，85.95%的鱼类体重在64 g以下，表明该水域鱼类资源“小型化”的特征较明显。

该保护区的主要保护物种为青虾，青虾在总渔获中的占比较低，个体规格适中，其平均体长和平均体重分别为4.3 cm和2.5 g。建议：结合饵料生物的渔产潜力，合理选择放流物种和数量，以优化保护区鱼类群落结构；加强对保护物种（青虾）的资源养护，以保护其种质资源。

4.9 · 邵伯湖国家级水产种质资源保护区

· 鱼类种类组成

根据本次调查，共采集鱼类23种，共432尾，7.57 kg，隶属20属23种。种类组成以鲤形目为主，占总种类数的82.61%；其次为鲇形目，2科2种；鲱形目和颌针鱼目均为1种（图4.9-1）。鲤形目鱼类的数量百分比（68.29%）和重量百分比（77.12%）均远高于其他目的鱼类。

数量百分比（N%）显示，䱗数量最多（30.79%），其次为刀鲚、大鳍鱊、黑鳍鳈、鲫、似鳊、团头鲂、黄颡鱼等10种鱼类，麦穗鱼、鳊、子陵吻虾虎鱼、兴凯鱊、翘嘴鲌、中华鳑鲏等11种鱼类的N%小于1%；重量百分比（W%）显示，䱗（19.51%）、刀鲚（16.22%）、鲫（14.20%）、团头鲂（9.58%）、大鳍鱊（7.04%）、黄颡鱼（6.51%）等17种鱼类的W%较大，棒花鱼、兴凯鱊、子陵吻虾虎鱼、间下鱵、似刺鳊鮈、中华鳑鲏6种鱼类的W%小于0.1%。

· 优势种

优势种分析结果显示，䱗、刀鲚和大鳍鱊3种鱼类为优势种。鲫、黑鳍鳈、黄颡鱼、团头鲂、达氏鲌、似鳊、翘嘴鲌、麦穗鱼和蛇鮈等9种鱼类为主要种。

· 鱼类季节组成

春季采集到鱼类13种，隶属于2目3科，优势种为䱗、黑鳍鳈和团头鲂；夏季采集到鱼类11种，隶属于3目3科，优势种为鲫、刀鲚和似鳊；秋季采集

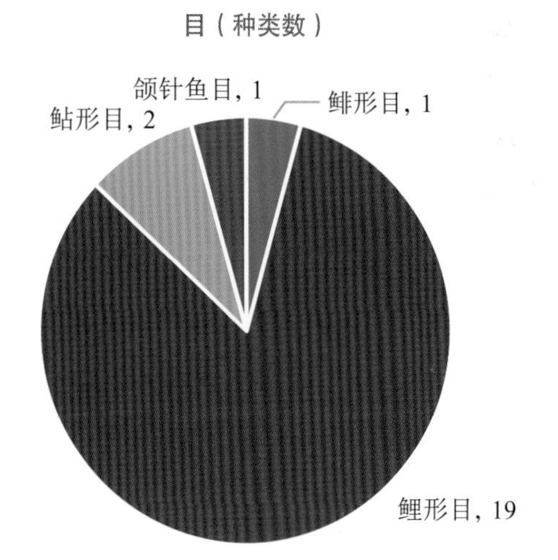

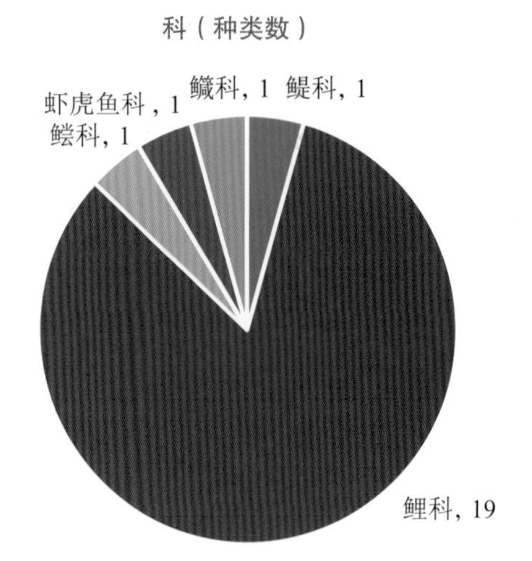

图4.9-1 各目、科鱼类组成

到鱼类14种，隶属于3目3科，优势种为鲫、鳘和刀鲚；冬季采集到鱼类2种，隶属于2目2科，优势种为鳘。分析显示，秋季鱼类种类最多，冬季较少，四个季节均采集到的有鳘和刀鲚。

数量百分比（N%）和重量百分比（W%）显示，四个季节中，春季鱼类的N%和W%均为最高，分别为47.6%和42.6%；冬季鱼类的N%和W%均为最低，分别为1.4%和1.2%（图4.9-2）。

• 鱼类多样性指数

多样性指数显示，鱼类Margalef丰富度指数（R）为0.56～3.37，平均为2.09±0.58；Shannon-Wiener多样性指数（H'）为0.45～2.32，平均为1.37±0.39；Pielou均匀度指数（J）为0.47～0.85，平均为0.65±0.08；Simpson优势度指数（λ）为0.12～0.72，平均为0.26±0.13。各季节鱼类多样性指数如图4.9-3所示。以季度为因素，对各多样性指数进行单因素方差分析，结果显示，季节间各多样性指数均无显著差异（$P > 0.05$）。

• 单位努力捕捞量

各季节基于数量及重量的刺网与定置串联笼壶的单位努力捕捞量（CPUE）如表4.9-1所示。结果显示，春季刺网的CPUEn及CPUEw均较高，秋季定置串联笼壶的CPUEn及CPUEw均较高。

• 生物学特征

调查结果显示，邵伯湖国家级水产种质资源保护

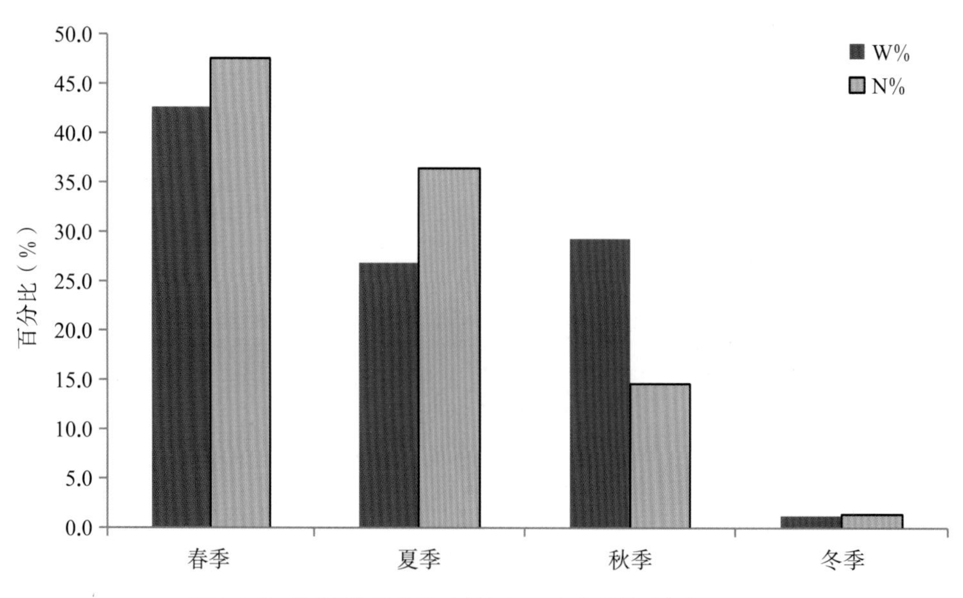

图4.9-2 各季节鱼类数量百分比（N%）与重量百分比（W%）

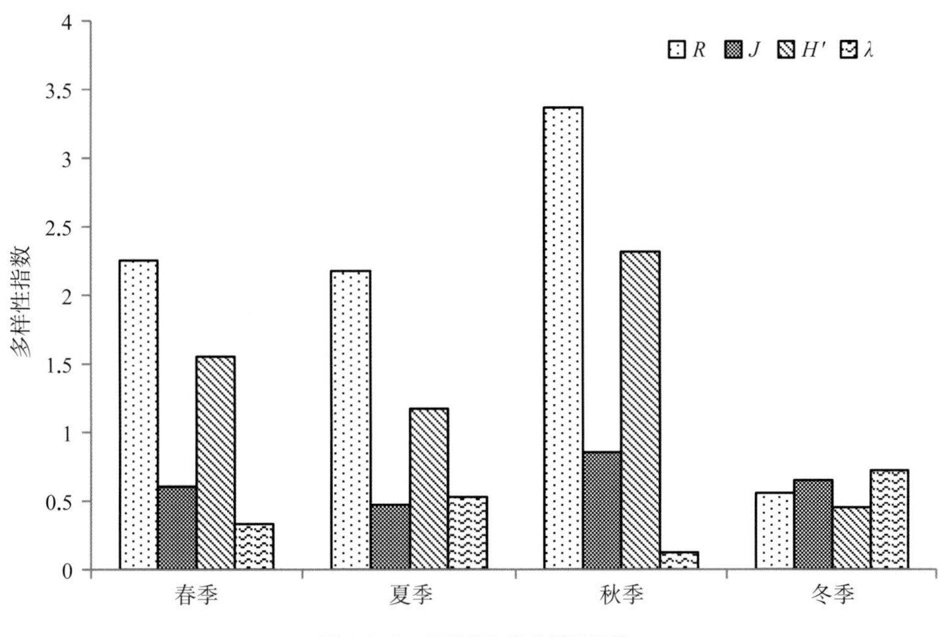

图4.9-3 各季节鱼类多样性指数

表 4.9-1 各季节单位努力捕捞量

季 节	刺网CPUEn（ind./net · 12 h）	刺网CPUEw（g/net · 12 h）	定置串联笼壶 CPUEn（ind./net · 12 h）	定置串联笼壶 CPUEw（g/net · 12 h）
春	197.63	3 154.22	77.36	202.83
夏	143.21	1 868.81	93.23	227.56
秋	110.98	1 717.84	93.89	516.29
冬	6.4	93.41	12.13	24.71

区鱼类体长在3.1 ～ 26.2 cm，平均为11.05 cm；体重在0.7 ～ 369.4 g，平均为33.2 g。分析表明，94.00%的鱼类体长在18 cm以下，只有6.00%的鱼类体长高于18 cm，体长在6 ～ 10 cm的鱼类较多、占总数的42.80%；80.00%的鱼类体重在64 g以下，4.80%的鱼类体重在100 g以上，8 ～ 16 g鱼类较多、占总数的32.40%（图4.9–4、图4.9–5）。

各种鱼类平均体重显示（表4.9–2），鲢、鲤、团头鲂、达氏鲌等4种鱼类平均体重高于100 g；翘嘴鲌、黄颡鱼、鲫、鳊等4种鱼类平均体重为50 ～ 100 g；中华鳑鲏、䱗、刀鲚、黑鳍鳈、花䱻等9种平均体重为10 ～ 50 g；大鳍鱊、红鳍原鲌、麦穗鱼、兴凯鱊、子陵吻虾虎鱼、间下鱵等6种平均体重低于10 g。统计各季节鱼类生物学特征显示，冬季鱼类平均体长稍高，秋季平均体重稍高（图4.9–6）。非参数检验显示，各季节的体长、体重差异均不显著（$P > 0.05$）。

· 其他渔获物

共采集到虾、蟹、贝类4种，包括螺类1种（铜锈环棱螺）、虾类2种（日本沼虾、秀丽白虾）、蟹类1种（中华绒螯蟹），共195尾、占总渔获物数量的31.25%，其中秀丽白虾（49.23%）贡献较大；重量共290.8 g，占渔获物总重量的3.70%。

· 渔业资源现状及分析

共采集到鱼类23种；其他水生动物4种，包括螺类1种（铜锈环棱螺）、虾类2种（日本沼虾、秀丽白虾）、蟹类1种（中华绒螯蟹）。鱼类中，鲤形目的种类数（19种）最多，其次为鲇形目（2种），颌针鱼目和鲱形目为1种。数量百分比（N%）和重量百分比（W%）较高的种类中，大多数是鲤科和鳀科鱼类。

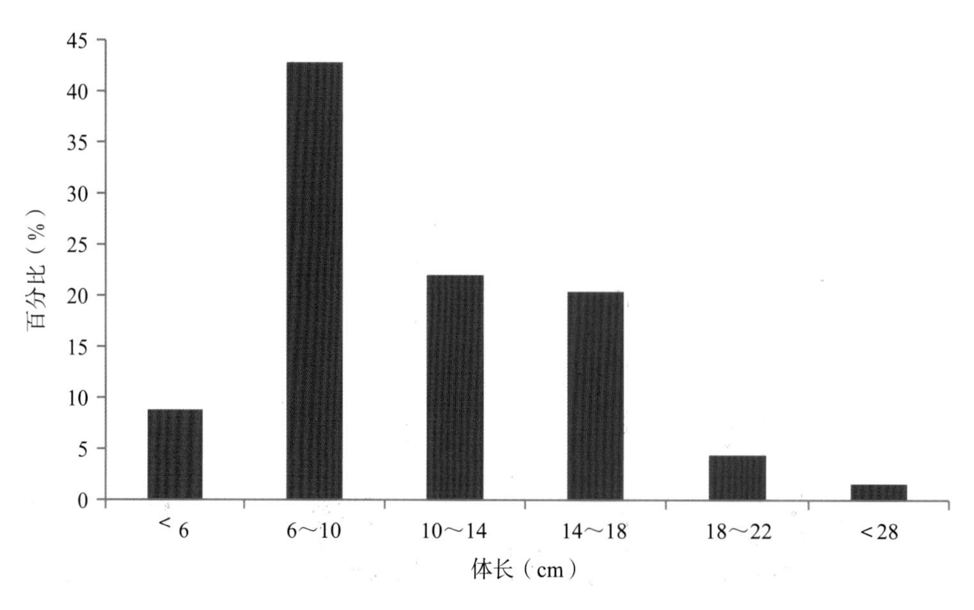

图4.9-4 鱼类体长分布图

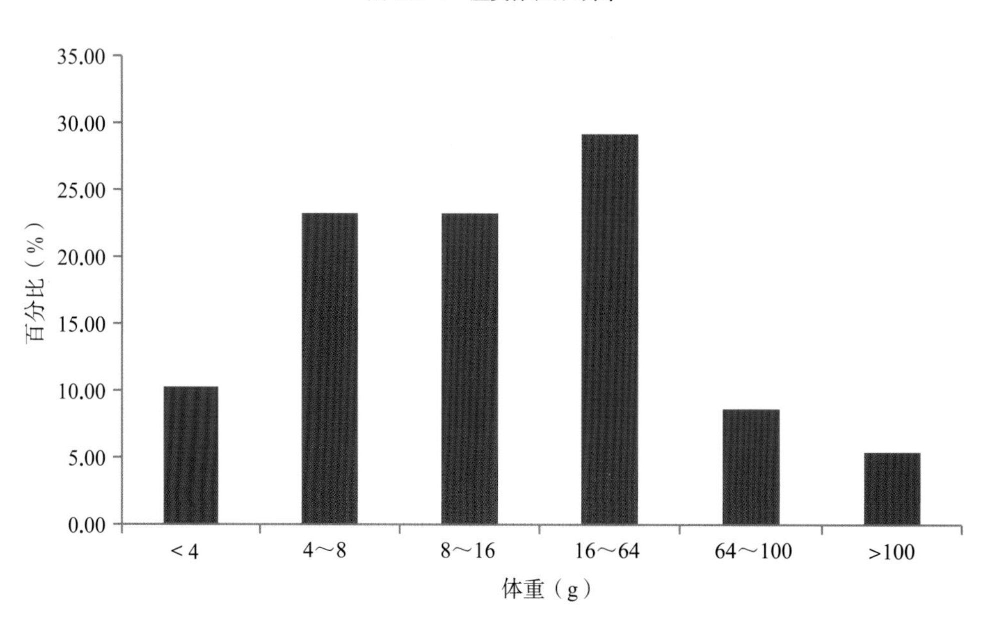

图4.9-5 鱼类体重分布图

表 4.9-2 鱼类体长及体重组成

种类	体长（cm）			体重（g）		
	最小值	最大值	平均值	最小值	最大值	平均值
刀鲚 *Coilia nasus*	11.2	21.6	14.9	5.0	37.2	12.3
鳊 *Parabramis pekinensis*	15.1	17.6	16.0	56.0	108.4	78.6
䱗 *Hemiculter leucisculus*	7.9	14.1	9.6	5.4	22.6	11.5
达氏鲌 *Culter dabryi*	17.6	23.1	20.4	60.4	159.8	110.1
大鳍鱊 *Acheilognathus macropterus*	4.7	8.7	6.4	3.2	19.6	6.7

（续表）

种 类	体长（cm）			体重（g）		
	最小值	最大值	平均值	最小值	最大值	平均值
黑鳍鳈 *Sarcocheilichthys nigripinnis*	4.7	10.3	9.0	5.4	23.6	15.7
红鳍原鲌 *Cultrichthys erythropterus*	7.1	8.6	7.9	4.0	7.4	5.8
花 鲭 *Hemibarbus maculatus*	9.0	12.2	10.3	8.6	17.0	12.2
棒花鱼 *Abbottina rivularis*	8.3	9.4	8.9	11.0	12.6	11.8
鲫 *Carassius auratus*	6.3	15.2	13.1	7.2	107.0	66.5
鲤 *Cyprinus carpio*	15.1	21.7	18.4	83.8	254.8	169.3
鲢 *Hypophthalmichthys molitrix*	21.2	21.2	21.2	195.4	195.4	195.4
麦穗鱼 *Pseudorasbora parva*	4.1	7.6	6.6	1.2	10.4	7.2
翘嘴鲌 *Culter alburnus*	13.7	26.2	18.5	27.0	168.2	76.1
蛇鮈 *Saurogobio dabryi*	13.6	15.7	14.6	24.0	36.6	31.2
似鳊 *Pseudobrama simoni*	7.7	12.4	9.2	5.8	37.6	13.9
似刺扁鮈 *Paracanthobrama guichenoti*	13.7	13.7	13.7	43.2	43.2	43.2
团头鲂 *Megalobrama amblycephala*	3.3	26.2	16.9	0.7	369.4	141.6
兴凯鱊 *Acheilognathus chankaensis*	4.4	6.4	5.2	2.6	7.2	4.2
中华鳑鲏 *Rhodeus sinensis*	5.3	14.1	9.7	1.8	47.8	24.8
子陵吻虾虎鱼 *Rhinogobius giurinus*	4.3	4.3	4.3	1.4	1.4	1.4
黄颡鱼 *Pelteobagrus fulvidraco*	7.5	21.1	17.4	6.9	125.8	81.4
间下鱵 *Hyporhamphus intermedius*	14.0	14.0	14.0	5.3	5.3	5.3

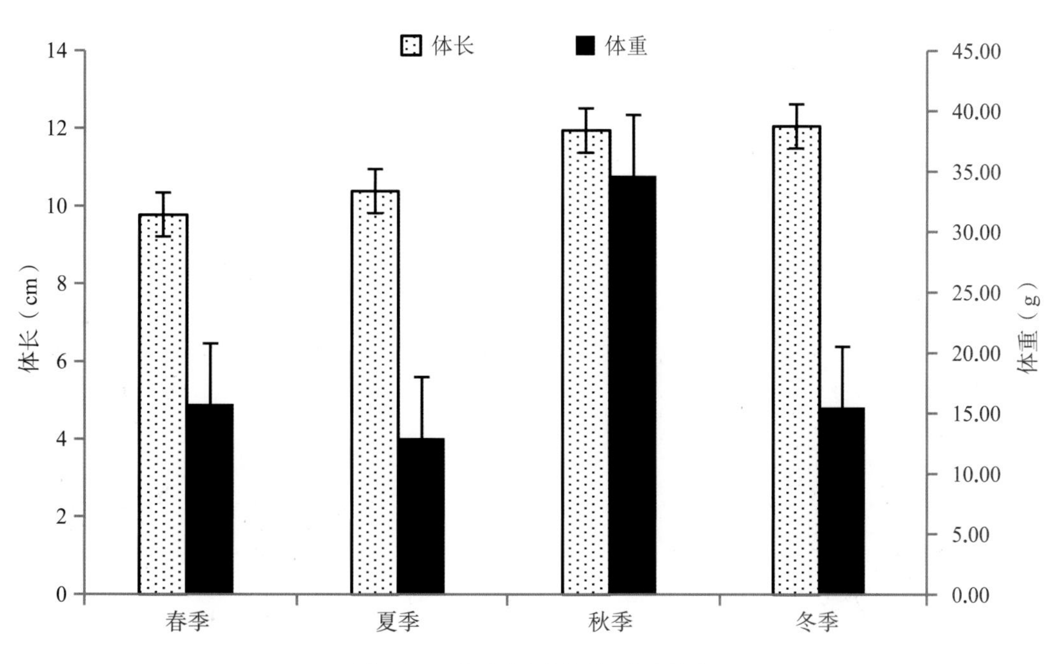

图4.9-6　各季节鱼类体长、体重组成

以IRI指数为优势种判定指标，鳌、刀鲚和大鳍鱊等3种为优势种，优势种与主要种绝大多数是鲤科鱼类。

四个季节采集到的鱼类种类数在2～14种之间，优势种组成较接近。四个季节中，春季鱼类的数量百分比（N%）和重量百分比（W%）均为最高，而冬季的N%和W%均为最低。春季刺网的CPUEn及CPUEw均较高，秋季定置串联笼壶的CPUEn及CPUEw均较高。

多样性指数显示，鱼类群落的Shannon-Wiener多样性指数（H'）均值为1.37，小于该指数一般范围（1.5～3.5），说明该水域鱼类生物多样性水平较低。Shannon-Wiener多样性指数、Margalef丰富度指数和Pielou均匀度指数最大值均出现在秋季。

生物学特征分析显示，94.00%的鱼类体长在18 cm以下，80.00%的鱼类体重在64 g以下，表明该水域鱼类资源“小型化”的特征较明显。

该保护区的主要保护对象为三角帆蚌，受到调查渔具的限制，本次调查未监测到。江苏省淡水水产研究所于2020年采用划耙对该保护区的三角帆蚌进行过采集，通过计算得出三角帆蚌的平均密度为0.07 ind./m^2、平均生物量为32.13 g/m^2。三角帆蚌有净化水质的作用，又是水体生态环境的指示物种。建议重视保护区的渔业资源监测尤其是保护物种，加强对保护区渔业资源的养护，以保护其生态环境和种质资源。

4.10 · 宝应湖国家级水产种质资源保护区

· 鱼类种类组成

根据本次调查，共采集鱼类20种，共660尾，10.57 kg，隶属15属20种。种类组成以鲤形目为主，占总种类数的70.00%；其次为鲈形目，4科4种；鲱形目和鲇形目均为1种（图4.10-1）。鲤形目鱼类的数量百分比（95.14%）和重量百分比（94.40%）均远高于其他目的鱼类。

数量百分比（N%）显示，鳌数量最多（37.78%），其次为麦穗鱼、红鳍原鲌、鲫、似鳊、刀鲚、细鳞鲴、大鳍鱊、棒花鱼、黄颡鱼等9种鱼类，兴凯鱊、达氏鲌、团头鲂、黄尾鲴、乌鳢、子陵吻虾虎鱼、中华刺鳅、鳙、沙塘鳢、尖头鲌等10种鱼类的N%小于1%；重量百分比（W%）显示，鲫（31.19%）、鳌（24.33%）、鲫（14.20%）、似鳊（9.27%）、红鳍原鲌（8.76%）、鳙（5.60%）等9种鱼类的W%较大，达氏鲌、大鳍鱊、棒花鱼、兴凯鱊、黄尾鲴、中华刺鳅等10种鱼类的W%小于0.1%。

· 优势种

优势种分析结果显示，鳌、鲫、红鳍原鲌和麦穗鱼等4种鱼类为优势种，似鳊、刀鲚、细鳞鲴、大鳍鱊、团头鲂、黄颡鱼、鳙和棒花鱼等8种鱼类为主要种。

· 鱼类季节组成

春季采集到鱼类8种，隶属于2目2科，优势种为鲫、麦穗鱼和似鳊；夏季采集到鱼类14种，隶属于4

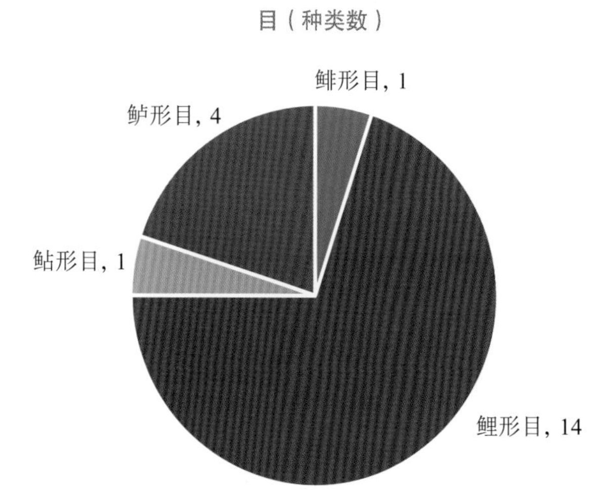

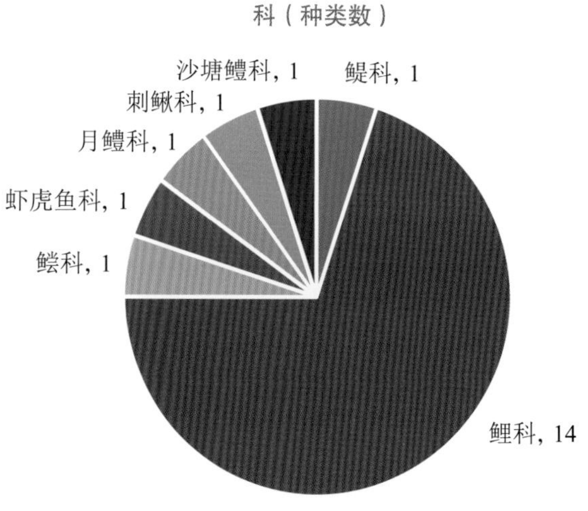

图4.10-1 各目、科鱼类组成

目6科，优势种为鲫、䱗和红鳍原鲌；秋季采集到鱼类14种，隶属于4目4科，优势种为䱗、似鳊和鳙；冬季采集到鱼类3种，隶属于1目1科，优势种为团头鲂。分析显示，秋季鱼类种类最多，冬季较少，四个季节均采集到的有䱗和刀鲚。

数量百分比（N%）和重量百分比（W%）显示，四个季节中，秋季鱼类的N%最高，为35.9%，春季鱼类的W%最高，为43.5%；冬季鱼类的N%和W%均最低，分别为0.6%和0.3%（图4.10-2）。

· 鱼类多样性指数

多样性指数显示，鱼类Margalef丰富度指数(R)为0.56 ～ 3.37，平均为1.89±0.58；Shannon-Wiener多样性指数(H')为0.45 ～ 2.32，平均为0.73±0.39；Pielou均匀度指数(J)为0.47 ～ 0.85，平均为1.48±0.08；Simpson优势度指数(λ)为0.12 ～ 0.72，平均为0.30±0.13。各季节鱼类多样性指数如图4.10-3所示。以

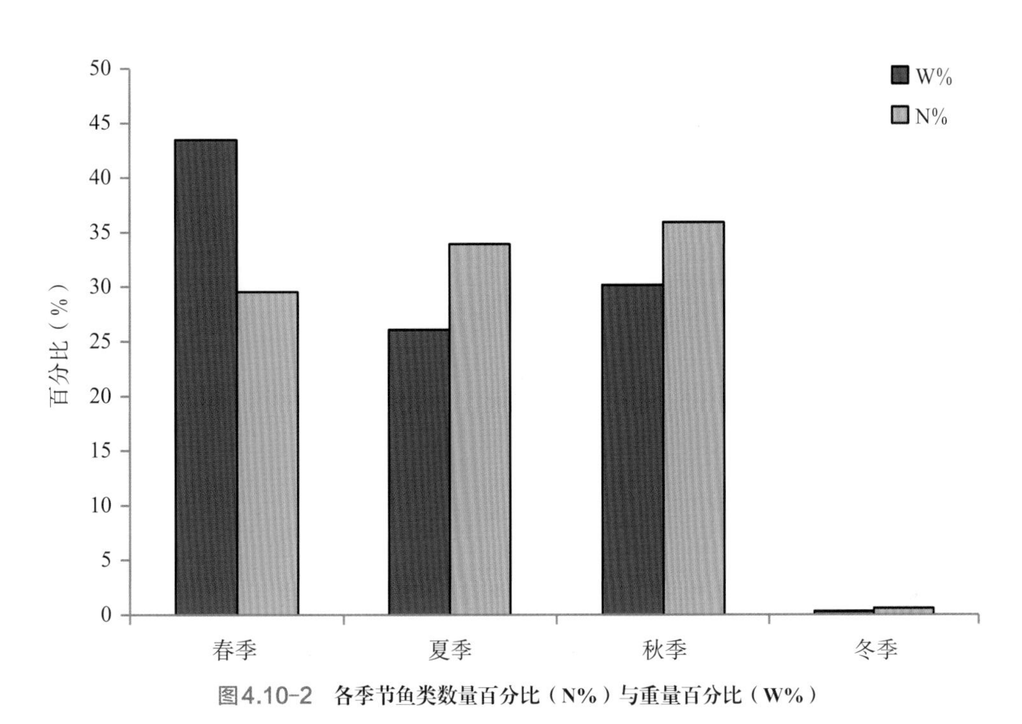

图4.10-2　各季节鱼类数量百分比（N%）与重量百分比（W%）

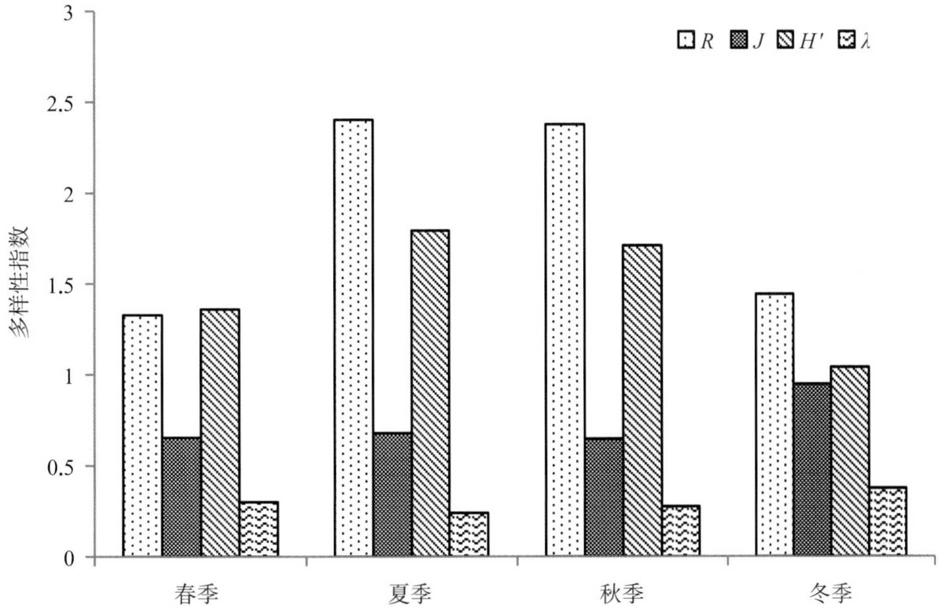

图4.10-3　各季节鱼类多样性指数

季度为因素，对各多样性指数进行单因素方差分析，结果显示，季节间各多样性指数均无显著差异（$P > 0.05$）。

· 单位努力捕捞量

各季节基于数量及重量的刺网与定置串联笼壶的单位努力捕捞量（CPUE）如表4.10-1所示。结果显示，秋季刺网的CPUEn较高，春季刺网CPUEw较高，春季定置串联笼壶的CPUEn及CPUEw均较高。

· 生物学特征

调查结果显示，宝应湖国家级水产种质资源保护区鱼类体长在1.7～38.3 cm，平均为8.9 cm；体重在0.4～1 135.6 g，平均为21.7 g。分析表明，97.93%的鱼类体长在18 cm以下，只有2.07%的鱼类体长高于18 cm，体长在6～10 cm的鱼类较多、占总数的53.31%；95.45%的鱼类体重在64 g以下，4.55%的鱼类体重在100 g以上，8～16 g鱼类较多、占总数的31.82%（图4.10-4、图4.10-5）。

各种鱼类平均体重显示（表4.10-2），鳙和团头鲂等2种鱼类平均体重高于100 g；鲫等1种鱼类平均体重为50～100 g；刀鲚、鳘、达氏鲌、黄尾鲴、似鳊、细鳞鲴、中华刺鳅、黄颡鱼等8种平均体重为10～50 g；大鳍鱊、棒花鱼、红鳍原鲌、尖头鲌、麦穗鱼、兴凯鱊、子陵吻虾虎鱼、乌鳢、河川沙塘鳢等9种平均体重低于10 g。统计各季节鱼类生物学特征显示，夏季鱼类平均体长稍高，春季平均体重稍高（图4.10-6）。非参数检验显示，各季节的体长、体重差异均不显著。

· 其他渔获物

共采集到虾蟹贝类2种，包括螺类1种（铜锈环棱螺）、虾类1种（日本沼虾），共119尾，占总渔获物数量的15.28%，其中秀丽白虾（94.12%）贡献较

表4.10-1 各季节单位努力捕捞量

季节	刺网CPUEn（ind./net · 12 h）	刺网CPUEw（g/net · 12 h）	定置串联笼壶 CPUEn（ind./net · 12 h）	定置串联笼壶 CPUEw（g/net · 12 h）
春	175.45	4 499.21	150.54	348.63
夏	152.34	2 469.66	23.76	100.62
秋	232.13	2 491.35	33.85	38.45
冬	22.15	325.14	9.64	67.59

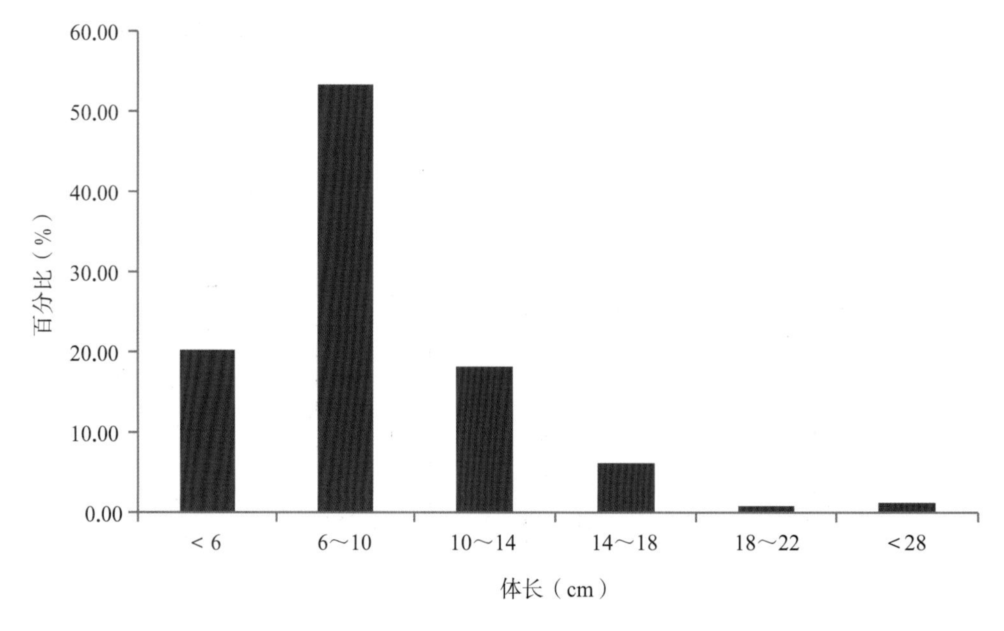

图4.10-4 鱼类体长分布图

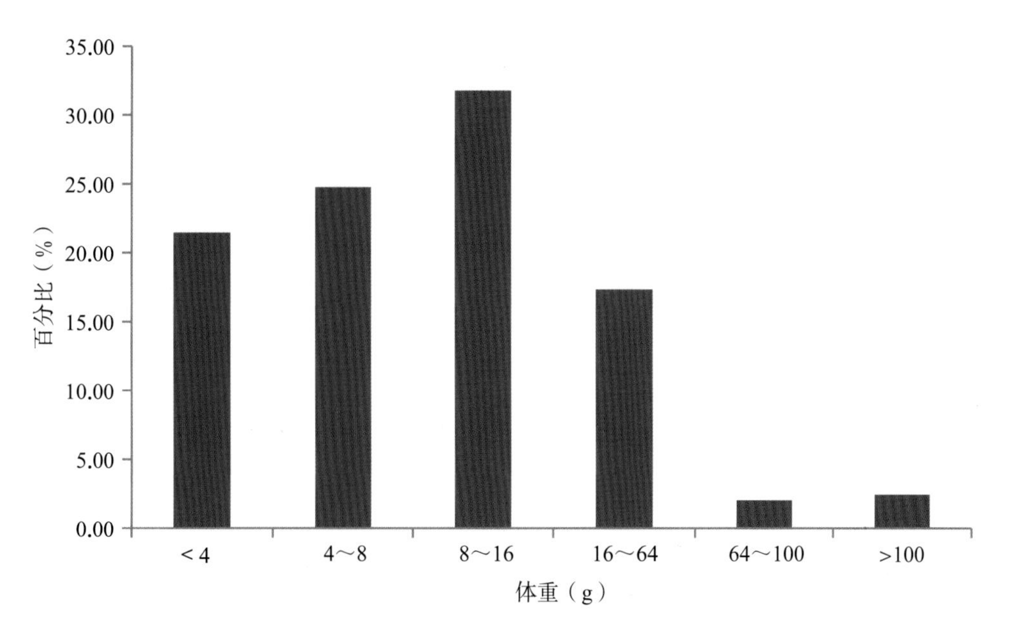

图4.10-5 鱼类体重分布图

表4.10-2 鱼类体长及体重组成

种类	体长（cm）			体重（g）		
	最小值	最大值	平均值	最小值	最大值	平均值
刀鲚 *Coilia nasus*	11.2	17.1	14.7	5.6	16.7	11.7
𩽾 *Hemiculter leucisculus*	4.2	12.5	9.0	1.2	23.8	10.0
达氏鲌 *Culter dabryi*	9.7	14.0	11.4	11.6	27.6	17.7
大鳍鱊 *Acheilognathus macropterus*	1.7	8.2	5.5	0.7	15.8	5.3
棒花鱼 *Abbottina rivularis*	6.9	7.7	7.3	6.0	7.2	6.5
红鳍原鲌 *Cultrichthys erythropterus*	4.6	19.0	8.5	1.1	89.6	8.8
黄尾鲴 *Xenocypris davidi*	9.0	10.0	9.5	12.0	13.1	12.6
鲫 *Carassius auratus*	2.2	23.5	10.3	0.4	388.3	57.8
尖头鲌 *Culter oxycephalus*	9.2	9.2	9.2	9.2	9.2	9.2
麦穗鱼 *Pseudorasbora parva*	4.0	8.2	5.9	0.9	9.8	4.2
似鳊 *Pseudobrama simoni*	7.3	10.9	9.5	6.1	20.9	13.0
团头鲂 *Megalobrama amblycephala*	26.2	26.2	26.2	369.4	369.4	369.4
细鳞鲴 *Xenocypris microlepis*	9.0	11.7	10.3	14.2	23.6	18.7
兴凯鱊 *Acheilognathus chankaensis*	5.4	7.5	6.3	3.1	10.1	5.9
鳙 *Aristichthys nobilis*	38.3	38.3	38.3	1 135.6	1 135.6	1 135.6
中华刺鳅 *Sinobdella sinensis*	17.0	17.0	17.0	14.6	14.6	14.6
子陵吻虾虎鱼 *Rhinogobius giurinus*	4.3	4.3	4.3	2.3	2.3	2.3

（续表）

种　　类	体长（cm）			体重（g）		
	最小值	最大值	平均值	最小值	最大值	平均值
乌鳢 *Channa argus*	5.4	5.4	5.4	1.5	1.5	1.5
河川沙塘鳢 *Odontobutis potamophila*	3.6	11.6	5.1	0.7	36.6	3.6
黄颡鱼 *Pelteobagrus fulvidraco*	8.0	9.4	8.9	12.0	14.5	13.2

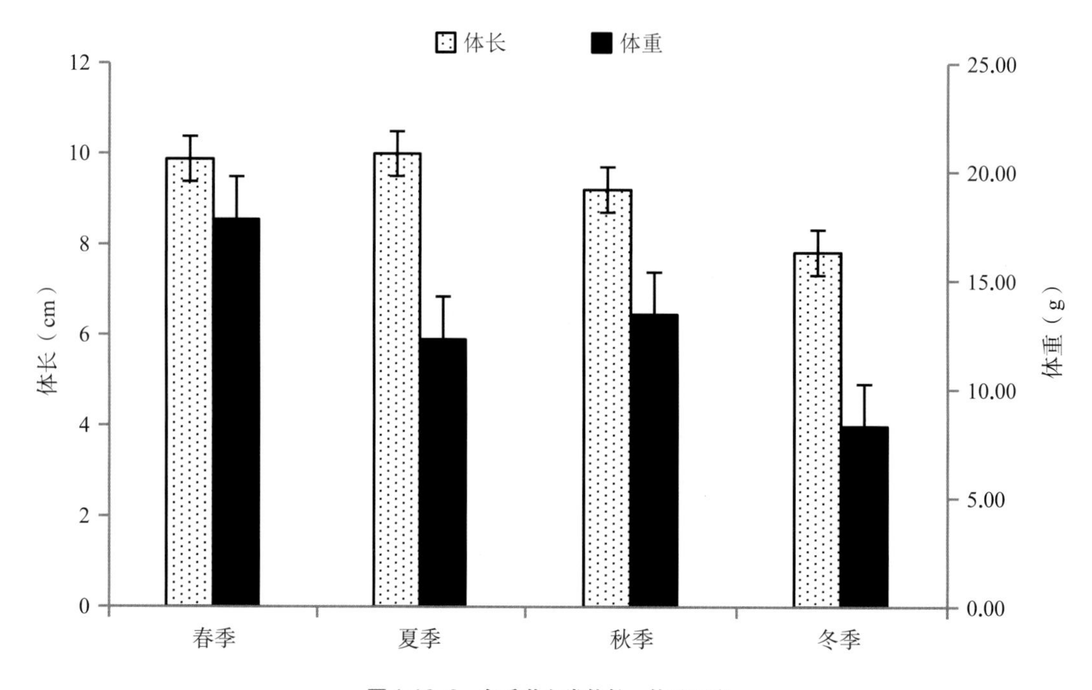

图4.10-6　各季节鱼类体长、体重组成

大；重量共290.8 g，占渔获物总重量的0.96%。

◦ 渔业资源现状及分析

共采集到鱼类23种，其他水生动物2种包括螺类1种（铜锈环棱螺）、虾类1种（日本沼虾）。鱼类中，鲤形目的种类数（14种）最多，其次为鲈形目（4种），鲇形目和鲱形目均为1种。数量百分比（N%）和重量百分比（W%）较高的种类中，大多数是鲤科鱼类。以IRI指数为优势种判定指标，䱗、鲫、红鳍原鲌和麦穗鱼等4种为优势种，优势种与主要种绝大多数是鲤科鱼类。

四个季节采集到的鱼类种类数在3～14种之间，优势种组成较接近。四个季节中，秋季鱼类的数量百分比（N%）和春季鱼类的重量百分比（W%）为最高，而冬季的N%和W%为最低。秋、春季刺网的CPUEn较高，春季刺网CPUEw较高，春季定置串联笼壶的CPUEn及CPUEw均较高。

多样性指数显示，鱼类群落的Shannon-Wiener多样性指数（H'）均值为1.48，小于该指数一般范围（1.5～3.5），说明该水域鱼类生物多样性水平较低。Shannon-Wiener多样性指数和Margalef丰富度指数最大值均出现在夏季，Pielou均匀度指数最大值出现在冬季。

生物学特征分析显示，97.93%的鱼类体长在18 cm以下，95.45%的鱼类体重在64 g以下，表明该水域鱼类资源“小型化”的特征较明显。

该保护区的主要保护对象为河川沙塘鳢。河川沙塘鳢为淡水底栖小型肉食性鱼类，肉质细腻，是近年淡水养殖开发的名贵土著种类。其生活于湖泊和河沟的底层，喜栖于水草较多、有一定微流水，泥沙、杂草和砾石相混杂的浅水区，游泳能力较弱，冬季潜伏在泥沙中越冬。本次共调查到河川沙塘鳢6尾，其渔获数量占比小于1%，平均体长5.1 cm、体重3.63 g，规格较小，可能大多是当年出生的幼鱼。建议加强对保护区渔业资源（尤其是河川沙塘鳢等保护对象）的养护，打击非法捕捞，加强渔业资源监测，合理进行增殖放流。

4.11 · 洪泽湖青虾河蚬国家级水产种质资源保护区

· 鱼类种类组成

调查结果显示，共采集到鱼类31种865尾，重12.17 kg，隶属于5目5科14属。鲤形目的种类数较多，有1科11种，约占总种类数的73.33%；其次为鲱形目、鲇形目、鲈形目、鲑形目，各1科1种（图4.11-1）。鲤形目鱼类的数量百分比（73.33%）和重量百分比（61.55%）均远高于其他目的鱼类。

数量百分比（N%）显示，刀鲚数量最多（45.67%），其次为麦穗鱼、大鳍鱊等，棒花鱼、大银鱼、红鳍原鲌等10种鱼类的N%小于1%；重量百分比（W%）显示，刀鲚（37.1%）、鲫（30.78%）、麦穗鱼（17.08%）的W%较大，黄颡鱼、蛇鮈、似鳊、似刺鳊鮈等8种鱼类的W%小于1%，只有子陵吻虾虎鱼的W%小于0.1%。

· 优势种

优势种分析结果显示，刀鲚、鲫、麦穗鱼、大鳍鱊等4种鱼类为优势种。兴凯鱊、红鳍原鲌2种鱼类为主要种。

· 鱼类季节组成

春季采集到鱼类10种，隶属于4目4科，优势种为大鳍鱊和刀鲚；夏季采集到鱼类7种，隶属于3目3科，优势种为鲫、刀鲚、大鳍鱊和麦穗鱼；秋季采集到鱼类10种，隶属于4目4科，优势种为鲫、刀鲚、大鳍鱊、兴凯鱊和麦穗鱼；冬季采集到鱼类8种，隶属于3目3科，优势种鲫、刀鲚、大鳍鱊、麦穗鱼、大银鱼、似刺鳊鮈。分析显示，春季鱼类种类最多，冬季最少，四个季节均采集到的有鲫、刀鲚、兴凯鱊3种鱼类。

数量百分比（N%）和重量百分比（W%）显示，四个季节中，春季鱼类的N%和秋季鱼类的W%均为最高，分别为41.27%和48.85%；冬季鱼类的N%和W%均为最低，分别为3.82%和8.55%（图4.11-2）。

· 鱼类多样性指数

多样性指数显示，鱼类Margalef丰富度指数（R）为1.10 ～ 2.97，平均为2.02 ± 0.16；Shannon-Wiener多样性指数（H'）为0.84 ～ 2.21，平均为1.46 ± 0.12；Pielou均匀度指数（J）为0.43 ～ 0.92，平均为0.68 ± 0.04；Simpson优势度指数（λ）为0.09 ～ 0.62，平均为0.34 ± 0.04。各季节鱼类多样性指数如图4.11-3所示。以季度为因素，对各多样性指数进行单因素方差分析，结果显示，季节间各多样性指数均

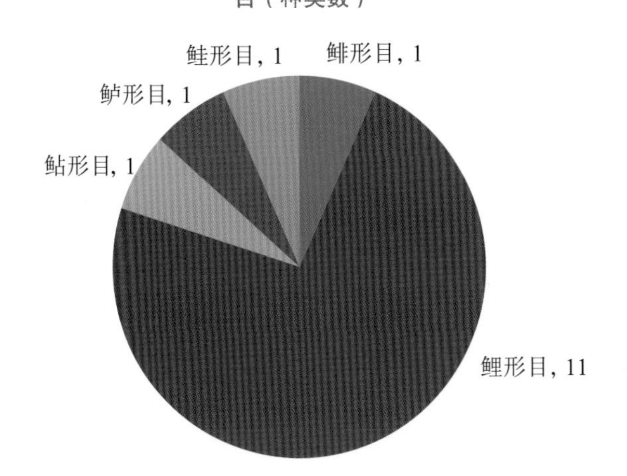

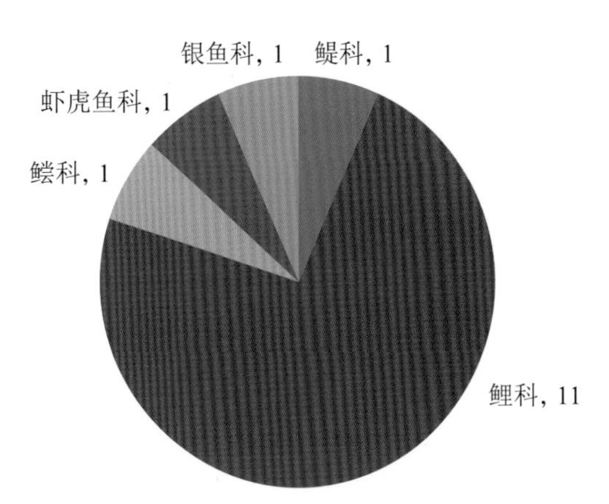

图4.11-1　各目、科鱼类组成

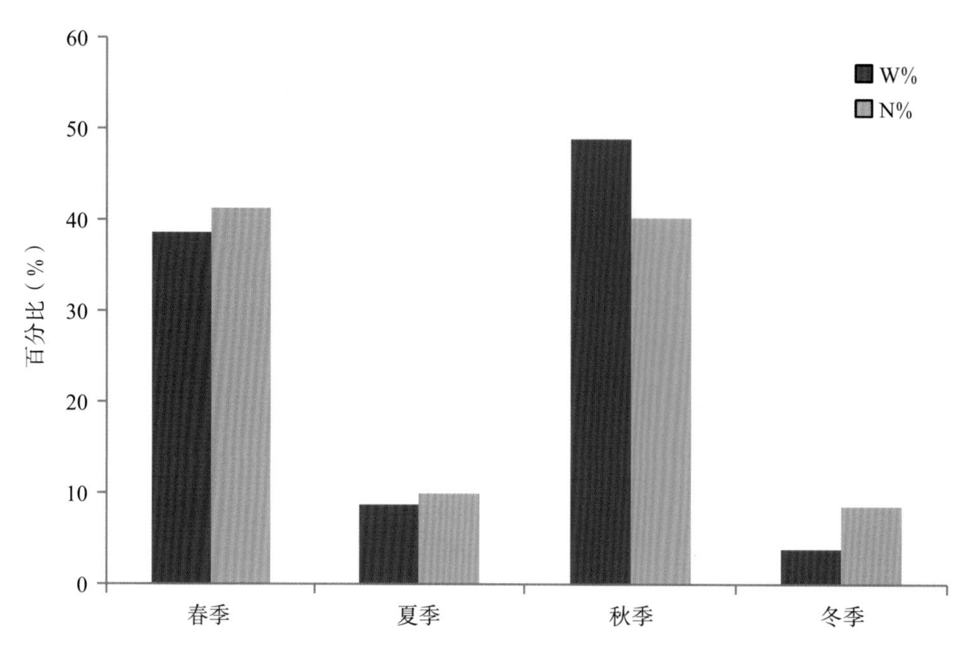

图4.11-2 各季节鱼类数量百分比（N%）与重量百分比（W%）

无显著差异（$P > 0.05$）。

- 单位努力捕捞量

各季节基于数量及重量的刺网与定置串联笼壶的单位努力捕捞量（CPUE）如表4.11-1所示。结果显示，春季刺网的CPUEn及秋季刺网的CPUEw较高，春季定置串联笼壶的CPUEn及CPUEw均较高。

- 生物学特征

调查结果显示，保护区鱼类体长在3.0～20 cm，平均为11.12 cm；体重在1～254.2 g，平均为22.77 g。分析表明，95%的鱼类体长在16 cm以下，只有5%的鱼类全长高于16 cm，体长在5～7 cm的鱼类较多、占总数的17%；91%的鱼类体重在40 g以下，22%的鱼类体重在4 g以下，5～8 g鱼类较多、占总数的31%（图4.11-4、图4.11-5）。

各种鱼类平均体重显示（表4.11-2），鲫平均体重为50～100 g；棒花鱼、黑鳍鳈、红鳍原鲌等7种平均体重为10～50 g；刀鲚、大鳍鱊、兴凯鱊等7种平均体重低于10 g。统计各季节鱼类生物学特征显示，冬季鱼类平均全长及体长较高，平均体重冬季稍高（图4.11-6）。非参数检验显示，各季节的体长、

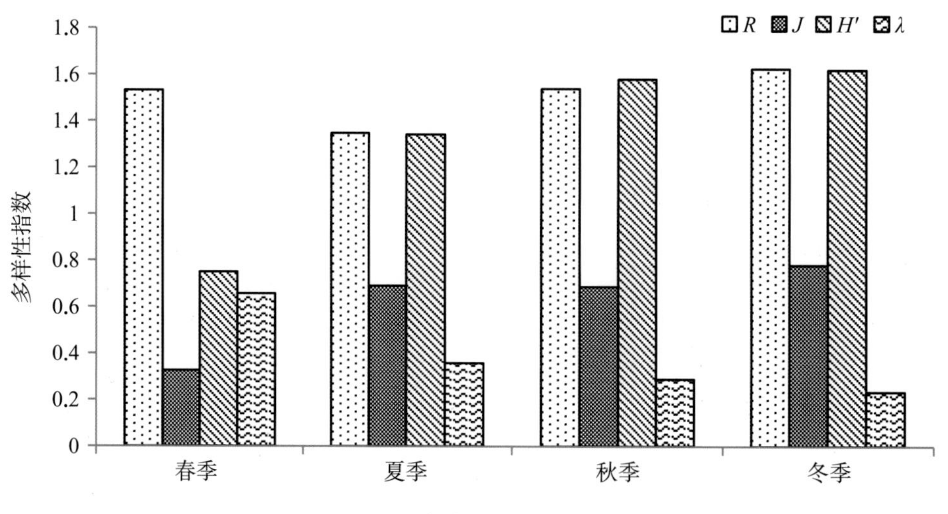

图4.11-3 各季节鱼类多样性指数

表 4.11-1 各季节单位努力捕捞量

季　节	刺网 CPUEn（ind./net · 12 h）	刺网 CPUEw（g/net · 12 h）	定置串联笼壶 CPUEn（ind./net · 12 h）	定置串联笼壶 CPUEw（g/net · 12 h）
春	28.25	353.60	25.25	103.48
夏	14.83	116.17	18.58	23.93
秋	27.33	488.98	6.00	12.15
冬	1.08	14.77	11.25	35.02

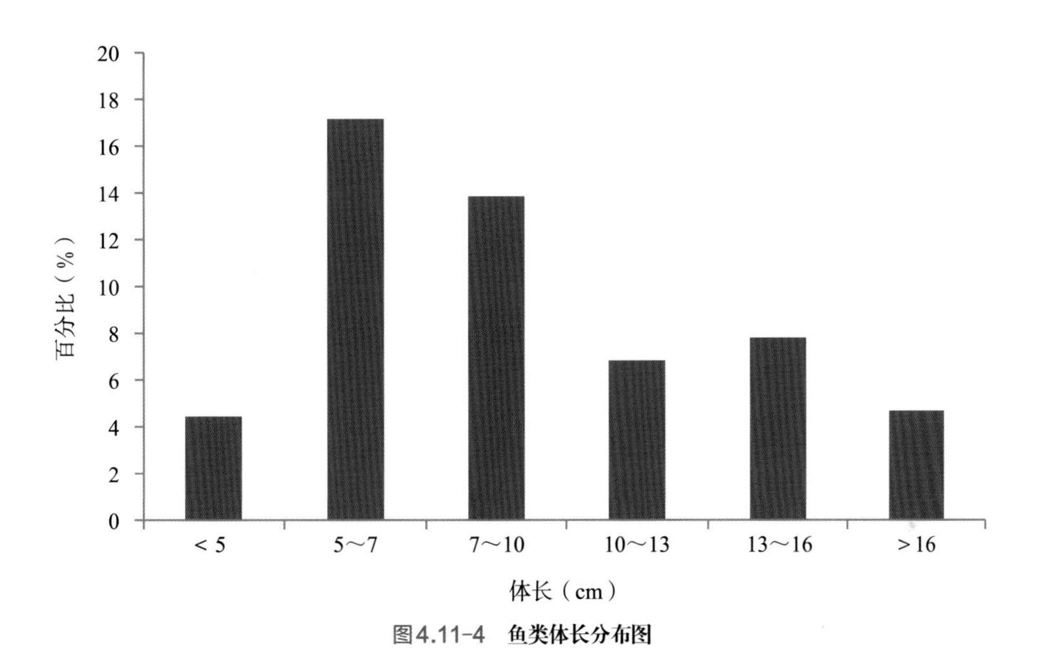

图4.11-4　鱼类体长分布图

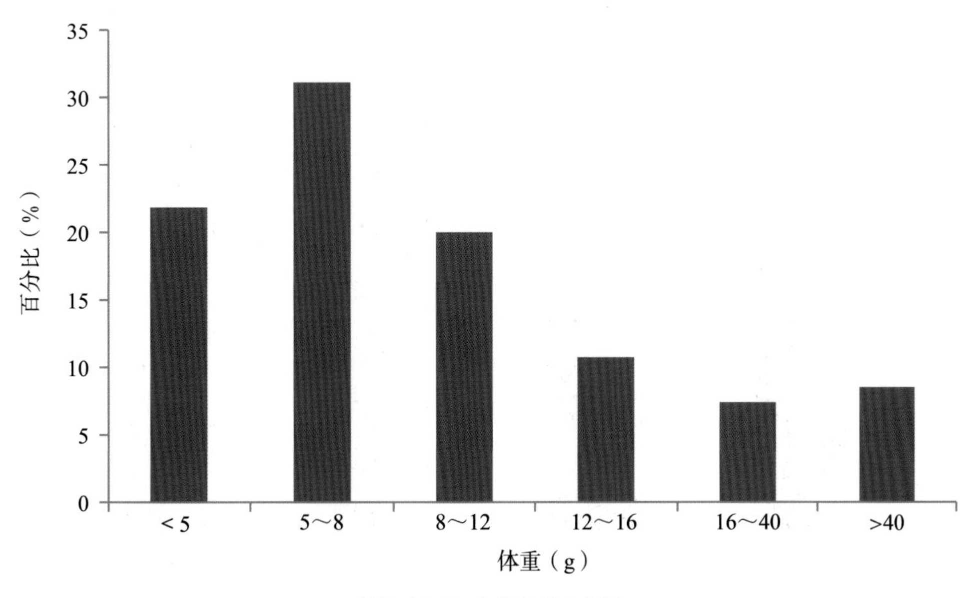

图4.11-5　鱼类体重分布图

表 4.11-2 鱼类体长及体重组成

种类	体长（cm）			体重（g）		
	最小值	最大值	平均值	最小值	最大值	平均值
刀鲚 *Coilia nasus*	3.6	19.0	13.4	1.6	24.6	9.9
棒花鱼 *Abbottina rivularis*	9.0	10.5	9.6	11.1	17.2	14.1
鳘 *Hemiculter leucisculus*	7.2	9.2	8.5	6.2	7.2	6.7
大鳍鱊 *Acheilognathus macropterus*	4.9	8.1	6.3	2.6	15.6	6.4
兴凯鱊 *Acheilognathus chankaensis*	4.8	7.5	6.1	2.6	8.6	5.2
黑鳍鳈 *Sarcocheilichthys nigripinnis*	6.5	9.1	7.8	6.5	16.8	11.7
红鳍原鲌 *Cultrichthys erythropterus*	8.2	20.3	13.1	6.6	130.9	45.7
似刺扁鮈 *Paracanthobrama guichenoti*	7.8	8.7	8.3	10.8	12.0	11.3
鲫 *Carassius auratus*	5.1	20.0	12.6	5.1	254.2	81.3
麦穗鱼 *Pseudorasbora parva*	3.0	9.2	7.1	1.0	15.0	7.6
似鳊 *Pseudobrama simoni*	9.3	9.3	9.3	14.2	14.2	14.2
蛇鮈 *Saurogobio dabryi*	14.9	27.8	19.7	14.2	37.6	29.5
黄颡鱼 *Pelteobagrus fulvidraco*	7.7	9.6	8.3	8.6	20.2	15.1
子陵吻虾虎鱼 *Rhinogobius giurinus*	4.0	5.6	5.0	1.2	4.2	2.7
大银鱼 *Protosalanx hyalocranius*	10.7	16.6	13.8	4.2	24.0	13.5

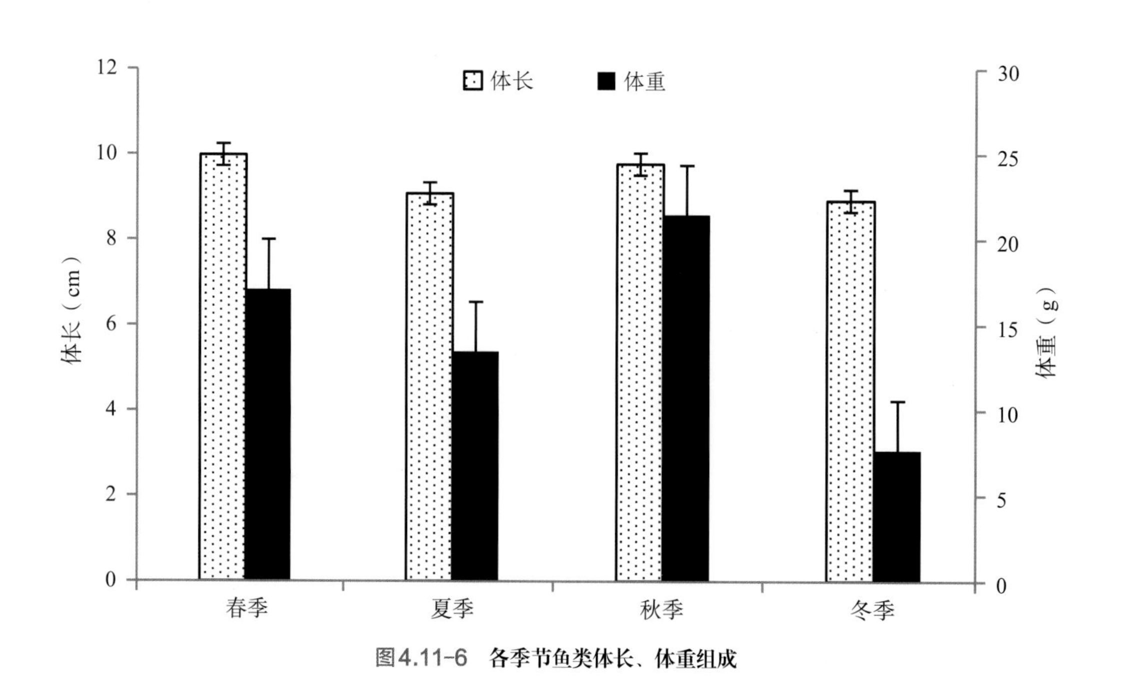

图4.11-6 各季节鱼类体长、体重组成

体重差异均不显著（$P > 0.05$）。

· 其他渔获物

调查结果显示，共采集到虾蟹贝类5种，包括螺类2种（铜锈环棱螺、方格短沟蜷）、虾类2种（日本沼虾、秀丽白虾）、蟹类1种（中华绒螯蟹），数量共720尾、占渔获物总数量的45.43%，其中秀丽白虾（26.12%）贡献较大；重量共446.6 g，占渔获物总重量的3.24%。

· 渔业资源现状及分析

共采集到鱼类31种；其他水生动物5种，包括螺类2种（铜锈环棱螺、方格短沟蜷）、虾类2种（日本沼虾、秀丽白虾）、蟹类1种（中华绒螯蟹）。鱼类中，鲤形目的种类数（11种）最多，其次为鲱形目、鲇形目、鲈形目、鲑形目各1科1种。数量百分比（N%）和重量百分比（W%）较高的种类中，大多数是鲤科鱼类。以IRI指数为优势种判定指标，刀鲚、鲫、麦穗鱼、大鳍鱊等4种鱼类为优势种，优势种与主要种绝大多数是鲤科鱼类。

四个季节的鱼类优势种组成较接近。四个季节中，春季鱼类的数量百分比（N%）和重量百分比（W%）均为最高，而冬季的N%和W%均为最低。春季刺网的CPUEn及秋季刺网的CPUEw较高，春季定置串联笼壶的CPUEn及CPUEw均较高。

多样性指数显示，鱼类群落的Shannon-Wiener多样性指数（H'）均值为1.46，小于该指数一般范围（1.5～3.5），说明该水域鱼类生物多样性水平较低。Shannon-Wiener多样性指数、Margalef丰富度指数和Pielou均匀度指数最大值均出现在冬季。

生物学特征分析显示，95%的鱼类体长在16 cm以下，91%的鱼类体重在40 g以下，表明该水域鱼类资源“小型化”的特征较明显。

该保护区的主要保护物种为青虾和河蚬。青虾是在中国广泛栖息的沼虾属中的一种，现已成为我国的著名淡水养殖虾，有较高的经济价值。本保护区采集到的青虾数量不多，在渔获物中的占比不大。河蚬广泛分布于我国内陆水域，天然资源丰富。它们穴居于水底泥土表层，以浮游生物为食料，生长快，繁殖力强。本保护区底栖生物群落调查结果显示，河蚬在秋季和冬季均有采集到，且为秋、冬季的优势种。综合来看，本保护区青虾数量较少，个体较小；河蚬在保护区多次采到，且重量百分比和数量百分比较高。

本保护区浮游生物种类多样、资源丰富，所以青虾、河蚬的优质饵料来源丰富。建议进一步加强保护区管护，加大禁捕力度，优化增殖放流方案，以保护优质的种质资源。

4.12・洪泽湖银鱼国家级水产种质资源保护区

· 鱼类种类组成

调查结果显示，共采集到鱼类17种605尾，重96.69 kg，隶属于5目5科14属。鲤形目的种类数较多，有1科12种，约占总种类数的70.59%；其次为鲇形目（1科2种）；鲈形目、鲑形目均为1科1种，鲱形目为1种（图4.12-1）。鲱形目鱼类的数量百分比（59.17%）和重量百分比（42.1%）均远高于其他目的鱼类。

数量百分比（N%）显示，刀鲚数量最多（59.17%），其次为大鳍鱊、兴凯鱊、红鳍原鲌等；光泽黄颡鱼、黄颡鱼、似鳊等9种鱼类的N%小于1%；重量百分比（W%）显示，刀鲚（42.1%）、鲫（24.58%）、似刺鳊鮈（13.08%）的W%较大，光泽黄颡鱼、似鳊等4种鱼类的W%小于1%，贝氏𩷶、黑鳍鳈、子陵吻虾虎鱼3种鱼类的W%小于0.1%。

· 优势种

优势种分析结果显示，刀鲚、鲫、似刺鳊鮈、大鳍鱊、兴凯鱊等5种鱼类为优势种。红鳍原鲌、麦穗鱼、黄颡鱼、大银鱼、鳊、光泽黄颡鱼、𩷶等7种鱼类为主要种。

· 鱼类季节组成

春季采集到鱼类12种，隶属于4目4科，优势种为刀鲚、鲫、似刺鳊鮈、兴凯鱊和大鳍鱊；夏季采集到鱼类10种，隶属于4目4科，优势种为刀鲚；秋季采集到鱼类8种，隶属于4目4科，优势种为刀鲚；冬季采集到鱼类3种，隶属于3目3科，优势种为刀鲚。分析显示，春季鱼类种类最多，冬季最少，四个季节

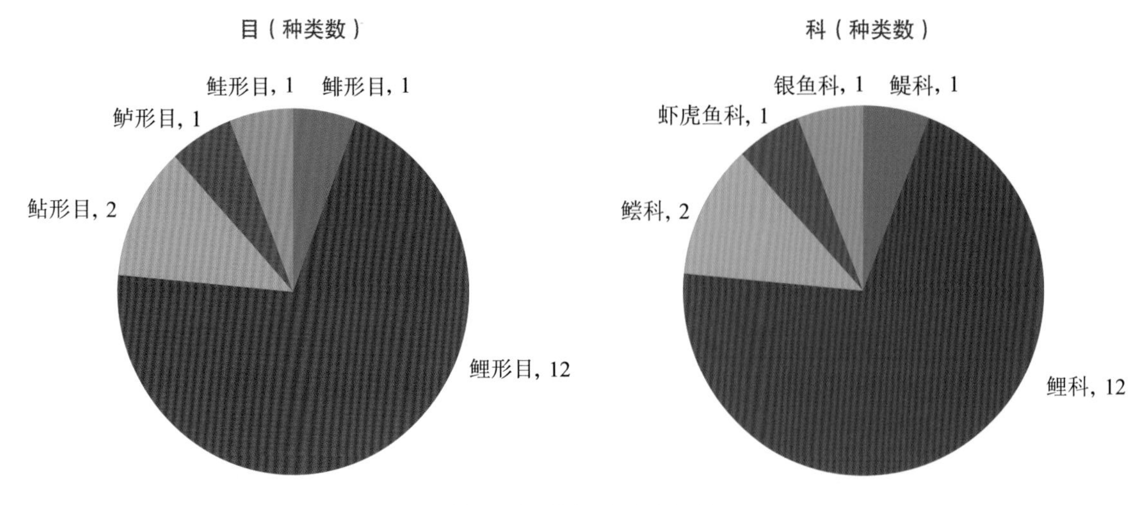

图4.12-1 各目、科鱼类组成

均采集到的有鲫、刀鲚等5种鱼类。

数量百分比（N%）和重量百分比（W%）显示，四个季节中，春季鱼类的N%和W%均为最高，分别为70.05%和79.55%；冬季鱼类的N%和W%均为最低，分别为4.13%和4.98%（图4.12-2）。

• 鱼类多样性指数

多样性指数显示，鱼类Margalef丰富度指数（R）为0.62 ～ 2.14，平均为1.56±0.66（平均值±标准误）；Shannon-Wiener多样性指数（H'）为0.53 ～ 1.52，平均为1.07±0.42；Pielou均匀度指数（J）为0.43 ～ 0.61，平均为0.53±0.09；Simpson优势度指数（λ）为0.34 ～ 0.71，平均为0.38±0.19。其中，Shannon-Wiener多样性指数（H'）春季最高；Margalef丰富度指数（R）均为夏季最高；Simpson优势度指数（λ）冬季最高；Pielou均匀度指数（J）在各季节和点位间相差不大，春季稍高。各季节鱼类多样性指数如图4.12-3所示。以季度为因素，对各多样性指数进行单因素方差分析，结果显示，季节间各多样性指数均无显著差异（$P > 0.05$）。

• 单位努力捕捞量

各季节基于数量及重量的刺网与定置串联笼壶的单位努力捕捞量（CPUE）如表4.12-1所示。结果显示，夏季刺网的CPUEn及CPUEw较高，春季定置串

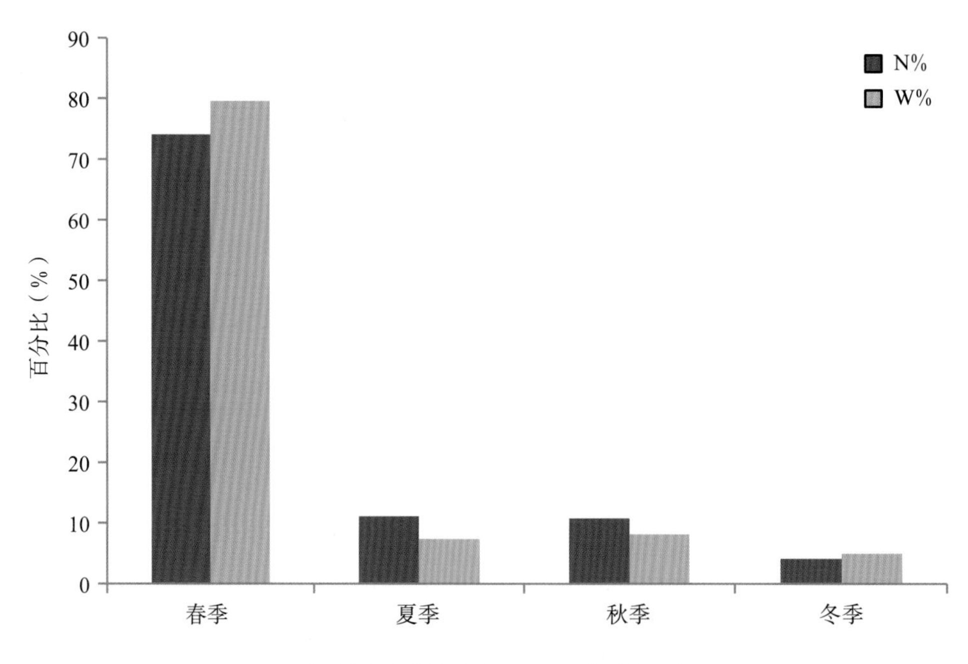

图4.12-2 各季节鱼类数量百分比（N%）与重量百分比（W%）

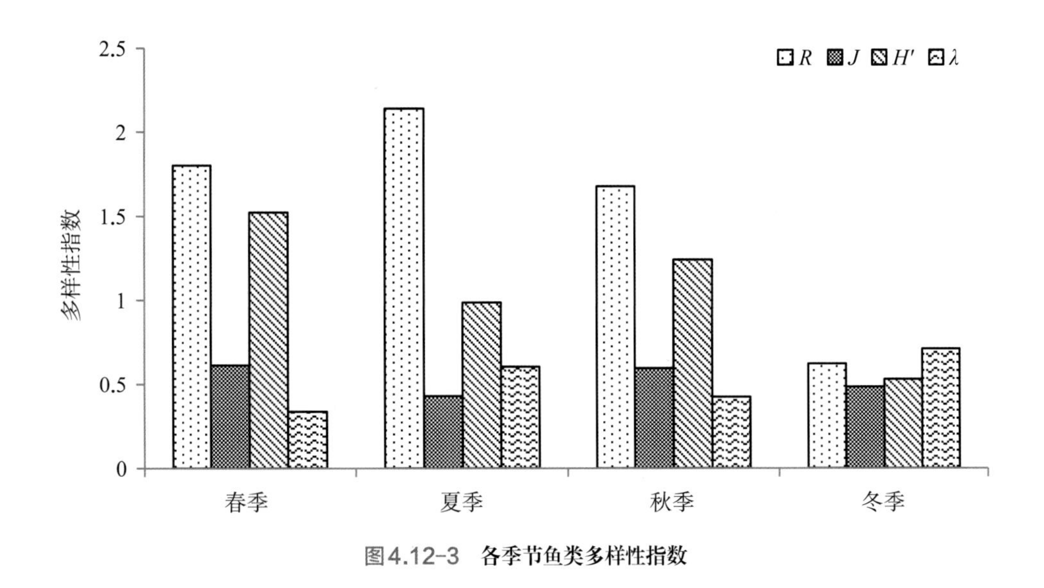

图4.12-3　各季节鱼类多样性指数

表4.12-1　各季节单位努力捕捞量

季　节	刺网CPUEn（ind./net·12 h）	刺网CPUEw（g/net·12 h）	定置串联笼壶 CPUEn（ind./net·12 h）	定置串联笼壶 CPUEw（g/net·12 h）
春	13.92	275.05	13.00	55.50
夏	2.13	25.78	7.96	11.93
秋	3.54	41.23	4.42	15.17
冬	1.04	19.77	16.04	17.91

联笼壶的CPUEn及CPUEw均较高。

· 生物学特征

调查结果显示，保护区鱼类体长在4.5 ～ 21.7 cm，平均为11.32 cm；体重在1 ～ 206 g，平均为20.02 g。分析表明，92%的鱼类体长在18 cm以下，只有8%的鱼类全长高于18 cm，体长在12 ～ 15 cm的鱼类较多、占总数的23%；85%的鱼类体重在25 g以下，17%的鱼类体重在4 g以下，4 ～ 8 g鱼类较多、占总数的29%（图4.12-4、图4.12-5）。

各种鱼类平均体重显示（表4.12-2），鳊平均体重高于100 g；黄颡鱼、鲫、似刺鳊鮈等3种平均体重为50 ～ 100 g；大银鱼、红鳍原鲌、蛇鮈等6种平均体重为10 ～ 50 g；兴凯鱊、子陵吻虾虎鱼等7种平均体重低于10 g。统计各季节鱼类生物学特征显示，夏季鱼类平均体长、平均体重稍高（图4.12-6）。非参数检验显示，各季节的体长、体重差异均不显著（$P > 0.05$）。

· 其他渔获物

调查结果显示，共采集到虾、蟹、贝类2种，包括虾类2种（日本沼虾、秀丽白虾），数量共565尾、占渔获物总数量的48.29%，其中秀丽白虾（36.8%）贡献较大；重量共2 832 g，占渔获物总重量的5.62%。

· 渔业资源现状及分析

共采集到鱼类17种，其他水生动物2种（包括虾类2种）。鱼类中，鲤形目的种类数（12种）最多，其次为鲇形目（2种），其余为鲈形目（1种）、鲑形目（1种）、鲱形目（1种）。数量百分比（N%）和重量百分比（W%）较高的种类中，大多数是鲤科鱼类。以IRI指数为优势种判定指标，刀鲚、鲫、似刺鳊鮈、大鳍鱊、兴凯鱊为优势种，优势种与主要种绝大多数是鲤科鱼类。

四个季节的鱼类优势种组成较接近。四个季节中，春季鱼类的数量百分比（N%）和重量百分比（W%）均为最高，而冬季的N%和W%均为最低。夏

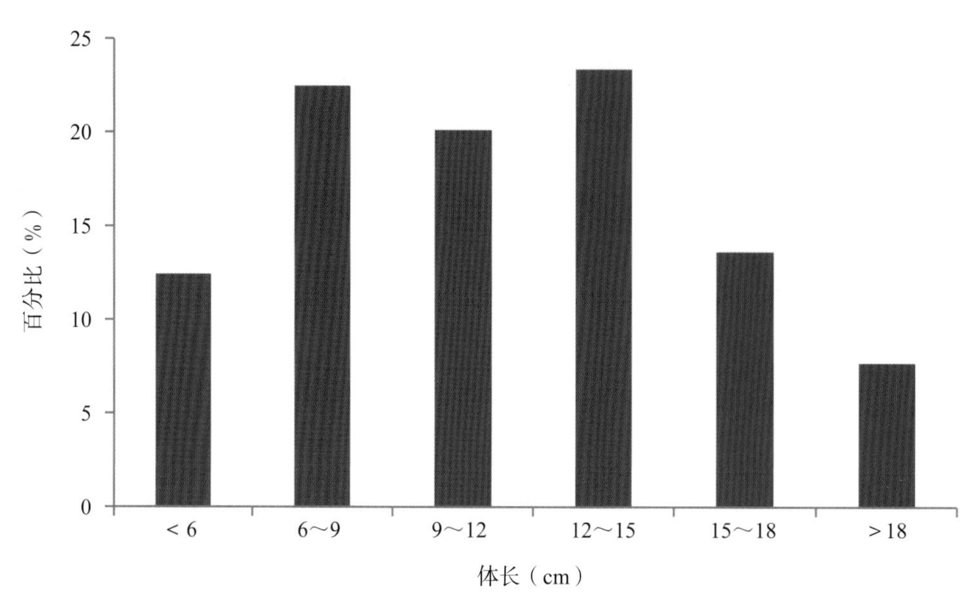

图4.12-4　鱼类体长分布图

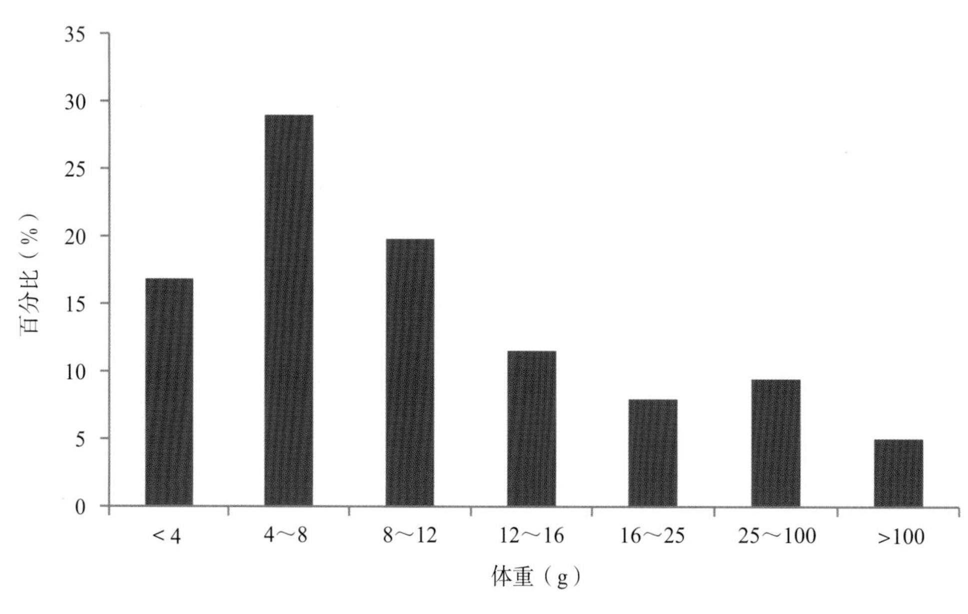

图4.12-5　鱼类体重分布图

季刺网的CPUEn及CPUEw较高，春季定置串联笼壶的CPUEn及CPUEw均较高。

多样性指数显示，鱼类群落的Shannon-Wiener多样性指数（H'）均值为1.07，小于该指数一般范围（1.5～3.5），说明该水域鱼类生物多样性水平较低。Shannon-Wiener多样性指数、Margalef丰富度指数和Pielou均匀度指数最大值均出现在春季。

生物学特征分析显示，92%的鱼类体长在18 cm以下，85%的鱼类体重在25 g以下，表明该水域鱼类资源“小型化”的特征较明显。

本保护区主要保护对象为银鱼。银鱼是富含钙质、高蛋白、低脂肪的鱼类，有较高的营养价值。本保护区监测到银鱼科1种，为大银鱼。共监测到大银鱼5尾，体长最大值为18.7 cm，最小值为9.6 cm，平均值为14.13 cm；体重最大值为40.3 g，最小值为3.6 g，平均值为15.87 g。保护区中银鱼平均个体较大，但体型不均匀。

本保护区鱼类种类较少，刀鲚、大鳍鱊和兴凯鱊等小型鱼类在渔获物中占绝对优势。其中，银鱼科仅监测到一种，且生物资源相对较少。建议优化增殖放

表 4.12-2 鱼类体长及体重组成

种类	体长（cm）			体重（g）		
	最小值	最大值	平均值	最小值	最大值	平均值
刀鲚 *Coilia nasus*	6.8	21.7	13.8	1.0	36.8	9.8
鳊 *Parabramis pekinensis*	19.4	19.4	19.4	127.4	127.4	127.4
𩾃*Hemiculter leucisculus*	8.3	9.7	9.1	5.8	12.3	9.2
大鳍鱊*Acheilognathus macropterus*	5.2	7.6	6.3	2.3	10.0	5.6
似刺扁鮈*Paracanthobrama guichenoti*	9.1	21.2	15.3	7.1	163.4	67.7
似鳊 *Pseudobrama simoni*	9.6	9.7	9.6	12.6	14.2	13.3
兴凯鱊*Acheilognathus chankaensis*	4.5	7.6	5.7	1.2	8.8	4.1
黑鳍鳈 *Sarcocheilichthys nigripinnis*	7.7	7.7	7.7	9.0	9.0	9.0
红鳍原鲌 *Cultrichthys erythropterus*	7.2	17.9	10.4	4.2	88.8	16.2
贝氏 𩾃*Hemiculter bleekeri*	9.1	9.6	9.4	9.2	11.2	10.2
鲫 *Carassius auratus*	7.8	18.8	13.7	7.6	206.5	87.8
麦穗鱼 *Pseudorasbora parva*	5.4	8.4	6.8	2.4	11.4	6.2
蛇鮈*Saurogobio dabryi*	14.3	14.3	14.3	28.8	28.8	28.8
子陵吻虾虎鱼 *Rhinogobius giurinus*	5.4	5.4	5.4	2.8	2.8	2.8
黄颡鱼 *Pelteobagrus fulvidraco*	12.8	21.3	15.9	45.4	127.8	77.5
光泽黄颡鱼 *Pelteobaggrus nitidus*	8.5	11.0	9.8	7.4	16.6	12.0
大银鱼 *Protosalanx hyalocranius*	9.6	18.7	14.1	3.6	40.3	15.9

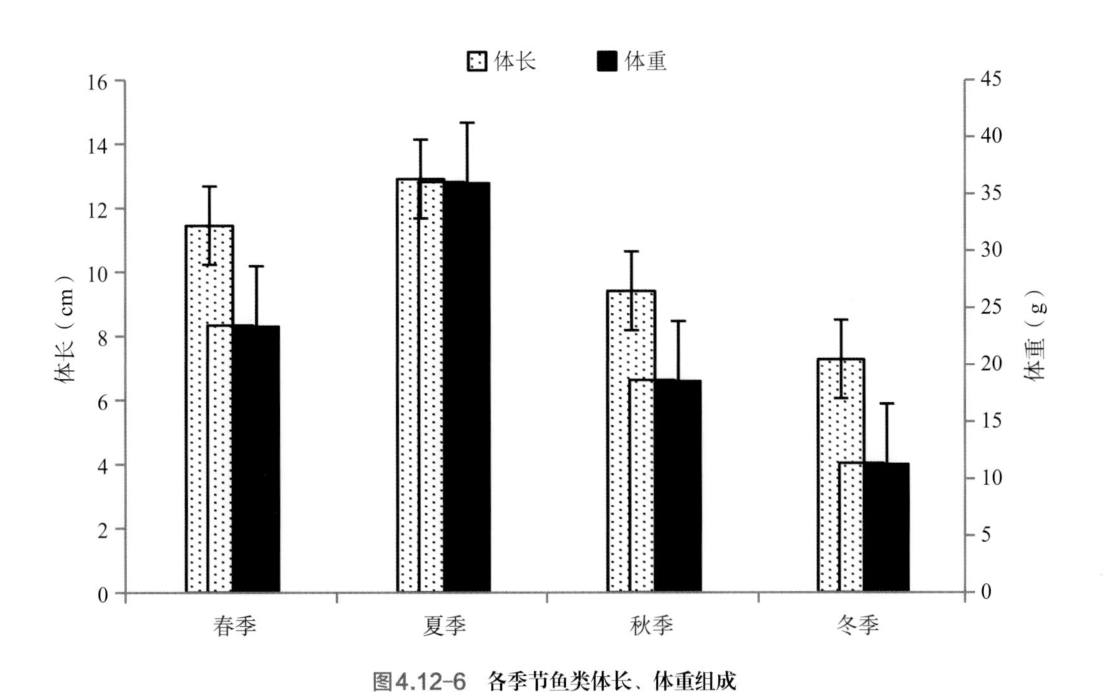

图4.12-6 各季节鱼类体长、体重组成

流方案，以改善鱼类种群结构。

4.13 · 洪泽湖秀丽白虾国家级水产种质资源保护区

· 鱼类种类组成

调查结果显示，共采集到鱼类16种664尾，重8.75 kg，隶属于5目5科15属。鲤形目的种类数较多，有1科12种，约占总种类数的75%；鲇形目、鲈形目、鲑形目与鲱形目均为1科1种（图4.13-1）。鲱形目鱼类的数量百分比（86.3%）和重量百分比（67.23%）均远高于其他目的鱼类。

数量百分比（N%）显示，刀鲚数量最多（86.3%），其次为鲫、大鳍鱊、麦穗鱼，子陵吻虾虎鱼、黑鳍鳈、翘嘴鲌、鲤等10种鱼类的N%小于1%；重量百分比（W%）显示，刀鲚（67.23%）、鲫（39.07%）、鲤（5%）的W%较大，翘嘴鲌、大银鱼、黄颡鱼、黑鳍鳈4种鱼类的W%小于1%，似鳊、兴凯鱊、花䱻、红鳍原鲌、子陵吻虾虎5种鱼类的W%小于0.1%。

· 优势种

优势种分析结果显示，刀鲚、鲫为优势种。大鳍鱊、蛇鮈、麦穗鱼、大银鱼、鲤鱼、似刺鳊鮈等7种鱼类为主要种。

· 鱼类季节组成

春季采集到鱼类3种，隶属于3目3科，优势种为刀鲚和鲫；夏季采集到鱼类9种，隶属于3目6科，优势种为刀鲚和鲤；秋季采集到鱼类9种，隶属于4目4科，优势种为刀鲚和蛇鮈等鱼类；冬季采集到鱼类6种，隶属于3目3科，优势种为刀鲚和似刺鳊鮈。分析显示，夏季、秋季鱼类种类最多，春季最少，四个季节均采集到的有刀鲚和大鳍鱊。

数量百分比（N%）和重量百分比（W%）显示，四个季节中，夏季鱼类的N%和W%均为最高，分别为43.67%和43.78%；冬季鱼类的N%和W%均为最低，分别为11.9%和9.58%（图4.13-2）。

· 鱼类多样性指数

多样性指数显示，鱼类Margalef丰富度指数（R）为0.42～1.54，平均为1.19±0.51（平均值±标准误）；Shannon-Wiener多样性指数（H'）为0.4～0.99，平均为0.59±0.27；Pielou均匀度指数（J）为0.18～0.46，平均为0.33±0.14；Simpson优势度指数（λ）为0.57～0.86，平均为0.75±0.13。其中，Shannon-Wiener多样性指数（H'）和Margalef丰富度指数（R）均为秋季最高；Simpson优势度指数（λ）则呈现相反的趋势，秋季较低；Pielou均匀度指数（J）在各季节相差不大，春季稍高。各季节鱼类多样性指数如图4.13-3所示。以季度为因素，对各多样性指数进行单因素方差分析，结果显示，季节间各多样性指数均无显著差异（$P > 0.05$）。

· 单位努力捕捞量

各季节基于数量及重量的刺网与定置串联笼壶的单位努力捕捞量（CPUE）如表4.13-1所示。结果显

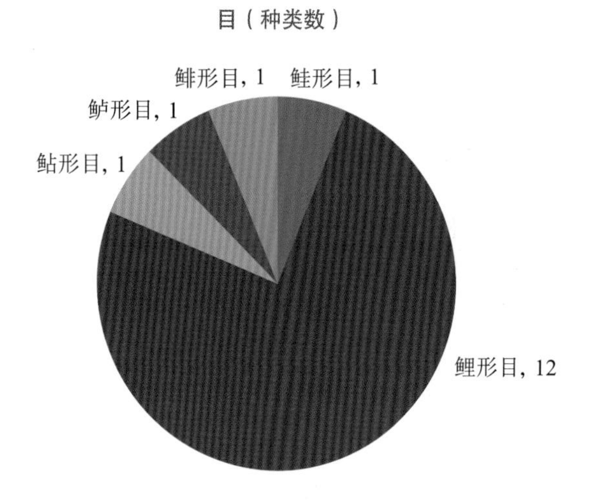

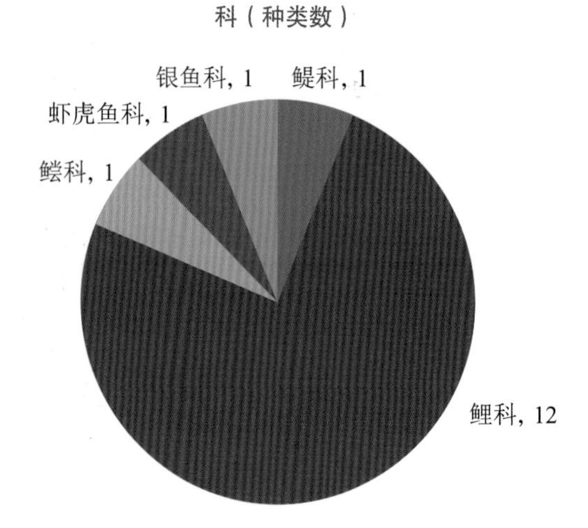

图4.13-1 各目、科鱼类组成

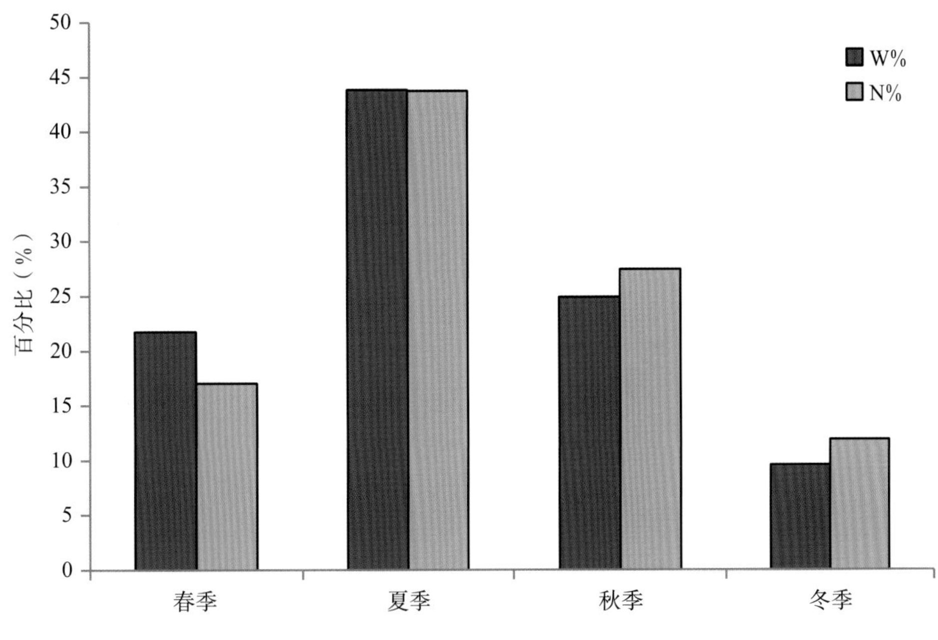

图4.13-2　各季节鱼类数量百分比（N%）与重量百分比（W%）

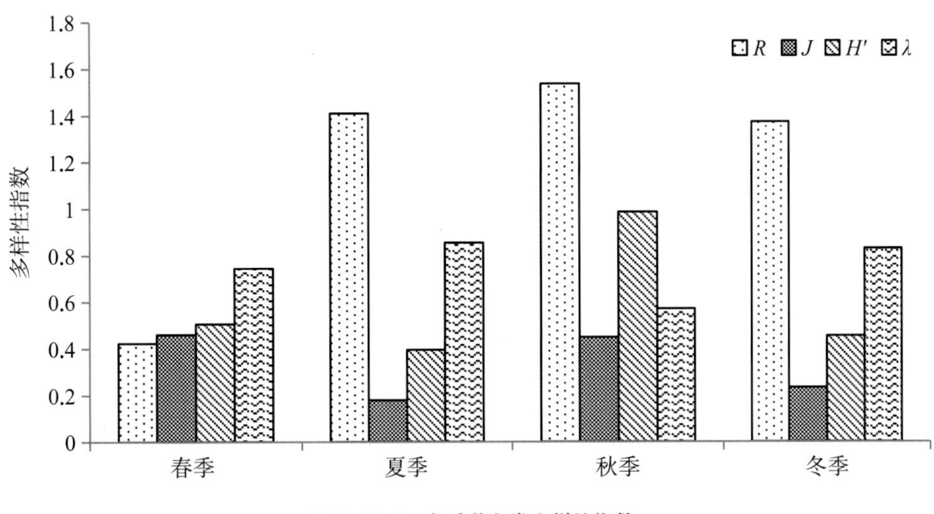

图4.13-3　各季节鱼类多样性指数

表 4.13-1　各季节单位努力捕捞量

季　节	刺网 CPUEn（ind./net · 12 h）	刺网 CPUEw（g/net · 12 h）	定置串联笼壶 CPUEn（ind./net · 12 h）	定置串联笼壶 CPUEw（g/net · 12 h）
春	7.75	180.31	7.50	23.18
夏	23.58	314.63	2.83	7.10
秋	10.08	150.21	5.58	31.72
冬	6.50	68.60	5.75	8.01

示，夏季刺网的CPUEn及CPUEw均较高，春季定置串联笼壶的CPUEn及CPUEw均较高。

· 生物学特征

调查结果显示，保护区鱼类体长在2.3 ～ 25.3 cm，平均为12.1 cm；体重在0.6 ～ 103 g，平均为17.7 g。分析表明，93%的鱼类体长在14 cm以下，只有7%的鱼类全长高于14 cm，体长在12 ～ 15 cm的鱼类较多、占总数的28%；81%的鱼类体重在25 g以下，7%的鱼类体重在4 g以下，4 ～ 8 g鱼类较多、占总数的35%（图4.13-4、图4.13-5）。

各种鱼类平均体重显示（表4.13-2），鲤平均体重高于100 g；鲢平均体重为50 ～ 100 g；刀鲚、鳘、鲫、似刺鳊鮈、似鳊、黄颡鱼、大银鱼等7种平均体重为10 ～ 50 g；大鳍鱊、红鳍原鲌、麦穗鱼、蛇鮈、兴凯鱊、长蛇鮈、子陵吻虾虎鱼等7种平均体重低于10 g。统计各季节鱼类生物学特征显示，春季鱼类平均全长及体长较高，夏季平均体重稍高（图4.13-6）。非参数检验显示，各季节的体长、体重差异均不显著

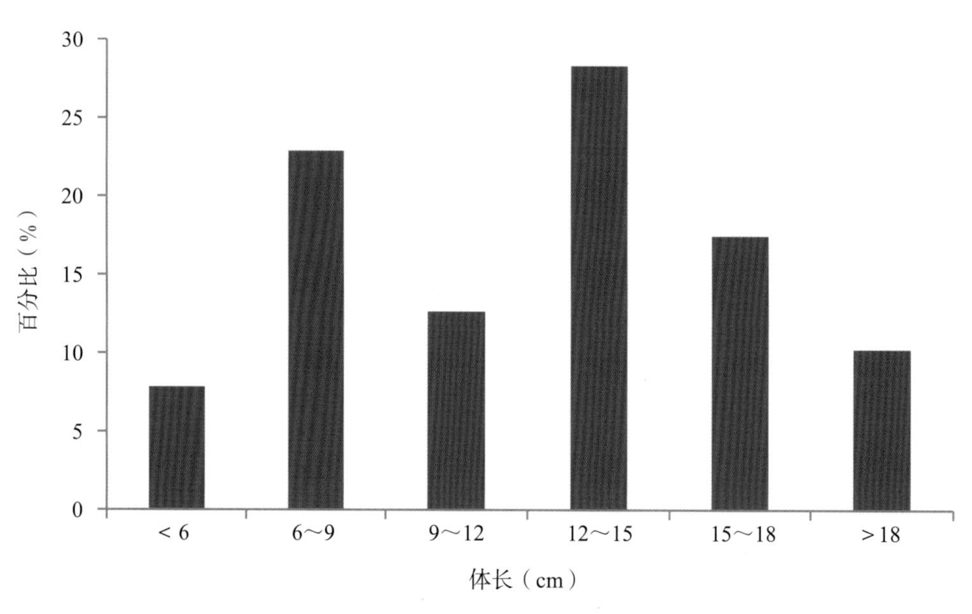

图4.13-4　鱼类体长分布图

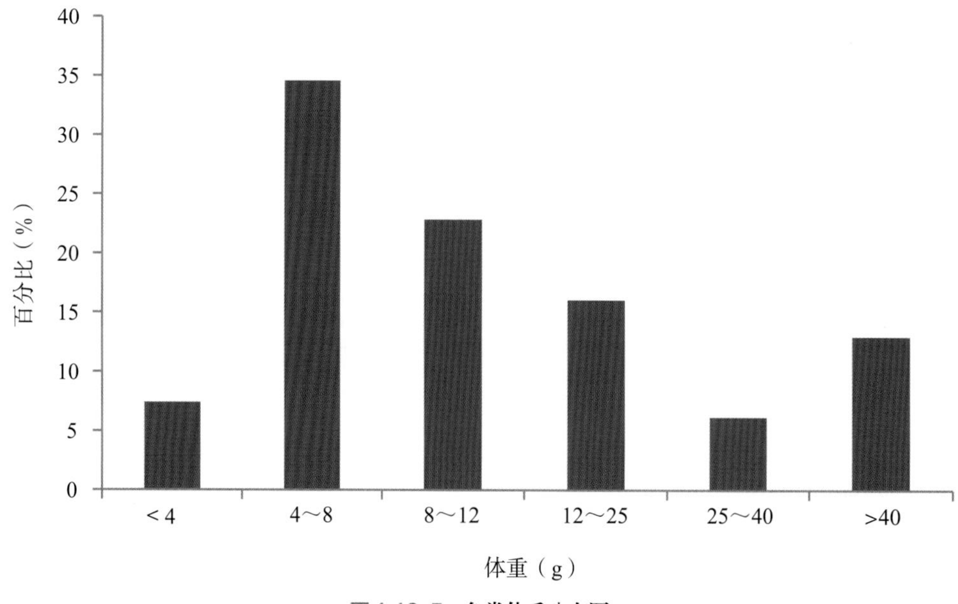

图4.13-5　鱼类体重分布图

表 4.13-2　鱼类体长及体重组成

种　　类	体长（cm）			体重（g）		
	最小值	最大值	平均值	最小值	最大值	平均值
刀鲚 *Coilia nasus*	11.9	20.2	16.9	5.8	29.2	16.5
䱗 *Hemiculter leucisculus*	3.0	18.8	9.5	2.0	21.6	10.7
大鳍鱊 *Acheilognathus macropterus*	4.1	8.1	6.2	1.0	12.2	6.9
红鳍原鲌 *Cultrichthys erythropterus*	8.1	11.2	9.4	5.4	14.4	9.0
鲫 *Carassius auratus*	4.5	14.5	10.8	2.6	112.8	45.3
鲤 *Cyprinus carpio*	13.0	36.4	23.8	77.8	1 713.4	573.2
麦穗鱼 *Pseudorasbora parva*	4.4	9.0	6.6	1.4	12.1	6.3
鲢 *Hypophthalmichthys molitrix*	15.9	15.9	15.9	73.2	73.2	73.2
似刺鳊鮈 *Paracanthobrama guichenoti*	9.6	11.2	10.4	9.2	14.8	12.0
蛇鮈 *Saurogobio dabryi*	8.0	8.0	8.0	4.4	4.4	4.4
似鳊 *Pseudobrama simoni*	8.1	12.8	10.3	5.8	33.2	15.7
兴凯鱊 *Acheilognathus chankaensis*	3.6	15.1	6.7	0.8	26.4	7.6
长蛇鮈 *Saurogobio dumerili*	8.7	11.5	10.4	6.1	19.2	9.9
子陵吻虾虎鱼 *Rhinogobius giurinus*	3.1	5.0	4.2	0.6	2.1	1.3
黄颡鱼 *Pelteobagrus fulvidraco*	9.2	9.2	9.2	12.4	12.4	12.4
大银鱼 *Protosalanx hyalocranius*	8.9	15.3	13.7	2.9	35.8	15.2

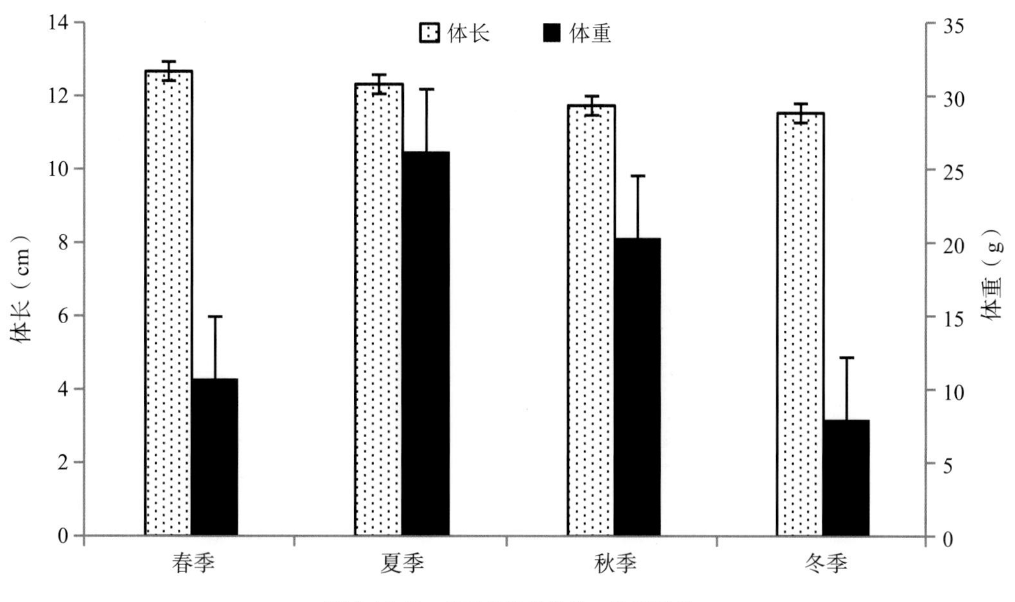

图4.13-6　各季节鱼类体长、体重组成

（$P > 0.05$）。

· 其他渔获物

调查结果显示，共采集到虾蟹贝类5种，包括虾类2种（日本沼虾、秀丽白虾）、贝类3种（河蚬、背角无齿蚌、三角帆蚌），数量共171尾、占渔获物总数量的20.45%，其中秀丽白虾（50.29%）贡献较大；重量共635.7 g、占渔获物总重量的8.2%，其中背角无齿蚌（37.11%）贡献较大。

· 渔业资源现状及分析

共采集到鱼类16种，其他水生动物5种，包括贝类3种、虾类2种。鱼类中，鲤形目的种类数（12种）最多，其次为鲇形目（2种），鲻形目与鲱形目均为1种。数量百分比（N%）和重量百分比（W%）较高的种类中，大多数是鲤科鱼类。以IRI指数为优势种判定指标，刀鲚、鲫为优势种，优势种与主要种绝大多数是鲤科鱼类。

四个季节的鱼类优势种组成较接近。四个季节中，夏季鱼类的数量百分比（N%）和重量百分比（W%）均为最高，而冬季的N%和W%均为最低。夏季刺网的CPUEn及CPUEw均较高，春季定置串联笼壶的CPUEn及CPUEw均较高。

多样性指数显示，鱼类群落的Shannon-Wiener多样性指数（H'）均值为0.59，小于该指数一般范围（1.5～3.5），说明该水域鱼类生物多样性水平较低。Shannon-Wiener多样性指数、Margalef丰富度指数最大值均出现在秋季；Pielou均匀度指数最大值出现在春季。

生物学特征分析显示，93%的鱼类体长在14 cm以下，81%的鱼类体重在25 g以下，表明该水域鱼类资源"小型化"的特征较明显。

该保护区的主要保护物种为秀丽白虾。秀丽白虾属杂食性动物，终生以浮游动物、植物碎屑、细菌等为饵料，原盛产于太湖，现江苏内陆水域的浅水湖泊都有分布。共监测到秀丽白虾86尾，共计143.6 g，占总渔获物的数量百分比达10.3%，平均体长3.82 cm，平均体重1.67 g。保护区中秀丽白虾资源丰富，个体均匀，起到了一定的保护效果。建议合理增殖放流，增加鱼食性鱼类的放流，优化鱼类种群结构，同时加强本保护区的禁渔巡防工作，加大对偷捕行为的打击力度，进一步提高保护效果。

4.14 · 洪泽湖虾类国家级水产种质资源保护区

· 鱼类种类组成

调查结果显示，共采集到鱼类11种381尾，重5.17 kg，隶属于4目4科10属。鲤形目的种类数较多，有1科8种，约占总种类数的72.73%；其次为鲇形目1科1种、鲑形目1科1种、鲱形目1种（图4.14-1）。鲱形目鱼类的数量百分比（42.52%）和重量百分比（35.92%）均远高于其他目的鱼类。

数量百分比（N%）显示，刀鲚数量最多（42.52%），其次为大鳍鱊、兴凯鱊、麦穗鱼等，黑鳍

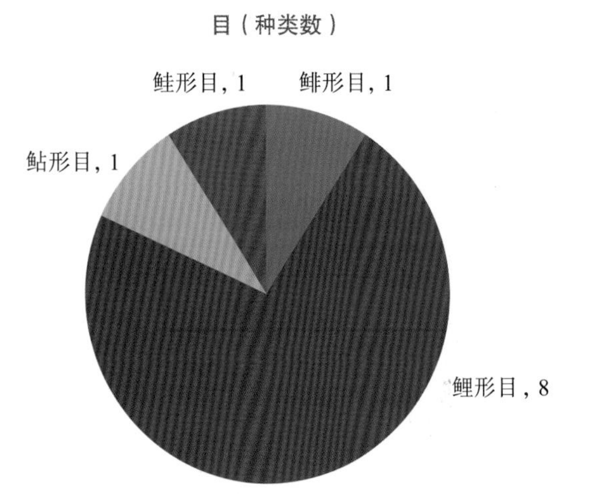

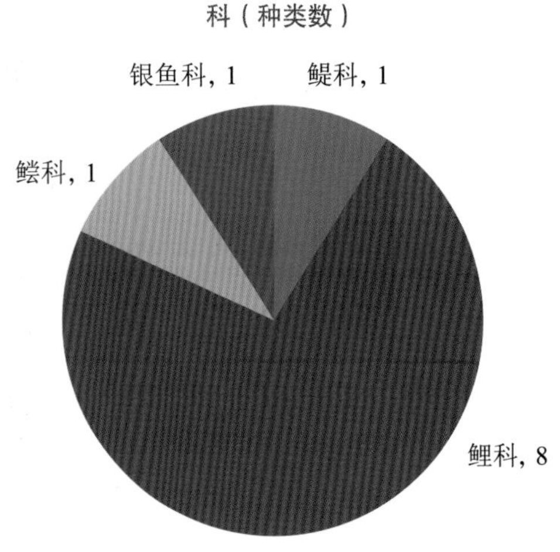

图4.14-1 各目、科鱼类组成

鳈、红鳍原鲌2种鱼类的N%小于1%；重量百分比（W%）显示，刀鲚（35.92%）、鲫（22.53%）、麦穗鱼（11.25%）的W%较大，黑鳍鳈的W%小于1%，其余鱼类的W%介于1%～10%之间。

· 优势种

优势种分析结果显示，刀鲚、鲫、麦穗鱼、大鳍鱊、兴凯鱊等5种鱼类为优势种。红鳍原鲌、大银鱼、黄颡鱼、䱗等4种鱼类为主要种。

· 鱼类季节组成

春季采集到鱼类9种，隶属于3目3科，优势种为刀鲚、鲫、麦穗鱼、兴凯鱊和大鳍鱊；夏季采集到鱼类6种，隶属于2目2科，优势种为麦穗鱼、兴凯鱊和大鳍鱊；秋季采集到鱼类6种，隶属于2目2科，优势种为刀鲚、麦穗鱼和兴凯鱊；冬季采集到鱼类6种，隶属于3目3科，优势种为麦穗鱼、大银鱼和大鳍鱊。分析显示，春季鱼类种类最多，其他季节均为6种，四个季节均采集到的有鲫、刀鲚等5种鱼类。

数量百分比（N%）和重量百分比（W%）显示，四个季节中，春季鱼类的N%和W%均为最高，分别为46.19%和58.78%；秋季鱼类的N%和W%均为最低，分别为10.23%和5.71%（图4.14-2）。

· 鱼类多样性指数

多样性指数显示，鱼类Margalef丰富度指数（R）为1.35～1.55，平均为1.4±0.93（平均值±标准误）；Shannon-Wiener多样性指数（H'）为1.25～1.6，平均为1.44±0.17；Pielou均匀度指数（J）为0.57～0.88，平均为0.74±0.14；Simpson优势度指数（λ）为0.21～0.39，平均为0.3±0.09。其中，Shannon-Wiener多样性指数（H'）秋季最高，Margalef丰富度指数（R）均为春季最高；Simpson优势度指数（λ）春季最高；Pielou均匀度指数（J）在各季节和点位间相差不大，秋季稍高。各季节鱼类多样性指数如图4.14-3所示。以季度为因素，对各多样性指数进行单因素方差分析，结果显示，季节间各多样性指数均无显著差异（$P > 0.05$）。

· 单位努力捕捞量

各季节基于数量及重量的刺网与定置串联笼壶的单位努力捕捞量（CPUE）如表4.14-1所示。结果显示，夏季刺网的CPUEn及CPUEw均较高，春季定置串联笼壶的CPUEn及CPUEw均较高。

· 生物学特征

调查结果显示，保护区鱼类体长在1.2～23.1 cm，平均为8.94 cm；体重在1.2～125 g，平均为11.34 g。分析表明，97%的鱼类体长在17 cm以下，只有3%的鱼类全长高于17 cm，体长在5～7 cm的鱼类较多、占总数的31%；85%的鱼类体重在25 g以下，15%的

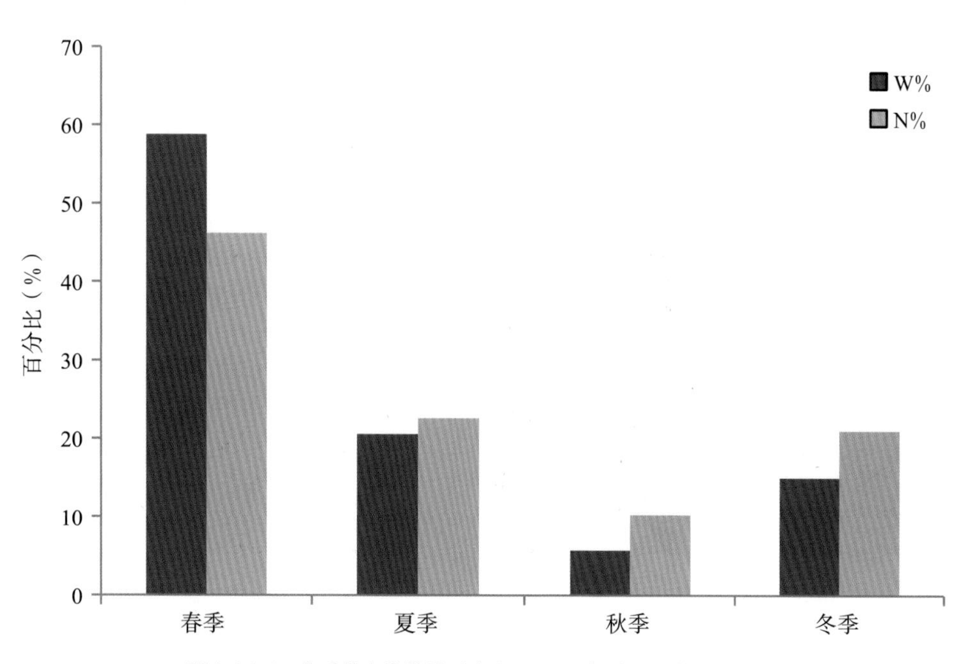

图4.14-2　各季节鱼类数量百分比（N%）与重量百分比（W%）

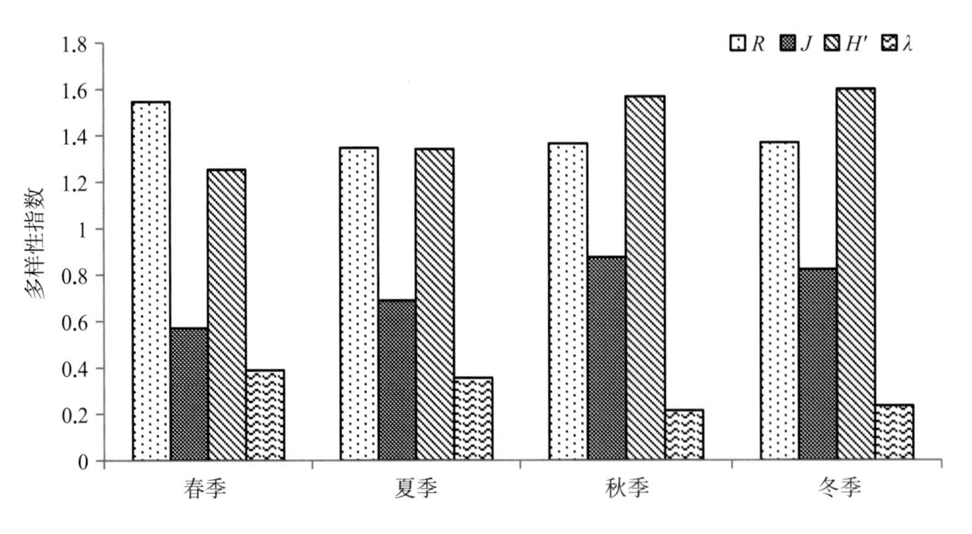

图4.14-3 各季节鱼类多样性指数

表4.14-1 各季节单位努力捕捞量

季　节	刺网CPUEn（ind./net·12 h）	刺网CPUEw（g/net·12 h）	定置串联笼壶 CPUEn（ind./net·12 h）	定置串联笼壶 CPUEw（g/net·12 h）
春	14.92	132.96	11.50	58.87
夏	53.17	358.62	61.17	61.77
秋	3.17	24.53	0.83	1.30
冬	6.42	63.38	5.75	6.96

鱼类体重在4 g以下，4 ~ 7 g鱼类较多、占总数的27%（图4.14-4、图4.14-5）。

各种鱼类平均体重显示（表4.14-2），刀鲚、棒花鱼、鳌等7种平均体重为10 ~ 50 g；兴凯鱊、大鳍鱊等4种平均体重低于10 g。统计各季节鱼类生物学特征显示，春季鱼类平均体长、平均体重稍高（图4.14-6）。非参数检验显示，各季节的体长、体重差异均不显著。

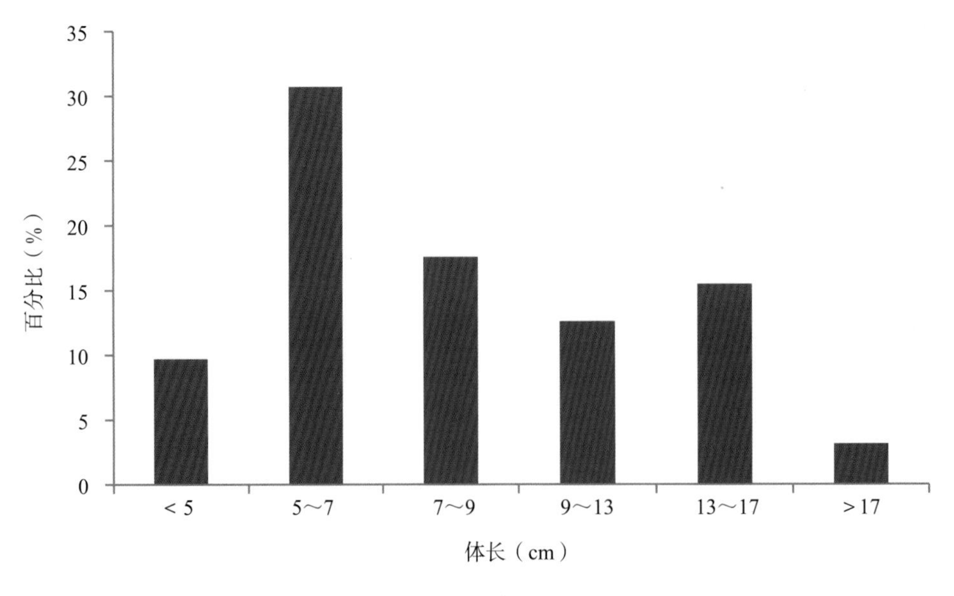

图4.14-4 鱼类体长分布图

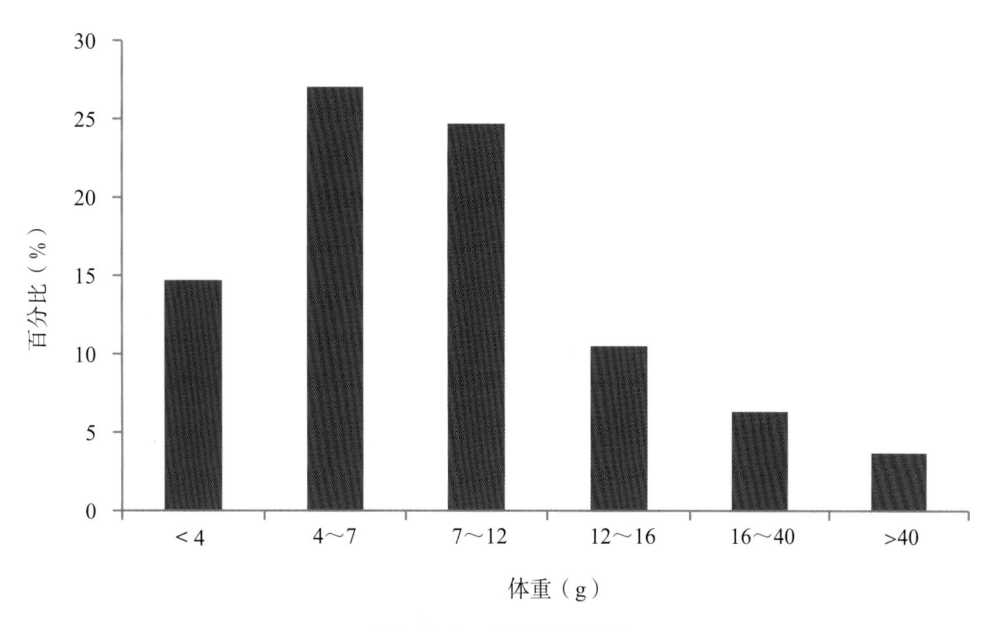

图4.14-5　鱼类体重分布图

表 4.14-2　鱼类体长及体重组成

种　　类	体长（cm）			体重（g）		
	最小值	最大值	平均值	最小值	最大值	平均值
刀鲚 *Coilia nasus*	5.9	21.7	14.0	2.4	36.6	11.2
棒花鱼 *Abbottina rivularis*	5.2	9.6	7.9	3.3	16.8	10.0
鰲 *Hemiculter leucisculus*	7.4	12.7	9.2	4.6	36.0	10.2
大鳍鱊 *Acheilognathus macropterus*	1.5	8.6	5.9	1.4	16.0	6.3
麦穗鱼 *Pseudorasbora parva*	3.7	9.5	6.8	1.2	76.0	7.9
兴凯鱊 *Acheilognathus chankaensis*	1.2	8.5	5.8	1.8	19.2	5.5
黑鳍鳈 *Sarcocheilichthys nigripinnis*	7.4	7.4	7.4	6.9	6.9	6.9
红鳍原鲌 *Cultrichthys erythropterus*	8.2	17.4	11.0	6.9	72.9	23.9
鲫 *Carassius auratus*	4.6	23.1	9.9	3.3	186.8	42.4
黄颡鱼 *Pelteobagrus fulvidraco*	10.2	20.2	15.2	24.8	125.0	74.9
大银鱼 *Protosalanx hyalocranius*	12.6	17.4	15.7	6.6	29.4	18.4

· 其他渔获物

调查结果显示，共采集到虾蟹贝类3种，包括虾类2种（日本沼虾、秀丽白虾），数量共433尾，占渔获物总数量的53.19%；螺类1种（铜锈环棱螺）。其中秀丽白虾（57.74%）贡献较大。其他渔获物重量共242 g，占渔获物总重量的3.99%。

· 渔业资源现状及分析

共采集到鱼类11种，其他水生动物3种（包括螺类1种、虾类2种）。鱼类中，鲤形目的种类数（26种）最多，其次为鲇形目（1种）、鲑形目（1种）、鲱形目（1种）。数量百分比（N%）和重量百分比（W%）较高的种类中，大多数是鲤科鱼类。以IRI指

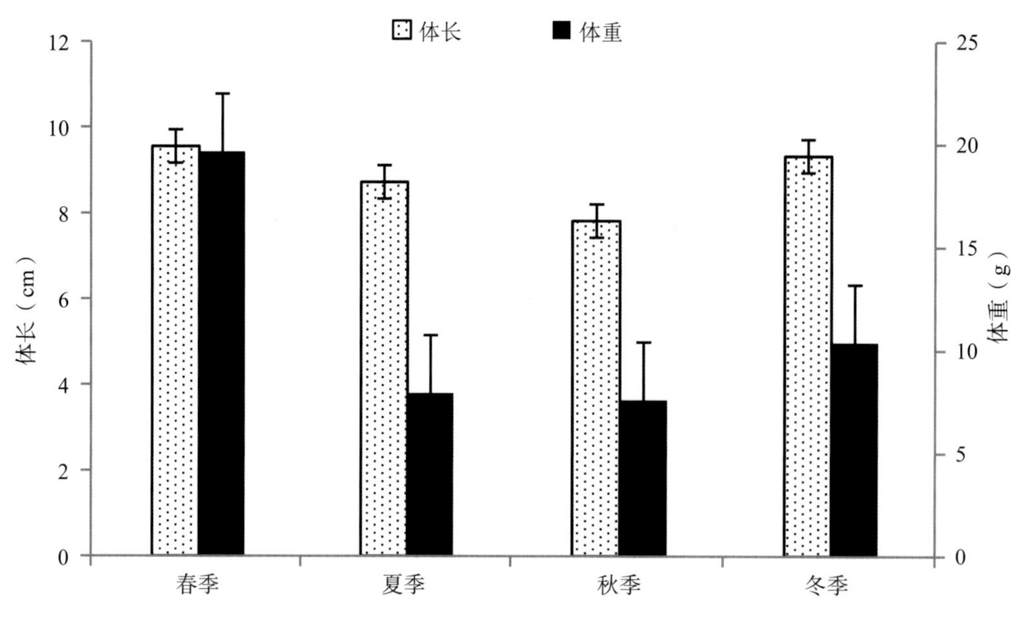

图4.14-6 各季节鱼类体长、体重组成

数为优势种判定指标，刀鲚、鲫、麦穗鱼、大鳍鱊、兴凯鱊等5种鱼类为优势种，优势种与主要种绝大多数是鲤科鱼类。

四个季节的鱼类优势种组成较接近。四个季节中，春季鱼类的数量百分比（N%）和重量百分比（W%）均为最高，而秋季的N%和W%均为最低。夏季刺网的CPUEn及CPUEw均较高，春季定置串联笼壶的CPUEn及CPUEw均较高。

多样性指数显示，鱼类群落的Shannon-Wiener多样性指数（H'）均值为1.46，小于该指数一般范围（1.5 ～ 3.5），说明该水域鱼类生物多样性水平较低。Shannon-Wiener多样性指数最大值出现在冬季，Margalef丰富度指数最大值出现在春季，Pielou均匀度指数最大值出现在秋季。

本保护区主要保护对象是克氏原螯虾，原产中、南美洲和墨西哥东北部地区，后引入日本，现已广泛分布于我国安徽、上海、江苏等地，形成数量庞大的自然种群。但在本次调查中并未捕获到该物种，原因可能在于本次调查使用的渔具种类、渔具放置时间等不利于捕捞克氏原螯虾。

整体看鱼类多样性处于较低水平，生物学特征显示该保护区97%的鱼类体长在17 cm以下，85%的鱼类体重在25 g以下，表明该保护区鱼类个体小型化。建议科学规范地增加鱼食性鱼类的放流计划，优化鱼类种群结构；应重视保护区环境修复工作，加快虾类资源的恢复。

4.15 · 洪泽湖鳜国家级水产种质资源保护区

鱼类种类组成

调查结果显示，共采集到鱼类11种5 445尾，重78.86 kg，隶属于4目7科23属。鲤形目的种类数较多，有1科6种，约占总种类数的60%；其次为鲇形目（1科2种）、鲑形目（1科1种）、鲈形目形目（1科1种）、鲱形目（1科1种）（图4.15-1）。鲱形目鱼类的数量百分比（96.74%）和重量百分比（87.25%）均远高于其他目的鱼类。

数量百分比（N%）显示，刀鲚数量最多（96.74%），其次为鳘、大鳍鱊、鲫等，大银鱼、似刺鳊鮈和光泽黄颡鱼等6种鱼类的N%小于1%；重量百分比（W%）显示，刀鲚（87.25%）的W%较大，大鳍鱊、大银鱼等4种鱼类的W%小于1%，花鳎和蛇鮈的W%小于0.1%。

优势种

优势种分析结果显示，刀鲚为优势种。鲫、似刺鳊鮈和鳘等3种鱼类为主要种。

鱼类季节组成

春季采集到鱼类6种，隶属于3目3科，优势种为

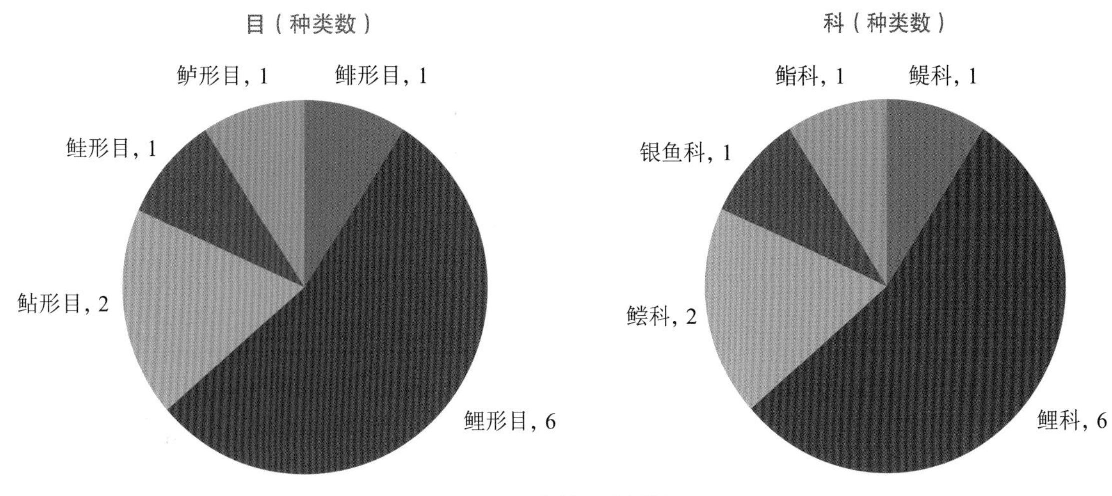

图4.15-1　各目、科鱼类组成

似鲫、刀鲚和大鳍鱊；夏季采集到鱼类7种，隶属于4目4科，优势种为鲫、光泽黄颡鱼、花䱻和鳘；秋季采集到鱼类6种，隶属于3目3科，优势种为似刺鳊鮈、刀鲚和鲫；冬季采集到鱼类3种，隶属于3目3科，优势种为刀鲚。分析显示，夏季鱼类种类最多，冬季最少。

数量百分比（N%）和重量百分比（W%）显示，四个季节中，夏季鱼类的N%和W%均为最高，分别为70.94%和62.75%；冬季鱼类的N%和W%均为最低，分别为4.97%和4.39%（图4.15-2）。

◦ 鱼类多样性指数

多样性指数显示，鱼类Margalef丰富度指数（R）为0.48～1.01，平均为0.87±0.24；Shannon-Wiener多样性指数（H'）为0.11～0.54，平均为0.25±0.2；Pielou均匀度指数（J）为0.06～0.3，平均为0.15±0.1；Simpson优势度指数（λ）为0.76～0.97，平均为0.9±0.1。其中，Shannon-Wiener多样性指数（H'）和Margalef丰富度指数（R）均为春季最高；Simpson优势度指数（λ）则呈现相反的趋势，春季较低；Pielou均匀度指数（J）在各季节相差不大，春季稍高。各季节鱼类多样性指数如图4.15-3所示。以季度为因素，对各多样性指数进行单因素方差分析，结果显示，季节间各多样性指数均无显著差异（$P > 0.05$）。

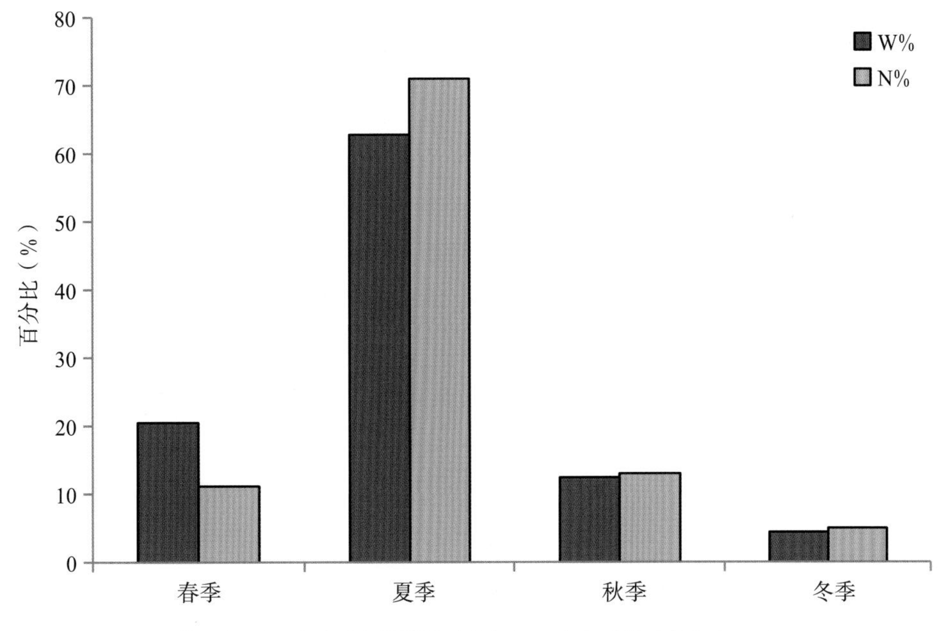

图4.15-2　各季节鱼类数量百分比（N%）与重量百分比（W%）

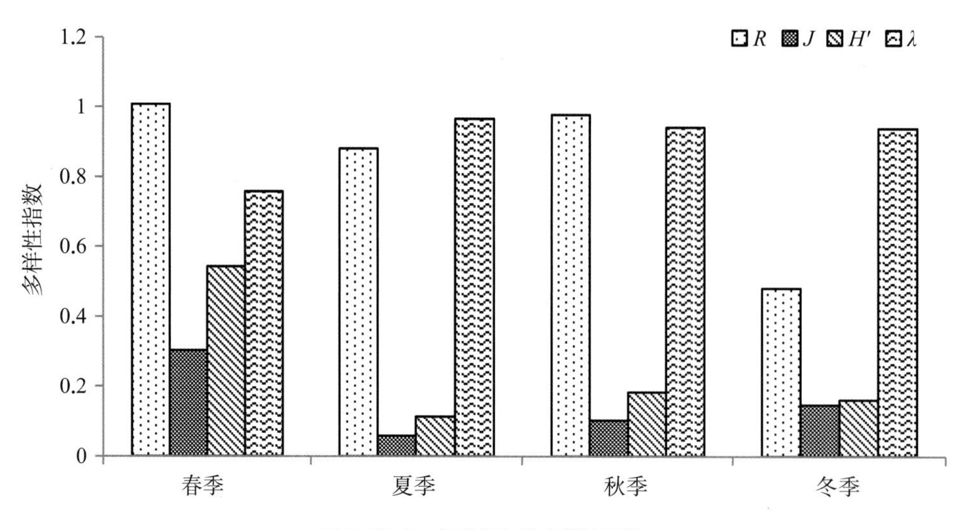

图4.15-3 各季节鱼类多样性指数

· 单位努力捕捞量

各季节基于数量及重量的刺网与定置地笼的单位努力捕捞量（CPUE）如表4.15-1所示。结果显示，夏季刺网与定置串联笼壶的CPUEn及CPUEw均较高。

· 生物学特征

调查结果显示，保护区鱼类体长在6.1 ～ 25.3 cm，平均为12.84 cm；体重在0.4 ～ 570.8 g，平均为27 g。分析表明，94%的鱼类体长在18 cm以下，只有6%的鱼类全长高于18 cm，体长在12 ～ 15 cm的鱼类较多、占总数的34%；88%的鱼类体重在60 g以下，20%的鱼类体重在5 g以下，5 ～ 10 g鱼类较多、占总数的25%（图4.15-4、图4.15-5）。

各种鱼类平均体重显示（表4.15-2），刀鲚、大鳍鱊、黄颡鱼等9种平均体重为10 ～ 50 g；光泽黄颡鱼和鲫的平均体重低于10 g。统计各季节鱼类生物学特征显示，春季鱼类平均全长及体长较高，秋季平均体重稍高（图4.15-6）。非参数检验显示，各季节的体长、体重差异均不显著。

· 其他渔获物

调查结果显示，共采集到虾蟹贝类2种，包括虾类2种（日本沼虾、秀丽白虾），数量共223尾、占渔获物总数量的14.77%，其中秀丽白虾（81.16%）贡献较大；重量共219.1 g，占渔获物总重量的1.9%。

· 渔业资源现状及分析

共采集到鱼类11种，其他水生动物2种（包括虾类2种）。鱼类中，鲤形目的种类数（6种）最多，其次为鲇形目（2种）、鲑形目（1种）、鲈形目（1种）、鲱形目（1种）。数量百分比（N%）和重量百分比（W%）较高的种类中，大多数是鲤科鱼类。以IRI指数为优势种判定指标，细鳞鲴、鳘、似鳊等3种鲤科鱼类为优势种，优势种与主要种绝大多数是鲤科鱼类。

四个季节的鱼类优势种组成较接近。四个季节中，夏季鱼类的数量百分比（N%）和重量百分

表4.15-1 各季节单位努力捕捞量

季　节	刺网CPUEn（ind./net · 12 h）	刺网CPUEw（g/net · 12 h）	定置串联笼壶 CPUEn（ind./net · 12 h）	定置串联笼壶 CPUEw（g/net · 12 h）
春	11.67	190.13	1.58	5.58
夏	37.83	459.88	54.58	151.98
秋	13.92	116.87	—	—
冬	5.33	41.40	0.92	1.35

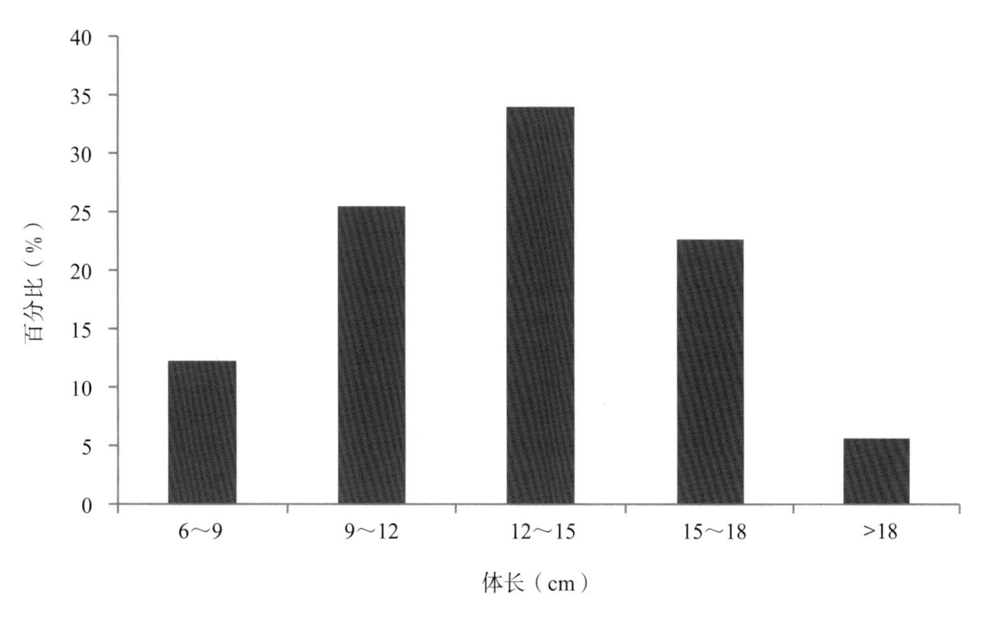

图4.15-4　鱼类体长分布图

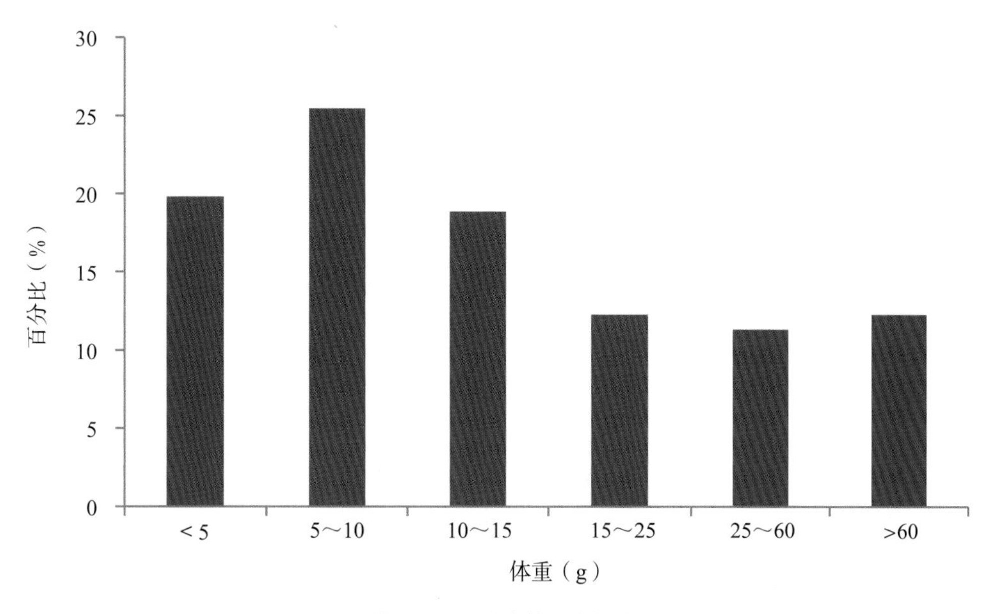

图4.15-5　鱼类体重分布图

比（W%）均为最高，而冬季的N%和W%均为最低。夏季刺网与定置串联笼壶的CPUEn及CPUEw均较高。

多样性指数显示，鱼类群落的Shannon-Wiener多样性指数（H'）均值为0.25，小于该指数一般范围（1.5～3.5），说明该水域鱼类生物多样性水平较低。Shannon-Wiener多样性指数、Margalef丰富度指数和Pielou均匀度指数最大值均出现在春季。

生物学特征分析显示，94%的鱼类体长在18 cm以下，88%的鱼类体重在60 g以下，表明该水域鱼类资源“小型化”的特征较明显。

本保护区主要保护对象为鳜。鳜为肉食性鱼类，性凶猛，以鱼类和其他水生动物为食，喜欢栖息于江河、湖泊、水库等水草茂盛且较洁净的水体中。本次监测中鳜的体长最大值为10.2 cm，最小值为7.8 cm，平均值为9.0 cm；体重最大值为21.0 g，最小值为5.2 g，平均值为13.1 g，个体整体偏小。建议以实时监测数据为基础，及时调整增殖放流方案，适当增加鳜等鱼食性鱼类的放流量；制定科学合理的鳜专项物种保护计划，保障其种质资源的保护效果。

表 4.15-2 鱼类体长及体重组成

种 类	体长（cm）			体重（g）		
	最小值	最大值	平均值	最小值	最大值	平均值
刀鲚 *Coilia nasus*	8.7	19.2	13.6	0.4	570.8	33.4
䱗 *Hemiculter leucisculus*	9.7	14.2	12.5	1.8	42.0	11.3
鲫 *Carassius auratus*	12.5	16.2	13.9	1.0	23.8	6.8
大鳍鱊 *Acheilognathus macropterus*	6.1	8.3	7.1	1.3	125.3	19.9
蛇鮈 *Saurogobio dabryi*	16.0	16.0	16.0	12.0	12.0	12.0
花䱻 *Hemibarbus maculatus*	12.2	12.2	12.2	12.8	12.8	12.8
似刺扁鮈 *Paracanthobrama guichenoti*	12.0	25.3	17.8	10.0	18.2	13.1
黄颡鱼 *Pelteobagrus fulvidraco*	158.9	158.9	158.9	14.6	14.6	14.6
光泽黄颡鱼 *Pelteobaggrus nitidus*	9.0	11.7	10.5	4.4	6.2	5.0
大银鱼 *Protosalanx hyalocranius*	10.8	15.2	13.6	17.0	63.0	34.6
鳜 *Siniperca chuatsi*	7.8	10.2	9.0	5.2	21.0	13.1

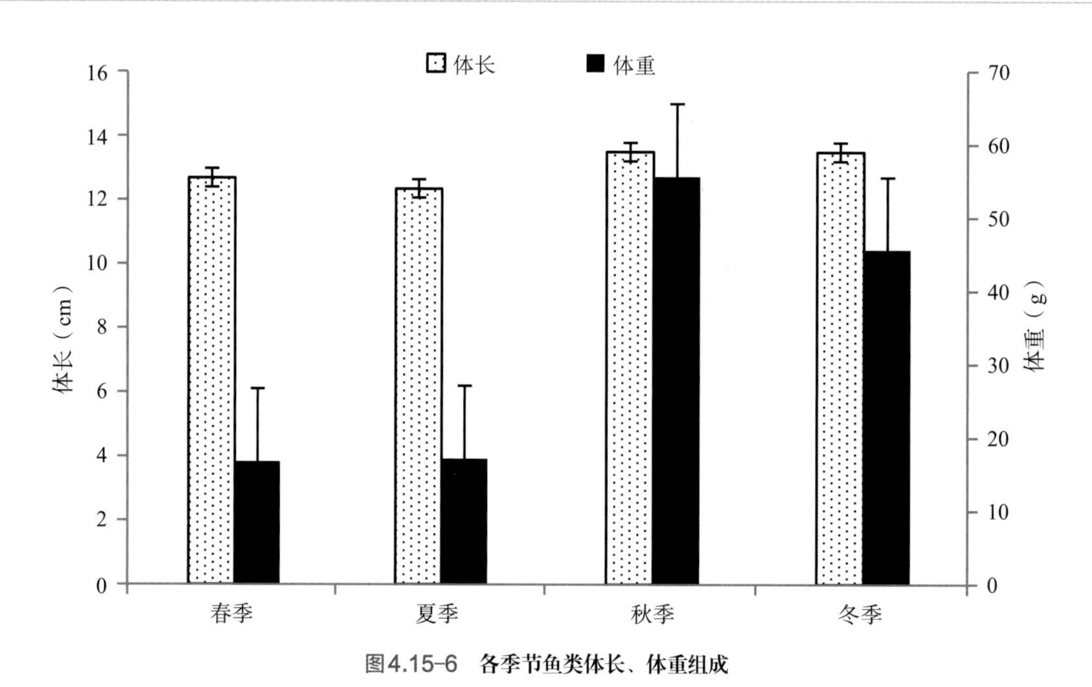

图4.15-6 各季节鱼类体长、体重组成

4.16 · 洪泽湖黄颡鱼国家级水产种质资源保护区

· 鱼类种类组成

调查结果显示，共采集到鱼类18种573尾，重6.81 kg，隶属于6目6科15属。鲤形目的种类数较多，有1科10种，约占总种类数的55.56%；其次为鲇形目（2科2种）、鲑形目（2科2种）、鲈形目（2科2种）；其他为鲱形目（1科1种）与颌针形目（图4.16-1）。鲱形目鱼类的数量百分比（36.44%）和重量百分比（39.09%）均远高于其他目的鱼类。

数量百分比（N%）显示，刀鲚数量最多（39.09%），似鳊、鳙、银鱼等7种鱼类的N%小于1%；重量百分比（W%）显示，刀鲚（39.09%）的W%较大，间下鱵和似鳊的W%小于1%，棒花鱼和银鱼等6种鱼类的W%小于0.1%。

· 优势种

优势种分析结果显示，刀鲚、麦穗鱼、大鳍鱊、红鳍原鲌、鲫为优势种。大银鱼、兴凯鱊和𩽾等3种鱼类为主要种。

· 鱼类季节组成

春季采集到鱼类15种，隶属于5目5科，优势种为红鳍原鲌、刀鲚和大鳍鱊；夏季采集到鱼类10种，隶属于6目5科，优势种为鲫、刀鲚、大鳍鱊和𩽾；秋季采集到鱼类6种，隶属于3目3科，优势种为红鳍原鲌、麦穗鱼、刀鲚；冬季采集到鱼类4种，隶属于2目2科，优势种为麦穗鱼。分析显示，春季鱼类种类最多，冬季最少。

数量百分比（N%）和重量百分比（W%）显示，四个季节中，春季鱼类的N%和W%均为最高，分别为26.26%和41.07%；冬季鱼类的N%和W%均为最低，分别为4.4%和3.27%（图4.16-2）。

· 鱼类多样性指数

多样性指数显示，鱼类Margalef丰富度指数（R）为0.96～2.64，平均为1.63±0.75；Shannon-Wiener多样性指数（H'）为1.21～1.72，平均为1.43±0.25；Pielou

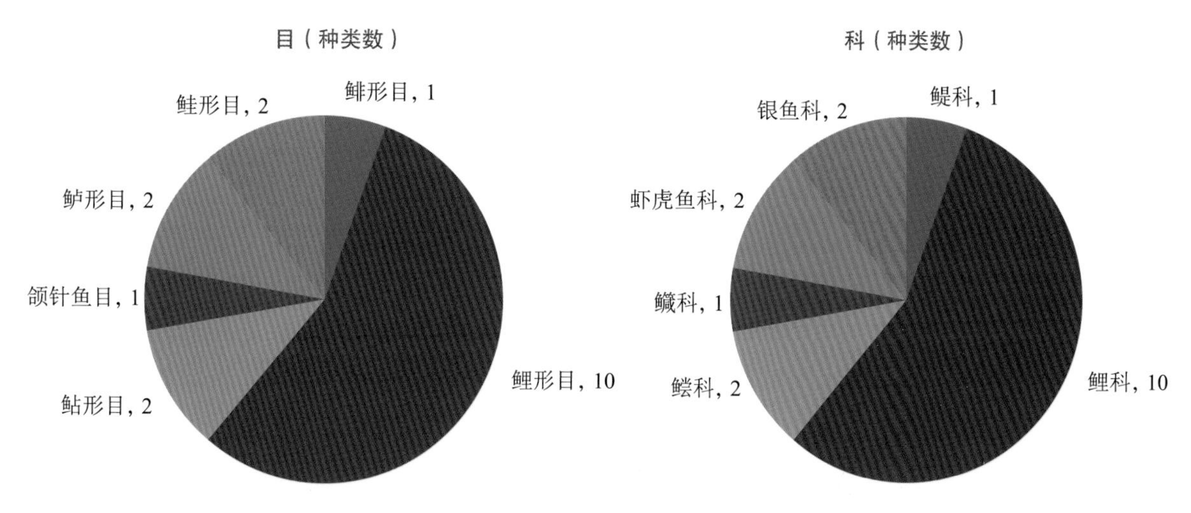

图4.16-1　各目、科鱼类组成

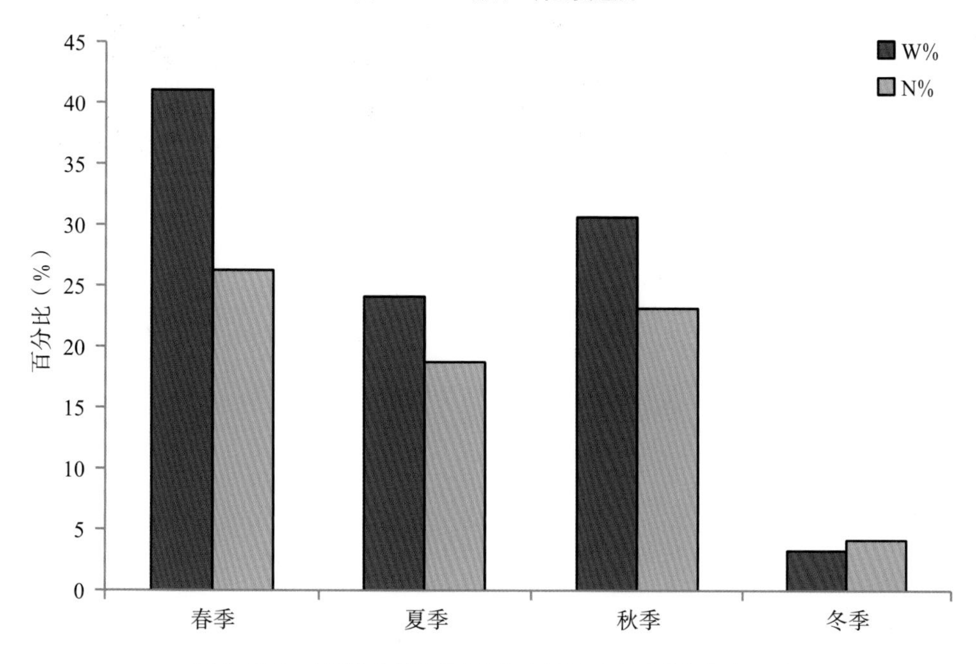

图4.16-2　各季节鱼类数量百分比（N%）与重量百分比（W%）

均匀度指数(J)为0.63～0.76，平均为0.69±0.05；Simpson优势度指数(λ)为0.3～0.41，平均为0.34±0.04。其中，Shannon-Wiener多样性指数(H')和Margalef丰富度指数(R)均为春季最高；Simpson优势度指数(λ)则呈现相反的趋势，春季较低；Pielou均匀度指数(J)在各季节相差不大，秋季稍高。各季节鱼类多样性指数如图4.16-3所示。以季度为因素，对各多样性指数进行单因素方差分析，结果显示，季节间各多样性指数均无显著差异($P > 0.05$)。

· 单位努力捕捞量

各季节基于数量及重量的刺网与定置串联笼壶的单位努力捕捞量（CPUE）如表4.16-1所示。结果显示，夏季刺网的CPUEn及CPUEw均较高，夏季定置串联笼壶的CPUEn及CPUEw均较高。

· 生物学特征

调查结果显示，保护区鱼类体长在3.6～27.3 cm，平均为9.9 cm；体重在0.1～165.9 g，平均为12.92 g。分析表明，96%的鱼类体长在18 cm以下，只有4%的鱼类全长高于18 cm，体长在6～9 cm的鱼类较多、占总数的38%；96%的鱼类体重在40 g以下，11%的鱼类体重在3 g以下，3～6 g鱼类较多、占总数的29%（图4.16-4、图4.16-5）。

各种鱼类平均体重显示（表4.16-2），鳙和鲫的平均体重大于50 g；似鳊、红鳍原鲌、光泽黄颡鱼等5种平均体重为10～50 g；刀鲚、大银鱼和大鳍鱊等11种鱼类的平均体重低于10 g。统计各季节鱼类生物学特征显示，秋季鱼类平均全长及体长较高，且秋季平均体重稍高（图4.16-6）。非参数检验显示，各季节的体长、体重差异均不显著。

· 其他渔获物

调查结果显示，共采集到虾、蟹、贝类5种，包括蟹类1种（中华绒螯蟹）、螺1种（中华圆田螺）、

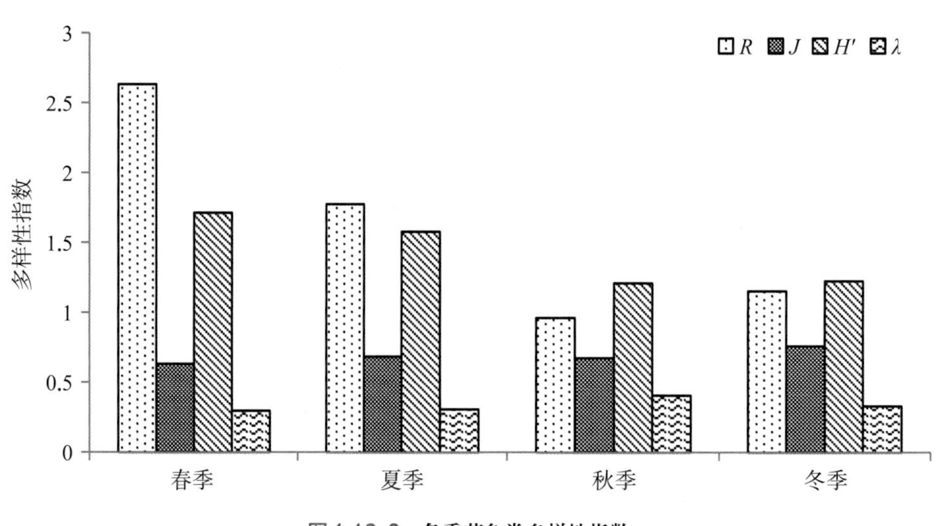

图4.16-3　各季节鱼类多样性指数

表4.16-1　各季节单位努力捕捞量

季　节	刺网CPUEn（ind./net·12 h）	刺网CPUEw（g/net·12 h）	定置串联笼壶CPUEn（ind./net·12 h）	定置串联笼壶CPUEw（g/net·12 h）
春	15.75	223.46	13.92	29.26
夏	11.58	134.49	27.00	27.63
秋	14.08	164.12	9.33	20.62
冬	1.42	12.13	14.47	18.83

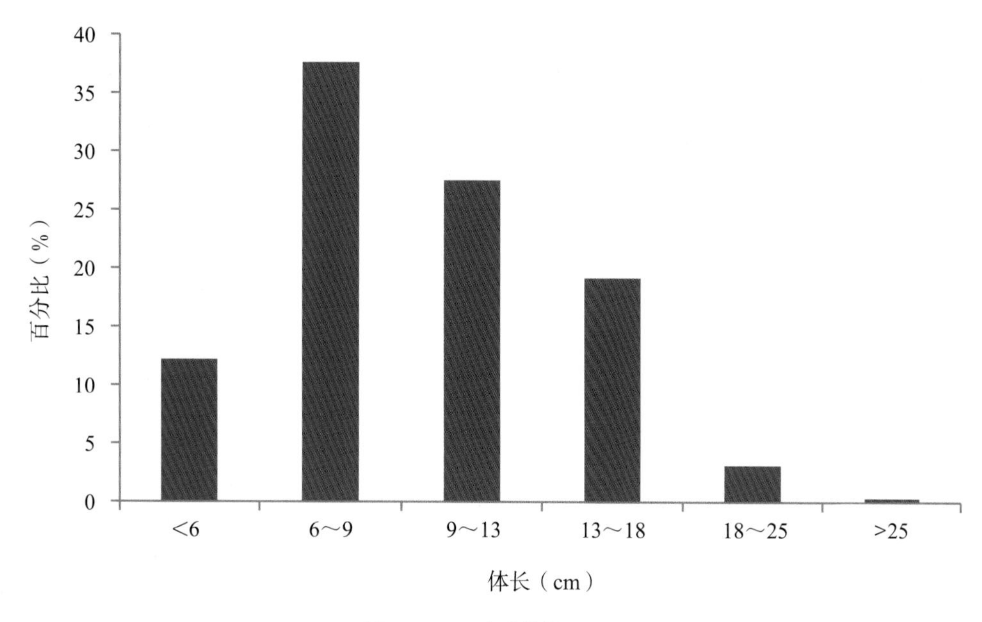

图4.16-4　鱼类体长分布图

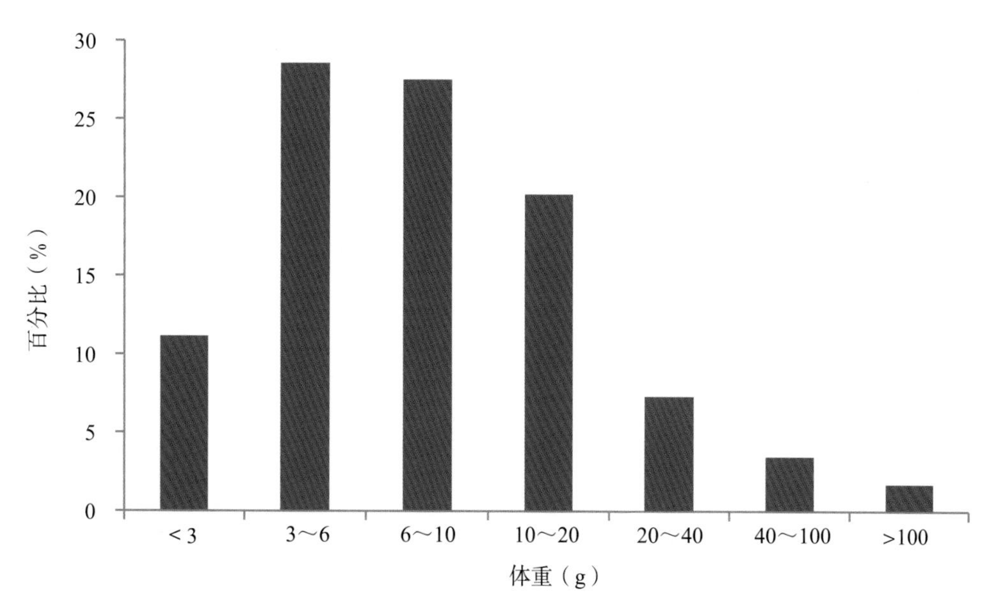

图4.16-5　鱼类体重分布图

贝类1种（河蚬）、虾类2种（日本沼虾、秀丽白虾），数量共702尾、占渔获物总数量的54.17%，其中秀丽白虾（89.74%）贡献较大；重量共567.1 g，占渔获物总重量的7.4%。

· 渔业资源现状及分析

共采集到鱼类18种，其他水生动物5种（包括螺类1种、虾类3种、蟹类1种）。鱼类中，鲤形目的种类数（10种）最多，其次为鲈形目（2种）、鲑形目（2种）、鲇形目（2种）、鲱形目1种。数量百分比（N%）和重量百分比（W%）较高的种类中，大多数是鲤科鱼类。以IRI指数为优势种判定指标，鲚、麦穗鱼、大鳍鱊、红鳍原鲌、鲫为优势种，优势种与主要种绝大多数是鲤科鱼类。

四个季节鱼类优势种组成较接近。四个季节中，春季鱼类的数量百分比（N%）和重量百分比（W%）均为最高，而冬季的N%和W%均为最低。春季刺网的CPUEn及CPUEw均较高，夏季地笼的CPUEn及CPUEw均较高。

表 4.16-2　鱼类体长及体重组成

种　　类	体长（cm）			体重（g）		
	最小值	最大值	平均值	最小值	最大值	平均值
刀鲚 *Coilia nasus*	6.6	27.3	13.6	0.6	74.6	9.8
鲫 *Carassius auratus*	4.9	18.4	12.5	1.3	165.9	59.6
䱗 *Hemiculter leucisculus*	8.2	11.3	9.7	4.6	18.4	11.7
鳙 *Aristichthys nobilis*	16.8	18.5	17.7	92.8	128.2	110.5
大鳍鱊 *Acheilognathus macropterus*	4.1	19.6	7.2	1.2	28.4	8.8
兴凯鱊 *Acheilognathus chankaensis*	4.9	10.0	6.9	1.8	31.2	8.4
似鳊 *Pseudobrama simoni*	7.9	11.7	9.5	10.5	21.9	14.9
红鳍原鲌 *Cultrichthys erythropterus*	7.4	21.4	11.4	5.2	113.4	19.9
花䱻 *Hemibarbus maculatus*	10.4	15.2	12.6	16.5	28.7	23.6
棒花鱼 *Abbottina rivularis*	7.5	7.5	7.5	1.6	1.6	1.6
麦穗鱼 *Pseudorasbora parva*	4.2	9.9	7.2	1.1	11.8	6.5
光泽黄颡鱼 *Pelteobaggrus nitidus*	13.2	13.2	13.2	29.6	29.6	29.6
长须黄颡鱼 *Pelteobagrus eupogon*	7.1	7.1	7.1	6.6	6.6	6.6
纹缟虾虎鱼 *Tridentigertri gonocephalus*	5.8	5.8	5.8	3.9	3.9	3.9
子陵吻虾虎鱼 *Rhinogobius giurinus*	3.6	5.9	5.2	0.9	4.6	2.57
间下鱵 *Hyporhamphus intermedius*	8.6	13.6	11.5	2.3	6.4	4.4
大银鱼 *Protosalanx hyalocranius*	5.0	15.3	10.1	0.1	16.4	5.5
乔氏新银鱼 *Neosalanx jordani*	7.2	7.2	7.2	1.3	1.3	1.3

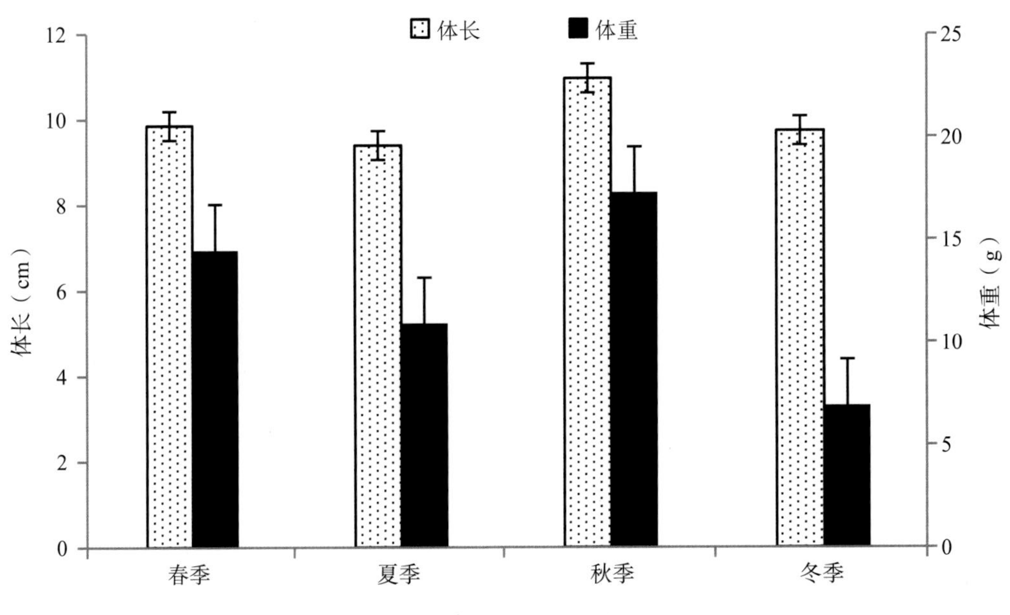

图4.16-6　各季节鱼类体长、体重组成

多样性指数显示，鱼类群落的Shannon-Wiener多样性指数（H'）均值为1.43，小于该指数一般范围（1.5～3.5），说明该水域鱼类生物多样性水平较低。Shannon-Wiener多样性指数、Margalef丰富度指数最大值均出现在春季；Pielou均匀度指数最大值出现在冬季。

生物学特征分析显示，96%的鱼类体长在18 cm以下，96%的鱼类体重在40 g以下，表明该水域鱼类资源“小型化”的特征较明显。

本保护区主要保护对象为黄颡鱼。黄颡鱼为杂食性鱼类，自然条件下以动物性饲料为主，鱼苗阶段以浮游动物为食，成鱼则以昆虫及其幼虫、小鱼、小虾、螺、蚌等为食，也吞食植物碎屑。黄颡鱼也是目前池塘养殖的重要品种，是江苏主要的经济鱼类。本保护区采集到黄颡鱼属的鱼类有两种，分别为光泽黄颡鱼和长须黄颡鱼。其中，光泽黄颡鱼1尾，体重为29.6 g，体长为13.2 cm；长须黄颡鱼1尾，体重为6.6 g，体长为7.1 cm。表明本保护区黄颡鱼资源量较少，个体较小。建议针对本保护区的保护物种制定科学的增殖放流、资源养护计划，进一步提高对保护物种的保护效果。

4.17 · 骆马湖国家级水产种质资源保护区

· 鱼类种类组成

调查结果显示，共采集到鱼类22种426尾，重6.12 kg，隶属于5目5科18属。鲤形目的种类数较多，有1科17种，约占总种类数的77.28%；其次为鲇形目（1科2种）、鲈形目（1种）、鲱形目（1种）和鲑形目（1种）（图4.17-1）。鲱形目鱼类的数量百分比（44.13%）和鲤形目鱼类的重量百分比（72.28%）均远高于其他目的鱼类。

数量百分比（N%）显示，刀鲚数量最多（44.13%），其次为鳘、麦穗鱼、棒花鱼等，兴凯鱊、似鳊、银鮈等8种鱼类的N%小于1%；重量百分比（W%）显示，刀鲚（22.52%）、黄尾鲴（20.49%）、鲫（18.28%）的W%较大，棒花鱼、兴凯鱊、子陵吻虾虎、红鳍原鲌、大银鱼、银鮈的W%小于1%。

· 优势种

优势种分析结果显示，刀鲚、鳘、黄尾鲴和鲫等4种鱼类为优势种。棒花鱼、大鳍鱊、蒙古鲌等7种鱼类为主要种。

· 鱼类季节组成

春季采集到鱼类10种，隶属于3目3科，优势种为刀鲚、黄尾鲴和兴凯鱊；夏季采集到鱼类14种，隶属于5目5科，优势种为刀鲚、鳘、和鲫；秋季采集到鱼类11种，隶属于2目2科，优势种为鲫、大鳍鱊；冬季采集到鱼类8种，隶属于2目2科，优势种为大鳍鱊和鳘。分析显示，夏季鱼类种类最多，冬季最少，四个季节均采集到的有鲫、刀鲚、鳘等5种鱼类。

数量百分比（N%）和重量百分比（W%）显示，

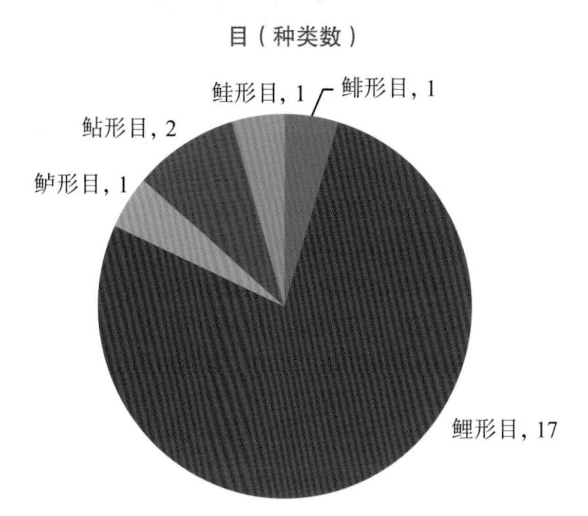

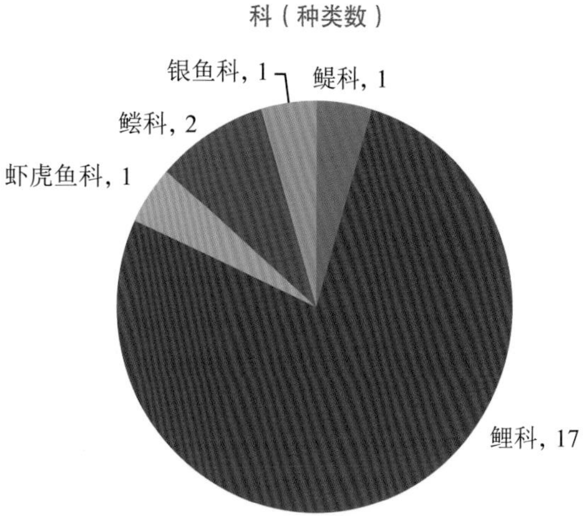

图4.17-1　各目、科鱼类组成

四个季节中，夏季鱼类的N%和W%均为最高，分别为46.27%和68.5%；冬季鱼类的N%和W%均为最低，分别为3.32%和9.66%（图4.17-2）。

· 鱼类多样性指数

多样性指数显示，鱼类Margalef丰富度指数（R）为1.00 ～ 2.06，平均为1.60±0.44；Shannon-Wiener多样性指数（H'）为1.03 ～ 1.69，平均为1.44±0.30；Pielou均匀度指数（J）为0.63 ～ 0.78，平均为0.73±0.07；Simpson优势度指数（λ）为0.24 ～ 0.47，平均为0.33±0.10。各季节鱼类多样性指数如图4.17-3所示。以季度为因素，对各多样性指数进行单因素方差分析，结果显示，季节间各多样性指数均无显著差异（$P > 0.05$）。

· 单位努力捕捞量

各季节基于数量及重量的刺网与定置串联笼壶的单位努力捕捞量（CPUE）如表4.17-1所示。结果显示，夏季刺网的CPUEn及CPUEw均较高，夏季定置串联笼壶的CPUEn及CPUEw均较高。

· 生物学特征

调查结果显示，骆马湖鱼类体长在3.1 ～ 22.7 cm，平均为10.86 cm；体重在0.9 ～ 183 g，平均为19.41 g。分析表明，98%的鱼类体长在18 cm以下，只有2%的鱼类全长高于18 cm，体长在9 ～ 13 cm的鱼类较多、

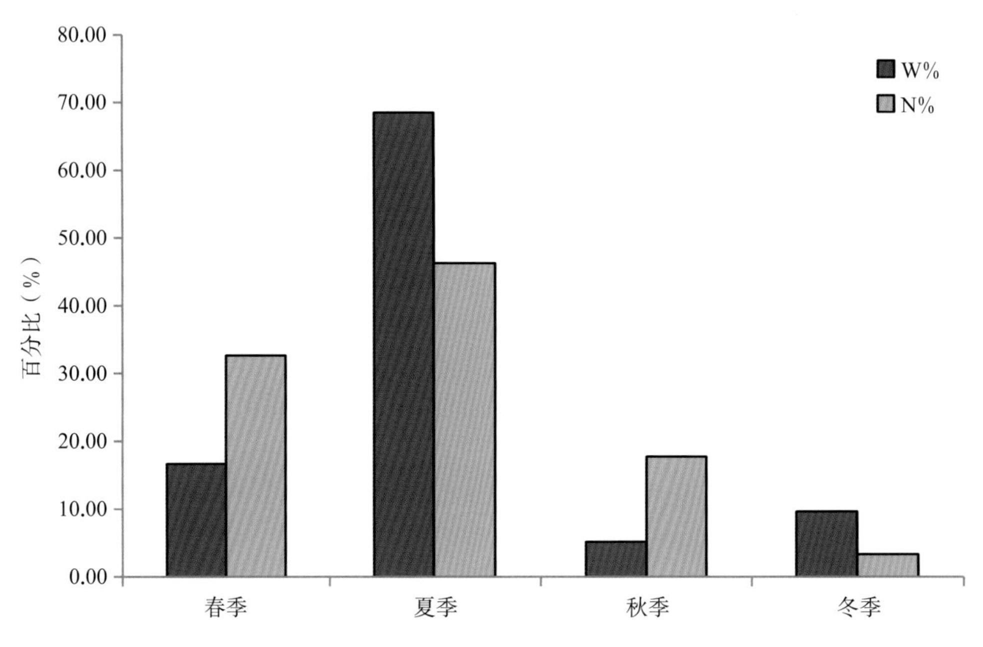

图4.17-2　各季节鱼类数量百分比（N%）与重量百分比（W%）

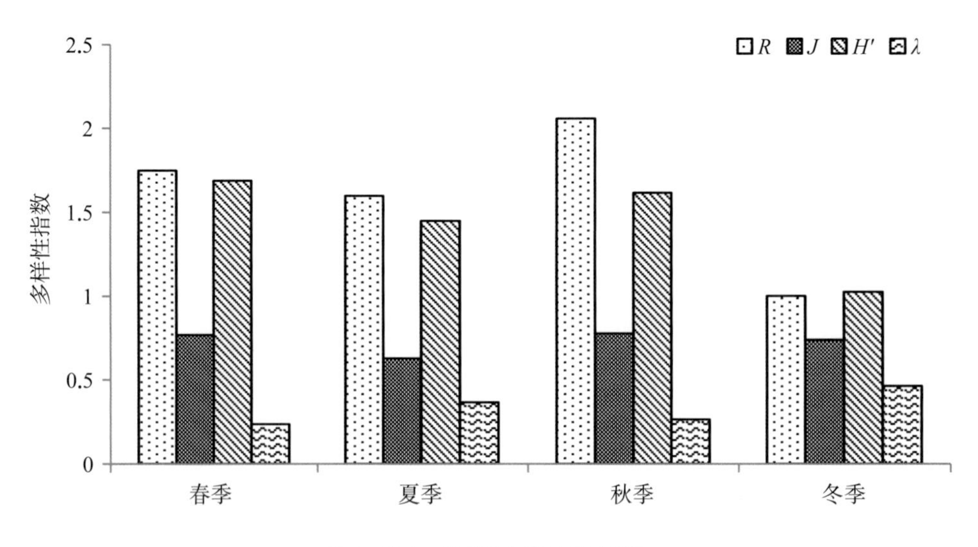

图4.17-3　各季节鱼类多样性指数

表 4.17-1 各季节单位努力捕捞量

季节	刺网CPUEn（ind./net·12 h）	刺网CPUEw（g/net·12 h）	定置串联笼壶CPUEn（ind./net·12 h）	定置串联笼壶CPUEw（g/net·12 h）
春	49	935	51	96.2
夏	176	3 533.3	155	741
秋	19	291.9	21	36.9
冬	25	612	39	46.2

占总数的35%；96%的鱼类体重在80 g以下，12%的鱼类体重在3 g以下，3～6 g鱼类较多、占总数的26%（图4.17-4、图4.17-5）。

各种鱼类平均体重显示（表4.17-2），团头鲂、长须黄颡鱼、鳙、鲢等4种平均体重高于100 g；鲫、翘嘴鲌、花䱻等3种鱼类平均体重为50～100 g；似鳊、大银鱼、黄颡鱼等7种平均体重为10～50 g；刀鲚、红鳍原鲌、大鳍鱊等8种平均体重低于10 g。统计各季节鱼类生物学特征显示，冬季鱼类平均全长及体长较高，冬季平均体重也稍高（图4.17-6）。非参数检验显示，各季节的体长、体重差异均不显著。

· 其他渔获物

调查结果显示，共采集到虾、蟹、贝类3种，包括螺类1种（铜锈环棱螺）、虾类2种（日本沼虾、秀丽白虾），数量共70尾、占渔获物总数量的14.11%，其中秀丽白虾（80%）贡献较大；重量共83.2 g，占渔获物总重量的1.3%。

· 渔业资源现状及分析

共采集到鱼类22种，其他水生动物3种（包括螺类1种、虾类2种）。鱼类中，鲤形目的种类数较多，有17种，其次为鲇形目（1科2种）、鲈形目（1种）、鲱形目为（1种）和鲑形目（1种）。数量百分比（N%）和重量百分比（W%）较高的种类中，大多数是鲤科鱼类。以IRI指数为优势种判定指标，鲫、䱗、刀鲚等鱼类为优势种，优势种与主要种绝大多数是鲤科鱼类。

四个季节的鱼类优势种组成较接近。四个季节中，夏季鱼类的数量百分比（N%）和重量百分比（W%）均为最高，而秋季的W%为最低，冬季的N%

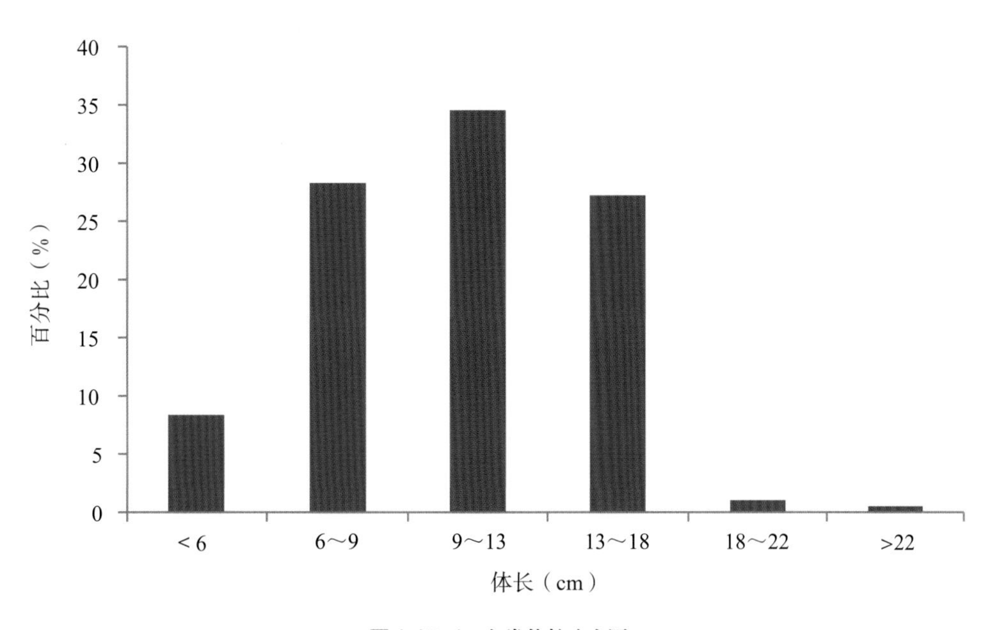

图4.17-4 鱼类体长分布图

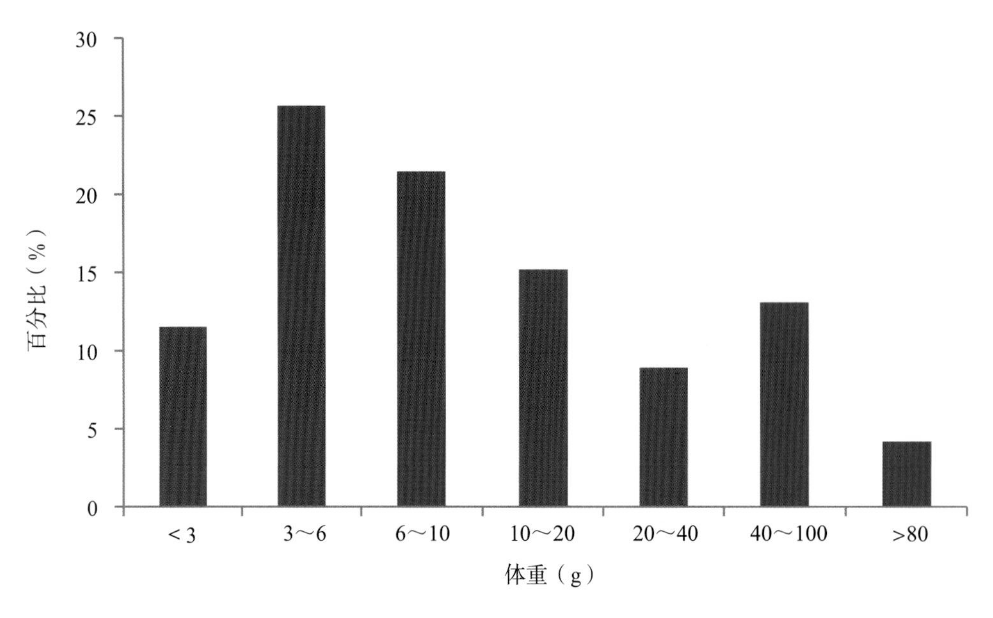

图4.17-5 鱼类体重分布图

表 4.17-2 **鱼类体长及体重组成**

种　　类	体长（cm）			体重（g）		
	最小值	最大值	平均值	最小值	最大值	平均值
刀鲚 *Coilia nasus*	3.1	17.9	12.4	1.2	17.7	6.1
棒花鱼 *Abbottina rivularis*	7.8	7.8	7.8	7.9	7.9	7.9
𩾌 *Hemiculter leucisculus*	7.5	16.4	10.1	3.6	61.7	13.4
大鳍鱊 *Acheilognathus macropteruss*	5.7	8.7	7.3	3.7	13.3	8.2
红鳍原鲌 *Cultrichthys erythropterus*	8.1	10.1	8.9	6.2	12.6	8.3
翘嘴鲌 *Culter alburnus*	12.2	22.7	16.4	17.5	183.0	77.0
蒙古鲌 *Culter mongolicus*	10.6	19.8	13.6	13.9	101.0	33.1
花䱻 *Hemibarbus maculatus*	65.1	270.6	172.6	91.5	527.4	91.5
黄尾鲴 *Xenocypris davidi*	10.1	16.1	13.4	15.8	104.1	48.0
鲫 *Carassius auratus*	4.7	16.7	11.3	2.1	146.6	50.1
鲢 *Hypophthalmichthys molitrix*	29.6	556.1	235.8	262.9	3 170.5	262.9
麦穗鱼 *Pseudorasbora parva*	5.8	8.0	6.9	2.9	8.6	5.5
中华鳑鲏 *Rhodeus sinensis*	23.1	29.0	15.4	0.7	0.9	0.8
似鳊 *Pseudobrama simoni*	11.1	16.6	14.1	17.0	74.5	43.2
兴凯鱊 *Acheilognathus chankaensis*	6.4	7.9	7.0	6.6	10.4	7.9
团头鲂 *Megalobrama amblycephala*	48.4	294.8	149.0	100.5	523.8	100.5
银鮈 *Squalidus argentatus*	9.1	10.1	9.8	10.4	17.2	14.3
鳙 *Aristichthys nobilis*	43.5	446.3	193.0	160.4	1 514.7	160.4
黄颡鱼 *Pelteobagrus fulvidraco*	12.7	12.9	12.8	41.6	45.3	43.5
长须黄颡鱼 *Pelteobagrus eupogon*	20.2	20.2	20.2	114.8	114.8	114.8
子陵吻虾虎鱼 *Rhinogobius giurinus*	3.5	5.2	4.5	0.9	2.7	1.6
大银鱼 *Protosalanx chinensis*	14.4	17.5	16.0	10.8	24.9	17.9

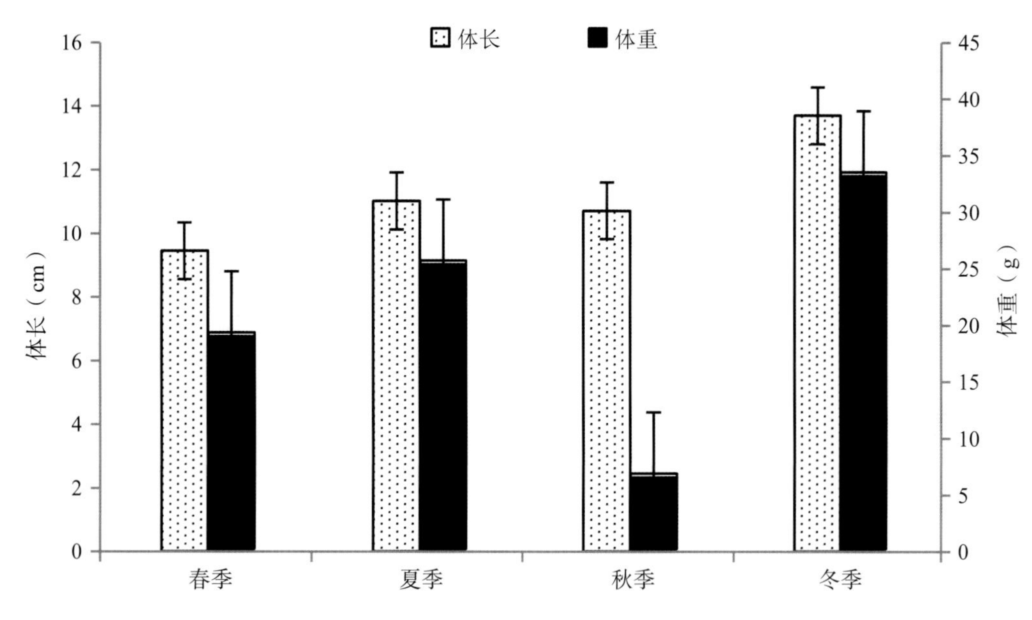

图4.17-6　各季节鱼类体长、体重组成

为最低。夏季刺网的CPUEn及CPUEw均较高，夏季定置串联笼壶的CPUEn及CPUEw均较高。

多样性指数显示，鱼类群落的Shannon-Wiener多样性指数（H'）的均值为1.44，小于该指数一般范围（1.5 ～ 3.5），说明该水域鱼类生物多样性水平较低。Shannon-Wiener多样性指数最大值出现在春季，Margalef丰富度指数最大值出现在秋季，Pielou均匀度指数最大值出现在秋季。

生物学特征分析显示，98%的鱼类体长在18 cm以下，96%的鱼类体重在80 g以下，表明该水域鱼类资源"小型化"的特征较明显。

主要保护物种为鲫和鲤。鲫的渔获重量百分比为18.28%，平均体长和平均体重分别为11.28 cm和50.11 g，体型相对较小。本次调查未监测到鲤。江苏省淡水水产研究所2020年开展的该保护区资源监测中，曾采集到鲤2尾，平均体长为22.8 cm，平均体重为215.6 g。建议保护区进一步加强渔业资源保护，开展水体和底栖生态环境修复，优化放流品种。

4.18 · 骆马湖青虾国家级水产种质资源保护区

鱼类种群组成

根据本次调查，共采集鱼类17种，共1 366尾，16.56 kg，隶属14属17种。种类组成以鲤形目为主，占总种类数的76.47%；其次为鲇形目，3科3种；鲱形目为1种（图4.18-1）。鲱形目鱼类的数量百分比（69.91%）和鲤形目鱼类的重量百分比（68.32%）均远高于其他目的鱼类。

数量百分比（N%）显示，刀鲚数量最多（69.91%），其次为大鳍鱊、麦穗鱼、䱗、鲫、兴凯鱊、红鳍原鲌等6种鱼类，黄尾鲴、高体鳑鲏、翘嘴鲌、鲢、蒙古鲌、似鳊、子陵吻虾虎鱼、纹缟虾虎鱼、黄颡鱼、鳙等10种鱼类的N%小于1%；重量百分比（W%）显示，鳙（34.58%）、刀鲚（30.31%）、鲫（8.25%）、大鳍鱊（6.88%）、红鳍原鲌（4.75%）等8种鱼类的W%较大，黄尾鲴、高体鳑鲏、翘嘴鲌、兴凯鱊、子陵吻虾虎鱼、纹缟虾虎鱼等6种鱼类的W%小于0.1%。

优势种

优势种分析结果显示，刀鲚、鳙、大鳍鱊和鲫等4种鱼类为优势种。麦穗鱼、䱗、红鳍原鲌和兴凯鱊等4种鱼类为主要种。

鱼类季节组成

春季采集到鱼类13种，隶属于3目4科，优势种刀鲚、大鳍鱊和麦穗鱼；夏季采集到鱼类10种，隶属于3目4科，优势种为刀鲚和鳙；秋季采集到鱼类8种，隶属于3目3科，优势种为鲫和麦穗鱼；冬季

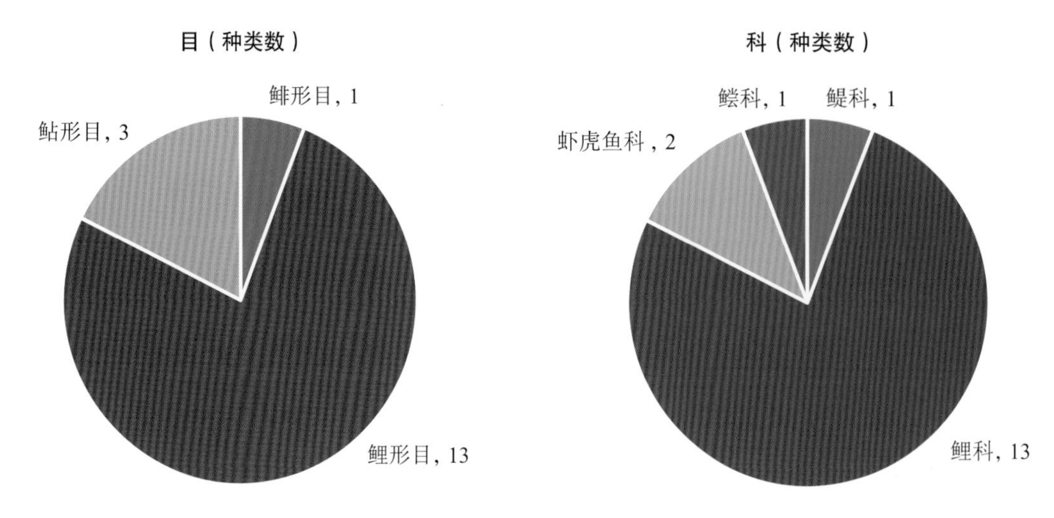

图4.18-1 各目、科鱼类组成

采集到鱼类6种，隶属于2目2科，优势种为大鳍鱊和红鳍原鲌。分析显示，春季鱼类种类最多，冬季较少，四个季节均采集到的有鳘和刀鲚。

数量百分比（N%）和重量百分比（W%）显示，四个季节中，夏季鱼类的N%和W%均为最高，分别为74.81%和70.00%；秋季鱼类的N%和W%均为最低，分别为0.6%和0.3%（图4.18-2）。

· 鱼类多样性指数

多样性指数显示，鱼类Margalef丰富度指数(R)为1.29 ~ 2.22，平均为1.68±0.41；Shannon-Wiener多样性指数(H')为0.74 ~ 1.82，平均为1.30±0.54；Pielou均匀度指数(J)为0.32 ~ 0.81，平均为0.59±0.21；Simpson优势度指数(λ)为0.21 ~ 0.69，平均为0.43±0.24。各季节鱼类多样性指数如图4.18-3所示。以季度为因素，对各多样性指数进行单因素方差分析，结果显示，季节间各多样性指数均无显著差异($P > 0.05$)。

· 单位努力捕捞量

各季节基于数量及重量的刺网与定置串联笼壶的单位努力捕捞量（CPUE）如表4.18-1所示。结果显示，夏季刺网的CPUEn及刺网CPUEw均较高，夏季定置串联笼壶的CPUEn及CPUEw均较高。

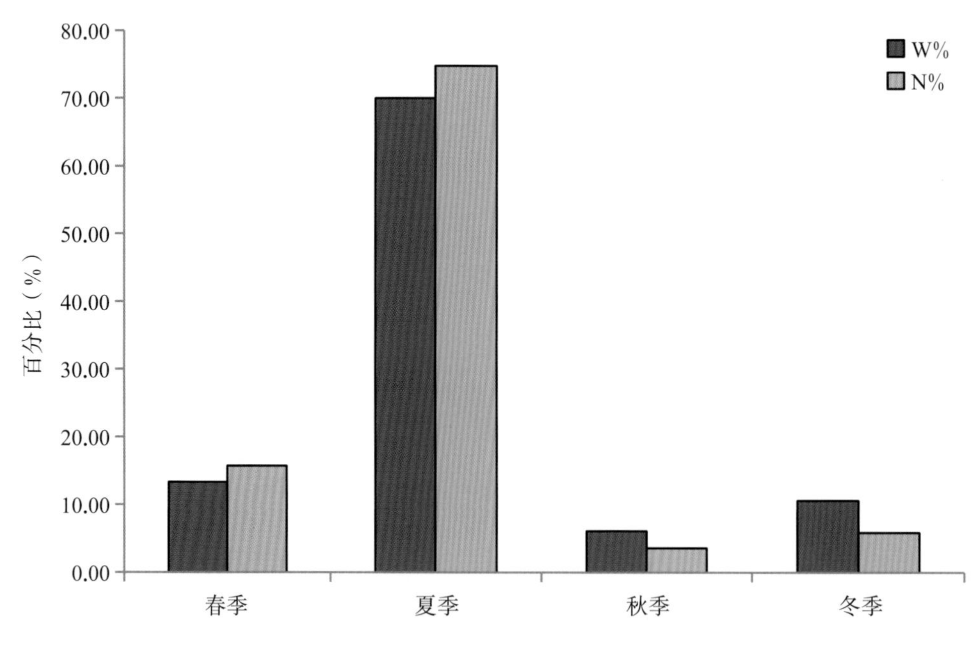

图4.18-2 各季节鱼类数量百分比（N%）与重量百分比（W%）

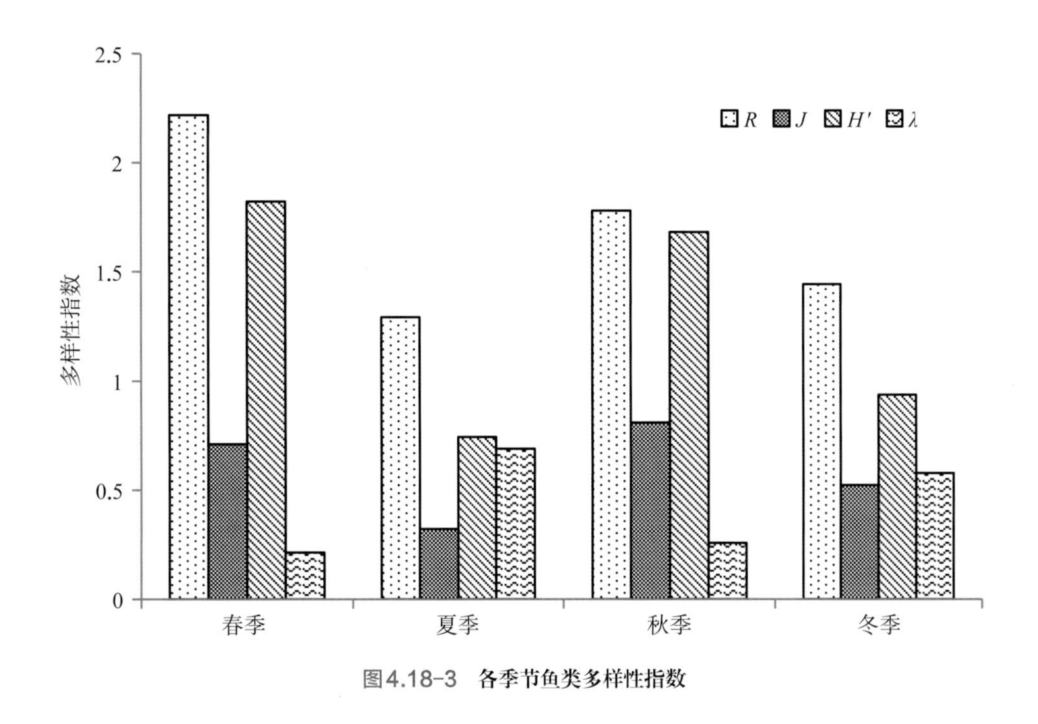

图4.18-3 各季节鱼类多样性指数

表 4.18-1 各季节单位努力捕捞量

季节	刺网CPUEn（ind./net · 12 h）	刺网CPUEw（g/net · 12 h）	定置串联笼壶 CPUEn（ind./net · 12 h）	定置串联笼壶 CPUEw（g/net · 12 h）
春	442	888.6	138	1 848.2
夏	921	3 398.8	212	4 784.9
秋	144	252.7	28	971.9
冬	78	172	32	790.8

· 生物学特征

调查结果显示，骆马湖青虾国家级水产种质资源保护区鱼类体长在4.1 ～ 38 cm，平均为9.94 cm；体重在0.8 ～ 964 g，平均为34.58 g。分析表明，94.08%的鱼类体长在18 cm以下，只有5.92%的鱼类体长高于18 cm，体长在6 ～ 10 cm的鱼类较多、占总数的54.21%；90.03%的鱼类体重在64 g以下，5.61%的鱼类体重在100 g以上，4 ～ 8 g鱼类较多、占总数的42.06%（图4.18-4、图4.18-5）。

各种鱼类平均体重显示（表4.18-2），鳙和鲢2种鱼类平均体重高于100 g；红鳍原鲌、蒙古鲌、黄颡鱼、黄尾鲴和鲫等5种鱼类平均体重为50 ～ 100 g；翘嘴鲌和似鳊等2种平均体重为10 ～ 50 g；刀鲚、大鳍鱊、高体鳑鲏、鳘、麦穗鱼、兴凯鱊、子陵吻虾虎鱼、纹缟虾虎鱼等8种平均体重低于10 g。统计各季节鱼类生物学特征显示，冬季鱼类平均体长和平均体重稍高（图4.18-6）。非参数检验显示，各季节鱼类的体长、体重差异均不显著。

· 其他渔获物

共采集到虾、蟹、贝类2种，包括螺类1种（铜锈环棱螺）、虾类2种（日本沼虾、秀丽白虾），共767尾、占总渔获物数量的35.96%，其中日本沼虾（59.97%）贡献较大；重量共290.8 g，占渔获物总重量的14.39%。

· 渔业资源现状及分析

共采集到鱼类17种，其他水生动物3种，包括螺类1种（铜锈环棱螺）、虾类1种（日本沼虾、秀丽白虾）。鱼类中，鲤形目的种类数（13种）最多，

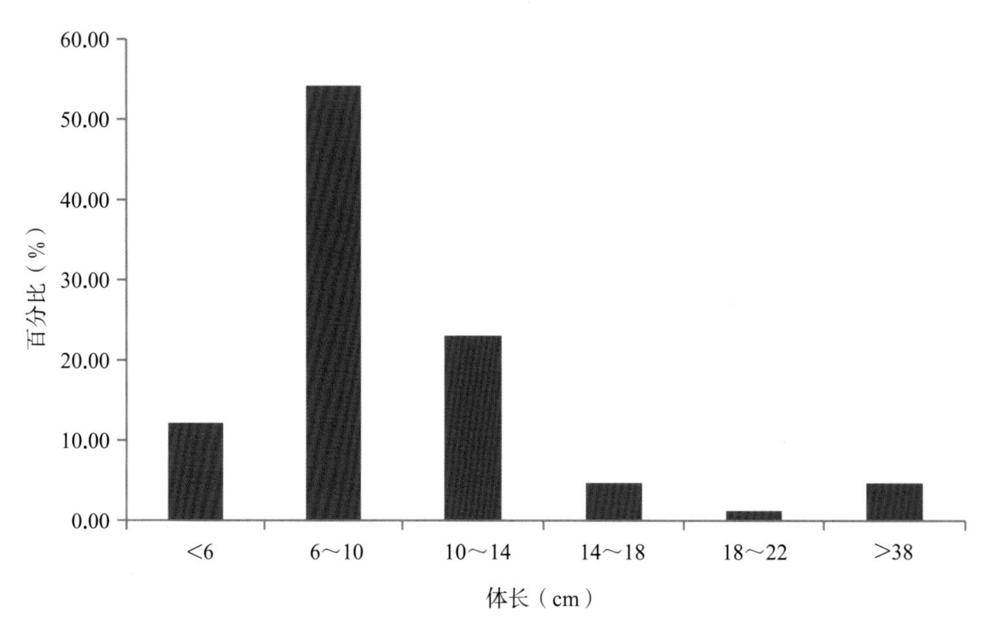

图4.18-4 鱼类体长分布图

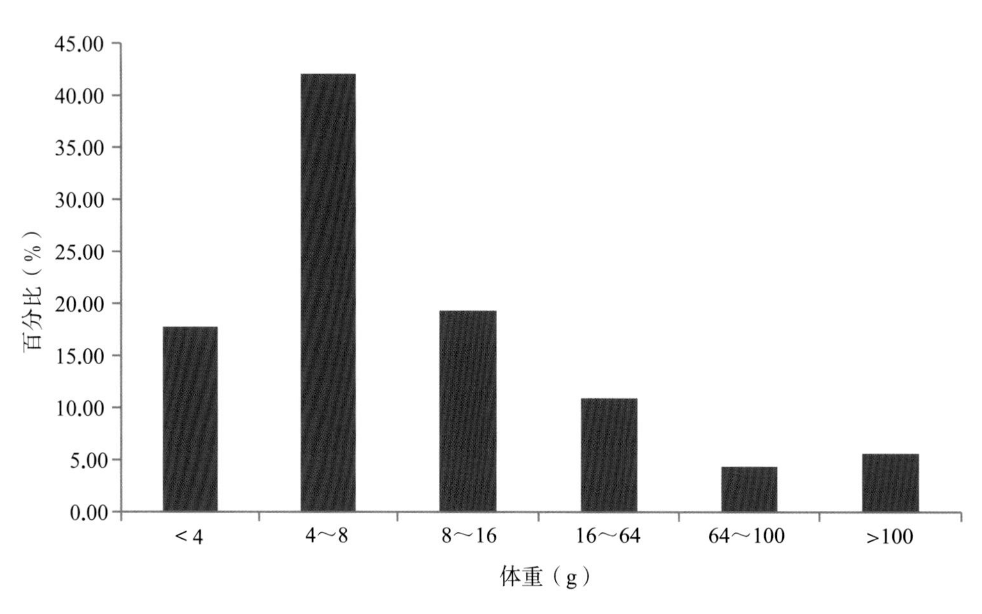

图4.18-5 鱼类体重分布图

其次为鲇形目（1种）、鲱形目（1种）。数量百分比（N%）和重量百分比（W%）较高的种类中，大多数是鲤科鱼类。以IRI指数为优势种判定指标，刀鲚、鳙、大鳍鱊和鲫等4种为优势种，优势种与主要种绝大多数是鲤科鱼类。

四个季节的鱼类优势种组成较接近。四个季节中，夏季鱼类的数量百分比（N%）和重量百分比（W%）为最高，秋季鱼类的N%和W%为最低。夏季刺网的CPUEn及CPUEw均较高，夏季定置串联笼壶的CPUEn及CPUEw均较高。

多样性指数显示，鱼类群落的Shannon-Wiener多样性指数（H'）均值为1.30，小于该指数一般范围（1.5 ～ 3.5），说明该水域鱼类生物多样性水平较低。Shannon-Wiener多样性指数和Margalef丰富度指数最大值均出现在春季，Pielou均匀度指数最大值出现在秋季。

生物学特征分析显示，94.08%的鱼类体长在18 cm以下，90.03%的鱼类体重在64 g以下，表明该

表 4.18-2 鱼类体长及体重组成

种类	体长（cm）			体重（g）		
	最小值	最大值	平均值	最小值	最大值	平均值
刀鲚 *Coilia nasus*	4.6	25.0	13.0	1.4	49.2	7.6
大鳍鱊 *Acheilognathus macropteruss*	4.1	9.5	7.2	1.4	20.8	8.9
高体鳑鲏 *Rhodeus ocellatus*	4.4	4.6	4.5	1.8	2.2	2.0
红鳍原鲌 *Cultrichthys erythropterus*	7.4	25.3	14.5	5.0	169.9	52.4
䱗 *Hemiculter leucisculus*	7.0	15.0	8.8	2.6	33.0	7.8
黄尾鲴 *Xenocypris davidi*	14.9	14.9	14.9	71.0	71.0	71.0
鲫 *Carassius auratus*	7.4	17.0	12.1	10.8	136.4	54.5
鲢 *Hypophthalmichthys molitrix*	30.5	30.5	30.5	592.6	592.6	592.6
麦穗鱼 *Pseudorasbora parva*	4.3	9.0	6.9	1.6	77.0	7.6
蒙古鲌 *Culter mongolicus*	8.4	27.0	14.8	7.2	254.0	89.6
翘嘴鲌 *Culter alburnus*	11.6	11.6	11.6	14.3	14.3	14.3
似鳊 *Pseudobrama simoni*	8.7	10.6	9.9	12.0	22.8	18.0
兴凯鱊 *Acheilognathus chankaensis*	5.0	10.8	6.8	1.3	13.0	5.8
鳙 *Aristichthys nobilis*	20.5	38.0	30.0	168.0	964.0	572.4
黄颡鱼 *Pelteobagrus fulvidraco*	8.5	17.4	13.7	10.4	80.4	51.5
纹缟虾虎鱼 *Tridentiger trigonocephalus*	5.1	5.1	5.1	2.0	2.6	2.3
子陵吻虾虎鱼 *Rhinogobius giurinus*	4.2	6.3	4.7	0.8	2.4	1.7

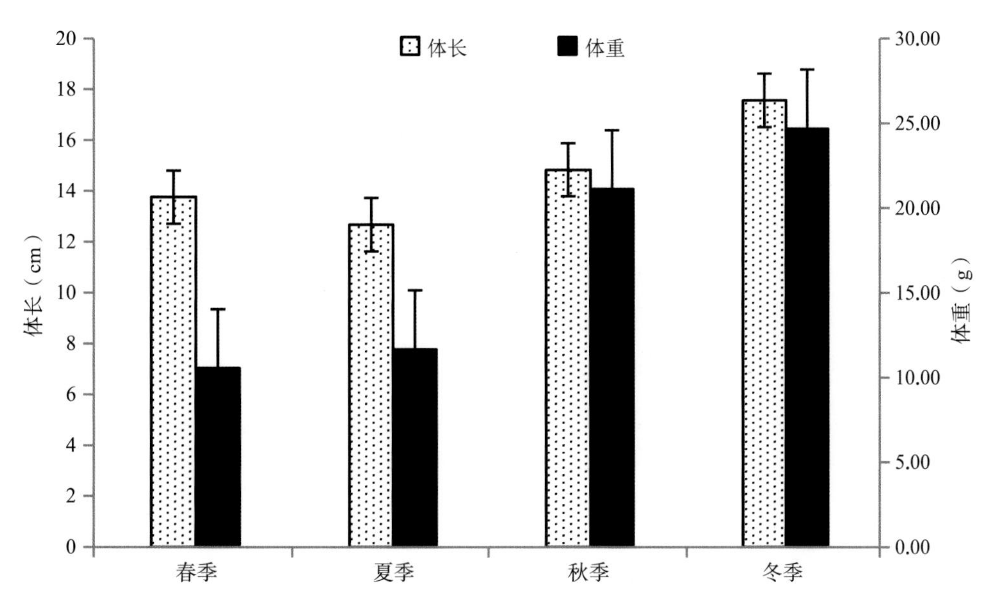

图4.18-6 各季节鱼类体长、体重组成

水域鱼类资源“小型化”的特征较明显。

保护区主要保护对象为青虾。共捕获到青虾约460只，平均体重为0.091 g。建议保护区加强渔业资源保护，开展水体和底栖生态环境修复，优化放流品种。

4.19 · 长江大胜关长吻鮠铜鱼国家级水产种质资源保护区

· 鱼类种类组成

调查结果显示，共采集鱼类26种329尾，重14.78 kg，隶属于4目6科19属。鲤形目的种类数较多，有2科19种，约占总种类数的73.08%；鲇形目为2科5种，其余均为1科1种（图4.19–1）。鲤形目鱼类的数量百分比（51.67%）和重量百分比（81.15%）均远高于其他目的鱼类。

数量百分比（N%）显示，光泽黄颡鱼数量最多（28.27%），其次为刀鲚、蛇鮈、银鮈等，华鳈、银鲴、鲫等10种鱼类的N%小于1%；重量百分比（W%）显示，鲤（38.98%）、鲢（18.09%）、鲇（5.93%）的W%较大，银鮈、江黄颡鱼、黄尾鲴等11种鱼类的W%小于1%，大眼鳜、华鳈的W%小于0.1%。

· 优势种

优势种分析结果显示，鲤、光泽黄颡鱼、鲢、刀鲚等4种鱼类为优势种。蛇鮈、银鮈、长蛇鮈、黄颡鱼、鳊、贝氏䱗、似鳊、鲇、细鳞斜颌鲴、泥鳅、江黄颡鱼、鲫、银鲴、䱗、兴凯鱊、大鳞副泥鳅、翘嘴鲌等17种鱼类为主要种。

· 鱼类季节组成

春季采集到鱼类12种，隶属于3目5科，优势种为光泽黄颡鱼、鲢和鲇；夏季采集到鱼类18种，隶属于4目5科，优势种为蛇鮈、鳊和贝氏䱗；秋季采集到鱼类12种，隶属于3目4科，优势种为鲢、长蛇鮈和刀鲚；冬季采集到鱼类11种，隶属于3目4科，优势种为鲤、刀鲚和光泽黄颡鱼。分析显示，夏季鱼类种类最多，冬季较少，四个季节均采集到的有刀鲚、光泽黄颡鱼、黄颡鱼等5种鱼类。

数量百分比（N%）和重量百分比（W%）显示，四个季节中，夏季鱼类的N%最高，为39.21%；冬季鱼类的N%最低，为15.20%。冬季鱼类的W%最高，为42.16%；夏季鱼类的N%最低，为15.09%（图4.19–2）。

· 鱼类多样性指数

多样性指数显示，鱼类Margalef丰富度指数（R）为2.41 ～ 3.50，平均为2.81 ± 0.23（平均值 ± 标准差）；Shannon–Wiener多样性指数（H'）为1.53 ～ 2.39，平均为2.02 ± 0.14；Pielou均匀度指数（J）为0.62 ～ 0.88，平均为0.78 ± 0.01。各季节鱼类多样性指数如图4.19–3所示。以季度为因素，对各多样性指数进行单因素方差分析，结果显示，季节间各多样性指数均无显著差异（$P > 0.05$）。

· 单位努力捕捞量

各季节基于数量及重量的刺网与定置串联笼壶的单位努力捕捞量（CPUE）如表4.19–1所示。结果显

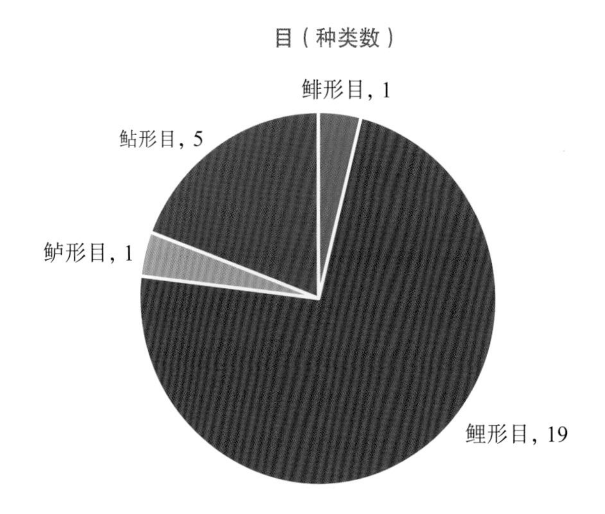

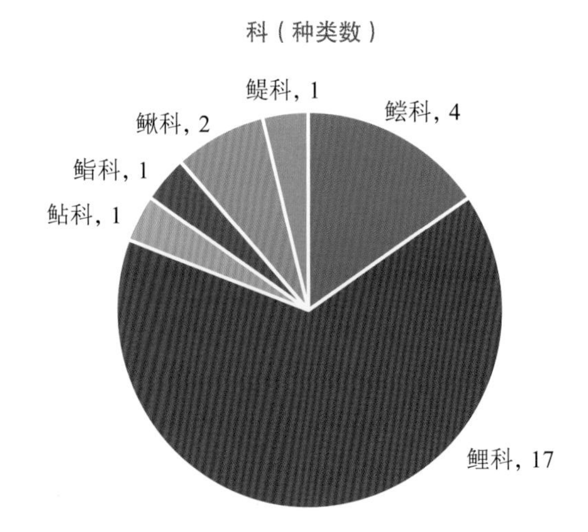

图4.19–1　各目、科鱼类组成

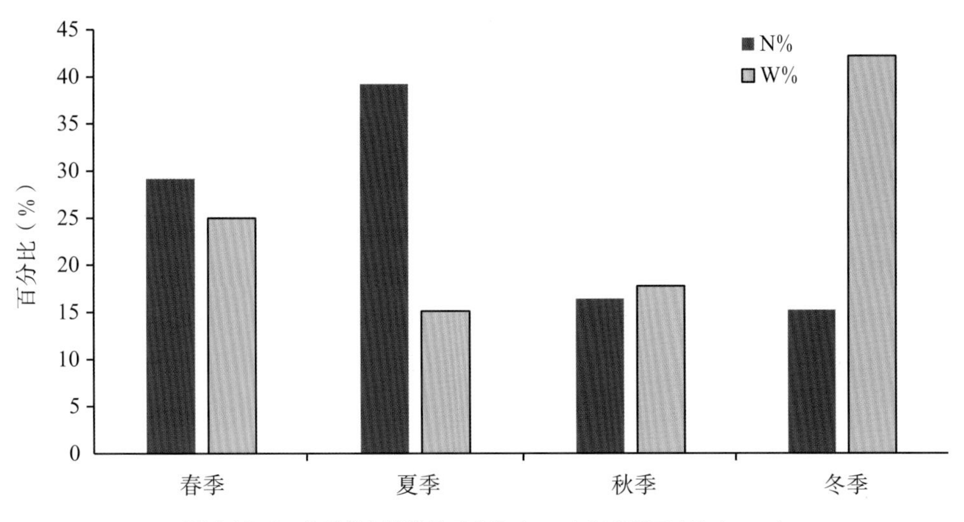

图4.19-2　各季节鱼类数量百分比（N%）与重量百分比（W%）

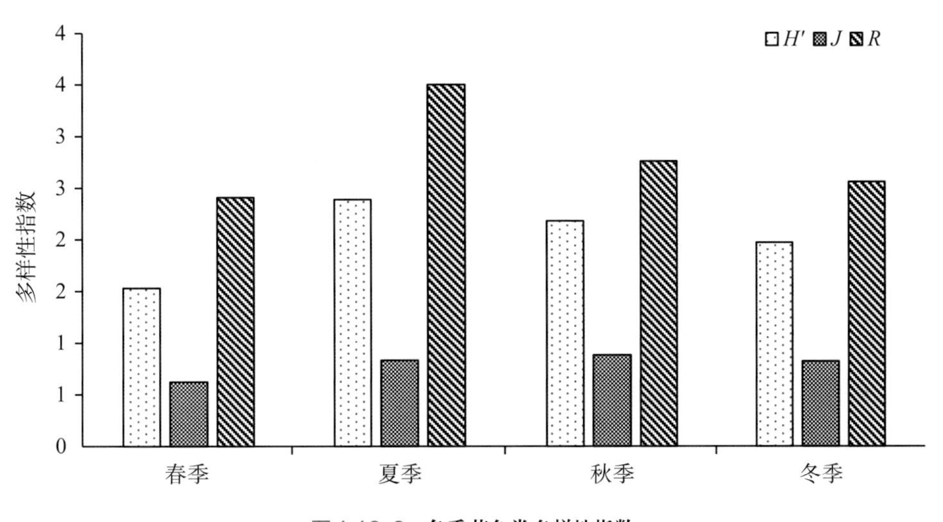

图4.19-3　各季节鱼类多样性指数

表 4.19-1　各季节单位努力捕捞量

季　节	刺网 CPUEn（ind./net · 12 h）	刺网 CPUEw（g/net · 12 h）	定置串联笼壶 CPUEn（ind./net · 12 h）	定置串联笼壶 CPUEw（g/net · 12 h）
春	0.001	0.125	0.003	0.012
夏	0.003	0.062	0.002	0.021
秋	0.001	0.092	0.001	0.005
冬	0.001	0.225	0.001	0.005

示，夏季刺网的CPUEn及CPUEw均较高，秋季定置串联笼壶的CPUEn及CPUEw均较高。

· 生物学特征

调查结果显示，鱼类体长在26.77 ～ 480 mm，平均为99.65 mm；体重在0.50 ～ 2 880 g，平均为46.76 g。分析表明，97.37%的鱼类体长在250 mm以下，只有2.63%的鱼类全长高于250 mm，体长在50 ～ 100 mm的鱼类较多、占总数的48.36%；93.67%

的鱼类体重在100 g以下，32.28%的鱼类体重在5 g以下（图4.19–4、图4.19–5）。

各种鱼类平均体重显示（表4.19–2），鲤、鲇、鲢等4种平均体重高于100 g；黄尾鲴、细鳞斜颌鲴、鳊等5种平均体重为50 ～ 100 g；长蛇鮈、翘嘴鲌、刀鲚等9种平均体重为10 ～ 50 g；瓦氏黄颡鱼、贝氏䱗、䱗等8种平均体重低于10 g。统计各季节鱼类生物学特征显示，秋季鱼类平均体长高于其他季节，冬季鱼类平均体重高于其他季节（图4.19–6）。非参数检验显示，各季节的体长、体重差异均不显著。

· 其他渔获物

调查结果显示，共采集到虾蟹贝类3种，包括虾类2种（日本沼虾、秀丽白虾）、蟹类1种（中华绒螯蟹），数量共378尾、占渔获物总数量的53.47%，其中日本沼虾（63.23%）贡献较大；重量共726.94 g、占渔获物总重量的4.69%，其中日本沼虾（70.25%）贡献较大。

· 渔业资源现状及分析

长江大胜关长吻鮠铜鱼国家级水产种质资源保护区共调查到鱼类26种，非鱼类3种，其中虾类2种、蟹类1种。鲤形目的种类数较多，有2科19种，占

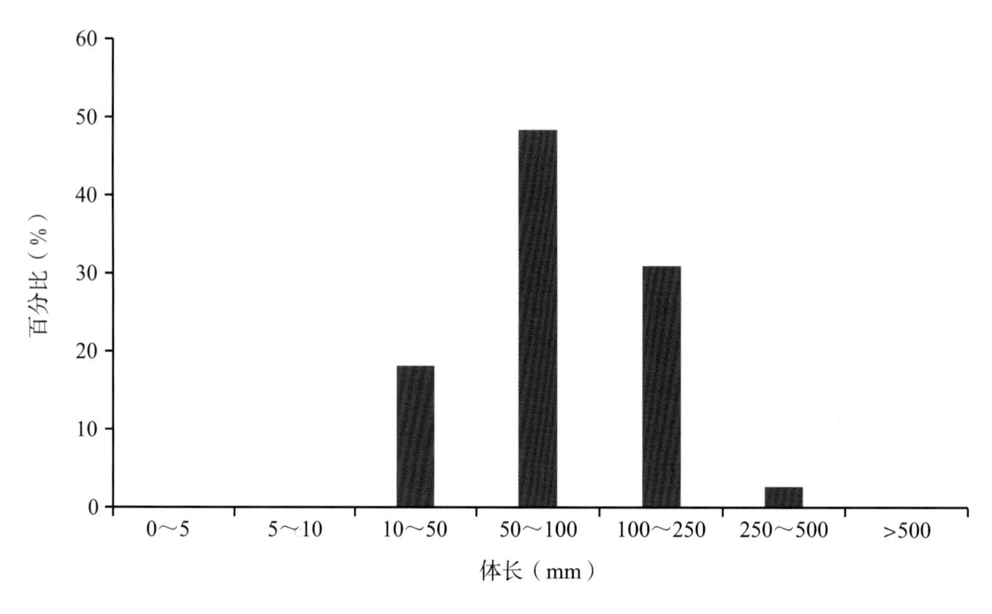

图4.19–4 鱼类体长分布图

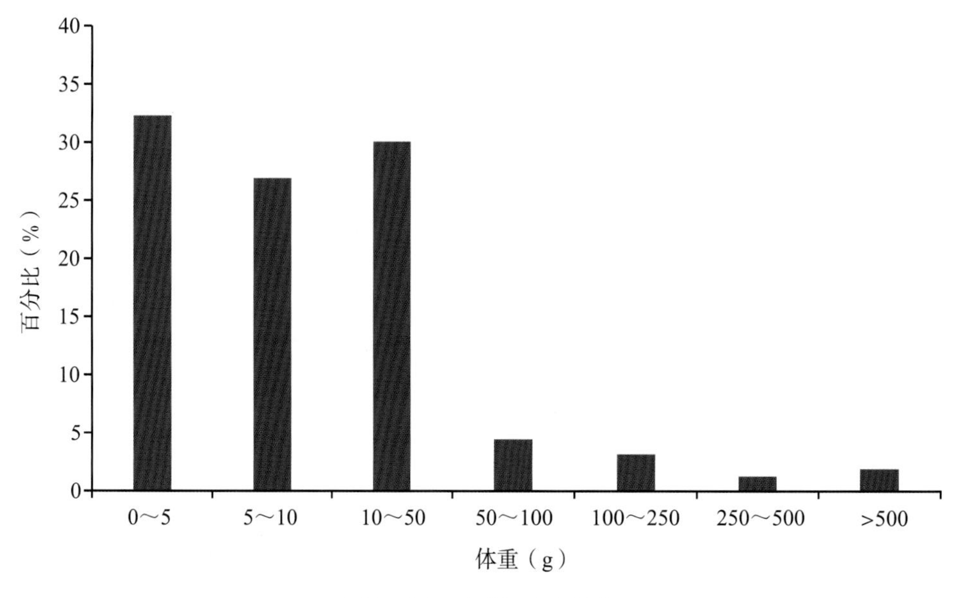

图4.19–5 鱼类体重分布图

表 4.19-2 鱼类体长及体重组成

种 类	体长（cm）			体重（g）		
	最小值	最大值	平均值	最小值	最大值	平均值
刀鲚 *Coilia nasus*	8.4	25.8	14.5	1.6	323.5	21.4
鲤 *Cyprinus carpio*	48.0	48.0	48.0	2 880.0	2 880.0	2 880.0
鲢 *Hypophthalmichthys molitrix*	21.0	36.7	28.1	181.0	729.3	445.6
鲫 *Carassius auratus*	17.8	19.5	18.7	176.7	275.6	226.1
鳊 *Parabramis pekinensis*	3.3	21.0	15.5	0.6	129.8	69.6
䱗 *Hemiculter leucisculus*	7.7	9.6	8.9	3.7	12.4	8.0
翘嘴鲌 *Culter alburnus*	13.9	14.9	14.4	26.7	33.9	30.3
贝氏䱗 *Hemiculter bleekeri*	8.5	10.7	9.2	4.8	15.1	9.5
花䱻 *Hemibarbus maculatus*	10.9	10.9	10.9	17.0	17.0	17.0
华鳈 *Sarcocheilichthys sinensis*	4.9	6.4	5.6	2.2	6.0	3.9
似鳊 *Pseudobrama simoni*	6.5	16.2	9.6	6.5	76.2	17.1
银鲴 *Xenocypris argentea*	13.5	16.7	14.8	42.4	80.2	56.4
黄尾鲴 *Xenocypris davidi*	17.4	17.4	17.4	87.4	87.4	87.4
细鳞斜颌鲴 *Xenocypris microlepis*	2.7	18.3	13.6	10.7	148.5	77.2
泥鳅 *Misgurnus anguillicaudatus*	9.3	14.6	12.6	7.0	28.0	20.0
大鳞副泥鳅 *Loach dabryanus*	8.8	13.3	11.0	1.6	23.5	15.5
兴凯鱊 *Acheilognathus chankaensis*	4.9	5.7	5.3	3.3	5.3	4.2
蛇鮈 *Saurogobio dabryi*	5.5	10.6	7.6	2.1	11.4	5.3
银鮈 *Squalidus argentatus*	4.1	10.1	7.1	1.1	15.6	5.5
长蛇鮈 *Saurogobio dumerili*	8.8	27.2	13.0	6.2	156.1	30.7
大眼鳜 *Siniperca kneri*	7.8	7.8	7.8	11.8	11.8	11.8
鲇 *Parasilurus asotus*	43.1	43.1	43.1	875.6	875.6	875.6
黄颡鱼 *Pelteobagrus fulvidraco*	3.1	21.4	12.7	0.7	183.6	58.0
光泽黄颡鱼 *Pelteobaggrus nitidus*	3.3	12.2	6.3	0.5	33.1	4.9
瓦氏黄颡鱼 *Pelteobagrus vachelli*	3.7	11.9	8.2	0.9	20.3	9.7
长须黄颡鱼 *Pelteobagrus eupogon*	10.2	10.2	10.2	15.0	15.0	15.0

总种类数的73.08%。本次调查的Shannon-Wiener多样性指数为2.02，处于该指数一般范围（1.5～3.5）中，说明鱼类生物多样性水平一般。夏季鱼类的数量百分比高于其他季节，冬季鱼类的重量百分比高于其他季节。鲤、光泽黄颡鱼、鲢、刀鲚4种鱼类为该水域的优势种。生物学特征分析显示，该水域鱼类呈现

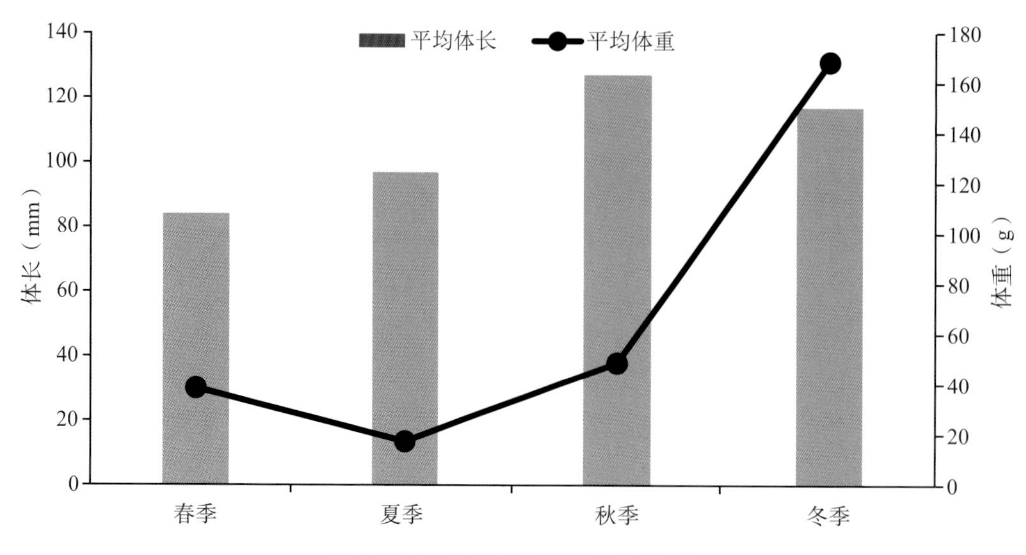

图4.19-6　各季节鱼类体长、体重组成

小型化的现象。长江大胜关长吻鮠铜鱼国家级水产种质资源保护区的主要保护对象为长吻鮠和铜鱼。

4.20 · 长江扬州段四大家鱼国家级水产种质资源保护区

· 鱼类种类组成

根据本次调查，共采集鱼类37种2 263尾，重23.78 kg，隶属于6目10科29属。其中，鲤形目较多，有25种，占总种类数的67.57%；其次为鲈形目（4科5种）、鲇形目（2科4种），其他目各1种（图4.20-1）。鲤形目鱼类的数量百分比（86.30%）和重量百分比（91.37%）均远高于其他目的鱼类。

数量百分比（N%）显示，似鳊数量最多（38.71%），其次为贝氏䱗、刀鲚等，子陵吻虾虎鱼、鳊、达氏鲌、点纹银鮈等12种鱼类的N%小于1%；重量百分比（W%）显示，鲫（15.61%）、似鳊（13.67%）、贝氏䱗（10.09%）的W%较大，达氏鲌、大银鱼、鲂等12种鱼类的W%小于1%，波氏吻虾虎鱼、大口鲇等9种鱼类的W%小于0.1%。

· 优势种

优势种分析结果显示，贝氏䱗、刀鲚和似鳊3种鱼类为优势种。鳊、䱗、鲫、大鳍鱊、棒花鱼、鲢、麦穗鱼、翘嘴鲌、兴凯鱊和鳙10种鱼类为主要种。

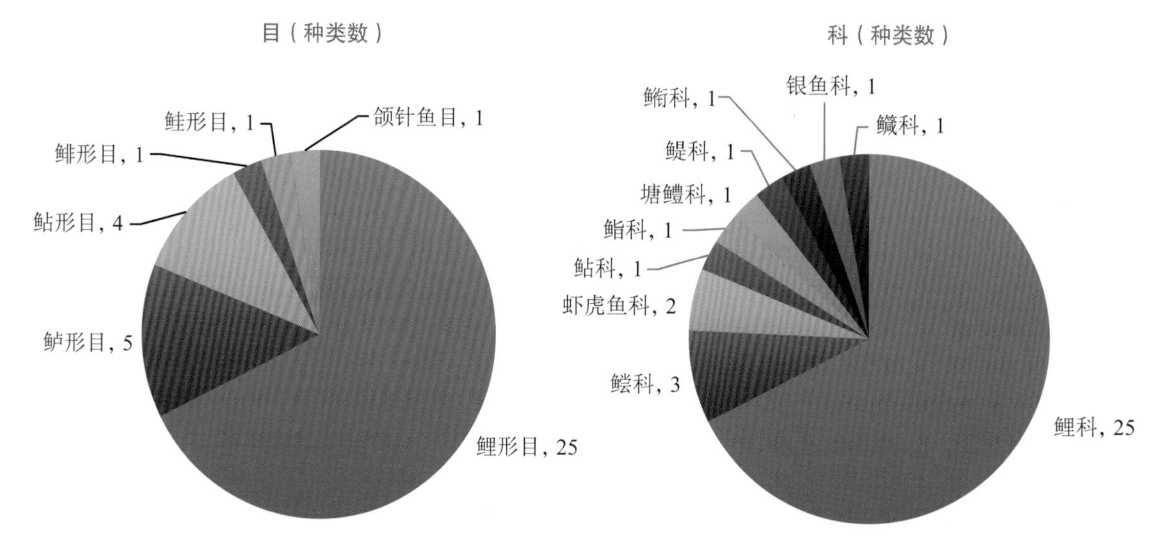

图4.20-1　扬州江段各目、科鱼类组成

鱼类季节组成

春季采集鱼类13种，隶属于3目3科，优势种为贝氏䱗和似鳊；夏季采集鱼类20种，隶属于4目4科，优势种为刀鲚、光泽黄颡鱼、鲤、鲢和似鳊；秋季采集鱼类22种，隶属于4目5科，优势种为贝氏䱗、䱗、刀鲚、鲫、似鳊和兴凯鱊；冬季采集鱼类22种，隶属于6目7科，优势种为棒花鱼、贝氏䱗、鳊、刀鲚和鳙。分析显示，秋、冬季鱼类种类数最多，春季最少，四个季节均采集到的有贝氏䱗、鲫、翘嘴鲌、似鳊、兴凯鱊和银鮈6种鱼类。

数量百分比（N%）和重量百分比（W%）显示，四个季节中，秋季鱼类的N%和W%均为最高，分别是63.19%和54.82%；夏季鱼类的N%最低，春季鱼类的W%最低，分别为2.70%和4.15%（图4.20–2）。

鱼类多样性指数

多样性指数显示，鱼类Margalef丰富度指数（R）为2.78～4.62，平均为3.37 ±0.85；Shannon–Wiener多样性指数（H'）为1.63～2.45，平均为1.90±0.38；Pielou均匀度指数（J）为0.53～0.82，平均为0.65±0.14；Simpson优势度指数（λ）为2.77～8.25，平均为4.53±2.54。各季节鱼类多样性指数如图4.20–3所示。以季度为因素，对各多样性指数进行单因素方差分析，结果显示，季节间各多样性指数均无显著差异（$P > 0.05$）。

单位努力捕捞量

各季节基于数量及重量的刺网与地笼的单位努力捕捞量（CPUE）如表4.20–1所示。结果显示，秋季刺网的CPUEn及CPUEw均最高，秋季地笼的CPUEn

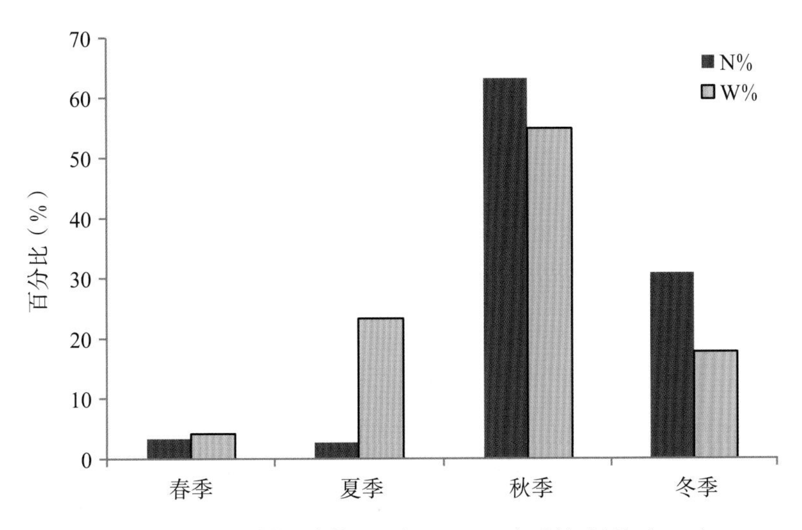

图4.20–2　各季节鱼类数量百分比（N%）与重量百分比（W%）

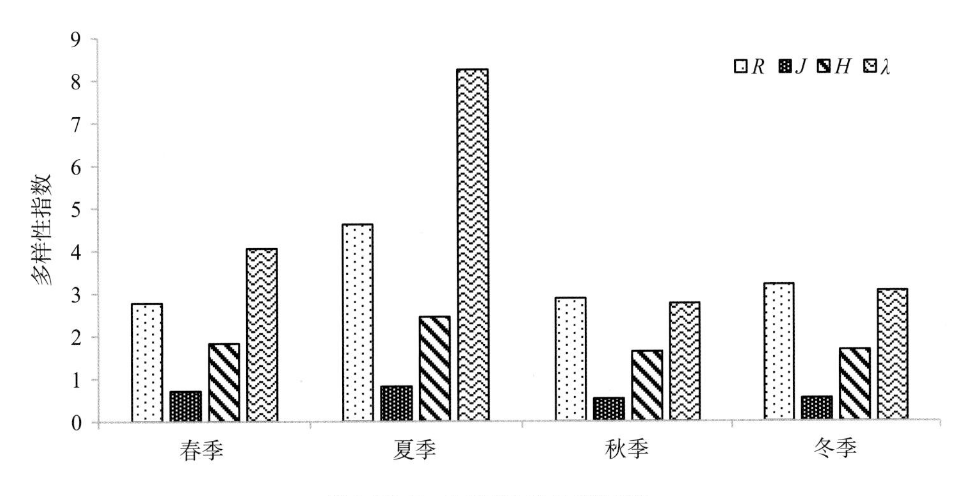

图4.20–3　各季节鱼类多样性指数

表 4.20-1 各季节单位努力捕捞量

季 节	刺网CPUEn（ind./net · 12 h）	刺网CPUEw（g/net · 12 h）	定置串联笼壶CPUEn（ind./net · 12 h）	定置串联笼壶CPUEw（g/net · 12 h）
春	0.002	0.035	0.043	0.163
夏	0.002	0.205	0.000	0.000
秋	0.010	0.234	4.991	29.146
冬	0.005	0.084	2.409	8.435

及CPUEw均最高。

· 生物学特征

调查结果显示，扬州江段鱼类体长在2.9～46 cm，平均在8.9 cm；体重在0.19～2 150 g，平均为17.1 g。分析表明，94.09%的鱼类体长在16 cm以下，只有5.91%的鱼类体长高于16 cm，体长在6～8 cm的鱼类较多、占总数的37.79%；98.1%的鱼类体重在100 g以下，2%的鱼类体重在1 g以下，3～10 g鱼类较多、占总数的49.33%（图4.20-4、图4.20-5）。

各种鱼类平均体重显示（表4.20-2），鲢、鳙、鲤和草鱼4种鱼类平均体重高于100 g；鳊、鲂、黄尾鲴、青鱼4种鱼类的平均体重为50～100 g；鳘、达氏鲌、大银鱼等10种鱼类的平均体重为10～50 g；其他鱼类平均体重低于10 g。统计各季节鱼类生物学特征显示，夏季鱼类的平均体长和平均体重均为最高（图4.20-6）。非参数检验显示，各季节鱼类的体长、体重差异均不显著。

· 渔业资源现状及分析

本次调查结果显示，鱼类共10科37种，以鲤科鱼类（25种）为主，占总种类数的67.57%，与长江其他江段调查情况类似。从季节上看，秋季和冬季采集到的鱼类种类数量最多，有22种，春季最少，有13种，秋季采集的鱼类无论是在数量百分比上还是重量百分比上都占有绝对优势。多样性指数显示，鱼类Margalef丰富度指数（R）为4.661；Shannon-Wiener多样性指数（H'）为2.108；Pielou均匀度指数（J）为0.584；Simpson优势度指数（λ）为4.746。贝氏鳘、刀鲚和似鳊3种鱼类为长江扬州段的优势种鱼类，其中刀鲚占总数的8.48%。超过1/2的鱼类全长在100 mm以下，66.55%的鱼类体重在20 g以下，整体显示鱼类规格偏小。大型鱼类较少的现状需要进一步研究，加强保护。

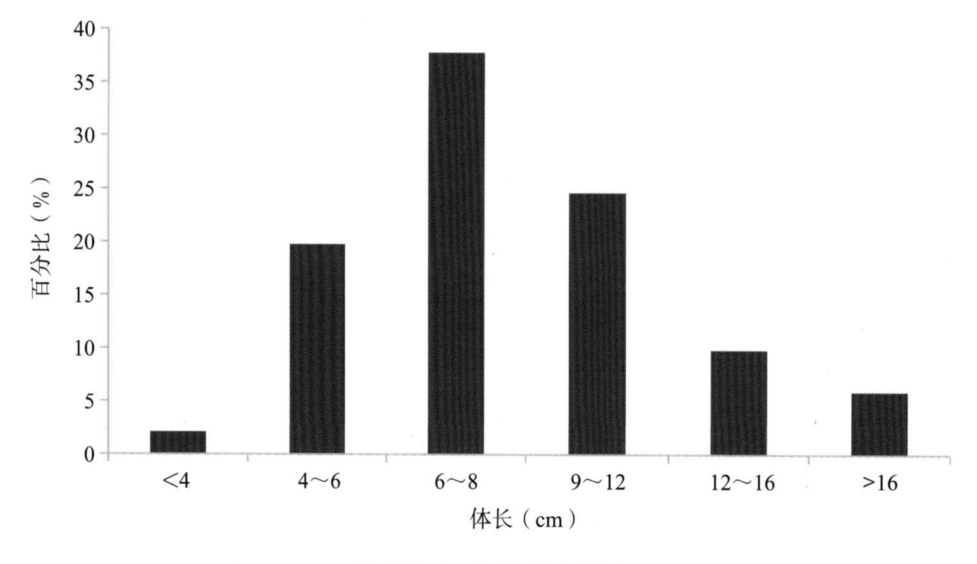

图4.20-4 鱼类体长分布图

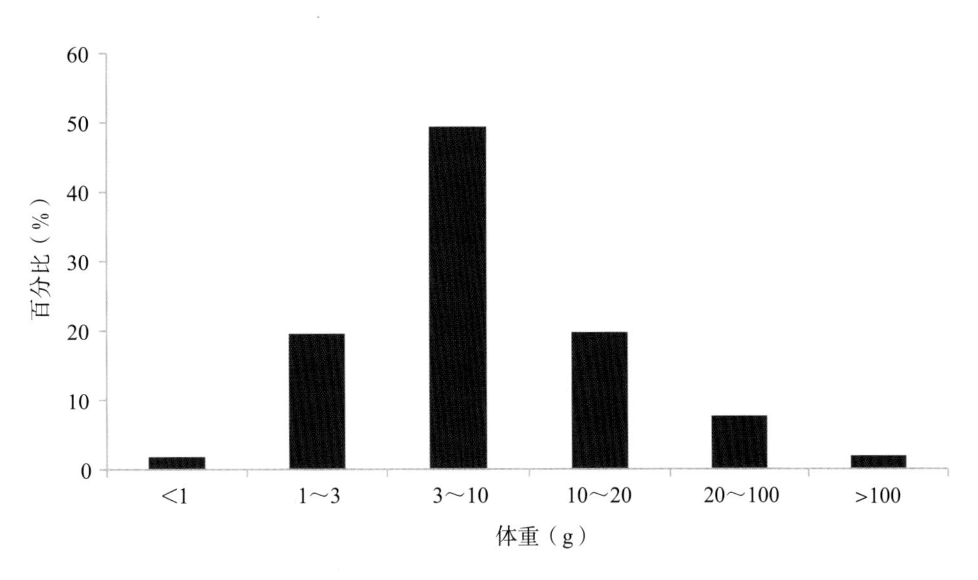

图4.20-5 鱼类体重分布图

表 4.20-2 **鱼类体长及体重组成**

种　　类	体长（cm）			体重（g）		
	最小值	最大值	平均值	最小值	最大值	平均值
刀鲚 *Coilia nasus*	7.2	22.5	13.9	1.8	113.0	10.5
大鳍鱊 *Acheilognathus macropteruss*	3.7	7.0	5.7	1.0	8.6	4.3
棒花鱼 *Abbottina rivularis*	3.9	8.3	5.7	1.1	9.4	3.7
贝氏䱗 *Hemiculter bleekeri*	5.7	13.5	8.2	1.9	23.3	6.8
鳊 *Parabramis pekinensis*	5.0	21.4	14.5	2.2	172.6	69.3
䱗 *Hemiculter leucisculus*	7.9	12.9	10.2	1.4	23.1	11.8
草鱼 *Ctenopharyngodon idellus*	15.6	43.0	29.3	86.5	1 903.0	994.7
达氏鲌 *Culter dabryi*	5.9	15.6	10.0	1.8	39.2	14.5
鲂 *Megalobrama skolkovii*	14.9	14.9	14.9	64.1	64.1	64.1
红鳍原鲌 *Cultrichthys erythropterus*	5.8	14.7	8.9	2.2	39.3	16.4
花䱻 *Hemibarbus maculatus*	7.8	14.0	10.9	7.1	37.7	22.4
黄尾鲴 *Xenocypris davidi*	14.5	14.5	14.5	70.4	70.4	70.4
鲫 *Carassius auratus*	3.6	12.1	7.1	1.2	61.0	8.9
鲤 *Cyprinus carpio*	46.0	46.0	46.0	2 150.0	2 150.0	2 150.0
鲢 *Hypophthalmichthys molitrix*	13.7	30.5	20.2	55.7	550.0	196.0
麦穗鱼 *Pseudorasbora parva*	3.8	9.3	6.4	0.9	14.9	5.1
翘嘴鲌 *Culter alburnus*	4.0	26.8	10.0	0.5	213.0	19.7
青鱼 *Mylopharyngodon piceus*	15.4	16.8	16.1	77.5	101.3	87.2
蛇鮈 *Saurogobio dabryi*	7.2	9.6	8.0	3.6	11.1	5.8
似鳊 *Pseudobrama simoni*	6.3	13.5	9.5	0.8	37.0	14.8

（续表）

种　类	体长（cm）			体重（g）		
	最小值	最大值	平均值	最小值	最大值	平均值
似刺鳊鮈*Paracanthobrama guichenoti*	6.9	13.1	10.1	4.5	36.0	20.2
兴凯鱊*Acheilognathus chankaensis*	2.9	7.8	6.0	0.5	78.5	6.1
银鮈*Squalidus argentatus*	4.7	9.0	7.5	1.3	9.5	6.3
鳙*Aristichthys nobilis*	12.7	29.8	20.6	43.5	567.0	235.0
长蛇鮈*Saurogobio dumerili*	8.3	8.3	8.3	5.1	5.1	5.1
点纹银鮈*Squalidus wolterstorffi*	3.7	4.4	4.0	0.7	1.3	0.9
波氏吻虾虎鱼*Rhinogobius cliffordpopei*	4.6	4.6	4.6	2.0	2.0	2.0
子陵吻虾虎鱼*Rhinogobius giurinus*	3.1	5.0	3.9	0.2	2.0	0.9
河川沙塘鳢*Odontobutis potamophila*	5.4	6.6	6.0	3.2	5.0	4.1
大口鲇*Silurus meridionalis*	5.6	5.6	5.6	2.3	2.3	2.3
中华花鲈*Lateolabrax maculatus*	7.2	9.2	8.2	6.7	16.5	11.0
黄颡鱼*Pelteobaggrus fulvidraco*	11.4	11.4	11.4	18.8	18.8	18.8
光泽黄颡鱼*Pelteobaggrus nitidus*	8.3	10.1	8.8	5.6	59.6	13.6
瓦氏黄颡鱼*Pelteobagrus vachelli*	4.5	4.5	4.5	1.6	1.6	1.6
大银鱼*Protosalanx chinensis*	12.5	16.4	14.4	11.9	17.9	15.0
间下鱵*Hyporhamphus intermedius*	12.4	13.6	13.0	3.4	4.5	4.0
香鰤*Callionymus olidus*	3.8	5.4	4.6	0.8	2.2	1.3

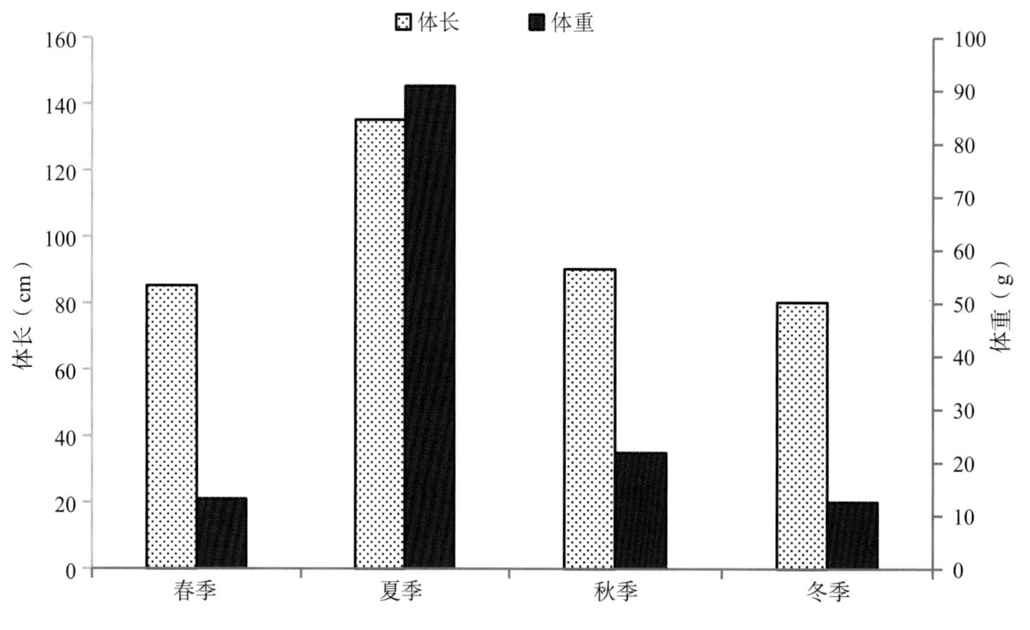

图4.20-6　各季节鱼类体长、体重组成

4.21 · 长江扬中段暗纹东方鲀刀鲚国家级水产种质资源保护区

· 类种类组成

调查结果显示，共采集到鱼类33种575尾，重15.98 kg，隶属于6目10科26属。鲤形目的种类数较多，有2科24种，约占总种类数的72.73%；其次为鲈形目（4科4种）和鲇形目（1科2种），其他目各1种（图4.21-1）。鲤形目鱼类的数量百分比（54.96%）和重量百分比（80.03%）均远高于其他目的鱼类。

数量百分比（N%）显示，光泽黄颡鱼数量最多（19.83%），其次为贝氏䱗、刀鲚、蛇鮈等，大鳍鱊、花䱻、大银鱼、兴凯鱊等13种鱼类的N%小于1%；重量百分比（W%）显示，鳊（28.10%）、鳙（8.51%）、鲈（8.45%）的W%较大，棒花鱼、䱗、大银鱼等8种鱼类的W%小于1%，大鳍鱊、寡鳞飘鱼、麦穗鱼等6种鱼类的W%小于0.1%。

· 优势种

优势种结果分析显示，鳊、刀鲚和光泽黄颡鱼3种鱼类为优势种类。贝氏䱗、黄颡鱼、鲫、似鳊等10种鱼类为主要种。

· 鱼类季节组成

春季采集到鱼类11种，隶属于4目6科，优势种为贝氏䱗和鳊；夏季采集到鱼类9种，隶属于3目3科，优势种为光泽黄颡鱼；秋季采集到鱼类21种，隶属于5目6科，优势种为蛇鮈、鳙和鳊；冬季采集到鱼类20种，隶属于5目7科，优势种为贝氏䱗、鳊和刀鲚。分析显示，秋季鱼类种类最多，夏季最少，四个季节均采集到的有贝氏䱗、刀鲚、光泽黄颡鱼和似鳊4种鱼类。

数量百分比（N%）和重量百分比（W%）显示，四个季节中，秋季鱼类的N%和W%均为最高，分别为38.09%和52.48%；夏季鱼类的N%和W%均为最低，分别为13.91%和3.19%（图4.21-2）。

· 鱼类多样性指数

多样性指数显示，鱼类Margalef丰富度指数（R）为1.83～3.71，平均为2.85±0.95；Shannon-Wiener多样性指数（H'）为1.18～2.58，平均为1.97±0.67；Pielou均匀度指数（J）为0.54～0.86，平均为0.72±0.14；Simpson优势度指数（λ）为1.98～10.17，平均为6.03±4.04。各季节鱼类多样性指数如图4.21-3所示。以季度为因素，对各多样性指数进行单因素方差分析，结果显示，季节间各多样性指数均无显著差异（$P > 0.05$）。

· 单位努力捕捞量

各季节基于数量及重量的刺网与地笼的单位努力捕捞量（CPUE）如表4.21-1所示。结果显示，秋季刺网的CPUEn及CPUEw均较高，冬季定置串联笼壶的CPUEn及CPUEw均较高。

· 生物学特征

调查结果显示，扬中江段鱼类体长在2.9～

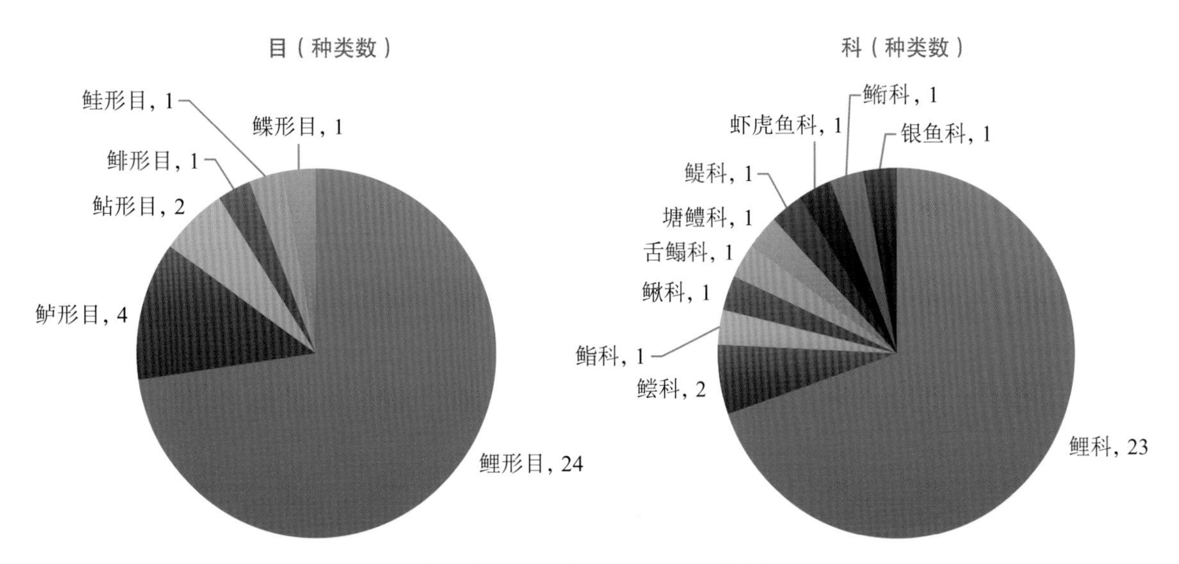

图4.21-1 扬中江段各目、科鱼类组成

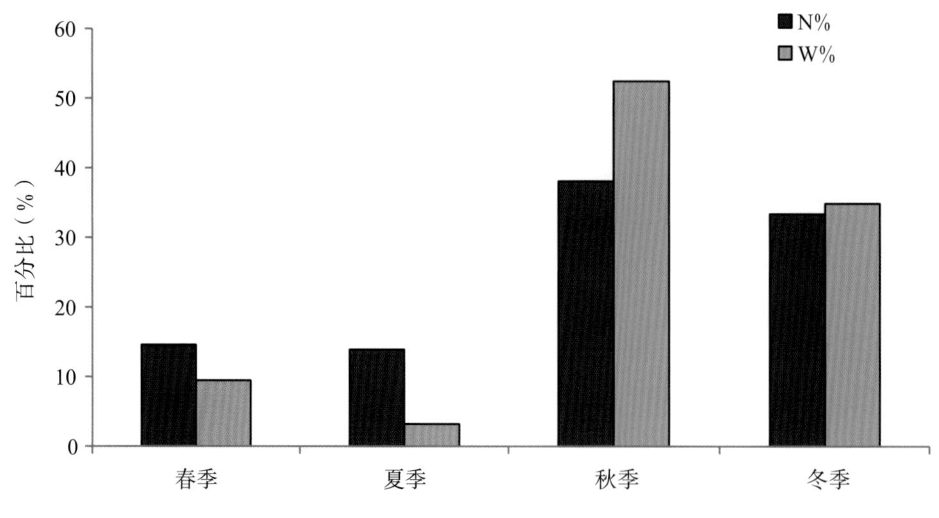

图4.21-2 各季节鱼类数量百分比（N%）与重量百分比（W%）

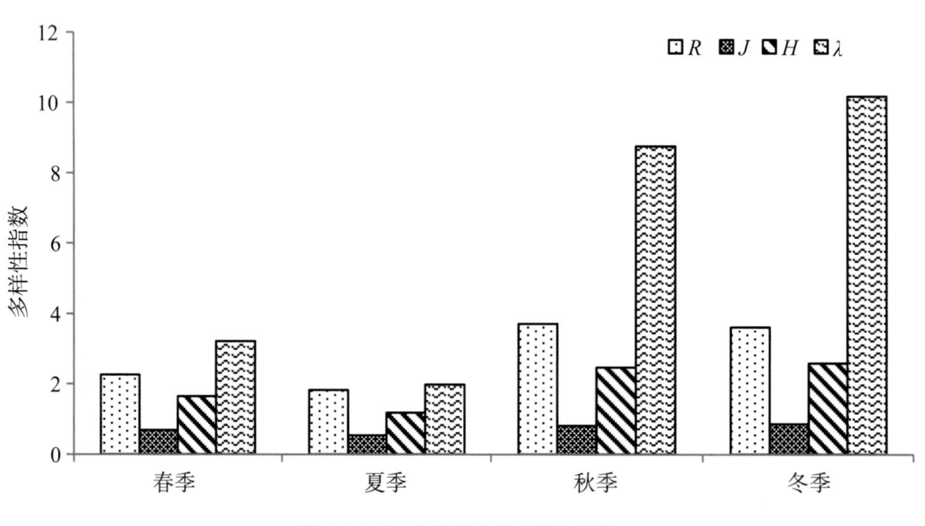

图4.21-3 各季节鱼类多样性指数

表4.21-1 各季节单位努力捕捞量

季 节	刺网CPUEn（ind./net·12 h）	刺网CPUEw（g/net·12 h）	定置串联笼壶CPUEn（ind./net·12 h）	定置串联笼壶CPUEw（g/net·12 h）
春	0.001 9	0.047 1	0.138 9	1.036 7
夏	0.000 6	0.008 1	0.273 4	1.270 4
秋	0.004 7	0.279 1	0.403 6	3.704 2
冬	0.003 4	0.166 5	0.434 0	4.688 4

30.2 cm，平均为10.7 cm；体重在0.6～308.1 g，平均为28.4 g。分析表明，93%的鱼类体长在14 cm以下，只有7%的鱼类全长高于14 cm，体长在8～10 cm的鱼类较多、占总数的33%；88%的鱼类体重在25 g以下，9%的鱼类体重在4 g以下，8～12 g的鱼类较多、占总数的25%（图4.21-4、图4.21-5）。

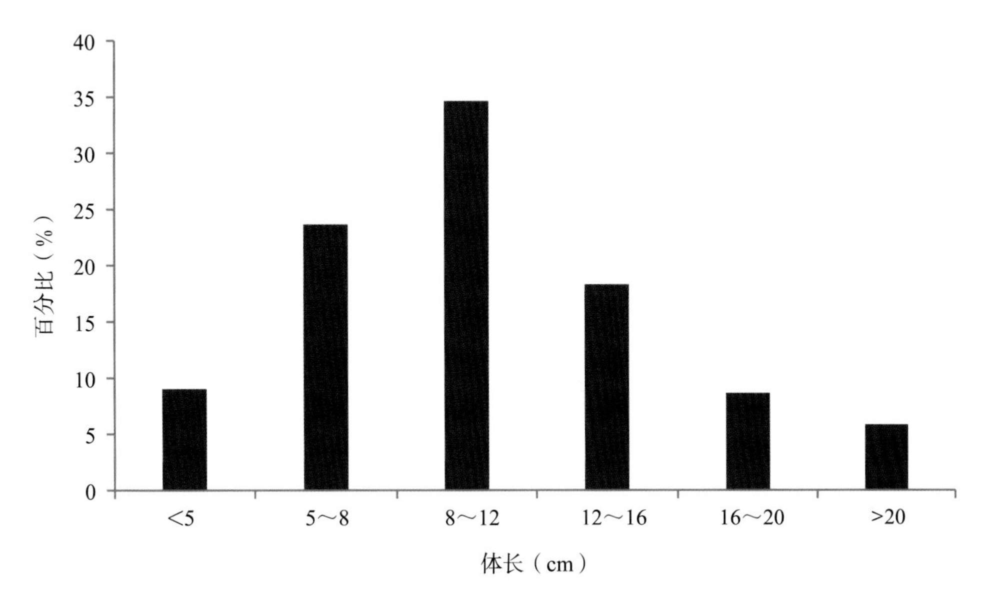

图4.21-4 鱼类体长分布图

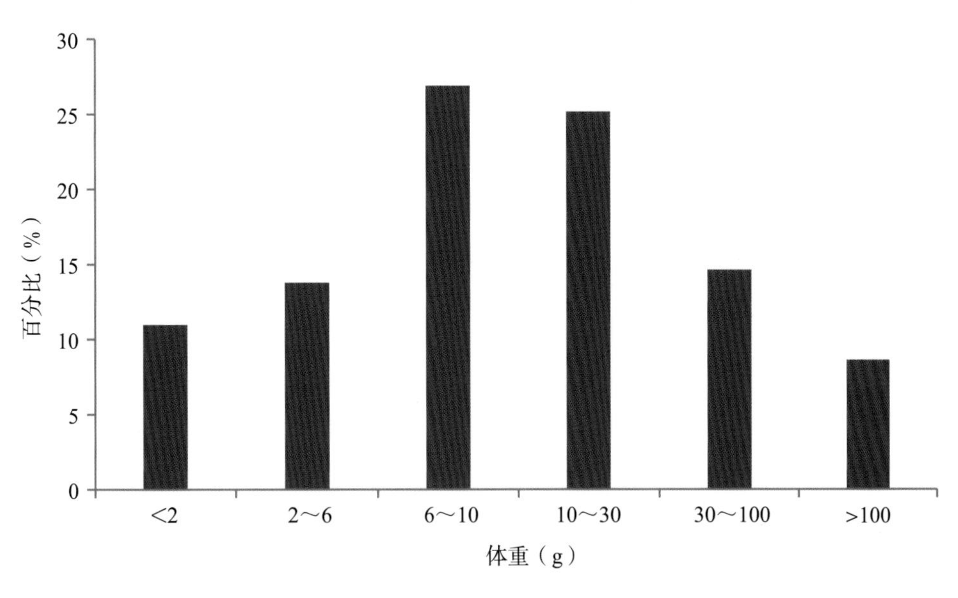

图4.21-5 鱼类体重分布图

各种鱼类平均体重显示（表4.21-2），鳊、黄尾鲴、鲤、蒙古鲌4种鱼类平均体重高于100 g；赤眼鳟、花䱻、鲫等6种平均体重为50 ～ 100 g；刀鲚、寡鳞飘鱼、尖头塘鳢等7种平均体重为10 ～ 50 g；其他鱼类平均体重低于10 g。统计各季节鱼类生物学特征显示，秋季鱼类平均体长较高，冬季平均体重稍高（图4.21-6）。非参数检验显示，各季节的体长、体重差异均不显著。

· 渔业资源现状及分析

本次调查结果显示，鱼类共10科33种，以鲤科鱼类（24种）为主、占总种类数的72.73%，与长江其他江段调查情况类似。从季节上看，秋季采集到的鱼类种类数最多（有21种），夏季最少（仅9种），秋季和冬季采集的鱼类在数量百分比及重量百分比上都占有一定优势。多样性指数显示，鱼类Margalef丰富度指数（R）为5.036；Shannon-Wiener多样性指数（H'）为2.794；Pielou均匀度指数（J）为0.799；Simpson优势度指数（λ）为11.075。鳊、刀鲚和光泽黄颡鱼3种鱼类为长江扬中段的优势种鱼类，其中刀鲚占总数的10.96%、光泽黄颡占总

表 4.21-2 鱼类体长及体重组成

种类	体长（cm）			体重（g）		
	最小值	最大值	平均值	最小值	最大值	平均值
刀鲚 *Coilia nasus*	6.1	23.9	14.3	1.0	45.4	11.9
棒花鱼 *Abbottina rivularis*	3.8	6.5	5.1	1.0	4.5	3.1
贝氏䱗 *Hemiculter bleekeri*	6.0	10.7	8.1	2.9	16.8	7.2
鳊 *Parabramis pekinensis*	8.2	26.3	17.6	9.2	308.1	114.3
䱗 *Hemiculter leucisculus*	7.9	9.5	8.7	6.2	11.0	8.7
赤眼鳟 *Squaliobarbus curriculus*	13.6	26.1	18.0	37.0	270.2	98.6
大鳍鱊 *Acheilognathus macropterus*	6.4	6.4	6.4	7.1	7.1	7.1
寡鳞飘鱼 *Pseudolaubuca engraulis*	10.2	10.2	10.2	11.4	11.4	11.4
花䱻 *Hemibarbus maculatus*	13.2	19.4	16.3	33.0	154.9	94.0
黄尾鲴 *Xenocypris davidi*	21.3	25.5	23.2	142.4	293.2	202.9
鲫 *Carassius auratus*	2.9	17.3	10.6	0.6	174.8	56.2
鲤 *Cyprinus carpio*	22.1	24.0	23.0	265.9	266.1	266.0
鲢 *Hypophthalmichthys molitrix*	13.6	19.2	16.4	44.0	123.4	83.7
麦穗鱼 *Pseudorasbora parva*	3.9	6.5	5.6	1.2	4.6	3.3
蒙古鲌 *Culter mongolicus*	21.7	21.7	21.7	149.4	149.4	149.4
飘鱼 *Pseudolaubuca sinensis*	9.5	13.0	10.6	11.4	19.0	14.5
翘嘴鲌 *Culter alburnus*	9.2	30.2	16.5	7.9	277.8	74.2
蛇鮈 *Saurogobio dabryi*	5.2	16.9	9.7	1.1	35.1	11.0
似鳊 *Pseudobrama simoni*	8.8	12.8	11.2	11.6	34.4	23.4
兴凯鱊 *Acheilognathus chankaensis*	4.3	5.8	5.1	1.2	5.6	3.4
银鲴 *Xenocypris argentea*	10.6	15.9	13.9	26.5	66.6	47.0
银鮈 *Squalidus argentatus*	4.4	8.2	6.2	1.1	5.4	3.4
鳙 *Aristichthys nobilis*	10.5	20.0	16.2	20.0	117.1	71.6
长蛇鮈 *Saurogobio dumerili*	10.1	19.5	12.8	7.7	30.4	14.8
泥鳅 *Misgurnus anguillicaudatus*	12.6	13.3	12.9	14.9	19.8	17.3
光泽黄颡鱼 *Pelteobaggrus nitidus*	3.3	11.8	7.2	0.6	19.0	5.5
黄颡鱼 *Pelteobaggrus fulvidraco*	10.1	12.4	11.1	12.5	53.6	33.9
子陵吻虾虎鱼 *Rhinogobius giurinus*	3.8	4.9	4.3	1.4	2.5	1.8
中华花鲈 *Lateolabrax maculatus*	7.2	21.4	11.8	5.6	244.6	38.0
尖头塘鳢 *Eleotris oxycephala*	9.4	11.2	10.4	15.0	21.5	18.2
大银鱼 *Protosalanx chinensis*	12.0	12.0	12.0	22.8	22.8	22.8
香鰤 *Callionymus olidus*	5.2	5.2	5.2	1.8	1.8	1.8
窄体舌鳎 *Cynoglossus gracilis*	4.1	5.3	4.6	0.9	2.0	1.5

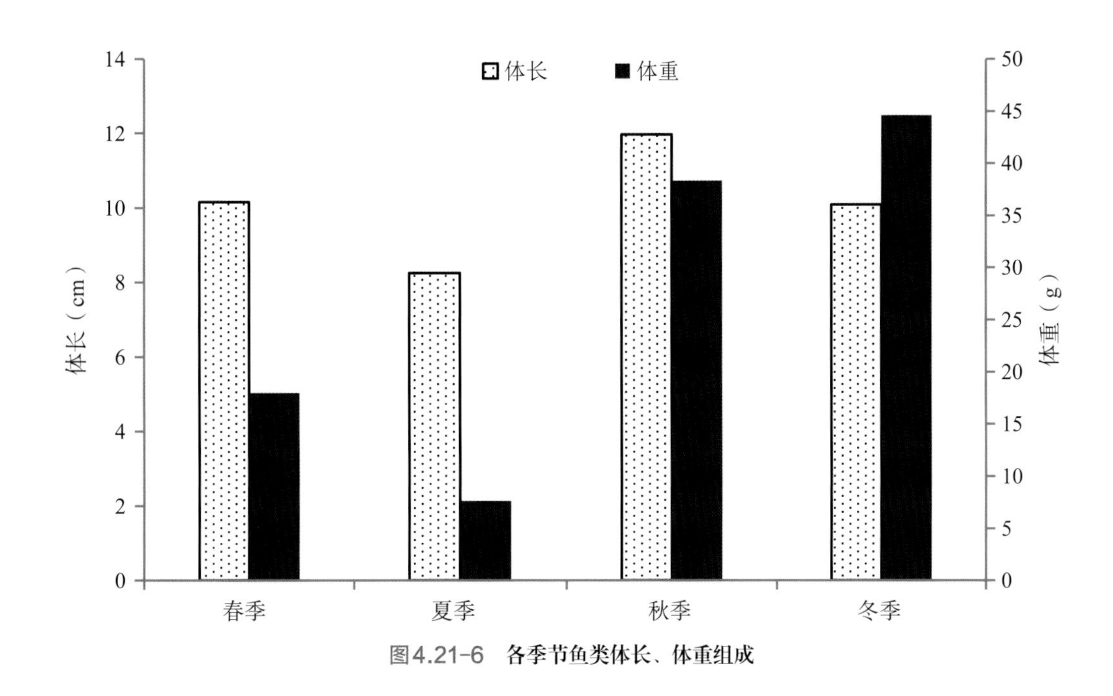

图4.21-6　各季节鱼类体长、体重组成

数的19.83%。36.13%的鱼类全长在100 mm以下，65.22%的鱼类体重在20 g以下，整体显示鱼类规格偏小、大型鱼类较少、非经济鱼类占优的现状，需要进一步研究，加强保护。

4.22 · 长江靖江段中华绒螯蟹鳜国家级水产种质资源保护区

鱼类种类组成

调查结果显示，共采集到鱼类20种1 178尾，重21.42 kg，隶属于4目7科10属。鲤形目的种类数较多，有1科12种，约占总种类数的60%；其次为鲈形目（4科4种）、鲇形目（1科3种）和鲱形目（1种）（图4.22-1）。鲤形目鱼类的数量百分比（62.05%）和重量百分比（89.27%）均远高于其他目的鱼类。

数量百分比（N%）显示，贝氏䱗数量最多（51.10%），其次为江黄颡鱼、黄颡鱼等，子陵吻虾虎鱼、鳊、麦穗鱼、翘嘴鲌等10种鱼类的N%小于1%；重量百分比（W%）显示，鲢（41.74%）、鳙（20.47%）、贝氏䱗（14.00%）的W%较大，光泽黄颡鱼、江黄颡鱼、鲈、麦瑞加拉鲮、翘嘴鲌等8种鱼类的W%小于1%，麦穗鱼、小黄黝鱼、银鮈、子陵吻虾虎鱼4种鱼类的W%小

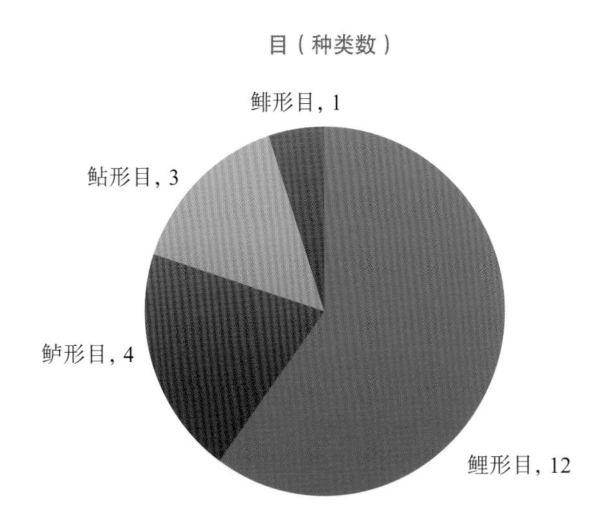

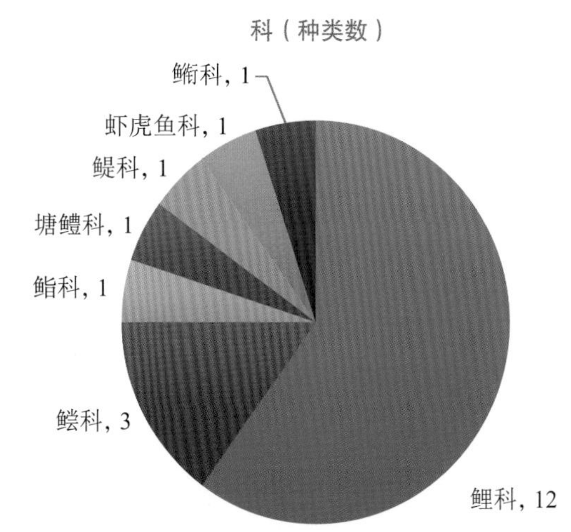

图4.22-1　靖江段各目、科鱼类组成

于0.1%。

· 优势种

优势种分析结果显示，贝氏䱗、黄颡鱼和鲢3种鱼类为优势种。鲫、刀鲚、江黄颡鱼、似鳊、鳙5种鱼类为主要种。

· 鱼类季节组成

春季未采集到鱼类；夏季采集到鱼类10种，隶属于4目5科，优势种为刀鲚和似鳊；秋季采集到鱼类6种，隶属于4目4科，优势种为光泽黄颡鱼；冬季采集到鱼类14种，隶属于4目5科，优势种为贝氏䱗和鲢。分析显示，冬季鱼类种类最多，春季最少，无四个季节均采集到的鱼类。

数量百分比（N%）和重量百分比（W%）显示，四个季节中，冬季鱼类的N%和W%均为最高，分别为89.73和89.36%；秋季鱼类的N%和W%均为最低，分别为1.78%和4.45%（图4.22-2）。

· 鱼类多样性指数

多样性指数显示，鱼类Margalef丰富度指数（R）为0～1.95，平均为1.37±0.92；Shannon-Wiener多样性指数（H'）为0～1.62，平均为1.08±0.73；Pielou均匀度指数（J）为0～0.72，平均为1.08±0.73；Simpson优势度指数（λ）为0～3.70，平均为2.26±1.58。各季节鱼类多样性指数如图4.22-3所示。以季度为因素，对各多样性指数进行单因素方差分析，结果显示，季节

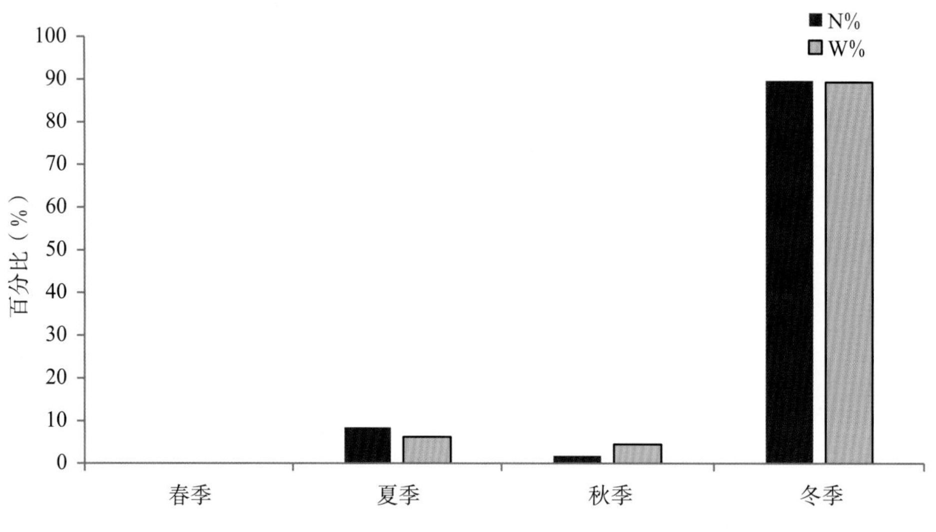

图4.22-2 各季节鱼类数量百分比（N%）与重量百分比（W%）

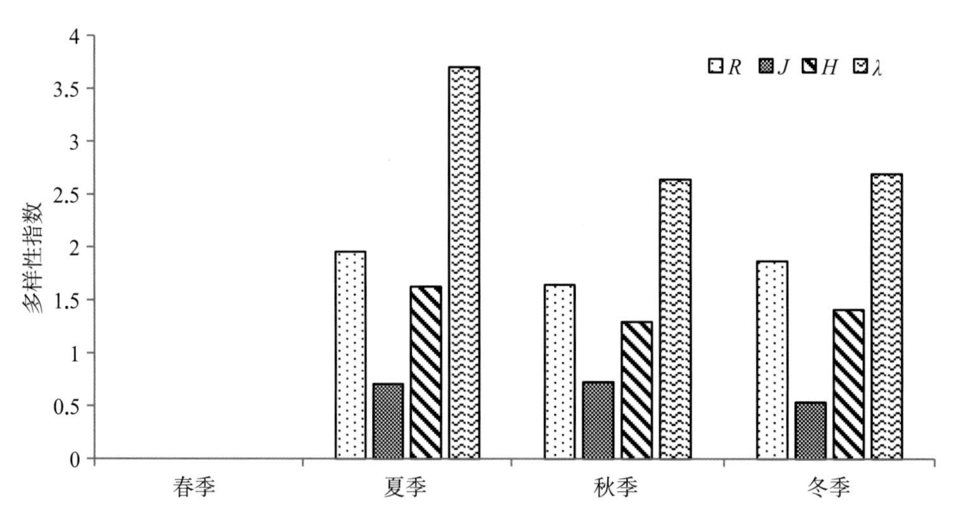

图4.22-3 各季节鱼类多样性指数

间各多样性指数均无显著差异（$P > 0.05$）。

· 单位努力捕捞量

各季节基于数量及重量的刺网与地笼的单位努力捕捞量（CPUE）如表4.22-1所示。结果显示，夏季刺网的CPUEn最高，冬季刺网的CPUEw最高；冬季定置串联笼壶的CPUEn及CPUEw均最高。

· 生物学特征

调查结果显示，靖江江段鱼类体长在0.4～39.0 cm，平均为8.31 cm；体重在0.5～1 191.9 g，平均为27.6 g。分析表明，98.5%的鱼类体长在30 cm以下，只有1.5%的鱼类全长高于30 cm，体长在4～8 cm的鱼类较多、占总数的36.55%；94.42%的鱼类体重在100 g以下，14.21%的鱼类体重在1 g以下，3～10 g鱼类较多、占总数的37.06%（图4.22-4、图4.22-5）。

各种鱼类平均体重显示（表4.22-2），鳊、鲢、鳙3种平均体重高于100 g；鲫、麦瑞加拉鲮2种鱼类平均体重为50～100 g；似鳊、翘嘴鲌、银鲴3种平均体重为10～50 g；其余鱼类平均体重低于10 g。统计各季节鱼类生物学特征显示，秋季鱼类平均体长最高，冬季平均体重最高（图4.22-6）。非参数检验显示，各季节的体长、体重差异均不显著。

· 渔业资源现状及分析

本次调查结果显示，鱼类共7科20种，以鲤科鱼类（12种）为主、占总种类数的60%，这与长江其他江段调查情况类似。从季节上看，冬季采集到的鱼类种类数量最多，有14种；秋季最少，仅6种；春季未采集到鱼类。冬季采集的鱼类无论在数量百分比上还是重量百分比上都占有绝对优势。多样性指数显

表4.22-1　各季节单位努力捕捞量

季　节	刺网CPUEn（ind./net・12 h）	刺网CPUEw（g/net・12 h）	定置串联笼壶CPUEn（ind./net・12 h）	定置串联笼壶CPUEw（g/net・12 h）
春	0	0	0	0
夏	0.002 7	0.040 8	0.121 5	0.972 2
秋	0.000 4	0.033 3	0.043 4	0.228 3
冬	0.002 1	0.518 8	4.344 6	22.275 3

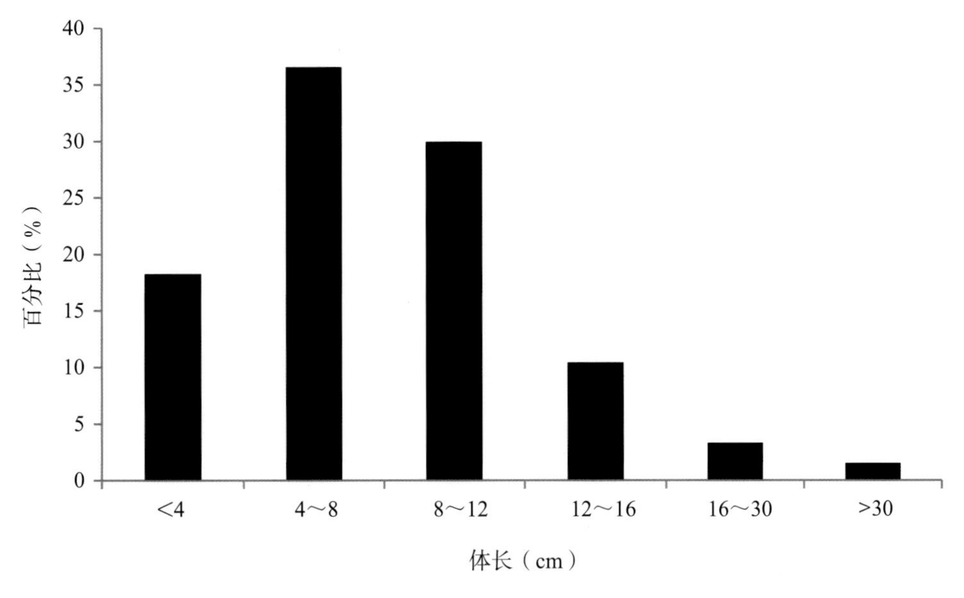

图4.22-4　鱼类体长分布图

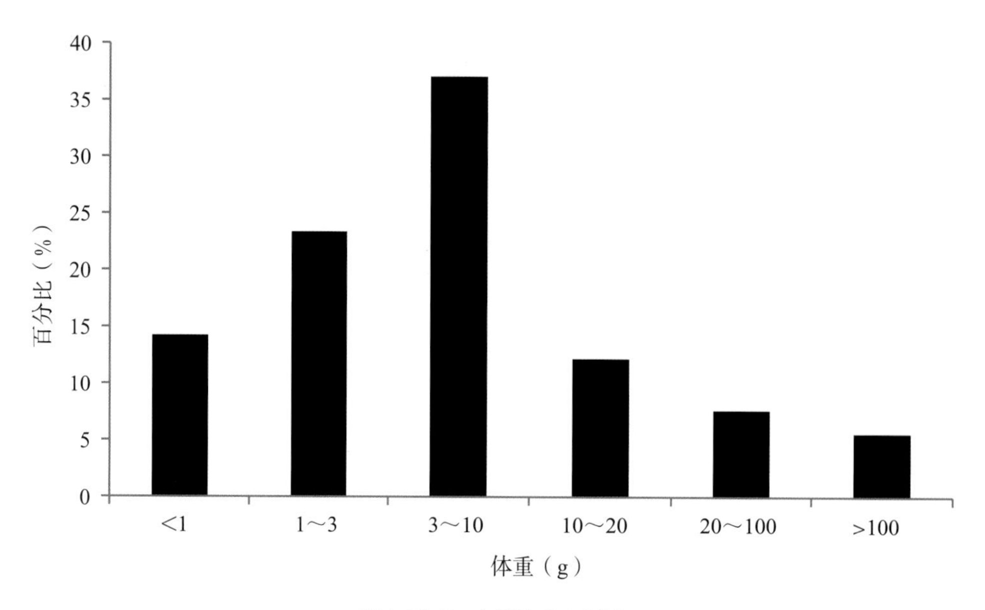

图4.22-5 鱼类体重分布图

表 4.22-2 鱼类体长及体重组成

种类	体长（cm）			体重（g）		
	最小值	最大值	平均值	最小值	最大值	平均值
刀鲚 *Coilia nasus*	6.2	16.3	12.4	0.9	83.0	8.8
贝氏䱗 *Hemiculter bleekeri*	5.8	10.4	7.9	2.0	13.3	5.6
鳊 *Parabramis pekinensis*	18.9	22.7	20.2	128.8	225.7	156.3
鲫 *Carassius auratus*	4.7	16.3	10.7	3.4	137.8	62.2
鲢 *Hypophthalmichthys molitrix*	13.2	35.0	24.5	29.9	940.0	343.9
麦穗鱼 *Pseudorasbora parva*	5.6	9.4	7.5	3.9	7.7	5.8
翘嘴鲌 *Culter alburnus*	11.6	11.6	11.6	20.8	20.8	20.8
蛇鮈 *Saurogobio dabryi*	6.9	10.3	8.7	2.9	9.1	6.1
似鳊 *Pseudobrama simoni*	4.9	13.0	9.1	0.5	34.6	11.8
银鮈 *Squalidus argentatus*	10.5	10.9	10.7	19.3	20.2	19.8
银鲴 *Xenocypris argentea*	4.7	7.5	6.1	1.7	2.0	1.9
鳙 *Aristichthys nobilis*	36.0	39.0	37.5	1 000.0	1 191.9	1 096.0
麦瑞加拉鲮 *Cirrhinus mrigale*	15.4	15.4	15.4	74.0	74.0	74.0
光泽黄颡鱼 *Pelteobaggrus nitidus*	3.4	10.5	6.7	0.7	82.2	9.6
黄颡鱼 *Pelteobaggrus fulvidraco*	6.5	15.7	12.0	4.2	151.4	43.7
瓦氏黄颡鱼 *Pelteobagrus vachelli*	0.4	4.4	3.5	0.5	1.5	0.9
中华花鲈 *Lateolabrax maculatus*	4.1	11.6	5.8	1.5	29.3	6.7
小黄黝鱼 *Micropercops swinhonis*	3.4	3.4	3.4	0.8	1.1	0.9
子陵吻虾虎鱼 *Rhinogobius giurinus*	5.4	5.4	5.4	2.3	2.3	2.3
香鮨 *Callionymus olidus*	3.8	5.3	4.5	0.8	2.2	1.4

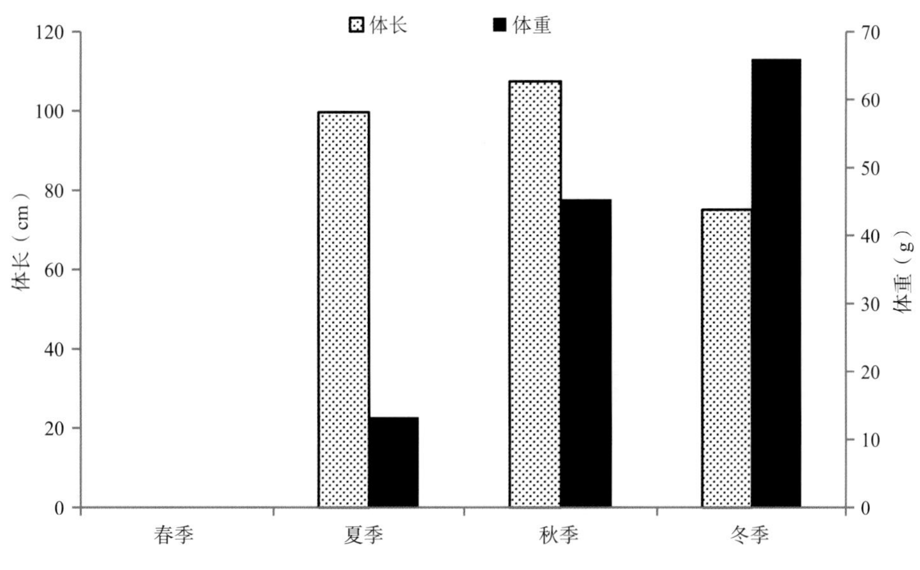

图4.22-6　各季节鱼类体长、体重组成

示，鱼类Margalef丰富度指数（R）为2.687；Shannon-Wiener多样性指数（H'）为1.701；Pielou均匀度指数（J）为0.568；Simpson优势度指数（λ）为3.292。贝氏䱗、黄颡鱼和鲢3种鱼类为长江靖江段的优势种鱼类，超过1/2的鱼类全长在100 mm以下，极少数的鱼类体重在20 g以下。长江靖江段小型鱼类与长江其他江段相比较少，整体显示鱼类规格中等，需要保持现状，加强养护。

4.23 · 长江如皋段刀鲚国家级水产种质资源保护区

· 鱼类种群组成

根据本次调查，长江如皋段共采集鱼类15种142尾，重2 775.04 g，隶属于4目7科13属。其中，鲤形目较多，有2科9种（鲤科8种），占总种类数的60%；其次为鲈形目（3科3种）、鲇形目（1科2种）、鲱形目（1种）（图4.23-1）。鲤形目鱼类的数量百分比（78.62%）和重量百分比（55.63%）均高于其他鱼类。

数量百分比（N%）显示，贝氏䱗数量最多（24.65%），其次为刀鲚、长蛇鮈、鲈鱼等，赤眼鳟、泥鳅、矛尾虾虎鱼、香鮨、江黄颡鱼5种鱼类的N%小于2%；重量百分比（W%）显示，长蛇鮈（17.70%）、赤眼鳟（14.87%）、鲫（13.53%）的W%较大，江黄颡鱼的W%小于1%，矛尾虾虎鱼、香鮨2种鱼类的W%小于0.1%。

· 优势种

优势种分析显示，贝氏䱗、刀鲚、鲈和长蛇鮈4种鱼类为优势种。鳊、赤眼鳟、鲫、光泽黄颡鱼、蛇鮈和银鮈6种鱼类为主要种。

· 鱼类季节组成

春季采集到鱼类10种，隶属于4目6科，优势种为贝氏䱗；夏季采集鱼类7种，隶属于4目5科，优势种为鲈鱼和光泽黄颡鱼；秋季采集鱼类10种，隶属于4目5科，优势种为长蛇鮈；冬季采集鱼类4种，隶属于2目2科，优势种为刀鲚和赤眼鳟。分析显示，春季和秋季鱼类种类数量最多，冬季最少，四个季节均采集到的仅有刀鲚1种。

数量百分比（N%）和重量百分比（W%）显示，四个季节中，春季鱼类的N%最高，秋季的W%最高，分别为35.92%和39.39%；冬季鱼类的N%最低，夏季的W%最低，分别为11.97%和14.50%（图4.23-2）。

· 鱼类多样性指数

多样性指数显示，鱼类Margalef丰富度指数（R）为1.06～2.60，平均为1.89±0.69；Shannon-Wiener多样性指数（H'）为1.18～2.06，平均为1.59±0.37；Pielou均匀度指数（J）为0.64～0.89，平均为0.81±0.12；Simpson优势度指数（λ）为2.74～6.40，平均为4.12±1.75。各季节鱼类多样性指数如图4.23-3所示。

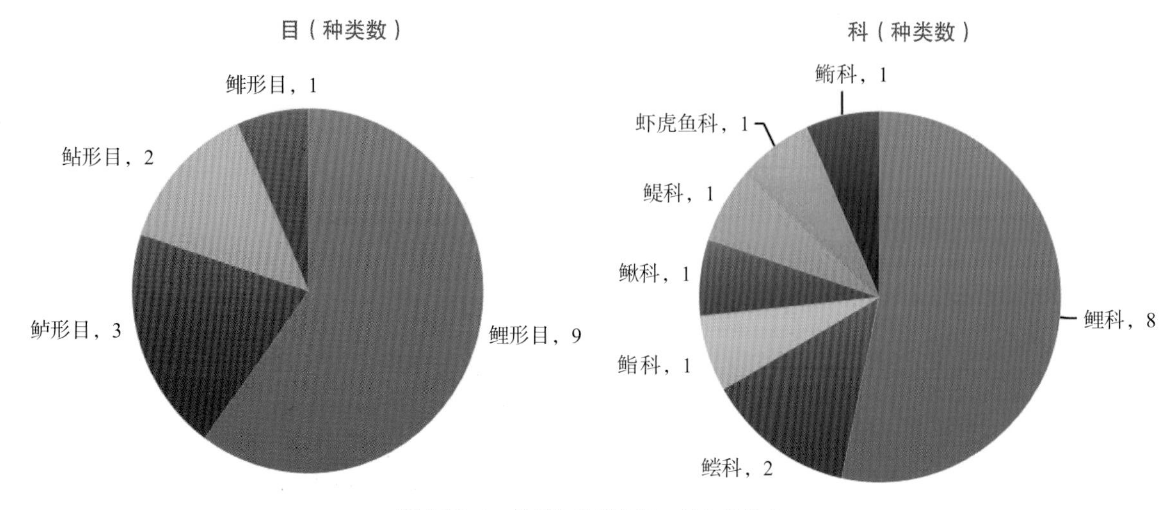

图4.23-1 长江如皋段各目、科鱼类组成

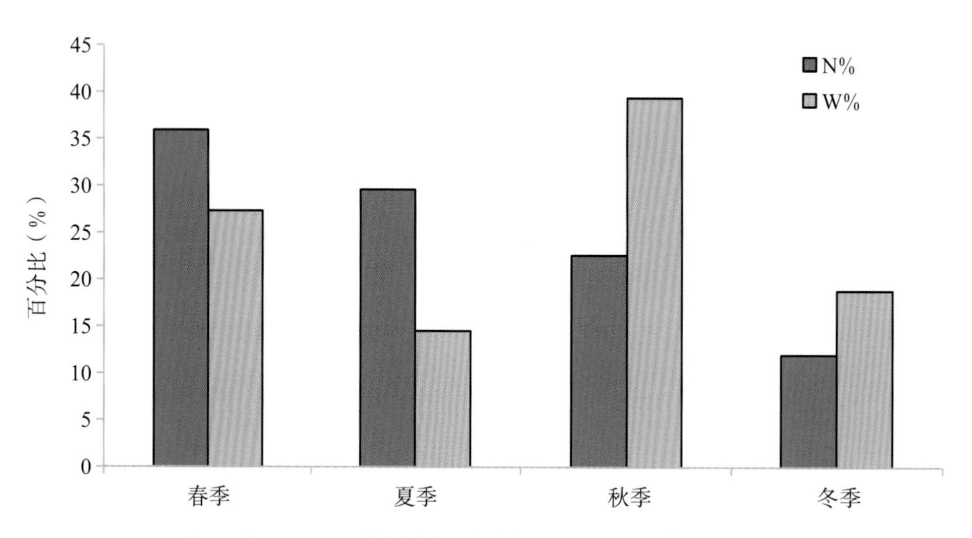

图4.23-2 各季节鱼类数量百分比（N%）与重量百分比（W%）

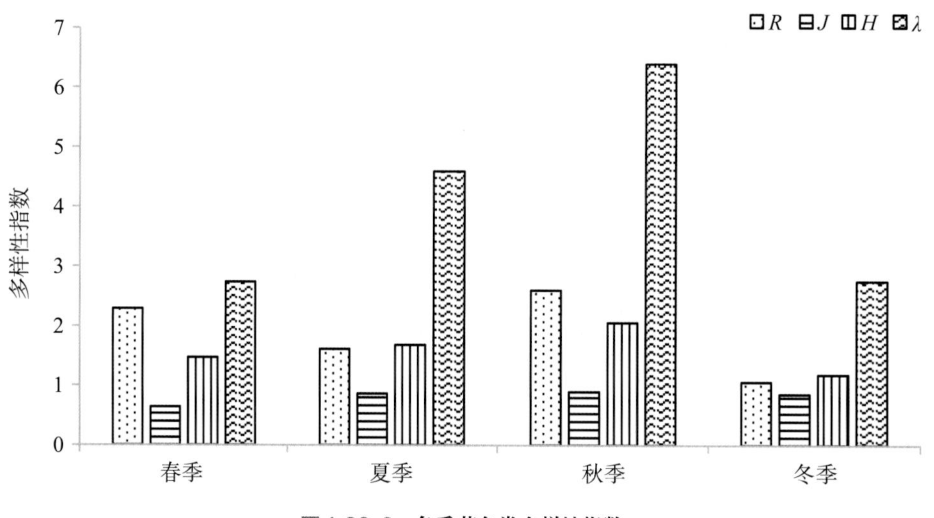

图4.23-3 各季节鱼类多样性指数

以季度为因素，对各多样性指数进行单因素方差分析，结果显示，季节间各多样性指数均无显著差异（$P > 0.05$）。

· 单位努力捕捞量

各季节基于数量及重量的刺网与定置串联笼壶的单位努力捕捞量（CPUE）如表4.23-1所示。结果显示，春季刺网CPUEn和秋季刺网CPUEw最高，秋季定置串联笼壶CPUEn及CPUEw均最高。

· 生物学特征

调查结果显示，如皋江段鱼类体长在3.8～23.2 cm，平均为10.8 cm；体重在0.7～206.3 g，平均为18.8 g。分析表明，97.77%的鱼类体长在20 cm以下，只有2.23%的鱼类体长高于20 cm，体长在10～16 cm的鱼类较多、占总数的35.82%；95.53%的鱼类体重在100 g以下，5.97%的鱼类在2 g以下，8～20 g的鱼类较多、占总数的35.82%（图4.23-4、图4.23-5）。

各种鱼类平均体重显示（表4.23-2），鳊、赤眼鳟和鲫3种鱼类的平均体重高于100 g；光泽黄颡鱼、鲈鱼、泥鳅、蛇鮈、似鳊和长蛇鮈6种鱼类平均体重为10～30 g；贝氏䱗、刀鲚等6种鱼类的平均体重低于10 g。统计各季节鱼类生物学特征显示，冬季鱼类平均体长及体重最高（图4.23-6）。非参数检验显示，各季节的体长、体重差异均不显著。

· 渔业资源现状及分析

本次调查结果显示，共采集到鱼类7科15种，以鲤科鱼类（8种）为主、占总种类数的53.33%，与长江其他江段调查情况类似。从季节上看，春季和秋季采集到的鱼类种类数量最多（有10种），冬季最少（仅有4种）。多样性指数显示，鱼类Margalef丰富度指数（R）为2.825；Shannon-Wiener多样性指数（H'）为2.189；

表4.23-1　各季节单位努力捕捞量

季　节	刺网CPUEn（ind./net · 12 h）	刺网CPUEw（g/net · 12 h）	定置串联笼壶CPUEn（ind./net · 12 h）	定置串联笼壶CPUEw（g/net · 12 h）
春	0.001 6	0.024 1	0.034 7	0.469 0
夏	0.001 1	0.013 0	0.047 7	0.218 2
秋	0.000 5	0.035 7	0.082 5	0.558 6
冬	0.000 3	0.017 0	0.043 4	0.266 7

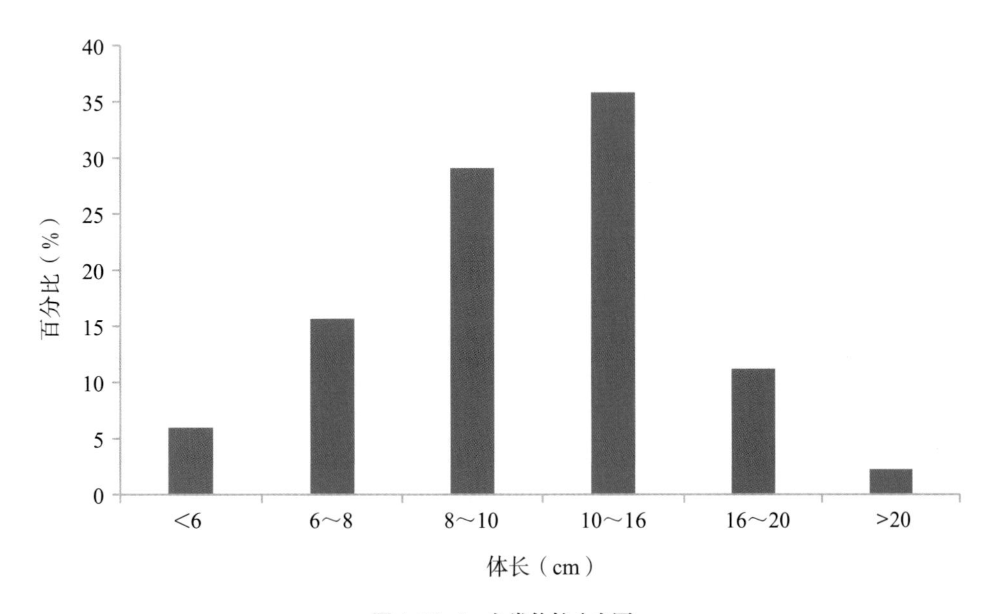

图4.23-4　鱼类体长分布图

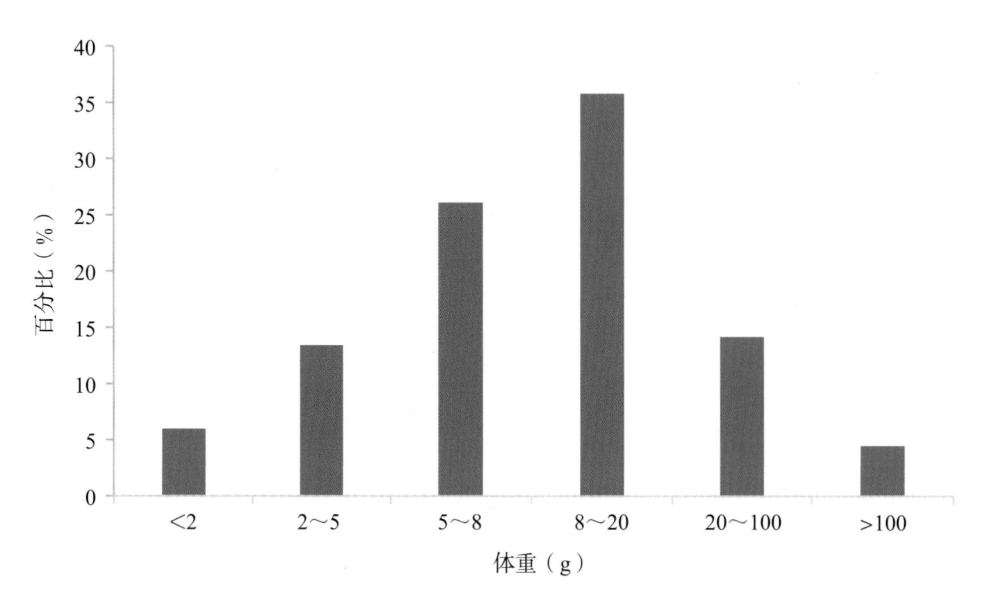

图4.23-5 鱼类体重分布图

表 4.23-2 鱼类全长及体重组成

种类	体长（cm）			体重（g）		
	最小值	最大值	平均值	最小值	最大值	平均值
刀鲚 *Coilia nasus*	7.2	21.9	12.8	1.1	29.5	8.9
贝氏䱗 *Hemiculter bleekeri*	5.7	11.5	9.1	1.7	17.5	9.6
赤眼鳟 *Squaliobarbus curriculus*	23.2	23.2	23.2	206.3	206.3	206.3
鳊 *Parabramis pekinensis*	16.3	21.8	18.6	75.3	158.3	118.1
鲫 *Carassius auratus*	14.0	16.5	15.1	103.5	166.5	125.1
蛇鮈 *Saurogobio dabryi*	6.5	18.3	10.9	2.3	25.1	12.4
似鳊 *Pseudobrama simoni*	9.8	10.2	10.1	12.9	13.5	13.3
银鮈 *Squalidus argentatus*	6.0	7.6	7.1	3.1	6.7	5.2
长蛇鮈 *Saurogobio dumerili*	7.0	18.5	13.5	3.2	96.2	27.3
泥鳅 *Misgurnus anguillicaudatus*	11.1	12.4	11.8	19.4	45.0	32.2
光泽黄颡鱼 *Pelteobaggrus nitidus*	8.6	12.0	10.5	8.9	18.1	13.4
瓦氏黄颡鱼 *Pelteobagrus vachelli*	5.2	10.2	7.7	2.7	14.1	8.4
中华花鲈 *Lateolabrax maculatus*	5.0	15.6	8.5	2.1	71.0	11.1
矛尾虾虎鱼 *Chaeturichthys sigmatias*	4.4	4.4	4.4	1.2	1.2	1.2
香鰤 *Callionymus olidus*	3.8	5.5	4.5	0.7	1.2	0.9

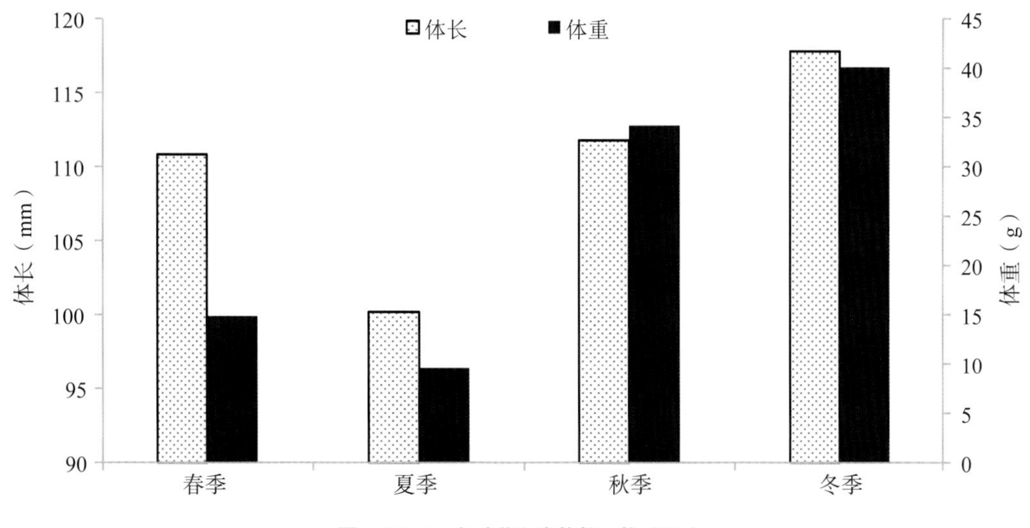

图4.23-6　各季节鱼类体长、体重组成

Pielou均匀度指数（J）为0.808；Simpson优势度指数（λ）为6.748。贝氏䲗、刀鲚、鲈和长蛇鮈4种鱼类为长江如皋江段的优势种鱼类，其中刀鲚占总数的21.13%。超过1/3的鱼类全长在100 mm以下，83.80%的鱼类体重在20 g以下，整体显示鱼类规格偏小、大型鱼类较少的现状，需要进一步研究，加强保护。

4.24 · 淀山湖河蚬翘嘴红鲌国家级水产种质资源保护区

· 鱼类种类组成

调查结果显示，共采集到鱼类36种4 382尾，重120.5 kg，隶属于7目9科28属。其中，鲤形目的种类数较多，有2科26种，占总种类数的72%；其次为鲈形目（2科4种）、鲇形目（1科2种），其他各1种（图4.24-1）。鲤形目鱼类的重量百分比（71.18%）远高于其他目的鱼类。

数量百分比（N%）显示，刀鲚数量最多（67.4%），其次为䲗、光泽黄颡鱼、大鳍鱊等，鲢、黑鳍鳈、鲫等27种数量百分比小于1%，鳊、鲤、麦穗鱼等16种数量百分比小于0.1%；重量百分比（W%）显示，鲢（33.6%）、刀鲚（24.8%）、鳙（20.2%）比重稍大，其他均较小，似鳊、达氏鲌、鳊等25种重量百分比小于1%，子陵吻虾虎鱼、草鱼、麦穗鱼等14种重量百分比小于0.1%。

· 优势种

优势种分析结果显示，刀鲚、鲢2种鱼类为优势

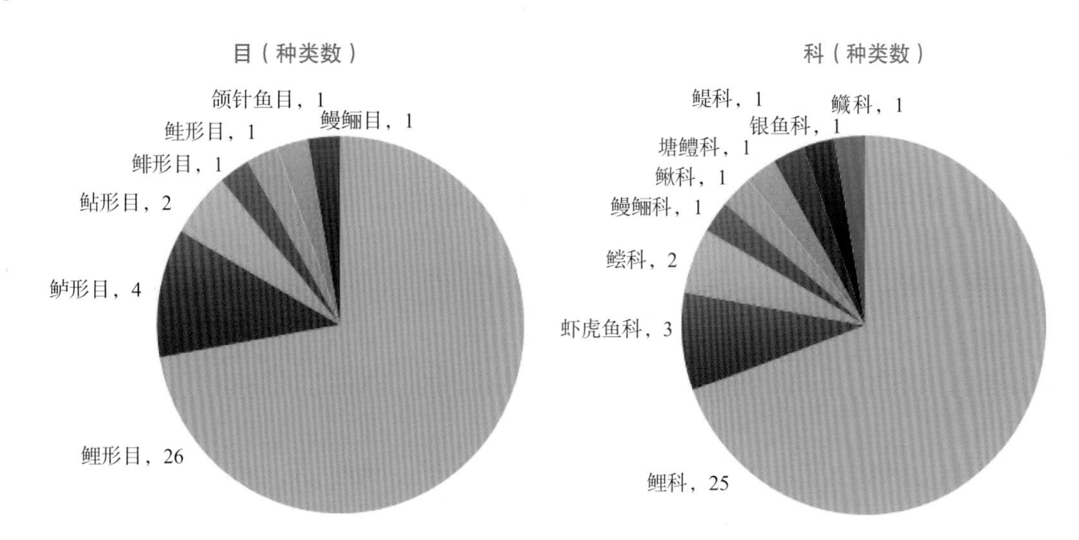

图4.24-1　淀山湖各目、科鱼类组成

种。鳙、光泽黄颡鱼、大鳍鱊等8种鱼类为主要种。

· 鱼类季节组成

春季采集到鱼类19种，隶属4目4科，优势种为鲢、光泽黄颡鱼、大鳍鱊和刀鲚；夏季采集鱼类29种，隶属于6目7科，优势种为刀鲚和鳙；秋季采集鱼类20种，隶属于5目6科，优势种为刀鲚；冬季采集到鱼类16种，隶属于5目5科，优势种为刀鲚、鳌、鲢和鳙。分析显示，夏季鱼类种类数最多，冬季最少，四个季节均采集到的鱼类有大鳍鱊、光泽黄颡鱼等9种鱼类。

数量百分比（N%）显示，四个季节中，夏季鱼类的N%最高，春季的最低，分别为52.5%和13.4%。重量百分比（W%）显示，冬季的W%最高，秋季的最低，分别为31.0%和18.0%（图4.24-2）。

· 鱼类多样性指数

多样性指数显示，鱼类Margalef丰富度指数（R）为2.280～3.617，平均为2.894±0.549（平均值±标准差）；Shannon-Wiener多样性指数（H'）为0.861～1.862，平均为1.282±0.442；Pielou均匀度指数（J）为0.256～0.632，平均为0.432±0.166；Simpson优势度指数（λ）为1.436～1.622，平均为2.530±1.322。各季节鱼类多样性指数如图4.24-3所示。以季度为因素，对各多样性指数进行单因素方差分析，结果显示，除优势度指数外，其他各多样性指数无显著差异

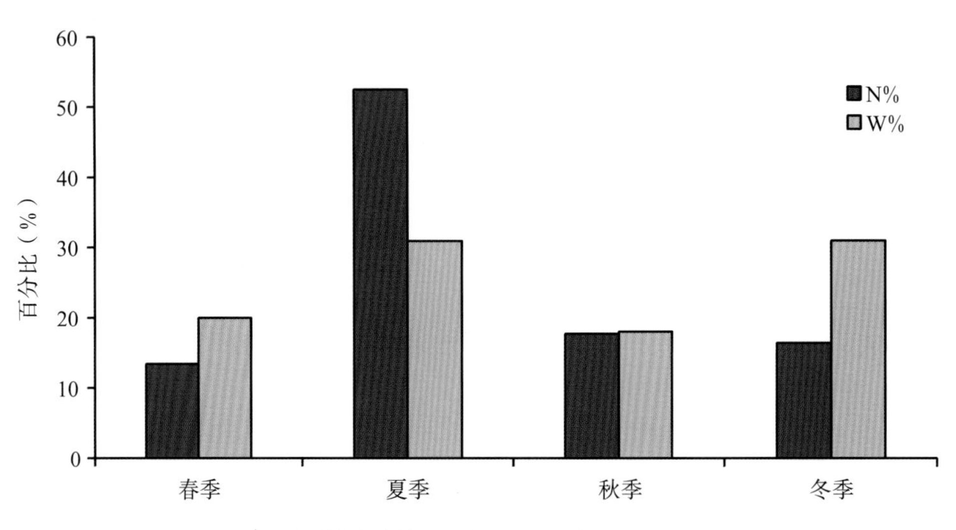

图4.24-2 各季节鱼类数量百分比（N%）与重量百分比（W%）

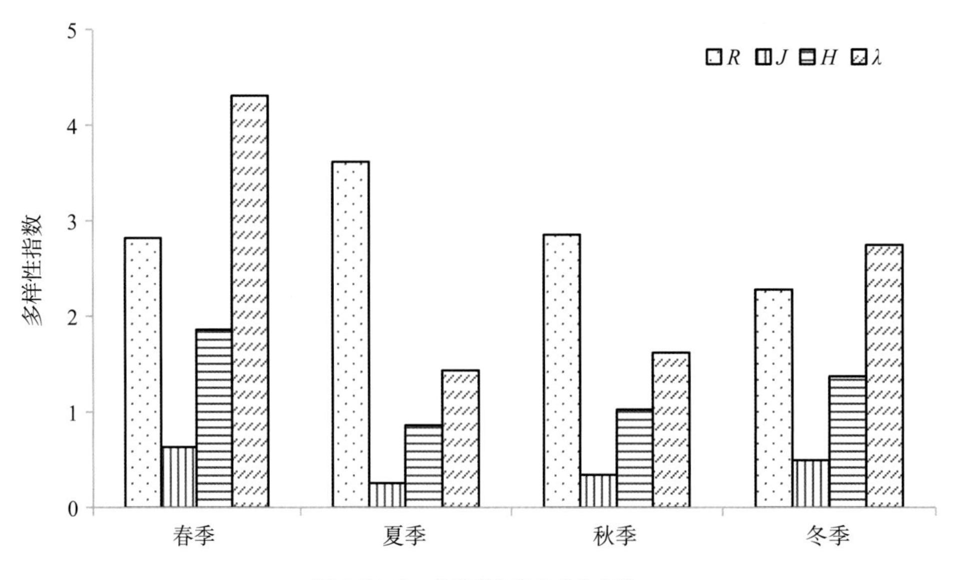

图4.24-3 各季节鱼类多样性指数

($P > 0.05$)。

· 单位努力捕捞量

基于数量及重量的刺网及定置串联笼壶的单位努力捕获量（CPEU）如表4.24-1所示。结果显示，夏季刺网CPUEn最高，冬季刺网CPUEw最高，夏季定置串联笼壶CPUEn和CPUEw均最高。

· 生物学特征

调查结果显示，淀山湖鱼类体长在1.3 ～ 68.7 cm，平均为12.5 cm；体重在0.05 ～ 5 816 g，平均为53.8 g。分析表明，94.34%的鱼类体长在20 cm以下，不到6%的鱼类体长高于20 cm，体长在8 ～ 12 cm的鱼类较多、占总数的32.87%；93.22%的鱼类体重在50 g以下，85.9%的鱼类体重在20 g以下，49.2%的鱼类体重在10 g以下，6 ～ 8 g鱼类较多、占总数的15.9%（图4.24-4、图4.24-5）。

各种鱼类平均体重显示（表4.24-2），鲢、鳙和鲤3种鱼类平均体重高于500 g；花䱻、鳊、似刺鳊鮈等12种鱼类平均体重为20 ～ 200 g；似鳊、长蛇鮈、似鱎等21种鱼类的平均体重低于20 g。各季节鱼类生物学特征显示，秋季鱼类平均体长最高，春季平均体重最高（图4.24-6）。非参数检验显示，各季节鱼类的体长、体重差异均不显著。

· 其他渔获物

调查结果显示，渔获物中非鱼类共采集4种，包括虾、蟹类3种（日本沼虾、秀丽白虾、中华绒螯蟹）及螺类1种（铜锈环棱螺），仅25尾，占总数的0.6%，数量以日本沼虾较多；生物量占比小于0.01%，以日本沼虾贡献较大。

· 渔业资源现状及分析

本次调查显示，鱼类多样性指数具有显著的

表4.24-1 各季节单位努力捕捞量

季节	刺网CPUEn（ind./net · 12 h）	刺网CPUEw（g/net · 12 h）	定置串联笼壶CPUEn（ind./net · 12 h）	定置串联笼壶CPUEw（g/net · 12 h）
春	0.02	0.82	0.79	8.93
夏	0.07	1.28	1.55	12.48
秋	0.02	0.76	0.45	5.76
冬	0.02	1.35	0.88	3.86

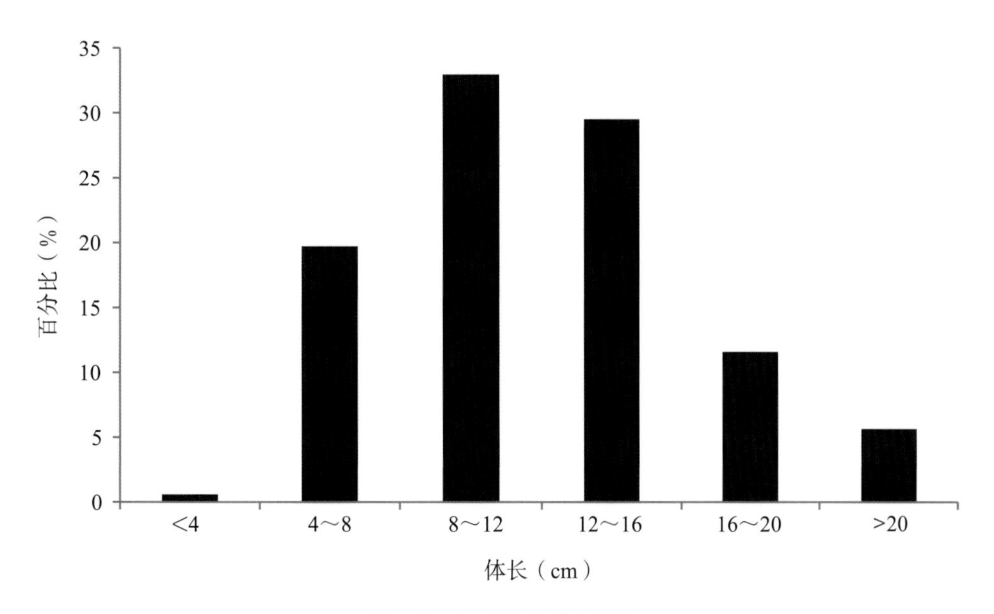

图4.24-4 鱼类体长分布图

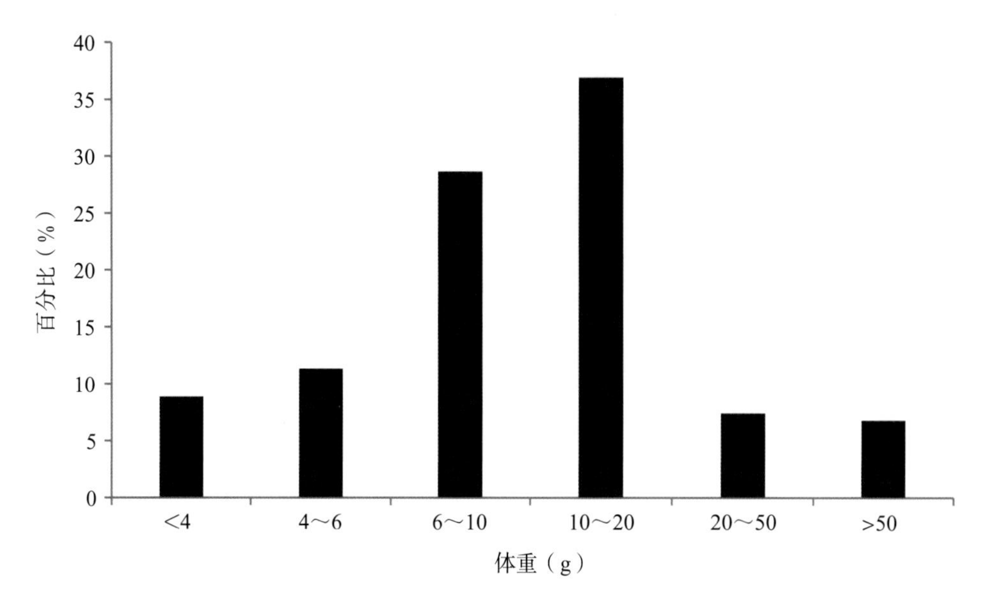

图4.24-5 鱼类体重分布图

表 4.24-2 鱼类体长及体重组成

种类	体长（cm）			体重（g）		
	最小值	最大值	平均值	最小值	最大值	平均值
刀鲚 *Coilia nasus*	4.1	26.7	14.6	0.3	95.6	11.3
鲢 *Hypophthalmichthys molitrix*	9.6	68.7	32.6	9.3	5 816.0	1 011.8
鳙 *Aristichthys nobilis*	20.6	39.5	30.8	138.0	1 386.0	640.8
鲤 *Cyprinus carpio*	15.5	36.5	23.2	83.0	1 512.0	577.1
花䱻 *Hemibarbus maculatus*	21.1	21.1	21.1	200.0	200.0	200.0
鳊 *Parabramis pekinensis*	17.4	21.9	19.2	116.0	251.9	163.5
似刺鳊鮈 *Paracanthobrama guichenoti*	20.2	20.2	20.2	151.1	151.1	151.1
鲫 *Carassius auratus*	8.4	21.9	15.2	17.0	340.0	133.0
团头鲂 *Megalobrama amblycephala*	18.3	18.3	18.3	125.9	125.9	125.9
蒙古鲌 *Culter mongolicus*	11.9	30.0	17.1	18.0	367.5	89.1
翘嘴鲌 *Culter alburnus*	6.9	30.0	16.3	3.5	277.7	81.2
草鱼 *Ctenopharyngodon idellus*	14.5	14.5	14.5	71.1	71.1	71.1
达氏鲌 *Culter dabryi*	7.6	22.1	15.9	5.7	159.0	66.3
似鳊 *Pseudobrama simoni*	5.9	14.9	9.9	2.2	81.4	18.3
红鳍原鲌 *Cultrichthys erythropterus*	8.5	20.6	14.0	5.4	187.0	42.5
长蛇鮈 *Saurogobio dumerili*	12.3	12.3	12.3	18.2	18.2	18.2
似鲚 *Toxabramis swinhonis*	1.4	13.6	10.9	7.0	32.6	15.7
银鲴 *Xenocypris argentea*	9.7	9.7	9.7	13.6	13.6	13.6

（续表）

种　　类	体长（cm）			体重（g）		
	最小值	最大值	平均值	最小值	最大值	平均值
贝氏䱗 *Hemiculter bleekeri*	6.2	12.9	9.9	1.9	50.8	13.2
䱗 *Hemiculter leucisculus*	5.6	17.5	9.8	1.4	82.8	11.2
黑鳍鳈 *Sarcocheilichthys nigripinnis*	7.0	9.5	8.5	6.1	17.1	10.9
大鳍鱊 *Acheilognathus macropterus*	4.7	11.2	7.3	0.1	403.0	10.2
兴凯鱊 *Acheilognathus chankaensis*	5.3	8.3	6.9	3.3	11.0	7.0
麦穗鱼 *Pseudorasbora parva*	3.4	7.7	6.0	1.0	6.9	4.1
彩鱊 *Acheilognathus imberbis*	2.8	3.5	3.2	0.5	1.5	1.0
泥鳅 *Misgurnus anguillicaudatus*	10.7	12.3	11.5	10.7	14.3	12.5
纹缟虾虎鱼 *Tridentiger trigonocephalus*	1.3	6.8	4.1	5.6	8.7	7.2
子陵吻虾虎鱼 *Rhinogobius giurinus*	2.4	5.7	4.7	0.2	3.9	2.0
波氏吻虾虎鱼 *Rhinogobius cliffordpopei*	4.4	5.9	5.3	1.8	3.3	2.8
小黄黝鱼 *Micropercops swinhonis*	4.3	4.3	4.3	1.3	1.3	1.3
光泽黄颡鱼 *Pelteobaggrus nitidus*	6.5	13.6	9.9	2.6	28.2	12.1
黄颡鱼 *Pelteobaggrus fulvidraco*	8.2	19.6	14.3	6.4	135.3	65.4
大银鱼 *Protosalanx chinensis*	7.6	7.6	7.6	1.9	1.9	1.9
间下鱵 *Hyporhamphus intermedius*	16.0	16.0	16.0	8.5	8.5	8.5
日本鳗鲡 *Anguilla japonica*	21.8	32.8	27.5	14.4	53.0	37.9

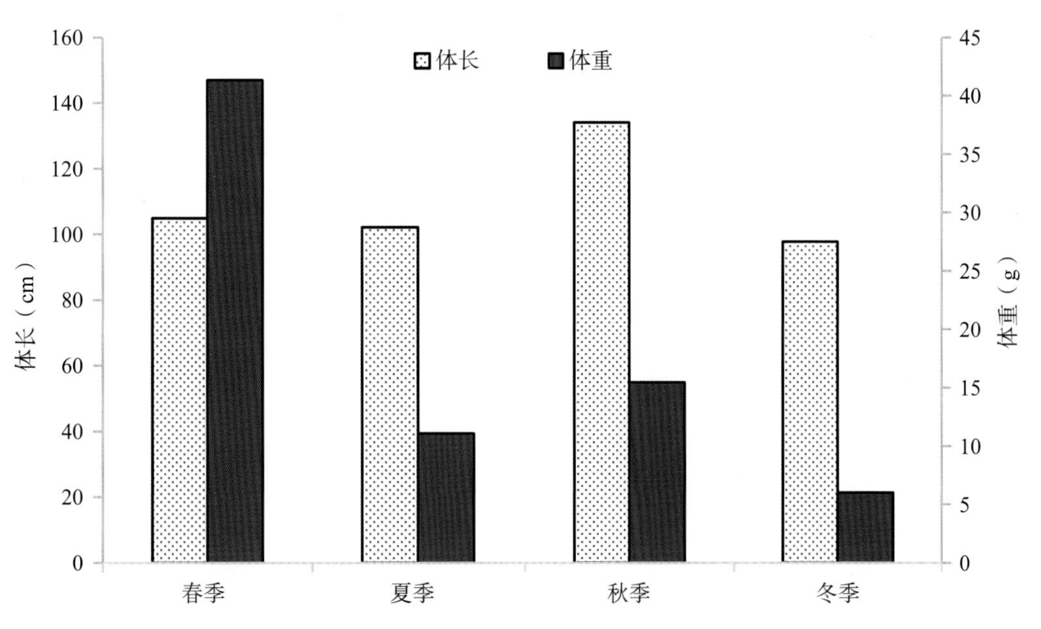

图4.24-6　各季节鱼类体长、体重组成

差异，夏季鱼类Margalef丰富度指数较高，但其Shannon-Wiener多样性指数较低，这与夏季鱼类种类组成有关。刀鲚占绝对优势，其Simpson优势度指数最高。夏季鱼类优势种更为明显。与历史相比，各多样性指数有一定降低，反映了鱼类群落稳定性下降的趋势。相对重要性指数显示，少见种及稀有种占总物种的72.2%，显示了调查水域除了人工放流种类及少量杂鱼外，其余现有野生种类的资源密度较低，鱼类多样性降低，需要采取保护措施。

淀山湖曾是上海淡水鱼生产供应基地，鱼类资源极为丰富。据调查，20世纪60年代共调查鱼类75种，至2005年鱼类种类数逐渐降低。2005年开展淀山湖增殖放流措施后，鱼类资源有一定恢复。如今淀山湖中刀鲚数量在鱼类资源中仍然占较大比重，甚至更多，但个体普遍较小（平均体重11.3 g）。原有的青鱼、草鱼、鳊、鲌等经济鱼类数量较少，子陵吻虾虎鱼等杂鱼数量相对较多，人工增殖放养的鲢、鳙、鲫、鲤等为当前主要的经济种类。另外，20世纪调查显示，除鲤科鱼类外，还存在一定数量的河口型、洄游型鱼类，目前这些种类基本已消失，鱼类种类数发生一定变化。鲢、鳙等大型鱼类数量占比均在1%以下，鱼类平均全长仅12.5 cm，平均体重仅50 g左右，小型鱼类较多。与21世纪淀山湖鱼类资源的调查相比，保护区鱼类多样性有所增加，显示了保护区建立对鱼类资源起到一定的保护作用。

4.25 · 阳澄湖中华绒螯蟹国家级水产种质资源保护区

鱼类种类组成

调查结果显示，共采集到鱼类37种3 926尾，重130.02 kg，隶属于6目9科31属。鲤形目的种类数较多，有2科27种，约占总种类数的72.97%；其次为鲈形目3科5种（图4.25-1）。鲤形目鱼类的数量百分比（90.88%）和重量百分比（93.26%）均远高于其他目的鱼类。

数量百分比（N%）显示，似鲚数量最多（24.96%），其次为麦穗鱼、似鳊、鳘等，大鳍鱊、贝氏鳘、子陵吻虾虎鱼等26种鱼类的N%小于1%；重量百分比（W%）显示，鲢（35.40%）、鳙（17.14%）、鲫（12.32%）的W%较大，达氏鲌、棒花鱼、长须黄颡鱼等25种鱼类的W%小于1%，鲤、须鳗虾虎鱼、间下鱵等13种鱼类的W%小于0.1%。

优势种

优势种分析结果显示，鲢、似鲚、鳙、麦穗鱼、鲫、似鳊、鳘、刀鲚等8种鱼类为优势种。红鳍原鲌、棒花鱼、兴凯鱊、黄颡鱼、草鱼、鳊、达氏鲌、翘嘴鲌、长须黄颡鱼等9种鱼类为主要种。

鱼类季节组成

春季采集到鱼类24种，隶属于5目6科，优势种为鲫、似鲚、鲢、鳙、似鳊和麦穗鱼；夏季采集到鱼类24种，隶属于5目7科，优势种为似鲚、鳘、鲫、麦穗鱼和红鳍原鲌；秋季采集到鱼类22种，隶属于4

目（种类数）

鲱形目，1
鲇形目，2
鲑形目，1
颌针鱼目，1
鲈形目，5
鲤形目，27

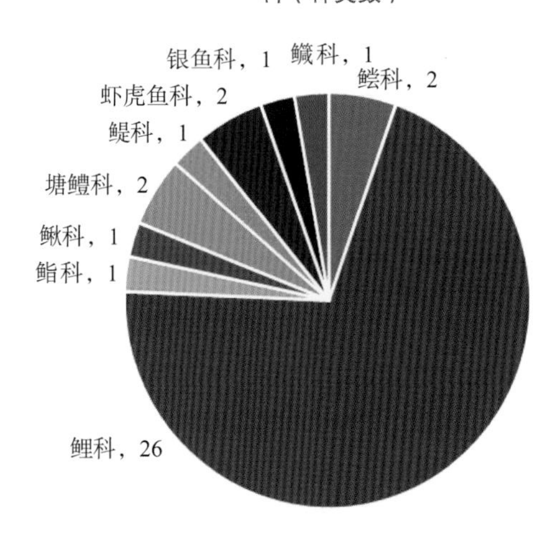

图4.25-1 阳澄湖各目、科鱼类组成

目5科，优势种为鲢、似鳊、似鲚、刀鲚和麦穗鱼；冬季采集到鱼类23种，隶属于6目8科，优势种为麦穗鱼、鲫、棒花鱼和鳙。分析显示，春、夏季鱼类种类最多，秋季较少，四个季节均采集到的有𩽾、达氏鲌、刀鲚等11种鱼类。

数量百分比（N%）和重量百分比（W%）显示，四个季节中，秋季鱼类的N%和W%均为最高，分别为31.48%和43.03%；冬季鱼类的N%最低，为16.02%；夏季W%最低，为10.68%（图4.25-2）。

鱼类多样性指数

多样性指数显示，鱼类Margalef丰富度指数（R）为2.95～3.41，平均为3.25±0.20（平均值±标准差）；Shannon-Wiener多样性指数（H'）为1.90～2.43，平均为2.08±0.24；Pielou均匀度指数（J）为0.60～0.77，平均为0.66±0.07。各季节鱼类多样性指数如图4.25-3所示。以季度为因素，对各多样性指数进行单因素方差分析，结果显示，季节间各多样性指数均无显著差异（$P > 0.05$）。

单位努力捕捞量

各季节基于数量及重量的刺网与定置串联笼壶的单位努力捕捞量（CPUE）如表4.25-1所示。结果显示，秋季刺网的CPUEn及CPUEw均较高，冬季定置串联笼壶的CPUEn及CPUEw均较高。

生物学特征

调查结果显示，阳澄湖鱼类体长在18.51～523 mm，平均为102.36 mm；体重在0.10～2 620.80 g，平均为40.90 g。分析表明，98.38%的鱼类体长在250 mm以下，只有1.55%的鱼类全长高于250 mm，体长在

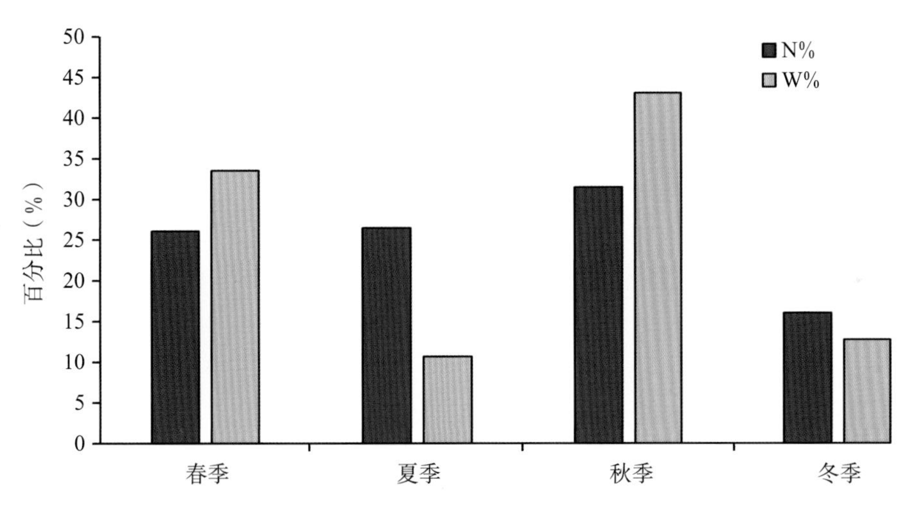

图4.25-2 各季节鱼类数量百分比（N%）与重量百分比（W%）

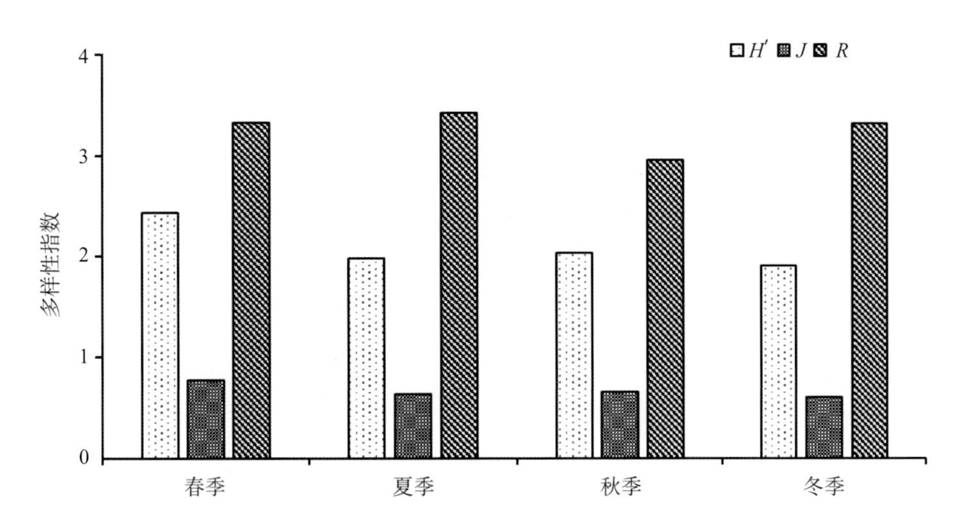

图4.25-3 阳澄湖各季节鱼类多样性指数

表 4.25-1 各季节单位努力捕捞量

季 节	刺网 CPUEn（ind./net · 12 h）	刺网 CPUEw（g/net · 12 h）	定置串联笼壶 CPUEn（ind./net · 12 h）	定置串联笼壶 CPUEw（g/net · 12 h）
春	0.03	1.57	0.75	4.73
夏	0.03	0.47	1.31	5.50
秋	0.04	2.05	0.87	2.09
冬	0.01	0.55	1.64	7.69

50 ～ 100 mm的鱼类较多、占总数的53.19%；90.66%的鱼类体重在100 g以下，23.21%的鱼类体重在5 g以下，5 ～ 10 g鱼类较多、占总数的32.37%（图4.25-4、图4.25-5）。

各种鱼类平均体重显示（表4.25-2），草鱼、团头鲂、鲢等10种平均体重高于100 g；达氏鲌、长须黄颡鱼、鲫等4种平均体重为50 ～ 100 g；黄颡鱼、大鳍鱊、翘嘴鲌等12种平均体重为10 ～ 50 g；泥鳅、棒花鱼、兴凯鱊等12种平均体重低于10 g。统计各季节鱼类生物学特征显示，秋季鱼类平均全长、平均体长及平均体重均较高（图4.25-6）。非参数检验显示，各季节的体长、体重差异均不显著。

· 其他渔获物

调查结果显示，共采集到虾蟹贝类3种，包括螺类1种（铜锈环棱螺）、虾类2种（日本沼虾、秀丽白虾），数量共683尾、占渔获物总数量的14.82%，其中日本沼虾（69.69%）贡献较大；重量共784.7 g、占渔获物总重量的0.60%，其中日本沼虾（83.05%）贡献较大。

· 渔业资源现状及分析

共调查到鱼类37种、非鱼类3种，其中螺1种、虾类2种。鲤科所占比例较高，有26种，占总数的70.27%。本次调查的Shannon-Wiener多样性指数为2.08，处于该指数一般范围（1.5 ～ 3.5），说明固城湖鱼类生物多样性水平普通。秋季各种类的质量百分比、数量百分比分布较高于其他季节。鲢、似鱎、鳙、麦穗鱼、鲫、似鳊、餐和刀鲚等8种鱼类为该水域的优势种，生物学特征分析显示该水域鱼类呈现小型化的现象。阳澄湖中华绒螯蟹国家级水产种质资源保护区的主要保护对象为中华绒螯蟹。此次调查过程中，未捕获到中华绒螯蟹。

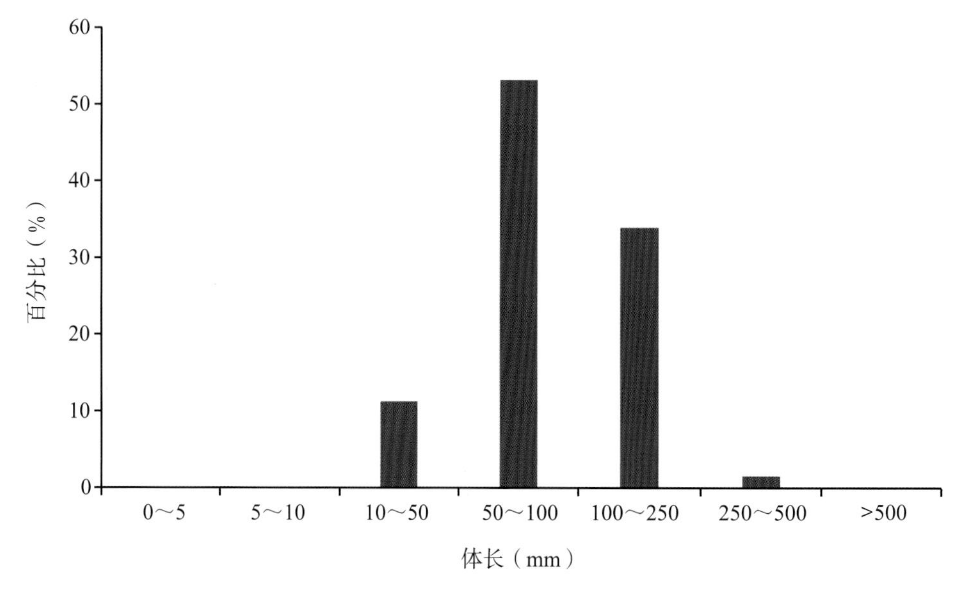

图4.25-4 鱼类体长分布图

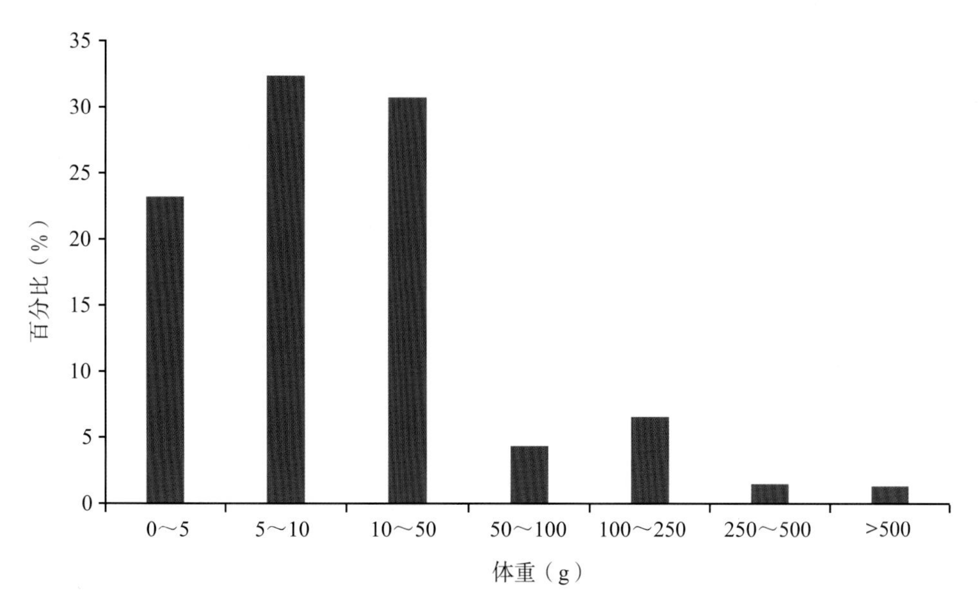

图4.25-5　鱼类体重分布图

表 4.25-2　鱼类体长及体重组成

种　　类	体长（cm）			体重（g）		
	最小值	最大值	平均值	最小值	最大值	平均值
刀鲚 *Coilia nasus*	8.4	26.7	17.9	3.3	423.5	25.0
鲫 *Carassius auratus*	2.7	26.3	11.2	0.5	1 097.0	67.3
鳙 *Aristichthys nobilis*	13.2	45.5	20.7	10.7	1 897.0	244.9
鳊 *Parabramis pekinensis*	18.0	25.5	21.2	22.4	370.0	211.7
鲤 *Cyprinus carpio*	16.5	16.5	16.5	110.2	110.2	110.2
鰲 *Hemiculter leucisculus*	6.9	19.3	10.5	3.7	301.3	17.2
鲢 *Hypophthalmichthys molitrix*	16.4	52.3	22.9	97.2	1 689.5	346.0
红鳍原鲌 *Cultrichthys erythropterus*	1.9	23.8	10.2	0.8	182.0	19.7
达氏鲌 *Culter dabryi*	9.3	32.2	14.7	10.0	515.9	77.0
蒙古鲌 *Culter mongolicus*	21.1	28.5	24.8	135.1	279.1	207.1
翘嘴鲌 *Culter alburnus*	4.2	27.8	10.9	0.8	229.0	45.8
麦穗鱼 *Pseudorasbora parva*	2.8	10.8	5.5	0.2	76.0	3.7
棒花鱼 *Abbottina rivularis*	2.5	10.2	7.2	0.2	21.0	8.1
贝氏鰲 *Hemiculter bleekeri*	4.4	13.4	9.9	5.0	34.5	17.4
草鱼 *Ctenopharyngodon idellus*	19.6	50.5	35.1	154.0	2 620.8	1 387.4
黑鳍鳈 *Sarcocheilichthys nigripinnis*	7.9	9.3	8.8	7.6	14.0	11.6
花䱻 *Hemibarbus maculatus*	16.4	22.8	19.7	78.2	255.0	154.5

（续表）

种　　类	体长（cm）			体重（g）		
	最小值	最大值	平均值	最小值	最大值	平均值
彩鳎*Acheilognathus imberbis*	2.6	4.8	3.5	0.4	6.3	1.6
兴凯鱊*Acheilognathus chankaensis*	3.1	9.1	6.8	0.5	21.5	8.0
大鳍鱊*Acheilognathus macropteruss*	1.9	20.7	6.9	3.7	218.0	12.6
中华鳑鲏*Rhodeus sinensis*	4.8	4.8	4.8	2.1	2.1	2.1
泥鳅*Misgurnus anguillicaudatus*	11.5	11.5	11.5	8.6	8.6	8.6
银鮈*Squalidus argentatus*	6.3	6.3	6.3	3.6	3.6	3.6
蛇鮈*Saurogobio dabryi*	4.8	6.0	5.2	1.3	4.0	2.2
似鳊*Pseudobrama simoni*	4.0	15.2	9.4	1.0	1 432.5	21.6
似刺鳊鮈*Paracanthobrama guichenoti*	17.2	19.0	18.1	108.0	136.2	122.1
似䱗*Toxabramis swinhonis*	5.0	17.4	8.9	0.3	604.0	11.3
团头鲂*Megalobrama amblycephala*	11.2	28.0	19.6	27.1	838.0	432.6
小黄黝鱼*Micropercops swinhonis*	3.6	4.2	3.8	0.8	1.4	1.1
鳜*Siniperca chuatsi*	18.7	22.6	20.7	169.6	391.5	280.5
河川沙塘鳢*Odontobutis potamophila*	6.0	6.0	6.0	3.8	3.8	3.8
间下鱵*Hyporhamphus intermedius*	14.1	16.4	14.9	3.5	64.0	25.5
黄颡鱼*Pelteobagrus fulvidraco*	1.9	20.7	12.3	1.2	143.0	51.6
长须黄颡鱼*Pelteobagrus eupogon*	12.8	22.3	15.7	40.0	148.6	69.2
子陵吻虾虎鱼*Rhinogobius giurinus*	1.9	5.6	4.4	0.1	2.9	1.7
须鳗虾虎鱼*Taenioides cirratus*	9.6	19.5	13.3	3.9	26.4	10.4
陈氏新银鱼*Neosalanx tangkahkeii*	7.4	7.5	7.5	1.5	2.0	1.8

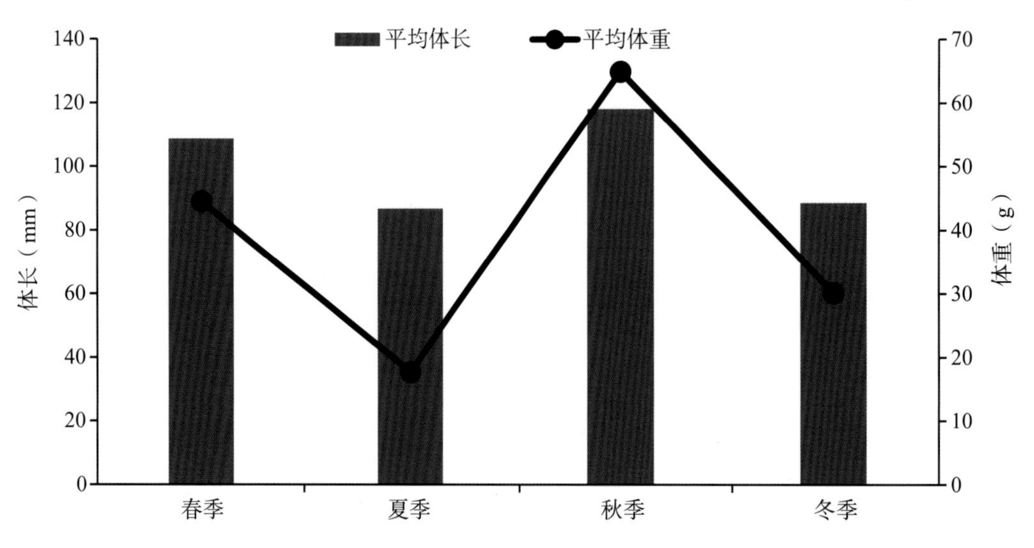

图4.25-6　各季节鱼类体长、体重组成

4.26 · 长漾湖国家级水产种质资源保护区

· 鱼类种类组成

调查结果显示，共采集到鱼类31种3 104尾，重222.31 kg，隶属于6目6科23属。鲤形目的种类数较多，有1科22种，约占总种类数的70.97%；其次为鲈形目和鲇形目，各为1科3种（图4.26–1）。鲱形目鱼类的数量百分比（53.54%）远高于其他目的鱼类，鲤形目鱼类的重量百分比（92.27%）远高于其他目的鱼类。

数量百分比（N%）显示，刀鲚数量最多（53.54%），其次为似鱎、达氏鲌、鲢等，黄颡鱼、花䱻、蒙古鲌等19种鱼类的N%小于1%；重量百分比（W%）显示，鲢（44.87%）、鳙（25.12%）、刀鲚（6.93%）的W%较大，黄颡鱼、蒙古鲌、䱗等19种鱼类的W%小于1%，兴凯鱊、黑鳍鳈、须鳗虾虎鱼等11种鱼类的W%小于0.1%。

· 优势种

刀鲚、鲢、鳙、似鱎、达氏鲌等5种鱼类为优势种。鲫、似鳊、翘嘴鲌、似刺鳊鮈、花䱻、鲤、兴凯鱊、黄颡鱼、大鳍鱊、贝氏䱗等10种鱼类为主要种。

· 鱼类季节组成

春季采集到鱼类18种，隶属于3目3科，优势种为鲢、翘嘴鲌、达氏鲌和刀鲚；夏季采集到鱼类24种，隶属于5目5科，优势种为鳙、鲢、达氏鲌、刀鲚、似鳊和鲫；秋季采集到鱼类19种，隶属于4目4科，优势种为刀鲚、鳙、鲫、似鳊和翘嘴鲌；冬季采集到鱼类16种，隶属于3目3科，优势种为刀鲚、鲢和似鱎。

分析显示，夏季鱼类种类最多，冬季较少，四个季节均采集到的有大鳍鱊、达氏鲌、刀鲚等6种鱼类。

数量百分比（N%）和重量百分比（W%）显示，四个季节中，冬季鱼类的N%和W%均为最高，分别为55.90%和39.21%；春季鱼类的N%和W%均为最低，分别为5.70%和9.48%（图4.26–2）。

· 鱼类多样性指数

多样性指数显示，鱼类Margalef丰富度指数(R)为2.01～3.60，平均为2.93±0.69（平均值±标准差）；Shannon–Wiener多样性指数(H')为0.94～2.48，平均为1.84±0.67；Pielou均匀度指数(J)为0.34～0.78，平均为0.62±0.20。各季节鱼类多样性指数如图4.26–3所示。以季度为因素，对各多样性指数进行单因素方差分析，结果显示，季节间各多样性指数均无显著差异($P > 0.05$)。

· 单位努力捕捞量

各季节基于数量及重量的刺网与定置串联笼壶的单位努力捕捞量（CPUE）如表4.26–1所示。结果显示，秋季刺网的CPUEn及CPUEw均较高，冬季定置串联笼壶的CPUEn及CPUEw均较高。

· 生物学特征

调查结果显示，长漾湖鱼类体长在19.60～

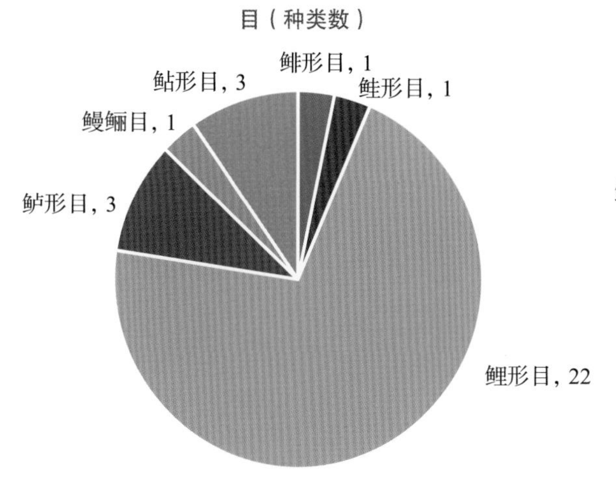

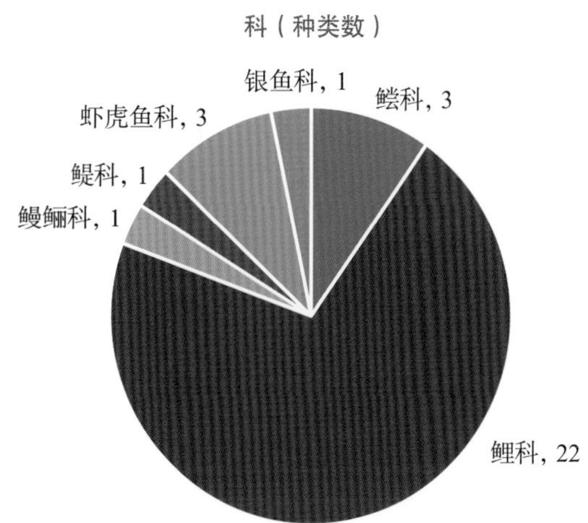

图4.26–1　各目、科鱼类组成

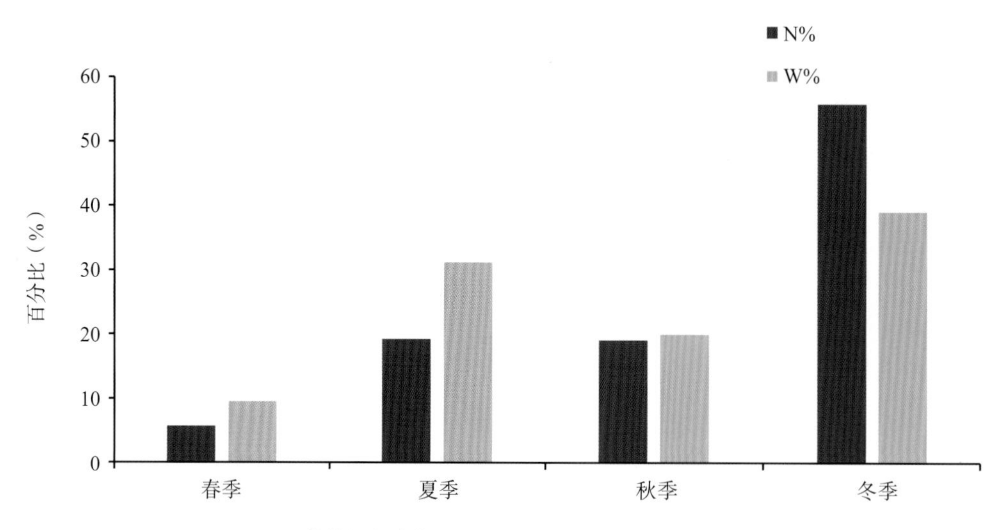

图4.26-2 长漾湖各季节鱼类数量百分比（N%）与重量百分比（W%）

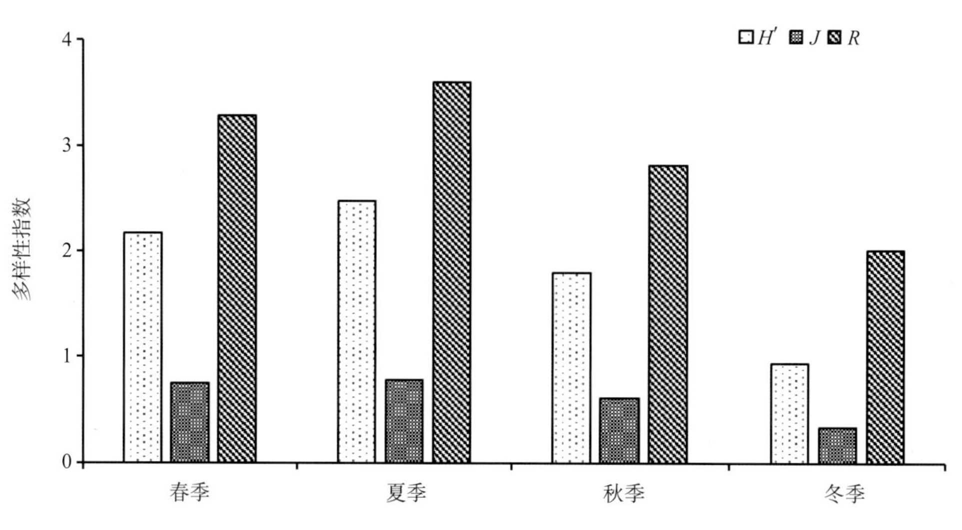

图4.26-3 长漾湖各季节鱼类多样性指数

表4.26-1 各季节单位努力捕捞量

季节	刺网CPUEn（ind./net·12 h）	刺网CPUEw（g/net·12 h）	定置串联笼壶CPUEn（ind./net·12 h）	定置串联笼壶CPUEw（g/net·12 h）
春	0.01	0.77	0.05	0.91
夏	0.02	2.41	0.83	18.83
秋	0.02	1.64	0.19	1.81
冬	0.06	3.18	0.73	5.59

477 mm，平均为155.89 mm；体重在0.35 ～ 2 200 g，平均为193.48 g。分析表明，87.82%的鱼类体长在250 mm以下，只有12.18%的鱼类全长高于250 mm，体长在100 ～ 250 mm的鱼类较多、占总数的66.79%；74.15%的鱼类体重在100 g以下，8.96%的鱼类体重在5 g以下，10 ～ 50 g鱼类较多、占总数的42.30%（图4.26-4、图4.26-5）。

各种鱼类平均体重显示（表4.26-2），鳙、鲢、

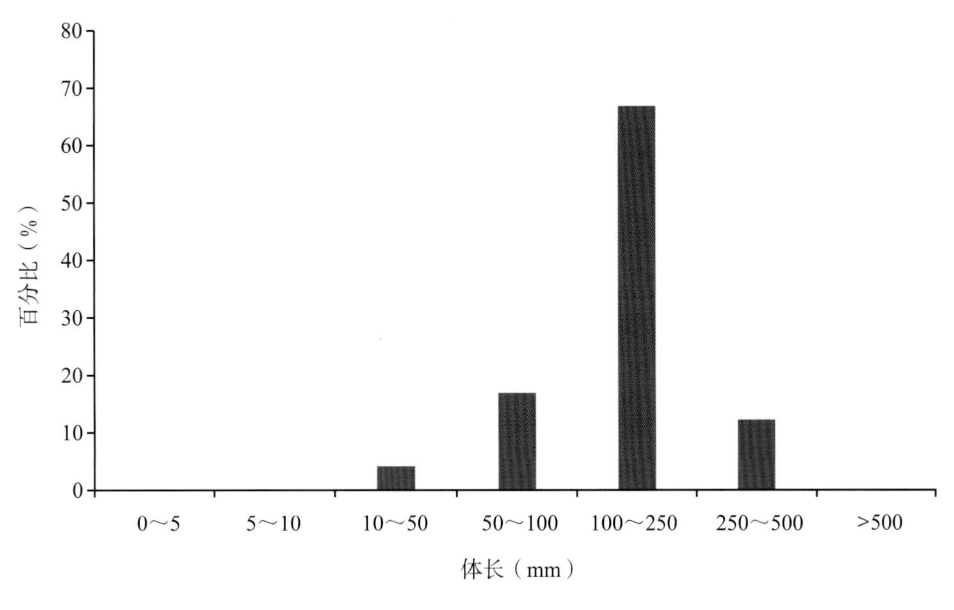

图4.26-4 **鱼类体长分布图**

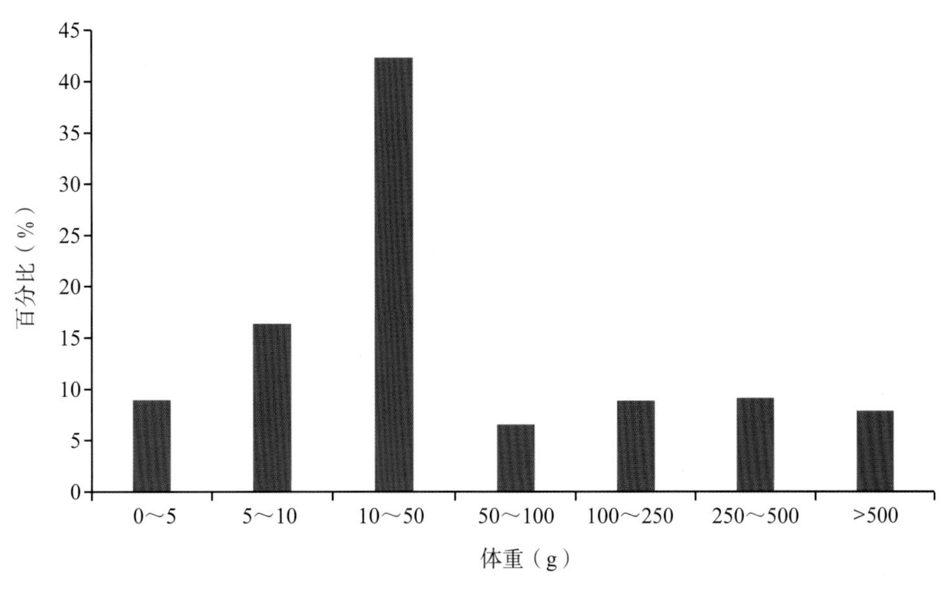

图4.26-5 **鱼类体重分布图**

鲤等8种平均体重高于100 g；似鲚、红鳍原鲌、鳘等10种平均体重为50 ～ 100 g；似鳊、达氏鲌、大鳍鱊等6种平均体重为10 ～ 50 g；须鳗虾虎鱼、江黄颡鱼、大银鱼等7种平均体重低于10 g。统计各季节鱼类生物学特征显示，冬季鱼类平均全长、体长及平均体重均较高（图4.26-6）。非参数检验显示，各季节的体长、体重差异均不显著。

· 其他渔获物

调查结果显示，共采集到虾、蟹、贝类2种（日本沼虾、秀丽白虾），数量共3尾、占渔获物总数量的0.001%，其中秀丽白虾（66.67%）贡献较大；重量共2.69 g、占渔获物总重量的0.000 01%，其中日本沼虾（57.25%）贡献较大。

· 渔业资源现状及分析

本次调查水域的长漾湖属于小型湖泊，具有比较稳定的湖泊生态学特点，鱼类组成以定居型鱼类为主，捕捞品种80%以上为鲢、鳙，另包括鲤、鲫、青鱼、草鱼、黄颡鱼、中华花鲈等。对长荡湖渔业资源的调查较少，缺乏数据，仅见2010年王荣泉等人对长漾湖净水渔业技术进行过探讨，显示长漾湖鱼类捕捞

表 4.26-2 鱼类体长及体重组成

种类	体长（cm）			体重（g）		
	最小值	最大值	平均值	最小值	最大值	平均值
刀鲚 *Coilia nasus*	8.3	28.0	15.6	2.3	78.0	14.2
鲫 *Carassius auratus*	4.7	25.2	15.4	4.0	559.5	165.0
鲤 *Cyprinus carpio*	13.7	42.5	27.8	76.8	1 921.0	752.8
鲢 *Hypophthalmichthys molitrix*	18.9	46.0	28.5	120.5	1 880.0	492.0
鳙 *Aristichthys nobilis*	13.5	47.7	31.0	53.4	2 200.0	780.1
红鳍原鲌 *Cultrichthys erythropterus*	11.8	22.3	18.6	19.6	174.0	103.5
蒙古鲌 *Culter mongolicus*	9.9	29.0	14.4	8.8	300.0	53.8
翘嘴鲌 *Culter alburnus*	2.3	34.0	14.1	2.1	382.5	57.4
达氏鲌 *Culter dabryi*	2.0	30.5	13.6	4.2	462.0	38.1
䱗 *Hemiculter leucisculus*	10.3	12.2	11.0	10.3	24.6	16.1
贝氏 䱗 *Hemiculter bleekeri*	8.7	13.9	11.7	8.8	43.5	24.2
棒花鱼 *Abbottina rivularis*	4.5	4.5	4.5	1.5	1.5	1.5
大鳍鱊 *Acheilognathus macropteruss*	3.7	11.6	7.2	1.4	43.0	11.9
兴凯鱊 *Acheilognathus chankaensis*	2.7	6.3	4.3	0.4	5.8	2.2
黑鳍鳈 *Sarcocheilichthys nigripinnis*	7.2	10.2	8.8	6.6	19.0	12.9
华鳈 *Sarcocheilichthys sinensis*	6.9	15.0	11.1	7.1	95.0	39.4
花 䱻 *Hemibarbus maculatus*	9.7	29.0	17.7	14.2	398.0	138.2
似鳊 *Pseudobrama simoni*	7.0	22.1	11.1	6.8	172.9	27.5
似刺鳊鮈 *Paracanthobrama guichenoti*	6.5	24.0	11.9	4.5	366.0	56.4
似 鱎 *Toxabramis swinhonis*	7.2	12.4	10.0	4.5	20.0	9.7
团头鲂 *Megalobrama amblycephala*	14.2	37.5	21.9	97.0	1 442.0	435.2
细鳞斜颌鲴 *Xenocypris microlepis*	15.9	15.9	15.9	52.7	52.7	52.7
黄颡鱼 *Pelteobagrus fulvidraco*	5.8	21.0	11.9	3.0	175.0	47.1
光泽黄颡鱼 *Pelteobaggrus nitidus*	5.9	9.5	7.9	4.3	9.2	7.4
瓦氏黄颡鱼 *Pelteobagrus vachelli*	9.4	9.4	9.4	9.3	9.3	9.3
日本鳗鲡 *Anguilla japonica*	38.5	47.0	42.8	125.8	165.5	145.7
大银鱼 *Protosalanx hyalocranius*	13.1	13.1	13.1	8.3	8.3	8.3
子陵吻虾虎鱼 *Rhinogobius giurinus*	2.6	5.0	4.2	0.4	1.8	1.2
须鳗虾虎鱼 *Taenioides cirratus*	9.6	20.3	13.2	3.0	22.7	9.6
红狼牙虾虎鱼 *Odontamblyopus lacepedii*	9.6	11.5	10.8	3.3	5.3	4.4

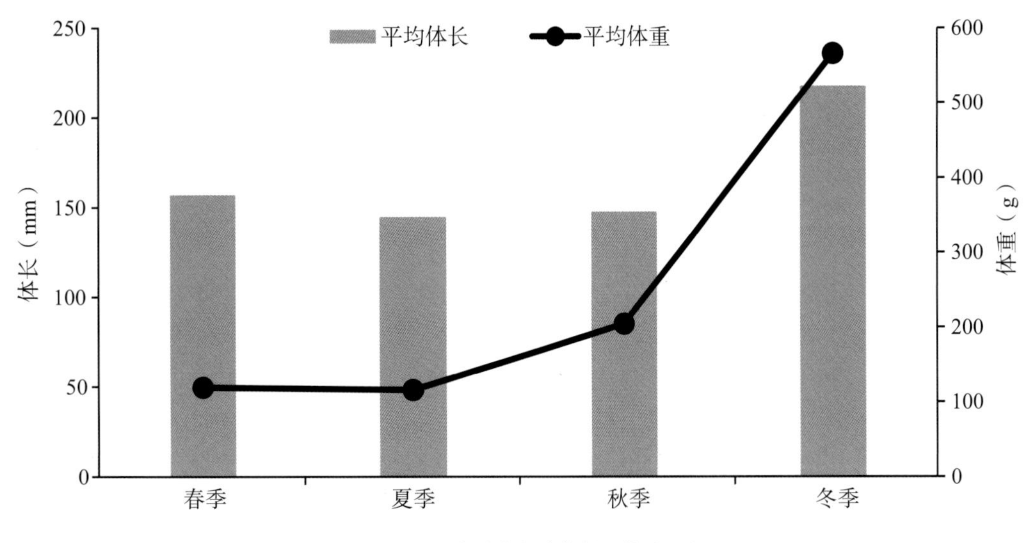

图4.26-6 各季节鱼类体长、体重组成

以鲢、鳙为主。本次于2016—2018年4个季度3个站点使用定制网具调查显示，共计渔获物7科33种，其中鱼类6科31种、鲤科鱼类22种。分析显示，与之前调查有一定类似，鲢、鳙均为长漾湖优势鱼类，另外小型鱼类刀鲚、达氏鲌、似鳊等也为调查水域优势种，特别是刀鲚为第一优势鱼类，这与相近的太湖水系鱼类结构有极高的相似性。

分析显示，长漾湖通过望虞河与太湖、淀山湖等水系相连，虽鱼类种类数低于太湖（49种）、淀山湖（35种）、望虞河（38种）等水域，但优势鱼类相差不大，特别是刀鲚，均为各水域的第一优势鱼类。长漾湖属于小型湖泊，相比太湖等大型湖泊，鱼类种类较少，但主要鱼种类似。统计显示，本次调查鲢、鳙等鱼类重量占近70%，但其数量仅占7.1%；而小型鱼类刀鲚较多，占总数的53.5%。生物学特征显示，73.6%的鱼类全长在20 cm以下，主要集中在11 ～ 14 cm；79.7%的鱼类体重小于100 g，45.4%的鱼类体重小于30 g，28.2%的鱼类体重小于10 g，除鳙外，其他大型鱼类平均体重均小于1 kg，整体显示了小型鱼类较多的特点。

数据显示，四个季节鱼类组成有显著差异，其中冬季的鱼类组成与其余季节差别较大，主要为刀鲚数量甚多。物种数显示差别不大，冬季较少，夏季稍多。夏季鱼类数量占比较高，但其生物量占比较低，显示了夏季小型鱼类或幼鱼较多的现象，这与鱼类繁殖习性有关。本次调查长荡湖站点间鱼类组成有显著性差异，显示了不同水域鱼类组成的差异性，各站点刀鲚均为优势种类，靠近望虞河的调查站点刀鲚占绝对优势，这可能与望虞河连通太湖与长江，为引江济太水道，刀鲚为其优势鱼类，对相近点位鱼类组成影响较大，稍远处虽刀鲚量依然较高，但相比之下，刀鲚优势度有所减少。结果表明，鱼类群落间的季节变化大于空间变化。整体显示，长漾湖鱼类多样性偏低，Shannon-Wiener多样性指数仅有1.536。方差分析显示，各多样性指数无空间差异，但有显著季节差异，也显示了鱼类群落间的季节变化高于空间变化。

4.27 · 宜兴团氿东氿翘嘴红鲌国家级水产种质资源保护区

· 鱼类种类组成

调查结果显示，共采集到鱼类31种1 813尾，重54.45 kg，隶属于5目6科25属。鲤形目的种类数较多，有2科25种，约占总种类数的80.65%；其次为鲇形目1科3种（图4.27-1）。鲱形目鱼类的数量百分比（45.17%）高于其他目的鱼类，鲤形目鱼类的重量百分比（76.89%）高于其他目的鱼类。

数量百分比（N%）显示，刀鲚数量最多（45.17%），其次为光泽黄颡鱼、似鳊、翘嘴鲌等，黑鳍鳈、鲤、大鳍鱊等20种鱼类的N%小于1%；重量百分

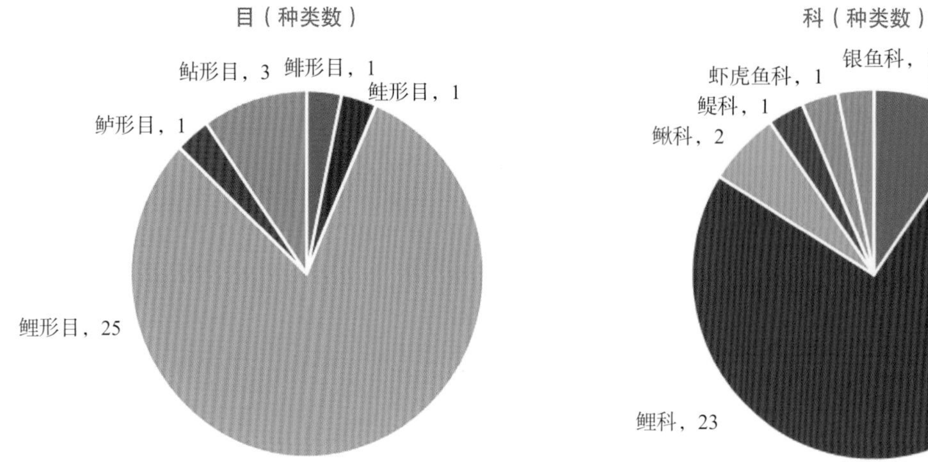

图4.27-1 各目、科鱼类组成

比（W%）显示，鲢（27.54%）、鲤（17.68%）、刀鲚（12.37%）的W%较大，红鳍原鲌、贝氏䱗、鳊等21种鱼类的W%小于1%，蛇鮈、棒花鱼、似鲚等7种鱼类的W%小于0.1%。

• 优势种

优势种分析结果显示，刀鲚、光泽黄颡鱼、鲢、鲤、似鳊、翘嘴鲌、鲫等7种鱼类为优势种。黄颡鱼、鳙、红鳍原鲌、贝氏䱗、䱗、大鳍鱊等6种鱼类为主要种。

• 鱼类季节组成

春季采集到鱼类17种，隶属于3目4科，优势种为鲤、光泽黄颡鱼、刀鲚、贝氏䱗和鲫；夏季采集到鱼类21种，隶属于4目5科，优势种为刀鲚、似鳊、光泽黄颡鱼、翘嘴鲌、鲢和鲫；秋季采集到鱼类20种，隶属于4目5科，优势种为刀鲚、光泽黄颡鱼、鲢和鲫；冬季采集到鱼类18种，隶属于5目5科，优势种为刀鲚、鲢和翘嘴鲌。分析显示，夏季鱼类种类最多，春季较少，四个季节均采集到的有刀鲚、光泽黄颡鱼、红鳍原鲌等9种鱼类。

数量百分比（N%）和重量百分比（W%）显示，四个季节中，秋季鱼类的N%和W%均为最高，分别为43.91%和30.25%；春季鱼类的N%和W%均为最低，分别为12.30%和19.55%（图4.27-2）。

• 鱼类多样性指数

多样性指数显示，鱼类Margalef丰富度指数(R)为2.84～3.23，平均为3.00±0.16（平均值±标准差）；

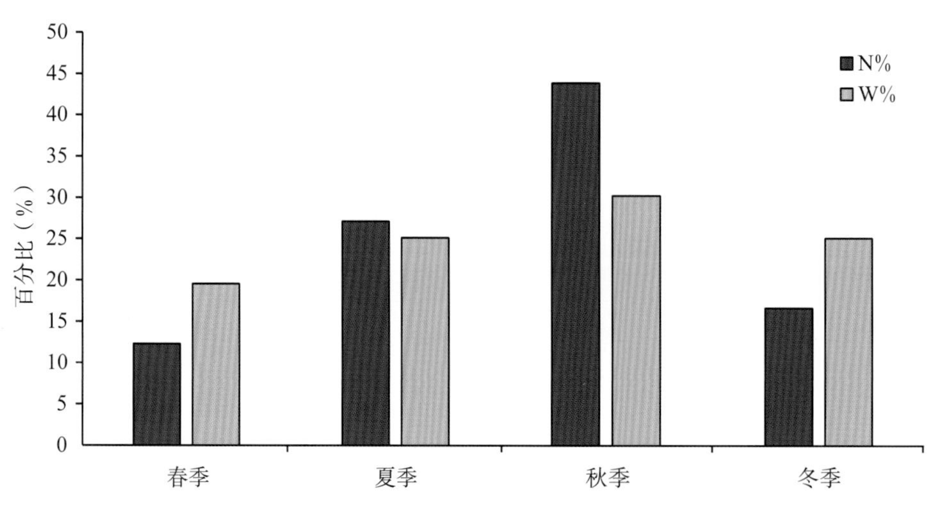

图4.27-2 各季节鱼类数量百分比（N%）与重量百分比（W%）

Shannon-Wiener多样性指数（H'）为1.36～2.07，平均为1.73±0.33；Pielou均匀度指数（J）为0.46～0.69，平均为0.59±0.11。各季节鱼类多样性指数如图4.27-3所示。以季度为因素，对各多样性指数进行单因素方差分析，结果显示，季节间各多样性指数均无显著差异（$P > 0.05$）。

· 单位努力捕捞量

各季节基于数量及重量的刺网与定置串联笼壶的单位努力捕捞量（CPUE）如表4.27-1所示。结果显示，秋季刺网的CPUEn及CPUEw均较高，冬季定置串联笼壶的CPUEn及CPUEw均较高。

· 生物学特征

调查结果显示，阳澄湖鱼类体长在11.96～455.88 mm，平均为119.67 mm；体重在0.25～1 933 g，平均为33.30 g。分析表明，97.47%的鱼类体长在250 mm以下，只有2.53%的鱼类全长高于250 mm，体长在100～250 mm的鱼类较多、占总数的61.53%；94.97%的鱼类体重在100 g以下，13.86%的鱼类体重在5 g以下，10～50 g鱼类较多、占总数的40.28%（图4.27-4、图4.27-5）。

各种鱼类平均体重显示（表4.27-2），鲤、鲢、鳙等6种平均体重高于100 g；黄尾鲴、达氏鲌、鲫、翘嘴鲌等4种平均体重为50～100 g；大鳞副泥鳅、黄颡鱼、泥鳅等14种平均体重为10～50 g；大银鱼、似鲚、大鳍鱊等7种平均体重低于10 g。统计各季节鱼类生物学特征显示，秋季鱼类平均全长、平均体长及平均体重均较高（图4.27-6）。非参数检验显示，各季节的体长、体重差异均不显著。

· 其他渔获物

调查结果显示，共采集到虾蟹贝类7种，包括螺类2种（方格短勾蜷、铜锈环棱螺）、虾类4种（克氏原螯虾、细足米虾、日本沼虾、秀丽白虾）、蟹类1种（中华绒螯蟹），数量共1 887尾、占渔获物总数量的51%，其中日本沼虾（73.08%）贡献较大；重量共4 550.05 g、占渔获物总重量的7.71%，其中日本沼虾

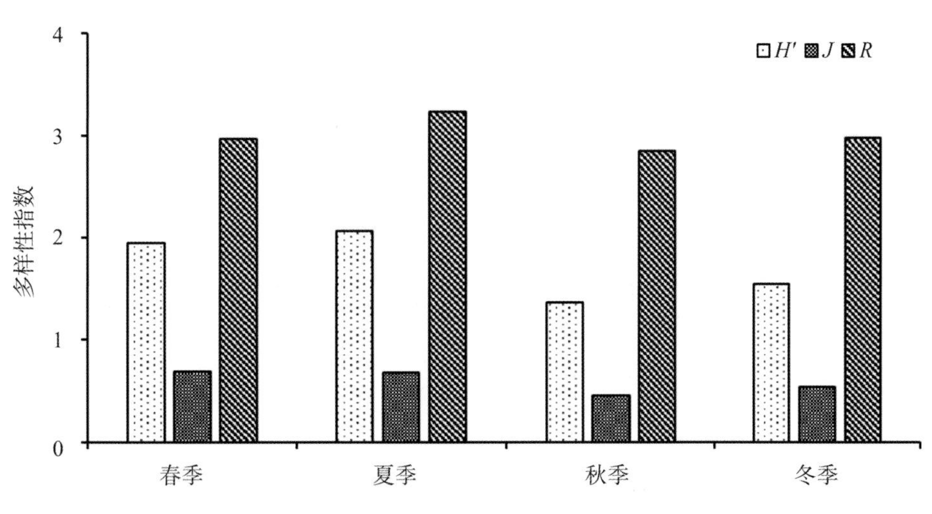

图4.27-3　各季节鱼类多样性指数

表4.27-1　各季节单位努力捕捞量

季　节	刺网CPUEn（ind./net · 12 h）	刺网CPUEw（g/net · 12 h）	定置串联笼壶CPUEn（ind./net · 12 h）	定置串联笼壶CPUEw（g/net · 12 h）
春	0.01	0.31	0.33	10.35
夏	0.01	0.35	1.11	18.68
秋	0.02	0.52	1.25	10.73
冬	0.00	0.47	0.74	4.75

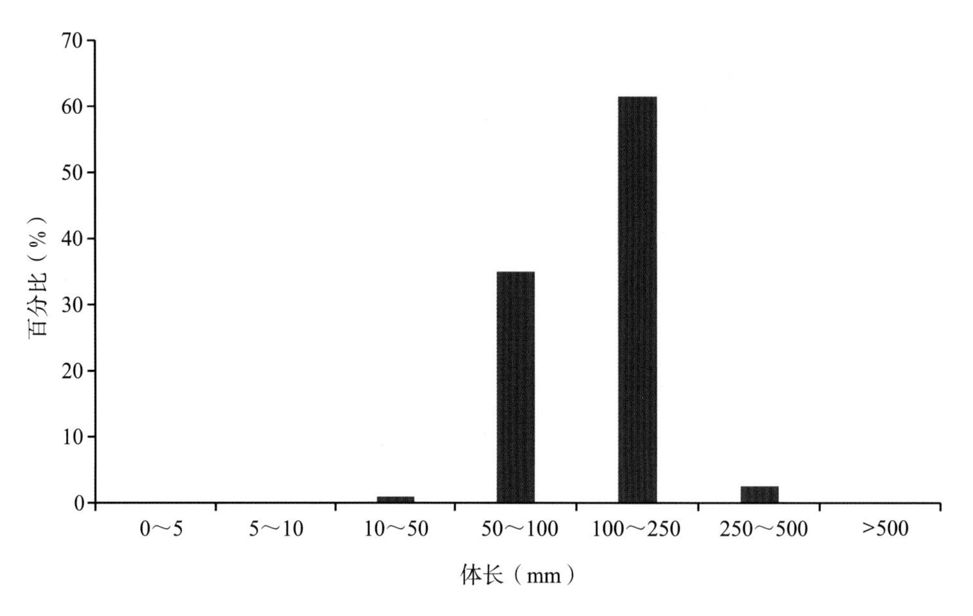

图4.27-4　鱼类体长分布图

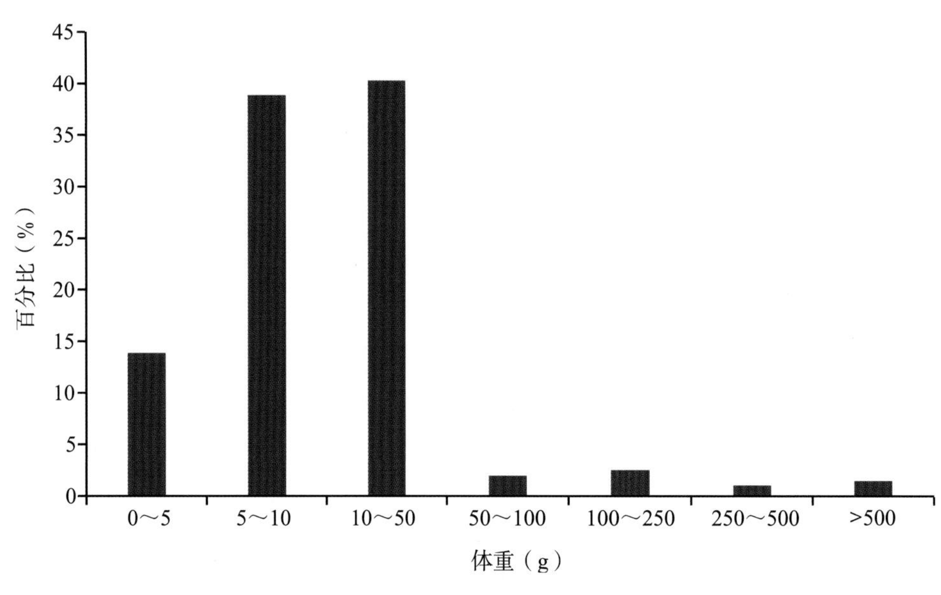

图4.27-5　鱼类体重分布图

（79.85%）贡献较大。

· 渔业资源现状及分析

本次调查水域东氿、团氿、西氿属于小型河流型湖泊，为宜溧河入太湖前的最后一片水域，与太湖水域相距较近，且通过河流相连，其鱼类组成有一定类似，刀鲚均为第一优势种，这也与相近的湖泊滆湖、长荡湖的情况类似；但又有一定不同，除刀鲚外，太湖、滆湖等稍大型水域鲢、鳙、鲤、鲌及子陵吻虾虎鱼、鳑类、鳑鲏类数量较多。本次调查水域光泽黄颡鱼、似鳊等数量较多，与水域环境有关。对团氿、东氿渔业资源的历史调查较少，基本上是太湖流域调查附带的河流水域调查。本次对三个湖泊鱼类资源系统调查显示，鱼类共6科31种，以鲤科鱼类（23种）为主，这与各水域调查的鱼类组成情况类似。鱼类小型化是目前各水域均存在的问题，团氿、东氿水域也如此。刀鲚及光泽黄颡鱼占鱼类总数的66.9%，76.0%的鱼类全长在15 cm以下，85.8%的鱼类体重在20 g以下，10 g以下的鱼类占52.75，且刀鲚的平均体重仅

表 4.27-2　鱼类体长及体重组成

种　　类	体长（cm）			体重（g）		
	最小值	最大值	平均值	最小值	最大值	平均值
刀鲚 *Coilia nasus*	5.8	32.0	13.0	1.2	584.0	10.2
棒花鱼 *Abbottina rivularis*	4.5	9.2	6.3	1.7	14.3	5.2
贝氏 鳘*Hemiculter bleekeri*	8.3	13.3	11.1	4.2	42.4	19.5
鳊 *Parabramis pekinensis*	25.2	27.0	26.1	32.2	467.6	249.9
鳘*Hemiculter leucisculus*	6.9	14.0	10.9	4.5	40.8	16.3
鳙 *Aristichthys nobilis*	12.7	28.7	21.6	37.9	496.5	289.5
鲫 *Carassius auratus*	1.2	22.5	12.0	0.4	393.5	56.8
鲤 *Cyprinus carpio*	21.4	45.6	32.0	198.5	1 933.0	802.2
鲢 *Hypophthalmichthys molitrix*	7.1	39.5	23.8	5.0	1 311.5	374.8
红鳍原鲌 *Cultrichthys erythropterus*	7.5	19.3	10.7	4.1	78.2	16.8
蒙古鲌 *Culter mongolicus*	8.7	12.0	10.3	7.6	17.5	12.7
达氏鲌 *Culter dabryi*	10.0	19.8	16.5	11.7	89.5	58.9
翘嘴鲌 *Culter alburnus*	3.4	35.3	13.0	0.3	1 220.0	54.9
兴凯鱊*Acheilognathus chankaensis*	5.6	8.3	7.0	3.2	14.5	8.9
大鳍鱊*Acheilognathus macropteruss*	5.0	9.5	7.8	2.4	23.5	11.1
黑鳍鳈 *Sarcocheilichthys nigripinnis*	5.2	11.7	8.3	1.7	29.9	8.8
似鳊 *Pseudobrama simoni*	5.4	12.3	9.4	2.5	35.5	14.8
似 鲚*Toxabramis swinhonis*	9.7	10.7	10.2	8.2	11.0	9.6
花 䱻*Hemibarbus maculatus*	12.4	24.9	18.6	30.4	271.0	150.7
黄尾鲴 *Xenocypris davidi*	13.6	13.6	13.6	62.5	62.5	62.5
麦穗鱼 *Pseudorasbora parva*	6.2	9.6	7.9	5.6	17.4	10.9
蛇鮈*Saurogobio dabryi*	9.6	10.5	10.0	13.8	15.5	14.7
团头鲂 *Megalobrama amblycephala*	19.3	20.9	20.2	180.0	243.0	215.3
泥鳅 *Misgurnus anguillicaudatus*	8.4	16.8	12.9	5.0	40.0	24.0
大鳞副泥鳅 *Loach dabryanus*	14.6	17.9	15.8	30.9	71.0	45.9
黄颡鱼 *Pelteobagrus fulvidraco*	6.4	20.2	11.0	2.6	129.0	25.1
光泽黄颡鱼 *Pelteobaggrus nitidus*	6.1	18.4	9.4	1.7	1 091.0	12.8
长吻 鮠*Leiocassis longirostris*	10.3	10.3	10.3	12.5	12.5	12.5
大银鱼 *Protosalanx hyalocranius*	13.1	13.1	13.1	9.8	9.8	9.8
子陵吻虾虎鱼 *Rhinogobius giurinus*	2.9	5.9	4.6	0.3	2.7	1.5

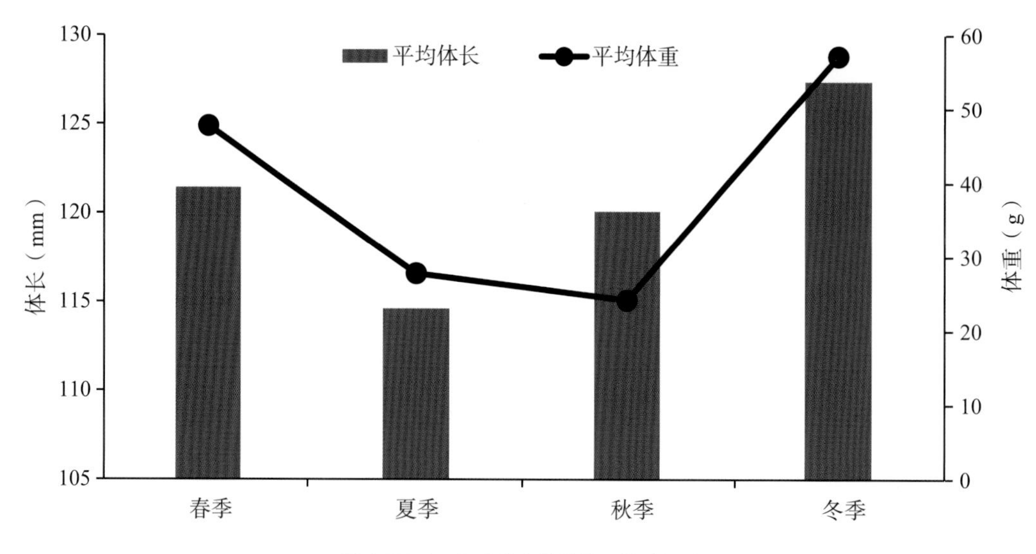

图4.27-6 各季节鱼类体长、体重组成

8.7 g，光泽黄颡鱼的体重仅13.0 g，鲢、鳙平均体重仅300 g左右，整体显示鱼类规格偏小、大型鱼类较少的现状，需要进一步研究，加强保护。分析显示，4个季节鱼类均以刀鲚数量较多，其聚类分为两大类，以秋季为一类，其他各季为一类。主要受第二优势种光泽黄颡鱼的影响，秋季光泽黄颡鱼明显高于其他三季。另外，秋季似鳊较少，低于其他三季。

4.28 · 长荡湖国家级水产种质资源保护区

· 鱼类种类组成

调查结果显示，共采集到鱼类17种2 486尾，重380.49 kg，隶属于4目4科14属。鲤形目的种类数较多，有1科12种，约占总种类数的70.59%；其次为鲈形目和鲇形目，各1科2种（图4.28-1）。鲱形目鱼类的数量百分比（73.33%）远高于其他目的鱼类，鲤形目鱼类的重量百分比（94.92%）远高于其他目的鱼类。

数量百分比（N%）显示，刀鲚数量最多（73.33%），其次为鲢、达氏鲌、鲫等，鳙、似鳊、翘嘴鲌等10种鱼类的N%小于1%；重量百分比（W%）显示，鲢（80.73%）、鳙（9.84%）、刀鲚（4.83%）的W%较大，红鳍原鲌、似鲚、黄颡鱼等12种鱼类的W%小于1%，蒙古鲌、䱗、光泽黄颡鱼等6种鱼类的W%小于0.1%。

· 优势种

优势种分析结果显示鲢、刀鲚、鳙等3种鱼类为

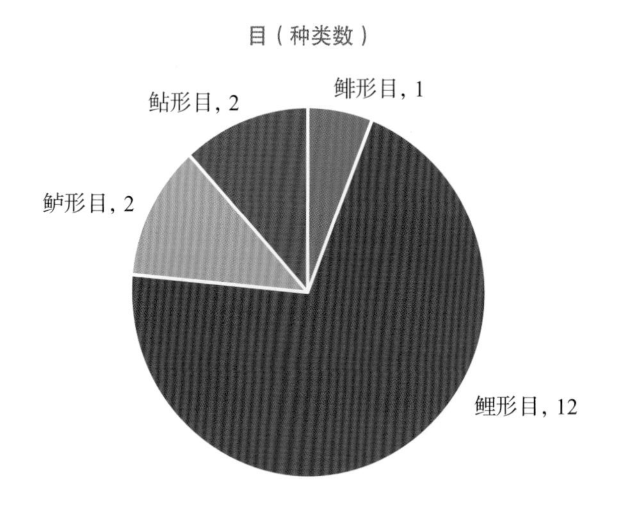

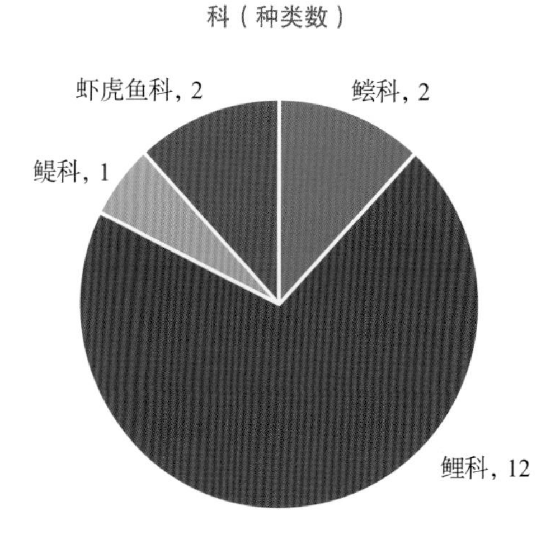

图4.28-1 各目、科鱼类组成

优势种。达氏鲌、鲫、似鲚、黄颡鱼、红鳍原鲌等5种鱼类为主要种。

· 鱼类季节组成

春季采集到鱼类7种，隶属于2目2科，优势种为刀鲚、达氏鲌和鳙；夏季采集到鱼类9种，隶属于3目3科，优势种为刀鲚和鲢；秋季采集到鱼类13种，隶属于4目4科，优势种为刀鲚、鲢和鲫；冬季采集到鱼类14种，隶属于4目4科，优势种为鲢、刀鲚和鳙。分析显示，冬季鱼类种类最多，春季较少，四个季节均采集到的有红鳍原鲌、达氏鲌、刀鲚等6种鱼类。

数量百分比（N%）和重量百分比（W%）显示，四个季节中，夏季鱼类的N%最高、为44.93%，冬季鱼类的W%最高，为72.75%；春季鱼类的N%和W%均为最低，分别为6.11%和0.93%（图4.28-2）。

· 鱼类多样性指数

多样性指数显示，鱼类Margalef丰富度指数（R）为1.14 ~ 1.99，平均为1.56 ± 0.45（平均值 ± 标准差）；Shannon-Wiener多样性指数（H'）为0.75 ~ 1.39，平均为1.08 ± 0.26；Pielou均匀度指数（J）为0.34 ~ 0.59，平均为0.47 ± 0.11。各季节鱼类多样性指数如图4.28-3所示，以季度为因素，对各多样性指数进行单因素方差分析，结果显示，季节间各多样性指数均无显著差异（$P > 0.05$）。

· 单位努力捕捞量

各季节基于数量及重量的刺网与定置串联笼壶的单位努力捕捞量（CPUE）如表4.28-1所示。结果显示，秋季刺网的CPUEn及CPUEw均较高，冬季定置串联笼壶的CPUEn及CPUEw均较高。

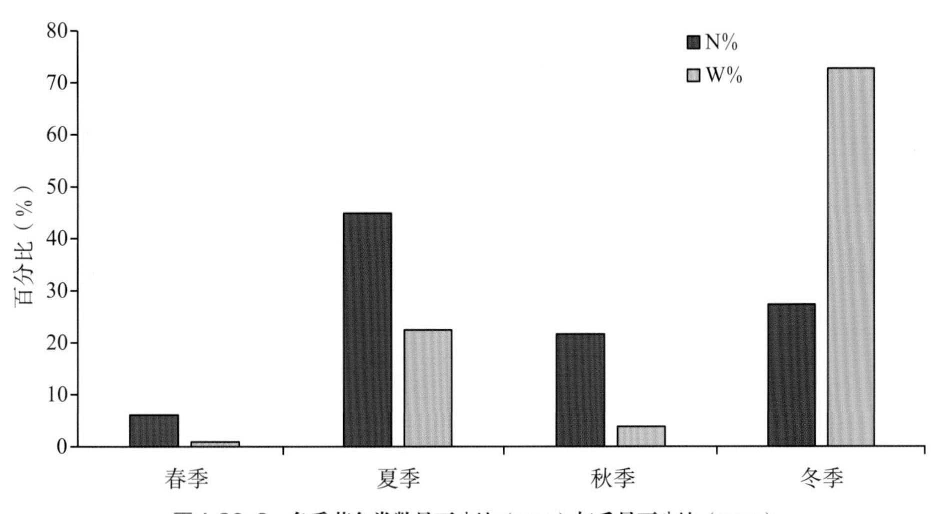

图4.28-2 各季节鱼类数量百分比（N%）与重量百分比（W%）

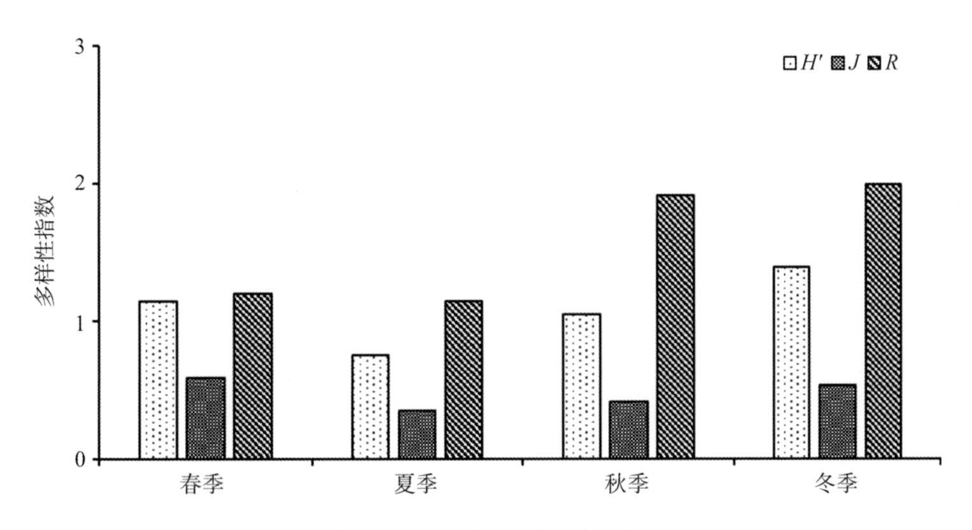

图4.28-3 各季节鱼类多样性指数

表 4.28-1　各季节单位努力捕捞量

季　节	刺网 CPUEn（ind./net・12 h）	刺网 CPUEw（g/net・12 h）	定置串联笼壶 CPUEn（ind./net・12 h）	定置串联笼壶 CPUEw（g/net・12 h）
春	0.00	0.04	0.00	0.09
夏	0.03	2.95	0.02	0.21
秋	0.01	0.46	0.01	0.08
冬	0.02	10.18	0.00	0.07

· 生物学特征

调查结果显示，长荡湖鱼类体长在23.64 ~ 645 mm，平均为159.95 mm；体重在0.51 ~ 6 000 g，平均为311.37 g。分析表明，90.89%的鱼类体长在250 mm以下，只有7.82%的鱼类全长高于250 mm，体长在100 ~ 250 mm的鱼类较多、占总数的80.74%；83.96%的鱼类体重在100 g以下，6.63%的鱼类体重在5 g以下，10 ~ 50 g鱼类较多、占总数的44.76%（图4.28-4、图4.28-5）。

各种鱼类平均体重显示（表4.28-2），鲢、鳙、蒙古等4种平均体重高于100 g；鲫、达氏鲌等2种平均体重为50 ~ 100 g；团头鲂、红鳍原鲌、翘嘴鲌等9种平均体重为10 ~ 50 g；须鳗虾虎鱼、子陵吻虾虎鱼等2种平均体重低于10 g。统计各季节鱼类生物学特征显示，冬季鱼类平均全长、平均体长及平均体重均较高（图4.28-6）。非参数检验显示，各季节的体长、体重差异均不显著。

· 其他渔获物

调查结果显示，共采集到虾、蟹、贝类2种（日本沼虾、秀丽白虾），数量共59尾、占渔获物总数量的2.32%，其中秀丽白虾（69.49%）贡献较大；重量共784.7 g、占渔获物总重量的0.06%，其中秀丽白虾（79.25%）贡献较大。

· 渔业资源现状、变动及原因分析

共调查到鱼类17种，非鱼类2种、均为虾类。鲤科所占比例较高，有12种，占总数的70.59%。本次调查的Shannon-Wiener多样性指数为1.08，小于该指数一般范围（1.5 ~ 3.5），说明固城湖鱼类生物多

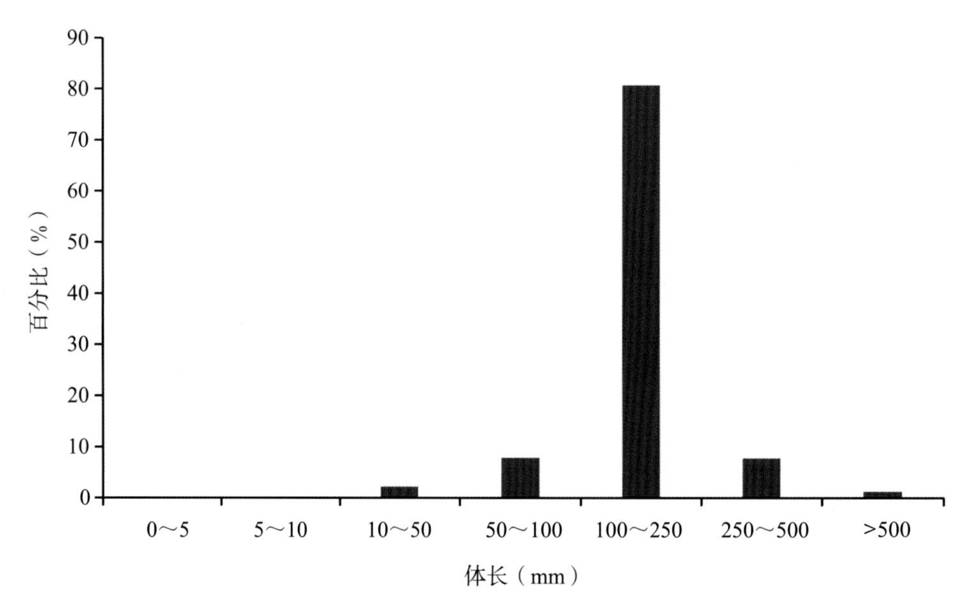

图4.28-4　鱼类体长分布图

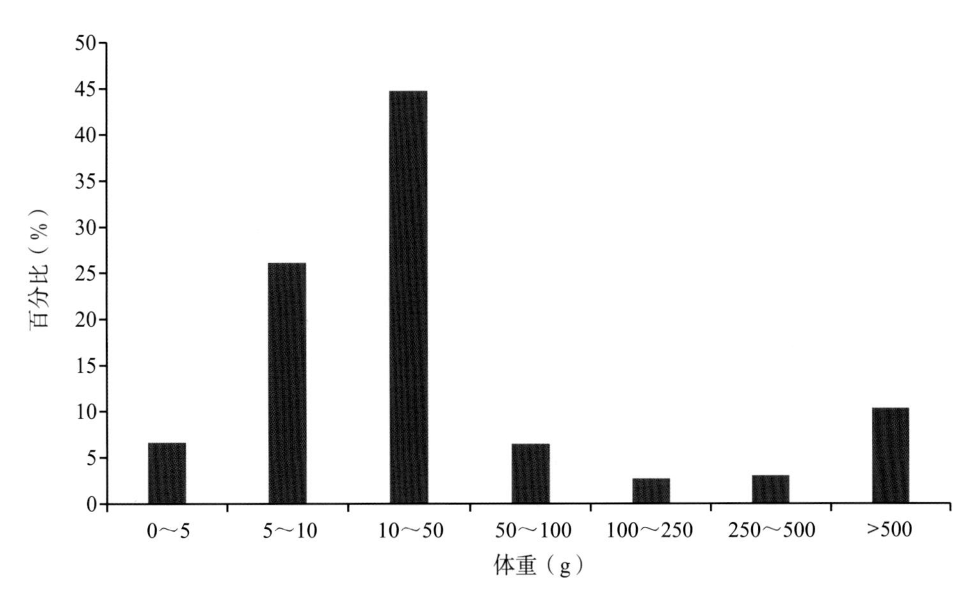

图4.28-5 鱼类体重分布图

表 4.28-2 鱼类体长及体重组成

种类	体长（cm）			体重（g）		
	最小值	最大值	平均值	最小值	最大值	平均值
刀鲚 *Coilia nasus*	7.4	25.5	14.4	1.4	74.6	10.8
鳘 *Hemiculter leucisculus*	9.0	11.8	10.1	7.9	18.5	12.4
鲫 *Carassius auratus*	2.4	22.0	14.6	7.9	308.9	55.1
鲤 *Cyprinus carpio*	19.9	19.9	19.9	213.0	213.0	213.0
鲢 *Hypophthalmichthys molitrix*	17.2	62.7	37.3	108.3	6 000.0	1 445.9
鳙 *Aristichthys nobilis*	4.6	64.5	34.6	1.9	4 925.0	1 783.4
红鳍原鲌 *Cultrichthys erythropterus*	6.4	30.0	11.5	2.5	514.0	31.5
达氏鲌 *Culter dabryi*	3.5	34.0	15.7	3.1	555.0	54.6
蒙古鲌 *Culter mongolicus*	25.4	25.4	25.4	236.0	236.0	236.0
翘嘴鲌 *Culter alburnus*	8.1	23.3	14.1	5.8	110.5	31.5
似鳊 *Pseudobrama simoni*	7.5	14.0	11.0	6.5	39.2	22.2
似鲚 *Toxabramis swinhonis*	6.1	12.9	10.2	2.1	30.0	11.1
团头鲂 *Megalobrama amblycephala*	13.0	13.3	13.2	44.7	55.2	49.9
黄颡鱼 *Pelteobagrus fulvidraco*	2.4	20.7	7.2	0.5	160.0	22.1
光泽黄颡鱼 *Pelteobaggrus nitidus*	8.7	11.9	10.3	9.7	38.8	15.7
子陵吻虾虎鱼 *Rhinogobius giurinus*	4.3	4.3	4.3	1.5	1.5	1.5
须鳗虾虎鱼 *Taenioides cirratus*	7.2	10.6	8.3	1.2	4.2	2.3

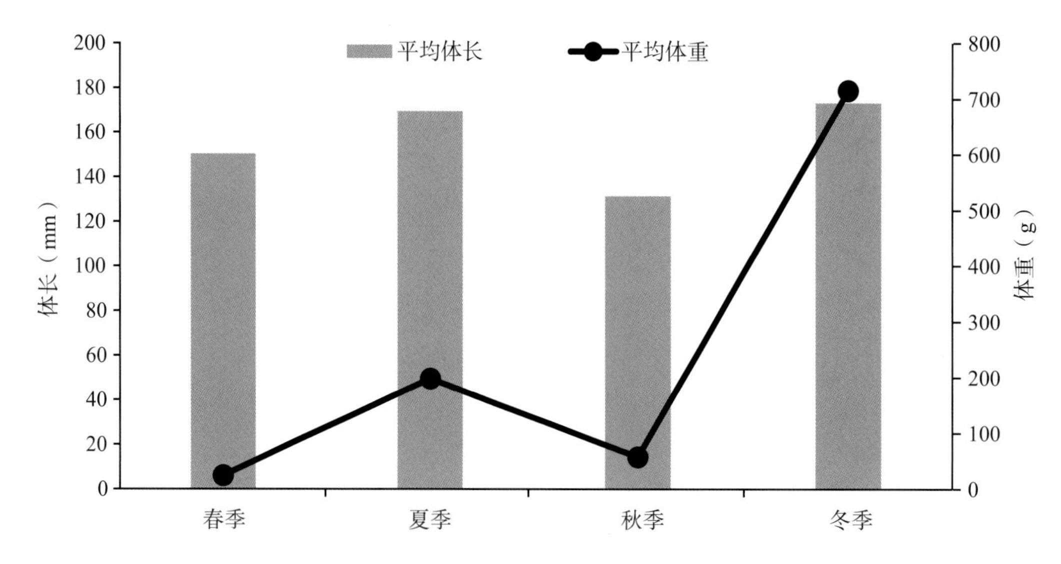

图4.28-6 各季节鱼类体长、体重组成

样性水平较低。夏季各种类的数量百分比高于其他季节，冬季各种类的质量百分比高于其他季节。刀鲚、鲢和鳙等3种鱼类为该水域的优势种，生物学特征分析显示该水域鱼类呈现小型化的现象。

长荡湖国家级水产种质资源保护区的主要保护对象为青虾，其他保护对象包括鲤鱼、鲫鱼、乌鳢、红鳍鲌、黄颡鱼、鳜等。此次调查过程中，捕获到青虾18只，共重43.72 g；捕获到鲤2尾（426 g）、鲫107尾（5 899.37 g）、黄颡鱼38尾（838.75 g），相对于总捕获量，上述种类数量较少。

4.29 · 固城湖中华绒螯蟹国家级水产种质资源保护区

· 鱼类种类组成

调查结果显示，共采集到鱼类24种2 162尾，重31.91 kg，隶属于5目5科19属。鲤形目的种类数较多，有5科20种，约占总种类数的83.33%；其余均为1科1种（图4.29-1）。鲤形目鱼类的数量百分比（93.48%）和重量百分比（92.13%）均远高于其他目的鱼类。

数量百分比（N%）显示，似鲚数量最多（68.78%），其次为大鳍鱊、刀鲚、达氏鲌等，似刺鳊鮈、贝氏鳘、黑鳍鳈等15种鱼类的N%小于1%；重量百分比（W%）显示，似鲚（55.34%）、鲫（8.28%）、似刺鳊鮈（6.20%）的W%较大，鳘、银鮈、似鳊等13种鱼类的W%小于1%，飘鱼、麦穗鱼、棒花鱼等5种鱼类的W%小于0.1%。

· 优势种

优势种分析结果显示，似鲚、大鳍鱊、刀鲚、鲫等4种鱼类为优势种。达氏鲌、翘嘴鲌、似刺鳊鮈、花䱻、蒙古鲌、黄颡鱼、红鳍原鲌、银鮈、彩鱊、贝氏鳘、鳘、似鳊等12种鱼类为主要种。

· 鱼类季节组成

春季采集到鱼类14种，隶属于3目3科，优势种为似鲚、鲫和大鳍鱊；夏季采集到鱼类14种，隶属于5目5科，优势种为似鲚、刀鲚和达氏鲌；秋季采集到鱼类20种，隶属于5目5科，优势种为似鲚、大鳍鱊和翘嘴鲌；冬季采集到鱼类15种，隶属于4目4科，优势种为似鲚、似刺鳊鮈、达氏鲌、花䱻、翘嘴鲌、刀鲚、鲫和蒙古鲌。分析显示，秋季鱼类种类最多，春、夏季较少，四个季节均采集到的有达氏鲌、大鳍鱊、刀鲚等6种鱼类。

数量百分比（N%）和重量百分比（W%）显示，四个季节中，夏季鱼类的N%和W%均为最高，分别为45.61%和45.06%；春季鱼类的N%和W%均为最低，分别为9.16%和11.43%（图4.29-2）。

· 鱼类多样性指数

多样性指数显示，鱼类Margalef丰富度指数（R）为1.89 ～ 2.91，平均为2.43 ± 0.42（平均值

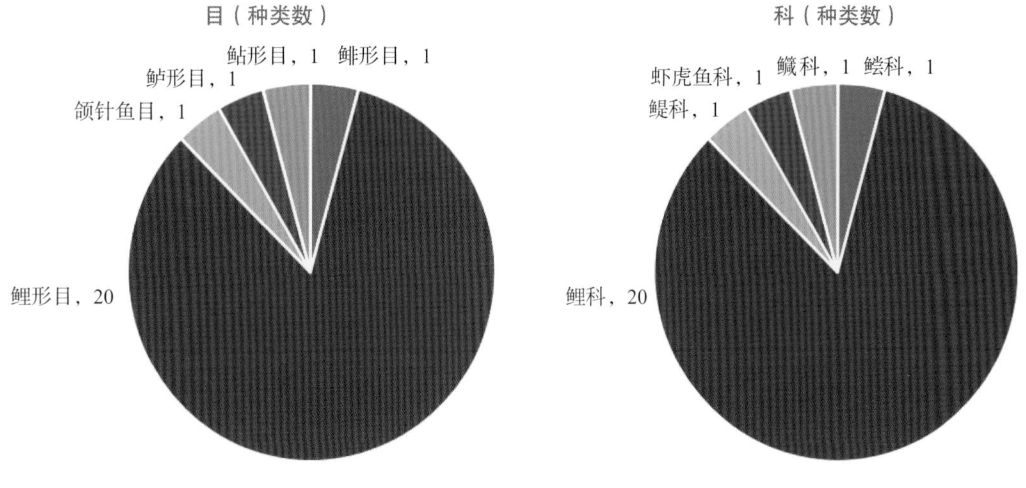

图4.29-1 各目、科鱼类组成

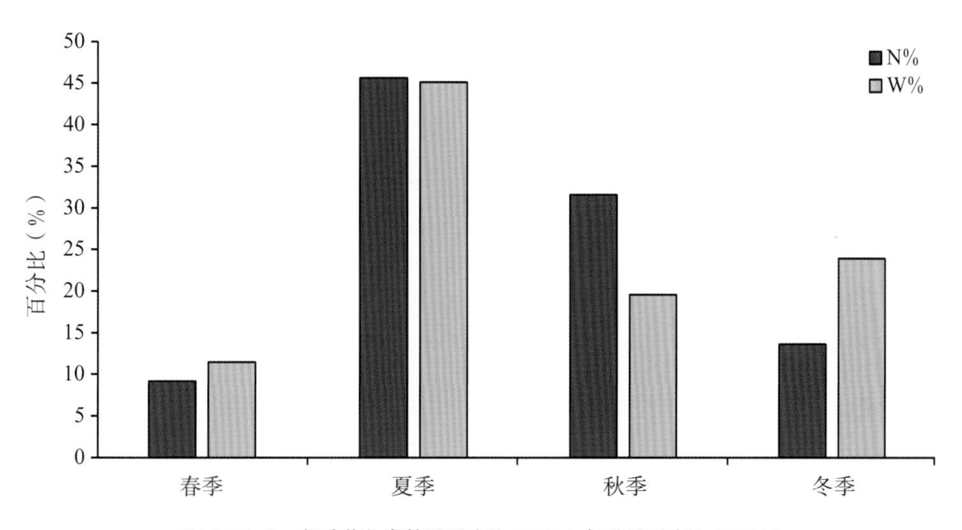

图4.29-2 各季节鱼类数量百分比（N%）与重量百分比（W%）

± 标准差）；Shannon-Wiener多样性指数（H'）为0.67 ～ 1.59，平均为1.32 ± 0.44；Pielou均匀度指数（J）为0.25 ～ 0.58，平均为0.48 ± 0.15。各季节鱼类多样性指数如图4.29-3所示。以季度为因素，对各多样性指数进行单因素方差分析，结果显示，季节间各多样性指数均无显著差异（$P > 0.05$）。

· 单位努力捕捞量

各季节基于数量及重量的刺网与定置串联笼壶的单位努力捕捞量（CPUE）如表4.29-1所示。结果显示，夏季刺网的CPUEn及CPUEw均较高，秋季定置串联笼壶的CPUEn及CPUEw均较高。

· 生物学特征

调查结果显示，固城湖鱼类体长在16.26 ～ 275 mm，平均为102.18 mm；体重在0.27 ～ 268.20 g，平均为23.96 g。分析表明，99.85%的鱼类体长在250 mm以下，只有0.15%的鱼类全长高于250 mm，体长在100 ～ 250 mm的鱼类较多、占总数的55.80%；96.17%的鱼类体重在100 g以下，19.67%的鱼类体重在5 g以下，10 ～ 50 g鱼类较多、占总数的51.20%（图4.29-4、图4.29-5）。

各种鱼类平均体重显示（表4.29-2），似刺鳊鮈和花䱻2种平均体重高于100 g；鲫和红鳍原鲌2种平均体重为50 ～ 100 g；黄颡鱼、大鳍鱊、翘嘴鲌等12种平均体重为10 ～ 50 g；棒花鱼、贝氏䱗、银鮈等10种平均体重低于10 g。统计各季节鱼类生物学特征显示，夏季鱼类平均全长、平均体长及平均体重均

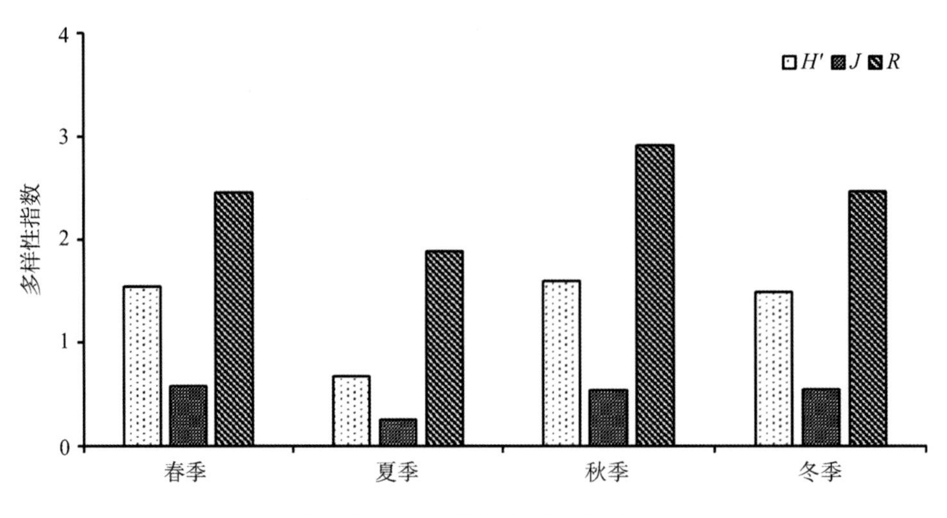

图4.29-3 各季节鱼类多样性指数

表4.29-1 各季节单位努力捕捞量

季 节	刺网CPUEn（ind./net · 12 h）	刺网CPUEw（g/net · 12 h）	定置串联笼壶 CPUEn（ind./net · 12 h）	定置串联笼壶 CPUEw（g/net · 12 h）
春	0.01	0.14	0.00	0.00
夏	0.03	0.48	0.40	6.64
秋	0.01	0.16	1.64	8.79
冬	0.01	0.28	0.02	0.12

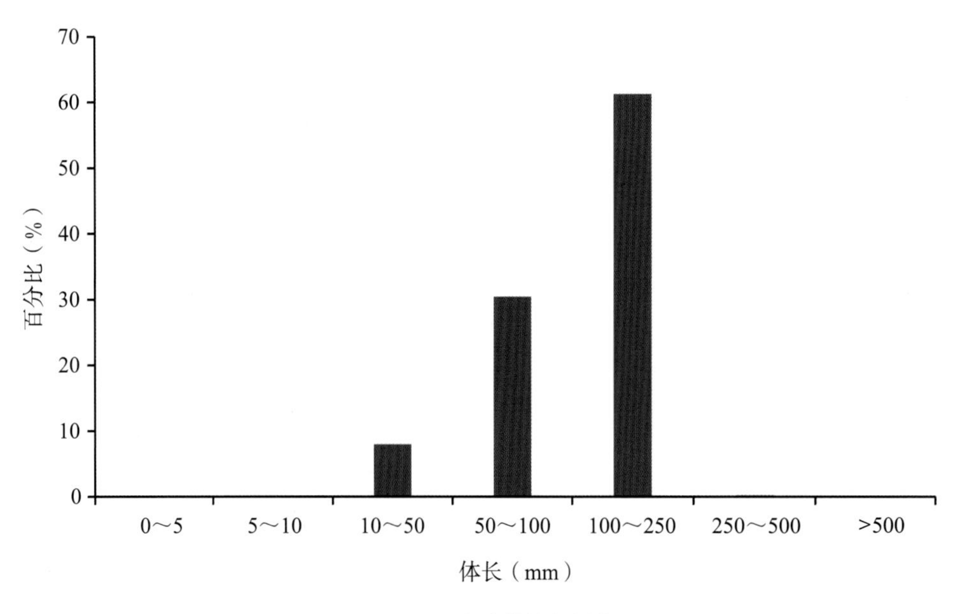

图4.29-4 鱼类体长分布图

较高（图4.29-6）。非参数检验显示，各季节的体长、体重差异均不显著。

· 其他渔获物

调查结果显示，共采集到虾、蟹、贝类5种，包

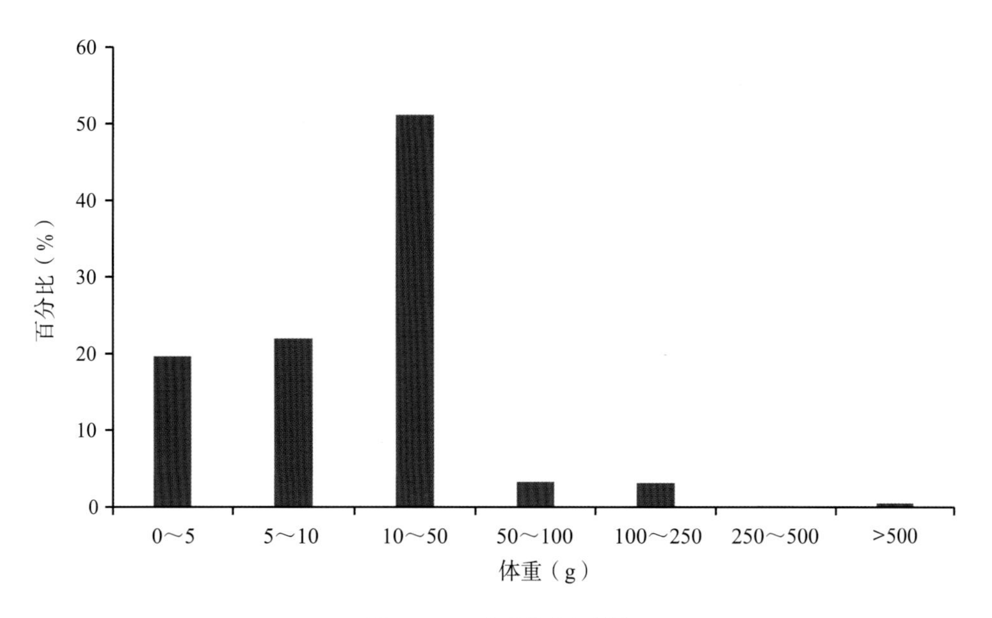

图4.29-5 鱼类体重分布图

表 4.29-2 鱼类体长及体重组成

种类	体长（cm）			体重（g）		
	最小值	最大值	平均值	最小值	最大值	平均值
刀鲚 *Coilia nasus*	12.3	23.2	17.0	5.2	39.6	17.1
棒花鱼 *Abbottina rivularis*	8.7	8.7	8.7	9.6	9.6	9.6
𩷶 *Hemiculter leucisculus*	9.1	13.7	11.9	8.4	31.3	20.6
贝氏𩷶 *Hemiculter bleekeri*	6.6	9.9	8.3	5.4	14.5	8.7
红鳍原鲌 *Cultrichthys erythropterus*	5.6	21.0	12.8	3.4	137.7	51.3
达氏鲌 *Culter dabryi*	8.2	22.5	13.4	3.9	149.3	33.6
蒙古鲌 *Culter mongolicus*	8.8	21.6	12.0	7.7	130.4	20.2
翘嘴鲌 *Culter alburnus*	3.9	27.5	13.8	1.0	176.0	43.2
彩鱊 *Acheilognathus imberbis*	2.8	4.9	3.6	0.7	2.4	1.4
大鳍鱊 *Acheilognathus macropteruss*	0.7	9.2	4.5	0.6	18.4	3.1
兴凯鱊 *Acheilognathus chankaensis*	3.7	3.7	3.7	1.3	1.3	1.3
飘鱼 *Pseudolaubuca sinensis*	12.5	12.5	12.5	16.0	16.0	16.0
鲫 *Carassius auratus*	2.9	20.9	10.3	0.8	268.2	66.1
似鳊 *Pseudobrama simoni*	5.9	12.0	7.6	4.4	41.6	10.9
似刺鳊鮈 *Paracanthobrama guichenoti*	14.4	20.7	17.7	71.5	215.7	109.9
似䱗 *Toxabramis swinhonis*	7.7	16.9	10.3	4.7	70.7	12.0
黑鳍鳈 *Sarcocheilichthys nigripinnis*	3.8	8.3	5.2	1.1	10.1	3.6

（续表）

种　　类	体长（cm）			体重（g）		
	最小值	最大值	平均值	最小值	最大值	平均值
麦穗鱼*Pseudorasbora parva*	3.1	7.8	4.6	0.9	8.1	2.6
花䱻*Hemibarbus maculatus*	14.2	20.4	18.3	9.5	139.1	100.7
银鮈*Squalidus argentatus*	4.9	10.5	8.1	1.0	20.0	8.1
长蛇鮈*Saurogobio dumerili*	13.3	13.5	13.4	20.4	34.1	28.5
黄颡鱼*Pelteobagrus fulvidraco*	4.8	19.8	12.9	5.0	128.5	49.1
间下鱵*Hyporhamphus intermedius*	10.1	14.4	12.9	2.8	7.3	4.8
子陵吻虾虎鱼*Rhinogobius giurinus*	2.2	5.7	4.2	0.3	2.5	1.1

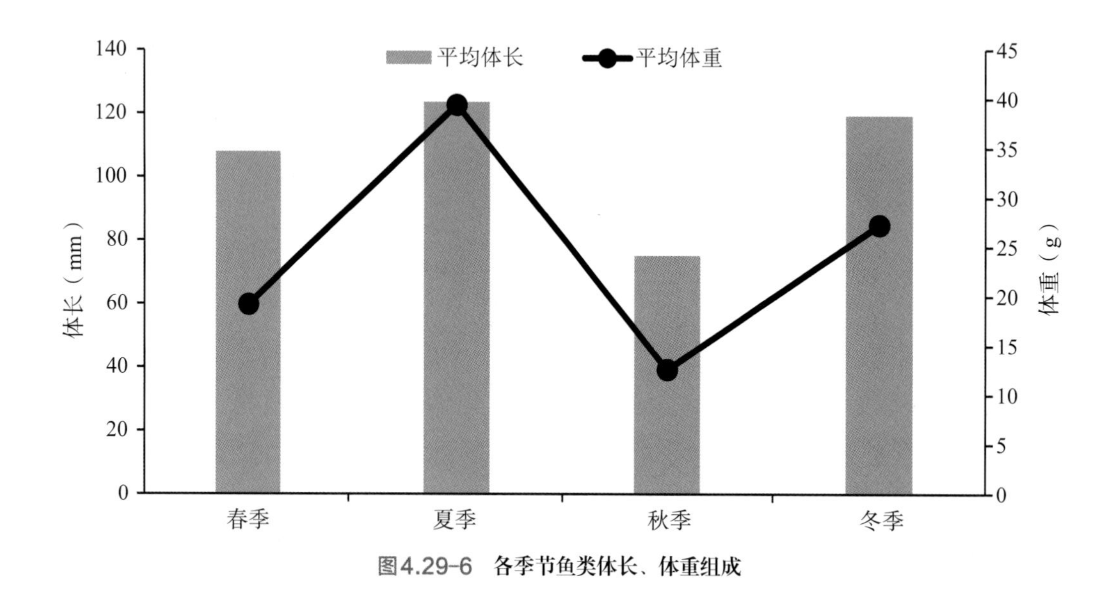

图4.29-6　各季节鱼类体长、体重组成

括螺类2种（铜锈环棱螺、方格短沟蜷）、虾类2种（日本沼虾、秀丽白虾）、蟹类1种（中华绒螯蟹）。数量共357尾、占渔获物总数量的14.17%，其中日本沼虾（88.24%）贡献较大；重量共567.21 g、占渔获物总重量的1.75%，其中日本沼虾（83.62%）贡献较大。

· 渔业资源现状及分析

共调查到鱼类24种，非鱼类5种（螺2种、虾类2种、蟹类1种）。鲤科所占比例较高，有20种，占总数的83.33%；其余科均仅1种。本次调查的Shannon-Wiener多样性指数为1.32，小于该指数一般范围（1.5～3.5），说明固城湖鱼类生物多样性水平相对较低。夏季各种类的质量百分比、数量百分比分布高于其他季节。刀鲚、光泽黄颡鱼、鲢、翘嘴鲌、似鳊、鲫、鲤7种鱼类为该水域的优势种，生物学特征分析显示该水域鱼类呈现小型化的现象。

固城湖长江水系中华绒螯蟹水产种质资源保护区的主要保护对象为中华绒螯蟹。此次调查过程中，仅在冬季采集到了中华绒螯蟹1只，共计45.08 g。建议加强保护区内的渔业资源养护，尤其是针对保护物种的资源养护。

4.30 · 白马湖泥鳅沙塘鳢国家级水产种质资源保护区

· 鱼类种类组成

本次调查，共采集到鱼类21种，隶属于4目19

属。鲤形目的种类数最多，有1科17种，占总种类数的80.95%；其次为鲈形目（2科2种），鲇形目和鲱形目各1科1种（图4.30-1）。鲤形目的数量百分比（93.05%）和重量百分比（69.05%）均远高于其他目的鱼类。

数量百分比（N%）显示，刀鲚（29.99%）、似鳊（26.26%）和䱗（17.86%）等数量较多，鲫、红鳍原鲌、鲢、黄尾鲴、兴凯鱊等的N%均小于10%，细鳞鲴、麦穗鱼、鳙、子陵吻虾虎鱼等12种鱼类的N%小于1%；重量百分比（W%）显示，鲢（43.46%）、鲫（13.24%）、鳙（11.56%）、似鳊（10.10%）的W%较大，刀鲚、䱗、鲤、鳊、红鳍原鲌、黄尾鲴等鱼类的W%小于10%，团头鲂、青鱼、兴凯鱊等11种鱼类的W%小于0.1%。

- 优势种

优势种分析结果显示，刀鲚、似鳊、鲢、鲫、䱗等5种鱼类为优势种。鳙、红鳍原鲌、鳊、黄尾鲴等4种鱼类为主要种。

- 鱼类季节组成

春季采集到鱼类16种，隶属于4目4科，优势种为似鳊、鲢、䱗、黄尾鲴、刀鲚；夏季采集到鱼类9种，隶属于4目4科，优势种为鲫、䱗、似鳊、刀鲚；秋季采集到鱼类9种，隶属于3目3科，优势种为刀鲚、似鳊、鲫、鳙；冬季采集到鱼类11种，隶属于3目4科，优势种为鲢、刀鲚、鲫、䱗。分析显示，春季鱼类种类最多，四个季节均采集到的有刀鲚、鲫、红鳍原鲌3种鱼类。

数量百分比（N%）和重量百分比（W%）显示，四个季节中，鱼类的N%和W%的最大值分别出现在夏季（35.42%）和冬季（48.03%），而最小值分别出现在冬季（11.94%）和夏季（7.96）（图4.30-2）。

- 鱼类多样性指数

多样性指数显示，鱼类Margalef丰富度指数（R）为3.24～4.28，平均为3.57±0.71；Shannon-Wiener多样性指数（H'）为1.14～2.17，平均为1.64±0.53；Pielou均匀度指数（J'）为0.52～0.78，平均为0.68±0.1；Simpson优势度指数（λ）为0.15～0.38，平均为0.25±0.13。各季节鱼类多样性指数如图4.30-3所示。以季度为因素，对各多样性指数进行单因素方差分析，结果显示，季节间各多样性指数均无显著差异（$P > 0.05$）。

- 单位努力捕捞量

各季节基于数量及重量的刺网与定置串联笼壶的单位努力捕捞量（CPUE）如表4.30-1所示。结果显示，刺网的CPUEn和CPUEw的最大值分别出现在夏季和冬季，而定置串联笼壶的CPUEn及CPUEw的最大值均出现在冬季。

- 生物学特征

调查结果显示，白马湖泥鳅沙塘鳢国家级水产种

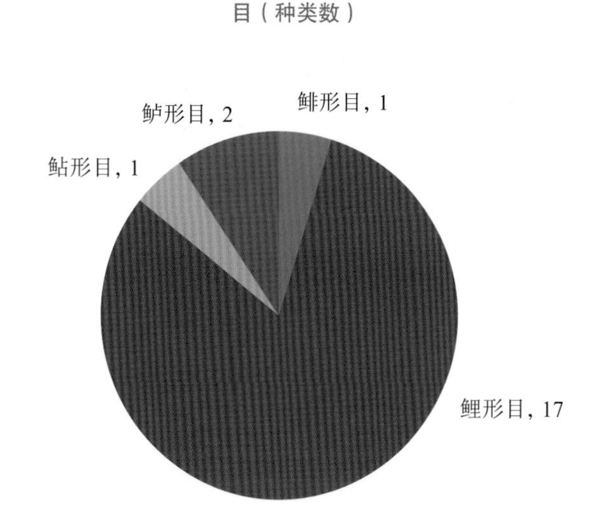

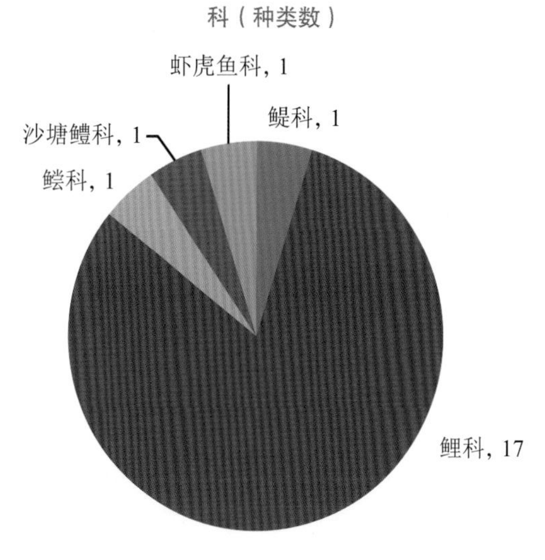

图4.30-1　各目、科鱼类组成

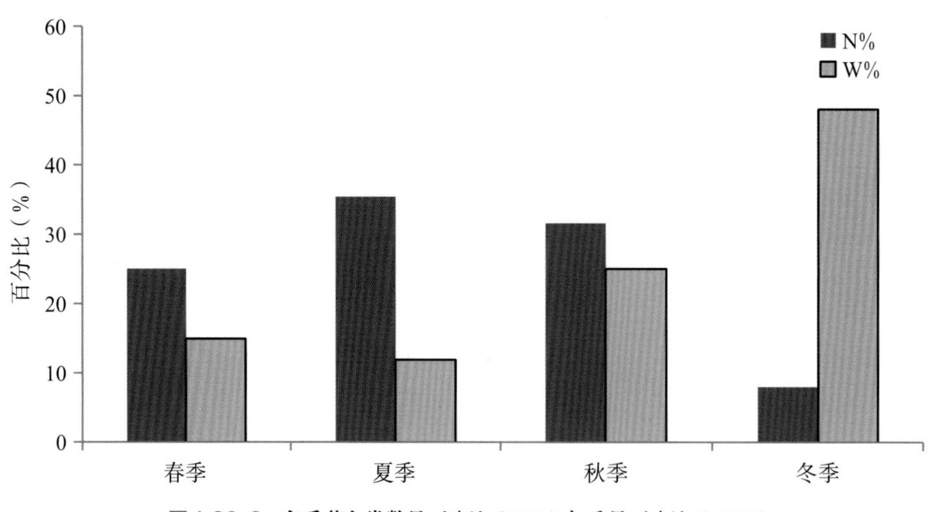

图4.30-2　各季节鱼类数量百分比（N%）与重量百分比（W%）

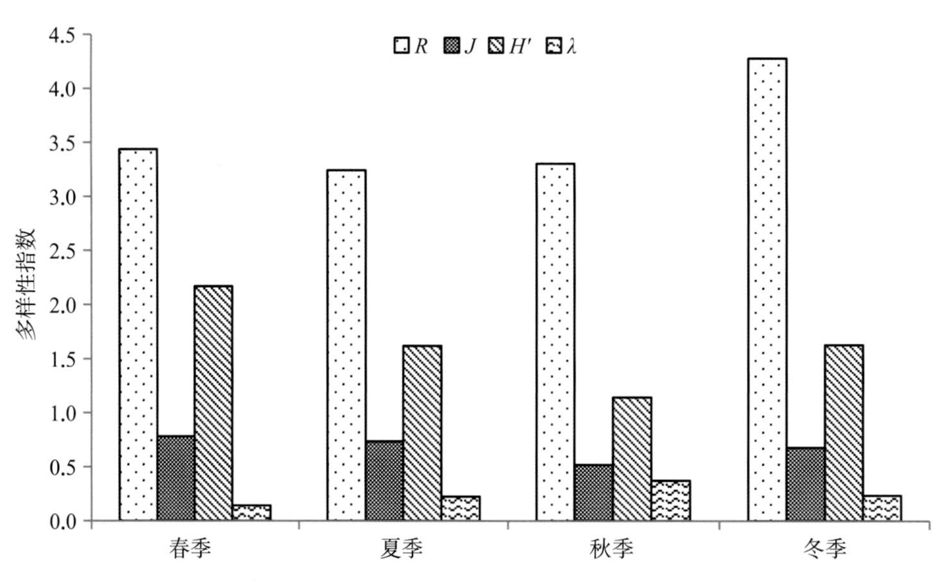

图4.30-3　各季节鱼类多样性指数

表 4.30-1　各季节单位努力捕捞量

季　节	刺网CPUEn（ind./net·12 h）	刺网CPUEw（g/net·12 h）	定置串联笼壶 CPUEn（ind./net·12 h）	定置串联笼壶 CPUEw（g/net·12 h）
春	18.63	721.78	9.37	112.00
夏	38.17	660.90	7.50	8.03
秋	29.65	1 184.54	5.77	209.91
冬	5.95	4 956.54	106.05	611.11

质资源保护区鱼类的体长在3.7～45.6 cm，平均为12.22 cm；体重在0.6～1 703.6 g，平均为49.71 g。分析表明，86.23%的鱼类体长在20 cm以下，只有5.72%的鱼类全长高于30 cm，体长在8～14 cm的鱼类较多、占总数的57.42%；87.50%的鱼类体重在100 g以下，6.436%的鱼类体重在4 g以下，5～40 g

鱼类较多、占总数的66.31%（图4.30–4、图4.30–5）。

各种鱼类平均体重显示（表4.30–2），鳊、红鳍原鲌、鲫、鲤、鲢、翘嘴鲌、青鱼、团头鲂、鳙等9种平均体重高于100 g；黄颡鱼、似鳊等2种平均体重为50～100 g；棒花鱼、鳘、刀鲚、大鳍鱊、黄尾鲴、麦穗鱼、细鳞鲴、兴凯鱊等8种平均体重为10～50 g；小黄黝鱼、子陵吻虾虎鱼等2种平均体重低于10 g。统计各季节鱼类生物学特征显示，冬季鱼类平均体长和体重均较高（图4.30–6）。非参数检验显示，保护区内不同季节的鱼类体长、体重差异显著（$P < 0.05$）。

· 保护物种情况

调查期间，未监测到重点保护物种泥鳅和沙塘鳢。

· 其他渔获物

共采集到鱼类以外的其他渔获物4种，包括螺类1种（铜锈环棱螺）、虾类3种（日本沼虾、秀丽白虾、中华锯齿米虾）。数量共147尾（个）、占总渔获量的9.86%，其中秀丽白虾贡献最大、占55.78%；重量共155.7 g、占总渔获量的0.23%，贡献最大的为铜

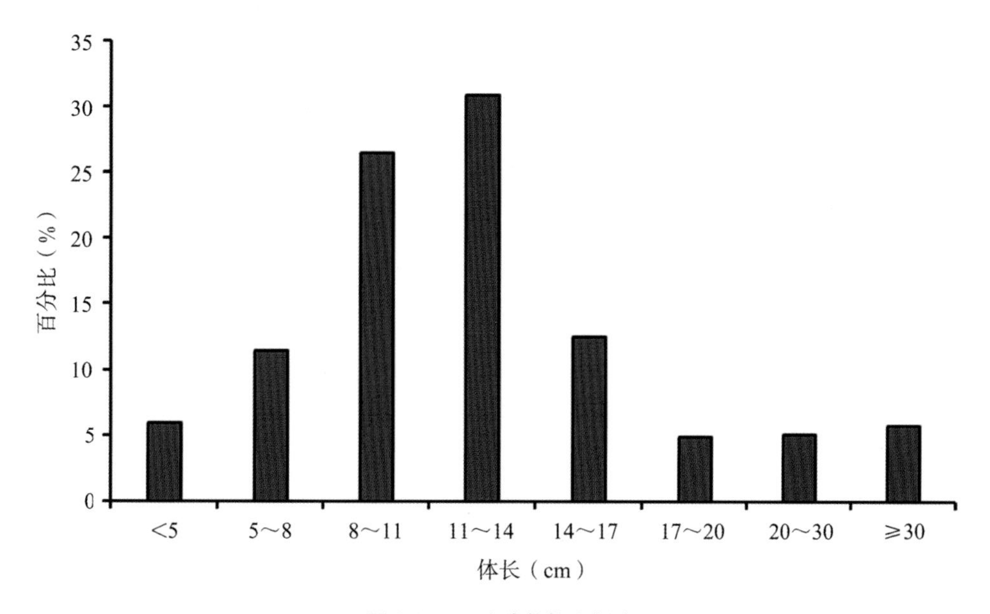

图4.30–4　鱼类体长分布图

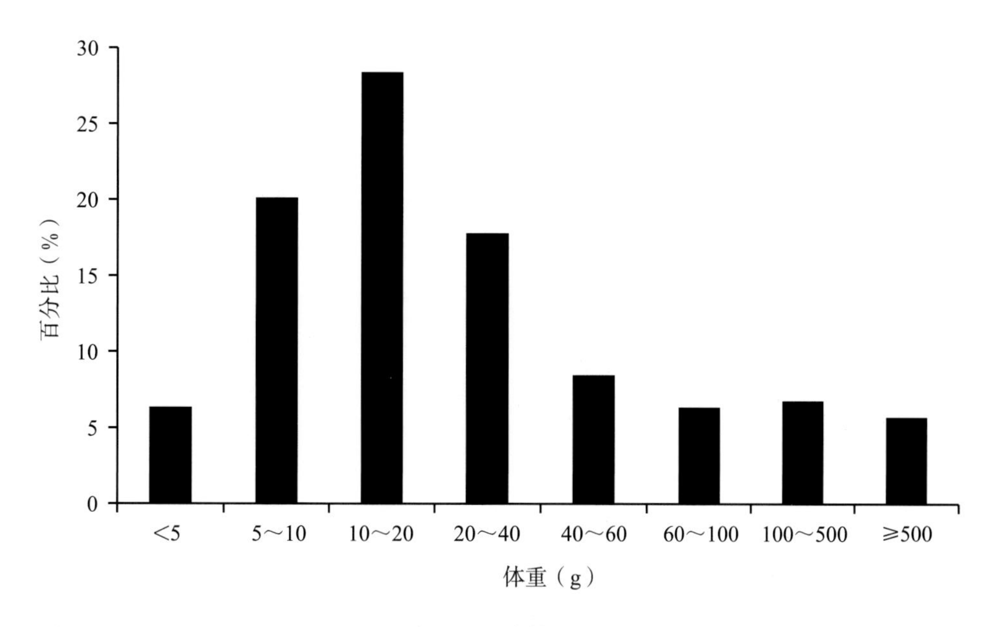

图4.30–5　鱼类体重分布图

表 4.30-2 鱼类体长及体重组成

种　　类	测量尾数	体长（cm）			体重（g）		
		最小值	最大值	平均值	最小值	最大值	平均值
棒花鱼 *Abbottina rivularis*	1.0	8.8	8.8	8.8	11.6	11.6	11.6
鳊 *Parabramis pekinensis*	1.0	24.9	24.9	24.9	250.0	250.0	250.0
䱗 *Hemiculter leucisculus*	240.0	5.3	11.8	8.8	1.0	16.6	7.9
大鳍鱊 *Acheilognathus macropterus*	15.0	6.6	8.2	7.4	6.5	15.5	10.0
刀鲚 *Coilia nasus*	403.0	7.7	23.0	15.1	1.4	41.2	12.2
红鳍原鲌 *Cultrichthys erythropterus*	58.0	6.4	24.5	11.4	3.0	181.4	26.6
黄颡鱼 *Pelteobagrus fulvidraco*	5.0	9.0	15.7	13.3	9.6	56.4	39.4
黄尾鲴 *Xenocypris davidi*	32.0	11.2	13.6	12.7	27.1	49.0	37.3
鲫 *Carassius auratus*	128.0	4.3	20.6	12.7	2.2	281.8	65.5
鲤 *Cyprinus carpio*	1.0	41.6	41.6	41.6	1 700.0	1 700.0	1 700.0
鲢 *Hypophthalmichthys molitrix*	40.0	14.8	45.4	29.8	24.6	1 800.0	723.1
麦穗鱼 *Pseudorasbora parva*	8.0	3.6	7.8	5.1	1.0	10.6	3.5
翘嘴鲌 *Culter alburnus*	1.0	28.0	28.0	28.0	228.0	228.0	228.0
青鱼 *Mylopharyngodon piceus*	4.0	15.8	22.0	18.1	26.0	225.0	112.6
似鳊 *Pseudobrama simoni*	353.0	8.0	30.8	11.3	8.6	50.8	21.9
团头鲂 *Megalobrama amblycephala*	2.0	29.2	40.5	34.9	600.0	1 366.8	983.4
细鳞鲴 *Xenocypris microlepis*	9.0	8.9	12.5	10.9	10.2	33.4	22.8
小黄黝鱼 *Micropercops swinhonis*	1.0	4.1	4.1	4.1	0.6	0.6	0.6
兴凯鱊 *Acheilognathus chankaensis*	28.0	4.7	8.9	6.8	2.5	18.3	8.2
鳙 *Aristichthys nobilis*	7.0	12.7	46.6	32.7	57.2	2 050.0	1 103.7
子陵吻虾虎鱼 *Rhinogobius giurinus*	7.0	3.2	5.7	4.2	60.0	3.3	1.3

锈环棱螺、占41.23%。

· 鱼类资源现状及分析

共调查到鱼类21种，非鱼类4种（其中螺1种、虾类3种）。鱼类中，鲤科占比较高，有17种，占总种类数的80.95%。刀鲚、似鳊、鲢、鲫、䱗等为该水域的优势种。本次调查的Shannon-Wiener多样性指数为1.64，处于该指数一般范围（1.5～3.5），表明白马湖泥鳅沙塘鳢国家级水产种质资源保护区鱼类生物多样性水平一般。生物学特征分析显示，该保护区86.23%的鱼类体长在20 cm以下，87.50%的鱼类体重在100 g以下；而优势种中除鲢外，平均体长均在15 cm以下，平均体重均在66 g以下，表明保护区内鱼类群落呈现个体小型化的特点。

白马湖泥鳅沙塘鳢国家级水产种质资源保护区的主要保护对象为泥鳅、沙塘鳢，其他保护物种包括鲤、鲫、鳊、鲂、乌鳢、黄颡鱼、鳜、黄鳝、银鲴等物种。此次调查过程中未监测到重点保护物种，采集到了鲤、鲫、鳊、黄颡鱼等其他保护物种，其中除鲫外均非优势物种。因此，建议加强保护区内的渔业资源养护，尤其是针对保护物种的资源养护。

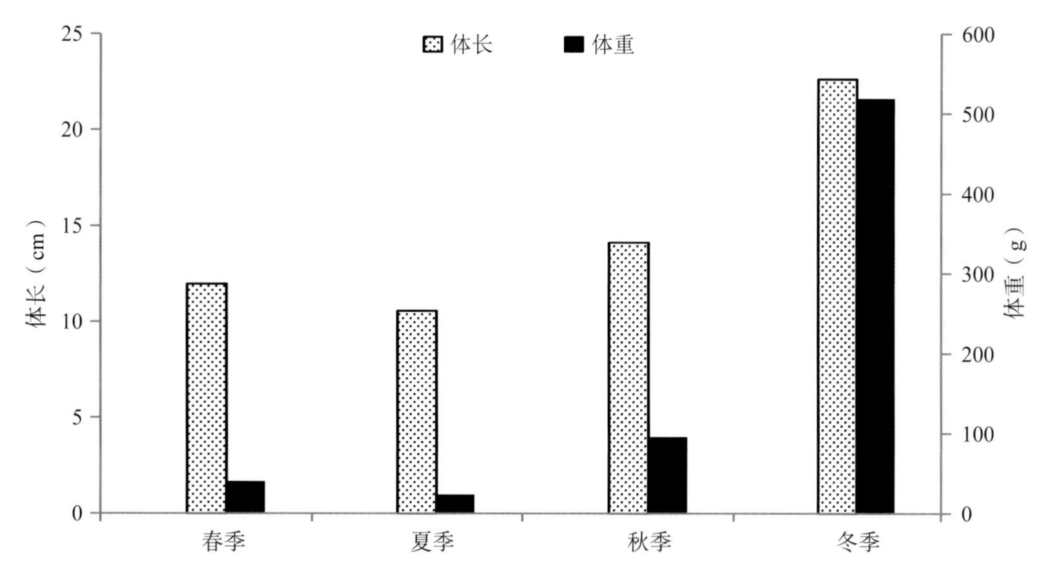

图4.30-6　各季节鱼类体长、体重组成

4.31 · 射阳湖国家级水产种质资源保护区

· 鱼类种类组成

调查结果显示，共采集到鱼类31种5 445尾，重78.86 kg，隶属于4目7科23属。鲤形目的种类数较多，有2科26种，约占总种类数的83.9%；其次为鲇形目（2科2种）和鲻形目（2科2种），鲱形目为1种（图4.31-1）。鲤形目鱼类的数量百分比（97.11%）和重量百分比（96.65%）均远高于其他目的鱼类。

数量百分比（N%）显示，细鳞鲴数量最多（34%），其次为䱗、似鳊、兴凯鱊等，子陵吻虾虎鱼、贝氏䱗、翘嘴鲌、鲤、中华鳑鲏等19种鱼类的N%小于1%；重量百分比（W%）显示，细鳞鲴（30.4%）、鲤（16.5%）、䱗（14.8%）的W%较大，麦穗鱼、长蛇鮈、编、翘嘴鲌等14种鱼类的W%小于1%，红鳍原鲌、黄颡鱼、中华鳑鲏、尖头鲌等6种鱼类的W%小于0.1%。

· 优势种

优势种分析结果显示，细鳞鲴、䱗、似编等3种鱼类为优势种。鲫、鲤、兴凯鱊、大鳍鱊、刀鲚、麦穗鱼、蒙古鲌、达氏鲌等8种鱼类为主要种。

· 鱼类季节组成

春季采集到鱼类15种，隶属于2目2科，优势种为似鳊、鲫、䱗、兴凯鱊和鲤；夏季采集到鱼类18种，隶属于4目6科，优势种为细鳞鲴和䱗；秋季采集到鱼类15种，隶属于3目3科，优势种为细鳞鲴和似编；冬季采集到鱼类14种，隶属于3目3科，优势种为䱗、似鳊和鲤。分析显示，夏季鱼类种类最多，冬季最少，四个季节均采集到的有鲫、似鳊、兴凯鱊等5种鱼类。

数量百分比（N%）和重量百分比（W%）显示，四个季节中，夏季鱼类的N%和W%均为最高，分别为30.7%和44.4%；冬季鱼类的N%和W%均为最低，分别为17.1%和13.8%（图4.31-2）。

· 鱼类多样性指数

多样性指数显示，鱼类Margalef丰富度指数（R）为1.10 ～ 2.97，平均为2.02 ± 0.16；Shannon-Wiener多样性指数（H'）为0.84 ～ 2.21，平均为1.46 ± 0.12；Pielou均匀度指数（J）为0.43 ～ 0.92，平均为0.68 ± 0.04；Simpson优势度指数（λ）为0.09 ～ 0.62，平均为0.34 ± 0.04。各季节鱼类多样性指数如图4.31-3所示。以季度为因素，对各多样性指数进行单因素方差分析，结果显示，季节间各多样性指数均无显著差异（$P > 0.05$）。

· 单位努力捕捞量

各季节基于数量及重量的刺网与定置串联笼壶的单位努力捕捞量（CPUE）如表4.31-1所示。结果显

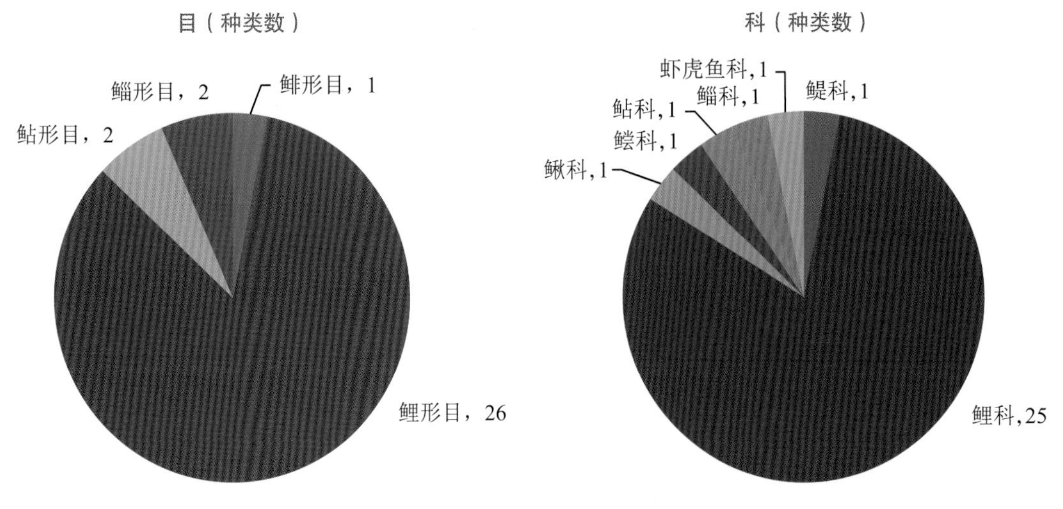

图4.31-1 各目、科鱼类组成

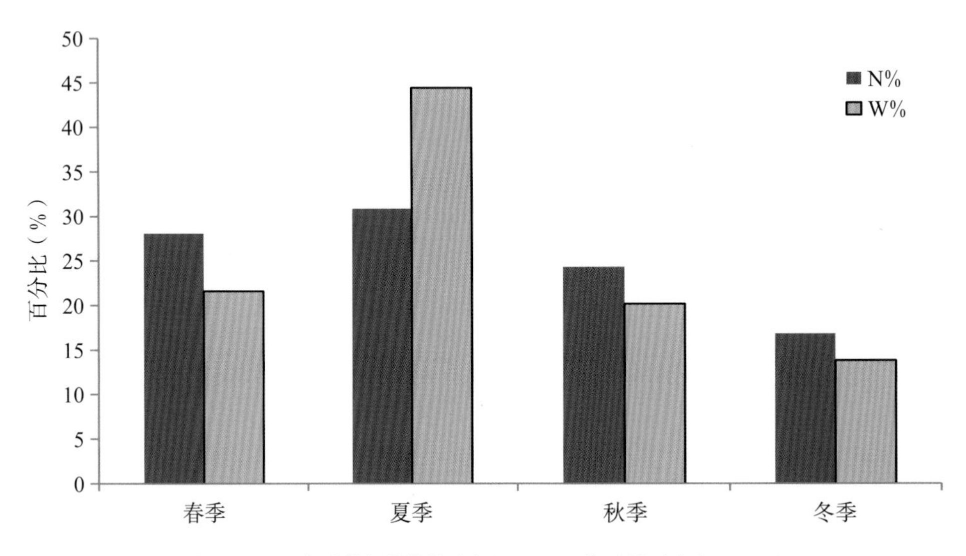

图4.31-2 各季节鱼类数量百分比（N%）与重量百分比（W%）

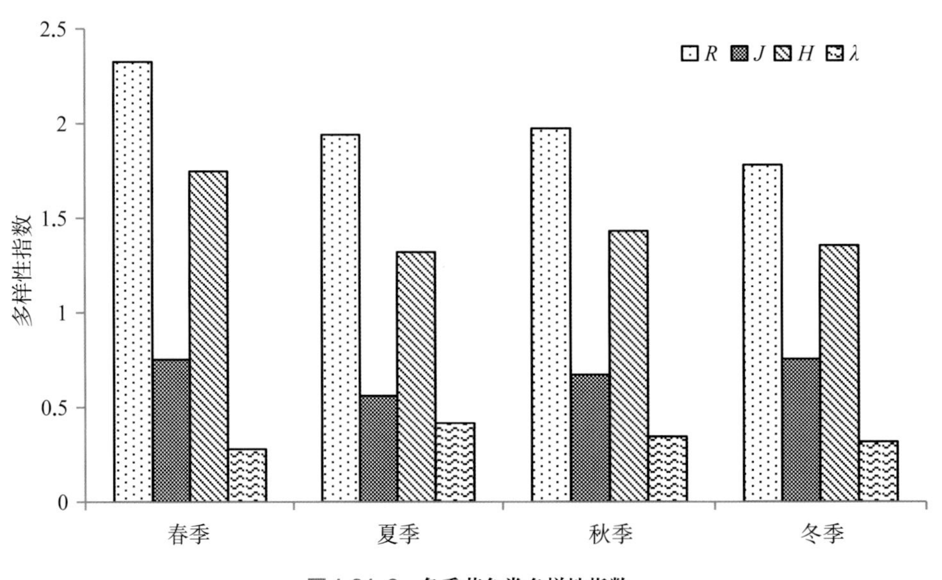

图4.31-3 各季节鱼类多样性指数

表4.31-1 各季节单位努力捕捞量

季　节	刺网CPUEn（ind./net · 12 h）	刺网CPUEw（g/net · 12 h）	定置串联笼壶CPUEn（ind./net · 12 h）	定置串联笼壶CPUEw（g/net · 12 h）
春	48.67	972.27	55.33	441.73
夏	170.67	2 448.13	42.67	163.30
秋	73.67	1 163.30	35.33	122.43
冬	20.33	799.47	23.33	86.50

示，夏季刺网的CPUEn及CPUEw均较高，春季定置串联笼壶的CPUEn及CPUEw均较高。

· 生物学特征

调查结果显示，射阳湖鱼类体长在3.0～36.4 cm，平均为9.6 cm；体重在0.6～1 713.4 g，平均为20.5 g。分析表明，93%的鱼类体长在14 cm以下，只有7%的鱼类全长高于14 cm，体长在8～10 cm的鱼类较多、占总数的33%；88%的鱼类体重在25 g以下，9%的鱼类体重在4 g以下，8～12 g鱼类较多、占总数的25%（图4.31-4、图4.31-5）。

各种鱼类平均体重显示（表4.31-2），鳊、大口鲇、鲤等3种平均体重高于100 g；团头鲂、鲮、鲢等3种平均体重为50～100 g；刀鲚、翘嘴鲌、蒙古鲌等12种平均体重为10～50 g；银鮈、红鳍原鲌、长蛇鮈等11种平均体重低于10 g。统计各季节鱼类生物学特征显示，夏季鱼类平均全长及体长较高，冬季平均体重稍高（图4.31-6）。非参数检验显示，各季节鱼类的体长、体重差异均不显著。

· 其他渔获物

调查结果显示，共采集到虾、蟹、贝类8种，包括螺类3种（铜锈环棱螺、中华圆田螺、中国圆田螺）、虾类4种（日本沼虾、秀丽白虾、克氏原螯虾、中华齿米虾）、蟹类1种（中华绒螯蟹），数量共1 101尾、占渔获物总数量的27.5%，其中铜锈环棱螺（36.8%）贡献较大；重量共2 832 g、占渔获物总重量的5.2%，其中中华圆田螺（42.1%）贡献较大。

· 渔业资源现状及分析

共采集到鱼类31种，其他水生动物8种（包括螺类3种、虾类4种、蟹类1种）。鱼类中，鲤形目的种类数（26种）最多，其次为鲇形目（2种）和鲻形目

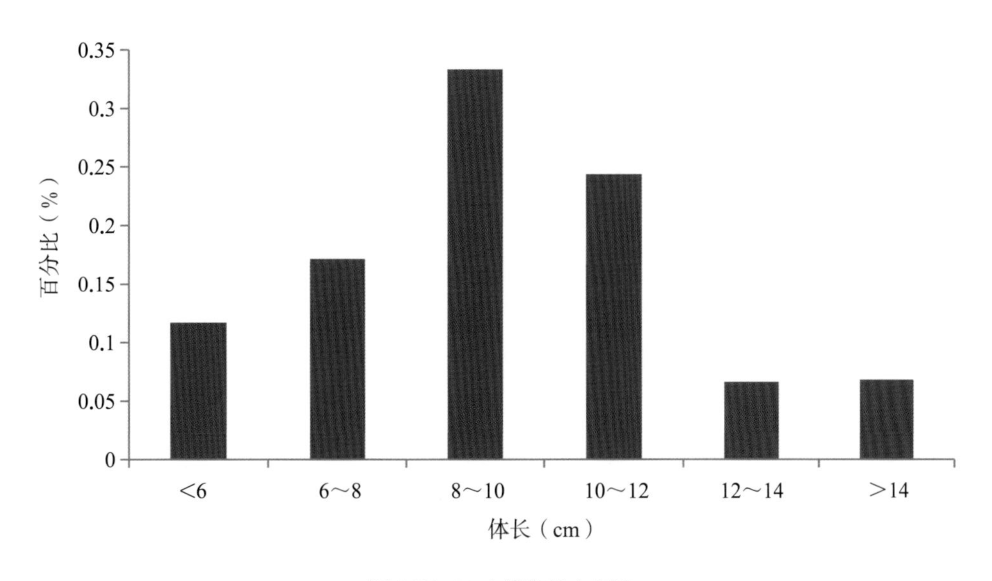

图4.31-4 鱼类体长分布图

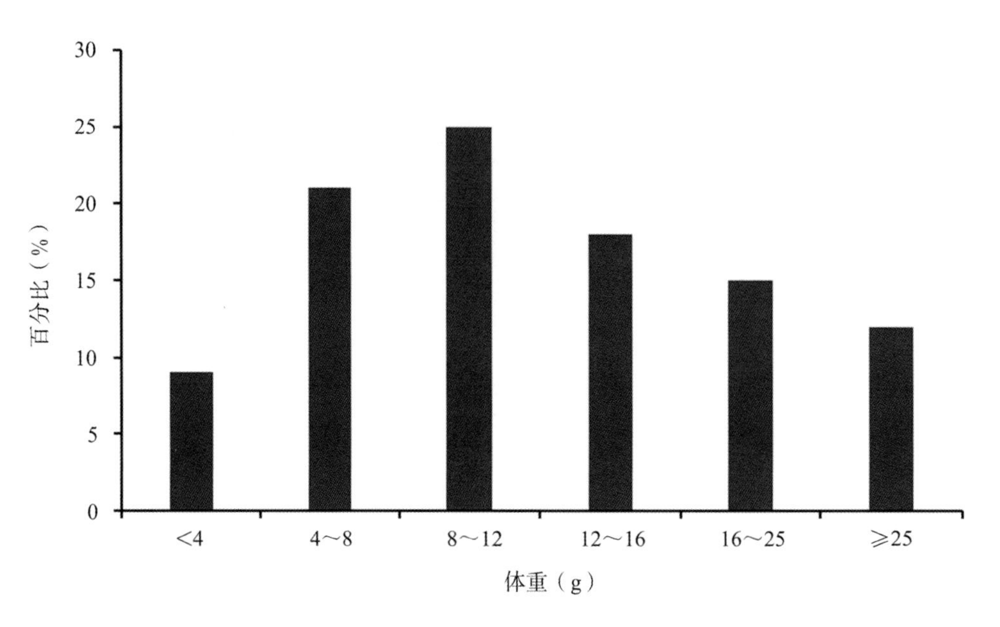

图4.31-5 鱼类体重分布图

表 4.31-2 鱼类体长及体重组成

种类	体长（cm）			体重（g）		
	最小值	最大值	平均值	最小值	最大值	平均值
刀鲚 *Coilia nasus*	11.9	20.2	16.9	5.8	29.2	16.5
棒花鱼 *Abbottina rivularis*	4.3	8.0	6.2	1.0	11.0	5.3
贝氏䱗 *Hemiculter bleekeri*	7.5	11.6	9.2	4.6	19.2	10.7
鳊 *Parabramis pekinensis*	18.6	18.6	18.6	119.8	119.8	119.8
䱗 *Hemiculter leucisculus*	3.0	18.8	9.5	2.0	21.6	10.7
达氏鲌 *Culter dabryi*	5.9	18.2	11.5	1.8	84.6	20.5
大鳍鱊 *Acheilognathus macropterus*	4.1	8.1	6.2	1.0	12.2	6.9
鲂 *Megalobrama skolkovii*	28.9	28.9	28.9	45.4	45.4	45.4
红鳍原鲌 *Cultrichthys erythropterus*	8.1	11.2	9.4	5.4	14.4	9.0
黄尾鲴 *Xenocypris davidi*	11.7	11.7	11.7	28.8	28.8	28.8
尖头鲌 *Culter oxycephalus*	8.2	8.4	8.3	7.0	7.2	7.1
鲫 *Carassius auratus*	4.5	14.5	10.8	2.6	112.8	45.3
鲤 *Cyprinus carpio*	13.0	36.4	23.8	77.8	1 713.4	573.2
麦穗鱼 *Pseudorasbora parva*	4.4	9.0	6.6	1.4	12.1	6.3
鲢 *Hypophthalmichthys molitrix*	15.9	15.9	15.9	73.2	73.2	73.2
翘嘴鲌 *Culter alburnus*	5.2	14.5	11.3	1.3	30.3	18.2
蛇鮈 *Saurogobio dabryi*	8.0	8.0	8.0	4.4	4.4	4.4

（续表）

种　　类	体长（cm）			体重（g）		
	最小值	最大值	平均值	最小值	最大值	平均值
蒙古鲌 *Culter mongolicus*	9.9	55.8	13.7	11.3	39.0	19.7
似鳊 *Pseudobrama simoni*	8.1	12.8	10.3	5.8	33.2	15.7
团头鲂 *Megalobrama amblycephala*	28.0	28.0	28.0	56.7	56.7	56.7
似刺鳊鮈 *Paracanthobrama guichenoti*	9.6	11.2	10.4	9.2	14.8	12.0
细鳞鲴 *Xenocypris microlepis*	4.2	14.9	9.5	1.0	51.8	14.1
兴凯鱊 *Acheilognathus chankaensis*	3.6	15.1	6.7	0.8	26.4	7.6
中华鳑鲏 *Rhodeus sinensis*	3.0	4.6	3.7	0.8	2.8	1.7
银鮈 *Squalidus argentatus*	6.4	8.5	7.6	5.0	11.6	8.6
长蛇鮈 *Saurogobio dumerili*	8.7	11.5	10.4	6.1	19.2	9.9
泥鳅 *Misgurnus anguillicaudatus*	9.6	12.0	10.8	8.3	14.3	11.3
子陵吻虾虎鱼 *Rhinogobius giurinus*	3.1	5.0	4.2	0.6	2.1	1.3
大口鲇 *Silurus meridionalis*	28.7	28.7	28.7	223.7	223.7	223.7
黄颡鱼 *Pelteobagrus fulvidraco*	9.2	9.2	9.2	12.4	12.4	12.4
鲮 *Liza haematocheilus*	16.6	16.6	16.6	69.2	69.2	69.2

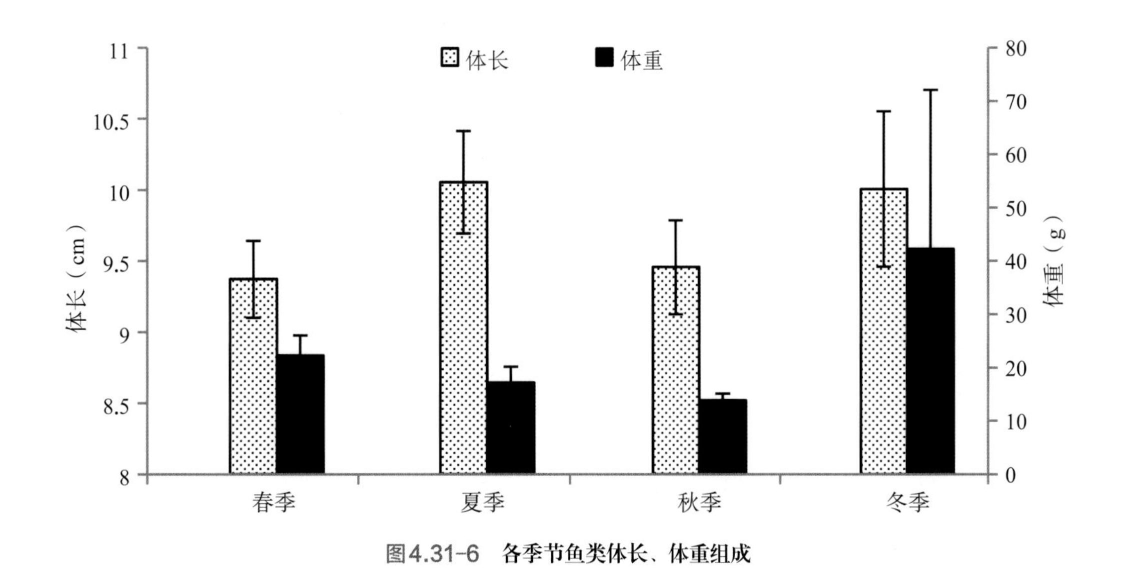

图4.31-6　各季节鱼类体长、体重组成

（2种），鲱形目为1种。数量百分比（N%）和重量百分比（W%）较高的种类中，大多数是鲤科鱼类。以IRI指数为优势种判定指标，细鳞鲴、䱗、似鳊等3种鲤科鱼类为优势种，优势种与主要种绝大多数是鲤科鱼类。

四个季节的鱼类优势种组成较接近。四个季节中，夏季鱼类的数量百分比（N%）和重量百分比（W%）均为最高，而冬季的N%和W%均为最低。夏季刺网的CPUEn及CPUEw均较高，春季定置串联笼壶的CPUEn及CPUEw均较高。

多样性指数显示，鱼类群落的Shannon-Wiener多样性指数（H'）均值为1.46，小于该指数一般范围（1.5 ～ 3.5），说明该水域鱼类生物多样性水平较低。Shannon-Wiener多样性指数、Margalef丰富度指数和Pielou均匀度指数的最大值均出现在春季。

生物学特征分析显示，93%的鱼类体长在14 cm以下，88%的鱼类体重在25 g以下，表明该水域鱼类资源"小型化"的特征较明显。

保护区的重点保护物种为黄颡鱼、沙塘鳢、黄鳝、青虾、泥鳅、乌鳢等，本次调查监测到黄颡鱼、泥鳅、青虾，未监测到沙塘鳢、黄鳝、乌鳢等。保护区的渔业资源保护工作，如增殖放流、打击非法捕捞等，对维持整个鱼类群落稳定、保障增殖放流效果具有重要作用。但同时鱼类资源小型化的状况依然没有得到根本扭转，有些种群（如鲢、鳙等）的渔获量对增殖放流的依赖性较大，建议进一步加强对保护物种的资源养护，优化放流模式，恢复水生植被，减少航运对鱼类群落的影响，加强保护区周围工厂和生活污水的排放管理。

4.32 · 金沙湖黄颡鱼国家级水产种质资源保护区

· 鱼类种类组成

调查结果显示，共采集到鱼类28种5 034尾，重344.9 kg，隶属于4目7科21属。鲤形目的种类数较多，有19种，约占总种类数的67.86%；其次为鲈形目（4科5种）、鲇形目（1科3种）和鲱形目（1科1种）（图4.32-1）。鲤形目鱼类的数量百分比（58.18%）和重量百分比（91.67%）均高于其他目的鱼类。

数量百分比（N%）显示，刀鲚数量最多（38.58%），其次为达氏鲌、鲫、似鲚和似鳊等，鲂、鳙、鲢和蒙古鲌等19种鱼类的N%小于1%；重量百分比（W%）显示，鳙（30.85%）、鲢（21.55%）、鲫（15.66%）的W%较大，尖头鲌、长须黄颡鱼、红鳍原鲌和翘嘴鲌等18种鱼类的W%小于1%，鳜、麦穗鱼和鰲等12种鱼类的W%小于0.1%。

· 优势种

优势种分析结果显示，刀鲚、达氏鲌、鲫、鳙和鲢5种鱼类为优势种。似鲚、似鳊、鲤、鲂、红鳍原鲌、子陵吻虾虎鱼、大鳍鱊、麦穗鱼和蒙古鲌9种鱼类为主要种。

· 鱼类季节组成

春季采集到鱼类22种，隶属于4目4科，优势种为刀鲚、鲫和达氏鲌；夏季采集到鱼类17种，隶属于4目4科，优势种为达氏鲌、刀鲚和鳙；秋季采集到鱼类21种，隶属于4目6科，优势种为鳙、鲢和子陵吻虾虎鱼；冬季采集到鱼类22种，隶属于4目5科，优势种为鲫、达氏鲌和鳙。分析显示，春季和冬季鱼类种类较多，夏季最少，四个季节均采集到的有刀鲚、

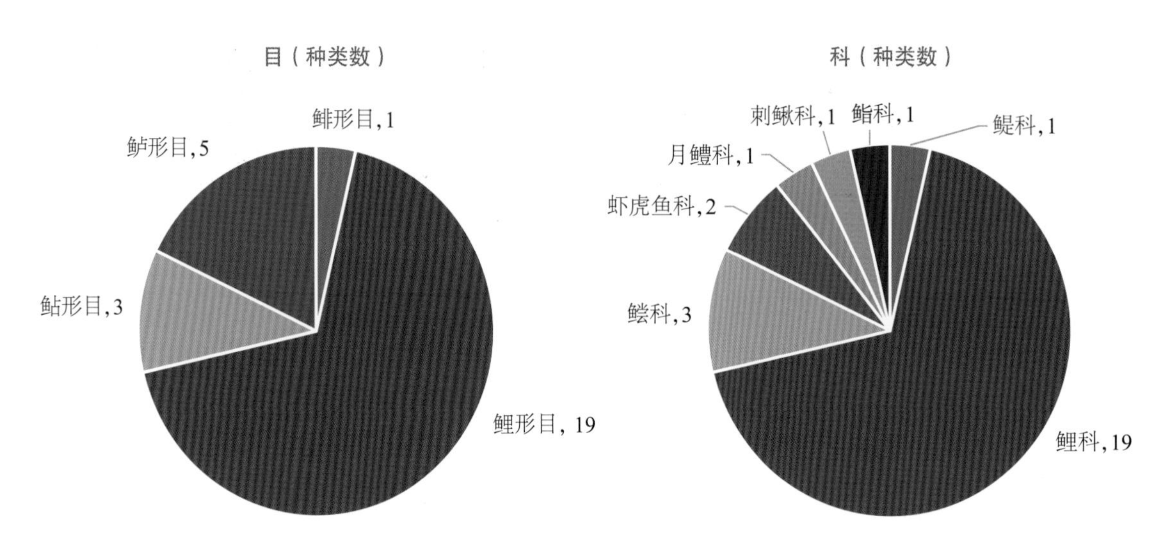

图4.32-1 各目、科鱼类组成

达氏鲌、红鳍原鲌和鲂等12种鱼类。

数量百分比（N%）和重量百分比（W%）显示，四个季节中，春季鱼类的N%最高，秋季鱼类的N%最低，分别为40.94%和6.58%；冬季鱼类的W%最高，夏季鱼类的W%最低，分别为37.39%和16.84%（图4.32-2）。

· 鱼类多样性指数

多样性指数显示，鱼类Margalef丰富度指数（R）为3.53～4.65，平均为3.963±0.52（平均值±标准差）；Shannon-Wiener多样性指数（H'）为1.38～2.28，平均为1.77±0.43；Pielou均匀度指数（J）为0.45～0.75，平均为0.59±0.14。各季节鱼类多样性指数如图4.32-3所示。以季度为因素，对各多样性指数进行单因素方差分析，结果显示，季节间各多样性指数均无显著差异（$P > 0.05$）。

· 单位努力捕捞量

各季节基于数量及重量的刺网与定置串联笼壶的单位努力捕捞量（CPUE）如表4.32-1所示。结果显示，春季刺网的CPUEn最高，冬季刺网的CPUEw最高，秋季定置串联笼壶的CPUEw最高，夏季定置串联笼壶的CPUEn最高。

· 生物学特征

调查结果显示，金沙湖鱼类体长在2.2～73.5 cm，平均为14.73 cm；体重在0.1～7 186 g，平均为180.85 g。分析表明，93.12%的鱼类体长在25 cm以下，只有6.88%的鱼类全长高于25 cm，体长在

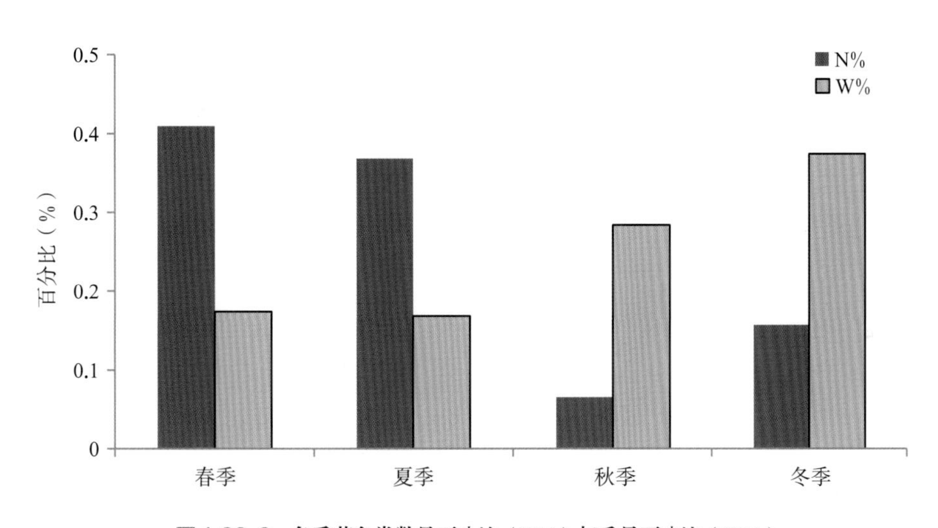

图4.32-2　各季节鱼类数量百分比（N%）与重量百分比（W%）

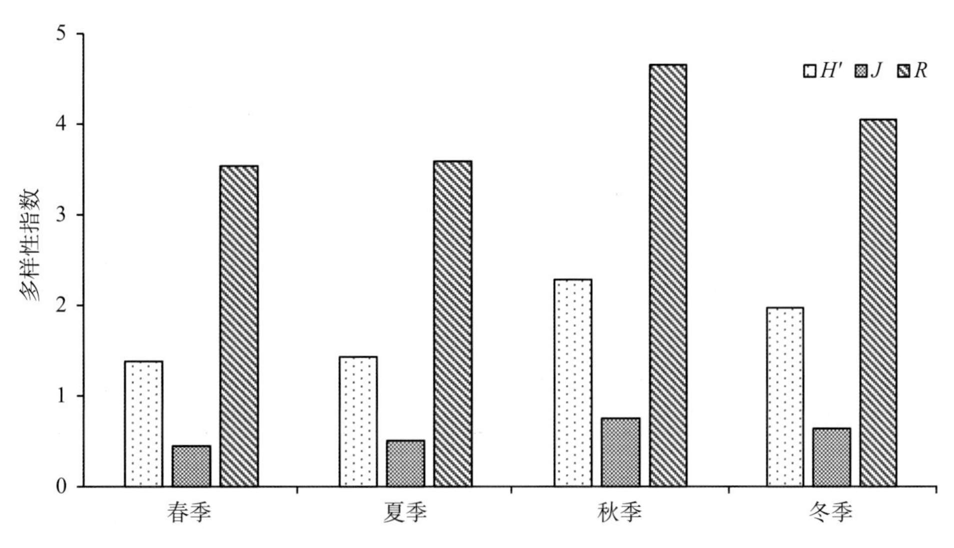

图4.32-3　各季节鱼类多样性指数

表 4.32-1 各季节单位努力捕捞量

季节	刺网 CPUEn（ind./net · 12 h）	刺网 CPUEw（g/net · 12 h）	定置串联笼壶 CPUEn（ind./net · 12 h）	定置串联笼壶 CPUEw（g/net · 12 h）
春	137.58	4 384.53	43.75	498.34
夏	96.08	3 755.33	57.25	566.44
秋	8.83	7 793.76	18.75	2 114.16
冬	49.92	10 067.33	17.08	402.32

10 ～ 15 cm的鱼类较多、占总数的41.75%；74.95%的鱼类体重在50 g以下，23.657%的鱼类体重在10 g以下，10 ～ 20 g鱼类较多、占总数的35.65%（图4.32-4、图4.32-5）。

各种鱼类平均体重显示（表4.32-2），鳙、鲤和鲢3种平均体重高于1 000 g；蒙古鲌、尖头鲌和鳜等7种平均体重为100 ～ 1 000 g；大鳍鱊、棒花鱼和兴凯鱊等8种平均体重低于10 g。统计各季节鱼类生物

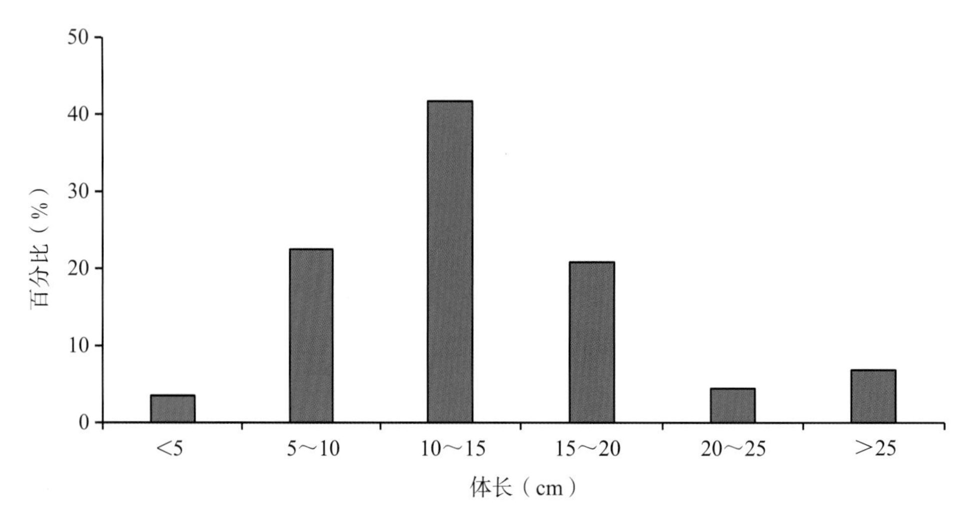

图4.32-4 鱼类体长分布图

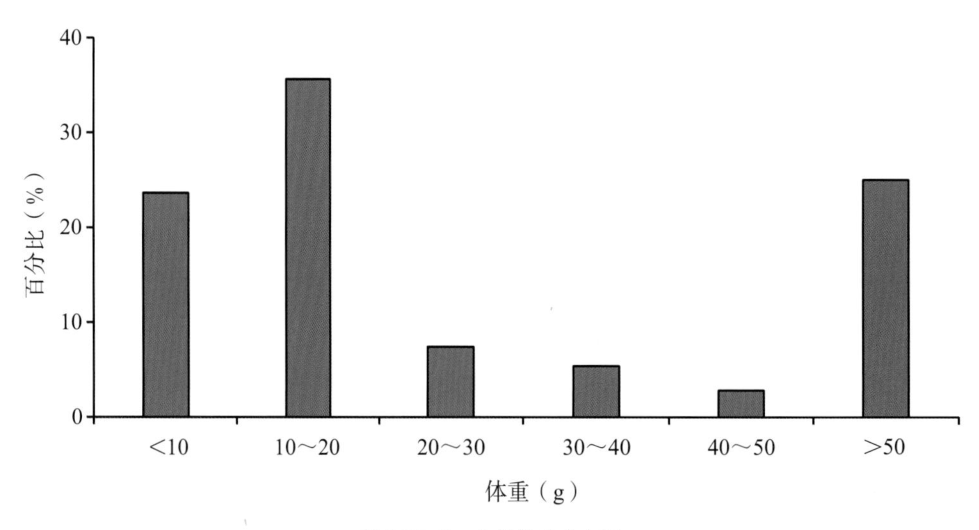

图4.32-5 鱼类体重分布图

表 4.32-2 鱼类体长及体重组成

种　　类	体长（cm）			体重（g）		
	最小值	最大值	平均值	最小值	最大值	平均值
棒花鱼 *Abbottina rivularis*	5.5	10.8	8.9	3.1	22.8	9.7
鳘 *Hemiculter leucisculus*	2.5	13.0	8.1	2.6	24.7	10.2
达氏鲌 *Culter dabryi*	4.0	36.2	11.9	0.2	631.5	20.8
大鳍鱊 *Acheilognathus macropterus*	2.2	9.9	6.9	0.1	23.1	9.9
刀鲚 *Coilia nasus*	7.2	30.1	17.0	1.1	72.8	12.4
鲂 *Megalobrama skolkovii*	12.7	36.2	20.4	28.4	1 141.1	206.5
高体鳑鲏 *Rhodeus ocellatus*	4.2	4.2	4.2	1.9	1.9	1.9
鳜 *Siniperca chuatsi*	42.7	42.7	42.7	219.7	219.7	219.7
红鳍原鲌 *Cultrichthys erythropterus*	4.6	21.4	11.5	1.2	132.9	17.4
黄颡鱼 *Pelteobagrus fulvidraco*	6.5	23.4	15.9	5.0	208.7	69.2
鲫 *Carassius auratus*	3.0	25.0	15.5	0.9	453.6	120.0
尖头鲌 *Culter oxycephalus*	13.8	35.4	24.0	50.4	485.9	221.9
鲤 *Cyprinus carpio*	19.3	60.4	39.7	175.0	4 250.0	2 783.3
鲢 *Hypophthalmichthys molitrix*	15.7	58.3	53.7	104.0	3 780.0	2 488.4
麦穗鱼 *Pseudorasbora parva*	4.0	9.0	6.1	1.1	14.0	3.7
蒙古鲌 *Culter mongolicus*	13.2	48.3	28.3	67.2	1 391.5	249.6
翘嘴鲌 *Culter alburnus*	9.8	48.3	22.7	10.0	814.6	123.5
似鳊 *Pseudobrama simoni*	8.7	16.9	11.9	9.9	71.9	28.7
似鲚 *Toxabramis swinhonis*	5.3	17.3	9.6	1.7	51.4	10.4
瓦氏黄颡鱼 *Pelteobagrus vachelli*	21.1	21.1	21.1	116.8	116.8	116.8
纹缟虾虎鱼 *Tridentiger trigonocephalus*	3.9	5.4	4.8	0.7	2.1	1.6
乌鳢 *Channa argus*	5.2	12.5	9.0	1.9	30.4	14.3
兴凯鱊 *Acheilognathus chankaensis*	3.7	9.9	6.6	1.1	14.3	6.4
鳙 *Aristichthys nobilis*	21.8	73.5	50.5	269.6	7 186.0	2 870.5
长须黄颡鱼 *Pelteobagrus eupogon*	7.9	18.4	15.2	15.2	205.3	91.5
中华刺鳅 *Mastacembelus sinensis*	11.9	16.5	15.0	4.2	14.4	10.2
中华鳑鲏 *Rhodeus sinensis*	2.7	8.1	4.4	0.3	12.9	2.9
子陵吻虾虎鱼 *Rhinogobius giurinus*	2.2	5.5	3.9	0.2	2.6	1.0

学特征显示，秋季鱼类平均全长、平均体长及平均体重均较高（图4.32-6）。非参数检验显示，各季节鱼类的体长、体重差异均不显著。

· 其他渔获物

调查结果显示，共采集到其他渔获物4种，包括龟类1种（巴西龟）、螺类1种（铜锈环棱螺）、虾类2种（日本沼虾、秀丽白虾），数量共364尾、占渔获物总数量的6.74%，其中日本沼虾（81.59%）贡献较大；重量共1 134.9 g、占渔获物总重量的0.34%，其中日本沼虾（56.24%）贡献较大。

· 渔业资源现状及分析

共调查到鱼类28种，其他渔获物4种（螺1种、虾类2种、龟类1种）。鲤科所占比例较高，有19种，占总数的67.86%。本次调查的Shannon-Wiener多样性指数为1.77，在该指数一般范围（1.5 ～ 3.5），说明鱼类生物多样性水平处于“一般”水平。春季和冬季鱼类种类较多，夏季最少，春季鱼类的N%最高，秋季鱼类的N%最低；冬季鱼类的W%最高，夏季鱼类的W%最低。刀鲚、达氏鲌、鲫、鳙和鲢等5种鱼类为该水域的优势种。生物学特征分析显示，该水域鱼类的体长、体重分布较为均匀、生长状态良好，无明显的小型化趋势。

金沙湖黄颡鱼水产种质资源保护区的主要保护对象为黄颡鱼和青虾（日本沼虾）。此次调查过程中，各个季节均采集到黄颡鱼，共计40尾，总重3 282.5 g，体长平均为15.85 cm，体重平均为69.18 g，表明保护区内的黄颡鱼生长状况良好；在除鱼类以外的其他渔获物中，青虾为绝对优势种，其数量和重量占比分别达到81.59%和56.24%，青虾的平均体长达4.8 cm、平均体重达2.14 g，个体生长状况良好。

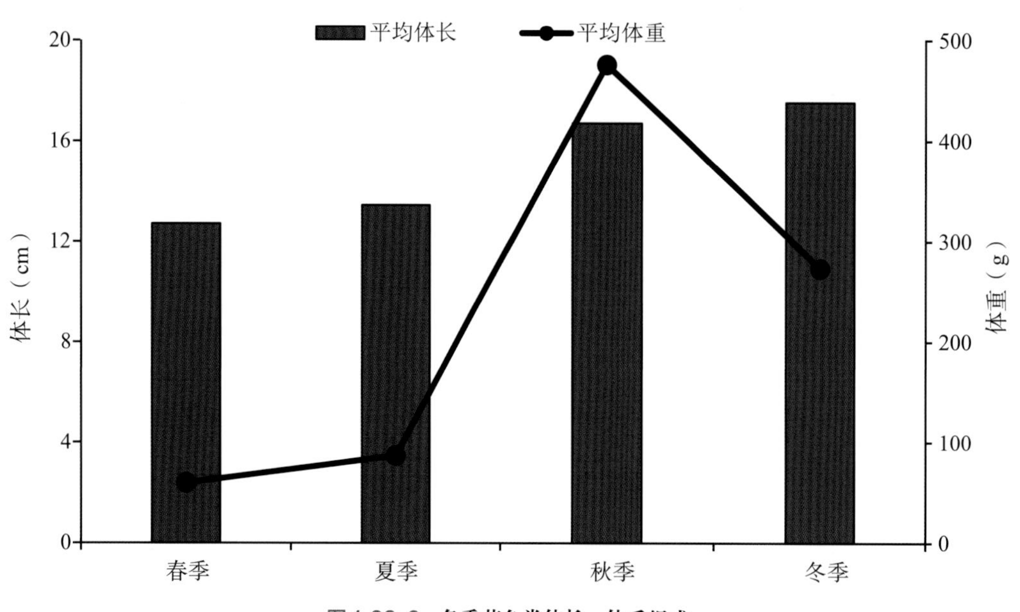

图4.32-6 各季节鱼类体长、体重组成

第五章
保护区管理对策

5.1 · 建设进展和现状

水产种质资源是支撑国民生产、人民生活和社会科技活动的重要战略资源，在国家经济发展中的重要性日益突出，其拥有量和研发利用程度已成为国家可持续发展能力和综合国力的重要指标之一。我国水产种质资源丰富，分布广泛，是渔业生产的重要物质基础和人类重要的食物蛋白来源。近几十年来，由于过度捕捞、环境污染、水利工程建设和生境破坏等，造成了我国许多地区水产种质资源锐减，甚至丧失，严重影响了渔业经济、遗传育种和生态保护等，开展水产种质资源保护刻不容缓。水产种质资源保护区是指为保护水产种质资源及其生存环境，在保护对象的产卵场、索饵场、越冬场、洄游通道等主要生长繁育区域依法划出一定面积的水域滩涂和必要的土地，予以特殊保护和管理的区域。水产种质资源保护区是水产种质资源就地保护的一种有效形式，建立适当数量的水产种质资源保护区，将对水产种质资源保护发挥重要作用。农业农村部（原农业部）从2007年开始水产种质资源保护区的划定工作，截至2019年共批准建设523处水产种质资源保护区。

江苏省位于我国东部，东临黄海和东海，长江、淮河贯穿其中，江河纵横，湖泊众多，水面辽阔，自然条件优越，气候温和湿润，鱼类资源丰富，在全国水域生物多样性保护中占有重要地位。江苏省是拥有水产种质资源保护区数量较多的省份之一，也是我国水产种质资源保护区分布的热点地区。迄今，江苏省淡水水域共已获批建设32个国家级水产种质资源保护区。

5.1.1 保护区建设进程及分布

从2007年开始，我国开始规划建设国家级水产种质资源保护区。从获批建设年份来看，2008年和2009年获批建设的保护区数量最多，各为5个；其次是2007年和2012年，获批的保护区数量各为4个；2011年和2013年获批的保护区数量各为3个；其他年份获批的保护区数量相对较少，其中2010年和2015年各获批1个保护区（图5.1-1）。

从地理位置分布来看，保护区主要位于江苏省西部和南部区域。从所属水系和流域来看，保护区主要分布在长江干流及其附属湖泊和淮河流域下游湖泊，长江流域和淮河流域各有16个保护区。从保护区所属的行政区域来看，苏州市有3个保护区，南京市和扬州市各有2个保护区，无锡市、常州市、镇江市、泰

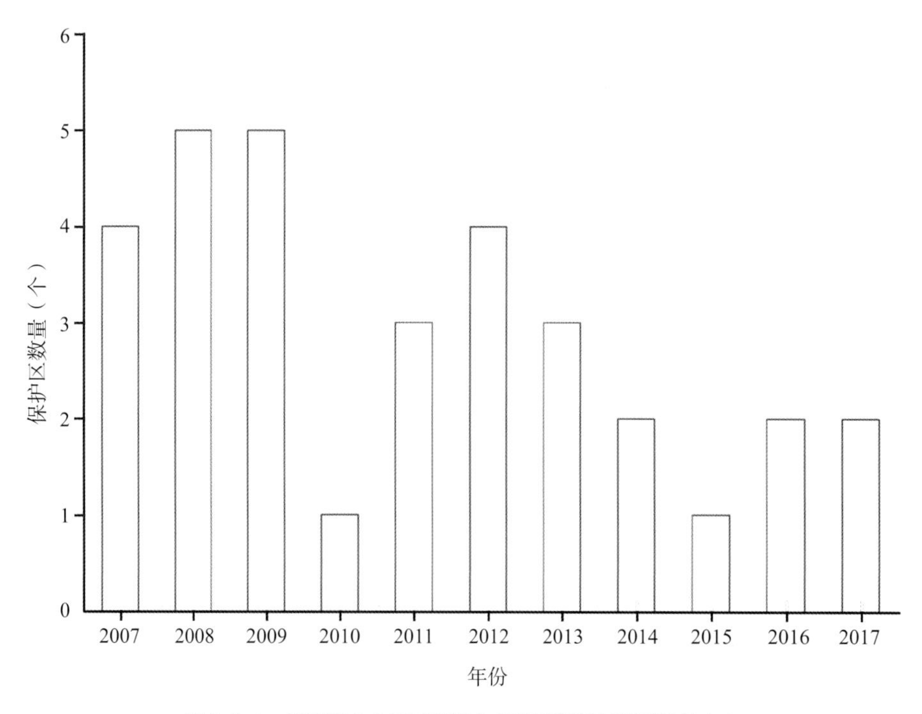

图5.1-1 江苏淡水水域国家级水产种质资源保护区数量分布

州市、淮安市、南通市和盐城市各有1个保护区。另外，江苏省省管五大湖泊（太湖、洪泽湖、高宝邵伯湖、骆马湖和滆湖）渔业管理委员会办公室负责管理18个保护区，其中太湖有3个保护区、洪泽湖有6个保护区、高宝邵伯湖有5个保护区、滆湖和骆马湖各有2个保护区。

5.1.2 保护区水域类型

根据保护区水域类型，水产种质资源保护区划分为河流型、湖泊型、水库型、河口型及海洋型。江苏省32个淡水国家级水产种质资源保护区有河流型和湖泊型两种类型，其中河流型保护区有5个，全部集中在长江干流，其余的27个保护区均为湖泊型。可以看出，江苏省淡水国家级水产种质资源保护区的水域类型较为单一，湖泊型保护区居多，河流型保护区较少，尚无水库型保护区。

5.1.3 保护区面积

江苏淡水国家级水产种质资源保护区总面积为893.11 km^2，保护区核心区面积为229.77 km^2，占比为25.7%；实验区面积为663.33 km^2，占比为74.3%。位于太湖的翘嘴鲌、秀丽白虾水产种质资源保护区面积最大，有172.80 km^2，位于固城湖的中华绒螯蟹水产种质资源保护区面积最小，仅有5 km^2。根据面积大小，可将水产种质资源保护区划分为5种类型：微型（小于等于10 km^2）、小型（大于10 km^2小于等于50 km^2）、中型（大于50 km^2小于等于200 km^2）、大型（大于200 km^2小于等于1 000 km^2）及特大型（大于1 000 km^2）。据此标准，32个保护区分属于微型、小型及中型保护区，没有大型及特大型保护区。其中，微型保护区有7个，占比为21.8%；小型保护区有22个，占比为68.7%；中型保护区有3个，占比为9.4%。

5.1.4 保护对象类型及种类

江苏淡水国家级水产种质资源保护区的主要保护对象集中在鱼类（21种及1科）、甲壳类（3种）和贝类（2种），没有涉及爬行类、哺乳类和水生植物。主要保护对象中涉及日本沼虾的保护区最多（10个）；再依次为中华绒螯蟹（5个）、翘嘴鲌（5个）、刀鲚（4个）、黄颡鱼（4个）、秀丽白虾（4个）、河蚬（4个）；蒙古鲌（3个）、河川沙塘鳢（3个）；银鱼科（2个）、鲫（2个）、泥鳅（2个）、鳜（2个）、乌鳢（2个）；大银鱼（1个）、草鱼（1个）、青鱼（1个）、达氏鲌（1个）、鳙（1个）、鲢（1个）、铜鱼（1个）、花䱻（1个）、鲤（1个）、长吻鮠（1个）、黄鳝（1个）、暗纹东方鲀（1个）、三角帆蚌（1个）（表5.1-1）。

表 5.1-1 江苏淡水国家级水产种质资源保护区主要保护对象名录及其保护区数量

主要保护对象	保护区数量（个）
三角帆蚌 *Hyriopsis cumingii*	1
河蚬 *Corbicula fluminea*	4
秀丽白虾 *Exopalaemon modestus*	4
日本沼虾 *Macrobrachium nipponense*	10
中华绒螯蟹 *Eriocheir sinensis*	5
刀鲚 *Coilia nasus*	4
银鱼科 Salangidae	2
大银鱼 *Protosalanx hyalocranius*	1
草鱼 *Ctenopharyngodon idellus*	1
青鱼 *Mylopharyngodon piceus*	1
翘嘴鲌 *Culter alburnus*	5
达氏鲌 *Culter dabryi*	1
蒙古鲌 *Culter mongolicus*	3
鳙 *Aristichthys nobilis*	1
鲢 *Hypophthalmichthys molitrix*	1
铜鱼 *Coreius heterodon*	1
花䱻 *Hemibarbus maculatus*	1
鲫 *Carassius auratus*	2
鲤 *Cyprinus carpio*	1
泥鳅 *Misgurnus anguillicaudatus*	2
长吻鮠 *Leiocassis longirostris*	1
黄颡鱼 *Pelteobagrus fulvidraco*	4
黄鳝 *Monopterus albus*	1
鳜 *Siniperca chuatsi*	2
河川沙塘鳢 *Odontobutis potamophila*	3
乌鳢 *Channa argus*	2
暗纹东方鲀 *Takifugu fasciatus*	1

保护对象（包括主要保护对象及其他保护物种）中经济物种较多，共有26种鱼类、3种甲壳类、3种软体动物、1种爬行类和4种水生植物收录在《国家重点保护经济水生动植物资源名录（第一批）》。其中国家一级保护野生动物有长江江豚*Neophocaena asiaeorientalis*、中华鲟*Acipenser sinensis*，二级保护野生动物有胭脂鱼*Myxocyprinus asiaticus*、丽蚌属4个物种（绢丝丽蚌*Lamprotula fibrosa*、背瘤丽蚌*Lamprotula leai*、多瘤丽蚌*Lamprotula polysticta*、刻裂丽蚌*Lamprotula scripta*）。国家二级保护野生植物有莲*Nelumbo nucifera*。同时发现一个保护对象有多个保护区，保护区重复建设明显，超过10个及以上保护区的保护对象有青虾（22个）、黄颡鱼（17个）、鲫（16个）、翘嘴鲌（14个）、乌鳢（13个）、鲤（12个）、鳜和中华绒螯蟹（各11个）、河川沙塘鳢和河蚬（10个）（表5.1-2）。

表5.1-2　江苏淡水国家级水产种质资源保护区保护物种名录

保护对象	保护区（个）	保护对象	保护区（个）
鱼类		刀鲚 *Coilia nasus*	9
胭脂鱼 *Myxocyprinus asiaticus*	2	泥鳅 *Misgurnus anguillicaudatus*	2
青鱼 *Mylopharyngodon piceus*	6	日本鳗鲡 *Anguilla japonica*	5
草鱼 *Ctenopharyngodon idella*	6	黄鳝 *Monopterus albus*	8
赤眼鳟 *Squaliobarbus curriculus*	5	吻虾虎鱼属 Rhinogobius	4
鳡 *Elopichthys bambusa*	1	暗纹东方鲀 *Takifugu obscurus*	2
翘嘴鲌 *Culter alburnus*	14	鳜 *Siniperca chuatsi*	11
蒙古鲌 *Culter mongolicus*	3	大鳍鳠 *Hemibagrus macropterus*	1
达氏鲌 *Culter dabryi dabryi*	1	瓦氏黄颡鱼 *Pelteobagrus vachelli*	1
红鳍原鲌 *Cultrichthys erythropterus*	9	中华鲟 *Acipenser sinensis*	1
鳊 *Parabramis pekinensis*	9	甲壳类	
鲂 *Megalobrama skolkovii*	6	日本沼虾 *Macrobrachium nipponense*	22
团头鲂 *Megalobrama amblycephala*	3	秀丽白虾 *Exopalaemon modestus*	7
银鲴 *Xenocypris argentea*	6	中华绒螯蟹 *Eriocheir sinensis*	11
鲢 *Hypophthalmichthys molitrix*	6	克氏原螯虾 *Procambarus clarkii*	2
鳙 *Aristichthys nobilis*	6	软体动物	
花鲭 *Hemibarbus maculates*	5	河蚬 *Corbicula fluminea*	10
铜鱼 *Coreius heterokon*	1	三角帆蚌 *Hyriopsis cumingii*	4
鲫 *Carassius auratus*	16	褶纹冠蚌 *Cristaria plicata*	3
鲤 *Cyprinus carpio*	12	无齿蚌属 *Anodonta*	1
河川沙塘鳢 *Odontobutis potamophila*	10	丽蚌属 *Lamprotula*	1
乌鳢 *Channa argus*	13	田螺科 *Viviparidae*	2
长吻鮠 *Leiocassis longirostris*	5	环棱螺属 *Bellamya*	2
黄颡鱼 *Pelteobagrus fulvidraco*	17	爬行类	
大银鱼 *Protosalanx chinensis*	2	中华鳖 *Trionyx Sinensis*	3

（续表）

保护对象	保护区（个）	保护对象	保护区（个）
水生哺乳动物		菱 *Trapa bispinosa*	2
长江江豚 *Neophocaena asiaeorientalis*	2	芦苇 *Phragmites australis*	1
水生植物		莲 *Nelumbo nucifera*	1
芡实 *Euryale ferox*	2		

5.1.5 保护区管理

根据《中国水生生物资源养护行动纲要》（国发〔2006〕9号）、《水产种质资源保护区管理暂行办法》（农业部令2011年第1号）等文件精神，江苏省制定出台了《关于加强长江段水生生物保护工作的实施意见》（苏政办发〔2019〕7号）、《关于印发江苏省重点流域水生生物多样性保护方案的通知》（苏环办〔2019〕40号）、《关于进一步加强全省水产种质资源保护区监督管理的通知》（苏农渔办〔2019〕13号）等文件通知，不断完善水产种质资源保护区监督管理的规章制度。

江苏高度重视水产种质资源保护区建设和管理工作。各级农业农村部门高度重视国家级水产种质资源保护区申报工作，已成功申报和获批建设32个淡水国家级水产种质资源保护区，成为拥有国家级水产种质资源保护区最多的省份之一。各保护区都成立相应的管理机构，配有专职人员，开展保护区的日常管护工作，严厉打击非法捕捞，加强涉及保护区工程建设的监督管理。落实专项经费，用于保护区水生生物资源监测、增殖放流等工作。

5.2 · 存在的问题

5.2.1 水产种质资源保护区建设和发展缺乏统一规划

经过10多年的发展，江苏拥有32个淡水国家级水产种质资源保护区，初步建立了水产种质资源保护网络，但也存在一些不合理之处：① 保护对象偏少，重点不突出，已有保护对象以经济种类为主，且同一保护对象划定多个保护区，一些具有重要生态价值、科研价值的种类及濒危物种尚未建立保护区；② 保护区聚集分布，生态类型单一，保护区主要分布在西部及南部的大、中型浅水湖泊，部分湖泊有多达5个以上的保护区，东部地区及其他生态系统类型的保护区偏少或缺乏；③ 有些水产种质资源保护区与其他类型的保护区重叠，比如南京大胜关长吻鮠铜鱼国家级水产种质资源保护区与南京长江江豚自然保护区的范围大面积重合；④ 保护区的保护对象名称未标注拉丁学名，有的保护对象则使用物种的俗名或地方名，易造成对保护区物种认知的偏差。因此，急需制定全省统一的水产种质资源保护区规划，推动保护区可持续发展。

5.2.2 水产种质资源保护区建设和管理滞后

经批准设立的国家级水产种质资源保护区，保护区管理机构应设置相应的界碑、界桩及相关保护设施，并持续进行维护更新。受经费投入不足等限制，部分保护区的基础设施尚未建设，或者基础设施老化破损，缺少更新；保护区管理机构普遍存在人员编制较少，年龄结构偏大，专业技术人才缺乏，管理制度不完善等问题。

5.2.3 水产种质资源保护区缺乏系统研究

水产种质资源保护区是一个完整的渔业生态系统，需要对保护区的生态环境及生物资源进行系统研究，才能满足保护区管理工作需要。目前有关保护区的数据多为历史资料，保护区普遍存在生态环境现状调查不足，水生生物资源种群数量、遗传多样性及分布范围详细信息缺乏，无法及时有效掌握水生生物资源变动规律和趋势等问题，使保护管理工作缺乏整体性和科学性。部分保护区科研经费投入长期不足，使得保护区对重要水生生物物种的生物学与生态学特性缺乏基本研究，制约了保护区的可持续发展。

5.2.4 水产种质资源保护区的社会影响较小

国家级水产种质资源保护区的划定工作已超过10年，但相对我国其他类型或行业的保护区，水产种质资源保护区是一个新派生保护区类别。目前公众对建设水产种质资源保护区的目的及作用普遍缺乏认识，甚至不知道有水产种质资源保护区。水产种质资源保护区的社会影响力、认可度较低。

5.3 · 可持续发展建议

5.3.1 制定水产种质资源保护区总体规划，指导保护区建设

江苏省地理位置优越，内陆水域广阔，水生生物资源丰富，生态环境多样，具备建立水产种质资源保护区的基础和条件。首先应根据我省的生态系统类型、水系组成及特点，在综合考虑国土空间总体规划、各类型自然保护区、湿地公园及已有水产种质资源保护区的基础上，科学划定水产种质资源保护区水域类型和范围；其次应对我省水产种质资源开展系统调查，掌握水产种质资源现状、生物学特点、遗传多样性特征，科学确定保护对象。在此基础上尽快制定我省水产种质资源保护区中长期发展规划，指导我省水产种质资源保护区建设和可持续发展。

5.3.2 建立健全水产种质资源保护区管理机构，提高保护区管理水平

水产种质资源保护区是一个完整的生态系统，水生生物资源不是独立存在的，其自身受生态系统中各组分间相互联系和相互作用的影响，因而水产种质资源保护区管理存在较为复杂的特点，需要从生态系统的角度明确管理目标和策略。建议成立由农业农村、生态环境、自然资源、水利、交通、公安等多个部门组成的综合管理机构，建立健全规章制度，对水产种质资源保护区的水环境、水资源、水生生物资源及其他资源要素进行综合管理，严格控制涉及水产种质资源保护区的建设项目，严厉打击涉及保护区的环境污染、非法捕捞等违法行为。同时要借助于信息技术、无人机技术、物联网技术、地理信息系统平台，充分利用和发挥科技优势，提高管理水平和能力。

5.3.3 修复水产种质资源保护区生态环境，科学合理利用水产种质资源

水产种质资源保护区目前普遍面临生态环境污染、水产种质资源衰退及物种多样性下降等威胁，必须采取措施修复水生态环境和水产种质资源。控制保护区流域的点源和面源污染，减少水体污染物排放；构建水域生态牧场，开展生态环境修复和栖息地重建，提高保护区水环境质量；推进保护对象人工繁殖技术研究，加大保护区增殖放流规模，投放人工鱼巢，增加鱼类资源量和改善鱼类群落结构；建立统一的保护区生态环境和生物资源监测体系，及时掌握水产种质资源动态。

5.3.4 加大水产种质资源保护区宣传力度，营造良好的社会环境

通过广播、电视、视频及移动多媒体等多种媒介，加大宣传水产种质资源保护区在保护水产种质资源及渔业生态环境方面的重要作用。举办水生生物增殖放流活动，提高民众参与度。让广大民众认识到建设水产种质资源保护区的重要意义，提高民众保护水生生物资源的自觉性和主动性，为水生生物资源保护事业创造良好的社会环境。

参考文献

[1] 刘英杰，刘永新，方辉，等. 我国水产种质资源的研究现状与展望. 水产学杂志，2015，28（5）：48-55，60.
[2] 李梦龙，郑先虎，吴彪，等. 我国水产种质资源收集、保存和共享的发展现状与展望. 水产学杂志，2019，32（4）：78-82.
[3] 李思发. 中国淡水鱼类种质资源和保护. 北京：中国农业出版社，1996.
[4] 苏建国，兰恭赞. 中国淡水鱼类种质资源的保护和利用. 家畜生态，2002，23（1）：64-66.
[5] 曹亮，张鹗，臧春鑫，等. 通过红色名录评估研究中国内陆鱼类受威胁现状及其成因. 生物多样性，2006，24（5）：598-609.
[6] 谢平. 长江的生物多样性危机-水利工程是祸首，酷渔乱捕是帮凶. 湖泊科学，2017，29（6）：1279-1299.
[7] 农业部. 农业部办公厅关于加快水产种质资源保护区划定工作的通知. 2007年6月8日.
[8] 杨文波，李继龙，冯庚菲，等. 国家级水产种质资源保护区划定状况研究. 中国渔业经济，2011，29（5）：165-171.
[9] 盛强，茹辉军，李云峰，等. 中国国家级水产种质资源保护区分布格局现状与分析. 水产学报，2019，43（1）：62-80.
[10] 郭子良，张曼胤，崔丽娟，王贺年，杨思，王大安，李梦洁. 中国国家级水产种质资源保护区建设及其发展趋势分析. 水生态学杂志，2019，40（5）：112-118.
[11] 农业部. 农业部公告第947号. 2007年12月12日.
[12] 农业部. 农业部公告第1130号. 2008年12月22日.
[13] 农业部. 农业部公告第1308号. 2009年12月17日.
[14] 农业部. 农业部公告第1491号. 2010年11月25日.
[15] 农业部. 农业部公告第1684号. 2011年12月8日.
[16] 农业部. 农业部公告第1873号. 2012年12月7日.
[17] 农业部. 农业部公告第2018号. 2013年11月11日.
[18] 农业部. 农业部公告第2181号. 2014年11月26日.
[19] 农业部. 农业部公告第2322号. 2015年11月17日.
[20] 农业部. 农业部公告第2474号. 2016年11月30日.
[21] 农业部. 农业部公告第2603号. 2017年11月2日.
[22] 农业部. 农业部公告第948号. 2007年12月18日.
[23] 杨璐，陈明茹，杨圣云，等. 水产种质资源保护区适应性管理研究. 海洋环境科学，2014，33（1）：122-129.
[24] 张觉民，何志辉. 内陆水域渔业自然资源调查手册. 北京：农业出版社，1991.
[25] 倪勇，伍汉霖. 江苏鱼类志. 北京：中国农业出版社，2006.
[26] 倪勇，朱成德. 太湖鱼类志. 上海：上海科学技术出版社，2005.
[27] 胡鸿钧，魏印心. 中国淡水藻类——系统、分类及生态. 北京：科学出版社，2006.
[28] 王苏民，窦鸿深. 中国湖泊志. 北京：科学出版社，1989.

[29] 江苏省淡水水产研究所. 江苏淡水鱼类. 南京：江苏科学技术出版社，1987.
[30] LUDWING J A, REYNOLDS J F. Statistical Ecology: a primer on methods and computing. New York: John Wiley Sons, 1988.
[31] MARGALEF R. La teoria de la informacion en ecologia. Mem. Real Acad. Cien. Artes Barcelona, 1957, 32(13): 373–449.
[32] PIELOU E C. Species-diversity and pattern-diversity in the study of ecological succession. Journal of Theoretical Biology, 1966, 10(2): 370–383.
[33] MAGURRAN A E. Ecological diversity and its measurement. New Jersey: Princeton University Press, 1988: 35.
[34] 谷孝鸿，朱松泉，吴林坤，等. 太湖自然渔业及其发展策略. 湖泊科学，2009，21（1）：94-100.
[35] 林明利，张堂林，叶少文，等. 洪泽湖鱼类资源现状、历史变动和渔业管理策略. 水生生物学报，2013，37（6）：1118–1127.
[36] 唐晟凯，张彤晴，李大命，等. 骆马湖夏季鱼类群落结构及其空间分布. 江苏农业科学，2018，46（1）：107–111.
[37] 唐晟凯，钱胜峰，沈冬冬，等. 应用环境DNA技术对邵伯湖浮游动物物种检测的初步研究. 水产养殖，2021，42（3）：13–20.
[38] 刘孟宇. 阳澄湖桡足类种类组成与季节变化. 生物化工，2018，4（5）：63–64+70.
[39] 熊春晖. 滆湖大型底栖动物群落结构及其与环境因子之间关系的研究. 上海海洋大学，2016.
[40] 蔡永久，薛庆举，陆永军，等. 长江中下游浅水湖泊5种常见底栖动物碳、氮、磷化学计量特征. 湖泊科学，2015，27（1）：76–85.
[41] 贾佩峤，胡忠军，武震，等. 基于ecopath模型对滆湖生态系统结构与功能的定量分析. 长江流域资源与环境，2013，22（2）：189–197.
[42] 赵凌宇，李勤，翁建中. 阳澄湖底栖动物群落调查及水质评价. 污染防治技术，2012，25（6）：36–42+50.
[43] 石宇熙. 常州滆湖湿地的保护与利用. 水科学与工程技术，2012，（4）：19–21.
[44] 唐晟凯，张彤晴，孔优佳等. 滆湖鱼类学调查及渔获物分析. 水生态学杂志，2009，30（6）：20–24.
[45] 孔优佳，童合一. 滆湖人工放流技术的改进及其效益分析. 湖泊科学，1994，（1）：55–61.
[46] 刘涛，揣小明，陈小锋，等. 江苏省西部湖泊水环境演变过程与成因分析. 环境科学研究，2011，24（9）：995-1002.
[47] 邢平生. 对固城湖水资源保护的调查与思考. 江苏水利，2006，（1）：37–38.
[48] 蔡永久，刘劲松，戴小琳. 长荡湖大型底栖动物群落结构及水质生物学评价. 生态学杂志，2014，33（5）：1224–1232.
[49] 郭刘超，韩庚宝，邓俊辰，等. 长荡湖浮游动物群落结构特征及影响因子分析. 江苏水利，2019，（2）：1-5+10.
[50] 何玮. 长荡湖渔业生态环境评估及资源增殖对策. 2015.
[51] 孙羊林，姚志刚. 江苏省十大湖泊. 森林与人类，2008，（9）：54–57.

江苏省国家级水产种质资源保护区（淡水）
水生生物资源与环境

附　录

附录1 · 江苏省国家级水产种质资源保护区（淡水）鱼类名录

种　类	A	B	C	D	E	F	G	H	I	J	K	L	M	N	O
一、鲱形目 Clupeiformes															
1. 鳀科 Engraulidae															
（1）刀鲚 *Coilia nasus*	+	+	+	+	+	+	+	+	+	+	+	+	+	+	+
二、鲤形目 Cypriniformes															
2. 鲤科 Cyprinidae															
（2）鲤 *Cyprinus carpio*	+	+	+		+	+	+	+	+	+	+		+	+	+
（3）鲫 *Carassius auratus*	+	+	+	+	+	+	+	+	+	+	+	+	+	+	+
（4）鲢 *Hypophthalmichthys molitrix*	+	+	+	+	+	+	+	+	+	+	+		+	+	+
（5）鳙 *Aristichthys nobilis*	+	+	+	+	+		+	+	+	+	+		+		+
（6）鳘 *Hemiculter leucisculus*	+	+	+	+	+	+	+	+	+	+	+	+	+	+	+
（7）鳊 *Parabramis pekinensis*	+	+	+		+	+	+	+		+			+	+	
（8）贝氏 鳘 *Hemiculter bleekeri*	+		+		+	+	+	+	+	+		+		+	
（9）青鱼 *Mylopharyngodon piceus*	+					+							+		
（10）草鱼 *Ctenopharyngodon idellus*					+	+	+	+							
（11）翘嘴鲌 *Culter alburnus*	+	+	+	+	+	+	+	+	+	+	+	+	+	+	+
（12）蒙古鲌 *Culter mongolicus*	+		+	+	+	+	+	+	+	+	+	+		+	+
（13）尖头鲌 *Culter oxycephalus*		+	+								+			+	+
（14）达氏鲌 *Culter dabryi*		+	+		+	+	+	+	+	+		+		+	+
（15）红鳍原鲌 *Chanodichthys erythropterus*	+	+	+	+	+	+	+	+	+	+	+	+	+	+	+
（16）花 鲳 *Hemibarbus maculatus*	+	+	+	+		+	+	+	+	+		+			
（17）银鮈 *Squalidus argentatus*	+		+	+		+		+				+		+	
（18）点纹银鮈 *Squalidus wolterstorffi*						+									
（19）蛇鮈 *Saurogobio dabryi*	+	+	+			+		+		+				+	
（20）长蛇鮈 *Saurogobio dumerili*			+		+	+	+					+		+	
（21）华鳈 *Sarcocheilichtys sinensis*	+				+	+			+						
（22）似鳊 *Pseudobrama simony*	+	+	+	+	+	+	+	+	+	+	+	+	+	+	+
（23）似 鲚 *Toxabramis swinhonis*	+				+		+	+	+	+	+	+			+
（24）麦穗鱼 *Pseudorasbora parva*	+	+	+	+	+	+	+	+		+		+	+	+	+
（25）棒花鱼 *Abbottina rivularis*		+	+	+		+		+	+	+		+	+	+	+
（26）大鳍鱊 *Acheilognathus macropterus*	+	+	+	+	+	+	+	+	+	+		+	+	+	+

（续表）

种　　类	A	B	C	D	E	F	G	H	I	J	K	L	M	N	O
（27）兴凯鱊*Acheilognathus chankaensis*	+	+	+	+	+	+	+	+	+	+		+	+	+	+
（28）彩鱊*Acheilognathus imberbis*							+	+				+			
（29）黑鳍鳈*Sarcocheilichthys nigripinnis*	+	+	+				+	+	+	+		+			
（30）飘鱼*Pseudolaubuca sinensis*					+	+						+			
（31）寡鳞飘鱼*Pseudolaubuca engraulis*						+									
（32）银鲴*Xenocypris argentea*						+	+								
（33）细鳞鲴*Xenocypris microlepis*		+	+			+			+				+	+	
（34）黄尾鲴*Xenocypris davidi*		+	+	+		+				+			+	+	
（35）赤眼鳟*Squaliobarbus curriculus*						+									
（36）似刺鳊鮈*Paracanthobrama guichenoti*	+	+	+			+	+	+	+			+		+	
（37）中华鳑鲏*Rhodeus sinensis*		+	+	+				+						+	+
（38）高体鳑鲏*Rhodeus ocellatus*				+											+
（39）鲂*Megalobrama skolkovii*			+			+								+	+
（40）团头鲂*Megalobrama amblycephala*	+	+	+	+	+		+	+	+	+	+		+	+	
（41）麦瑞加拉鲮*Cirrhinus mrigale*						+									
3. 鳅科 Cobitidae															
（42）泥鳅*Misgurnus anguillicaudatus*	+		+		+	+	+	+		+				+	
（43）大鳞副泥鳅*Loach dabryanus*						+				+					
三、鲈形目 Perciformes															
4. 刺鳅科 Mastacembelidae															
（44）中华刺鳅*Sinobdella sinensis*	+	+													+
5. 月鳢科 Odontobutidae															
（45）乌鳢*Channa argus*	+	+													+
6. 沙塘鳢科 Odontobutidae															
（46）小黄黝鱼*Micropercops swinhonis*						+	+	+					+		
（47）河川沙塘鳢*Odontobutis potamophila*	+	+				+		+							
7. 塘鳢科 Eleotridae															
（48）尖头塘鳢*Eleotris oxycephala*						+									
8. 鮨科 Serranidae															
（49）中华花鲈*Lateolabrax maculatus*						+									
（50）鳜*Siniperca chuatsi*		+	+					+							+
（51）大眼鳜*Siniperca kneri*						+									

（续表）

种　　类	A	B	C	D	E	F	G	H	I	J	K	L	M	N	O
9. 鰤科 Callionymidae															
（52）香鰤 *Callionymus olidus*						+									
10. 虾虎鱼科 Gobiidae															
（53）子陵吻虾虎鱼 *Rhinogobius giurinus*	+		+	+	+	+	+	+	+	+	+	+	+	+	+
（54）波氏吻虾虎鱼 *Rhinogobius cliffordpopei*	+	+				+	+								
（55）纹缟虾虎鱼 *Tridentiger trigonocephalus*	+		+	+			+								+
（56）须鳗虾虎鱼 *Taenioides cirratus*	+	+						+	+		+				
（57）矛尾虾虎鱼 *Chaeturichthys sigmatias*						+									
（58）红狼牙虾虎鱼 *Odontamblyopus lacepedii*									+						
四、鲇形目 Siluriformes															
11. 鲇科 Silurida															
（59）鲇 *silurus asotus*	+					+									
（60）大口鲇 *Silurus meridionalis*			+			+								+	
12. 鲿科 Bagridae															
（61）黄颡鱼 *Pelteobagrus fulvidraco*	+	+	+	+	+	+	+	+	+	+	+	+	+	+	+
（62）瓦氏黄颡鱼 *Pelteobaggrus vachelli*	+				+	+			+						+
（63）光泽黄颡鱼 *Pelteobagrus nitidus*	+	+	+		+	+	+		+	+	+				
（64）长须黄颡鱼 *Pelteobagrus eupogon*			+	+		+		+							+
（65）长吻 鮠 *Leiocassis longirostris*										+					
五、鲻形目 Mugiliformes															
13. 鲻科 Mugilidae															
（66）鲮 *Liza haematocheilus*			+											+	
六、鲑形目 Salmoniformes															
14. 银鱼科 Salangidae															
（67）乔氏新银鱼 *Neosalanx jordani*			+												
（68）银鱼 *Protosalanx hyalocranius*	+	+	+	+		+	+		+	+					
（69）陈氏新银鱼 *Neosalanx tangkahkeii*	+							+							
七、颌针鱼目 Beloniformes															
15. 鱵科 Hemirhamphiade															
（70）间下 鱵 *Hyporhamphus intermedius*		+	+			+	+	+				+			
八、鲽形目 Pleuronectiformes															
16. 舌鳎科 Cynoglossidae															
（71）窄体舌鳎 *Cynoglossus gracilis*						+									

（续表）

种　　类	A	B	C	D	E	F	G	H	I	J	K	L	M	N	O
17. 鳗鲡科 Anguillidae															
（72）日本鳗鲡 *Anguilla japonica*							+		+						

注："A"代表太湖所涉国家级水产种质资源保护区；"B"代表高宝邵伯湖所涉国家级水产种质资源保护区；"C"代表洪泽湖所涉国家级水产种质资源保护区；"D"代表骆马湖所涉国家级水产种质资源保护区；"E"代表滆湖所涉国家级水产种质资源保护区；"F"代表长江江苏段所涉国家级水产种质资源保护区；"G"代表淀山湖河蚬翘嘴红鲌国家级水产种质资源保护区；"H"代表阳澄湖中华绒螯蟹国家级水产种质资源保护区；"I"代表长漾湖国家级水产种质资源保护区；"J"代表宜兴团氿东氿翘嘴红鲌国家级水产种质资源保护区；"K"代表长荡湖国家级水产种质资源保护区；"L"代表固城湖中华绒螯蟹国家级水产种质资源保护区；"M"代表白马湖泥鳅沙塘鳢国家级水产种质资源保护区；"N"代表射阳湖国家级水产种质资源保护区；"O"代表金沙湖黄颡鱼国家级水产种质资源保护区；"+"代表出现。（下同）

附录2 · 江苏省国家级水产种质资源保护区（淡水）浮游植物名录

种　　类	A	B	C	D	E	F	G	H	I	J	K	L	M	N	O
一、蓝藻门 Cyanophyta															
尖头藻属															
弯形尖头藻 *Raphidiopsis curvata*		+	+												
尖头藻 *Raphidiopsis* sp.						+			+						
螺旋藻属															
螺旋藻 *Spirulina* sp.		+	+	+	+	+	+		+	+	+	+	+	+	+
钝顶螺旋藻 *Spirulina platensis*		+	+	+										+	
大螺旋藻 *Spirulina major*		+													
为首螺旋藻 *Spirulina princeps*		+		+											
隐球藻属															
美丽隐球藻 *Aphanocapsa pulchra*		+	+	+									+	+	
细小隐球藻 *Aphanocapsa elachista*		+													
隐球藻 *Aphanocapsa* sp.					+										
伪鱼腥藻属															
伪鱼腥藻 *Pseudanabaena* sp.	+	+	+	+	+	+	+	+	+	+	+	+	+	+	+
伪鱼腥藻 *Pseudanabaena* spp.	+				+	+		+		+	+	+			
蓝纤维藻属															
针晶蓝纤维藻 *Dactylococcopsis rhaphidioides*	+	+	+	+	+	+	+	+	+	+	+	+	+	+	
针状蓝纤维藻 *Dactylococcopsis acicularis*	+				+	+	+	+	+	+	+				
泽丝藻属															
泽丝藻 *Limnothrix* sp.					+	+		+			+				
平裂藻属															
平裂藻 *Merismopedia* sp.			+										+	+	

（续表）

种　　类	A	B	C	D	E	F	G	H	I	J	K	L	M	N	O
优美平裂藻 *Merismopedia elegans*			+											+	
状平裂藻 *Merismopedia punciata*	+				+	+	+	+		+	+	+			
微小平裂藻 *Merismopedia minima*	+				+	+	+	+	+	+	+	+			
细小平裂藻 *Merismopedia tenuissima*	+					+	+	+	+	+	+				
旋折平裂藻 *Merismopedia convoluta*	+				+	+	+	+	+	+	+				
腔球藻属															
不定腔球藻 *Coelosphaerium dubium*			+	+									+	+	
腔球藻 *Coelosphaerium* sp.					+		+	+				+			
色球藻属															
色球藻 *Chroococcus* sp.		+	+	+		+	+	+	+	+	+	+	+	+	
微小色球藻 *Chroococcus minutus*		+	+	+										+	
膨胀色球藻 *Chroococcus turgidus*	+				+	+		+	+	+					
束缚色球藻 *Chroococcus tenax*	+					+	+	+		+	+	+			
束丝藻属															
水华束丝藻 *Aphanizomenon flosaquae*											+				+
束丝藻 *Aphanizomenon* sp.	+					+	+	+	+	+	+	+			+
微囊藻属															
微囊藻 *Microcystis* sp.	+	+	+	+	+	+	+	+	+	+	+	+	+	+	+
微囊藻 *Microcystis* spp.	+					+									
水华微囊藻 *Microcystis flosaquae*			+	+									+	+	
念球藻属															
念珠藻 *Nostoc* sp.			+	+	+									+	
普通念珠藻 *Nostoc commune*			+	+											
沼泽念珠藻 *Nostoc paludosum*			+	+									+	+	
鱼腥藻属															
卷曲鱼腥藻 *Anabaena circinalis*	+						+	+	+	+	+	+	+	+	+
水华鱼腥藻 *Anabaena flosaguas*	+					+		+	+						
螺旋鱼腥藻 *Anabaena spiroides*						+			+						
鱼腥藻 *Anabaena* sp.	+		+		+	+	+	+	+	+	+	+		+	+
颤藻属															
阿氏颤藻 *Oseillatoria agardhii*		+	+	+											
灿烂颤藻 *Oseillatoria splendida*		+													
巨颤藻 *Oscillatoria princeps*		+	+											+	

（续表）

种　　类	A	B	C	D	E	F	G	H	I	J	K	L	M	N	O
小颤藻 *Oscillatoria tennuis*		+	+											+	+
颤藻 *Oseillatoria* sp.	+	+	+		+	+	+	+	+	+	+	+	+	+	
席藻属															
席藻 *Phormidiaceae* sp.		+		+									+		+
小席藻 *Phormidium tenus*		+	+	+									+	+	+
皮状席藻 *Phormidium corium*		+	+	+										+	+
窝形席藻 *Phormidium foveolarum*		+	+	+										+	+
二、金藻门 Chrysophyta															
色金藻属															
色金藻 *Chromulina* sp.		+	+	+	+	+	+	+	+	+		+	+	+	+
鱼鳞藻属															
鱼鳞藻 *Mallomonas* sp.	+				+	+	+	+	+	+	+	+			
黄群藻属															
黄群藻 *Synuraceae urelin*							+		+						
棕鞭藻属															
棕鞭藻 *Ochromonas* sp.	+					+					+				
锥囊藻属															
锥囊藻 *Dinobryon* spp.		+	+	+									+	+	+
密集锥囊藻 *Dinobryon sertularia*		+		+											+
圆筒形锥囊藻 *Dinobryon cylindricum*	+				+	+	+	+	+	+	+				
分歧锥囊藻 *Dinobryon divergens*												+			
三、黄藻门 Xanthophyceae															
黄管藻属															
头状黄管藻 *Ophiocytium capitatum*						+			+	+					
黄丝藻属															
近缘黄丝藻 *Tribonema affine*		+		+		+							+	+	+
黄丝藻 *Tribonematales* sp.	+	+	+	+	+	+	+	+	+	+	+			+	+
拟丝藻黄丝藻 *Tribonemaul ulothrichoides*		+											+	+	
小型黄丝藻 *Tribonema minus*		+		+											
膝口藻属															
膝口藻 *Gonyostomum semen*			+	+											
扁平膝口藻 *Gonyostomum depressum*		+	+												

（续表）

种　　类	A	B	C	D	E	F	G	H	I	J	K	L	M	N	O
四、硅藻门 Bacillariophyta															
波缘藻属															
草鞋形波缘藻 *Cymatopleura solea*		+													
布纹藻属															
尖布纹藻 *Gyrosigma acuminatum*	+				+					+		+		+	+
细布纹藻 *Gyrosigma* sp.		+												+	
锉刀布纹藻 *Gyrosigma scalproides*						+	+								
斯潘塞布纹藻 *Gyrosigma spencerii*						+					+				
布纹藻 *Gyrosigma* sp.	+					+			+	+	+	+			
平板藻属															
平板藻 *Tabellaria* sp.		+												+	
窗格平板藻 *Tabellaria fenestrata*		+	+	+									+		
绒毛平板藻 *Tabellaria flocculosa*		+													
胸膈藻属															
胸膈藻 *Mastogloia* sp.						+	+	+							
星杆藻属															
美丽星杆藻 *Asterionella formsa*	+					+	+	+	+	+	+				
等片藻属															
普通等片藻 *Diatoma vulgare*						+									
脆杆藻属															
中型脆杆藻 *Fragilaria intermedia*		+	+											+	
短线脆杆藻 *Fragilaria brevistriata*						+				+					
钝脆杆藻 *Fragilaria capucina*							+	+		+	+				
脆杆藻 *Fragilaria* sp.	+		+		+	+	+	+	+	+		+	+	+	
冠盘藻属															
星形冠盘藻 *Stephanodiscus neoastraea*		+	+	+											
根管藻属															
长刺根管藻 *Rhizosolenia longiseta*	+	+		+			+	+	+	+		+			+
根管藻 *Rhizosolenia* sp.		+													+
菱板藻属															
双尖菱板藻 *Hantzschia amphioxys*	+					+									
菱板藻 *Hantzschia* sp.					+	+				+					
菱形藻属															+

（续表）

种　　类	A	B	C	D	E	F	G	H	I	J	K	L	M	N	O
谷皮菱形藻 *Nitzschia palea*	+	+	+	+	+	+	+	+	+	+	+	+			+
针形菱形藻 *Nitzschia acicularis*	+	+	+	+	+	+	+	+	+	+	+	+	+	+	+
类S菱形藻 *Nitzschia sigmoidea*	+					+	+	+	+	+					
双头菱形藻 *Nitzschia amphibia*		+	+	+									+	+	+
长菱形藻 *Nitzschia longissima*	+				+		+	+	+	+	+	+			
莱维迪菱形藻 *Nitzschia levidensis*						+	+			+	+				
线性菱形藻 *Nitzschia linearis*	+				+	+	+	+	+	+	+	+			
菱形藻 *Nitzschia* sp.	+	+		+	+	+	+		+	+	+	+			+
双菱藻属															
螺旋双菱藻 *Surirella spiralis*						+									
粗壮双菱藻 *Surirella robusta*	+					+				+		+			
线形双菱藻 *Surirella linearis*						+				+					
双菱藻 *Surirella* sp.						+	+			+					
双壁藻属															
卵圆双壁藻 *Diploneis ovalis*		+	+												+
美丽双壁藻 *Diploneis purlla*			+	+									+	+	
卵形藻属															
扁圆卵形藻 *Cocconeis placentula*	+			+	+	+	+	+	+	+	+	+			+
桥弯藻属															
膨胀桥弯藻 *Cymbella pusilla*	+	+	+			+		+			+				+
膨大桥弯藻 *Cymbella turgida*						+									
埃伦桥弯藻 *Cymbella lanceolata*		+												+	+
箱形桥弯藻 *Cymbella cistula*										+	+				
近缘桥弯藻 *Cymbella cymbiformis*		+													
桥弯藻 *Cymbella* sp.			+	+		+	+	+	+	+	+			+	
双眉藻属															
卵圆双眉藻 *Amphora ovalis*			+	+											
辐节藻属															
双头辐节藻 *Stauroneis anceps*		+	+	+									+	+	+
小环藻属															
梅尼小环藻 *Cyclotella meneghiniana*	+	+	+	+	+	+	+	+	+	+	+	+			+
小环藻 *Cyclotella* sp.		+	+	+		+							+	+	+
具星小环藻 *Cyclotella stelligera*		+	+	+										+	+

（续表）

种　　类	A	B	C	D	E	F	G	H	I	J	K	L	M	N	O
科曼小环藻 *Cyclotella comensis Grun*		+	+	+										+	+
短缝藻属															
蓖形短缝藻 *Eunotia factinalis*		+	+	+											+
异极藻属															
纤细异极藻 *Gomphonema gracile*		+	+	+		+								+	+
窄异极藻 *Gomphonema angustatum*					+	+	+		+	+	+				
塔形异极藻 *Gomphonema turris*					+	+	+	+		+					
尖顶异极藻 *Gomphonema augur*										+					
缢缩异极藻 *Gomphonema constrictum*					+	+		+		+		+			
缢缩异极藻粗壮变种 *Gomphonema constrictum* var. *robustum*						+	+				+				
扁鼻异极藻 *Gomphonema simus*						+					+				
异极藻 *Gomphonema* sp.		+	+	+	+	+	+	+	+	+	+		+	+	+
羽纹藻属															
大羽纹藻 *Pinnularia major*			+	+										+	
羽纹藻 *Pinnularia* sp.			+			+	+			+		+	+	+	
针杆藻属															
尖针杆藻 *Synedra acus*	+	+	+	+	+	+	+	+	+	+	+	+	+	+	+
肘状针杆藻 *Synedra ulna*	+	+	+	+	+	+	+		+	+	+	+		+	+
肘状针杆藻二头变种 *Synedra ulna* var. *biceps*					+	+				+	+	+			
肘状针杆藻凹入变种 *Synedra ulna* var. *impressa*					+		+			+					
双头针杆藻 *Synedra acus*		+	+	+										+	
针杆藻 *Synedra* sp.	+	+	+	+	+	+	+	+	+	+	+	+		+	+
曲壳藻属															
短小曲壳藻 *Achnanthes exigua*					+	+	+	+		+	+	+			
曲壳藻 *Achnanthes* sp.						+		+		+	+	+			
直链藻属															
变异直链藻 *Melosira varians*	+	+	+	+	+	+	+	+	+	+	+	+			
颗粒直链藻 *Melosira granulata*	+	+	+	+	+	+	+	+	+	+	+	+	+	+	+
颗粒直链藻纤细变种 *Melosira granulata* var. *angutissima*	+				+	+	+	+	+	+	+	+			
颗粒直链藻螺旋变种 *Melosira granulata* var. *spiralis*	+			+	+	+	+	+	+	+	+				+

（续表）

种　　类	A	B	C	D	E	F	G	H	I	J	K	L	M	N	O
螺旋颗粒直链藻 *Melosira granulata* var. *angustissima* f. *spiralis*			+	+									+	+	+
舟形藻属															
扁圆舟形藻 *Navicula palcentula*		+													+
放射舟形藻 *Navicula radiosa*			+	+										+	
简单舟形藻 *Navicula simplex*		+	+	+									+	+	+
瞳孔舟形藻 *Navicula pupula*			+												
喙头舟形藻 *Naviculaceae rhynchocephala*						+									
尖头舟形藻 *Navicula cuspidate*						+	+	+		+					
舟形藻 *Navicula* sp.	+	+	+	+	+	+	+	+	+	+	+	+	+	+	+
四棘藻属															
扎卡四棘藻 *Attheya zachariasi*	+	+	+	+	+		+		+	+	+	+	+	+	
五、隐藻门 Cryptophyta															
蓝隐藻属															
尖尾蓝隐藻 *Chroomonas acuta*	+	+	+		+	+	+	+	+	+	+	+	+	+	+
隐藻属															
卵形隐藻 *Cryptomons ovata*	+	+	+	+	+	+	+	+	+	+	+	+	+	+	+
啮蚀隐藻 *Cryptomonas erosa*	+	+	+		+	+	+	+	+	+	+	+	+	+	+
六、甲藻门 Dinophyta															
薄甲藻属															
薄甲藻 *Glenodinium* sp.		+	+	+	+	+	+	+	+	+	+			+	+
多甲藻属															
埃尔多甲藻 *Peridinium elpatiewskyi*			+										+	+	
二角多甲藻 *Peridinium bipes*		+													+
微小多甲藻 *Protoperidinium minutum*		+		+											+
多甲藻 *Peridinium* sp.	+				+	+	+	+	+	+	+				
角甲藻属													+	+	
飞燕角甲藻 *Ceratium hirundinella*			+	+		+			+	+		+			
角甲藻 *Ceratium hirundinella*		+	+	+									+	+	+
裸甲藻属															
裸甲藻 *Gymnodimium* sp.	+				+	+	+	+	+	+	+	+			
七、裸藻门 Euglenophyta															
扁裸藻属															

（续表）

种　　类	A	B	C	D	E	F	G	H	I	J	K	L	M	N	O
敏捷扁裸藻 *Phacus agilis*		+	+	+									+	+	+
钩状扁裸藻 *Phacus hamatus*		+													+
长尾扁裸藻 *Phacus longicauda*		+	+	+	+	+			+	+				+	+
短尾扁裸藻 *Phacus brevicaudatus*							+								
多养扁裸藻 *Phacus polytrophos*							+								
短刺扁裸藻 *Phacus brachykentron*							+		+	+					
扭叶扁裸藻 *Phacus tortifolius*							+			+					
三棱扁裸藻 *Phacus triqueter*									+	+					
梨形扁裸藻 *Phacus pyrum*					+	+	+	+	+	+	+				
弯曲扁裸藻 *Phacus inflexus*								+							
近圆扁裸藻 *Phacus circulatus*					+										
扁裸藻 *Phacus* sp.		+	+	+			+	+	+				+	+	
裸藻属															
尾裸藻 *Euglena oxyuris*		+		+										+	
多形裸藻 *Euglena polymorpha*			+	+										+	
近轴裸藻 *Euglena proxima*		+													
血红裸藻 *Euglena sanguinea*			+										+	+	+
绿裸藻 *Euglena virids*	+	+		+	+	+	+	+	+	+	+	+		+	
鱼形裸藻 *Euglena pisciformis*	+	+		+	+	+	+		+	+					
短尾裸藻 *Euglena brevicaudata*							+								
三棱裸藻 *Euglena tripteris*					+		+			+	+				
梭形裸藻 *Euglena acus*					+				+	+					
尖尾裸藻 *Euglena oxyuris*					+		+			+					
静裸藻 *Euglena deses*					+					+		+			
裸藻 *Euglena* sp.	+	+	+	+	+	+	+		+	+	+	+			+
囊裸藻属															
极美囊裸藻 *Trachelomonas pulcherrima*							+								
糙纹囊裸藻 *Trachelomonas scabra*			+	+	+		+		+	+	+	+			
矩圆囊裸藻 *Trachelomonas oblonga*		+	+		+	+			+		+		+	+	
湖生囊裸藻 *Trachelomonas lacustris*			+												
棘刺囊裸藻 *Trachelomonas hispida*		+		+											
尾棘囊裸藻 *Trachelomonas armata*		+	+												
旋转囊裸藻 *Trachelomonas volvocina*			+												

（续表）

种　　类	A	B	C	D	E	F	G	H	I	J	K	L	M	N	O
囊裸藻 *Trachelomonas* sp.		+	+	+	+	+	+		+		+	+		+	
鳞孔藻属															
鳞孔藻 *Lepocinclis* sp.			+	+											
纺锤鳞孔藻 *Lepocinclis fusiformis*			+										+		
卵形鳞孔藻 *Lepocinclls oxyuris*		+	+	+										+	
椭圆鳞孔藻 *Lepocinclis steinii*			+	+											
陀螺藻属															
河生陀螺藻 *Strombomonas fluviatilis*			+	+	+		+		+	+	+				
狭形陀螺藻 *Strombomonas angusta*							+		+	+					
尖陀螺藻 *Strombomonas acuminata*									+						
陀螺藻 *Strombomonas* sp.	+						+		+		+				
八、绿藻门 Chlorophyta															
弓形藻属															
弓形藻 *Schroederia setigera*		+	+	+	+		+			+	+		+	+	
螺旋弓形藻 *Schroederia spiralis*	+				+	+	+		+	+	+				
拟菱形弓形藻 *Schroederia nitzschioides*	+	+	+	+	+	+	+	+	+	+	+	+		+	+
硬弓形藻 *Schroederia robusta*	+	+	+	+	+	+	+		+	+	+			+	
鼓藻属					+										
鼓藻 *Cosmarium* sp.			+	+			+		+	+	+	+			
双钝顶鼓藻 *Cosmarium biretum*			+												
肾形鼓藻 *Cosmarium reniforme*		+	+	+									+	+	
布莱鼓藻 *Cosmarium blyttii*		+													
光滑鼓藻 *Cosmarium leave*		+		+										+	
球鼓藻 *Cosmarium globosum*		+		+									+	+	
项圈鼓藻 *Cosmarium moniliforme*		+												+	+
圆鼓藻 *Cosmarium circulare*		+	+	+										+	
集星藻属															
河生集星藻 *Actinnastrum fluviatile*	+	+	+	+	+	+	+	+	+	+	+			+	
角星鼓藻属															
平卧角星鼓藻 *Staurastrum dejectum*		+		+											
四角角星鼓藻 *Staurastrum tetracerum*								+							
纤细角星鼓藻 *Staurastrum gracile*		+	+	+									+	+	
威尔角星鼓藻 *Staurastrum willsii*								+							

（续表）

种　　类	A	B	C	D	E	F	G	H	I	J	K	L	M	N	O
浮游角星鼓藻 *Staurastrum planctonicum*							+	+		+		+			
角星鼓藻 *Staurastrum* sp.	+									+		+			
空星藻属															
小空星藻 *Coelastrum microporum*	+				+	+	+	+	+	+	+	+			
网状空星藻 *Coelastrum reticulatum*							+	+	+	+		+			
空星藻 *Coelastrum sphaericum*	+	+	+	+	+	+	+			+	+		+	+	
卵囊藻属															
波吉卵囊藻 *Oocystis borgei*	+	+		+	+	+	+	+	+	+	+	+			
单生卵囊藻 *Oocystis solitaria*		+	+	+										+	
湖生卵囊藻 *Oocystis lacustris*	+	+	+	+	+	+	+	+	+	+	+	+			
卵囊藻 *Oocystis* sp.	+	+	+	+	+	+	+	+	+	+	+	+	+	+	+
球囊藻属															
球囊藻 *Sphaerocystis schroeteri*		+	+	+										+	
盘星藻属															
单角盘星藻 *Pediastrum simplex*	+	+	+	+	+	+		+	+	+	+	+		+	
单角盘星藻具孔变种 *Pediastrum simplex* var. *duodenarium*	+	+													
二角盘星藻 *Pediastrum duplex*	+	+	+	+	+			+	+	+	+		+	+	
二角盘星藻大孔变种 *Pediastrum duplex* var. *echinatum*								+							
二角盘星藻纤细变种 *Pediastrum duplex* var. *gracillimum*		+	+	+	+						+			+	
四角盘星藻 *Pediastrum tetras*	+				+	+		+	+	+	+	+			
短棘盘星藻 *Pediastrum boryanum*										+					
双射盘星藻 *Pediastrum biradiatum*										+	+				
四角盘星藻四齿变种 *Pediastrum tetras* var. *tetraodon*	+				+	+				+	+				
斯氏盘星藻 *Pediastrum sturmii*								+				+			
盘星藻 *Pediastrum* sp.		+	+	+									+	+	
十字藻属															
华美十字藻 *Crucigenia lauterbornii*		+	+	+			+						+	+	
四角十字藻 *crucigenia quadrata*	+	+	+	+	+	+	+	+	+	+		+		+	
四足十字藻 *Crucigenia tetrapedia*	+	+	+	+	+	+	+		+	+	+	+		+	+
顶锥十字藻 *Crucigenia apiculata*	+				+	+	+	+	+	+	+	+			
铜线形十字藻 *Crucigenia fenestrata*										+					

（续表）

种　　类	A	B	C	D	E	F	G	H	I	J	K	L	M	N	O
直角十字藻 *Crucigenia rectangularis*	+				+	+	+	+	+	+		+			
纺锤藻属															
纺锤藻 *Elakatothrix* sp.	+					+	+	+	+	+					
四鞭藻属															
四鞭藻 *Carteria* sp.	+				+	+	+	+	+	+	+	+			
四胞藻属															
四胞藻 *Tetraspora* sp.					+		+			+					
四链藻属															
四链藻 *Tetradesmus wisconsinense*	+						+		+	+	+				
顶棘藻属															
十字顶棘藻 *Chodatella wratislaviensis*	+				+	+	+	+	+	+	+				
四刺顶棘藻 *Chodatella quadriseta*	+				+	+	+	+	+	+	+	+			
纤毛顶棘藻 *Chodatella ciliata*											+				
空球藻属															
胶刺空球藻 *Eudorina echidna*	+									+	+				
空球藻 *Eudorina* sp.	+						+	+	+	+	+	+			
并联藻属															
柯氏并联藻 *Quadrigula chodatii*						+	+	+	+		+	+			
肾形藻属															
肾形藻 *Nephrocytium* sp.	+				+	+	+		+		+	+			
多芒藻属								+							
多芒藻 *Golenkinia* sp.	+				+	+	+	+	+	+	+	+			
被刺藻属															
被刺藻 *Franceia ovalis*	+							+			+				
实球藻属															
实球藻 *Pandorina morum*	+	+	+	+				+	+					+	
浮球藻属															
浮球藻 *Planktosphaeria gelotinosa*		+	+										+	+	
杂球藻属															
杂球藻 *Pleodorina californica*		+	+										+	+	
水绵属															
水绵藻 *Spirogyra* sp.		+													
丝藻属															

（续表）

种　　类	A	B	C	D	E	F	G	H	I	J	K	L	M	N	O
丝藻 *Ulothrix* sp.	+				+	+	+	+	+	+	+	+			
棘球藻属															
棘球藻 *Echinosphaerella limnetica*	+														
四棘藻属															
粗刺四棘藻 *Treubaria crassispina*					+		+	+	+	+					
四刺藻 *Treubaria triappendiculata*		+	+	+											
月芽藻属															
端尖月芽藻 *Selenastrum westii*					+		+	+	+	+					
四角藻属															
具尾四角藻 *Tetraedron caudatum*	+	+	+	+	+		+	+	+	+	+	+	+	+	+
戟形四角藻 *Tetraedron hastatum*	+				+		+		+	+	+				
膨胀四角藻 *Tetraedron tumidulum*					+					+					
二叉四角藻 *Tetraedron bifurcatum*							+								
三角四角藻 *Tetraedron trigonum*	+	+	+	+	+	+	+	+	+	+	+	+		+	
三角四角藻乳突变种 *Tetraedron trigonum* var. *papilliferum*								+							
三角四角藻小型变种 *Tetraedron trigonum* var. *gracile*	+	+		+	+	+	+	+	+	+	+	+		+	+
三叶四角藻 *Tetraedron trilobulatum*	+	+	+	+	+	+	+	+	+	+	+	+	+	+	
细小四角藻 *Tetraedron pusillum*					+			+		+	+				
微小四角藻 *Tetraedron minimum*	+	+	+		+			+	+	+	+	+		+	
整齐四角藻砧形变种 *Tetraedron regulare* var. *incus*	+		+	+											
四角藻 *Tetraedron* sp.	+					+	+	+	+	+	+	+			
四星藻属															
短刺四星藻 *Tetrastrum staurogeniaeforme*	+	+	+	+	+	+	+	+	+	+				+	
异刺四星藻 *Tetrastrum heterocanthum*	+	+			+	+	+	+	+	+	+			+	+
平滑四星藻 *Tetrastrum glabrum*	+				+	+		+	+	+	+	+			
孔纹四星藻 *Tetrastrum punctatum*					+		+			+	+				
华丽四星藻 *Tetrastrum elegans*	+				+		+	+	+	+	+				
四星藻 *Tetrastrum* sp.		+	+	+									+	+	
塔胞藻属															
娇柔塔胞藻 *Pyramimonas delicatula*					+	+	+			+					
蹄形藻属															

（续表）

种　类	A	B	C	D	E	F	G	H	I	J	K	L	M	N	O
肥壮蹄形藻 *Kirchneriella obesa*	+				+	+	+	+	+	+	+				
扭曲蹄形藻 *Kirchneriella contorta*					+		+		+	+	+				
蹄形藻 *Kirchneriella lunaris*		+	+	+	+	+	+	+	+	+	+		+	+	
微芒藻属															
微芒藻博格变种 *Micractinium pusillum* var. *boglariensis*							+								
博恩微芒藻 *Micractinium buinhemiensis*							+		+						
微芒藻 *Micractinium pusillum*	+	+		+	+		+	+	+	+	+	+			
韦斯藻属															
丛球韦斯藻 *Westilla botryoides*	+	+	+	+	+	+	+	+	+			+	+	+	
粗刺藻属															
粗刺藻 *Acanthosphaera* sp.		+	+	+									+	+	+
纤维藻属															
狭形纤维藻 *Ankistrodesmus angustus*	+	+	+	+	+	+	+	+	+	+	+	+	+	+	+
针状纤维藻 *Ankistrodesmus acicularis*						+	+								
镰形纤维藻 *Ankistrodesmus falcatus*	+	+	+	+	+	+	+	+	+	+	+	+		+	+
镰形纤维藻奇异变形 *Ankistrodesmus falcatus var. mirabilis*	+					+	+	+	+	+	+				
卷曲纤维藻 *Ankistrodesmus convolutus*			+			+									+
螺旋纤维藻 *Ankistrodesmus spiralis*		+	+	+									+	+	+
纤维藻 *Ankistrodesmus* sp.		+	+	+											+
网球藻属															
美丽网球藻 *Dictyosphaeria pulchellum*	+				+	+	+	+	+	+	+	+			
网球藻 *Dictyosphaeria* sp.	+				+	+	+	+	+	+	+	+			
转板藻属															
转板藻 *Mougeotia* sp.						+	+	+		+	+				
小球藻属															
小球藻 *Chlorella vulgaris*	+	+	+	+	+	+	+	+	+	+	+	+	+	+	
红球藻属															
雨生红球藻 *Haematococcus Pluvialis*		+	+	+									+	+	
网球藻属															
网球藻 *Dictyosphaerium* sp.		+	+	+											
三角藻属															

（续表）

种　　类	A	B	C	D	E	F	G	H	I	J	K	L	M	N	O
三角藻 *Triceratium* sp.		+													
小桩藻属															
小桩藻 *Characium* sp.			+	+		+				+					
翼膜藻属															
尖角翼膜藻 *Pteromonas aculeata*	+				+	+	+		+	+	+				
尖角翼膜藻奇异变种 *Pteromonas aculeata* var. *mirifica*					+	+	+		+						
新月藻属															
莱布新月藻 *Closterium leibleinii*		+		+										+	
纤细新月藻 *Closterium gracile*		+		+			+	+	+	+	+			+	
新月藻 *Closterium* sp.	+	+	+	+	+			+					+	+	+
库津新月藻 *Closterium kutzingii*		+	+	+										+	
尖新月藻 *Closterium acutum*	+				+	+	+	+	+	+	+				
锐新月藻 *Closterium acerosum*		+													
膨胀新月藻 *Closterium tumidum*			+												
线痕新月藻 *Closterium lineatum*		+													
微小新月藻 *Closterium parvulum*			+	+									+	+	
顶节新月藻 *Closterium nematodes*									+						
月牙新月藻 *Closterium cynthia*		+	+	+									+	+	
绿梭藻属															
长绿梭藻 *Chlorogonium elongatum*					+	+	+		+	+	+	+			
衣藻属															
衣藻 *Chlamydomonas* sp.	+	+	+	+	+	+	+	+	+	+	+	+	+	+	
简单衣藻 *Chlamydomonas simplex*		+	+	+									+	+	+
莱哈衣藻 *Chlamydomonas reinhardtii*			+												
球衣藻 *Chlamydomonas globosa*		+	+	+										+	
斯诺衣藻 *Chlamydomonas snowiae*			+	+									+	+	
小球衣藻 *Chlamydomonas miicrosphaerella*		+													
中华拟衣藻 *Chloromonas sinica*			+	+									+	+	
游丝藻属															
游丝藻 *Planctonema lauterbornii*	+	+		+		+	+	+	+	+	+				
丝藻属															
环丝藻 *Ulothrix zonata*			+												

（续表）

种　　类	A	B	C	D	E	F	G	H	I	J	K	L	M	N	O
月牙藻属															
纤细月牙藻 *Selenastrum gracile*	+	+	+	+	+	+	+	+	+	+	+		+	+	
小形月牙藻 *Selenastrum minutum*	+				+	+	+	+	+	+	+	+			
端尖月芽藻 *Selenastrum westii*						+					+				
月牙藻 *Selenastrum* sp.	+	+	+	+	+	+	+		+	+	+	+		+	
栅藻属															
齿牙栅藻 *Scenedesmus denticulatus*	+	+		+	+	+	+	+	+	+	+		+	+	+
双对栅藻 *Scenedesmus bijuba*	+										+				
双棘栅藻 *Scenedesmus bicaudatus*	+				+	+	+	+	+	+	+	+			
多棘栅藻 *Scenedesmus abundans*		+	+	+										+	
颗粒栅藻 *Scenedesmus granulatus*						+									
尖细栅藻 *Scenedesmus acuminatus*					+		+	+	+	+	+				
二形栅藻 *Scenedesmus dimorphus*	+	+	+	+	+	+	+	+	+	+	+		+	+	
扁盘栅藻 *Scenedesmus platydiscus*					+				+	+	+				
隆顶栅藻 *Scenedesmus protuberans*									+	+					
裂孔栅藻 *Scenedesmus perforatus*		+	+												
双对栅藻 *Scenedesmus bijuba*	+	+	+	+	+	+	+	+	+	+		+	+	+	+
四尾栅藻 *Scenedemus quadricauda*	+	+	+	+	+	+	+	+	+	+	+	+		+	
四尾栅藻小型变种 *Scenedemus quadricauda* var. *parvus*	+				+	+	+	+	+	+	+				
四尾栅藻四棘变种 *Scenedemus quadricauda* var. *quadrispina*	+				+	+	+	+	+	+	+	+			
双尾栅藻小型变种 *Scenedesmus bicaudatus* var. *parvus*					+				+	+	+				
双尾栅藻四棘变种 *Scenedesmus bicaudatus* var. *quadrispina*	+							+	+	+		+			
丰富栅藻　*Scenedesmus abundan*	+				+	+	+	+	+	+	+	+			
被甲栅藻 *Scenedesmus armatus*					+		+	+	+			+			
被甲栅藻博格变种 *Scenedesmus armatus* var. *boglariensis*							+								
被甲栅藻双尾变种 *Scenedesmus armatus var. bicandatus*									+						
弯曲栅藻 *Scenedesmus arcuatus*		+	+	+										+	
爪哇栅藻 *Scenedesmus javaensis*		+	+	+	+					+			+	+	
栅藻 *Scenedemus* sp.					+				+	+	+				
盘藻属															

（续表）

种　　类	A	B	C	D	E	F	G	H	I	J	K	L	M	N	O
盘藻 *Gonium* sp.						+									
美丽盘藻 *Gonium formosum*						+									
鞘丝藻属															
湖泊鞘丝藻 *Lyngbya limnetica*		+	+	+									+	+	
马氏鞘丝藻 *Lyngbya martensiana*		+													
项圈藻属															
阿氏项圈藻 *Anabaenopsis arnolodii*		+	+	+	+			+					+	+	

附录3・江苏省国家级水产种质资源保护区（淡水）浮游动物名录

种　　类	A	B	C	D	E	F	G	H	I	J	K	L	M	N	O
一、原生动物 Protozoa															
似铃壳虫属															
王氏似铃壳虫 *Tintinnopsis wangi*	+			+	+	+	+		+	+	+				+
钵杵似铃壳虫 *Tintinnopsis subpistillum*	+				+	+	+	+	+	+	+	+		+	
中华似铃壳虫 *Tintinnopsis sinensis*	+	+			+	+	+		+	+	+				+
镈形似铃壳虫 *Tintinnopsis potiformis*		+		+	+	+	+		+	+	+		+	+	
长筒似铃壳虫 *Tintinnopsis longus*	+	+	+		+	+	+	+	+	+	+	+		+	
雷殿似铃壳虫 *Tintinnopsis leidyi*		+		+	+	+	+	+	+	+	+	+		+	
江苏似铃壳虫 *Tintinnopsis kiangsuensis*			+		+	+	+		+	+	+				+
安徽似铃壳虫 *Tintinnopsis anhuiensis*							+		+		+	+			+
恩茨拟铃壳虫 *Tintinnopsis entzii*				+	+	+	+			+				+	
喇叭虫属															
多态喇叭虫 *Stentor polymorphrus*									+						
薄壳虫属															
薄壳虫 *Leptotheca* sp.									+						
薄铃虫属															
淡水薄铃虫 *Leprotintinnus fluviatile*	+	+	+	+	+	+	+		+	+	+	+		+	
四膜虫属															
梨形四膜虫 *Tetrahymena pyrifomis*											+				
睫杵虫属															
睫杵虫 *Ophryoglena* sp.											+				

（续表）

种　　类	A	B	C	D	E	F	G	H	I	J	K	L	M	N	O
筒壳虫属															
恩茨筒壳虫 *Tintinnidium entzii*											+	+			+
累枝虫属															
瓶累枝虫 *Epistylis urceolata*		+		+	+	+	+	+					+		
褶累枝虫 *Epistylis plicatilis*	+			+				+							
砂壳虫属															
尖顶砂壳虫 *Difflugia acuminata*						+									
橡子砂壳虫 *Difflugia glans*											+				
瘤棘砂壳虫 *Difflugia tuberspinifera*			+		+	+	+		+	+			+		
乳头砂壳虫 *Difflugia mammillaris*					+	+	+		+			+			+
湖沼砂壳虫 *Difflugia limnetica*	+		+	+	+	+	+	+	+	+	+				
球砂壳虫 *Difflugia globulosa*					+	+	+	+	+		+	+			+
琵琶砂壳虫 *Difflugia biwae*		+			+										
瓶砂壳虫 *Difflugia urceolata*						+			+		+	+	+		
木兰砂壳虫 *Difflugia mulanensis*					+		+								
表壳虫属															
弯凸表壳虫 *Arcella gibbosa*					+	+			+				+		+
盘状表壳虫 *Arcella discoides*		+	+	+	+	+	+		+						
半圆表壳虫 *Arcella hemisphaerica*				+					+						
葫芦虫属															
杂葫芦虫 *Cucurbitella mespiliformis*					+		+		+		+	+	+		
纤毛虫属															
纤毛虫 *Ciliate*		+		+	+	+	+	+	+	+	+	+			+
钟虫属															
钟虫 *Vorticella* sp.		+		+	+	+	+	+	+	+	+				+
太阳虫属															
太阳虫 *Actinophryida* sp.	+					+	+	+	+	+		+			+
草履虫属															
尾草履虫 *Paramecium caudatum*				+					+						
二、轮虫类 Rotifera															
腔轮虫属															
真胫腔轮虫 *Lecane eutarsa*			+			+									
凹顶腔轮虫 *Lecane papuana*		+		+			+						+	+	+

（续表）

种　　类	A	B	C	D	E	F	G	H	I	J	K	L	M	N	O
尖爪腔轮虫 *Lecane cornuta*				+						+		+		+	
梨形腔轮虫 *Lecane pyriformis*		+											+		
月形腔轮虫 *Lecane buna*				+											
囊形腔轮虫 *Lecane bulla*		+	+	+											
长圆腔轮虫 *Lecane ploenensis*									+						
无柄轮虫属															
舞跃无柄轮虫 *Ascimorpha saltans*											+				
猪吻轮虫属															
猪吻轮虫 *Dicranophorus* sp.											+				
胶鞘轮虫属															
多态胶鞘轮虫 *Collotheca ambigua*											+				
六腕轮虫属															
奇异六腕轮虫 *Hexarthra mira*											+				
单趾轮虫属															
月形单趾轮虫 *Monostyla lunaris*											+				
平甲轮虫属															
十指平甲轮虫 *Plalyias militaris*													+		
巨腕轮虫属															
奇异巨腕轮虫 *Pedalia mira*							+		+						
鬼轮虫属															
方块鬼轮虫 *Trichotria tetractis*		+		+	+										
唇形叶轮虫 *Notholon labis*		+													
异尾轮虫属															
纤巧异尾轮虫 *Trichocerca tenuior*	+				+	+	+								+
等刺异尾轮虫 *Trichocerca similis*		+	+	+			+	+	+		+	+	+	+	+
刺盖异尾轮虫 *Trichocerca capucina*		+	+	+		+			+						
圆筒异尾轮虫 *Trichcerca cylindrica*		+	+	+				+			+				
罗氏异尾轮虫 *Trichocerca rousseleti*											+				
尖头异尾轮虫 *Trichocerca tigris*											+				
暗小异尾轮虫 *Trichocerca pusilla*											+				
异尾轮虫 *Trichocerca* sp.											+				
异尾轮虫 *Trichocerca* spp.											+				
三肢轮虫属															

（续表）

种　　类	A	B	C	D	E	F	G	H	I	J	K	L	M	N	O
迈氏三肢轮虫 *Filinia maior*		+	+	+	+		+	+	+	+		+	+	+	+
长三肢轮虫 *Filinia longiseta*	+		+				+	+	+	+	+		+	+	+
臂三肢轮虫 *Filinia brachiata*								+							
四肢轮虫属															
胛状四肢轮虫 *Tetramastix opoliensis*		+					+								
多肢轮虫属															
小多肢轮虫 *Polyarthra minor*											+				
真翅多肢轮虫 *Polyarthra euryptera*		+	+	+	+		+	+	+	+	+			+	+
针簇多肢轮虫 *Polyarthra trigla*	+	+	+	+	+	+	+	+	+	+	+	+	+	+	+
疣毛轮虫属															
梳状疣毛轮虫 *Synchaeta pectinata*			+	+			+	+							
疣毛轮虫 *Synchaeta* sp.														+	
尖尾疣毛轮虫 *Synchacta atylata*		+		+											
皱甲轮虫属															
截头皱甲轮虫 *Ploesoma truncatum*		+				+		+				+		+	+
鞍甲轮虫属															
盘状鞍甲轮虫 *Lepadella patella*		+		+											
龟甲轮虫属															
缘板龟甲轮虫 *Keratella ticinensis*			+	+						+				+	
矩形龟甲轮虫 *Keratella quadrata*	+	+	+	+	+	+	+	+	+	+			+	+	+
螺形龟甲轮虫 *Keratella cochlearis*	+	+	+	+	+	+	+	+	+	+	+	+	+	+	+
曲腿龟甲轮虫 *Keratella valaa*		+	+	+	+	+	+	+	+	+	+		+	+	+
聚花轮虫属															
独角聚花轮虫 *Conochilus unicornis*		+	+	+	+	+	+	+	+	+	+		+	+	+
聚花轮虫 *Conochilus ehrenberg*					+	+									
拟聚花轮虫属															
叉角拟聚花轮虫 *Conochiloides dossuarius*						+		+						+	
臂尾轮虫属															
壶状臂尾轮虫 *Brachionus urceus*					+		+		+	+			+	+	+
方形臂尾轮虫 *Brachionus quadridentatus*		+	+		+	+								+	
剪形臂尾轮虫 *Brachionus forficula*		+	+	+		+	+	+	+	+	+	+	+	+	+
裂足臂尾轮虫 *Brachionus diversicornis*		+	+	+	+	+	+	+	+	+	+		+	+	+
尾突臂尾轮虫 *Brachionus caudatus*		+	+	+	+		+	+		+	+		+	+	+

（续表）

种　　类	A	B	C	D	E	F	G	H	I	J	K	L	M	N	O
萼花臂尾轮虫 *Brachionus calyciflorus*	+	+	+	+	+	+	+	+	+	+	+	+	+	+	+
蒲达臂尾轮虫 *Brachionus budapestiensis*				+			+	+	+					+	+
角突臂尾轮虫 *Brachionus angularis*	+	+	+	+	+	+	+	+	+	+	+	+	+	+	+
镰状臂尾轮虫 *Brachionus falcatus*			+			+	+			+				+	
晶囊轮虫属															
前节晶囊轮虫 *Asplachna priodonta*									+		+				
晶囊轮虫 *Asplachna* sp.	+	+	+	+	+	+	+	+	+	+	+	+	+	+	+
龟纹轮虫属															
裂痕龟纹轮虫 *Anuraeopsis fissa*		+	+				+		+	+	+	+		+	+
龟纹轮虫 *Anuraeopsis* sp.									+		+				
轮虫属															
长足轮虫 *Rotaria neptunia*		+	+												
橘色轮虫 *Rotaria citrina*	+	+					+		+						+
须足轮属															
大肚须足轮虫 *Euchlanis dilalata*			+	+									+		+
三翼须足轮虫 *Euchlanis triquetra*				+											
钩状狭甲轮虫 *Colurella uncinata*							+								
双尖钩状狭甲轮虫 *Colurella bicuspidala*				+											
水轮虫属															
臂尾水轮虫 *Epiphanes brachionus*				+											
棘管轮虫属															
侧扁棘管轮虫 *Mytilina cortlpressa*		+													
三、枝角类 Cladocera															
仙达溞属															
晶莹仙达溞 *Sida crystallina*											+				
基合溞属															
颈沟基合溞 *Bosminopsis deitersi*		+	+						+						+
尖额溞属															
方形尖额溞 *Alona quadrangularis*			+			+									
点滴尖额溞 *Alona guttata*				+									+		
平直溞属															
光滑平直溞 *Pleuroxus laevis*	+	+	+	+					+						
沟足平直溞 *Pleuroxus hamulatus*				+	+	+									

（续表）

种　　类	A	B	C	D	E	F	G	H	I	J	K	L	M	N	O
裸腹溞属															
微型裸腹溞 *Monia micrura*	+				+	+	+	+	+	+	+	+	+	+	+
多刺裸腹溞 *Monia macrocopa*		+	+		+	+	+	+	+	+	+		+	+	
近亲裸腹溞 *Moina affinis*							+				+				
裸腹溞 *Moina* sp.											+				
薄皮溞属															
透明薄皮溞 *Leptodora Kindti*				+				+							+
大尾溞属															
无刺大尾溞 *Leydigia acanthocercoides*									+						
秀体溞属															
长肢秀体溞 *Diaphanosoma leuchtenbergianum*	+		+	+	+		+		+	+	+	+		+	+
短尾秀体溞 *Diaphanosoma brachyurum*		+	+	+					+		+			+	
溞属															
蚤状溞 *Daphnia pulex*		+						+	+	+	+	+			+
大型溞 *Daphnia magna*		+			+										+
盔形透明溞 *Daphnia galeata*	+	+	+		+	+	+		+		+	+	+		
僧帽溞 *Daphnia cucullata*			+				+	+	+			+			+
鹦鹉溞 *Daphnia psittacea*	+								+						
隆线溞 *Daphnia carinata*	+									+	+				
溞 *Daphnia* sp.											+				+
活泼泥溞 *Ilyocryptus agilis*			+												
盘肠溞属															
圆形盘肠溞 *Chydorus sphaericus*	+	+	+	+	+	+	+		+	+		+	+		
网纹溞属															
角突网纹溞 *Ceriodaphnia cornuta*	+	+		+			+		+	+					+
网纹溞 *Ceriodaphnia* sp.										+	+				
象鼻溞属															
长额象鼻溞 *Bosmina longirostris*	+	+	+	+	+	+	+	+	+	+	+	+	+	+	
脆弱象鼻溞 *Bosmina fatalis*	+	+	+	+		+	+		+	+	+				+
简弧象鼻溞 *Bosmina coregoni*	+	+	+	+	+	+	+	+	+	+	+	+	+	+	+
低额溞属															
老年低额溞 *Simocephalus vetulus*			+	+											
四、桡足类 Copepoda															

（续表）

种　　类	A	B	C	D	E	F	G	H	I	J	K	L	M	N	O
桡足幼体 Copepodid	+	+	+	+	+	+	+	+	+	+	+	+	+	+	+
无节幼体 Copepod nauplii	+	+	+	+	+	+	+	+	+	+	+	+	+	+	+
近剑水蚤属															
微小近剑水蚤 *Tropocyclops parvus*											+				
温剑水蚤属															
虫宿温剑水蚤 *Thermocyclops vermifer*		+	+	+		+	+		+	+	+				
台湾温剑水蚤 *Thermocyclops taihokuensis*				+		+	+		+	+					+
等刺温剑水蚤 *Thermocyclops kawamurai*	+	+	+	+		+	+	+	+	+	+	+		+	+
透明温剑水蚤 *Thermocyclops hyalinus*	+	+	+	+		+	+	+	+	+		+	+	+	+
粗壮温剑水蚤 *Thermocyclops dybowskii*	+	+	+	+	+	+	+	+	+	+		+			+
短尾温剑水蚤 *Thermocyclops brevifurcatus*	+	+	+	+		+	+		+	+					+
哲水蚤属															
汤匙华哲水蚤 *Sinocalanus dorrii*	+	+	+	+	+	+	+	+	+	+	+	+	+	+	+
许水蚤属															
火腿许水蚤 *Schmackeria poplesia*				+		+			+						+
球状许水蚤 *Schmackeria forbest*	+				+		+		+		+				
许水蚤 *Schmackeria* sp.									+						
新镖水蚤属															
右突新镖水蚤 *Neutrodiaptomus schmackeri*	+	+	+	+		+	+	+	+	+		+			
中剑水蚤属															
广布中剑水蚤 *Mesocyclops leuckarti*	+	+	+	+	+	+	+	+	+	+	+	+	+	+	+
荡漂水蚤属															
特异荡漂水蚤 *Neutrodiaptomus incongruens*	+	+	+	+	+	+	+	+	+	+	+	+		+	
拟猛水蚤属															
湖泊拟猛水蚤 *Harpacticella lacustris*									+						+
真剑水蚤属															
如愿真剑水蚤 *Eucyclops speratus*	+				+	+	+		+	+	+	+			
锯缘真剑水蚤 *Eucyclops serrulatus*	+	+	+	+		+	+		+	+	+	+		+	
大尾真剑水蚤 *Eucyclops macrurus*		+	+	+		+	+		+		+			+	+
剑水蚤属															
近邻剑水蚤 *Cyclops vicinus*	+	+	+	+	+	+	+		+	+	+	+	+	+	
剑水蚤 *Cyclops* sp.															+
窄腹剑水蚤属															

（续表）

种　　类	A	B	C	D	E	F	G	H	I	J	K	L	M	N	O
四刺窄腹剑水蚤 *Limnoithona tetraspina*				+											
尖额蚤属															
点滴尖额蚤 *Alone guttata*										+					
猛水蚤目 Harpacticoida															
猛水蚤 *Harpacticoida*		+	+	+											

附录4·江苏省国家级水产种质资源保护区（淡水）底栖动物名录

种　　类	A	B	C	D	E	F	G	H	I	J	K	L	M	N	O
一、寡毛类 Oligochaetes															
克拉泊水丝蚓 *Limnodrilus claparedeianus*		+			+		+	+	+	+	+				+
巨毛水丝蚓 *Limnodrilus grandisetosus*			+		+				+	+	+				
霍甫水丝蚓 *Limnodrilus hoffmeisteri*		+	+	+	+		+	+	+	+	+			+	+
奥特开水丝蚓 *Limnodrilus udekemianus*					+					+					
水丝蚓属 *Limnodrilus* sp.	+	+	+	+	+	+	+	+	+	+	+		+	+	
厚唇嫩丝蚓 *Teneridrilus mastix*	+					+									
多毛管水蚓 *Aulodrilus pluriseta*			+					+	+	+					
湖沼管水蚓 *Aulodrilus limnobius*					+										
森珀头鳃虫 *Branchiodrilus semperi*								+							
正颤蚓 *Tubifex tubifex*					+		+	+							
颤蚓属 *Tubifex* sp.		+	+	+										+	
特城泥盲虫 *Stephensoniana strivandrana*						+									
癞皮虫属 *Slavina* sp.							+			+					
维窦夫盘丝蚓 *Bothrioneurum vejdovskyanum*										+					
中华颤蚓 *Tubifex sinicus*			+												
苏氏尾鳃蚓 *Branchiura sowerbyi*	+	+	+	+	+	+	+	+	+	+	+	+		+	+
嫩丝蚓 *Teneridrilus* sp.						+									
拟钝毛水丝蚓 *Limnodrilus pasamblysetus*						+									
深栖水丝蚓 *Limnodrilus profundicola*						+				+					
盘丝蚓属 *Bothrioneurum* sp.										+					
二、水生昆虫 Aquatic Inscets															
羽摇蚊 *Chironomus plumosus*							+	+	+	+	+	+			+

（续表）

种　　类	A	B	C	D	E	F	G	H	I	J	K	L	M	N	O
摇蚊属 *Chironomus* sp.		+		+				+						+	+
异腹鳃摇蚊属 *Einfeldia* sp.						+									
哈摇蚊属 *Harnischia* sp.	+														
德永雕翅摇蚊 *Glyptotendipes tokunagai*		+												+	+
雕翅摇蚊属 *Glyptotendipes* sp.															+
喙隐摇蚊 *Cryptochironomus rostratus*										+		+			
隐摇蚊属 *Cryptochironomus* sp.	+		+				+		+	+				+	+
弯铗摇蚊属 *Cryptotendipes* sp.						+			+						
多巴小摇蚊 *Microchironomus tabarui*			+						+						+
软铗小摇蚊 *Microchironomus tener*					+		+		+	+					
小摇蚊属 *Microchironomus* sp.	+						+				+				
多足摇蚊属 *Polypedilum* sp.		+	+			+			+	+					
菱跗摇蚊属 *Clinotanypus* sp.							+			+		+			
花翅前突摇蚊 *Procladius choreus*							+		+	+					
前突摇蚊属 *Procladius* sp.							+	+	+						
中国长足摇蚊 *Tanypus chinensis*	+				+		+	+	+	+	+	+			+
刺铗长足摇蚊 *Tanypus punctipennis*	+				+			+	+	+					
长足摇蚊属 *Tanypus* sp.								+		+	+				
直突摇蚊属 *Orthocladius* sp.					+										
红裸须摇蚊 *Propsilocerus akamusi*	+		+		+		+	+	+	+				+	
太湖裸须摇蚊 *Propsilocerus taihuensis*					+		+	+	+						
中华裸须摇蚊 *Propsilocerus sinicus*					+		+	+	+	+					+
裸须摇蚊属 *Propsilocerus* sp.		+			+		+				+	+			
摇蚊蛹 *Chironomidae pupa*								+							
双翅目蛹 *Diptera pupa*										+		+			
库蠓属 *Culicoides* sp.															+
环足摇蚊 *Cricotopus* sp.						+									
长跗摇蚊 *Tanytarsus* sp.						+									
浅白雕翅摇蚊 *Glyptotendrpes pallers*						+				+					
内摇蚊属 *Endochironomus* sp.						+				+					
三、软体动物 Molluscs															
铜锈环棱螺 *Bellamya aeruginosa*	+	+	+	+			+	+	+	+		+	+	+	+
梨形环棱螺 *Bellamya purificata*	+	+	+	+			+		+	+			+	+	

（续表）

种　　类	A	B	C	D	E	F	G	H	I	J	K	L	M	N	O
方形环棱螺 *Bellamya quadrata*		+	+	+	+		+	+		+			+	+	+
角形环棱螺 *Bellamya angularia*		+	+										+	+	+
环棱螺属 *Bellamya* sp.	+													+	
方格短沟蜷 *Semisulcospira cancellata*		+	+	+		+	+						+	+	+
纹沼螺 *Parafossarulus striatulus*		+	+	+			+	+					+	+	+
大沼螺 *Parafossarulus eximius*		+	+	+			+		+	+			+	+	+
光滑狭口螺 *Stenothyra glabra*	+	+												+	
长角涵螺 *Alocinma longicornis*		+	+	+									+	+	+
耳萝卜螺 *Radix auricularia*		+	+	+											
椭圆萝卜螺 *Radix swinhoei*		+	+	+									+	+	+
折叠萝卜螺 *Radix plicatula*														+	
静水椎实螺 *Lymnaea stagnalis*														+	
小土蜗 *Galba pervia*		+													
扁旋螺 *Gyraulus compressus*		+	+	+									+	+	+
大脐圆扁螺 *Hippeutis umbilicalis*		+		+									+	+	
圆扁螺属 *Hippeutis* sp.		+											+		
巴蜗牛科 *Bradybaenidae* sp.		+	+										+	+	
背瘤丽蚌 *Lamprotula leai*			+				+								
背角无齿蚌 *Anodonta woodiana woodiana*		+	+				+							+	
具角无齿蚌 *Anodonta angula*		+	+										+		
球形无齿蚌 *Anodonta globosula*			+												
圆顶珠蚌 *Unio douglasiae*			+				+								
河蚬 *Corbicula fluminea*	+	+	+	+		+	+		+	+			+	+	+
射线裂脊蚌 *Schistodesmus lampreyanus*														+	
三角帆蚌 *Hyriopsis cumingii*		+	+	+			+						+	+	
褶纹冠蚌 *Cristaria plicata*			+												
扭蚌 *Arconaia lanccolata*			+												
湖球蚬 *Sphaerium lacustre*			+	+									+	+	
中国淡水蛏 *Novaculina chinensis*		+	+	+									+	+	
淡水壳菜 *Limnoperna lacustris*		+	+	+		+								+	+
中华圆田螺 *Cipangopaludina cahayensis*			+												
泥泞拟钉螺 *Tricula humida*			+												
湖北钉螺 *Oncomelania hupensis*														+	

（续表）

种　　类	A	B	C	D	E	F	G	H	I	J	K	L	M	N	O
四、其他类群 Others															
齿吻沙蚕科 *Nephtyidae* sp.	+					+	+	+	+						
沙蚕科 *Nereididae* sp.	+	+	+			+	+		+						
缨鳃虫科 *Sabellidae* sp.	+														
小头虫科 *Capitellidae* sp.						+									
多毛纲 *Polychaeta* sp.						+									
舌蛭科 *Glossiphoniidae* sp.												+		+	+
栉水虱科 *Asellidae* sp.							+		+						
水栉水虱 *Asellus* sp.							+			+					
等足目 *Isopoda* sp.	+														
钩虾科 *Gammaridae* sp.							+		+	+					
钩虾属 *Gammarus* sp.	+					+									
蜾蠃蜚科 *Corophiidae* sp.		+	+												
涡虫纲 *Turbellaria* sp.							+					+			
长臂虾科 *Palaemonidae* sp.						+									
十足目 *Decapoda* sp.	+														
寡鳃齿吻沙蚕 *Nephtys oligobranchia*		+													
宽身舌蛭 *Glossiphonia lata*				+											+
拟背尾水虱属 *Paranthura* sp.	+		+												
蜾蠃蜚属 *Corophium* sp.		+					+		+					+	
大螯蜚 *Grandidierella* sp.	+									+					
秀丽白虾 *Exopalaemon modestus*		+													
日本沼虾 *Macrobrachium nipponense*		+